Kosmos Himmelsjahr 2002

Sonne,
Mond
und
Sterne
im
Jahres-
lauf

Herausgegeben von Hans-Ulrich Keller
unter Mitarbeit von Erich Karkoschka

Mit 309 Abbildungen
und 108 Tabellen

KOSMOS

Mit 265 größtenteils vierfarbigen Zeichnungen von Gerhard Weiland nach Vorlagen der Verfasser, 20 Farbfotos und 5 Schwarzweißfotos, 108 Tabellen, 7 Sternkartendarstellungen (Archiv) und 12 Monatssternkarten von Wil Tirion.

Umschlag gestaltet von eStudio Calamar, unter Verwendung einer Grafik von Conrad Höllerer
Grundlayout: eStudio Calamar

Redaktion: Hermann-Michael Hahn, Sven Melchert
Produktion: Siegfried Fischer

Anschrift des Herausgebers:
Prof. Dr. Hans-Ulrich Keller
Planetarium Stuttgart
Mittlerer Schloßgarten
D-70173 Stuttgart

ISSN 1438-3306
ISBN 3-440-08527-9
Printed in Germany / Imprimé en Allemagne
Satz und Repro: Typomedia GmbH, Ostfildern
Druck und Bindung: Westermann Druck Zwickau GmbH, Zwickau

Verzeichnis wichtiger Abbildungen und Tabellen

Das Himmelsjahr 2002

Monatsübersichten

Monatsthemen

Das Himmelsjahr – ein Führer durch die Sternenwelt

Der kontrollierte Absturz der russischen Raumstation MIR im Frühjahr 2001 über dem Südpazifik hat viele Menschen fasziniert, manche auch beunruhigt. Vor allem in den Medien wurde diesem Ereignis große Aufmerksamkeit zu teil. Funk und Fernsehen sowie die Presse berichteten wochenlang über mögliche Gefahren, die der Wiedereintritt von MIR in die Erdatmosphäre mit sich brächte. Häufig wiesen die Berichte auch darauf hin, dass sowohl die alte MIR als auch die neue Weltraumstation ISS (International Space Station) schon mit bloßen Augen gut zu sehen sind. Ungezählte Augenpaare blickten Abend für Abend zum Sternenhimmel, um die künstlichen Monde unseres Planeten zu erspähen. Wo aber suchen? Wie sehen sie aus? Zwei auffallende Lichtpunkte am Himmel gerieten in Verdacht, Raumstationen zu sein. Sie waren es nicht!

E.1 Der große Orion-Nebel (M 42) – eine interstellare Gas- und Staubwolke, in der junge, heiße Sterne eingebettet sind und immer noch neue Sterne aufleuchten. Dieses Sternentstehungsnest ist knapp 1700 Lichtjahre von uns entfernt. Aufnahme von Martin Gertz auf der Sternwarte Welzheim des Planetariums Stuttgart vom 23. Dezember 2000 mit dem großen Refraktor (Öffnung 25 cm).

Vielmehr strahlten die hellen Planeten Venus und Jupiter in unübersehbarem Glanz. Beide Wandelsterne waren im ersten Jahresviertel 2001 am Abendhimmel vertreten. Planetarien und Sternwarten wurden von aufgeregten Zeitgenossen mit Anrufen und E-Mails bombardiert. Zu ihrer Überraschung erfuhren sie von ihrer Verwechslung der Raumstationen mit den beiden Planeten Venus und Jupiter.
Nur wenige Menschen kennen sich heutzutage am Sternenhimmel aus. In unseren nachts fast immer lichtüberfluteten Siedlungen sehen wir nur noch selten zum Sternenhimmel. Nicht einmal die hellsten Sterne und Planeten kann der moderne Zivilisationsmensch benennen. Venus wird als UFO oder Raumstation angesehen, wo und wann Arktur, Sirius oder Wega zu sehen sind, können nur wenige sagen. Vorliegendes Jahrbuch will daher als Leitfaden und Wegweiser durch die Welt der Sterne dienen. In erster Linie soll es das Auffinden und Identifizieren der Gestirne ermöglichen. Es will der Leserin und dem Leser helfen, sich am gestirnten Firmament zurecht zu finden. Darüber hinaus bringt es in zwölf Monatsthemen Aufsätze, die einerseits Grundlagen der Himmelskunde vermitteln, andererseits neue Forschungsereignisse und Entdeckungen vorstellen oder aktuelle Himmelsereignisse behandeln. Auch auf häufig gestellte Fragen aus der Leserschaft wird eingegangen. In diesem Jahrgang wird beispielsweise die Frage geklärt, warum zur Tagundnachtgleiche die Tage länger als die Nächte sind oder was es mit den „Sternzeichen" für eine Bewandtnis hat. Die Erforschung des Kleinplaneten Eros durch die Raumsonde NEAR oder die Suche nach Planeten anderer Sonnen sind aktuelle Themen aus der professionellen astronomischen Forschung. Amateurastronomen werden wiederum den bevorstehenden Venustransit im Juni 2004 oder die Vorschau auf die künftigen Sonnenfinsternisse mit Interesse studieren.
Wann, wo und wie welche Gestirne und Himmelsereignisse im Jahr 2002 zu beobachten sind, darüber will das Himmelsjahr die geneigte Leserschaft informieren. Einer jahrzehntelangen Tradition folgend, berichtet vorliegendes Jahrbuch über alle wichtigen astronomischen Ereignisse des Jahres in möglichst klarer und verständlicher Form. Jedes Jahr kommen stets neue Leser und Leserinnen hinzu, die sich erst in die astronomischen Fachbegriffe und in die spezifische Materie der Himmelskunde einarbeiten wollen. Sie schätzen eine möglichst einfache und doch vollständige

Darstellungsweise auch komplizierter Sachverhalte. Für die Erstbenutzer ist das Einführungskapitel „Erläuterungen zum Gebrauch“ in erster Linie gedacht. Auch der langjährige Himmelsjahrleser sollte ab und zu das Einführungskapitel durchgehen. Nicht nur dem Neuling in der Himmelskunde will vorliegendes Jahrbuch dienen. Für fortgeschrittene Sternfreunde und systematisch arbeitende Amateurastronomen bringt es alle notwendigen Zahlenangaben (Ephemeriden) für eigene Beobachtungen. Um möglichst allen Benutzern – vom Anfänger bis zum versierten Beobachter – zu dienen, wird in den Monatsübersichten eine einfache, beschreibende Darstellung aller interessanten Himmelsvorgänge gebracht, während im Tabellenteil am Schluss wichtige Beobachtungsdaten in Form von Zahlentafeln vermerkt sind, die der Anfänger unberücksichtigt lassen kann.
Das Kapitel „Kurzhinweise zum Gebrauch“ soll Astronomiekundigen einen raschen Überblick über die in diesem Jahrbuch verwendeten Konventionen verschaffen, ohne dass sie lange das Einführungskapitel durchackern müssen.
Dem Hauptteil ist eine Zusammenfassung der im Jahre 2002 stattfindenden Sonnen- und Mondfinsternisse vorangestellt. Auf Seite 7 findet man eine kalendarische Übersicht für das Jahr 2002 mit chronologischen Daten und Angaben der Festtage.
Der Anhang enthält ein Verzeichnis professioneller astronomischer Institute sowie eine Liste von amateurastronomischen Einrichtungen, die den Kontakt zu Gleichgesinnten erleichtern soll.
Die Daten für das vorliegende Jahrbuch stammen, soweit nicht nachstehend besonders vermerkt, vom Planetarium Stuttgart. Das Bureau des Longitudes, Paris, lieferte die Daten für die Jupitermonderscheinungen, die Angaben für die Sternbedeckungen das International Lunar Occultation Centre (ILOC), Tokio, die Sonnenfleckenrelativzahlen das Observatoire Royal de Belgique, Brüssel.

Mein besonderer Dank gilt meinem Mitarbeiter, Herrn Erich Karkoschka (Lunar and Planetary Laboratory, University of Arizona, Tucson) für seine Ephemeridenberechnungen und Anfertigungen vieler Skizzen.
Dank schulde ich auch Herrn Gerhard Weiland, der mit großer Sorgfalt und Umsicht die Reinzeichnungen aller Grafiken angefertigt hat. Dankbar bin ich auch allen dienstbaren Geistern, die sorgfältig Korrektur gelesen haben.
Zu danken habe ich ferner den Mitgliedern der Beobachtergruppe des Planetariums Stuttgart für ihre hervorragenden Astroaufnahmen, die sie auf der Sternwarte Welzheim gewonnen haben. Dank gebührt auch Frau Carmen Böttcher, Frau Claudia Dintner und Frau Inge Mitsanas für die sorgfältige Reinschrift des Manuskripts sowie den Mitarbeiterinnen und Mitarbeitern des Verlages, insbesondere den Herren Siegfried Fischer, Hermann-Michael Hahn und Sven Melchert, für die hervorragende Zusammenarbeit, ohne die dieses Jahrbuch nicht pünktlich erscheinen könnte.

Stuttgart, im März 2001
Hans-Ulrich Keller

Das Jahr 2002

Das Jahr 2002 ist nach dem Gregorianischen Kalender ein **Gemeinjahr** mit **365** Tagen.

Beginn der Jahreszeiten:
- **Frühling** (Tagundnachtgleiche): 20. März 20^h16^m MEZ
- **Sommer** (Sonnenwende): 21. Juni 14^h24^m MEZ
- **Herbst** (Tagundnachtgleiche): 23. September 5^h55^m MEZ
- **Winter** (Sonnenwende): 22. Dezember 2^h14^m MEZ

- **Sommerzeit:** Die Mitteleuropäische Sommerzeit (MESZ) geht gegenüber der Mitteleuropäischen Zeit (MEZ) um eine Stunde vor. Sie soll vom **31. März** bis **27. Oktober** 2002 gelten. Kurzfristige Änderungen sind möglich.

Fest- und Feiertage 2002

Neujahrstag:	**Dienstag,** 1. Januar
Aschermittwoch:	13. Februar
Karfreitag:	29. März
Ostersonntag:	**31. März**
Ostermontag:	1. April
Christi Himmelfahrt:	Donnerstag, 9. Mai
Pfingstsonntag:	19. Mai
Pfingstmontag:	20. Mai
Fronleichnam:	Donnerstag, 30. Mai
Allerheiligen:	Freitag, 1. November
Buß- und Bettag:	Mittwoch, 20. November
1. Advent:	Sonntag, 1. Dezember
Heiliger Abend:	Dienstag, 24. Dezember
1. Weihnachtstag:	**Mittwoch,** 25. Dezember
2. Weihnachtstag:	Donnerstag, 26. Dezember
Silvester:	**Dienstag,** 31. Dezember

Staatsfeiertage 2002

Tag der deutschen Einheit:	Donnerstag, 3. Oktober
Österreich. Nationalfeiertag:	Samstag, 26. Oktober
Schweizer Bundesfeier:	Donnerstag, 1. August
Liechtenstein. Staatsfeiertag	Donnerstag, 15. August

Kalender-Ären 2002

Das jüdische Jahr 5763 beginnt am 6. September mit Sonnenuntergang. Der jüdische Neujahrstag fällt daher auf den 7. September.
Das islamische Jahr 1423 beginnt am 14. März mit Sonnenuntergang. Der erste Tag des islamischen Jahres 1423 korrespondiert daher mit dem 15. März 2002.
Am 14. September beginnt in der byzantinischen Ära das Jahr 7511.
Am 1. Januar beginnt das japanische Jahr 2662.
Am 11. September beginnt das Jahr 1719 der Ära Diokletians.
Am 14. September beginnt das Jahr 2314 der Seleukidenära.
Am 14. Januar beginnt das Jahr 2755 der römischen Ära a.u.c.
Der 14. Januar 2002 des **Gregorianischen** Kalenders korrespondiert mit dem 1. Januar 2002 des **Julianischen** Kalenders.
Das Jahr 2002 entspricht dem Jahr 6715 der Julianischen Periode.
Der 1. Januar 2002 (0^h Weltzeit = 1^h Mitteleuropäische Zeit) hat die Julianische Tagesnummer 2 452 275,5.

Chronologie 2002

Sonnenzirkel: 23
Goldene Zahl (Mondzirkel): VIII
Sonntagsbuchstabe: F
Indiktion (Römerzinszahl): 10
Epakte: 16
Jahresregent: Mars
(Nähere Erläuterungen zu den chronologischen Zyklen, die auch Kalender-Zyklen genannt werden, siehe Seite 24).

Finsternisse 2002

Für Mitteleuropa zeigt sich das Jahr 2002 ausgesprochen finsternisarm. Weder eine totale noch eine partielle Mondfinsternis findet 2002 statt. Von den drei Halbschattenfinsternissen des Mondes kann lediglich die vom 20. November unter guten Sichtbedingungen von Mitteleuropa aus verfolgt werden. Die ringförmige Sonnenfinsternis vom 10./11. Juni und die totale Sonnenfinsternis vom 4. Dezember bleiben von Mitteleuropa aus unbeobachtbar. Nähere Angaben zu den Finsternissen findet man im Kapitel Sonnen- und Mondfinsternisse auf Seite 26.

Planeten 2002

Merkur kann Mitte Januar, Ende April bis Anfang Mai sowie Ende Dezember am Abendhimmel gesehen werden. Am Morgenhimmel zeigt sich der flinke Planet lediglich von Mitte Oktober bis Anfang November.

Venus kommt am 14. Januar in obere Konjunktion mit der Sonne. Ende Februar taucht sie am Abendhimmel auf und bleibt bis Anfang Oktober Abendstern. Ihre größte östliche Elongation erreicht Venus am 22. August. Am 26. September strahlt der Abendstern in größtem Glanz. Am 31. Oktober steht Venus in unterer Konjunktion mit der Sonne. Als Morgenstern ist sie von Mitte November bis über das Jahresende hinaus sichtbar. In größtem Glanz erstrahlt der Morgenstern am 7. Dezember.

Mars ist bis etwa Mitte Mai am Abendhimmel vertreten. Am 10. August steht er in Konjunktion mit der Sonne. Anfang Oktober macht sich der rote Planet wieder am Morgenhimmel bemerkbar und bleibt bis Jahresende Morgenstern. Ende August 2003 kommt es dann zu einer extrem günstigen Marsopposition.

Jupiter kommt am 1. Januar im Sternbild Zwillinge in Opposition zur Sonne. Er steht zu Jahresbeginn hoch am Winterhimmel und ist das auffälligste Wandelgestirn am nächtlichen Firmament. Im Winter ist der Riesenplanet die ganze Nacht über beobachtbar. Bis Juni kann Jupiter am Abendhimmel gesehen werden. Am 20. Juli steht er in Konjunktion mit der Sonne. Im Laufe des September erscheint er wieder am Morgenhimmel. Bis Jahresende wird der Riesenplanet wieder zu einem auffälligen Gestirn am Nachthimmel.

Saturn ist bis Mitte Mai am Abendhimmel vertreten. Am 9. Juni holt ihn die Sonne ein, er steht in Konjunktion mit ihr. Im Juli erscheint der Ringplanet wieder am Morgenhimmel. Am 17. Dezember erreicht er im Sternbild Stier seine Oppositionsstellung zur Sonne und ist die ganze Nacht über beobachtbar.

Uranus, Neptun und **Pluto** sind so lichtschwach, dass sie mit bloßen Augen nicht sichtbar sind.

Uranus kommt am 20. August im Sternbild Steinbock in Opposition zur Sonne, **Neptun** bereits am 2. August, ebenfalls im Steinbock.

Pluto, der kleinste und sonnenfernste der neun Planeten unseres Sonnensystems, steht am 7. Juni im Sternbild Schlangenträger in Opposition zur Sonne.

Ausführlichere Angaben über die Sichtbarkeit der Planeten entnehme man der Rubrik „Planetenlauf" in den Monatsübersichten.

Erläuterungen zum Gebrauch

Wer zum ersten Mal dieses Jahrbuch in Händen hält und noch keine Erfahrungen im Beobachten des gestirnten Himmels hat, sollte nachstehende Erläuterungen aufmerksam lesen. Sie geben eine kurze aber profunde Einführung in die Grundlagen der praktischen Himmelskunde. Wer sich jedoch schon am Sternenhimmel auskennt, kann sofort die „Kurzhinweise zum Gebrauch" dieses Jahrbuches auf Seite 25 aufschlagen.

Nur noch selten bietet sich uns modernen Zivilisationsmenschen die Gelegenheit, ungestört von irdischen Lichtquellen die Pracht eines klaren, sternenübersäten Nachthimmels zu erleben. Schier endlos scheint die Zahl der flimmernden Lichtpünktchen am samtschwarzen Firmament zu sein. Schnell kommt der Wunsch auf, sich am Sternenzelt zurechtzufinden und mehr über die Wunder des Weltalls zu erfahren.

Die vielen Sterne, die man in einer mondlosen Nacht zu sehen bekommt, sind fast ausnahmslos Sonnen, also heiße, selbstleuchtende Gasbälle, gewissermaßen Geschwister unserer eigenen Sonne. Sie prägen dem Himmel ein scheinbar unveränderliches Muster auf, das heißt, ihre gegenseitigen Positionen bleiben unverändert; man nennt sie daher Fixsterne. Die Phantasie der Menschen erkannte schon in alter Zeit in der zufälligen Anordnung der Sterne die Gestalten von Menschen, Tieren oder Gegenständen, eben die Sternbilder. Das Beispiel des Großen Wagens ist wohl jedem bekannt. Seine Form ändert sich nicht, jahraus, jahrein erkennen wir ihn in gleicher Gestalt.

Das Aussehen des Sternenhimmels ändert sich jedoch von Stunde zu Stunde. Da die Erde sich dreht, gehen die Sterne ebenso wie Sonne und Mond auf und unter. Am Morgenhimmel sind andere Sternbilder zu sehen als am Abendhimmel. Da die Sonne im Laufe eines Jahres durch die Tierkreissternbilder wandert, ist der Himmelsanblick auch jahreszeitlich immer wieder verschieden. Schließlich hängt es noch vom Beobachtungsort auf der Erde ab, welche Sterne zu sehen sind. In anderen geographischen Breiten sieht der Himmel entsprechend verschieden aus. Das berühmte Kreuz des Südens beispielsweise ist bei uns in Mitteleuropa nicht zu sehen.

Im *Himmelsjahr* ist das Bild des abendlichen Fixsternhimmels für jeden Monat beschrieben. Eine Sternkarte erleichtert die Übersicht. Außerdem ist die Stellung des Himmelswagens um 22^h MEZ für jeden Monat aus einer Grafik ersichtlich.

E.2 Der große Andromeda-Nebel (M 31) ist unser Nachbarmilchstraßensystem in rund drei Millionen Lichtjahren Entfernung. Etwa 150 Milliarden, also 150 000 Millionen Sonnen bilden dieses riesige Sternensystem, das man auch als Galaxie bezeichnet.

E.3 Das Sternbild Orion liegt in einer sternreichen Gegend der Milchstraße. Südlich („unterhalb") der drei Gürtelsterne erkennt man den Großen Orion-Nebel (M 42 – siehe auch Abb. E.1). Aufnahme von Michael Gutzeit und Rudolf Idler, Beobachtergruppe Planetarium Stuttgart.

Der Himmelswagen ist in jeder klaren Nacht zu beobachten, da er bei uns zirkumpolar ist, also niemals untergeht.
Während die Fixsterne ihre Stellungen zueinander nicht ändern, sondern nur gemeinsam infolge der Erdrotation über das Firmament ziehen, gibt es Gestirne, die ihre Position im Laufe von Wochen und Monaten ändern. Man nennt sie Wandelsterne oder Planeten (griech.: πλανάωμαι = umherirren). Sie sind die Geschwister unserer Erde, die ebenfalls ein Planet ist. Mit freiem Auge sind fünf Planeten zu sehen: Merkur, Venus, Mars, Jupiter und Saturn. Nach Erfindung des Fernrohres wurden noch drei weitere entdeckt: Uranus, Neptun und Pluto. Somit sind heute neun große Planeten bekannt, die die Sonne, das Zentralgestirn, umkreisen. Wer die Sternbilder kennt, dem fällt ein Planet sofort als nicht dazugehöriges, gewissermaßen fremdes Gestirn auf. Ferner flimmern Planeten im Unterschied zu den punktförmigen Fixsternen nicht oder kaum, sie glänzen ruhig im erborgten Sonnenlicht. Die Planeten laufen ziemlich genau in derselben Ebene um die Sonne, die von der Erdbahn aufgespannt wird. Die Erdbahnebene entsteht durch den Umlauf der Erde um die Sonne. Sie heißt auch Ekliptikebene.
Von der Erde aus gesehen wandert somit die Sonne in einem Jahr durch die bekannten Sternbilder des Tierkreises. Der Wanderweg der Sonne heißt Ekliptik. Mond und Planeten bewegen sich ebenfalls in der Nähe der Ekliptik. Sie sind daher stets in den Tierkreissternbildern zu finden. Niemals kann beispielsweise die Venus im Großen Bären gesehen werden!
Ein Wort zu den Dimensionen im Weltall: Gibt man sie in Kilometer an, so erhält man die berühmten „astronomischen" Zahlen, Ungetüme mit vielen Nullen, die kaum aussprechbar sind und unter denen man sich gar nichts mehr vorstellen kann. Anschaulicher werden die Entfernungen im Kosmos, nimmt man die Reisegeschwindigkeit des Lichtes zu Hilfe: Pro Sekunde legt ein Lichtstrahl 300 000 Kilometer zurück, das ist fast die Strecke von der Erde zum Mond. Von der Sonne zur Erde sind es 8 $^1/_3$ Lichtminuten; dies entspricht 150 Millionen Kilometer. Die Entfernung Erde – Sonne wird auch Astronomische Einheit (AE) genannt. Sie ist die Basis für astronomische Entfernungsmessungen. Bis zum fernsten Planeten unseres Sonnensystems, dem Pluto, ist ein Lichtquant von der Sonne immerhin schon sechs Stunden unterwegs. Danach beginnt der Abgrund der Fixsternräume. Schon die nächsten Sterne, also Nachbarsonnen unserer eigenen, sind so weit weg, dass das Licht Jahre braucht, um die gewaltigen Distanzen zu überbrücken. In einem Jahr legt das Licht 9 460 000 000 000 Kilometer zurück, also fast zehn Billionen Kilometer. Sirius im Sternbild Großer Hund, ein sehr naher Stern, ist beispielsweise „nur" neun Lichtjahre entfernt.

E.4 Die Sternbilder Schlangenträger (Ophiuchus) und Schlange (Serpens Caput und Serpens Cauda) in der phantasievoll ausgeschmückten Sternkarte von Johann Elert Bode aus dem Jahre 1782.

Die meisten Sterne sind aber Dutzende, Hunderte und Tausende von Lichtjahren weit weg. Alle Sterne am Himmel gehören zu einem riesigen System, zur Milchstraße. Als Sternenschwarm von weit über 100 Milliarden Sonnen bildet sie einen gewaltigen Diskus mit 100 000 Lichtjahren Längsdurchmesser und 15 000 Lichtjahren Querdurchmesser. Zwischen den Sternen schweben Staub- und Gaswolken, so genannte interstellare Materie. Von den Milliarden Sternen der Milchstraße sehen wir in einer klaren Nacht aber nur etwa 3000 bis 4000 Sterne.
Doch die Milchstraße ist nicht das einzige Sternensystem im Universum. Es gibt Milliarden solcher Milchstraßen oder Galaxien, wie sie auch heißen. Schon mit bloßem Auge kann man im Sternbild Andromeda ein schwaches Lichtfleckchen erkennen: unsere Nachbarmilchstraße, den berühmten Andromeda-Nebel. Fast drei Millionen Jahre ist das Licht dieser Sterne zu uns unterwegs. Andere Galaxien oder Spiralnebel stehen viele Millionen, ja Milliarden Lichtjahre weit weg.

Sterne, Sternbilder und Sternkarten

Je nach Phantasie und Kultur haben die einzelnen Völker Sterne und Sternbilder unterschiedlich benannt. Die alten Chinesen kannten einen anderen Tierkreis als wir ihn heute benutzen. Der Große Wagen wiederum heißt bei den Amerikanern „big dipper“, große Schöpfkelle. Die meisten Sternbilder, die wir in den Sternkarten finden, stammen aus der griechisch-römischen Mythologie, viele haben ihre Wurzel im babylonischen Kulturkreis,

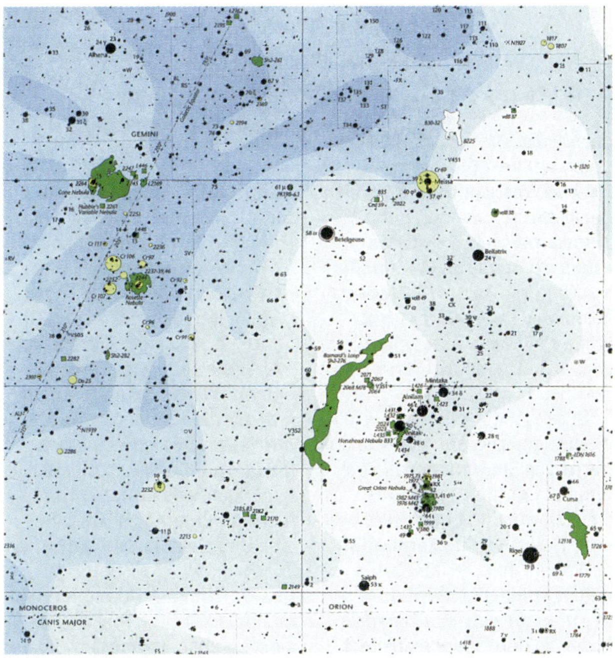

E.5 Ausschnitt aus einer modernen Sternkarte (Sky Atlas 2000.0 von Wil Tirion, 2. Auflage 1999).

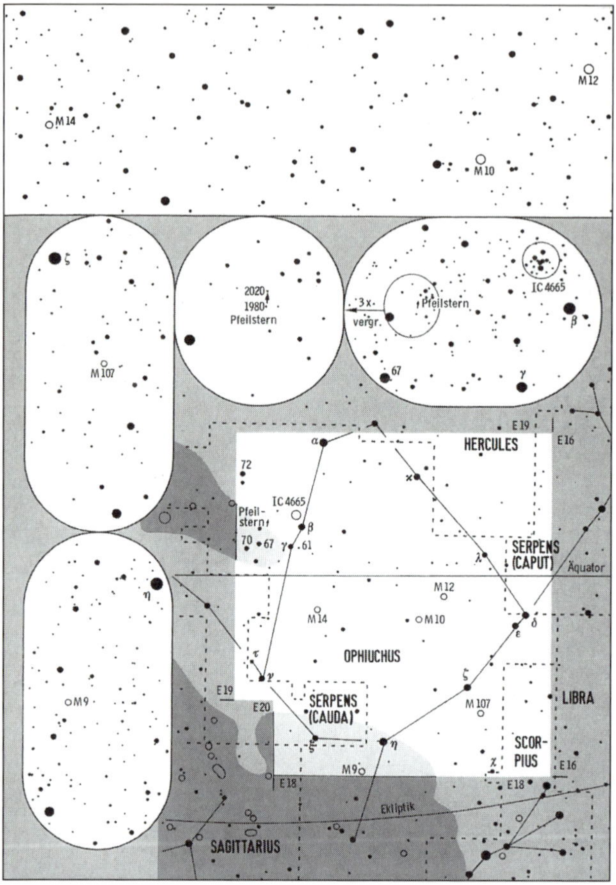

E.6 Ausschnitt aus dem Atlas für Himmelsbeobachter von Erich Karkoschka. Die Übersichtskarten enthalten alle Sterne bis Grenzgröße 6^{m}, die Aufsuchkarten für Sternhaufen und Nebel bis zur Grenzgröße 9^{m} (Kosmos-Verlag, Stuttgart, 3. Auflage 1997).

einige kamen im Mittelalter hinzu. Die Sternbilder des Südhimmels wurden erst in der Neuzeit von den Entdeckern benannt. Damit keine Verwirrung aufkommt, hat die Internationale Astronomische Union (IAU) für die gesamte Himmelskugel 88 Sternbilder festgelegt, die für alle Astronomen und Sternfreunde verbindlich sind. Diese 88 Sternbilder haben lateinische Namen und jeweils eine Abkürzung von drei Buchstaben; Beispiel: der Krebs, lat.: Cancer, Abkürzung: Cnc. Waren früher die Grenzen zwischen den einzelnen Sternbildern unklar oder fließend, so sind die durch IAU-Beschluss festgelegten Sternbilder durch die rechtwinkligen, äquatorialen Himmelskoordinaten (Rektaszension und Deklination) eindeutig abgegrenzt.

In alten Himmelsatlanten findet man recht hübsch und phantasiereich ausgeschmückte Darstellungen der einzelnen Himmelsfiguren (Abb. E.4). Moderne Sternkarten zeigen nur noch Namen und Koordinatengrenzen eines Sternbildes, aber keine figürliche Darstellung mehr (Abb. E.5).

Speziell für die Benutzer des Himmelsjahres empfehlen sich zur ersten Orientierung die Sternkarten in dem *Atlas für Himmelsbeobachter* von Erich Karkoschka, Kosmos-Verlag, Stuttgart. Alle Sterne, die mit freiem Auge sichtbar sind, finden sich in dem Himmelsatlas *Der neue Kosmos-Himmelsführer* von Hermann-Michael Hahn und Gerhard Weiland, ebenfalls aus dem Kosmos-Verlag, Stuttgart.

Für Sternfreunde mit Fernrohren seien folgende Sternatlanten genannt:

Atlas of the Heavens (Atlas Coeli 1950.0) von Antonin Becvar (geht bis $7{,}^{m}75$), *Sky Atlas 2000.0* von Wil Tirion (bis $8{,}^{m}0$), *Uranometria 2000.0* von W. Tirion/B. Rappaport/G. Lovi (Grenzgröße $9{,}^{m}5$).

Neben den klassischen Sternatlanten gibt es heute auch gute Computerprogramme, die einen gewünschten Himmelsausschnitt am Monitor erscheinen lassen. Zwei empfehlenswerte Programme seien hier genannt: *Urgras* von Roman H. Gubser, Urania-Sternwarte Zürich, und *Bessel 2.0 Planetarium für Windows* von Antonius Schrode, Frankfurt am Main.

Nur die hellsten oder auffällige Sterne, die beispielsweise periodisch ihre Helligkeit ändern, haben Eigennamen erhalten. Diese stammen häufig von den Arabern, die in klaren Wüstennächten eifrig den Himmel beobachteten. So heißen die beiden hellsten Sterne im Wintersternbild Orion Beteigeuze und Rigel, der berühmte veränderliche Stern im Perseus Algol.

E.7 Der offene Sternhaufen M 11 im Sternbild Schild. Er ist rund 6000 Lichtjahre von uns entfernt.

Etwas systematischer hat Johannes Bayer im Jahre 1603 die Sterne bezeichnet, nämlich mit griechischen Buchstaben und dem Genitiv des lateinischen Sternbildnamens. So bekommt der hellste Stern in der Leier die Bezeichnung α Lyrae (oder kurz α Lyr), der zweithellste β Lyrae, der dritthellste γ Lyrae usw. Die Helligkeitsfolge ist aber nicht immer streng eingehalten, manchmal hat die Mythologie Vorrang. Von den beiden hellen Zwillingssternen trägt der hellere Pollux die Bezeichnung β Geminorum, der etwas schwächere Kastor α Geminorum. Bei Doppelsternen wird gelegentlich noch ein Index an den griechischen Buchstaben angehängt. Beispiel: ε_1 und ε_2 Lyrae, der berühmte Vierfachstern in der Leier (jede Komponente ist ihrerseits ebenfalls ein Doppelstern). Die 24 griechischen Buchstaben (siehe Seite 22) pro Sternbild reichen natürlich nicht aus, um alle Sterne zu benennen. Bei schwächeren Sternen gibt man die Katalognummer an, unter der sie verzeichnet sind, oder einfach die genauen Koordinaten. Beispiele für Katalognummern:
BD +52°1312 bedeutet Stern Nummer 1312 in der Deklinationszone von +52° bis +53° der so genannten Bonner Durchmusterung. HD 128974, Stern aus dem Henry-Draper-Katalog, SAO 146912, Stern aus dem Smithsonian Astrophysical Observatory Star Catalog, FK5: 1051, Stern aus dem 5. Fundamental-Katalog.
Sterne, deren Helligkeit variiert, werden häufig mit großen lateinischen Buchstaben + Sternbildnamen versehen: RR Lyrae, T Coronae Borealis. Man kann somit aus der Bezeichnung auf die Eigenart dieser Sterne schließen.
Eine Zusammenfassung der verschiedenen Bezeichnungen für die helleren Sterne findet man in folgendem Katalog-Werk: *Synopsis der Nomenklatur der Fixsterne* von H. Werner und F. Schmeidler, Wissenschaftl. Verlagsgesellschaft mbH, Stuttgart.

Sterngruppen und Nebel

Schon mit bloßem Auge entdeckt man im Sternbild Stier ein Grüppchen von sechs bis neun Sternen, bekannt unter dem Namen Siebengestirn oder Plejaden. Sucht man den Himmel mit Feldstecher oder Fernrohr ab, so findet man zahlreiche derartige Gruppen. Sie werden schlicht Sternhaufen genannt. Man unterscheidet offene und kugelförmige Sternhaufen: Offene Sternhaufen enthalten Dutzende bis einige hundert Sterne, die alle einzeln als Lichtpunkte erkennbar sind; Kugelhaufen haben Hunderttausende bis Millionen Mitgliedssterne und sind als verwaschene, kreisrunde Lichtfleckchen zu sehen. Nur die Randpartien sind in Einzelsterne auflösbar, im Zentrum stehen die Sterne zu dicht, um als einzelne Lichtpunkte erkannt zu werden.
Zwischen den punktförmigen Sternen zeigen sich auch nebelhafte Gebilde. Da diese „Nebel" ihre Positionen unter den Sternen beibehalten, sind sie keine Erscheinung in der Erdatmosphäre, sondern astronomische Objekte. Bei den Nebeln gilt es, zwei Kategorien auseinander zu halten. Einmal beobachten wir tatsächlich Staub- und Gasmassen zwischen den Sternen unserer Milchstraße, wie zum Beispiel im Sternbild Orion den berühmten Orion-Nebel. Andere nebelhafte Lichtfleckchen lassen sich jedoch mit sehr großen Teleskopen in einzelne Sterne auflösen. Hier sieht man fremde, ferne Milchstraßensysteme; das Licht von Milliarden Sternen wird von uns nur als schwaches Nebelfleckchen registriert, wie beispielsweise beim Andromeda-Nebel. Wegen ihrer häufig spiraligen Gestalt spricht man auch von Spiralnebeln oder Galaxien (griech.:

E.8 Der Kugelsternhaufen M13 im Sternbild Herkules. Aufnahme von Martin Gertz (Sternwarte Welzheim/Planetarium Stuttgart).

γαλάξις = Milchstraße).
Der französische Astronom Charles Messier (1730 bis 1817) hat einen Katalog mit über hundert Sternhaufen und Nebeln zusammengestellt. Sternfreunde benutzen noch heute seine Katalognummern. Der Orion-Nebel wird z. B. mit M 42, der Andromeda-Nebel mit M 31, der Kugelhaufen im Herkules mit M 13 bezeichnet. Wesentlich umfangreicher ist der Katalog von John L. E. Dreyer mit dem Namen *New General Catalogue of Nebulae and Clusters of Stars,* abgekürzt mit NGC. Später erschienen noch zwei Ergänzungen (*Index-Catalogue I and II,* kurz IC I und IC II) und schließlich der überarbeitete *Revised New General Catalogue* (RNGC). Daher trägt der Andromeda-Nebel M 31 auch die Bezeichnung NGC 224.

Die Helligkeit der Sterne

Von alters her teilt man die Sterne in so genannte Größenklassen ein. Man sagt zum Beispiel, der Polarstern sei ein Stern zweiter Größe. Diese Größenklassen geben nicht den Durchmesser oder die wahre Leuchtkraft der Sterne an, sondern ihre scheinbare Helligkeit am Himmel. Sterne erster Größe sind dabei heller als solche zweiter Größe. Ein schwaches Sternpünktchen sechster Größe ist eben noch vom unbewaffneten Auge zu erkennen. Ein Stern erster Größe ist dabei hundertmal heller als ein Stern sechster Größe. Daraus folgt, dass ein Stern zweiter Größe 2,512-mal lichtschwächer ist als ein Stern erster Größe. Ein Stern dritter Größe wiederum ist 2,512-mal lichtschwächer als ein Stern zweiter Größe usw., denn $2{,}512^5 = 100$. Die Größenklassenskala ist somit ein logarithmisches Maß. Als Abkürzung

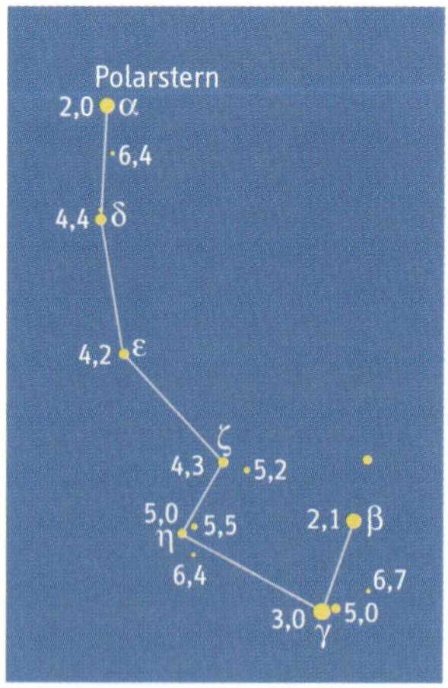

E.9 Sternbild Kleiner Wagen mit Helligkeitsangaben in Größenklassen für die einzelnen Sterne.

verwendet man ein kleines hochgestelltes ^{m} für magnitudo (lat.) = Größe. Sterne, die heller als 1^m sind, bezeichnet man mit 0^m, -1^m, -2^m usw. Die Venus kann -4^m hell sein, was bedeutet, dass sie dann hundertmal heller strahlt als ein Stern erster Größe, also mit 1^m!

Mit Teleskopen lassen sich auch Sterne beobachten, die schwächer sind als 6^m. In einem guten Fernglas sind Sterne bis 10^m ohne weiteres erkennbar. In großen Teleskopen werden Sterne bis 21^m beobachtet, also Objekte, die eine Million mal lichtschwächer sind als die schwächsten, dem menschlichen Auge zugänglichen Sterne mit 6^m.

Die Helligkeiten der Sterne zu schätzen, sollte man üben. Abb. E.9 zeigt den Kleinen Wagen, wobei die Helligkeiten der einzelnen Sterne vermerkt sind. Da das Sternbild Kleiner Wagen zirkumpolar ist, kann es in jeder klaren Nacht zu jeder Uhrzeit gesehen werden.

Stünden alle Sterne gleich weit entfernt, sozusagen in einer Normentfernung, dann entspräche die beobachtete scheinbare Helligkeit auch ihrer wirklichen Leuchtkraft. Eine solche Normentfernung wurde mit 10 Parsec (knapp 33 Lichtjahre) festgelegt. Man rechnet nun die Helligkeit aus, die ein Stern in 10 Parsec Entfernung hätte, und bezeichnet diese Größe als „absolute Helligkeit" oder „wahre Leuchtkraft" eines Sternes.

Um die absolute nicht mit der scheinbaren Helligkeit zu verwechseln, wird sie mit einem großen M (Magnitudo) abgekürzt. Beispiel: Unsere Sonne hat die enorme scheinbare Helligkeit von -27^m am Firmament und eine absolute Helligkeit von $+4{,}8^M$. Das heißt, in 33 Lichtjahren Entfernung erschiene uns die Sonne nur noch als Sternchen 5. Größe. Anmerkung: Da ^{m} auch für Minute steht, ist aus dem Textzusammenhang zu entnehmen, ob Helligkeiten oder Zeiten bzw. Koordinaten gemeint sind.

Entfernungsangaben

Unser Mond ist von der Erde im Mittel 384 400 Kilometer entfernt. Die Planeten unseres Sonnensystems sind viele Millionen Kilometer, die Sterne viele Billionen Kilometer von uns entfernt. In der Astronomie verwendet man, um große Zahlenungetüme zu vermeiden, für die Distanzen im Sonnensystem als Längenmaß die Astronomische Einheit (AE). Eine Astronomische Einheit entspricht der mittleren Entfernung der Erde von der Sonne, das sind rund 150 Millionen Kilometer.

Es gilt: 1 AE = 149 597 870 km

Diese Strecke legt das Licht in 8^m20^s zurück. Man spricht von der Lichtlaufzeit der Astronomischen Einheit. Jupiter ist beispielsweise 5,2 AE von der Sonne und Neptun rund 30 AE von ihr entfernt. Die Lichtlaufzeiten der Planetendistanzen betragen Minuten bis wenige Stunden. Die Sterne sind jedoch so weit entfernt, dass ihr Licht Jahre, Jahrhunderte und Jahrmillionen zur Erde unterwegs ist. Man gibt daher ihre Distanzen gerne in Lichtlaufzeiten an, wobei man ein Lichtjahr (LJ) als Einheit nimmt. In einem Jahr legt ein Lichtstrahl im Vakuum rund zehn Billionen Kilometer zurück.

Es gilt: $1\ \text{LJ} = 9{,}46 \times 10^{12}\ \text{km}$
$= 63\,240\ \text{AE}$

Ein Lichtjahr ist somit keine Zeit-, sondern eine Entfernungsangabe. In der Stellarastronomie wird ferner das Parsec (Parallaxensekunde) verwendet. Ein Parsec entspricht 3,26 Lichtjahren. Die Definition des Parsecs findet man im Begleitbuch zum Himmelsjahr, dem *Astrowissen* auf Seite 40 im Abschnitt „Entfernungseinheiten in der Astronomie".

Im *Himmelsjahr* werden die Entfernungen im Sonnensystem in AE und die Fixsterndistanzen in Lichtjahren angegeben. Parsec werden nicht verwendet.

Zeitangaben

Alle Uhrzeiten im *Himmelsjahr* sind grundsätzlich in Mitteleuropäischer Zeit (MEZ) angegeben. Die Mitteleuropäische Zeit ist die mittlere Sonnenzeit des Meridians 15° östlich von Greenwich (Nullmeridian der Erde). Sie geht gegenüber der Weltzeit (UT = Universal Time oder GMT = Greenwich Mean Time) um eine Stunde vor. Es gilt: Weltzeit plus eine Stunde = MEZ.

Wenn es in Greenwich Mitternacht (0^h) ist, dann haben wir schon 1^h (MEZ) morgens. Für ortsabhängige Angaben (z. B. Auf- und Untergänge) gelten alle Zeiten genau für einen Ort 10° östlich von Greenwich und 50° nördlicher Breite. Dieser Punkt liegt für Mitteleuropa ziemlich zentral.

Sommerzeit

Die Sommerzeit ist eine willkürliche Verschiebung der Zonenzeit um eine Stunde, um die Tageshelligkeit besser auszunutzen und (angeblich) Energie einzusparen. Sie beruht nicht auf astronomischen Grundlagen und ist außerdem von Staat zu Staat verschieden. Um die Benutzer des Himmelsjahres nicht zu verwirren und die Daten konstant zu halten, sind alle Angaben das ganze Jahr durchgehend in MEZ vermerkt. Es gilt: MEZ plus eine Stunde = MESZ (Mitteleuropäische Sommerzeit). Gilt in einem Land die

Sommerzeit, so ist zu den Zeitangaben im *Himmelsjahr* einfach eine Stunde zu addieren. Beispiel: der Mondaufgang am 7. April 2002 findet laut Tabelle „Mondlauf im April" um 4^h20^m MEZ statt und somit um 5^h20^m MESZ.

Achtung: Fällt ein Ereignis in die letzte Stunde vor Mitternacht, so ändert sich auch das Datum um einen Tag. Beispiel: Der Mondaufgang erfolgt am 29. Mai 2002 um 23^h41^m MEZ; zählt man eine Stunde hinzu, erhält man 0^h41^m MESZ am 30. Mai.

Die Mitteleuropäische Sommerzeit (MESZ) beginnt am Sonntag, 31. März 2002 um 2^h MEZ und endet am Sonntag, 27. Oktober 2002 um 3^h MESZ. Während der Dauer der Sommerzeit sind alle Zeitangaben in den Tabellen in einem dunkleren Farbton unterlegt. Wer häufig beobachtet, sollte das ganze Jahr über eine Uhr in MEZ laufen lassen. Dies ist recht bequem und hilft, Irrtümer zu vermeiden.

Wichtiger Hinweis: Da Beginn und Ende der Sommerzeit von den Regierungen bestimmt werden und nicht aus astronomischen Gegebenheiten abzuleiten sind, also keine natürlichen Grundlagen haben, sind die Angaben in diesem Jahrbuch unverbindlich. Vermerkt sind die bei Drucklegung bekannt gewordenen Absichten über die Einführung der Sommerzeit. Änderungen der vermerkten Daten sind aufgrund kurzfristiger politischer Entscheidungen möglich. Der Herausgeber übernimmt dafür keine Verantwortung.

Auf- und Untergangszeiten

Alle Auf- und Untergangszeiten (MEZ) gelten exakt für 10° östlicher Länge und 50° nördlicher Breite. Für andere Orte in Mitteleuropa können diese Zeiten erheblich differieren (bis etwa eine halbe Stunde). Um schnell auch für andere Orte die Auf- und Untergänge ermitteln zu können, ist das Nomogramm auf Seite 242 gedacht. Im Nomogramm sind die wichtigsten Städte in Mitteleuropa eingetragen. Man wähle eine Stadt, die dem eigenen Standpunkt am nächsten kommt. Dann lege man ein Lineal so auf das Nomogramm, dass es mit der Deklination des Gestirns bzw. der Uhrzeit laut Tabelle „Sonnenlauf" am oberen Bogen übereinstimmt. Dabei gilt das obere Vorzeichen für den Aufgang, das untere für den Untergang. Die Verbindungslinie (Lineal) gibt dann am unteren Bogen die Korrektur für die Auf- bzw. Untergangszeit an. Positive Werte bedeuten eine Verspätung, ein negativer Wert deutet an: Der Auf- oder Untergang erfolgt entsprechend früher. Die Zahlen geben die Minuten an. Beispiel: Wann geht in Wien am 31. März die Sonne auf? Man verbinde mit einem Lineal den Punkt „Wien" mit der 6 Uhr-Marke am oberen Bogen. Denn laut Tabelle „Sonnenlauf" auf Seite 70 erfolgt der Sonnenaufgang am 31. März um 6^h00^m. Die Verbindungslinie schneidet den unteren Bogen bei -24^m. Der Sonnenaufgang erfolgt in Wien somit 24 Minuten früher, also um 5^h36^m MEZ bzw. 6^h36^m Sommerzeit.

Wem die Verwendung des Nomogramms zu kompliziert erscheint, der kann auch die Tabelle zur Auf- und Untergangskorrektur auf Seite 243 benutzen. Man suche die seinem Wohnort nächstliegende Stadt und lese einfach die Korrekturzeit in Minuten ab, wobei für Mond, Planeten oder Sterne noch vorher die Deklination zu ermitteln ist. Bei der Sonne beachte man das Datum.

Da durch den natürlichen Horizont (Häuser, Bäume, Berge etc.) die Auf- und Untergangszeiten ohnedies mit einem gewissen Spielraum zu versehen sind, kann man auf die Korrektur auch ganz verzichten, wenn man keine große Genauigkeit benötigt.

Sternzeit

Unser tägliches Leben richtet sich nach der Sonne, ebenso unsere bürgerliche Zeitrechnung. Auf unserer Armbanduhr lesen wir somit „Sonnenzeit" ab. Steht die Sonne im Süden, dann haben wir zwölf Uhr Mittag. Eine Stunde später ist es ein Uhr nachmittags, wieder eine Stunde später zwei Uhr nachmittags usw. Die Sonnenzeit wird also am Stundenwinkel der Sonne gemessen.

Die Sonne steht jedoch nicht fest, sondern wandert im Laufe eines Jahres durch die Tierkreissternbilder. Um aber mit dem Fernrohr ein bestimmtes Gestirn zu finden, muss man die Stellung des Beobachters auf der Erde zu einer bestimmten Uhrzeit des Tages relativ zur Fixsternwelt kennen. Man braucht also einen „ruhenden" Punkt unter den Sternen. Dafür hat man den Frühlingspunkt ausgewählt. Er ist der Schnittpunkt der aufsteigenden Sonnenbahn mit dem Himmelsäquator. Im Frühlingspunkt steht die Sonne zu Frühlingsbeginn. Er ist auch der Nullpunkt der äquatorialen Himmelskoordinaten. Nimmt man statt der Sonne den unter den Fixsternen feststehenden Frühlingspunkt, erhält man statt der Sonnen- die Sternzeit.

Steht der Frühlingspunkt im Süden (Meridian), spricht man von 0^h Sternzeit, eine Stunde später von 1^h Sternzeit usw. Es gilt:

Sternzeit = Stundenwinkel des Frühlingspunktes.

Im Himmelsjahr ist die Sternzeit jeweils für 1^h MEZ (= 0^h Weltzeit) von zehn zu zehn Tagen für den Meridian von Greenwich (Nullmeridian) angegeben (siehe Tabelle auf Seite 236).

Die Tabelle auf Seite 240 erlaubt eine schnelle Bestimmung der Sternzeit zur abendlichen Beobachtungsstunde.

Die Tabelle „Sternzeit" gibt die Sternzeit um 20^h MEZ (= 21^h MESZ) am Ortsmeridian 10° östlicher Länge für jeden Tag des Jahres an. Wozu dient die Sternzeit? Zunächst gibt sie an, wie der Fixsternhimmel relativ zum Beobachter steht. Um 0^h Sternzeit (SZ) sind beispielsweise Pegasus und Kassiopeia im Meridian zu finden, das Sommerdreieck hingegen im Westen, um 6^h SZ sind im Süden Orion und Sirius zu sehen, um 11^h SZ kulminiert der Löwe usw.

Mit Hilfe der Sternzeit kann man sein Teleskop „nach Koordinaten" einstellen. Die Deklination wird direkt an einem Teilkreis eines parallaktisch montierten Fernrohres abgelesen. Der andere Teilkreis ist der Stundenkreis. Um den Stundenwinkel eines Gestirns zu ermitteln, bilde man die Differenz: Sternzeit minus Rektaszension des Gestirns, dann hat man den Stundenwinkel zum Beobachtungszeitpunkt und kann das Teleskop danach einstellen.

Für die Bestimmung des Stundenwinkels eines Planeten kann man auch seine Kulminationszeit (Zeit des Meridiandurchganges) benutzen, wenn man keine Sternzeituhr zur Verfügung hat und sich die Berechnung der Sternzeit zum Beobachtungszeitpunkt ersparen will. Die Kulminationszeiten der Planeten und Kleinplaneten sind auf den Seiten 230 bis 234 angegeben. Die Kulminationszeit gilt für 10° östlicher Länge. Zunächst ist die Korrektur für die Längendifferenz des Beobachtungsortes anzubringen (siehe Seite 241, Spalte Zeitkorrektur gegen 10° östlicher Länge). Um diese so erhaltene Zeit geht der Planet durch den Meridian des Beobachters und hat somit den Stundenwinkel Null. Man bilde nun die Zeitdifferenz zwischen der Beobachtungszeit und der Zeit des Meridiandurchganges. Sie entspricht direkt dem Stundenwinkel (im Zeitmaß).

Geht beispielsweise der Planet Neptun am 30. Juni 2002 um 2^h40^m durch den Meridian, beobachtet man aber erst um 3^h11^m, dann beträgt der Stundenwinkel $t = 0^h31^m$. Erhält man einen negativen Wert, so bedeutet dies, dass das Objekt noch vor dem Meridiandurchgang steht, der Stundenwinkel also in Richtung Ost einzustellen ist.

Dynamische Zeit

In der Astronomie wird seit 1984 eine Dynamische Zeit verwendet, die die früher übliche Ephemeridenzeit abgelöst hat. Nähere Erläuterungen zu den Dynamischen Zeitskalen finden sich in dem Buch *Astrowissen* von H.-U. Keller, erschienen im Kosmos-Verlag, Stuttgart. Die genaue Differenz der Dynamischen Zeit (TDT) zur Weltzeit (UT = Universal Time) kann erst im Nachhinein aus Beobachtungen der Gestirnspositionen bestimmt werden. Der extrapolierte Wert für das Jahr 2002 lautet: $\Delta T = +66$ Sekunden, wobei $\Delta T = TDT - UT$ gilt. Die Weltzeit (UT) hinkt somit der

Dynamischen Zeit (TDT) um mehr als eine Minute nach. Der beobachtende Sternfreund kann die TDT unberücksichtigt lassen, wenn er nicht hohe Genauigkeitsansprüche hat. Wer jedoch die Angaben im *Himmelsjahr* mit anderen Jahrbüchern vergleicht, muss beachten, dass alle Zeitangaben hier in MEZ = UT + 1^h und nicht in TDT vermerkt sind.

Der Sonnenlauf

Die Bewegung der Sonne durch den Tierkreis ist zu Beginn jeder Monatsübersicht aus einer kleinen Grafik zu entnehmen. Die Grenzen der Sternbilder sind eingetragen sowie die wichtigsten Bahnpunkte der Sonne.
Die Tages- und Nachtstunden sowie Dämmerungslängen werden durch eine dreiteilige Zeichnung (Uhrensymbole) veranschaulicht. Diese soll einen groben und schnellen Überblick über die Länge der Tages- und Nachtzeit geben. Für die Dämmerungszeiten wurde die nautische Dämmerung (Sonne 12° unter dem Horizont) eingesetzt.
Die Tabelle „Sonnenlauf" gibt die Auf- und Untergangszeiten, Meridiandurchgang (Kulmination), Zeitgleichung und die Mittagshöhe der Sonne an sowie die äquatorialen Koordinaten Rektaszension und Deklination für 1^h MEZ jeweils von fünf zu fünf Tagen. Die Zeiten gelten exakt für einen zentralen Ort mit 10° östlicher Länge und 50° nördlicher Breite. Für diesen Ort gelten auch die Dämmerungszeiten. Angegeben ist jeweils der Beginn und das Ende der nautischen Dämmerung (Sonne 12° unter dem Horizont).

Sonnenhöhe zu Mittag

Sie ist in der Tabelle „Sonnenlauf" für 50° nördlicher Breite angegeben. Für andere Breiten ist sie einfach zu ermitteln: 90° minus geographische Breite des Beobachters plus Sonnendeklination. Beispiel: Wie hoch steht die Sonne am 10. Juni zu Mittag (Kulmination) in Düsseldorf (geographische Breite: +51°)? Die Rechnung lautet dann: 90°– 51° + 23° = 62° (Im Winterhalbjahr die negativen Deklinationen der Sonne beachten!).
In der Grafik „Sonnenlauf" jeweils zu Monatsbeginn ist die scheinbare Sonnenbahn (Ekliptik) durch die Sternbilder des Tierkreises für den jeweiligen Monat eingezeichnet. Ferner sind die Eintritte der Sonne sowohl in die einzelnen Tierkreissternbilder als auch in die Tierkreiszeichen vermerkt sowie die Äquinoktien (Tagundnachtgleichen) und Solstitien (Sommer- und Winterbeginn).

Zeitgleichung

Die Sonnenzeit wird nach einer fiktiven „mittleren Sonne" gerechnet. Die wahre Sonne läuft nämlich ungleichförmig. So geht sie einmal vor, dann wieder nach. Die Differenz kann bis zu einer Viertelstunde plus oder minus betragen. Diese Differenz wird Zeitgleichung (ZGL) genannt.
Sie ist definiert zu:
ZGL = Wahre Sonnenzeit minus Mittlere Sonnenzeit
Die Zeitgleichung und die Kulmination der wahren Sonne sind tabellarisch aufgeführt.
Wer den Wert der Zeitgleichung berechnen will, ziehe von 12^h20^m die Kulminationszeit (angegeben in MEZ) ab. 12^h20^m ist nämlich die wahre Sonnenzeit der Kulmination für 10° östlicher Länge, bezogen auf den Zeitmeridian 15° östlicher Länge. Beispiel: Wie groß ist die Zeitgleichung am 25. April? Kulminationszeit der wahren Sonne am 25. April: 12^h18^m MEZ. Also $12^h20^m - 12^h18^m = +2^m$. Das heißt, die wahre Sonne geht 2^m früher durch den Meridian (Kulmination) als die mittlere. Ein negativer Wert der ZGL bedeutet, die wahre Sonne geht nach der mittleren durch den Meridian.

Der Mondlauf

Auf- und Untergangszeiten (MEZ) gelten genau für 10° östlicher Länge und 50° nördlicher Breite (siehe Zeitangaben). Ferner sind die Kulminationszeiten (Meridiandurchgänge) für 10° östliche Länge tabelliert.
Der Mond bewegt sich recht schnell durch den Tierkreis. Deshalb sind für jeden Tag des Jahres seine Koordinaten angegeben. Sie gelten jeweils für 1^h MEZ (= 0^h Weltzeit). Wem diese Zahlen nichts sagen, der findet in der Spalte „Sterne und Sternbilder" die Position des Mondes im Tierkreis vermerkt. Ein Sternchen (*) deutet auf eine Sternbedeckung hin. Die Position des Mondes gilt wie erwähnt für 1^h MEZ. Wer also abends beobachtet, sollte die Stellung des Mondes im Tierkreis aus der Zeile des folgenden Tages entnehmen, denn der Mond läuft recht rasch. Nähere Angaben zu den Sternbedeckungen finden sich in der Tabelle „Sternbedeckungen durch den Mond" auf Seite 238. Die letzte Spalte enthält die Mondphasen sowie wichtige Punkte in der Bahn. Die Mondbahn ist rund 5° gegen die Ekliptik (scheinbare Sonnenbahn) geneigt. Aufsteigender Knoten bedeutet, der Mond überschreitet die Ekliptik nach Norden; absteigender Knoten, er wechselt wieder nach Süden. Größte Nordbreite: Der Mond steht am weitesten in nördlicher Richtung von der Ekliptik entfernt; analog dazu heißt größte Süd-

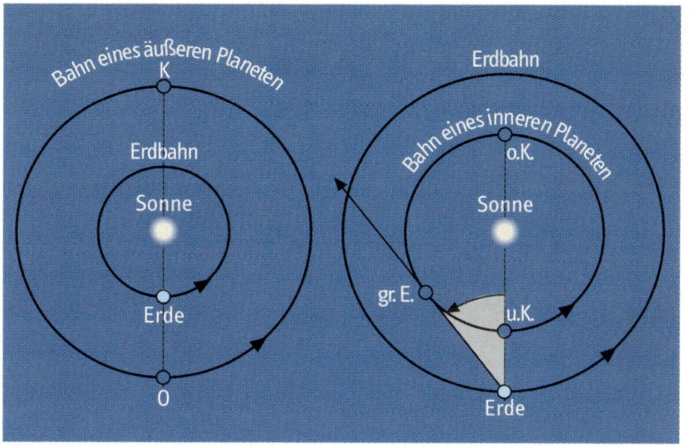

E.10 Die linke Zeichnung zeigt die Erdbahn und die Bahn eines äußeren Planeten. Bei O steht der Planet in Opposition, bei K in Konjunktion. Auf der rechten Seite der Abbildung sind die Erdbahn und die Bahn eines inneren Planeten dargestellt. Bei u.K. steht der Planet in unterer, bei o.K. in oberer Konjunktion mit der Sonne. Bei E steht er in größter Elongation (Winkel grau gerastert).

breite: Der Mond hat maximalen südlichen Abstand von der Ekliptik.
Im Tabellenteil findet man auf Seite 228 die Mondbahn relativ zur Ekliptik eingetragen. Wegen der Rückläufigkeit der Mondbahnknoten verläuft die Mondbahn in jedem Jahr anders.
Libration: Bei größter Südbreite ist die Nordhalbkugel des Mondes uns ein wenig mehr zugekehrt, man spricht von maximaler Libration Nord; entsprechend sieht man bei größter Nordbreite mehr vom Südpolgebiet des Mondes. Libration West: Westrand des Mondes, Libration Ost: Ostrand des Mondes ist uns zugekehrt (Astronomische Definition West – Ost, siehe auch *Astrowissen* von H.-U. Keller S. 80 sowie Grafik in diesem *Himmelsjahr* auf Seite 238).
Bei Erdnähe und Erdferne ist die Distanz des Mondes jeweils in tausend Kilometer vermerkt. Außerdem ist der scheinbare Monddurchmesser in Bogenminuten angegeben. Beispiel: 30. Januar 2002 – Erdnähe 360/33,2 bedeutet: Der Mond ist 360 000 Kilometer von der Erde entfernt und erscheint 33,2 Bogenminuten groß.

Der Planetenlauf

Planeten sind Geschwister der Erde. Sie laufen gemeinsam mit ihr um die Sonne. Je näher ein Planet der Sonne steht, desto schneller wandert er um sie.
Wir beobachten die Planeten nicht von einem ruhenden Punkt aus, sondern vom Raumschiff Erde, das ständig in Bewegung ist. Deshalb erscheinen uns von der Erde aus (geozentrisch) die Bewegungen der Planeten vor dem Hintergrund der fernen Fixsterne – dem Muster der Sternbilder also – recht kompliziert. Überholt die Erde einen weiter außen laufenden Planeten, so scheint er einige Wochen lang zurückzubleiben, er ist „rückläufig“, wie die Astronomen zu sagen pflegen. Anschließend bewegt er sich wieder in der ursprünglichen Richtung wie die Sonne, nämlich von West nach Ost, er ist wieder „rechtläufig“. Durch diesen Bewegungswechsel bildet die Bahn des Planeten eine Schleife.
Ob ein Planet am Himmel zu sehen ist, hängt von der gegenseitigen Stellung von Sonne und Planet ab. Steht ein äußerer Planet von der Erde aus gesehen hinter der Sonne, Planet – Sonne – Erde bilden also eine Linie, so ist er nicht beobachtbar (Abb. E.10). Da er in Sonnenrichtung steht, geht er mit der Sonne auf und unter, bleibt somit nachts unter dem Horizont verborgen. Diese Konstellation heißt Konjunktion.
Steht der Planet von der Erde aus gesehen der Sonne gegenüber, also in der Reihenfolge Sonne – Erde – Planet (Abb. E.10), so spricht man von Opposition oder Gegenschein. Der Planet ist die ganze Nacht über zu sehen, da er mit Sonnenuntergang aufgeht und morgens mit Sonnenaufgang unter dem Westhorizont verschwindet.
Bilden Sonne – Erde – Planet ein rechtwinkliges Dreieck, so spricht man von einer Quadratur.
Die inneren Planeten Merkur und Venus können, wie leicht zu sehen, niemals in Oppositionsstellung kommen. Dafür unterscheidet man bei ihnen zwischen oberer und unterer Konjunktion (Abb. E.10, rechts).
In diesen beiden Stellungen bleibt der Planet unsichtbar.
Nur wenn der Planet westlich oder östlich der Sonne „in Elongation“ steht, kann er gesehen werden. Steht Venus in östlicher Elongation, so geht sie erst nach Sonnenuntergang unter, sie ist dann Abendstern. Steht sie in westlicher Elongation, so geht sie vor der Sonne auf und ist am Morgenhimmel zu sehen.
Ähnliches gilt für Merkur. Die

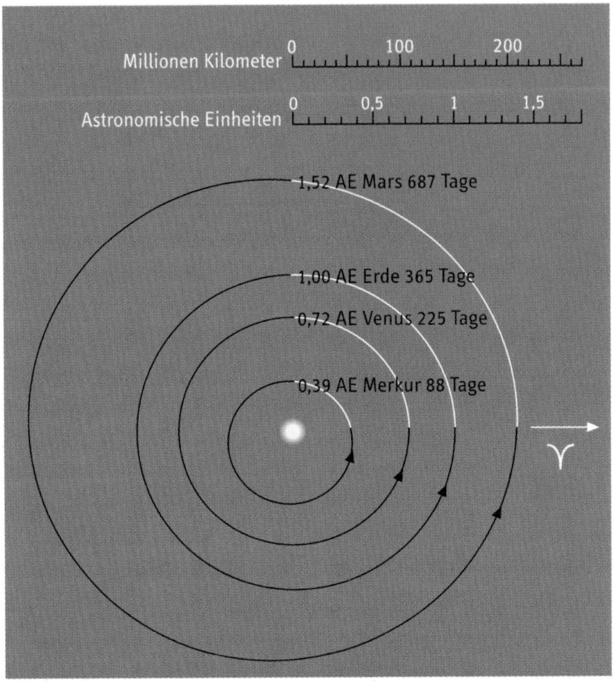

E.11 Die Bahnen der inneren Planeten um die Sonne (1 AE = 1 Astronomische Einheit = 149,6 Millionen Kilometer). Der Pfeil deutet die Richtung zum Frühlingspunkt an (Symbol: ♈).

größte Elongation (Winkelabstand von der Sonne) kann für die Venus 48° betragen, für den sonnennäheren Merkur aber nur 28°. Merkur ist daher schwierig zu beobachten – entweder abends kurz nach Sonnenuntergang tief im Westen oder kurz vor Sonnenaufgang tief am Osthimmel. Die Sichtbarkeiten der Planeten hängen nicht nur von den geometrischen Verhältnissen (Stellung des Planeten und der Sonne), sondern auch von meteorologischen Gegebenheiten ab. Eine starke Dunstglocke, hohe Luftfeuchtigkeit (Nebel) oder irdisches Streulicht (Neonreklame, Autoscheinwerfer, Lichtdom eines Stadions) beeinträchtigen die Beobachtung.

Aufgrund langjähriger Erfahrungen sind die Sichtbarkeitszeiten im Himmelsjahr vermerkt. Je nach Beobachtungsort (stadtnah oder stadtfern) und Witterung sind die angegebenen Termine um wenige Tage zu verschieben. Jeder Beobachter wird hier seine eigenen, ganz persönlichen Erfahrungen machen. Eine Grafik vor der Rubrik „Planetenlauf" ermöglicht einen schnellen Überblick, welche Planeten am Abend, die ganze Nacht über, am Morgen oder gar

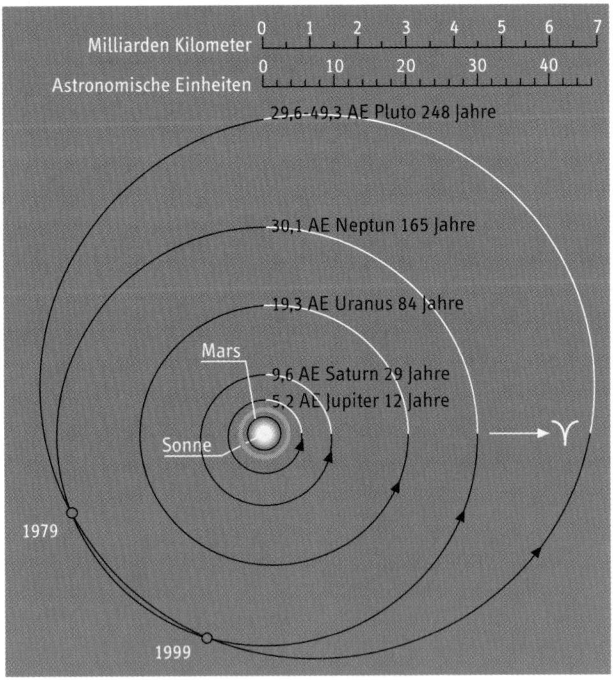

E.12 Die Bahnen der äußeren Planeten. Zwischen der Marsbahn und der Jupiterbahn laufen Abertausende Kleinplaneten (Planetoiden) um die Sonne. Wegen seiner stark exzentrischen Bahn war Pluto von 1979 bis Anfang Februar 1999 der Sonne näher als Neptun.

nicht zu sehen sind. Eine grafische Jahresübersicht der Stellung, Größe, Helligkeit und Sichtbarkeit der Planeten findet sich auf den Seiten 226 und 227.

Die großen Planeten

Merkur: Sonnennächster Planet, zwischen $+3^{m}$ und $-1{,}^{m}5$ hell; schwer zu beobachten, da nur kurze Sichtbarkeitsperioden und stets horizontnahe Stellung; chromgelbes Licht.
Venus: Nach Sonne und Mond hellstes Gestirn, oft als Abend- bzw. Morgenstern bezeichnet. Helligkeiten von $-3{,}^{m}9$ bis $-4{,}^{m}7$; strahlend weißes Licht; entweder abends am Westhimmel oder morgens in der östlichen Himmelshemisphäre zu sehen.
Mars: Äußerer Nachbarplanet der Erde, auffallend seine rötliche Farbe (der rote Planet); sehr unterschiedliche Helligkeiten, nämlich von $+1{,}^{m}8$ bis $-2{,}^{m}9$.
Jupiter: Der größte aller Planeten, ein auffallend heller Planet, daher kaum zu übersehen; Helligkeit von $-1{,}^{m}7$ bis $-2{,}^{m}9$, weißlichgelbes Licht.
Saturn: Der sonnenfernste mit freiem Auge noch sichtbare Planet strahlt in einem fahlen Licht zwischen $+1{,}^{m}3$ und 0^{m}, in Ausnahmefällen bis $-0{,}^{m}5$. Den berühmten Ring kann man mit einem Fernrohr ab etwa 30facher Vergrößerung erkennen.
Uranus: Ist theoretisch mit bloßem Auge gerade noch erkennbar (Oppositionshelligkeit $5{,}^{m}5$). Wohlgemerkt „theoretisch“, es empfiehlt sich auf alle Fälle ein gutes Fernglas, um Uranus zu finden! Farbe: grünlich. Die im März 1977 entdeckten Ringe sind jedoch selbst in großen Fernrohren nicht zu sehen.
Neptun: Helligkeit um $7{,}^{m}9$; zeigt im Fernrohr ein winziges, grünblaues Scheibchen.

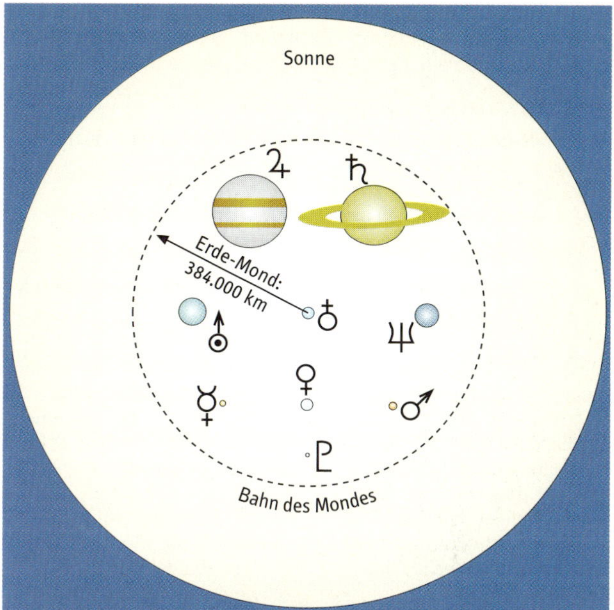

☉ Sonne	ø	1.392.000 km	♃ Jupiter	ø	142.796 km
☿ Merkur	ø	4.878 km	♄ Saturn	ø	120.536 km
♀ Venus	ø	12.104 km	♅ Uranus	ø	51.118 km
♁ Erde	ø	12.756 km	♆ Neptun	ø	49.424 km
♂ Mars	ø	6.794 km	♇ Pluto	ø	2.300 km

E.13 Größenverhältnisse der Planeten und der Mondbahn im Vergleich zur Sonne. Darunter sind die astronomischen Symbole der Planeten vermerkt, die auch in den monatlichen Sternkarten des Himmelsjahres die Orte der betreffenden Planeten markieren.

Pluto: Der sonnenfernste Planet ist leider recht lichtschwach, Helligkeit: $13{,}^{m}8$. Nur gut ausgerüstete Amateurastronomen können ihn beobachten.
Die Angaben der scheinbaren Helligkeiten der Planeten sind – wie international üblich – V-Helligkeiten (nach dem UBV-System von Johnson). Die früher gebräuchlichen „visuellen“ (m_{vis}) Helligkeiten sind um durchschnittlich $0{,}^{m}2$ geringer. Man beachte, dass manche Sternkalender noch die veralteten Werte bringen.

Kleinplaneten

Außer den neun großen Planeten schwirren noch Tausende kleiner und kleinster Planeten (Planetoiden oder Asteroiden) um die Sonne. Der erste wurde in der Neujahrsnacht des Jahres 1801 von Giuseppe Piazzi in Palermo entdeckt und auf den Namen Ceres getauft.
Heute sind über zwanzigtausend Planetoiden katalogisiert. Die meisten bewegen sich zwischen Mars und Jupiter um die Sonne. Einige haben jedoch sehr langgestreckte Bahnen, die die Bahnen anderer Planeten kreuzen. Sie können auch der Erde recht nahe kommen.
Einige Planetoiden, die im Jahre

2002 heller als 9^m werden, sind in der Rubrik „Planetenlauf" verzeichnet, und zwar: Ceres (1), Juno (3), Vesta (4), Iris (7), Metis (9), Eunomia (15), Melpomene (18) und Massalia (20).
Im Abschnitt „Ephemeriden hellerer Kleinplaneten 2002" (Seite 234) sind ihre Koordinaten und Kulminationszeiten angegeben.

Die Monde der Planeten

Die beiden winzigen Marsmonde, die zahlreichen Uranusmonde, die Neptunmonde und der Plutomond sind so lichtschwach, dass sie nicht mit den bescheidenen optischen Hilfsmitteln der Sternfreunde zu beobachten sind. Deshalb sind sie hier nicht aufgeführt.
Jupiter: Die vier hellsten Monde sind schon in kleinen Teleskopen leicht zu sehen: I Io, II Europa, III Ganymed, IV Kallisto. In den Monaten, in denen Jupiter zu beobachten ist, findet man eine Grafik, aus der die Positionen der Jupitermonde im umkehrenden Fernrohr ersichtlich sind. Sie soll den Benutzer die gegenseitigen Stellungen und die Bewegungsabläufe der Jupitermonde erkennen lassen. Die waagerechten Linien in der Grafik beziehen sich auf 1^h MEZ des jeweiligen Datums, das links angegeben ist. Die Schnittpunkte der waagerechten Linien mit den Kurven der Jupitermonde geben somit deren Positionen jeweils um 1^h MEZ an. Am unteren Rand jeder Grafik findet man eine Darstellung der Jupitermondbahnen relativ zum Beobachter.

Erscheinungen der Jupitermonde

Für den Fernrohrbesitzer ist es überaus reizvoll, Bedeckungen, Verfinsterungen, Durchgänge und Schattenwürfe der Monde des Riesenplaneten auf Jupiter selbst zu beobachten. Sofern diese Ereignisse von Mitteleuropa aus beobachtbar sind, findet man sie in der Rubrik „Jupitermonderscheinungen" verzeichnet. Es gelten folgende Abkürzungen:
B = Bedeckung, Mond verschwindet hinter der Jupiterscheibe
D = Durchgang, Mond geht vor der Planetenscheibe vorbei
S = Schattendurchgang, Mond wirft seinen Schatten auf Jupiter
V = Verfinsterung, Mond wird vom Jupiterschatten getroffen
A = Anfang der Erscheinung
E = Ende der Erscheinung
I: Io, II: Europa, III: Ganymed, IV: Kallisto.
Beispiel: April 2002:
22. 21 52 II SA bedeutet:
Am 22. April um 21^h52^m MEZ (= 22^h52^m MESZ) beginnt der Schatten von Mond II (Europa) über die Jupiterkugel zu wandern.

Im Jahre 2002 kommt es zu gegenseitigen Bedeckungen und Verfinsterungen der Jupitermonde, da sich die Erde fast exakt in der Bahnebene der Jupitermonde befindet. Auch diese seltenen und spannenden Phänomene sind in der Rubrik „Jupitermonderscheinungen" aufgeführt. Beispiel für Oktober 2002: 28. 2 08 I BA II bedeutet: Am 28. Oktober beginnt Mond I (Io) um 2^h 08^m MEZ Mond II (Europa) zu bedecken.
Saturn: Schon mit einem guten Fernglas ist der Riesenmond Titan zu erkennen. Mit einem Fernrohr sind auch die Monde Rhea, Dione und Tethys sowie Japetus in westlicher Elongation (er ist dann rund 2^m heller) zugänglich. Für die Monate, in denen Saturn einigermaßen zu beobachten ist, findet man jeweils eine Grafik, aus der die Stellungen und die Bewegungsabläufe der Saturnmonde Titan, Rhea, Tethys, Dione und Japetus zu entnehmen sind. Die Bahnlagen der Saturnmonde relativ zum Beobachter sind unter jeder Grafik abgebildet.

Sternschnuppen

Sternschnuppen, die in Strömen periodisch auftreten, sind in den Monatsübersichten angegeben. Bei den verzeichneten Daten, vor allem, was die Häufigkeit betrifft, ist mit erheblichen Abweichungen zu rechnen.

Das griechische Alphabet

A	α	Alpha	a	Η	η	Eta	e	Ν	ν	Nü	n	Τ	τ	Tau	t
Β	β	Beta	b	Θ	ϑ	Theta	th	Ξ	ξ	Xi	x	Υ	υ	Ypsilon	y
Γ	γ	Gamma	g	Ι	ι	Jota	i, j	Ο	ο	Omikron	o	Φ	φ	Phi	ph
Δ	δ	Delta	d	Κ	κ	Kappa	k	Π	π	Pi	p	Χ	χ	Chi	ch
Ε	ε	Epsilon	e	Λ	λ	Lambda	l	Ρ	ρ	Rho	r	Ψ	ψ	Psi	ps
Ζ	ζ	Zeta	z	Μ	μ	Mü	m	Σ	σ	ς Sigma	s	Ω	ω	Omega	o

Die Meteorrate bezieht sich auf den Idealfall, dass der Radiant im Zenit steht. Vor allem bei horizontnahen Radianten ist die pro Stunde zu beobachtende Sternschnuppenzahl erheblich geringer. Die systematische Beobachtung heller Meteore ist auch heute noch ein dankbares Aufgabengebiet für den Amateurastronomen.

Konstellationen und Ereignisse

Diese Übersicht weist auf Konjunktionen (Begegnungen) zwischen den großen Planeten, mit Sonne und Mond sowie auf alle Oppositionen zur Sonne und die größten Elongationen der inneren Planeten hin. Auch Perihel- (Sonnennähe) und Aphelstellungen (Sonnenferne) der Planeten sind angegeben.
Sind Begegnungen des Mondes mit Planeten prinzipiell beobachtbar, so sind die Winkeldistanzen topozentrisch (für +50° Breite) angegeben und durch **Fettdruck** hervorgehoben.
Für die übrigen Konjunktionen sind die Abstandsangaben geozentrische Werte (Normaldruck). Denn durch die relative Erdnähe des Mondes ergibt sich eine große Parallaxe, d. h., der Winkelabstand des Mondes von einem Planeten kann bis etwa 1° differieren zwischen einem (fiktiven) Beobachter im Erdmittelpunkt (geozentrisch) und einem Beobachter auf der Erdoberfläche (topozentrisch).
Ferner sind wichtige Ereignisse durch **Fettdruck** hervorgehoben.

Fixsternhimmel

Da die Sonne täglich um rund 1° unter den Sternen nach Osten vorrückt, ändert sich der Anblick des Himmels im Laufe eines Jahres. Genauer: Täglich durchschreiten die Fixsterne den Meridian vier Minuten früher als am Vortag. In 30 Tagen, also einem Monat, macht das schon zwei Stunden! Mitte Dezember steht das Sternbild Orion gegen Mitternacht im Süden. Mitte Januar schon um 22 Uhr, und Mitte Februar geht Orion um 20 Uhr durch den Meridian. Dadurch ändert sich zur gleichen Beobachtungsstunde die Himmelsszene mit dem Datum. Nach einem Monat ist der Anblick noch nicht allzu verschieden vom Vormonat, aber nach einem Vierteljahr (sechs Stunden!) hat sich die Szenerie völlig umgestellt. Man spricht daher von einem Frühlings-, Sommer-, Herbst- und Wintersternhimmel. Gemeint ist der Anblick des Fixsternhimmels in den Abendstunden der jeweiligen Jahreszeit.
Die Monatssternkarte dient der schnellen Orientierung. Sie zeigt den beobachtbaren Himmelsausschnitt für 50° nördlicher Breite zur Standardbeobachtungszeit (am Monatsersten um 23^h MEZ, am 15. um 22^h MEZ). Ebenfalls in die Monatssternkarten eingetragen sind die fünf hellen Planeten (Merkur bis Saturn), sofern sie zur Monatsmitte um 22^h MEZ über dem Horizont stehen. Zum Rand zu erscheint die Sternkarte aufgehellt. Es werden damit die Extinktion und die durch künstliche Lichtquellen fast immer aufgehellten Horizonte nachempfunden.
Die monatlichen Sternkarten können auch zur Beobachtung am Morgenhimmel herangezogen werden. Unter jeder Sternkarte finden sich die entsprechenden Datums- und Uhrzeitangaben. Man beachte noch, dass für andere Monate der Planetenstand nicht aktuell ist. Man entnehme ihn jeweils der monatlichen Grafik „Planetenlauf“.

Monatsthemen

Hier wird monatlich ein Kapitel aus der Himmelskunde kurz und bündig dargestellt, zum leichteren und allmählichen Eindringen in die Wissenschaft von den Sternen. Auch über neue Forschungsergebnisse aus der Astronomie wird berichtet.

Tabellen und Ephemeriden

Für den fortgeschrittenen Amateurastronomen sind im Anhang wichtige Beobachtungsgrundlagen vermerkt. Der Anfänger kann diese Angaben unberücksichtigt lassen.
Auf Seite 228 findet man die ekliptikalen Koordinaten des Mondes, der Sonne und der großen Planeten von Merkur bis Saturn.
Die äquatorialen Koordinaten der Planeten und Kleinplaneten sind für das Äquinoktium J2000.0 angegeben, damit man sie leichter in vorhandene Sternkarten einzeichnen kann. Die Aufsuchkärtchen gelten ebenfalls für J2000.0.
Ferner sind Kulminationszeiten sowie die Auf- bzw. Untergangszeiten, Scheibchendurchmesser in Bogensekunden und beleuchteter Teil der Planetenscheibchen vermerkt. Bei Saturn ist noch die Ringöffnung zur Erde und zur Sonne sowie die scheinbare Ausdehnung der großen und der kleinen Ringachse angegeben.
Für Sonne und Jupiter (System I und II) sind die Zentralmeridiane (Meridiane durch den Scheibchenmittelpunkt) jeweils für 1^h MEZ vermerkt. Ferner gibt die Sonnenephemeride die Entfernung der Sonne von der Erde

in AE an sowie ihren scheinbaren Durchmesser, die Achsenlage und die Sternzeit an. Sternbedeckungen durch den Mond sind für Berlin, Dresden, Hamburg, Hannover, Düsseldorf, Frankfurt (Main), Leipzig, München, Nürnberg, Stuttgart, Wien und Zürich angegeben. Aus Platzersparnisgründen ist jeweils nur ein Positionswinkel angegeben, der dem leichteren Aufsuchen des zu bedeckenden Sternes dienen soll. In den Monatsübersichten wird unter der Rubrik „Mondlauf“ in der Spalte „Sterne und Sternbilder“ durch ein Sternchen (*) auf eine Sternbedeckung hingewiesen. Veränderliche Sterne sind im Anschluss an die Fixsternmonatsübersichten aufgeführt. Für Algol (β Perseï) und β Lyrae findet der Sternfreund jeweils die Minima-Zeiten, für δ Cepheï die Lichtmaxima und für den langperiodischen Veränderlichen Mira (o Ceti) den jeweiligen Helligkeitszustand. Die Aufsuchkärtchen findet man auf Seite der Umschlaginnenseite. Bei den Minima-Angaben für Algol ist die Lichtzeitkorrektur (heliozentrisch auf geozentrisch) berücksichtigt.
Eine Sternzeittafel soll die rasche Bestimmung der Sternzeit zur abendlichen Beobachtungsstunde ermöglichen. Die Sternzeit für 1^h MEZ, bezogen auf den Meridian von Greenwich (Nullmeridian), findet man in der Tabelle „Ephemeride der Sonnenscheibe“ (letzte Spalte).
Das Julianische Datum ist jeweils für den Monatsersten in der Rubrik „Sonnenlauf“ angegeben. Das Julianische Datum stellt eine fortlaufende Tageszählung dar, die mit dem 1. Januar des Jahres –4712 (= 4713 v. Chr.) beginnt.
Im Anhang finden sich zwei Verzeichnisse astronomischer Institutionen. Im Verzeichnis „Astronomische Institute, Planetarien und Sternwarten“ findet man die professionellen Einrichtungen im deutschen Sprachraum. Das Verzeichnis „Amateurastronomische Vereinigungen, Beobachtungsstationen und Privatsternwarten“ enthält astronomische Vereine, Schulsternwarten sowie ehrenamtlich betriebene Sternwarten mit Publikumsverkehr. Dieses Verzeichnis soll dem Leser den Kontakt zu Gleichgesinnten erleichtern und die eigene Beobachtungstätigkeit fördern. Das Verzeichnis erhebt keinen Anspruch auf Vollständigkeit. Weitere Adressen nimmt der Herausgeber gerne auf (Anschrift: Planetarium Stuttgart, Mittlerer Schloßgarten, 70173 Stuttgart).

Abbildungen

Zahlreiche Abbildungen sollen der Anschaulichkeit, dem besseren Verständnis und für die Beobachtung dienen. Viele Abbildungen sind irgendwo im Text eingestreut, werden jedoch nicht nur in einem bestimmten Monat, sondern häufiger benötigt – z. B. Sternkarten mit eingezeichnetem Planetenlauf oder Aufsuchkärtchen. Um eine gewünschte Abbildung schneller zu finden, sind die Abbildungen nicht fortlaufend durchnummeriert, sondern kapitelweise. So kann man die Abbildungen schneller finden. E. steht dabei für den Einführungsteil, F. – Finsternisse, 1. für die Monatsübersicht Januar, 2. für Februar usw., T. für den Tabellenteil. Beispiele: E.3 ist die dritte Abbildung im Erläuterungsteil, 1.1 die erste im Monatskapitel Januar, 5.3 die dritte im Mai, T.5 die fünfte im Tabellenteil usw. Auf Seite 2 findet sich ferner ein Verzeichnis wichtiger Abbildungen und Tabellen für ein schnelles Auffinden gewünschter Grafiken und Zahlenwerte.

Kalender-Zyklen

Sonnenzirkel: Ordnungszahl (1 bis 28) im Zeitintervall von 28 Jahren, nach dem die Wochentage wieder auf dieselben Daten (dieselben Monatstage) fallen. Da es sieben Wochentage gibt, aber jedes 4. Jahr ein Schaltjahr ist, so fallen nach $7 \times 4 = 28$ Jahren die Wochentage wieder auf dieselben Monatstage. Der Sonnenzirkel gibt an, welcher Sonntagsbuchstabe im betreffenden Jahr gilt.
Sonntagsbuchstabe: Gibt im ewigen Kalender den Tag des ersten Sonntags im Jahr an. In Schaltjahren gelten zwei Sonntagsbuchstaben (der zweite ist ab dem 1. März zu benutzen).

1. Januar A	5. Januar E
2. Januar B	6. Januar F
3. Januar C	7. Januar G
4. Januar D	

Epakte: Gibt das Mondalter vermindert um 1 zu Beginn des Kalenderjahres an, also die Zahl der Tage, die am 31. Dezember des Vorjahres seit dem letzten Neumondtermin verflossen sind (1–29). Für Neumond am 31. Dezember steht meist ein * statt 0. Die Epakte spielt eine Rolle bei der Festlegung des Ostertermins.
Goldene Zahl, lateinisch Numerus Aureus oder auch Mondzirkel genannt, ist die Ordnungszahl (I bis XIX) der Jahre im Metonschen Mondzyklus. Da 235 Lunationen (synodische Monate) ziemlich genau 19 Jahren entsprechen, fallen nach 19 Jahren die Mondphasen (nahezu) auf dieselben Tage im Sonnenjahr. Die Goldene Zahl diente im Julianischen Kalender zur Bestimmung des Ostertermins. Im Gregorianischen Kalender ist sie durch die Epakte ersetzt. Die

Goldene Zahl wird in römischen Ziffern geschrieben, um eine Verwechslung mit dem Sonnenzirkel auszuschließen.
Indiktion (Römerzinszahl): Zyklus von 15 Jahren im Besteuerungssystem des Römischen Reiches, das von Kaiser Augustus eingeführt wurde. Der Start (Epoche) des Zyklus erfolgte im Jahr 3 v. Chr. Heute dient die Indiktion (von lat.: indictio = Ankündigung) nur noch als chronologische Prüfzahl für das laufende Jahr. Die Indiktion läuft von 1 bis 15.
Jahresregent: Gehört traditionsgemäß ebenfalls zu den Kalender-Zyklen, hat aber keine chronologische Bedeutung mehr. Aus kulturhistorischen Gründen und da er in der Numismatik eine gewisse Rolle spielt sowie schlicht der Vollständigkeit halber ist er in der Rubrik Kalender-Zyklen mit aufgeführt. Jahresregent können sein: Sonne, Mond, Merkur, Venus, Mars, Jupiter und Saturn, also die klassischen sieben „Planeten" des Ptolemäischen Weltsystems.

Kurzhinweise zum Gebrauch

Nachstehende Angaben sind für diejenigen Nutzer gedacht, die mit den Grundlagen der Astronomie einigermaßen vertraut sind. Für Einsteiger in die Himmelskunde seien die ausführlichen „Erläuterungen zum Gebrauch" auf Seite 9 zur Lektüre empfohlen.
Alle Zeitangaben sind in MEZ (MEZ = UTC + 1^h) vermerkt. Während der Gültigkeit der Mitteleuropäischen Sommerzeit (MESZ = UTC + 2^h) ist zu allen Zeitangaben eine Stunde zu addieren. Während der Geltungsdauer der Sommerzeit sind die Zeitangaben in Tabellen in einem dunkleren Farbton unterlegt.
Auf- und Untergangszeiten in MEZ gelten exakt für 10° östlich von Greenwich und 50° Nord. Für Sonne und Mond gelten die Auf- und Untergangszeiten jeweils für den oberen Scheibenrand. Die mittlere Refraktion in Horizontnähe ist mit 35′ berücksichtigt. Die Dämmerungszeiten in der Rubrik „Sonnenlauf" geben Beginn und Ende der nautischen Dämmerung (Sonnenhöhe = −12°) an. Die Mittagshöhe der Sonne gilt für 50° Nord.
Zeitgleichung = WOZ − MOZ; positive Werte: Wahre Sonne geht vor der mittleren durch den Meridian; negative Werte: Wahre Sonne geht nach der mittleren durch den Meridian.
Kulmination: Vermerkt ist die Kulminationszeit der wahren Sonne in MEZ für den Meridian 10° östlich von Greenwich.
Sternzeit: Stundenwinkel des Frühlingspunktes.
Sonnenzeit: Stundenwinkel der mittleren Sonne plus 12^h.
Positionen: Äquatoriale Koordinaten (Rektaszension und Deklination) gelten jeweils für das Äquinoktium J2000.0 und beziehen sich auf 1^h MEZ zum angegebenen Datum.
Mondlauf: Spalte „Sterne und Sternbilder": Ein Sternchen (*) weist auf eine beobachtbare Sternbedeckung hin (siehe Tabelle „Sternbedeckungen durch den Mond" im Anhang).
Spalte „Phase":
Erdnähe/Erdferne: Angegeben sind die Monddistanzen in Tausend Kilometer und der scheinbare Monddurchmesser in Bogenminuten.
Fixsternhimmel: Die Planetenpositionen in den Monatssternkarten gelten jeweils für die Mitte des laufenden Monats. Die Sternbilderbezeichnungen entsprechen der internationalen Sternbilderliste der IAU (siehe *Astrowissen* von H.-U. Keller, 2. Auflage, Seite 128).
Veränderliche Sterne: Lichtlaufzeit für Algol (β Perseï) ist berücksichtigt. Bei β Lyrae bedeuten:
H – Hauptminimum
N – Nebenminimum
Helligkeiten: Alle Helligkeitsangaben sind V-Helligkeiten (UBV-System nach Johnson).

Sonnen- und Mondfinsternisse 2002

Das Jahr 2002 zeigt sich finsternisarm, insbesondere für Mitteleuropa. Zwar finden insgesamt fünf Finsternisse statt, davon sind jedoch drei Halbschattenfinsternisse des Mondes, die kaum auffallen. Von Mitteleuropa ist lediglich die Halbschattenfinsternis des Mondes vom 20. November beobachtbar. Da sie gegen 3^h morgens stattfindet und nur eine geringe Abschwächung der Nordkalotte des Mondes bewirkt, wird sie von den meisten Menschen gar nicht wahrgenommen werden. Insofern betrachtet, bleibt das Jahr 2002 für Mitteleuropäer finsternislos.
Am 10./11. Juni ereignet sich eine ringförmige Sonnenfinsternis, die hauptsächlich vom Pazifischen Raum nördlich des Äquators aus sichtbar ist, und am 4. Dezember findet eine totale Sonnenfinsternis statt, die von Südafrika, dem südlichen Indischen Ozean und Westaustralien beobachtet werden kann. Beide Sonnenfinsternisse sind von keinem Punkt Europas aus zu sehen.

Halbschattenfinsternis des Mondes am 26. Mai

Diese Finsternis findet in den Mittagsstunden des 26. Mai statt, wenn der Mond bei uns längst untergegangen ist. Somit bleibt sie von Mitteleuropa aus unbeobachtbar. Halbschattenfinsternisse sind unauffällige Himmelserscheinungen und nur erkennbar, wenn der Mond zu mindestens 70 % seines Scheibendurchmessers in den Halbschatten der Erde eintaucht. Die Größe der Finsternis beträgt diesmal das 0,715fache des Mondscheibendurchmessers; knapp 72 % des scheinbaren Monddurchmessers stehen zum Maximum im Halbschatten der Erde. Für aufmerksame Beobachter ist damit die Finsternis vom richtigen Ort aus durchaus sichtbar und zwar zur Finsternismitte. Ein- und Austritt aus dem Halbschatten sind allerdings grundsätzlich nicht beobachtbar. Die Halbschattenfinsternis vom 26. Mai nimmt folgenden Verlauf:

	MEZ
Eintritt des Mondes in den Halbschatten	$11^h 13^m$
Mitte der Finsternis	13 03
Austritt des Mondes aus dem Halbschatten	14 54

Zur Mitte der Finsternis ist eine leichte, graue Verdunkelung der Südwestkalotte des Mondes wahrnehmbar. Die Finsternis ist von Nord- und Zentralamerika, dem westlichen Südamerika, dem Pazifischen Ozean, Ostasien und Australien aus sichtbar. Die Finsternis gehört zum Saros-Zyklus Nr. 111.

Ringförmige Sonnenfinsternis am 10./11. Juni

Diese Finsternis findet zum Großteil im Pazifischen Raum nördlich des Äquators statt und zwar in den Nachtstunden, wenn in Mitteleuropa die Sonne längst untergegangen ist. Die Zone der ringförmigen Phase zieht sich vom südostasiatischen Inselgebiet fast ausschließlich durch den nördlichen Pazifik und endet an der Mittelamerikanischen Westküste (siehe Abb. F.1 rechts).
Die Finsternis beginnt um $21^h 52^m$ MEZ und endet am 11. Juni um $3^h 37^m$ MEZ.
Die maximale Dauer der ringförmigen Phase beträgt nur knapp 23^s! Sie tritt um $0^h 44^m$ MEZ bei 178° 37' westlicher Länge und 34° 33' nördlicher Breite ein, wobei die Zone der ringförmigen Phase nur 13 Kilometer breit ist. Der Durchmesser der Mondscheibe entspricht dabei 99,6 % der Sonnenscheibe. Fast würde diese Finsternis zu einer totalen werden. Die partielle Phase der Finsternis kann von Indonesien, den Philippinen, Teilen des nördlichen Australiens, der Ostküste Asiens, Japan, Alaska, den nördlichen und westlichen Gebieten Nordamerikas sowie dem Pazifischen Ozean nördlich des Erdäquators aus gesehen werden.

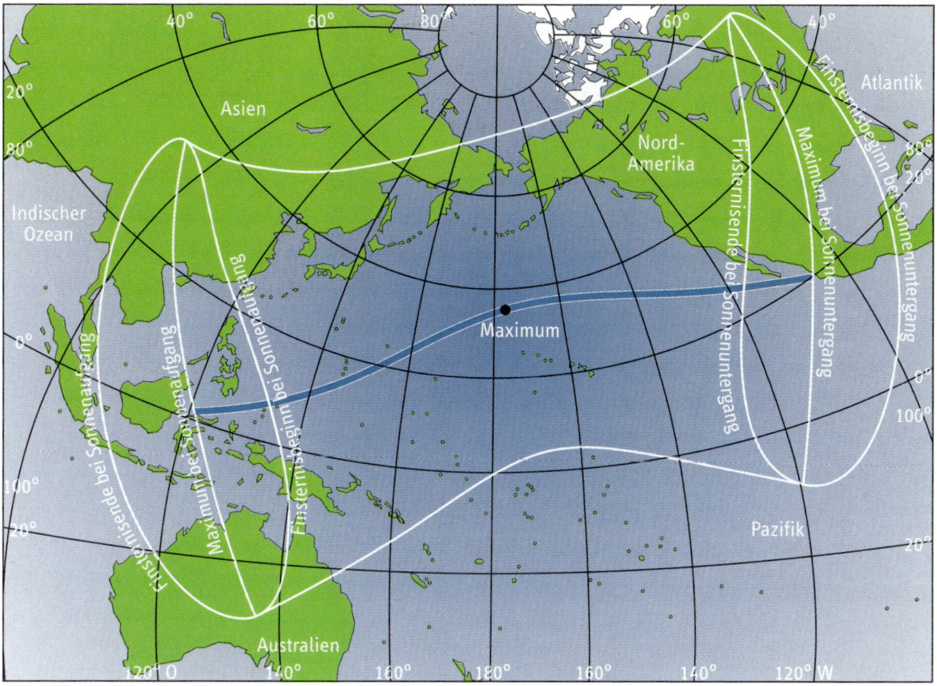

F.1 Globaler Verlauf der ringförmigen Sonnenfinsternis vom 10./11. Juni 2002. Im umrandeten Gebiet ist die Sonnenfinsternis partiell zu sehen. Die schmale Zone der ringförmigen Phase verläuft fast ausschließlich über dem Pazifischen Ozean.

Die Finsternis gehört zum Saros-Zyklus Nr. 137.

Halbschattenfinsternis des Mondes am 24. Juni

Diese Finsternis findet in den Abendstunden des 24. Juni statt und erreicht ihren Höhepunkt gegen halb elf Uhr MEZ. Obwohl der Mond schon um $20^h 32^m$ MEZ (= $21^h 32^m$ MESZ) bei uns aufgeht, bleibt diesmal die Halbschattenfinsternis unbeobachtbar, da nicht einmal ein Viertel des scheinbaren Mondscheibendurchmessers in den Halbschatten eindringt. Nur ein kleiner Teil der Nordkalotte des Mondes steht zur Finsternismitte im Halbschatten der Erde. Die Halbschattenfinsternis nimmt in der Nacht vom 24. auf den 25. Juni folgenden Verlauf:

	MEZ	MESZ
Eintritt des Mondes in den Halbschatten	21^h18^m	22^h18^m
Mitte der Finsternis	22 27	23 27
Austritt des Mondes aus dem Halbschatten	23 35	0 35

Zur Mitte der Finsternis stehen knapp 24 % des scheinbaren Mondscheibendurchmessers im Halbschatten der Erde. Die Größe der Finsternis beträgt 0,235. Die Finsternis gehört zum Saros-Zyklus Nr. 149.

Halbschattenfinsternis des Mondes am 20. November

Diese Finsternis ereignet sich in der Nacht vom 19. auf den 20. November. Zum Höhepunkt in den frühen Morgenstunden stehen knapp 89 % des scheinbaren Monddurchmessers im Halbschatten des Mondes. Aufmerksame Beobachter bemerken eine leichte, graue Verdunkelung der Nordwestkalotte des Mondes (siehe Abb. F.2 auf Seite 28). Die Finsternis ist von ganz Mitteleuropa aus beobachtbar. Sie nimmt folgenden Verlauf:

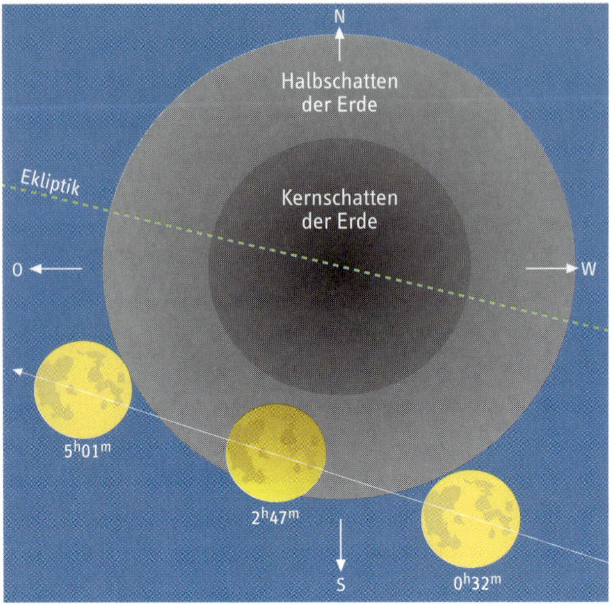

	MEZ
Eintritt des Mondes in den Halbschatten	0^h32^m
Mitte der Finsternis	2 47
Austritt des Mondes aus dem Halbschatten	5 01

Die Größe der Finsternis beträgt das 0,886fache des Mondscheibendurchmessers. Die Finsternis gehört zum Saros-Zyklus Nr. 116.

F.2 Verlauf der Halbschattenfinsternis des Mondes vom 20. November 2002 in den frühen Morgenstunden.

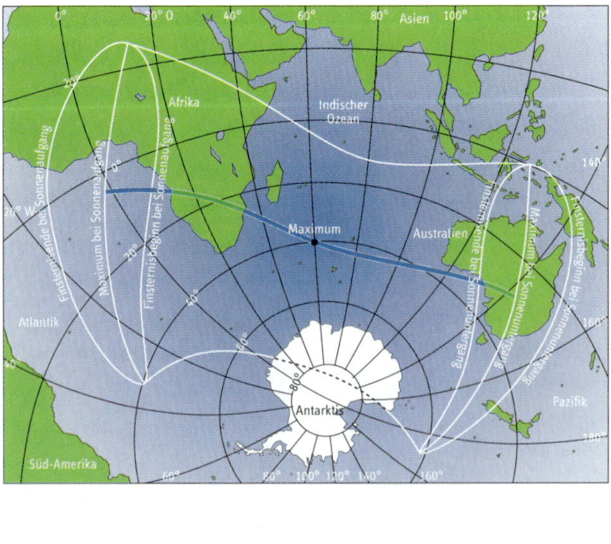

Totale Sonnenfinsternis am 4. Dezember

Dies ist die zweite totale Sonnenfinsternis im dritten Jahrtausend. Sie findet fast ausschließlich auf der Südhalbkugel der Erde statt und bleibt von ganz Europa aus unbeobachtbar.
Die Finsternis findet von $5^h\,51^m$ bis $11^h\,11^m$ MEZ statt. Die Totalitätszone verläuft vom Atlantik knapp südlich des Äquators und vor der Westküste Afrikas über Südafrika, den Indischen Ozean und endet in Australien. Die maximale Dauer der Totalität beträgt $2^m\,04^s$, die größte Breite der Totalitätszone misst 87 Kilometer. Sie wird mitten im Indischen Ozean am Ort 59° 34' östlicher Länge und 39° 28' südlicher Breite um $8^h\,31^m$ MEZ erreicht. Die Größe der Finsternis in Einheiten des Sonnenscheibendurchmessers beträgt 1,024. Die Finsternis gehört zum Saros-Zyklus Nr. 142.
Das Sichtbarkeitsgebiet der partiellen Phase umfasst Afrika südlich des 10. Breitengrades (mit einigen nördlicher gelegenen Gebieten), Teile des südöstlichen Atlantiks, den Großteil des Indischen Ozeans mit angrenzenden Teilen der Antarktis, Westaustralien und Tasmanien (siehe auch Abb. F.3 links sowie „Monatsthema Dezember" auf Seite 219).

F.3 Globaler Verlauf der totalen Sonnenfinsternis vom 4. Dezember 2002. Im umrandeten Gebiet ist die Sonnenfinsternis partiell zu sehen. Die Totalitätszone zieht sich, vom Atlantik her kommend, über Südafrika und den Indischen Ozean, wo auch das Maximum erreicht wird. Sie endet in Australien.

Januar 2002

Jupiter, der Riesenplanet, steht zu Jahresbeginn in Opposition zur Sonne. Mars ist noch am Abendhimmel vertreten. Merkur bietet in der ersten Monatshälfte eine Abendsichtbarkeitschance. Am 2. erreicht die Erde mit 147 Millionen Kilometer ihren geringsten Abstand von der Sonne.

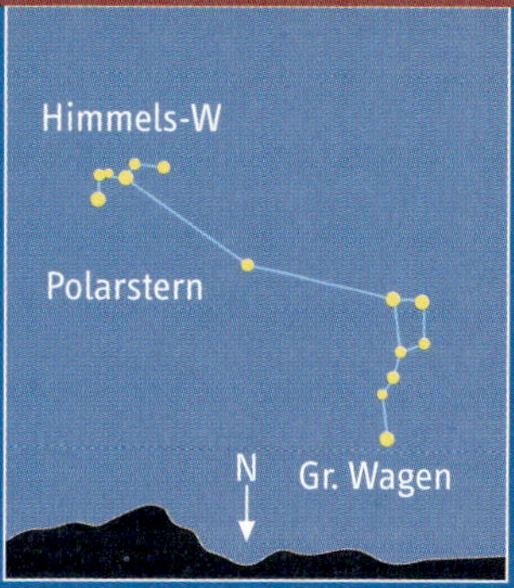

Großer Wagen und Himmels-W Anfang Januar um 22^h

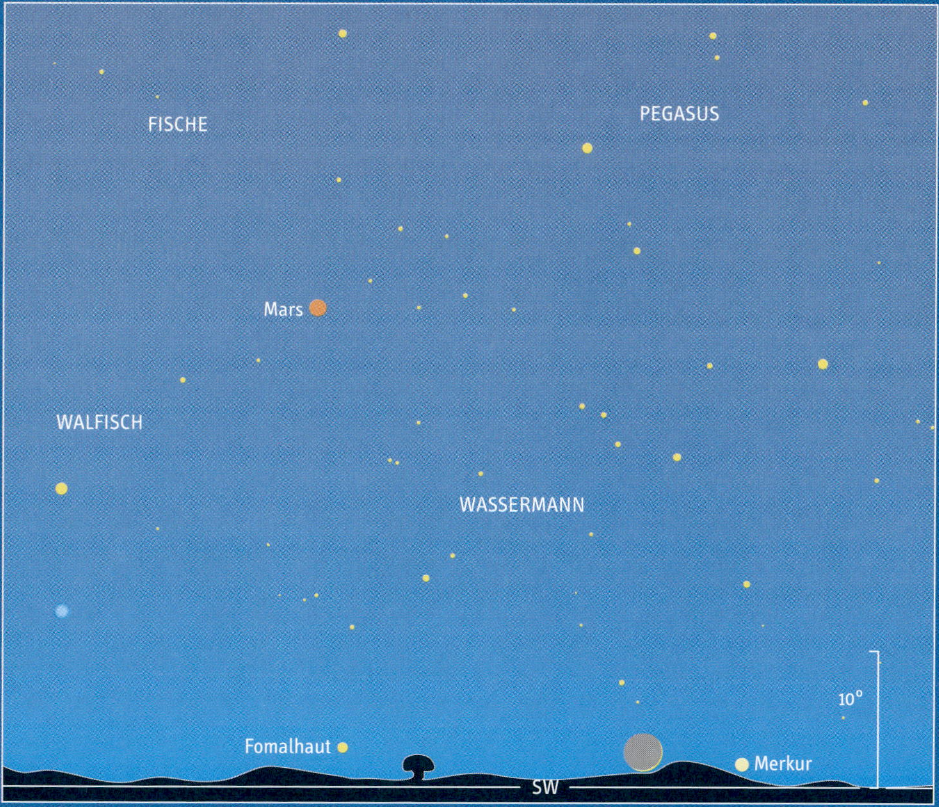

1.1 Himmelsanblick am 15. Januar gegen 18^h MEZ. In südwestlicher Richtung steht Mars, knapp über dem Horizont macht sich Merkur bemerkbar, zu dem sich die schmale Sichel des zunehmenden Mondes gesellt.

Sonnenlauf

19.1. 24h
Sonne tritt in das Sternbild Steinbock
20.1. 7h
Sonne tritt in das Tierkreiszeichen Wassermann

Julianisches Datum am
1. Januar, 1h MEZ: 2 452 275,5

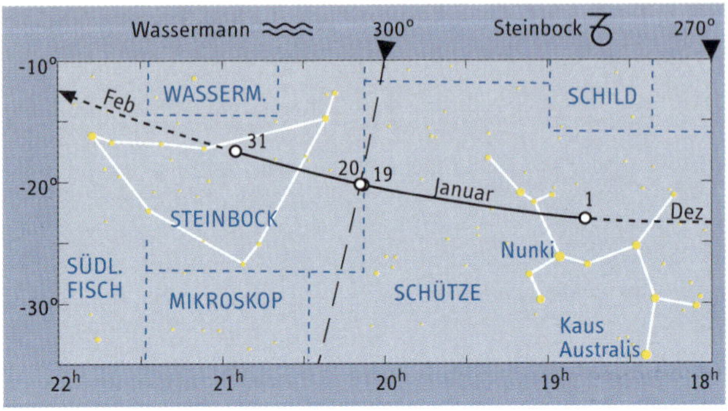

Tag	Dämmerg. Anfang	Aufgang MEZ	Kulmination	Untergang MEZ	Dämmerg. Ende	Mittagshöhe	Zeitgleichg.	Rektaszension	Deklination
	h m	h m	h m	h m	h m	°	m	h m	°
1.	6 59	8 19	12 23	16 29	17 48	17,0	– 3	18 45	–23,0
5.	6 59	8 18	12 25	16 33	17 52	17,4	– 5	19 03	–22,7
10.	6 58	8 16	12 27	16 39	17 58	18,1	– 7	19 25	–22,0
15.	6 56	8 13	12 29	16 46	18 04	18,9	– 9	19 46	–21,2
20.	6 52	8 09	12 31	16 54	18 10	19,9	–11	20 08	–20,2
25.	6 48	8 03	12 32	17 02	18 17	21,1	–12	20 29	–19,1
31.	6 41	7 55	12 33	17 12	18 26	22,6	–13	20 53	–17,5

Tages- und Nachtstunden

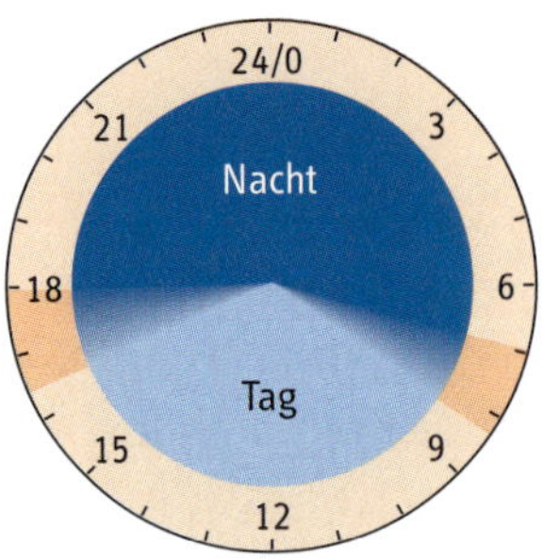

5. Januar

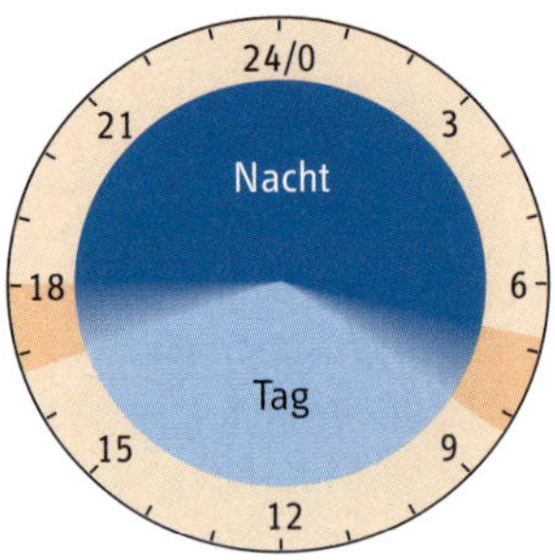

15. Januar

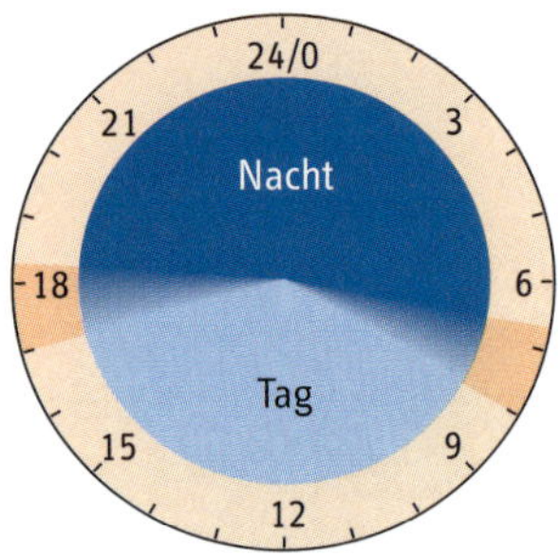

25. Januar

Mondlauf

Datum	Aufg. MEZ	Kulmination	Unterg. MEZ	Rektaszension	Deklination	Sterne und Sternbilder	Phase	MEZ
	h m	h m	h m	h m	°			
Di 1.	18 51	1 57	10 09	8 16	+22,8	Krebs, Krippe		
Mi 2.	20 13	2 56	10 46	9 17	+19,9	Krebs	Erdnähe 365/32',7	8^h
Do 3.	21 36	3 53	11 15	10 16	+15,8	Löwe, Regulus		
Fr 4.	22 57	4 46	11 40	11 12	+10,7	Löwe	Größte Nordbreite	
Sa 5.	–	5 37	12 01	12 05	+ 5,2	Jungfrau		
So 6.	0 17	6 26	12 21	12 57	– 0,6	Jungfrau	**Letztes Viertel**	**4^h55^m**
Mo 7.	1 35	7 15	12 41	13 48	– 6,3	Spica		
Di 8.	2 52	8 04	13 04	14 39	–11,5	Waage		
Mi 9.	4 09	8 54	13 30	15 31	–16,1	Waage	Libration West	
Do 10.	5 23	9 46	14 02	16 25	–19,9	Antares		
Fr 11.	6 33	10 39	14 42	17 20	–22,5	Schlangenträger	Absteigender Knoten	
Sa 12.	7 35	11 33	15 31	18 15	–24,0	Schütze		
So 13.	8 26	12 26	16 28	19 11	–24,2	Schütze, Nunki	**Neumond**	**14^h29^m**
Mo 14.	9 08	13 17	17 31	20 05	–23,1	Schütze		
Di 15.	9 41	14 06	18 38	20 57	–21,0	Steinbock		
Mi 16.	10 07	14 52	19 45	21 47	–17,9	Steinbock		
Do 17.	10 28	15 35	20 51	22 34	–14,2	Wassermann		
Fr 18.	10 47	16 16	21 57	23 20	– 9,9	Wassermann	Erdferne 406/29',5 Größte Südbreite	10^h
Sa 19.	11 03	16 57	23 02	0 03	– 5,3	Fische		
So 20.	11 20	17 37	–	0 47	– 0,5	Walfisch		
Mo 21.	11 37	18 19	0 08	1 30	+ 4,4	Fische	**Erstes Viertel**	**18^h46^m**
Di 22.	11 55	19 03	1 15	2 15	+ 9,2	* Walfisch		
Mi 23.	12 17	19 49	2 25	3 02	+13,7	Widder		
Do 24.	12 45	20 40	3 36	3 52	+17,8	* Stier, Plejaden	Libration Ost	
Fr 25.	13 20	21 36	4 49	4 46	+21,1	Aldebaran		
Sa 26.	14 07	22 35	6 00	5 44	+23,4	Stier, Al Nath	Aufsteigender Knoten	
So 27.	15 09	23 37	7 05	6 45	+24,3	Alhena		
Mo 28.	16 23	–	7 58	7 49	+23,6	Pollux	**Vollmond**	**23^h50^m**
Di 29.	17 46	0 39	8 41	8 52	+21,3	Krebs, Krippe		
Mi 30.	19 12	1 39	9 14	9 53	+17,5	Löwe, Regulus	Erdnähe 360/33',2	10^h
Do 31.	20 38	2 36	9 41	10 52	+12,5	* Löwe		

26. Jan. 17^h MEZ

26. Jan. 24^h MEZ

Planetenlauf

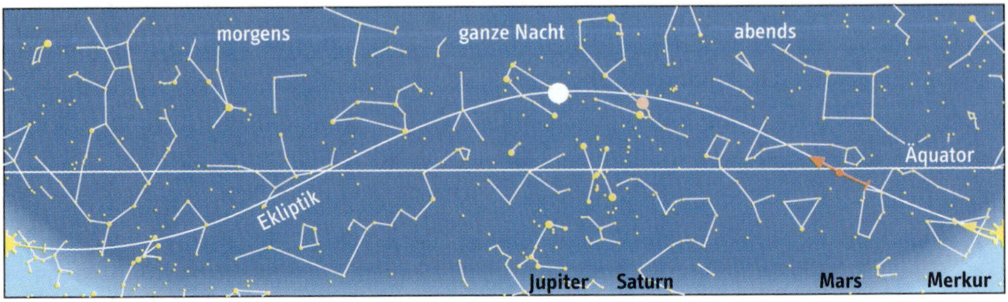

Merkur gewinnt langsam an östlichem Vorsprung vor der Sonne. Am 12. erreicht er mit 19° 01′ Winkelabstand seine größte östliche Elongation von der Sonne. Die größte östliche Elongation fällt recht klein aus, da der flinke Planet am 19. durch sein Perihel eilt. An diesem Tag trennen ihn nur 46 Millionen Kilometer (= 0,31 AE) von der Sonne.
Trotz seiner verhältnismäßig bescheidenen größten östlichen Elongation bietet Merkur im Januar eine Abendsichtbarkeitschance. Ab dem 4. kann man unter guten Sichtbedingungen den flinken Planeten in der Abenddämmerung tief am Südwesthimmel erkennen. Am 4. macht sich der $-0^{m}{,}8$ helle Merkur ab etwa $17^{h}\,15^{m}$ in der hereinbrechenden Dunkelheit bemerkbar. Gegen $17^{h}\,30^{m}$ verblasst er in den horizontnahen Dunstschichten, um $17^{h}\,50^{m}$ geht er schließlich unter. Bis zur größten östlichen Elongation am 12. nimmt die Merkurhellig-

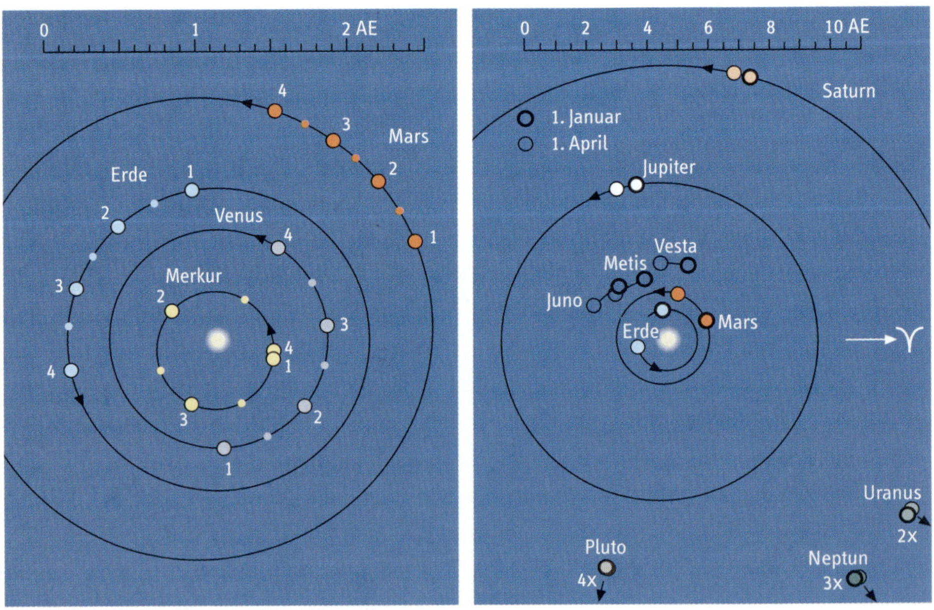

1.2 Heliozentrischer Anblick des Planetensystems im ersten Jahresviertel 2002. Eingetragen sind die Positionen der inneren Planeten für den 1. Januar (1), 1. Februar (2) sowie 1. März (3) und 1. April (4) im linken Teil. Der rechte Teil zeigt das äußere Planetensystem samt einiger Planetoiden zu Anfang und Ende des ersten Jahresviertels. Die Pfeile deuten die Richtungen zu den ferneren Planeten sowie zum Frühlingspunkt an.

keit auf $-0^{m},5$ ab, der Merkuruntergang verspätet sich auf $18^{h}\,21^{m}$, so dass Merkur rund eine Stunde lang am frühen Abendhimmel sichtbar ist. Nach dem 12. nimmt seine Helligkeit rapide ab, während seine Untergangszeiten fast konstant bleiben. Letztmals am 18. wird man den nur noch $0^{m},5$ hellen Merkur erspähen können. An diesem Tag geht er um $18^{h}\,22^{m}$ unter (Abb. 1.3 und 1.4 unten).
Am 18. wird Merkur stationär und eilt anschließend rasch auf die Sonne zu, die ihm im Tierkreis entgegen kommt. Bereits am 27. steht er in unterer Konjunktion mit der Sonne. Seine Konjunktionsschleife zieht Merkur im Steinbock (Abb. 1.5 rechts). Für Fernrohrbeobachter sei angemerkt, dass die Dichotomie am 13. eintritt: Das $7'',2$ große Merkurscheibchen erscheint halb beleuchtet. Dichotomie bedeutet Halbphase. Erstmals hat Giovanni Zupus im Jahre 1638 erwähnt, dass Merkur Lichtgestalten oder Phasen wie der Mond und die Venus zeigt.

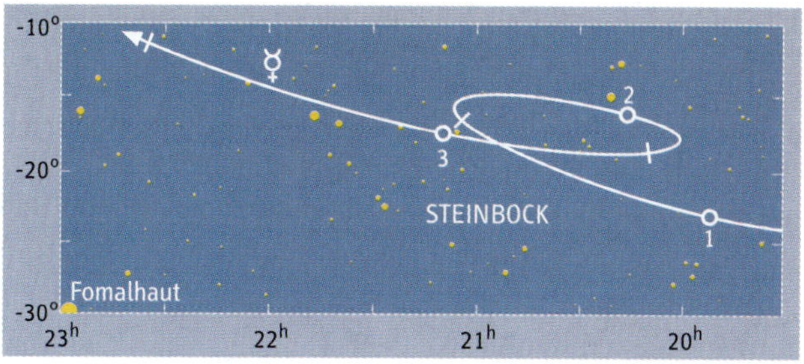

Am Tag der größten östlichen Elongation trennen uns 147 Millionen Kilometer (= 0,98 AE) vom sonnennahen Merkur.
Die Begegnung von Merkur mit Venus am 26. und mit Neptun sowohl am 9. als auch am 26. bleiben unbeobachtbar. Am 15. kann man abends gegen 18^{h} die sehr schmale Sichel des zunehmenden Mondes in der Nähe von Merkur tief am Südwesthorizont sehen (siehe Abb. 1.1 auf Seite 33).
Venus hält sich zu Jahresbeginn verborgen. Sie steht in der Nachbarschaft der Sonne am Taghimmel. Am 14. kommt sie in obere Konjunktion mit der

1.5 Merkurschleife im Gebiet des Sternbildes Wassermann. Die Zahlen geben die Merkurpositionen zum jeweiligen Monatsersten an.

Sonne. An diesem Tag ist sie 256 Millionen Kilometer von der Erde entfernt, dies sind 1,71 Astronomische Einheiten (AE). Die Begegnungen der Venus mit Neptun am 25. und mit Merkur am 26. bleiben unbeobachtbar.
Am 25. passiert Venus das Aphel (den sonnenfernsten Bahnpunkt) ihrer fast kreisförmigen Bahn. Sie ist an diesem Tag 109 Millionen Kilometer (=

1.3 Stellungen von Merkur über dem Westhorizont zu den angegebenen Daten jeweils eine Stunde nach Sonnenuntergang. Die Pfeile deuten die Bewegungen von Sonne und Merkur während der letzten halben Stunde an.

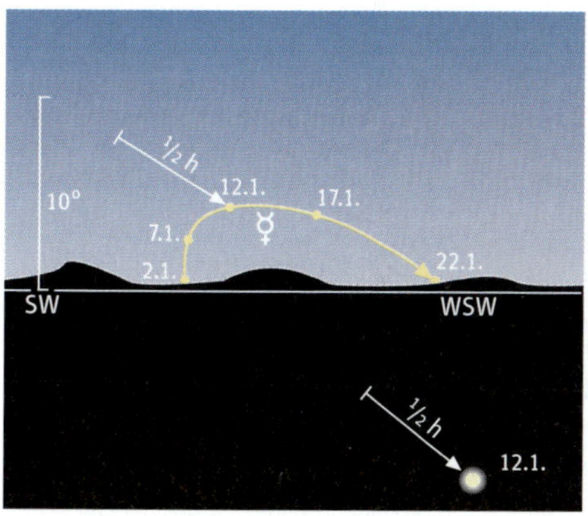

1.4 Sichtbarkeitsdiagramm für Merkur. Es gilt genau für 50° nördlicher Breite und 10° östlicher Länge. Blaue Fläche: Merkur unsichtbar; dunkelgelbe Fläche: Merkur ist unter günstigen Bedingungen zu sehen.

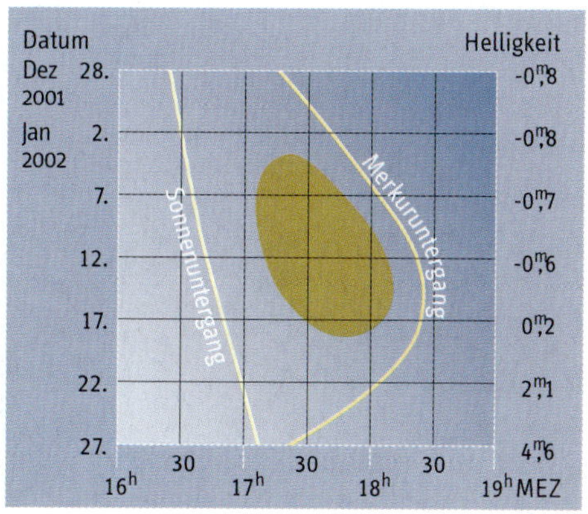

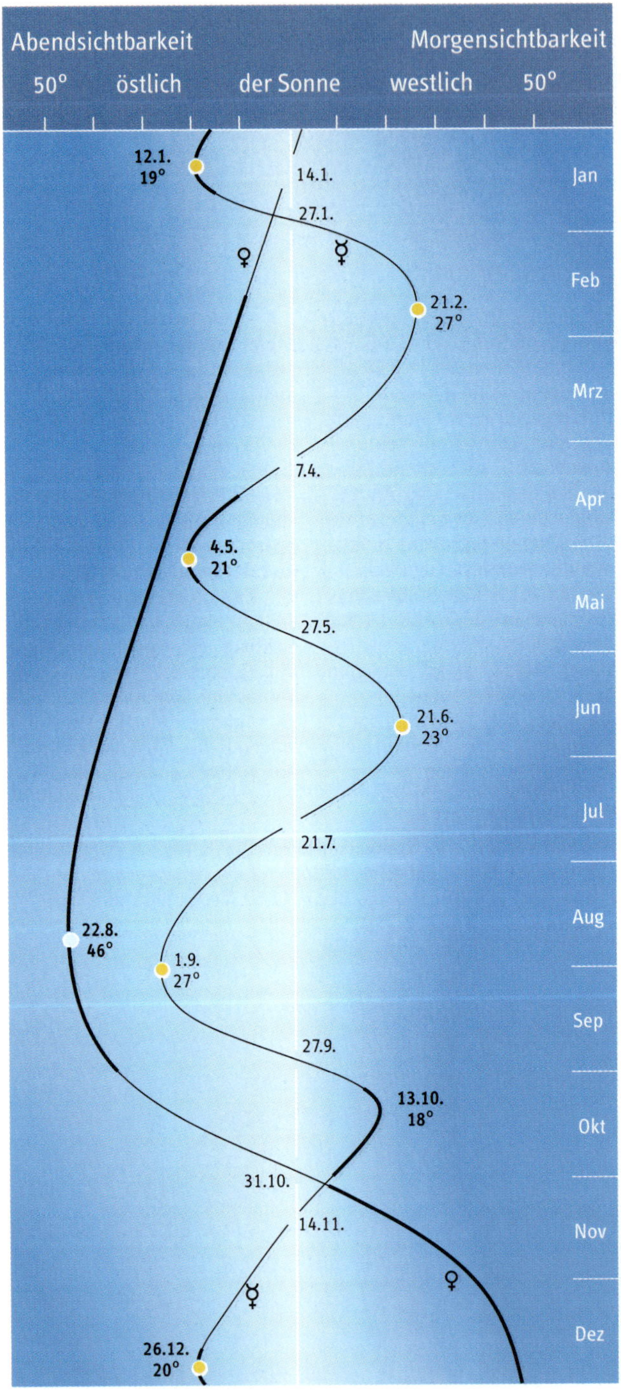

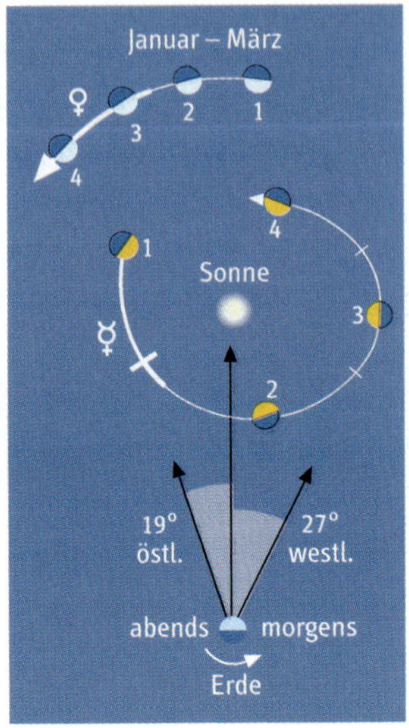

1.6 (oben) Heliozentrische Bewegungen von Merkur und Venus relativ zur Erde. In den dicker ausgezogenen Bahnteilen sind die Planeten beobachtbar. Die Zahlen markieren die Positionen jeweils zum Monatsersten. Östlicher Winkelabstand bedeutet Abendsichtbarkeit, westliche Elongation: Planet steht am Morgenhimmel.

1.7 (links) Elongationen der inneren Planeten Merkur und Venus von der Sonne im Jahre 2002. Die Datumsangaben beziehen sich jeweils auf die größten Elongationen und die Konjunktionen. Ein fettgedrucktes Datum bedeutet: in Mitteleuropa mit freiem Auge sichtbar. Unterbrochener Sonnenbalken weist auf eine untere Konjunktion hin, unterbrochene Planetenlinie auf eine obere Konjunktion.

0,729 AE) von der Sonne entfernt, dies entspricht einer Lichtlaufzeit von sechs Minuten und drei Sekunden.

Mars ist Planet am Abendhimmel. Nach Einbruch der Dunkelheit sieht man Mars noch hoch

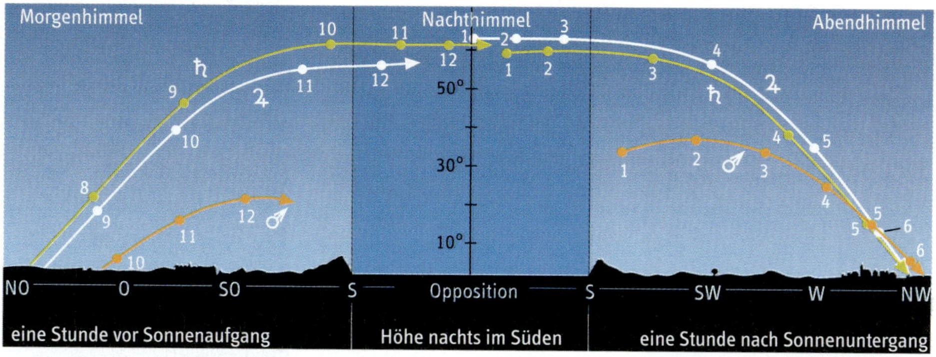

im Süden. Der rote Planet wandert durch den Wassermann in die Fische und passiert am 18. den Frühlingspunkt nur 0°,4 südlich. Kurz darauf überschreitet er den Himmelsäquator und wechselt damit von der Süd- auf die Nordhalbkugel des Himmels (siehe auch Abb. 1.1 auf Seite 29).

Mars eilt der Sonne im Tierkreis voraus, seine Untergangszeiten bleiben fast konstant. Am 1. geht der rote Planet um $22^h 27^m$ unter und am 31. um $22^h 32^m$. Die Marshelligkeit sinkt während des Monats leicht auf $1^m,0$ ab. Damit gehört Mars noch zu den Sternen erster Größenklasse.

Für Fernrohrbeobachter ist Mars nicht mehr besonders reizvoll. Seine Scheibchengröße geht von 6″,3 auf 5″,4 zurück. Nur bei starker Vergrößerung und entsprechend großem Objektivdurchmesser sind noch Details auf dem Planetenscheibchen auszumachen.

Jupiter steht am ersten Tag des Jahres in Opposition zur Sonne. Der auffallend helle Riesenplanet (Oppositionshelligkeit: $-2^m,7$) hält sich im Sternbild Zwillinge auf. Er ist die ganze Nacht am Firmament sichtbar. In der Zeit um Mitternacht sieht man ihn hoch im Süden. Zur Zeit nimmt Jupiter eine extrem nördliche Stellung im Tierkreis

1.8 Stellungen der Planeten Mars, Jupiter und Saturn im Jahr 2002. Im linken Teil sind die Positionen am Morgenhimmel jeweils eine Stunde vor Sonnenaufgang eingetragen, im rechten Teil die Positionen am Abendhimmel jeweils eine Stunde nach Sonnenuntergang. Im Mittelteil sind die Stellungen zur Zeit um Mitternacht angegeben sowie die Kulminationshöhe.

1.9 Scheinbare Bahn des Planeten Jupiter im Jahre 2002 im Gebiet der Sternbilder Zwillinge und Krebs. Die Zahlen geben die Jupiterposition zum jeweiligen Monatsersten an. (z. B. 7: Ort des Jupiter am 1. Juli 2001).

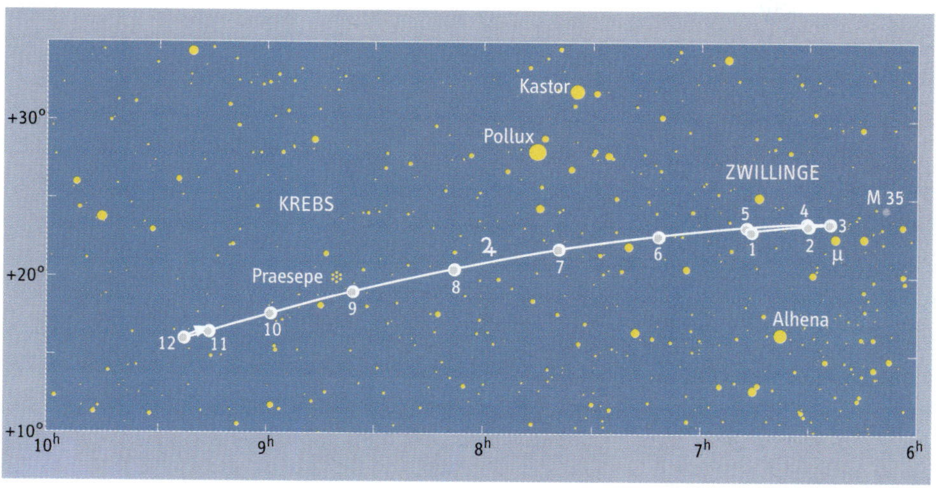

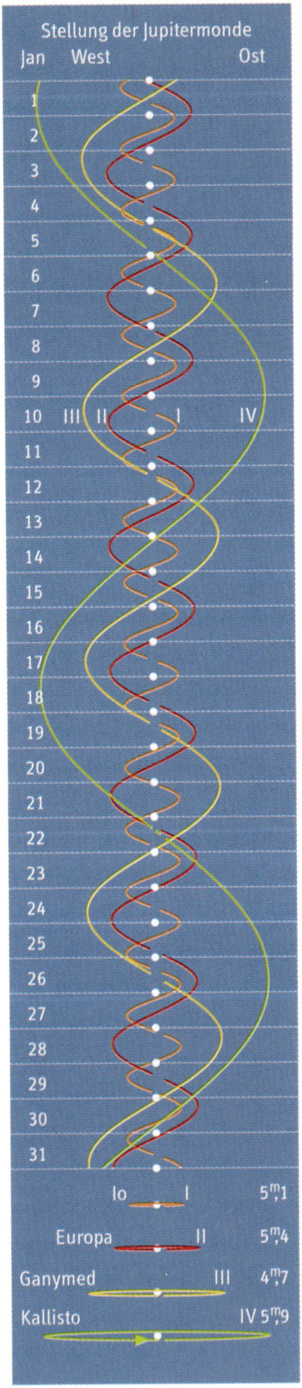

Jupitermonde

Tag	MEZ h	MEZ m	Vorgang	
1.	1	15	II	BE
2.	17	25	II	DA
	17	30	II	SA
	20	13	II	DE
	20	18	II	SE
4.	5	28	I	DA
	5	32	I	SA
5.	0	55	III	BA
	2	46	I	BA
	4	23	III	VE
	18	07	IV	BA
	21	58	IV	VE
	23	53	I	DA
6.	0	01	I	SA
	2	08	I	DE
	2	16	I	SE
	6	33	II	DA
	6	48	II	SA
	21	12	I	BA
	23	36	I	VE
7.	18	19	I	DA
	18	29	I	SA
	20	34	I	DE
	20	44	I	SE
8.	0	41	II	BA
	3	50	II	VE
	17	34	III	DE
	18	05	I	VE
	18	21	III	SE
9.	19	40	II	DA
	20	06	II	SA
	22	28	II	DE
	22	55	II	SE
12.	4	10	III	BA
	4	30	I	BA
13.	1	37	I	DA
	1	55	I	SA
	3	52	I	DE
	4	10	I	SE
	22	56	I	BA
14.	1	31	I	VE
	2	58	IV	DA
	5	38	IV	DE
	20	03	I	DA

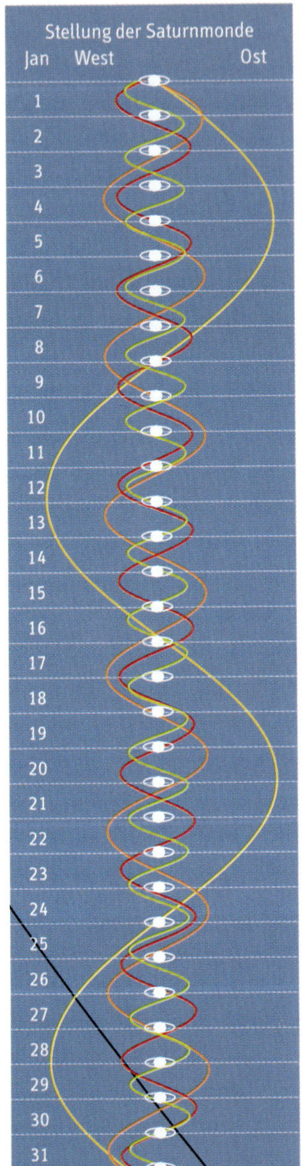

5	$10\overset{\mathrm{m}}{,}1$
10	$10\overset{\mathrm{m}}{,}1$
15	$10\overset{\mathrm{m}}{,}2$
20	$10\overset{\mathrm{m}}{,}3$
25	$10\overset{\mathrm{m}}{,}5$
30	$10\overset{\mathrm{m}}{,}8$

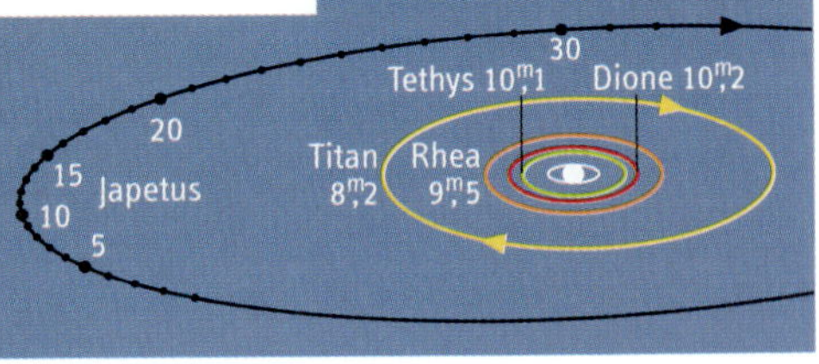

14.	20 24	I	SA
	22 18	I	DE
	22 39	I	SE
15.	2 55	II	BA
	17 48	III	DA
	19 17	III	SA
	19 59	I	VE
	20 50	III	DE
	22 21	III	SE
16.	21 55	II	DA
	22 43	II	SA
17.	0 43	II	DE
	1 32	II	SE
18.	19 43	II	VE
20.	3 21	I	DA
	3 50	I	SA
	5 36	I	DE
21.	0 40	I	BA
	3 26	I	VE
	21 48	I	DA
	22 18	I	SA
22.	0 02	I	DE
	0 33	I	SE
	19 06	I	BA
	21 07	III	DA
	21 54	I	VE
	23 16	III	SA
23.	0 09	III	DE
	2 21	III	SE
	18 29	I	DE
	19 02	I	SE
24.	0 12	II	DA
	1 20	II	SA
	3 00	II	DE
	4 08	II	SE
25.	18 19	II	BA
	22 19	II	VE
28.	2 26	I	BA
	23 33	I	DA
29.	0 13	I	SA
	1 48	I	DE
	2 28	I	SE
	20 52	I	BA
	23 49	I	VE
30.	0 28	III	DA
	3 15	III	SA
	17 28	IV	DA
	18 00	I	DA
	18 42	I	SA
	20 08	IV	DE
	20 14	I	DE
	20 57	I	SE
31.	0 00	IV	SA
	2 30	II	DA
	3 02	IV	SE
	3 57	II	SA
	18 18	I	VE

ein. Nach Venus, die in diesem Monat aber nicht am Nachthimmel vertreten ist, ist Jupiter der bei weitem hellste Planet und so auffällig, dass man ihn kaum am nächtlichen Himmel übersehen kann.

Am Tag der Opposition geht Jupiter um $16^h\ 15^m$ auf, kulminiert um $0^h\ 25^m$, nimmt also seine höchste Stellung im Süden ein, und geht um $8^h\ 25^m$ am nächsten Morgen wieder unter.

Seine geringste Distanz von der Erde erreicht Jupiter bereits am letzten Tag des Vorjahres um 2^h mit 626 Millionen Kilometer (= 4,187 AE). Von Jupiter zur Erde benötigt das Licht somit 34 Minuten und 47 Sekunden.

Im Fernrohr erkennt man ein ovales Planetenscheibchen – Jupiter ist relativ stark abgeplattet infolge seiner schnellen Rotation. Der scheinbare Äquatordurchmesser beträgt am Tag der Opposition 47,″1, der Poldurchmesser 44,″0. Bereits in kleinen Teleskopen sind zahlreiche Details auf dem Jupiterglobus erkennbar, in erster Linie seine Wolkenstreifen und -bänder der dichten Atmosphäre und der Große Rote Fleck.

Zu Monatsende geht der Riesenplanet bereits um $14^h\ 00^m$ auf, passiert um $22^h\ 07^m$ den Meridian und geht um $6^h\ 18^m$ unter.

Astronauten könnten von Jupiter aus bei der diesjährigen Opposition einen Erdtransit erleben. Als winzigen Punkt sähen sie in guten Teleskopen unse-

Konstellationen und Ereignisse

Datum	MEZ	Ereignis
1.	7^h	**Jupiter in Opposition zur Sonne**
2.	15	Erde im Perihel (Sonnennähe), Abstand Erde – Sonne 147,100 Millionen Kilometer
9.	6	Merkur bei Neptun, Merkur 1,°3 südlich
12.	0	Merkur in größter östlicher Elongation (19°)
13.	14	Mond bei Venus, Mond 1,°4 südlich
14.	13	Venus in oberer Konjunktion mit der Sonne
14.	19	Mond bei Neptun, Mond 3,°6 südlich
15.	3	Mond bei Merkur, Mond 3,°9 südlich
15.	23	Mond bei Uranus, Mond 3,°8 südlich
18.	10	Merkur im Stillstand, anschließend rückläufig
18.	23	Mond bei Mars, Mond 5,°3 südlich
19.	13	Merkur im Perihel
24.	17	**Mond bei Saturn**, Mond 0,°08 (!) nördlich **Abstand 1,°1 um 18^h**
25.	13	Venus im Aphel
25.	14	Venus bei Neptun, Venus 1,°3 südlich
26.	2	Merkur bei Venus, Merkur 4,°5 nördlich
26.	14	Merkur bei Neptun, Merkur 3,°2 nördlich
26.	20	**Mond bei Jupiter**, Mond 0,°9 nördlich **Abstand 0,°4 um 19^h**
27.	20	Merkur in unterer Konjunktion mit der Sonne
28.	15	Neptun in Konjunktion mit der Sonne

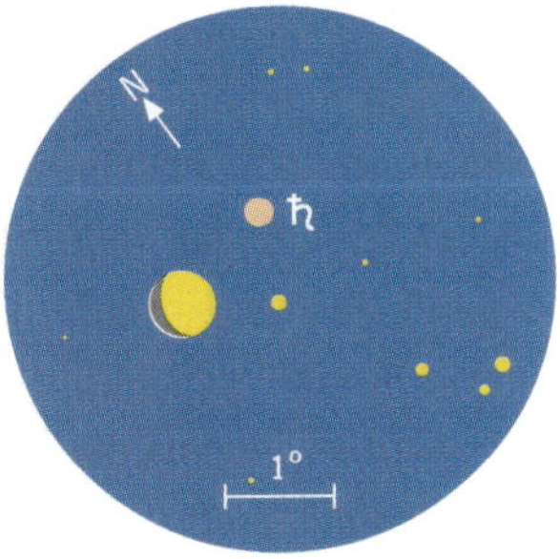

1.10 Enge Begegnung vom zunehmenden Mond mit dem Ringplaneten Saturn am 24. Januar im Sternbild Stier. Anblick im Fernglas bei 5° Gesichtsfelddurchmesser.

ren Planeten vor der Sonne vorbeiziehen.

Saturn, der berühmte Ringplanet, stand im letzten Monat des Vorjahres in Opposition zur Sonne und ist fast die ganze Nacht über am Sternenhimmel vertreten. Vom Morgenhimmel beginnt sich Saturn allerdings langsam zurückzuziehen. Auch geht die Saturnhelligkeit im Laufe des Monats merkbar von $-0\overset{m}{.}3$ auf $0\overset{m}{.}0$ zurück.

Der Ringplanet wandert langsam rückläufig im Stier. Er hält sich im Goldenen Tor der Ekliptik auf, das von den beiden offenen Sternhaufen Hyaden und Plejaden gebildet wird. Trotz seiner langsamen Bewegung kann man jetzt gut mit einem Fernglas seine Wanderung unter den Sternen verfolgen (siehe Abb. 2.2 auf Seite 54). Mit Einbruch der Dunkelheit steht Saturn schon hoch am Osthimmel. Seine Untergänge erfolgen am 1. um $5^h\,56^m$, am 15. um $4^h\,58^m$ und am 31. bereits um $3^h\,53^m$.

Im Fernrohr zeigt sich der Saturnring weit geöffnet. Man sieht unter einem Winkel von knapp 26° auf die Südseite des Ringsystems. Dies ist fast der maximale Öffnungswinkel. Zu Jahresanfang zeigt sich der Ring unter einem scheinbaren Längsdurchmesser von 46″,0, während der Querdurchmesser 20″,0 aufweist. Die stark abgeplattete Saturnkugel hat einen scheinbaren Äquatordurchmesser von 20″,2, der Poldurchmesser liegt bei 18″,5. Wer noch nie den Ringplaneten in einem größeren Teleskop in seiner ganzen Pracht gesehen hat, sollte in diesen Tagen bei klarem Wetter unbedingt eine Sternwarte aufsuchen.

Am 24. kommt es zu einer nahen Begegnung mit dem zunehmenden Mond im zweiten Viertel (siehe Abb. 1.10 links oben). Der Mond bedeckt Saturn an diesem Tag; ein Ereignis, das allerdings von Mitteleuropa aus unbeobachtbar bleibt. Erst die Saturnbedeckung vom 16. April wird bei uns zu verfolgen sein (siehe Seite 238, „Sternbedeckungen durch den Mond“).

Uranus, rechtläufig im Steinbock, strebt seiner Konjunktion mit der Sonne entgegen, die er Mitte des nächsten Monats einnehmen wird. Der grünliche, mit $5\overset{m}{.}9$ recht lichtschwache Planet hat sich vom Abendhimmel verabschiedet und bleibt unbeobachtbar.

Neptun, rechtläufig im Steinbock, steht am 28. in Konjunktion mit der Sonne. Der sonnenferne Planet hält sich am Taghimmel auf und bleibt nachts unter dem Horizont. Die Begegnung mit Merkur am 9. kann nicht beobachtet werden. Da Neptun fast genau in der Ekliptik steht, wird er bei seiner Konjunktion von der Sonne bedeckt.

Am Tag der Konjunktion ist Neptun 4649 Millionen Kilometer (= 31,1 AE) von der Erde entfernt.

Pluto siehe „Planetenlauf“ im März, Juni, August und Dezember sowie Aufsuchkärtchen Abb. 6.4 auf Seite 119.

Planetoiden

Pallas – Planetoid Nr. 2 – steht am 8. in Konjunktion mit der Sonne. An diesem Tag ist Pallas 502 Millionen Kilometer (= 3,36 AE) von der Sonne entfernt. Von der Erde trennen Pallas zur Konjunktion 631 Millionen Kilometer (= 4,22 AE). Am 12. August wird Pallas dann in Oppo-

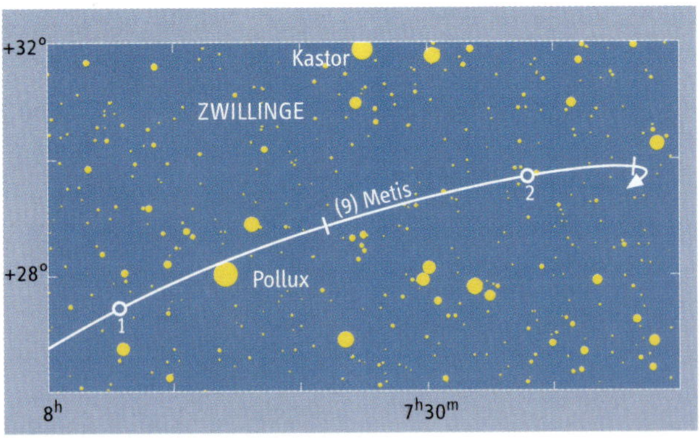

1.11 Scheinbare Bahn des Kleinplaneten Metis (9) im Januar und Anfang Februar 2002 im Sternbild Zwillinge. Die Zahlen geben die Position von Metis zum jeweiligen Monatsersten an (1 = 1. Januar 2001).

sition zur Sonne kommen. Wegen ihrer Lichtschwäche ist sie diesmal für Sternfreunde kein lohnenswertes Beobachtungsobjekt.

Juno – Planetoid Nr. 3 – nähert sich seiner Oppositionsstellung, die er im zweiten Drittel des Folgemonats erreichen wird. Juno eilt rückläufig durch das Gebiet Sextant/Wasserschlange, wobei sie immer nördlichere Deklinationen erreicht (siehe Abb. 2.3 auf Seite 57). Die Junohelligkeit nimmt während des Monats um eine halbe Größenklasse zu und erreicht zu Monatsende $8\overset{m}{,}4$. Juno kann am besten in der Stunde nach Mitternacht beobachtet werden.

Die Kulminationszeiten von Juno verfrühen sich von $3^{h}\,28^{m}$ am 1. auf $2^{h}\,28^{m}$ am 15. und auf $1^{h}\,14^{m}$ am 31.

Vesta – Planetoid Nr. 4 – stand Ende November des Vorjahres in Opposition zur Sonne und kann noch in der ersten Nachthälfte aufgesucht werden. Vesta wandert zunächst rückläufig durch den Stier, wobei sie sich im Gebiet des Goldenen Tores der Ekliptik aufhält. Am 16. kommt sie zum Stillstand und zieht anschließend zunächst noch langsam aber wieder rechtläufig durch den Tierkreis (siehe auch Abb. 2.2 auf Seite 54). Während des Monats sinkt die Vestahelligkeit deutlich von $7\overset{m}{,}1$ auf $7\overset{m}{,}7$ ab. Damit kann Kleinplanet Nr. 4 immer noch in einem guten Fernglas gesichtet werden.

Am 1. kulminiert Vesta um $21^{h}\,24^{m}$, am 15. um $20^{h}\,26^{m}$ und am 31. bereits um $19^{h}\,26^{m}$. Die Untergänge von Vesta verfrühen sich von $4^{h}\,44^{m}$ zu Monatsbeginn auf $2^{h}\,55^{m}$ am Monatsletzten.

Metis – Planetoid Nr. 9 – kommt am 12. in Opposition zur Sonne. Da Metis zur Opposition diesmal $8\overset{m}{,}6$ hell wird und mit den Instrumenten der meisten Sternfreunde beobachtbar ist, sei sie erwähnt. Metis eilt rückläufig durch die Zwillinge und zieht am 9. in nur $0\overset{\circ}{,}3$ nördlichem Abstand an Pollux vorbei (siehe Abb. 1.11 auf Seite 38). Bis Monatsende sinkt die Metis-Helligkeit wieder auf $9\overset{m}{,}1$ ab. Am Tag der Opposition kulminiert Metis um $0^{h}\,37^{m}$. Ihre Oppositionsentfernung von der Erde beträgt 174 Millionen Kilometer (= 1,16 AE). Von der Sonne ist sie am Oppositionstag 321 Millionen Kilometer (= 2,15 AE) entfernt. Bis Monatsende verfrüht sich ihre Kulmination auf $22^{h}\,58^{m}$.

Periodische Sternschnuppenströme

Vom 1. bis 5. Januar sind die **Quadrantiden** (Ausstrahlungspunkt oder Radiant im Sternbild Bootes) in der zweiten Nachthälfte zu erwarten. In der Nacht vom 3. auf den 4. Januar ist das spitze Maximum zu erwarten. Bis zu hundert Objekte pro Stunde sind im Maximum zu registrieren. In manchen Jahren wurden sogar über zweihundert pro Stunde beobachtet. Helle Sternschnuppen kommen dabei nur selten vor. Ein Erzeugerkomet ist nicht bekannt. Die einzelnen Meteoroide haben mittlere Geschwindigkeiten um 40 Kilometer pro Sekunde. Da der Radiant im Sternbild Bootes liegt, wird dieser Strom auch **Bootiden** genannt.

Der Fixsternhimmel

Den eingefleischten Sternfreund hält auch extreme Winterkälte nicht davon ab, den abendlichen Wintersternhimmel ausgiebig zu betrachten. Jeder Hobbyastronom weiß: Am

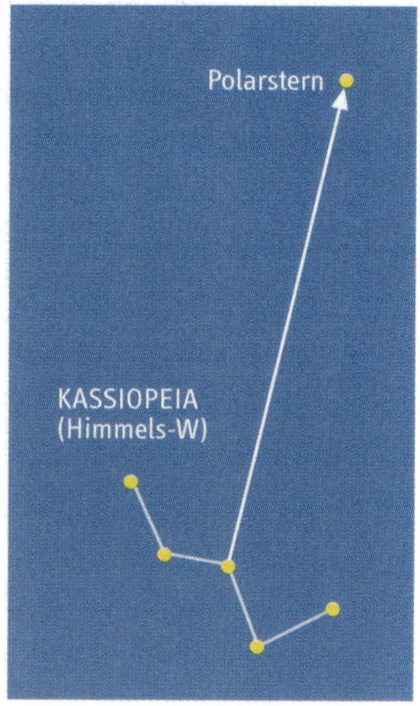

1.12 Das Sternbild Kassiopeia, auch als Himmels-W bekannt, dient als Polweiser.

Winterhimmel sind die hellsten Sterne und die auffälligsten Bilder zu sehen. Auch die Milchstraße bietet einen reizvollen Anblick, vorausgesetzt, man wählt eine mondlose Nacht und hält sich von irdischen Lichtern fern, was in unserer dichtbevölkerten Gegend nicht ganz leicht ist. Im Winter gibt es oft stabile Hochdrucklagen, manchmal einhergehend mit Inversion. Während die Kaltluft sich in den Tälern sammelt, ist es in Höhenlagen relativ mild und zudem oft extrem klar. Hinzu kommt, dass sich abends oftmals dichter Nebel in den Tälern bildet und so irdisches Streulicht verschluckt, wodurch dann in den Höhenlagen der Himmelshintergrund besonders dunkel erscheint.

Die Beschreibung des Fixsternhimmels bezieht sich jeweils auf eine so genannte Standardbeobachtungszeit. Denn der Sternenhimmel dreht sich permanent. Pro Stunde rücken die

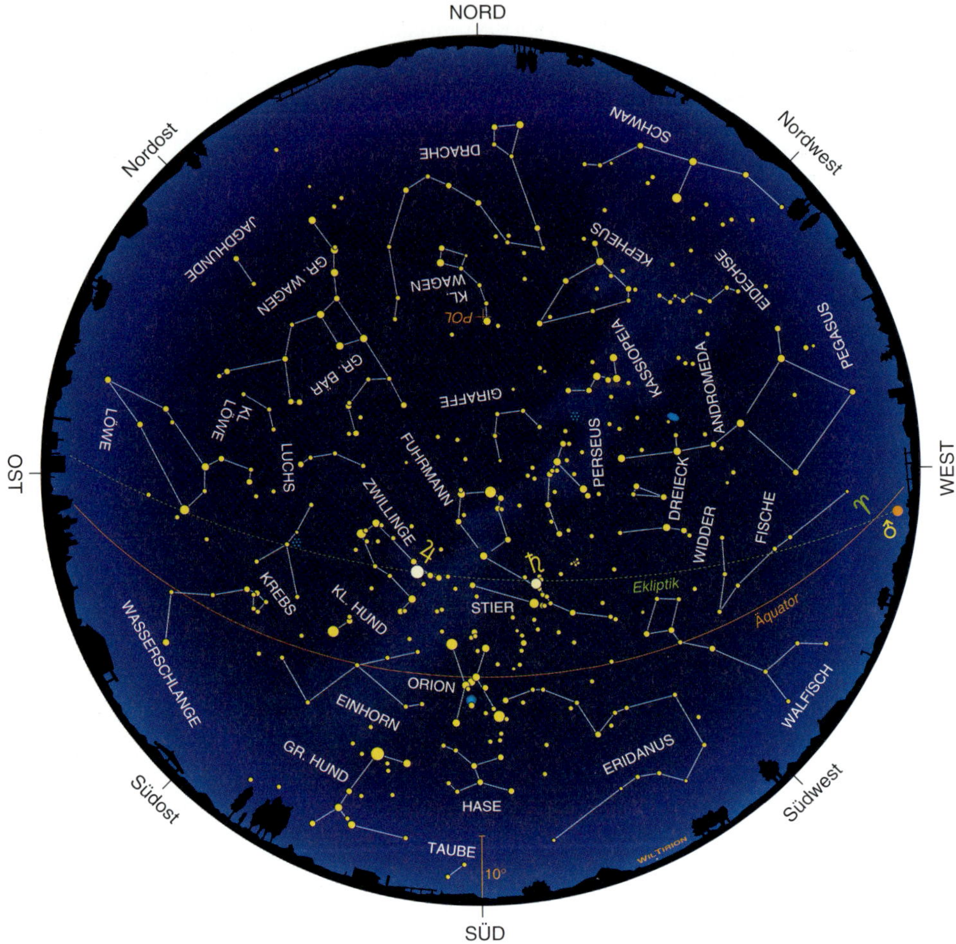

Sternenhimmel
am 15. Januar
um 22^h MEZ

Fixsternhimmel auch gültig für:

	MEZ	MESZ
1.10.	5^h	6^h
15.10.	4	5
1.11.	3	
15.11.	2	
1.12.	1	
15.12.	0	
1. 1.	**23**	
15. 1.	**22**	
31. 1.	**21**	
15. 2.	20	

Sterne um 15° weiter nach Westen, ein voller Umschwung (= 360°) des Himmelsgewölbes dauert 24 Stunden. Als Standardbeobachtungszeit gilt für die monatliche Übersichtskarte 22^h MEZ für die Monatsmitte. Wer zu Monatsbeginn beobachtet, für den zeigt die Monatskarte den Himmelsanblick um 23^h MEZ. Zu Monatsende benutze man die Sternkarte um 21^h MEZ. Man kann die Sternkarte auch für andere Nachtstunden verwenden: So zeigt die Januar-Sternkarte auch den Himmelsanblick, wie er am 1. November um 3^h MEZ dem Betrachter erscheint. Für welche Daten und Uhrzeiten die jeweilige Monatssternkarte gilt, ist in einer kleinen Tabelle neben der Sternkarte vermerkt – auch mit Hinweisen auf die Sommerzeit (MESZ). Allerdings ist zu beachten, dass die eingetragenen Planetenpositionen nur für den aktuellen Monat gelten. In anderen Monaten entnehme man der Grafik vor der Rubrik „Planetenlauf“ die aktuellen Positionen der Planeten.

In den Monatssternkarten sind eingetragen der Himmelsnordpol, die Ekliptik und der Himmelsäquator. Der Himmelsnordpol gibt den Punkt an, an dem die nach Norden verlängerte Rotationsachse der Erde die Himmelskugel durchstößt. Um ihn dreht sich das gesamte Sternenzelt. Seine Position bleibt daher in jeder Nacht des Jahres und zu jeder Stunde unverändert. Der Himmelsnordpol ist durch ein rotes Kreuz mit der Bezeichnung POL markiert. Die Sternkarte gilt für eine geografische Breite von 50° Nord. Daher ist der Himmelssüdpol auf der Karte nicht vorhanden. Der Mittelpunkt der Kreisfläche entspricht dem Zenit, auch Scheitelpunkt genannt. Dies ist der Punkt am Himmelsgewölbe, der genau senkrecht über dem Beobachter liegt. Der Himmelsäquator ist durch eine rote, durchgezogene Kreislinie angedeutet. Er teilt das Himmelsgewölbe in eine Nord- und eine Südhalbkugel. In unseren Breiten ist somit auch ein Teil des Südhimmels zu sehen. So steht Sirius, der hellste Fixstern des Firmaments, 17° südlich des Himmelsäquators und ist dennoch in unseren Breiten (Mitteleuropa) an Winterabenden als auffallend bläulichweiß funkelnder Stern gut zu sehen. In einer Breite von 50° Nord sind alle Sterne vom Himmelsnordpol ($\delta = +90°$) bis –40° Deklination sichtbar. Dies gilt zumindest theoretisch. Sterne in der Zone von –30° bis –40° Deklination bleiben meist im horizontnahen Dunst verborgen. Eine Ausnahme bildet Fomalhaut (α Piscis Austrini), der Hauptstern im Sternbild Südlicher Fisch. Trotz seiner südlichen Position (Deklination: –30°) ist er als Stern mit $1\overset{m}{,}2$ Helligkeit einwandfrei am herbstlichen Abendhimmel bei uns zu erkennen. Fomalhaut ist der südlichste Stern erster Größenklasse, der von Mitteleuropa aus sichtbar ist.
Die grüne, unterbrochene Linie in den Monatssternkarten deutet die Ekliptik an. Die Ekliptik ist der Wanderweg der Sonne durch die Sternbilder des Tierkreises (siehe auch Monatsthema Mai: „Welches ‚Sternzeichen' bin ich?" auf Seite 109). Etwas präziser ausgedrückt: Die Ekliptik ist die Schnittlinie der Erdbahnebene mit der Himmelskugel. Die Bahnen von Mond und Planeten mit Ausnahme von Pluto sind nur wenig zur Ekliptik geneigt, weshalb man Wandelsterne und Mond stets nahe der Ekliptik findet. Die fünf hellen, freisichtigen Planeten (Merkur, Venus, Mars, Jupiter und Saturn) sind mit ihren Symbolen in den Monatssternkarten eingetragen, wenn sie zur Standardbeobachtungszeit über dem Horizont stehen. Die Symbole sind auf der Umschlagklappe und in Abb. E.13 auf Seite 21 erklärt. Die Ekliptik ist um 23,4° zum Himmelsäquator geneigt, dies ist die berühmte „Schiefe der Ekliptik". Somit schneidet die Ekliptik den Himmelsäquator in zwei Punkten, dem Frühlings- und dem Herbstäquinoktium. Der Frühlingspunkt wird durch das Widder-Symbol (♈) und der Herbstpunkt durch das Waage-Symbol (♎) markiert. Man spricht auch vom Widder- und vom Waagepunkt. Die Bezeichnungen beziehen sich auf die Tierkreis*zeichen*, in denen die Äquinoktialpunkte liegen. Der Frühlingspunkt befindet sich in unserer Zeit im *Sternbild* Fische und der Herbstpunkt im *Sternbild* Jungfrau.
Das wohl berühmteste Wintersternbild ist der Orion. Auch Einsteiger in die beobachtende Himmelskunde finden ihn jetzt schnell und mühelos am Abendhimmel. Zur Standardbeobachtungszeit steht Orion halbhoch im Süden. Er passiert eben den Meridian. Geht ein Gestirn durch den Meridian, so sagt man auch, es kulminiert. Orion weist eine leicht einprägsame und relativ helle Sternfigur auf. Der Sage nach war Orion einst ein mächtiger Jäger und Krieger, der schließlich unter die Sterne versetzt wurde. Die Schultern des Himmelsjägers werden durch zwei helle Sterne angedeutet. Der hellere, östliche Schulterstern heißt Beteigeuze (α Orionis), was soviel wie „Schulter des Riesen" bedeutet. Beteigeuze ist ein roter Überriesenstern und 430 Lichtjahre von uns entfernt.
Ein zweiter Stern erster Größenklasse im Orion, der den westlichen Fuß des Jägers darstellt, funkelt in bläulich-weißem Licht. Er heißt Rigel (β Orionis), was arabisch „Fuß-

Veränderliche Sterne

Algol-Minima	2.	0^h29^m	4.	21^h18^m	7.	18^h07^m	22.	2^h14^m	24.	23^h03^m	27.	19^h52^m
β-Lyrae-Minima	2.	19^h H	9.	7^h N	15.	18^h H	22.	5^h N	28.	17^h H		
δ-Cephei-Maxima	1.	22^h	7.	7^h	12.	16^h	18.	0^h	23.	9^h	28.	18^h
Mira-Helligkeit	1.	7^m	10.	8^m	20.	8^m	31.	9^m				

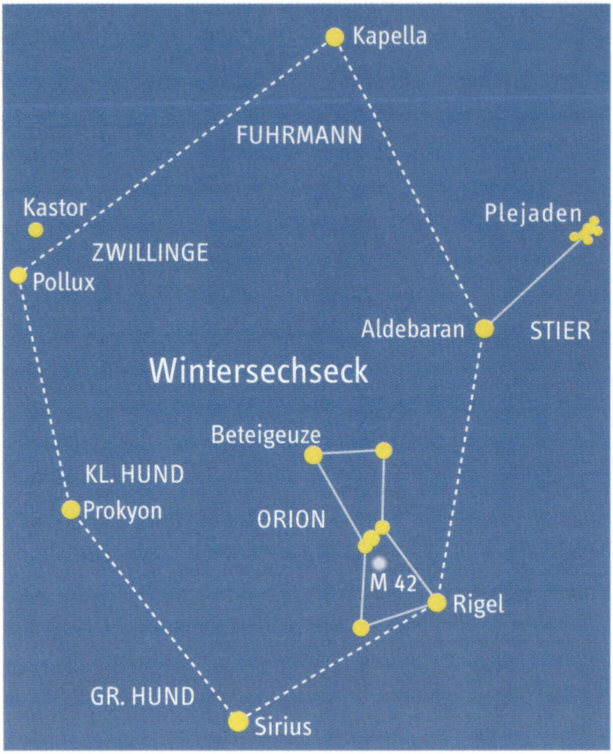

1.13 Das Wintersechseck setzt sich aus den Sternen Kapella im Fuhrmann, Aldebaran im Stier, Rigel im Orion, Sirius im Großen Hund, Prokyon im Kleinen Hund und Pollux in den Zwillingen zusammen. Die drei hellen Sterne Beteigeuze, Sirius und Prokyon werden von den Amerikanern zum „Winterdreieck" zusammengefasst.

stern" bedeutet. Von Rigel ist das Licht 800 Jahre zur Erde unterwegs. Zwischen Beteigeuze und Rigel stehen drei Sterne in einer geraden Reihe, die den Gürtel des Orion markieren. Der westliche Gürtelstern (δ Orionis) heißt Mintaka und steht ziemlich genau auf dem Himmelsäquator. Wer einmal den Orion gefunden hat, kann von ihm ausgehend schnell die anderen Sterne und Winterbilder identifizieren. Ein wichtiger Tipp für diejenigen, die noch keine Sternbilder kennen und erstmals versuchen, sich unter dem Sternengewimmel zurechtzufinden: Man ist meist überrascht, wie groß die Sternbilder am Himmel im Vergleich zur Monatssternkarte erscheinen! Denn in der Monatssternkarte ist das riesige Himmelsgewölbe auf einer relativ kleinen Fläche abgebildet. Wenn man sich einmal diesen Dimensionssprung eingeprägt hat, dann erkennt man leicht auch die anderen Sternbilder am natürlichen Firmament.

Wer sich am Sternenzelt zurechtfinden will, sollte auch wissen, wo der Polarstern steht. Denn dieser Stern weist uns die Nordrichtung, weshalb er auch Nordstern heißt. Da er ganz in der Nähe des Himmelsnordpols steht, ist er stets in jeder klaren Nacht des Jahres fast genau am gleichen Ort des Himmelsgewölbes zu sehen. Er beschreibt nur einen winzigen Kreis um den Himmelsnordpol mit einem Radius von gut einer Vollmondbreite.

Um den Polarstern schnell zu finden, bedient man sich des Großen Wagens oder des Himmels-Ws. Die Stellung des Großen Wagens und des Himmels-Ws relativ zur nördlichen Horizontlinie ist deshalb zu Beginn jeder Monatsübersicht durch eine kleine Graphik verdeutlicht.

Das Himmels-W ist ebenso wie der Große Wagen kein „offizielles" Sternbild. In der Serie der klassischen Sternbilder heißt das Himmels-W (so nach der Anordnung seiner Sterne nach dem Buchstaben W benannt) Kassiopeia. Der Mythologie nach war die Kassiopeia die legendäre Königin von Äthiopien. Ihr Gemahl, der König Kepheus, ist ebenfalls am Sternenhimmel verewigt, und zwar neben seiner Gemahlin. Allerdings ist das Sternbild Kepheus viel schwieriger auszumachen als die Kassiopeia. Die Sterne des Kepheus sind erheblich lichtschwächer und die ganze Figur dieses Königs ist nicht besonders einprägsam.

Senkrecht über dem Beobachter, also fast genau im Zenit, steht ein heller, gelber Stern erster Größenklasse, die Kapella (α Aurigae), Hauptstern im Fuhrmann. Kapella ist 42 Lichtjahre entfernt. Die Bezeichnung „Kapella" kommt aus dem Lateinischen und bedeutet soviel wie Ziegenstern. Der Fuhrmann ist relativ leicht zu erkennen: ein Fünfeck mit Kapella an der Spitze. Man hat eher den Eindruck eines Sechsecks aus Sternen, und so ist der Fuhrmann in der Monatssternkarte auch eingetragen. Der südlichste Stern in diesem Sechseck (also gegenüber von Kapella) gehört allerdings schon zum Stier und heißt Al Nath (β Tauri). In älteren Sternkarten wird Al Nath noch als γ Aurigae geführt. Al Nath stellt die eine Hornspitze des Stiers dar, der eben den Meridian passiert hat und hoch im Südsüdwesten steht. Sein hellster Stern, der rote Aldebaran, deutet das blutunterlaufene Auge des Stieres an. Wenn der Stier hoch am Himmel steht – wie im Januar zu unserer Standardbeobachtungszeit – so erscheint Aldebaran eher orange-gelb (Spektraltyp: K5). In Horizontnähe erscheint Aldebaran wegen der Extinktion der dichten Luftschichten jedoch tiefrot. Nach Vorstellung der alten Griechen handelt es sich um den weißen Stier, in den sich einst Zeus verwandelte, um die bildhübsche Europa nach Kreta zu entführen. Man sieht deshalb nur den Stierkopf und die Schultern aus dem Wasser des Mittelmeeres ragen. Diesen Eindruck gewinnt man tatsächlich, wenn der Stier gerade im Aufgang ist. Aldebaran ist 65 Lichtjahre von der Erde entfernt. Zur Zeit scheint der Stier etwas verfremdet und der Anfänger ist vielleicht leicht verwirrt – denn außer Aldebaran leuchtet noch ein helles Gestirn im Stier. Es handelt sich um Saturn. Der Ringplanet gibt gerade sein Gastspiel in dieser Himmelsregion.

Dem Stier folgen im Tierkreis die Zwillinge. Sie werden hauptsächlich von zwei Sternenketten dargestellt, an deren Enden jeweils ein heller Stern steht, nämlich Kastor (α Geminorum) und Pollux (β Geminorum). Kastor ist 52 und Pollux 34 Lichtjahre von uns entfernt. Ein helles Gestirn in den Zwillingen zieht in diesem Jahr die Blicke auf sich. Es ist der Riesenplanet Jupiter, der in den Zwillingen seine Oppositionsstellung zur Sonne erreicht.

An die Zwillinge schließt sich in östlicher Richtung der unscheinbare Krebs mit dem offenen Sternhaufen der Krippe (lat.: Praesepe) an. Südlich der Zwillinge sind die beiden Himmelshunde, die Begleiter des Himmelsjägers Orion, anzutreffen. Tief im Südosten flackert der bläulich-weiße Sirius (α Canis Maioris), der Hauptstern des Großen Hundes. Mit $-1\overset{m}{,}5$ ist Sirius der hellste Fixstern des irdischen Himmels. Nur noch Venus, Jupiter und gelegentlich Mars übertreffen Sirius an Helligkeit. Mit nur 8,6 Lichtjahren Distanz gehört Sirius zu den sonnennächsten Sternen. Ein wenig höher von Sirius stößt man auf den gelblichen Prokyon (α Canis Minoris) im Kleinen Hund. Prokyon bedeutet auf Griechisch soviel wie „Vorhund". Prokyon geht nämlich in unseren Breiten vor Sirius auf. Er kündigt gewissermaßen den Siriusaufgang an. Mit 11 Lichtjahren Entfernung gehört auch Prokyon zu den sonnennahen Sternen.

Die hellen Sterne Kapella, Aldebaran, Rigel, Sirius, Prokyon und Pollux bilden das Wintersechseck. Es ist gewissermaßen das Gegenstück zum Sommerdreieck. Manche sagen zu diesem Sternensechseck auch Halskette.

In der westlichen Himmelshälfte sind noch etliche Herbstbilder vertreten. Noch relativ hoch im Westen ist der Widder zu erkennen. Tiefer schon steht das Pegasusquadrat, an das sich in Richtung Zenit die Sternenkette der Andromeda anschließt, Tochter des Königspaares Kassiopeia und Kepheus. Zu ihnen gesellt sich noch der Held Perseus, der Andromeda vor dem Meeresungeheuer Cetus rettet. Der Cetus (lat., Walfisch) ist als Sternbild ebenfalls noch tief am Südwesthimmel vertreten.

Am Osthimmel ist bereits der mächtige Löwe mit seinem Hauptstern Regulus (α Leonis) erschienen. Der Löwe ist signifikanter Vorbote des kommenden Frühlings.

Die Erforschung des Eros

Der eine oder andere mag beim Thema „Eros" an die antike Liebeskunst denken. Eros ist der griechische Gott der Liebe, der bei den Römern Amor hieß. Er ist der Sohn von Aphrodite und Ares, dem Kriegsgott. Manchmal wird Eros als geflügelter Bogenschütze mit knabenhafter Figur dargestellt, andere Statuen zeigen ihn als hübschen, jungen Mann. In allen Fällen ist er mit Köcher, Bogen und Pfeilen ausgestattet. Die Pfeile haben goldene Spitzen, die Wonne aber auch Kummer bringen können, wenn man von ihnen getroffen wird. Eros selbst erglüht in Liebe zu Psyche, der Göttin der menschlichen Seele. Als Psyche ihren Geliebten einmal bei Lampenschein begutachtet, muss sie sich zur Strafe vor Aphrodite demütigen und als Sklavin härteste Arbeiten verrichten. Schließlich heiratet Eros seine Geliebte, worauf Psyche un-

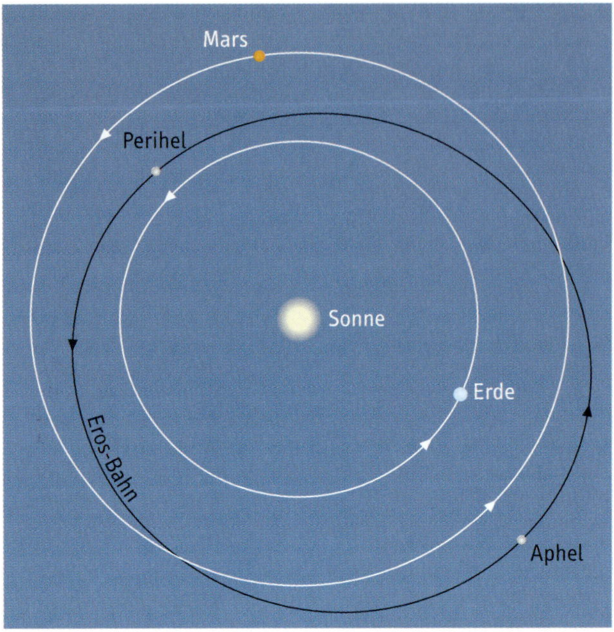

1.14 Heliozentrische Bahn des Kleinplaneten Eros (433).

sterblich wird und zu den Göttern in den Olymp aufsteigen darf. Und was hat das mit Astronomie zu tun? Nun, den Namen „Eros“ trägt auch ein kleiner Himmelskörper, der der Erde recht nahe kommen kann. Eros gehört zu den so genannten Planetoiden, den kleinen Planeten. Schon bei seiner Entdeckung fiel seine besondere Bahn auf, weshalb er der erste Kleinplanet war, der einen männlichen Namen erhielt. Heute ist Eros der am besten erforschte Planetoid und der erste, der von einem künstlichen, irdischen Satelliten mit der Projektbezeichnung NEAR erforscht wurde.

Als Planetoiden oder auch Asteroiden werden die kleinen Planeten bezeichnet, die in großer Zahl zwischen der Mars- und der Jupiterbahn die Sonne umrunden. Der erste Kleinplanet wurde in der Neujahrsnacht von 1800 auf 1801 entdeckt und auf den Namen Ceres getauft. Ceres ist somit der erste große Entdeckungserfolg exakt zu Beginn des 19. Jahrhunderts. Bald wurden weitere Planetoiden aufgespürt. Nach 1850 stieg die Zahl der Neuentdeckungen schnell in die Hunderte. Heute sind mehr als zwanzigtausend Kleinplaneten katalogisiert.

Die meisten Planetoiden laufen dabei in Bahnen um die Sonne, die zwischen der Mars- und der Jupiterbahn liegen. Schon früh war die große Lücke zwischen der Mars- und der Jupiterbahn aufgefallen. Während Mars in eineinhalbfacher Erdentfernung die Sonne umrundet, ist Jupiter fünfmal so weit wie die Erde vom Zentralgestirn entfernt. Mit der Entdeckung des Planetoidengürtels hatte sich diese Lücke geschlossen. Zwischen der Mars- und der Jupiterbahn gibt es zwar keinen großen Planeten, dafür aber Tausende von Kleinplaneten. Mit knapp eintausend Kilometer Durchmesser ist Ceres der größte aller Planetoiden.

Die Entdeckung

Groß war die Überraschung der Astronomen daher, als im Jahre 1898, also fast hundert Jahre nach der Entdeckung von Ceres,

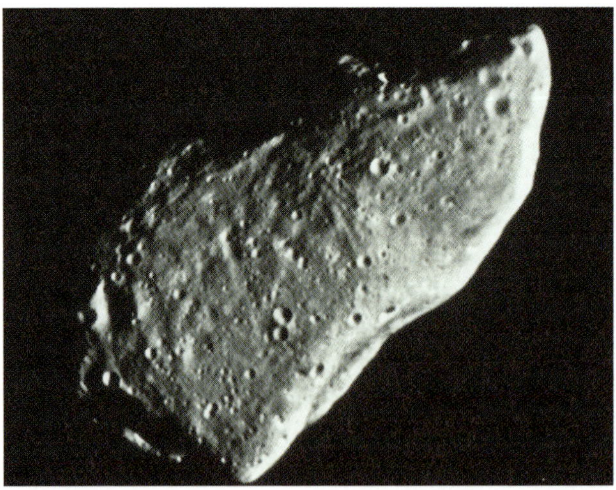

1.15 Nahaufnahme des Kleinplaneten Gaspra (951).

ein Planetoid gefunden wurde, dessen sonnennächster Bahnpunkt weit innerhalb der Marsbahn liegt und der der Erde bis auf 22 Millionen Kilometer nahe kommen kann.

In der Nacht vom 13. auf 14. August 1898 beobachtete Gustav Witt, Direktor der Urania-Sternwarte in Berlin, die Gegend um den Stern β Aquarii. Witt und sein Mitarbeiter Felix Linke wollten den Planetoiden Nr. 185, Eurike mit Namen, auffinden, um durch genaue Positionsbestimmung dessen Bahnelemente zu verbessern. Sie gewannen in dieser sehr warmen Augustnacht mit dem zwölfzölligen Refraktor der Urania-Sternwarte – damals das größte Linsenfernrohr in Preußen – eine Aufnahme, auf der zwei bekannte Planetoiden ihre Spuren hinterlassen hatten. Zusätzlich fand sich noch ein langer Strich auf der fotografischen Platte. Zunächst dachte man an einen Plattenfehler. Denn eine so ungewöhnlich schnelle Bewegung war bisher noch nie bei einem Kleinplaneten beobachtet worden. Dennoch sandte man ein Entdeckungstelegramm an die Kieler Sternwarte, die damals als weltweite Zentralstelle für astronomische Neuentdeckungen fungierte. Zeitgleich aber fand auch, unabhängig von Witt, der französische Astronom A. Charlois in Nizza diesen schnell laufenden Himmelskörper, der die vorläufige Bezeichnung 1898 DQ erhielt. Bald stellt es sich heraus, dass 1898 DQ ein Planetoid mit einer recht ungewöhnlichen Bahn ist. Denn sein Perihel (der sonnennächste Bahnpunkt) liegt weit innerhalb der Marsbahn, nämlich bei 1,133 AE, das sind 169,5 Millionen Kilometer. Damit kommt 1898 DQ in Sonnennähe recht nahe an die Erdbahn heran. Wegen der ungewöhnlichen Bahn wich man bei der Namensgebeung erstmals von der Gepflogenheit ab, Kleinplaneten mit weiblichen Namen zu versehen. Der 433. Planetoid wurde deshalb Eros getauft. (433) Eros ist also der erstentdeckte Planetoid, dessen Perihel innerhalb der Marsbahn liegt. Heute kennt man Dutzende Kleinplaneten, deren Perihelia knapp außerhalb der Erdbahn liegen, deren Bahnen daher die Erdbahn nicht kreuzen. Man nennt diese Planetoiden „Amors“ nach dem Kleinplaneten (1221) Amor, der 1932 gefunden wurde und dessen Perihel bei 1,08 AE (= 161,6 Millionen Kilometer) liegt. Zur Amor-Gruppe zählen alle Planetoiden, deren sonnennächster Bahnpunkt knapp außerhalb der Erdbahn liegt, aber nicht weiter als 1,3 AE von der Sonne entfernt ist.

Daten und Fakten

Die große Halbachse der Erosbahn ist mit 1,4583 AE (= 218,2 Millionen Kilometer) etwas kleiner als die der Marsbahn. Die numerische Exzentrizität von e = 0,223 der Erosellipse führt den Kleinplaneten Nr. 433 bis auf 1,7835 AE (= 266,8 Millionen Kilometer) von der Sonne weg. Damit liegt das Aphel der Erosbahn außerhalb der Marsbahn. Eros kreuzt deshalb bei seinem Sonnenumlauf, der ein Jahr und neun Monate (genau: 642 Tage) dauert, zweimal die Marsbahn. Zu einem Zusammenstoß mit dem roten Planeten kann es nicht kommen, denn die Erosbahn ist um $10\overset{\circ}{,}8$ zur Ekliptik geneigt.

Die reduzierte Oppositionshelligkeit von Eros beträgt im visuellen Bereich $11\overset{m}{,}2$. Unter *reduzierter Oppositionshelligkeit* versteht man die scheinbare

Eros in Zahlen

Planetoiden-Nummer: 433	
Mittlere Entfernung von der Sonne:	1,458 AE = 218,2 Mio. km
Kleinste Entfernung von der Sonne:	1,133 AE = 169,5 Mio. km
Größte Entfernung von der Sonne:	1,784 AE = 266,8 Mio. km
Geringste Erddistanz:	0,147 AE = 22 Mio. km
Mittlere Umlaufzeit um die Sonne:	1,76 Jahre = 642 Tage
Numerische Exzentrizität:	e = 0,223
Bahnneigung zur Ekliptik:	i = $10\overset{\circ}{,}8$
Durchmesser:	33 km × 13 km × 13 km
Siderische Rotation:	$5^h\ 16^m\ 13^s$
Masse:	$6{,}3 \times 10^{19}$ g = ~ 10^{-8} Erdmassen!
Mittlere Dichte:	2,7 g cm^{-3}
Asteroiden-Typ:	S (eisen- und magnesiumhaltige Silikate)
Mittlere Schwerebeschleunigung:	0,981 cm s^{-2} = 0,001 g ~ 1 cm s^{-2}
Entdeckung:	13. August 1898 von Gustav Witt, Berlin und A. Charlois, Nizza (unabhängig voneinander)
Die NEAR-Mission:	
Start: 17. Feb. 1996:	Kennedy Space Center, Cape Canaveral, mit einer Delta-2-Rakete
Passage an Mathilde:	27. Juni 1997
Swing-by an Erde:	23. Januar 1998 in 530 km
1. Begegnung mit (433) Eros	23. Dezember 1998 in 3 800 km
Einschwenken in Eros-Orbit:	14. Februar 2000
Landung auf Eros-Oberfläche:	12. Februar 2001

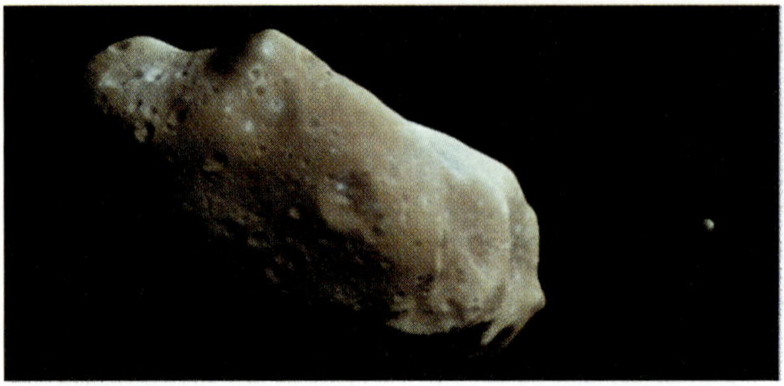

1.16 **Kleinplanet Ida (243) mit seinem Begleiter Dactyl.**

Helligkeit, die ein Planetoid aufweist, wenn er voll beleuchtet erscheint (Phasenwinkel = 0°) und sowohl von der Sonne als auch vom Beobachter je eine Astronomische Einheit entfernt ist. In günstigsten Fällen erreicht Eros eine Oppositionshelligkeit von 7^m, so dass er bereits im Fernglas sichtbar wird. Eine solch günstige Opposition fand 1931 statt, als Eros bis auf 26 Millionen Kilometer an die Erde herankam. Sein selbst in großen Teleskopen punktförmiges Erscheinungsbild sowie seine Erdnähe wurden damals benutzt, um die so genannte Sonnenparallaxe neu zu bestimmen. Dazu wurde mit trigonometrischen Methoden die Distanz Erde–Eros direkt gemessen. Heute benutzt man die Laufzeit elektromagnetischer Wellen (Licht, Radiosignale), um Distanzen im Sonnensystem zu messen (Radar-Echo-Methode, Laser-Ranging).

Bald zeigte sich, dass Eros erhebliche periodische Helligkeitsschwankungen mit einer Amplitude von etwa eineinhalb Größenklassen aufweist. Daraus schloss man, dass Eros – im Gegensatz zu den Planeten und großen Planetoiden – kein kugelförmiger Himmelskörper sein kann, sondern ein länglicher Körper sein muss. Aus dem Lichtwechsel wurde eine Rotationsdauer von 5 Stunden abgeleitet. Viele Planetoiden lassen einen Rotationslichtwechsel erkennen – dies ist also nichts Ungewöhnliches.

Ob zahlreiche Kleinplaneten mehr oder minder stark von der Kugelform abweichen, konnte man bis Ende der 1980er Jahre nur vermuten. Denn auch in Riesenteleskopen erscheinen Planetoiden von der Erde aus betrachtet nur als feine Lichtpünktchen. Im Prinzip könnte der Rotationslichtwechsel eines Kleinplaneten auch durch unterschiedliche Oberflächenreflexion eines kugelförmigen Körpers bewirkt werden, wie dies beispielsweise beim Saturnmond Japetus der Fall ist: Eine Seite von Japetus reflektiert nur etwa fünf Prozent des einfallenden Sonnenlichtes, die andere hingegen rund fünfzig Prozent.

Keine Kugeln

Der erste Planetoid, bei dem sicher nachgewiesen wurde, dass er länglich ist, war (4769) Castalia. Er raste im August 1989 in elffacher Mondentfernung an der Erde vorbei. Mit dem größten Radioteleskop der Erde, dem 300-m-Reflektor von Arecibo in Puerto Rico, konnten Radarechos von Castalia registriert werden, die darauf schließen lassen, dass Castalia eine Hantelform mit Ausmaßen von 800 Meter mal knapp zwei Kilometer zeigt. Castalia gehört zu den Erdbahnkreuzern.

Die ersten Nahaufnahmen von Kleinplaneten wurden von der Raumsonde Galileo auf ihrem Weg zum Jupiter gewonnen. Am 29. Oktober 1991 sandte diese Raumsonde Nahaufnahmen von Gaspra, dem Planetoiden Nr. 951, zur Erde. Das sensationelle Bild, das Galileo aus 1600 Kilometer Entfernung von Gaspra zur Erde funkte, zeigt eine kraterübersäte Oberfläche und lässt die längliche Gestalt dieses Kleinplaneten erkennen. Gaspra ist etwa zwanzig Kilometer lang und zwischen zehn und zwölf Kilometer breit.

Ein noch aufregenderes Ergebnis brachte die Begegnung der Galileo-Sonde mit dem Planetoiden Nr. 243, Ida genannt, am 28. August 1993. Das Funkbild zeigte in der Nachbarschaft von Ida ein kleines Objekt. Die Wahrscheinlichkeit, dass Galileo rein zufällig zwei Planetoiden bei einer nahen Begegnung auf ein Bild gebannt hätte, war winzig klein. Entgegen einer weit verbreiteten Vorstellung herrscht im Bereich des Planetoidengürtels zwischen Mars und Jupiter gähnende Leere. Galileo hat also erstmals zweifelsfrei einen Planetoidenmond entdeckt, der schließlich auf der Generalversammlung der Internationalen Astronomischen Union 1994 in Den Haag auf den Namen Dactyl getauft wurde. Inzwischen wurde auch ein Begleiter des Kleinplaneten Nr. 45 Eugenia aufgespürt, so dass bisher mindestens zwei Planetoidenmonde direkt beobachtet wurden. Analysen von Lichtkurven lassen vermuten, dass noch weitere Kleinplaneten Trabanten besitzen.

Ida selbst wurde im September 1884 von Johann Palisa mit dem

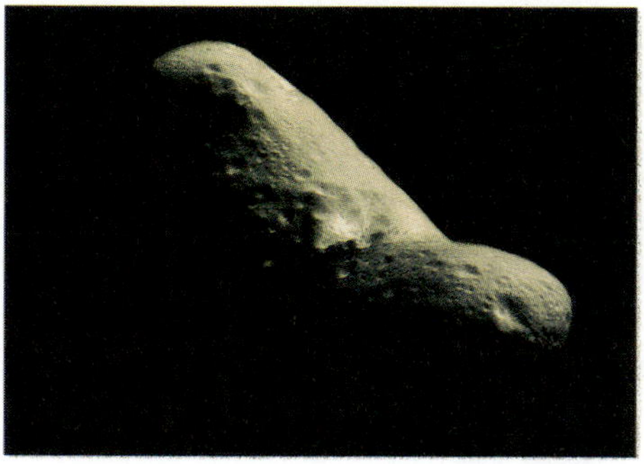

1.17 Eine Aufnahme von Eros (433) von der Raumsonde NEAR zeigt seine kraterübersäte Oberfläche.

1.18 Erosaufnahme der Raumsonde NEAR zeigt den Kleinplaneten (433) aus einer anderen Perspektive.

großen Refraktor der Wiener Universitäts-Sternwarte entdeckt. Die Namensgebung geht auf Moritz von Kuffner, dem Gründer und Erbauer der legendären Kuffner-Sternwarte in Wien-Ottakring, zurück. Ida ist eine kretische Nymphe, die einst den Knaben Zeus in der Dikti-Höhle säugte – neben der Ziege Amalthea.

Vom Größenverhältnis her gesehen, kann Dactyl durchaus als Mond von Ida bezeichnet werden. Ida selbst hat wie Gaspra eine längliche Gestalt, sie ist allerdings deutlich größer. Der Länge nach misst Ida 58 Kilometer, die Querdurchmesser liegen zwischen 21 und 24 Kilometer. Mond Dactyl dagegen hat nur etwa 1,5 Kilometer Durchmesser und zeigt ein kugelförmiges Aussehen. Er wandert in einer mittleren Entfernung von 90 Kilometer in etwa einem Tag um Ida.

Die Raumsonde Galileo flog auf ihrem Weg zu Jupiter an Gaspra und Ida vorbei und konnte nur Momentaufnahmen zur Erde funken. Um einen erdnahen Planetoiden besser und länger erforschen zu können, sandte die amerikanische Weltraumbehörde NASA einen Raumflugkörper zu (433) Eros, der in eine Umlaufbahn um diesen Kleinplaneten einschwenkte und ihn als künstlicher Satellit permanent umkreiste. Die Mission erhielt die Bezeichnung NEAR; dies ist die Abkürzung für **N**ear **E**arth **A**steroid **R**endezvous. Als NEAs (**N**ear **E**arth **A**steroids) benennen die Astronomen alle Kleinplaneten, die die Erdbahn kreuzen oder wenigstens auf 0,3 AE (= 45 Millionen Kilometer) an die Erde herankommen.

Raumsonde NEAR

Die Raumsonde NEAR wurde am 17. Februar 1996 nachmittags (Ortszeit) von Cape Canaveral aus mit einer mehrstufigen Delta 2-Rakete auf ihre lange Reise zu Eros auf den Weg gebracht. Dabei flog sie nicht auf direktem Wege zum Zielplanetoiden, sondern raste im Juni 1997 in etwa 1300 Kilometer Distanz an Planetoid Nr. 253, Mathilde, vorbei und begegnete im Januar 1998 nochmals der Erde, um sich für ihr endgültiges Ziel Schwung zu holen. NEAR flog dabei in nur 530 Kilometer Höhe über dem Iran an der Erde vorbei. Je näher ein Raumfahrzeug an einem Planeten vorbeirast (Swing by-Manöver), desto besser kann die Schwerkraftwirkung für die Beschleunigung der Sonde ausgenutzt werden. Man spricht auch vom „Gravity Assist Process“. Außer der zusätzlichen Beschleunigung wurde auch die Bahnebene von NEAR auf etwa 10° Neigung zur Ekliptik gekippt. Damit bewegte sich NEAR nach dem Erdrendezvous in der gleichen Ebene wie Eros, dessen Bahn, wie oben schon erwähnt, 10,°8 zur Ekliptik geneigt ist.

Bei der Begegnung mit Mathilde weit außerhalb der Marsbahn in rund 300 Millionen Kilometer Sonnenentfernung, konnte NEAR Bilder zur Erde funken, die zeigen, dass auch Mathilde wie alle atmosphärelosen Körper im Sonnensystem von Einschlagkratern übersät ist. Mit 66 × 48 × 46 Kilometer ist Mathilde ein noch relativ kugeliger Planetoid. Er ist der größte Kleinplanet, von dem bisher Nahaufnahmen vorliegen. Mathilde ist ein recht dunkler Körper, schwärzer noch als Kohle. Sie gehört zu den C-Typ-Asteroiden, wobei C für Kohlenstoff steht. Mathilde rotiert extrem langsam, eine Umdrehung dauert 17,4 Tage! Aus der Bahnstörung, die Mathilde auf NEAR ausübte, konnte ihre Masse abgeschätzt und daraus schließ-

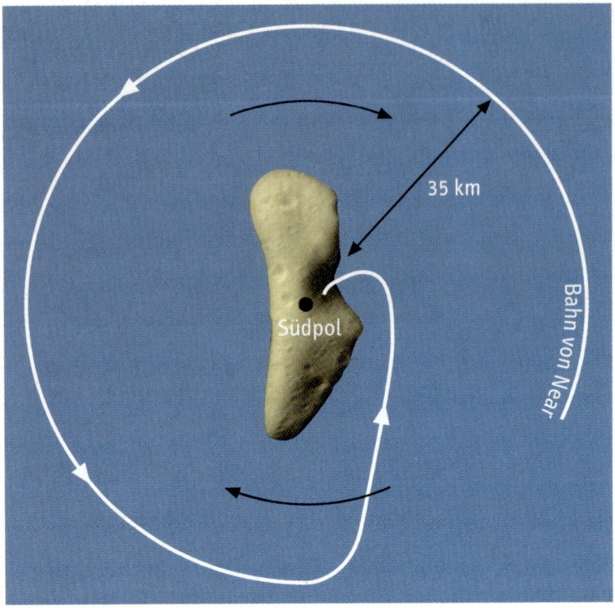

1.19 Abstiegsbahn von NEAR aus dem Orbit zur Erosoberfläche.

lich eine Dichte von 1,3 Gramm pro Kubikzentimeter ermittelt werden. Dies ist eine extrem geringe Dichte für einen festen Körper, die sonst nur die Sonne und die großen Wasserstoffplaneten (Jupiter, Saturn, Uranus und Neptun) aufweisen. Mathilde ist somit sicher kein monolithischer Gesteinsblock, sondern eher eine Schuttanhäufung mit zahlreichen Hohlräumen und Kavernen.

Nach einer abermaligen Sonnenumkreisung begegnete NEAR schließlich einen Tag vor dem 24. Dezember 1998 seinem Ziel, nämlich Eros. Geplant war das Einschwenken in eine Erosumlaufbahn. Dies ist kein ganz einfaches Manöver, denn zum einen ist das Ziel wesentlich kleiner als ein Planet wie Venus oder Mars, zum anderen hat Eros nur ein sehr schwach ausgeprägtes Schwerefeld und kann deshalb eine Raumsonde nur dann einfangen, wenn sie sich mit sehr geringer Relativgeschwindigkeit Eros nähert. Daher war es nötig, durch Zünden der Triebwerke von NEAR die Annäherungsgeschwindigkeit erheblich zu vermindern. Schon im Anflug sandte NEAR atemberaubende Bilder zur Erde, die zahlreiche Krater auf dem länglichen Kleinplaneten erkennen lassen. Die Aufnahmen zeigen einen erdnussförmigen Eros, der mit 33 × 13 × 13 km³ etwas kleiner ist als ursprünglich erwartet. Insgesamt 1100 Bilder erreichten bei der Begegnung von NEAR mit Eros im Dezember 1998 die Bodenstationen auf der Erde. Daraus konnten die Astronomen ein recht gutes, dreidimensionales Modell von Eros entwickeln. Leider misslang aber das Einschwenkmanöver in einen Erosorbit. Während NEAR mit nahezu 35 600 Kilometer pro Stunde an Mathilde vorbeiraste, sollte sich die Raumsonde mit nur 18 Kilometer pro Stunde (!) an Eros heranschleichen. Dazu musste das Haupttriebwerk mehrmals gezündet werden, um NEAR entsprechend abzubremsen. Doch schon Sekundenbruchteile nach dem Zünden schaltete das Haupttriebwerk automatisch ohne erkennbaren Grund wieder ab und der Bordcomputer schaltete auf einen Sicherungsmodus um. Die Raumsonde geriet ins Trudeln, NEAR verfiel in eine Art Winterschlaf und die Bodenkontrolle befürchtete schon den Verlust des Weltraumspähers. Doch nach einem Tag gelang wieder die Kontaktaufnahme. Allerdings schoss NEAR in 4100 Kilometer Distanz an Eros vorbei, anstatt in eine Umlaufbahn einzuschwenken. Glücklicherweise bot sich nach einem Umlauf um die Sonne im Februar 2000 nochmals die Chance für NEAR, zu einem Eros-Satelliten zu werden. Am Valentinstag (14. Februar) 2000 war es schließlich soweit: NEAR wurde zu einem Eros-Mond, die Raumsonde umkreiste als erster künstlicher Satellit einen Planetoiden. Dabei ist das „Kreisen" nicht wörtlich zu nehmen. Die erste Umlaufbahn lag in etwa zwischen 320 und 370 Kilometer Höhe über Eros. Wegen des komplizierten Schwerefeldes des länglichen Eros gleicht die Umlaufbahn von NEAR eher einer verworrenen Rosettenbahn als einem Kreis. Durch vorsichtige Manöver wurde NEAR immer näher an Eros herangeführt, bis er in etwa 35 km Höhe um Eros lief. Ein Jahr nach dem erfolgreichen Einschwenken in einen Eros-Orbit, endete schließlich die NEAR-Mission mit einer sanften Landung auf Eros im Februar 2001.

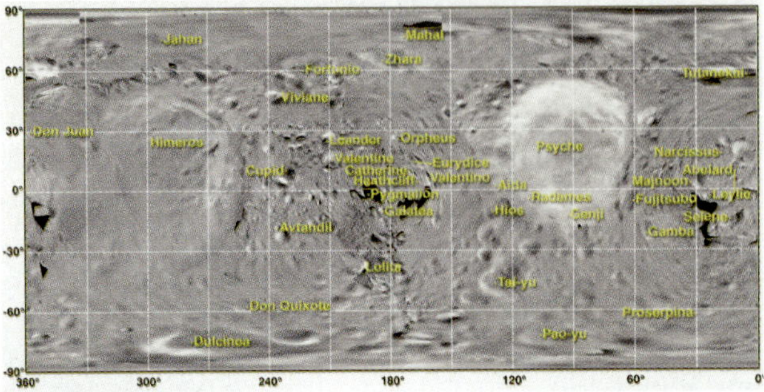

1.20 Detailkarte der Eros-Oberfläche in Mercator-Projektion.

Beobachtungen und Ergebnisse

Tausende Bilder von Eros' Oberfläche hat NEAR inzwischen zur Erde gesandt. Sie zeigen Details mit einer Auflösung von nur wenigen Metern. Die Erosoberfläche ist gepfeffert mit vielen Kratern – sie gehört zu den ältesten im Sonnensystem. Lediglich im Gebiet, das den „Sattel" des knochenartigen Planetoiden bildet, sind signifikant weniger Krater auszumachen. Diese Gegend ist planetologisch gesehen jünger. Vermutlich hat ein Kollisionsereignis jüngeren Datums den Sattel geprägt.
Aus der Bahnbewegung von NEAR konnte das komplizierte Schwerefeld von Eros sowie seine Masse abgeleitet werden. Die mittlere Dichte von Eros ergibt sich damit zu 2,7 Gramm pro Kubikzentimeter, gleicht also der Dichte der Erdkruste. Er ist wohl ein fester Körper und nicht ein Schutthaufen wie Planetoid Mathilde. Eros zeigt sich bräunlich-grau, dies entspricht der typischen Färbung von mineralreichen Oberflächen. Damit ist Eros auch heller als Mathilde. Man zählt Eros zu den so genannten S-Asteroiden. „S" steht dabei für eisen- und magnesiumhaltige Silikate. Die chemische Zusammensetzung der Oberfläche konnte beim Tiefflug aus 35 Kilometer Höhe mit dem Röntgen- und dem Gammastrahlenspektrometer analysiert werden. Denn der Partikelstrom des Sonnenwindes erzeugt auf der atmosphärelosen Erosoberfläche eine für entsprechende chemische Elemente charakteristische Röntgenfluoreszenzstrahlung. Ebenfalls im Gegensatz zur langsam rotierenden Mathilde dreht sich Eros sehr rasch: Eine Erosumdrehung dauert nur fünf Stunden und sechzehn Minuten.
Die mittlere Schwerebeschleunigung an der Erosoberfläche beträgt nur den tausendsten Teil der Erdbeschleunigung. Ein freier Fall aus zehn Meter Höhe dauert etwas mehr als eine halbe Minute. Dies gleicht eher einem sanften Schweben als einem „Fall". Der „Aufprall" erfolgt mit 1,2 Kilometer pro Stunde, das ist viermal langsamer als ein Fußgänger.
Manche Details waren für die Planetoidenforscher überraschend. So zeigen sich einige hellere Flecken auf Eros, der offensichtlich kein homogener Körper ist. Die „Nase" von Eros lässt größere spektrale Variationen erkennen.
Im April 2000 wurde die Raumsonde NEAR nach dem Kometenentdecker und Geologen Eugene M. Shoemaker in *NEAR-Shoemaker* umgetauft. Shoemaker und seine Frau Carolyn S. Shoemaker haben gemeinsam mit David H. Levy den nach ihnen benannten Kometen aufgespürt, der von den gewaltigen Gezeitenkräften des Jupiter in mehr als zwei Dutzend Trümmerstücke zerrissen wurde, die dann im Sommer 1994 in die Atmosphäre des Riesenplaneten stürzten. Shoemaker erlebte noch den Vorbeiflug von NEAR am Kleinplaneten Mathilde, bevor er auf tragische Weise tödlich verunglückte. Aus der geringen Dichte von Mathilde schloss Shoemaker, dass dieser Planetoid mehr ein Schutthaufen ist als ein kompakter Körper und am ehesten mit einem Kometenkern verglichen werden kann.

Die Raumsonde NEAR-Shoemaker hat unser Wissen um die Kleinplaneten enorm bereichert. Eros zählt heute zum besterforschten Kleinplaneten. Einige Himmelsmechaniker haben kalkuliert, dass Eros mit etwa fünfprozentiger Wahrscheinlichkeit innerhalb der nächsten Milliarde von Jahren mit der Erde kollidieren wird. Die dadurch ausgelöste Katastrophe wäre schlimmer als jenes Impaktereignis, das vor 65 Millionen Jahren die Dinosaurier und viele andere Lebensformen ausgelöscht hat. Doch dies soll uns nicht den Schlaf rauben. Dass wir durch einen Planetoideneinschlag ums Leben kommen, ist gegenüber anderen Todesursachen so extrem unwahrscheinlich, dass wir uns darüber keine Sorgen zu machen brauchen.

Februar 2002

Der Riesenplanet Jupiter und der Ringplanet Saturn beherrschen in diesem Monat den Nachthimmel. Gegen Monatsende taucht die helle Venus am Abendhimmel allmählich wieder auf. Auch der rote Planet Mars kann noch am Abendhimmel erspäht werden.

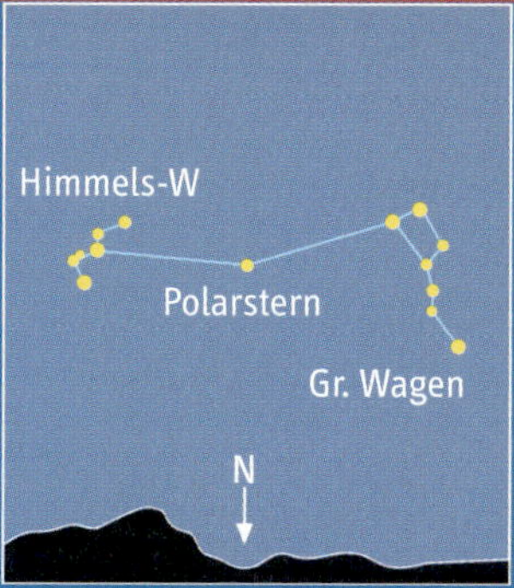

Großer Wagen und Himmels-W Anfang Februar um 22h

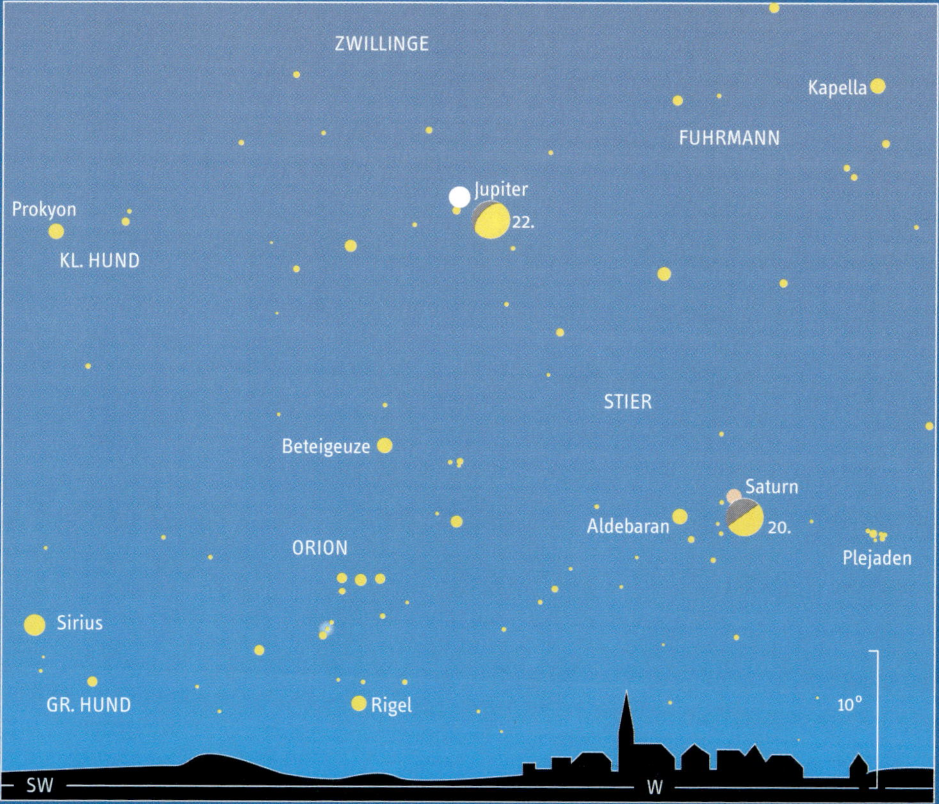

2.1 Anblick des mitternächtlichen Westhimmels am 20. und 22. Februar. Der Riesenplanet Jupiter leuchtet in den Zwillingen, Saturn im Stier. Der zunehmende Mond wandert am 20. an Saturn und am 22. an Jupiter vorbei.

Sonnenlauf

16.2. 10ʰ
Sonne tritt in das Sternbild Wassermann
18.2. 21ʰ
Sonne tritt in das Tierkreiszeichen Fische

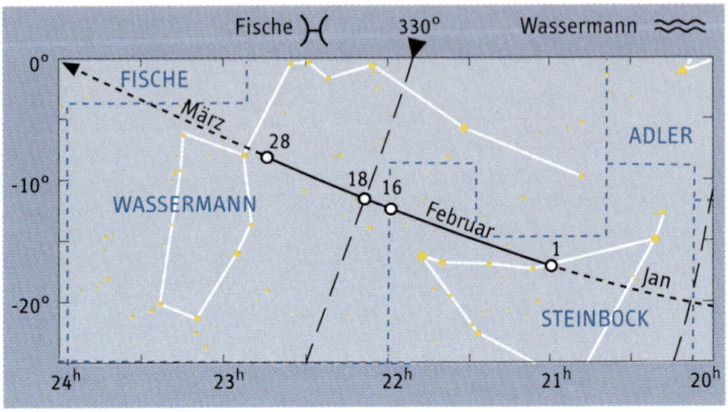

Julianisches Datum am 1. Februar, 1ʰ MEZ: 2 452 306,5

Tag	Dämmerg. Anfang	Aufgang MEZ	Kulmination	Untergang MEZ	Dämmerg. Ende	Mittagshöhe	Zeitgleichg.	Rektaszension	Deklination
	h m	h m	h m	h m	h m	°	m	h m	°
1.	6 40	7 54	12 34	17 14	18 28	22,9	−14	20 57	−17,2
5.	6 35	7 48	12 34	17 21	18 34	24,1	−14	21 14	−16,0
10.	6 28	7 40	12 34	17 29	18 41	25,7	−14	21 34	−14,5
15.	6 20	7 31	12 34	17 38	18 49	27,4	−14	21 53	−12,8
20.	6 11	7 22	12 34	17 47	18 57	29,1	−14	22 13	−11,1
25.	6 02	7 12	12 33	17 55	19 05	30,9	−13	22 32	− 9,2
28.	5 56	7 06	12 33	18 00	19 10	32,1	−13	22 43	− 8,1

Tages- und Nachtstunden

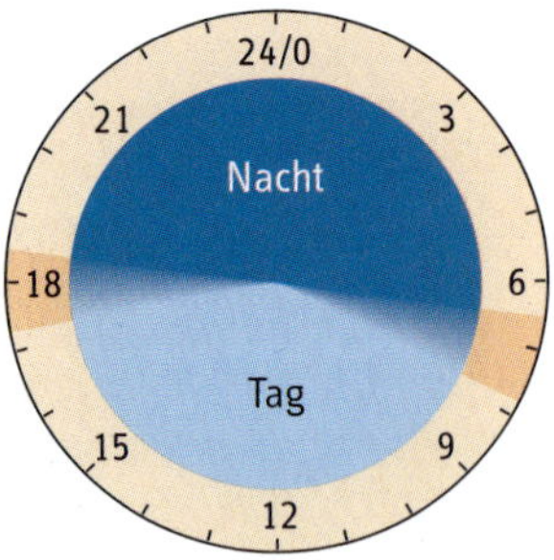

5. Februar

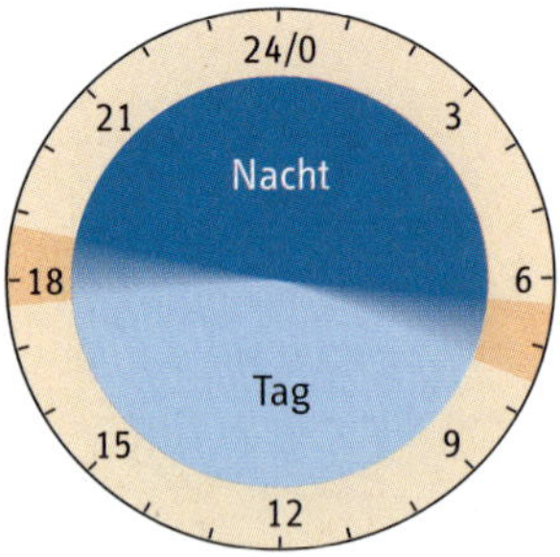

15. Februar

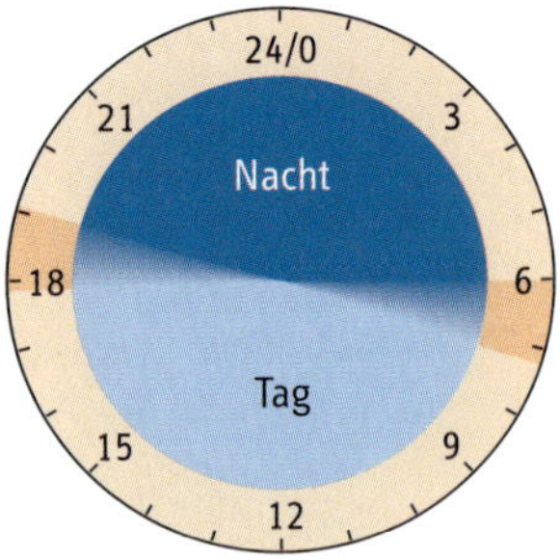

25. Februar

Mondlauf

Datum		Aufg. MEZ	Kulmi-nation	Unterg. MEZ	Rektas-zension	Dekli-nation	Sterne und Sternbilder	Phase	MEZ
		h m	h m	h m	h m	°			
Fr	1.	22 48	3 29	10 04	11 48	+ 6,9	Jungfrau	Größte Nordbreite	
Sa	2.	23 20	4 21	10 25	12 42	+ 0,9	Jungfrau		
So	3.	–	5 11	10 46	13 35	– 5,0	Spica		
Mo	4.	0 42	6 01	11 08	14 27	–10,5	Waage	**Letztes Viertel**	14^h33^m
Di	5.	1 59	6 51	11 34	15 19	–15,3	Waage	Libration West	
Mi	6.	3 15	7 43	12 04	16 12	–19,2	Antares		
Do	7.	4 25	8 35	12 41	17 07	–22,1	Schlangenträger	Absteigender Knoten	
Fr	8.	5 29	9 28	13 26	18 02	–23,8	Schütze		
Sa	9.	6 23	10 21	14 20	18 57	–24,3	Schütze, Nunki		
So	10.	7 07	11 12	15 21	19 51	–23,5	Schütze		
Mo	11.	7 42	12 01	16 26	20 43	–21,7	Steinbock		
Di	12.	8 10	12 48	17 33	21 33	–18,8	Steinbock	**Neumond**	8^h41^m
Mi	13.	8 33	13 32	18 40	22 21	–15,3	Wassermann		
Do	14.	8 52	14 14	19 46	23 07	–11,1	Wassermann	Erdferne 406/29',4	23^h
Fr	15.	9 09	14 54	20 52	23 51	– 6,5	Wassermann	Größte Südbreite	
Sa	16.	9 25	15 35	21 57	0 34	– 1,7	* Walfisch		
So	17.	9 41	16 15	23 03	1 17	+ 3,2	Fische		
Mo	18.	9 59	16 57	–	2 01	+ 8,0	Fische		
Di	19.	10 19	17 42	0 10	2 47	+12,6	Widder		
Mi	20.	10 43	18 30	1 20	3 35	+16,7	Stier	**Erstes Viertel**	13^h02^m
Do	21.	11 13	19 22	2 30	4 26	+20,2	* Stier, Hyaden		
Fr	22.	11 53	20 17	3 40	5 21	+22,8	* Stier, Al Nath	Aufsteigender Knoten	
								Libration Ost	
Sa	23.	12 46	21 17	4 46	6 19	+24,2	* Zwillinge		
So	24.	13 53	22 18	5 44	7 20	+24,2	Pollux		
Mo	25.	15 12	23 18	6 32	8 23	+22,6	Krebs, Krippe		
Di	26.	16 37	–	7 09	9 25	+19,4	Löwe		
Mi	27.	18 05	0 17	7 39	10 25	+14,9	Löwe, Regulus	**Vollmond**	10^h17^m
								Erdnähe 357/33',5	21^h
Do	28.	19 33	1 14	8 04	11 24	+ 9,3	Löwe	Größte Nordbreite	

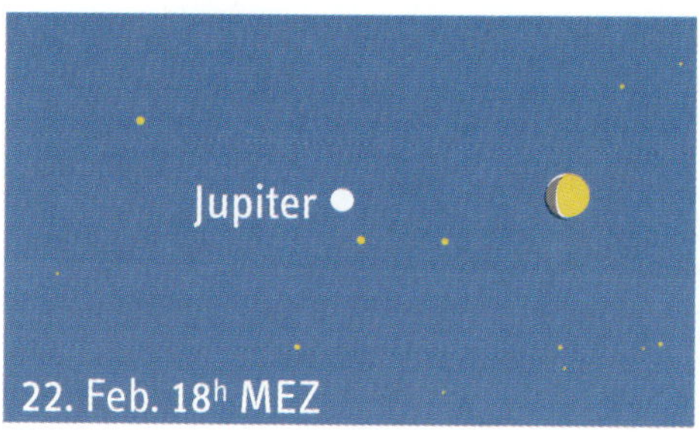

22. Feb. 18^h MEZ

23. Feb. 4^h MEZ

Planetenlauf

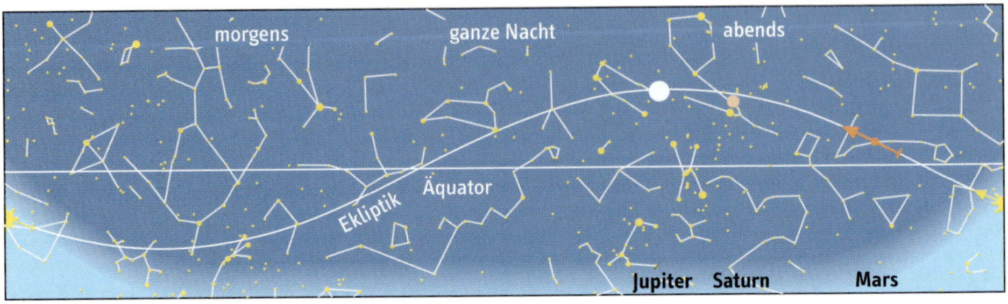

Merkur stand Ende des Vormonats in unterer Konjunktion mit der Sonne. Der flinke Planet entfernt sich rasch rückläufig von der Sonne und erreicht immer größere westliche Winkelabstände von ihr. Am 8. wird Merkur stationär und läuft anschließend wieder rechtläufig durch den Tierkreis. Am 24. erreicht Merkur mit 26° 35′ seine größte westliche Elongation. Trotz des relativ großen Elongationswinkels bietet Merkur in unseren Breiten keine Morgensichtbarkeitschance, denn er hält sich in den südlichen Bereichen des Tierkreises auf. Die Sonne steht gut neun Grad in Deklination nördlicher als Merkur: Der flinke Planet bleibt im Februar in Mitteleuropa unbeobachtbar. In äquatornahen Gegenden und auf der Südhalbkugel ist er jedoch im letzten Februardrittel am Morgenhimmel sichtbar. Auch die Begegnung mit Neptun entgeht uns in hiesigen Breiten.

Venus stand Mitte des Vormonats in oberer Konjunktion mit der Sonne und gewinnt nur langsam an östlichem Abstand

2.2 Die scheinbaren Bahnen von Saturn in der ersten Jahreshälfte und dem Kleinplaneten Vesta (4) von Januar bis April 2002 im Goldenen Tor der Ekliptik im Sternbild Stier. Die Zahlen geben die Positionen jeweils zum Monatsersten an.

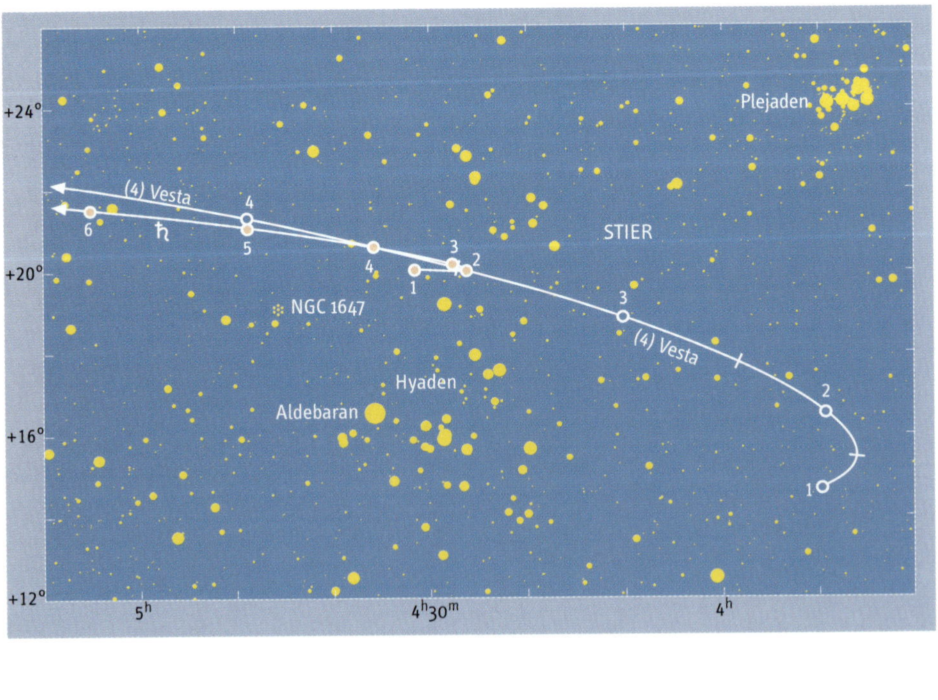

von ihr. Gegen Monatsende taucht sie allmählich am Abendhimmel auf. Am 20. geht die $-3^{m}9$ helle Venus um $18^{h}\,31^{m}$ unter, am 28. erst um $18^{h}\,55^{m}$. Etwa eine halbe Stunde lang kann Venus in der Abenddämmerung gesehen werden. Ein auffälliges Objekt ist unser Nachbarplanet noch nicht. Wer ein Fernrohr auf Venus richtet, sieht ein fast voll beleuchtetes Planetenscheibchen von nur 10″ scheinbarem Durchmesser. Die Konjunktion mit Uranus am 7. bleibt unbeobachtbar.

Mars, rechtläufig in den Fischen, ist weiterhin am Abendhimmel vertreten. Seine Glanzzeit ist allerdings vorüber. Die Helligkeit des roten Planeten nimmt im Laufe des Monats von $1^{m}0$ auf $1^{m}3$ ab. Zu Monatsende wechselt Mars in das Sternbild Widder. Die Marsuntergänge verändern sich kaum. Am 1. geht Mars um $22^{h}\,32^{m}$ unter, am 28. um $22^{h}\,35^{m}$. Das Planetenscheibchen schrumpft auf bescheidene $4''8$ scheinbarem Durchmesser. Mars ist immerhin am Monatsende 290 Millionen Kilometer von der Erde entfernt, dies entspricht 1,94 Astronomischen Einheiten (AE). Am 10. kreuzt Mars die Ekliptik in nördlicher Richtung, er passiert den aufsteigenden Knoten seiner um $1^{\circ}8$ geneigten Bahn.

Jupiter, rückläufig in den Zwillingen, stand zu Beginn des Vormonats in Opposition zur Sonne. Der Riesenplanet ist Glanzpunkt des Nachthimmels. Seine rückläufige Bewegung verzögert sich immer mehr und er kommt nahe Tejat Posterior (μ Geminorum) fast zum Stillstand (siehe Abb. 1.9 auf Seite 35). Vom Morgenhimmel beginnt sich der Riesenplanet allmählich zurückzuziehen. Geht der Riesenplanet am 1. um $6^{h}\,14^{m}$ und am 15. um $5^{h}\,15^{m}$ unter, so erfolgt der Untergang des inzwischen $-2^{m}4$ hellen Jupiter am 28. um $4^{h}\,22^{m}$. Mit Einbruch der Dunkelheit sieht man den Riesenplaneten schon hoch im Osten leuchten.

Am 23. erhält Jupiter Besuch vom zunehmenden Mond. Gegen 4^{h} zieht der Mond über Jupiter hinweg. Die Jupiterbedeckung durch den Mond ist diesmal auch von Mitteleuropa aus beobachtbar. Die genauen Zeiten findet man auf Seite 238 in der Tabelle „Sternbedeckungen durch den Mond" (siehe auch Abb. 2.1 auf Seite 51).

Saturn beendet am 8. seine Rückläufigkeit im Sternbild Stier und wird stationär. Ab diesem Zeitpunkt zieht er wieder rechtläufig seine Bahn unter den Sternen des Tierkreises. Allerdings bewegt er sich zunächst nur sehr zögerlich und kommt kaum vom Fleck (siehe Abb. 2.2 auf Seite 54).

Nun geht auch die Oppositionsperiode zu Ende. Die Saturnhelligkeit sinkt leicht auf $0^{m}1$ ab, vom Morgenhimmel zieht sich der Ringplanet zurück. Geht Saturn am 1. noch um $3^{h}\,49^{m}$ und am 25. um $2^{h}\,54^{m}$ unter, so erfolgt sein Untergang am 28. schon um $2^{h}\,05^{m}$.

In der Nacht vom 20. auf 21. erhält der Ringplanet Besuch vom zunehmenden Halbmond (siehe Abb. 2.1 auf Seite 51). Die abermalige Saturnbedeckung durch den Mond bleibt in Mitteleuropa unbeobachtbar.

Uranus hält sich im Sternbild Steinbock auf. Am 13. steht er in Konjunktion mit der Sonne. Der grünliche Planet befindet sich bei ihr am Taghimmel und bleibt nachts unter dem Horizont. Am Tag der Konjunktion ist Uranus 3138 Millionen Kilometer (= 20,98 AE) von der Erde entfernt.

Neptun im Steinbock stand Ende des Vormonats in Konjunktion mit der Sonne und bleibt unbeobachtbar. Auch die Begegnung mit dem flinken Merkur am 24. kann nicht gesehen werden.

Planetoiden

Ceres – Planetoid Nr. 1 – kommt am 16. in Konjunktion mit der

Konstellationen und Ereignisse

Datum	MEZ	Ereignis
7.	11^{h}	Venus bei Uranus, Venus $0^{\circ}8$ südlich
8.	11	Merkur im Stillstand, anschließend rechtläufig
8.	11	Saturn im Stillstand, anschließend rechtläufig
10.	6	Mond bei Merkur, Mond $5^{\circ}1$ südlich
11.	2	Mond bei Neptun, Mond $3^{\circ}6$ südlich
12.	9	Mond bei Uranus, Mond $3^{\circ}8$ südlich
12.	22	Mond bei Venus, Mond $3^{\circ}3$ südlich
13.	18	Uranus in Konjunktion mit der Sonne
17.	1	Mond bei Mars, Mond $5^{\circ}1$ südlich
21.	1	**Mond bei Saturn,** Mond $0^{\circ}2$ nördlich, **Abstand $0^{\circ}6$ um 2^{h}**
21.	17	Merkur in größter westlicher Elongation (27°)
23.	3	**Mond bei Jupiter,** Mond $0^{\circ}9$ nördlich, **Bedeckung um 4^{h} (siehe Seite 238)**
24.	14	Merkur bei Neptun, Merkur $0^{\circ}5$ südlich

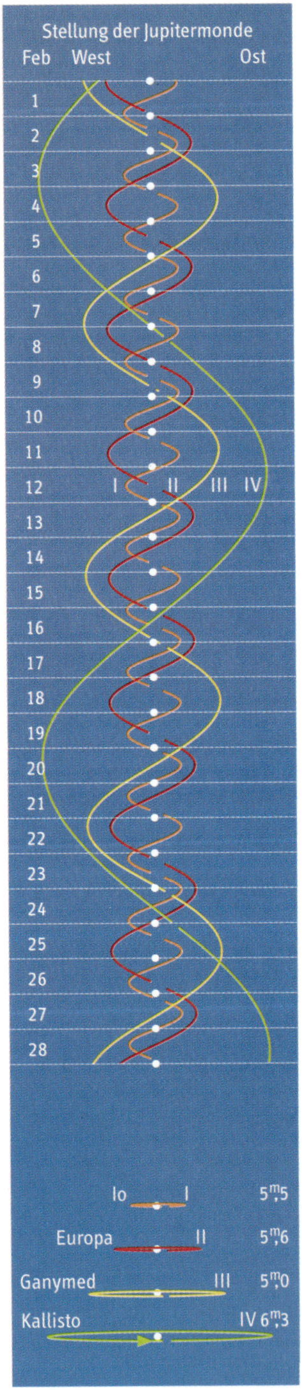

Jupitermond-Erscheinungen

Tag	MEZ h m		Vorgang	
1.	20	36	II	BA
2.	0	55	II	VE
	20	26	III	VE
3.	18	28	II	DE
	20	03	II	SE
4.	4	12	I	BA
5.	1	19	I	DA
	2	08	I	SA
	3	34	I	DE
	4	23	I	SE
	22	39	I	BA
6.	1	44	I	VE
	3	54	III	DA
	19	46	I	DA
	20	37	I	SA
	22	01	I	DE
	22	52	I	SE
7.	20	13	I	VE
	23	08	IV	BA
8.	1	52	IV	BE
	22	56	II	BA
9.	3	31	II	VE
	20	44	III	BE
	21	18	III	VA
10.	0	27	III	VE
	18	02	II	DA
	19	52	II	SA
	20	49	II	DE
	22	40	II	SE
12.	3	07	I	DA
	4	03	I	SA
13.	0	26	I	BA
	3	40	I	VE
	21	34	I	DA
	22	32	I	SA
	23	48	I	DE
14.	0	47	I	SE
	18	53	I	BA
	22	08	I	VE
15.	18	16	I	DE
	19	15	I	SE
16.	1	18	II	BA

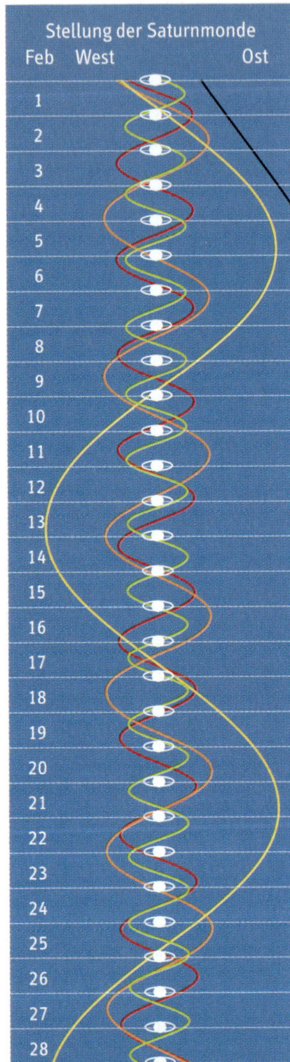

5	$11\overset{m}{.}3$
10	$11\overset{m}{.}7$
15	$12\overset{m}{.}1$
20	$12\overset{m}{.}2$
25	$11\overset{m}{.}9$
30	$11\overset{m}{.}7$

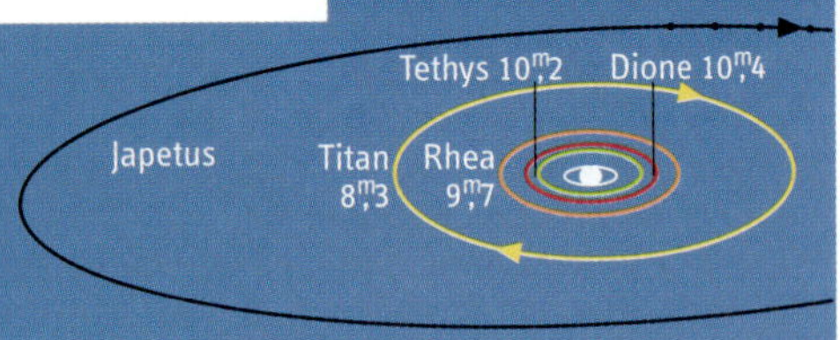

	18 02	IV	SA
	21 12	III	BA
	21 13	IV	SE
17.	0 16	III	BE
	1 18	III	VA
	4 28	III	VE
	20 25	II	DA
	22 28	II	SA
	23 12	II	DE
18.	1 16	II	SE
19.	19 26	II	VE
20.	2 15	I	BA
	18 23	III	SE
	23 23	I	DA
21.	0 27	I	SA
	1 37	I	DE
	2 42	I	SE
	20 43	I	BA
22.	0 04	I	VE
	18 55	I	SA
	20 05	I	DE
	21 10	I	SE
23.	18 32	I	VE
24.	0 48	III	BA
	22 51	II	DA
25.	1 05	II	SA
	1 17	IV	VA
	1 37	II	DE
26.	22 03	II	VE
27.	19 15	III	SA
	22 24	III	SE
28.	1 13	I	DA
	2 22	I	SA
	22 33	I	BA

Sonne. Von der Erde ist Ceres zur Konjunktion 593 Millionen Kilometer (= 3,96 AE) und von der Sonne 446 Millionen Kilometer (= 2,98 AE) entfernt.
Juno (3) steht am 11. in Opposition zur Sonne. Mit $8{,}^{m}3$ Oppositionshelligkeit kann sie schon in einem lichtstarken Fernglas oder kleinen Teleskop aufgefunden werden. Juno wandert rasch rückläufig durch die Wasserschlange (siehe Abb. 2.3 unten). Am Tag der Opposition kulminiert Juno um $0^h\,21^m$, zu Monatsanfang um $1^h\,09^m$ und am Monatsletzten um $22^h\,57^m$. Zur Opposition ist Juno 215 Millionen Kilometer (= 1,44 AE) von der Erde entfernt. Zur Opposition: 361 Mio. Km (= 2,41 AE)
Vesta (4), wieder rechtläufig im Stier, kann noch am Abendhimmel aufgefunden werden. Sie bewegt sich ins Goldene Tor der Ekliptik hinein (siehe auch Abb. 2.2 auf Seite 54). Während des Monats sinkt die Vestahelligkeit von $7{,}^{m}7$ auf $8{,}^{m}1$ ab.
Die Vesta-Kulminationen erfolgen am 1. um $19^h\,23^m$, am 15. um $18^h\,36^m$ und am 28. um $17^h\,57^m$. Am 20. bedeckt der Mond den Planetoiden Nr. 4, ein Ereignis, das von Mitteleuropa aus unbeobachtbar bleibt.

Periodische Sternschnuppenströme

Zwischen 6. und 9. Februar sind die **Alpha-Aurigiden** zu erwarten. Ihr Maximum ist nicht sehr ausgeprägt. Der Ausstrahlungspunkt liegt in der Nähe von Kapella. Nur wenige, aber helle und langsame Meteore tauchen auf. Die beste Beobachtungszeit ist um Mitternacht.
Die **Delta-Leoniden** erreichen ihr Maximum um den 24. Februar. Sie sind ein schwacher Strom, der sich zwischen dem 15. Februar und dem 10. März bemerkbar macht, wobei es sich um langsame Objekte handelt (um 25 Kilometer pro Sekunde). Zu Monatsende erscheinen die ersten **Virginiden** am Morgenhimmel.

2.3 Scheinbare Bahn des Kleinplaneten Juno von Januar bis März 2002 im Sternbild Wasserschlange.

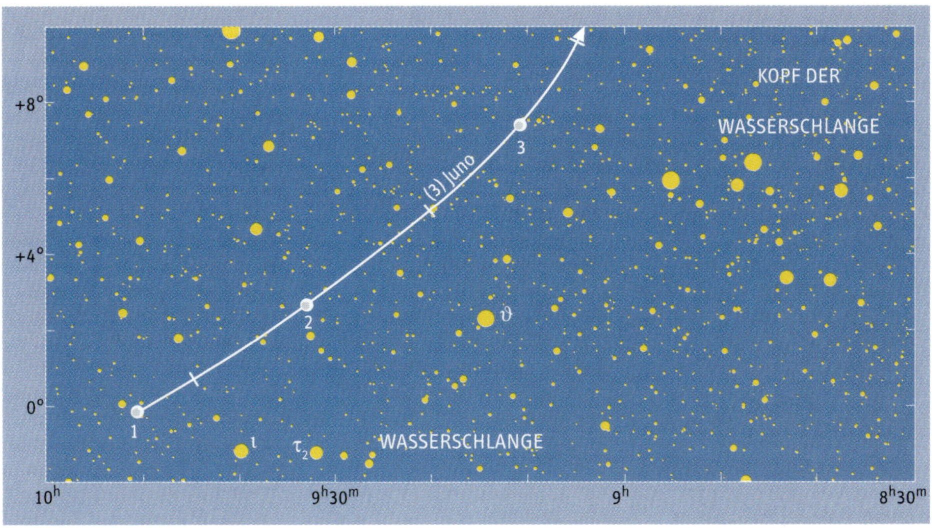

Der Fixsternhimmel

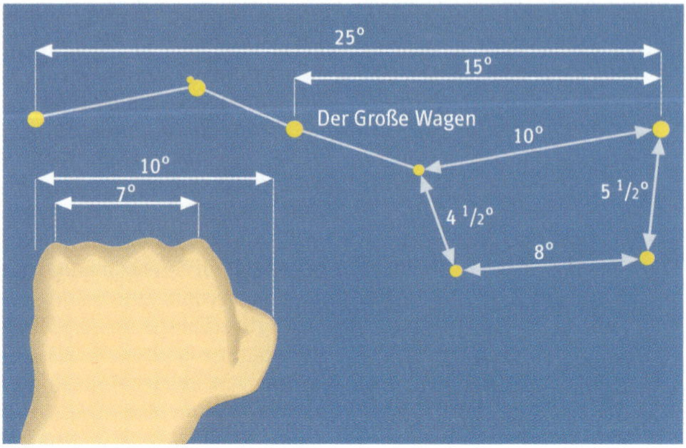

2.4 Der Große Wagen dient als universelle Himmelselle. Mit ihr lässt sich leicht das Abschätzen von Sterndistanzen am Firmament üben. Zum Vergleich ist eine ausgestreckte Durchschnittsfaust eingetragen.

Nach wie vor zeigt der abendliche Sternenhimmel winterlichen Charakter. Der Helligkeitsschwerpunkt hat sich allerdings gegenüber dem Vormonat deutlich nach Westen verschoben. Der Himmelsjäger Orion mit seinen hellen Sternen Beteigeuze und Rigel, der Stier mit dem roten Aldebaran und der Fuhrmann mit der strahlenden Kapella haben den Meridian bereits durchschritten. Die Zwillinge mit Kastor und Pollux kulminieren eben. Unter „Kulminieren" versteht man „die höchste Stellung im Süden einnehmen". Das dazu gehörige Substantiv heißt „die Kulmination". Ein Gestirn kulminiert, wenn es den Meridian (Mittagslinie) kreuzt.
Ebenfalls im Meridian findet man Prokyon im Kleinen Hund, während Sirius mit dem Großen Hund seine Kulmination schon hinter sich hat. Damit sind die Wintersternbilder zur Standardbeobachtungszeit (22^h MEZ zur Monatsmitte, 23^h MEZ zu Monatsanfang) inzwischen alle in der westlichen Hemisphäre versammelt.
Der Große Wagen hat sich im Nordosten empor geschoben und ist kaum zu übersehen. Berücksichtigt man, dass der Große Wagen nur ein Teil des Großen Bären ist, so zeigt sich: Der Bär klettert empor, während sein Schwanz zum Nordosthorizont herunterhängt. Der Schwanz des Kleinen Bären hingegen zeigt in die Höhe, also vom Nordosthorizont weg. Wie beim Großen Bären der Schwanz gleichzeitig der Deichsel des Großen Wagens entspricht, so ist der Schwanz des Kleinen Bären identisch mit der Deichsel des Kleinen Wagens. Der letzte Deichselstern des Kleinen Wagens ist übrigens der Polarstern. Bis auf den Polarstern und die beiden äußeren Kastensterne sind die übrigen Sterne des Kleinen Wagens erheblich lichtschwächer als die des Großen. Deshalb ist der Kleine Wagen viel schwieriger zu erkennen – an einem durch künstliche Beleuchtung aufgehellten Himmel meist auch gar nicht.
Das Himmels-W, die Kassiopeia, sinkt im Nordwesten hinab. Fast alle Herbstbilder sind schon untergegangen. Nur noch Perseus im Westen und die Andromeda tief im Nordwesten erinnern an längst vergangene Herbsttage.
Im Südosten fällt in mittlerer Höhe ein Stern erster Größenklasse auf, nämlich Regulus (α Leonis), der hellste Stern im Löwen. Das Licht von Regulus ist 77 Jahre zu uns unterwegs. Der Löwe ist das typische Frühlingssternbild. Er ist leicht zu erkennen und man prägt sich seine markante Figur gut ein. Ein großes Sternentrapez markiert den Rumpf und ein kleines, aufgesetztes Trapez den Kopf mit der Mähne dieses königlichen Tieres.
Zwischen den Zwillingen und dem Löwen ist der Krebs (lat.: Cancer) beheimatet. Dem Namen nach ist der Krebs wohlbekannt, gehört er doch zum Tierkreis, also jenen Sternbildern, durch die Sonne, Mond und Planeten wandern. Allerdings setzt er sich nur aus lichtschwachen Sternen zusammen, weshalb er nicht leicht zu finden ist. Gute Augen erkennen in dunkler, mondloser Nacht im Zentrum des Krebses eine kleine Aufhellung, die sich im Fernglas als Anhäufung von Sternen entpuppt. Dieser offene Sternhaufen wird Krippe oder Praesepe (lat.) genannt und trägt in Messiers Nebelkatalog die Katalognummer M 44.
Im Areal zwischen dem Großen Wagen, dem Löwen und den Zwillingen finden sich die unscheinbaren und darum weniger bekannten Bilder Luchs (lat.: Lynx) und Kleiner Löwe (lat.: Leo Minor). Ebenfalls ein wenig dominantes Sternbild ist das Einhorn (lat.: Monoceros), das ziemlich genau zwischen den beiden Hundssternen Sirius und Prokyon liegt. Das Ein-

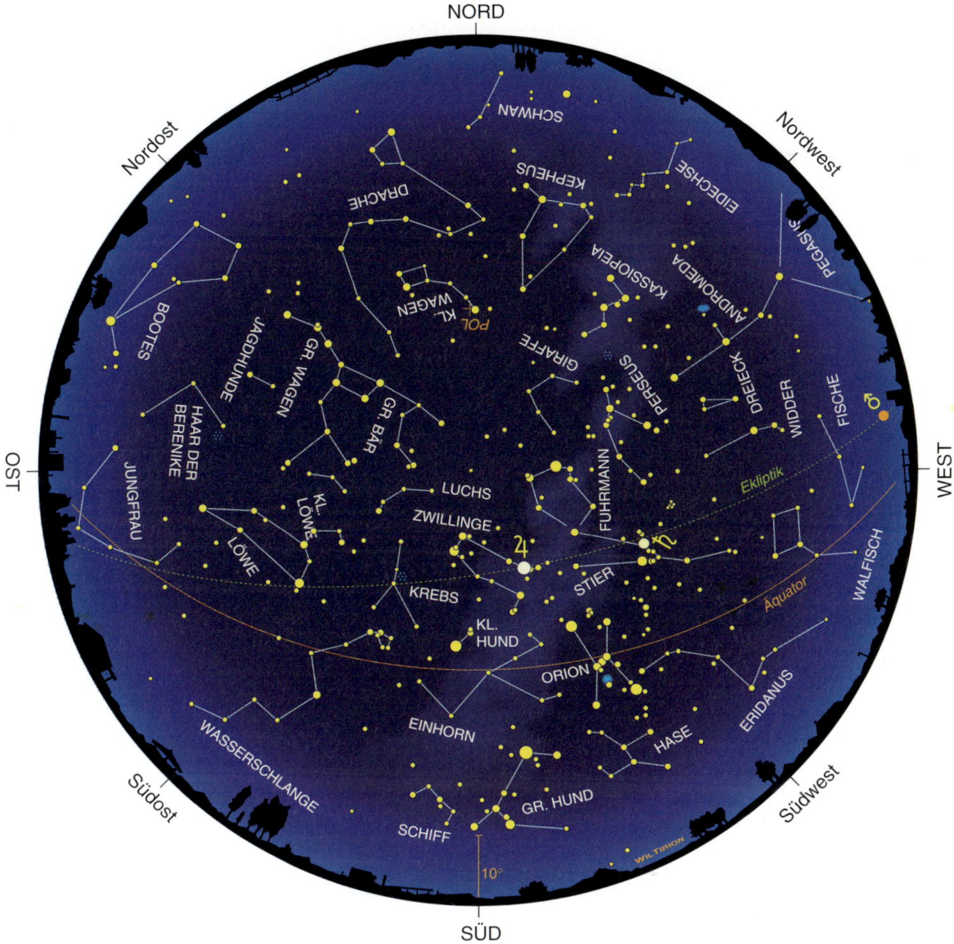

Sternenhimmel am 15. Februar um 22^h MEZ

Fixsternhimmel auch gültig für:

	MEZ
1.11.	5^h
15.11.	4
1.12.	3
15.12.	2
1. 1.	1
15. 1.	0
1. 2.	**23**
15. 2.	**22**
28. 2.	**21**
15. 3.	20

horn gehört zu den unauffälligen und daher weniger bekannten Sternbildern. Es setzt sich nur aus Sternen vierter Größe und schwächer zusammen. Der hellste Stern im Einhorn, α Monocerotis, wird auch Lucida genannt und ist 3,^{m}6 hell. Lucida ist 145 Lichtjahre von uns entfernt. Die übrigen Sterne im Einhorn haben keine Eigennamen erhalten. Das Einhorn liegt in der sternreichen Gegend der winterlichen Milchstraße. Friedrich W. A. Argelander (1799 – 1875), der durch seine *Bonner Durchmusterung* bekannt gewordene Astronom, gibt 66 mit bloßen Augen sichtbare Sterne an, die zum Einhorn gehören. Zu Argelanders Zeiten war es durchaus möglich, hier so viele Sterne freisichtig zu erkennen. Heutzutage gilt dies längst nicht mehr. Das Einhorn ist ein neuzeitliches Sternbild und hat keinen mythologischen Hintergrund aus der griechisch-römischen Sagenwelt. Nachweislich erwähnt wird es erstmals im *Planisphaerium Stellarum*, einem

2.5 Das Sternbild Monoceros in der figürlichen Darstellung aus dem Sternatlas von Johann Elert Bode aus dem Jahre 1782.

Sternatlas, den im Jahre 1624 Jakob Bartsch herausgab. Bartsch nannte sich, wie damals üblich, in latinisierter Form Bartschius. Er bezeichnet das Einhorn in seinem Sternatlas als „Unicornu". Nach Richard A. Proctor (1834 – 1888), einem englischen Astronomen, wird dieses Bild Cervus (lat., Hirsch) genannt. Das Einhorn wird durch den Himmelsäquator geteilt. Der Kopf sieht zum Himmelsjäger Orion, während der Schwanz zur Wasserschlange gerichtet ist. Im Einhorn finden sich interessante Dunkelwolken sowie leuchtende Gasnebel, alles Objekte für Fernglas- und Fernrohrbeobachter.

Objekte für Feldstecher und Fernrohr

Zu den schönsten Fernglasobjekten am Winterhimmel gehören zweifelsohne die Plejaden im Stier. Auch in kleinen, vor allem kurzbrennweitigen Teleskopen bei geringer Vergrößerung (und damit entsprechend großem Gesichtsfeld) verfehlen die Plejaden ihre Wirkung auf den Betrachter nicht. Die Plejaden sind ein so genannter offener Sternhaufen.
Der französische Astronom Charles Messier hat ihnen die Nummer 45 in seinem Katalog von Nebeln und Sternhaufen verpasst. Der Mythologie nach sind die Plejaden die sieben Töchter von Atlas und Plejone. Mit bloßen Augen sieht man sechs bis neun Sterne in M 45. Im Fernglas wirkt besonders eindrucksvoll der Kontrast zwischen den neun hellen, bläulich-weißen Plejadensternen und den rund 150 schwächeren Haufenmitgliedern. Das Zentrum der Plejaden ist 390 Lichtjahre von uns entfernt.
Wer mit einem Fernglas die Plejaden ins Visier nimmt, sollte sich den Zentralstern Alkyone (η Tauri) ansehen. Er ist ein interessanter Vierfachstern. Alkyone gehört zu den heißen, massereichen Sternen. Die Plejaden sind insgesamt ein junger Sternhaufen mit einem Alter von etwa 60 Millionen Jahren. Dies ist jung im Vergleich mit unserer Sonne, die fast fünf Milliarden, also 5000 Millionen Jahre alt ist.
Nicht im Fernglas sichtbar, aber auf länger belichteten Aufnahmen erkennbar, sind bläulich leuchtende Gas- und Staubwolken in den Plejaden. Besonders um Merope leuchten sie recht kräftig, weshalb man auch vom Merope-Nebel spricht. Er trägt die Katalogbezeichnung NGC 1435.
Lange dachte man, diese interstellaren Gas- und Staubmassen seien die Reste jener Materie, aus denen die Plejadensterne einst entstanden sind. Allerdings bewegen sich die Haufensterne und die interstellaren Wolken in verschiedenen Richtungen. Als die Plejadensterne geboren wurden, befanden sich diese Materiewolken noch ganz woanders.
Im Stier fällt noch ein weiterer

Veränderliche Sterne

Algol-Minima	11.	3^h58^m	14.	0^h48^m	16.	21^h37^m	19.	18^h27^m		
β-Lyrae-Minima	4.	4^h N	10.	15^h H	17.	2^h N	23.	14^h H		
δ-Cephei-Maxima	3.	3^h	8.	12^h	13.	20^h	19.	5^h	24.	14^h
Mira-Helligkeit	1.	9^m	10.	9^m	20.	9^m	28.	10^m		

2.6 Die Plejaden im Sternbild Stier – einer der schönsten und beeindruckendsten offenen Sternhaufen. Aufnahme von Martin Gertz, gewonnen auf der Sternwarte Welzheim.

offener Sternhaufen sofort ins Auge, nämlich die Hyaden oder das Regengestirn. Im Fernglas mit entsprechend großem Gesichtsfeld (ab 5° Durchmesser) wirken sie einfach phantastisch. Die Hyaden sind etwas lockerer gestreut, während die Plejaden stärker konzentriert sind. Die Hyaden nehmen auch ein größeres Himmelsareal ein und sie sind nur halb so weit weg wie die Plejaden. Mitten in den Hyaden steht der rote Aldebaran. Mit nur 66 Lichtjahren Distanz ist er nur halb so weit entfernt wie die Hyadensterne. Aldebaran ist somit ein Vordergrundstern und nicht Mitglied des Hyadenhaufens. Ein leicht zu trennender Doppelstern mitten in den Hyaden ist ϑ Tauri. Schon mit bloßen Augen sieht man ihn doppelt, denn ϑ_1 mit $3^m\!.8$ und ϑ_2 mit $3^m\!.4$ Helligkeit sind 340″ voneinander getrennt. Um ϑ im Stier im Sternengewimmel der Hyaden auch einwandfrei zu identifizieren, benutze man ein kleines Fernglas. Dabei reicht schon ein kleines Opernglas. Um die Position von ϑ Tauri im Sternbild des Stieres einwandfrei zu ermitteln, benutze man die Sternkarte E 3 im *Atlas für Himmelsbeobachter* von Erich Karkoschka.

Nicht so auffallend hell und markant wie Plejaden und Hyaden, aber doch ein recht hübsches Fernglasobjekt ist die Krippe oder Praesepe (M 44). Die Krippe entpuppt sich schnell im Fernglas als offener Sternhaufen. Sie liegt mitten im Sternbild Krebs. So richtig zur Geltung kommt M 44 erst im Teleskop bei niedriger Vergrößerung (um 30fach). Etwa 50 hellere Sterne gehören zur Krippe, die von den Amerikanern Beehive (engl., Bienenkorb) genannt wird. Rund 580 Lichtjahre trennen uns von den Sternen der Krippe. Neuere Untersuchungen lassen erkennen, dass sich die Krippe eigentlich aus zwei Sternhaufen zusammensetzt, die mit unterschiedlichen Raumgeschwindigkeiten durchs Weltall driften. M 44 liegt knapp nördlich der Ekliptik, so dass manchmal ein Planet durch diesen Sternhaufen wandert, was besonders reizvoll ist. Das Alter der Krippe wird auf 300 Millionen Jahre geschätzt.

Ein weiterer offener Sternhaufen im Krebs, allerdings viel lichtschwächer als die Krippe, ist M 67 (= NGC 2682). Er liegt südlicher von M 44 und knapp westlich von Acubens (α Cancri). M 67 zählt mit rund 500 Mitgliedssternen zwischen 9^m und 16^m zu den reichen Sternhaufen. Seine Entfernung wurde zu 2300 Lichtjahren bestimmt. Im Fernglas erscheint M 67 eher als größerer Nebelfleck, der erst im Teleskop in einzelne Lichtpunkte aufgelöst wird. Mit einem Alter von rund drei Milliarden Jahren gehört M 67 zu den ältesten offenen Sternhaufen. Wesentlich älter sind lediglich die Kugelhaufen.

Ein Paradeobjekt für den Fernglasbeobachter ist auf alle Fälle der große Orion-Nebel (M 42). Er liegt knapp südlich (etwas unterhalb) der drei Gürtelsterne des Himmelsjägers. Meist kennt man ihn von schönen Fotos her, die in zahlreichen Astronomiebüchern vorhanden sind. Dort erscheint er als rotes Objekt. Dies stammt vom glühenden Wasserstoffgas (Hα-Emissionslinie). Im Fernglas oder Teleskop erscheint der Orion-Nebel hingegen bläulich-weiß. Was man hier sieht, ist das am interstellaren Staub reflektierte Licht heißer, bläulich strahlender Sterne. M 42 ist ein echter Nebel, also kein Milchstraßensystem wie der Andromeda-Nebel, sondern eine Ansammlung interstellarer Gas- und Staubwolken in rund 1400 Lichtjahren Entfernung. Eingebettet in die leuchtenden Wolken sind junge, heiße, bläuliche Sterne. Der Orion-Nebel ist ein richtiges

Sternenstehungsnest, in dem heute noch neue Sterne geboren werden.
Wer schon einmal im Orion beobachtet, sollte sich folgende Doppelsterne mit seinem Teleskop vorknöpfen: Mintaka, δ Orionis mit den Komponenten $2\overset{\mathrm{m}}{,}2$ und $6\overset{\mathrm{m}}{,}8$ in 53″ Distanz. Mintaka ist leicht schon in einem Zweizöller zu trennen. Schwieriger ist da schon η Orionis aufzulösen. Die beiden $3\overset{\mathrm{m}}{,}4$ und $4\overset{\mathrm{m}}{,}7$ hellen Komponenten sind nur $1\overset{\prime\prime}{,}7$ voneinander getrennt. Ein leichtes Fernglasobjekt ist hingegen das Paar 42-45 Orionis. Zwei $4\overset{\mathrm{m}}{,}6$ und $5\overset{\mathrm{m}}{,}2$ helle Sterne stehen in einer Distanz von 252″.

Am berühmtesten ist zweifelsohne der Vierfachstern ϑ Orionis, das so genannte Trapez. Die vier Komponenten A, B, C und D sind $5\overset{\mathrm{m}}{,}0$, $7\overset{\mathrm{m}}{,}9$, $5\overset{\mathrm{m}}{,}1$ und $6\overset{\mathrm{m}}{,}7$ hell. Die Distanzen wurden zu AB = 9″, AC = 13″ und AD = 21″ gemessen. Jeder gute Zweizöller lässt das Trapez einwandfrei erkennen.

Flammendes Firmament

In alten Überlieferungen findet man gelegentlich dramatische Berichte über Flammen, die den Nachthimmel in rötlichen, grünlichen und bläulichen Farben erhellen, über wehende Lichtvorhänge, spektakuläre Lichtstrahlen und schimmernde Leuchterscheinungen. Sie sind offensichtlich selten zu sehen, vor allem in unseren Breiten. Umso mehr haben solche Flammenerscheinungen am nächtlichen Firmament die Menschen in früheren Zeiten in Angst und Panik versetzt. So berichtet ein kolorierter Holzschnitt von einem solchen Flammenszenario, das am 5. Oktober 1591 über Nürnberg zu sehen war. Im Mittelalter zählte man solche himmlischen Flammenerscheinungen einfach zu den Kometen, was nicht die Furcht verringerte, dass sie Vorboten von Feuersbrünsten, Kriegen, Seuchen und Naturkatastrophen sind. Da diese flammenden Lichterscheinungen von unseren Breiten aus fast immer in nördlicher Richtung zu sehen sind, sprach man im Laufe der Zeit von Nordlichtern, vor allem als klar wurde, dass Kometen durch die interplanetaren Räume kurven, die wehenden Flammenvorhänge aber offensichtlich zwar in großen Höhen, aber dennoch in der Erdatmosphäre entstehen. Je weiter man nach Norden kommt, desto häufiger sind Nordlichter zu beobachten. So ist es auch nicht verwunderlich, dass die nordischen Völker zwar respektvoll Nordlichter betrachteten, sich aber kaum vor ihnen fürchteten. Man gewöhnte sich offensichtlich im Laufe der Zeit an die himmlischen Flammen der Nordlichter. Häufig sah man in den wehenden, oft schnell bewegten Lichtbändern tanzende Gestalten. Die Norweger sahen in den Nordlichtern tanzende, alte Jungfrauen. Die Indianer Nordamerikas sahen hier tanzende Götter, die um die Gunst schöner Frauen buhlen.
Nicht nur im hohen Norden treten diese flammenden, geheimnisvollen Lichterscheinungen auf, sondern auch im tiefen Süden. Im Gebiet um die Antarktis treten sie als Südlichter auf. Nur wohnt hier kaum jemand, so dass man selten von Südlichtern spricht. Ganz allgemein fasst man die Nord- und die Südlichter zum Begriff Polarlichter zusammen.
Viele Sagen und Mythen, aber auch Aberglaube stehen in Verbindung mit dem Erscheinen von Polarlichtern. In Finnland glaubte man beispielsweise, der Erzengel Michael persönlich würde im Kampf gegen den teuflischen Beelzebub das Firmament in Flammen auflodern lassen. Einer schwedischen Überlieferung nach soll Thor, Gott der Blitze und des Donners, im Kampf gegen die Jotunen Hammer schwingend und Flammen schleudernd über das Firmament gezogen sein – in einem

2.7 Flammenszenario über Nürnberg: Der Holzschnitt von Wolf Drechsel zeigt das Polarlicht vom 5. Oktober 1591 über Nürnberg.

2.8 Die Magnetosphäre der Erde ist ein komplexes Produkt aus dem Erdmagnetfeld und dem Sonnenwind.

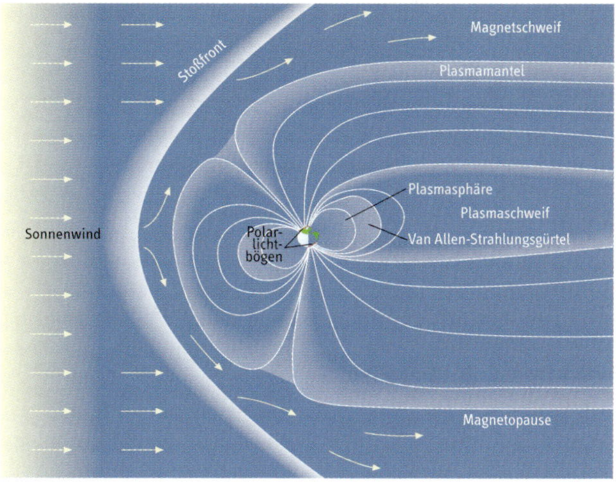

von zwei Widdern gezogenen Leiterwagen. Die Fischer wiederum betrachteten das Polarlicht als göttliche Hilfe, wenn sie in nordischen Gewässern spät nachts auf Fischfang waren. Selbst Gelehrte behaupteten noch im 19. Jahrhundert, Polarlichter seien der Widerschein der blitzenden Waffenschilde der Walküren. Auffällig ist, wie häufig Polarlichter in Verbindung mit Frauengestalten gebracht wurden. Etwas realistischer war die Vorstellung, Polarlichter seien der ferne Schein Feuer speiender Vulkane. Zumindest war man auf dem richtigen Weg der Erkenntnis, Polarlichter als Naturphänomen zu sehen und nicht als Geistererscheinung.

Ein Naturphänomen

Entfernt erinnern Nordlichter an die Morgendämmerung. Deshalb hat sich in der Fachwelt die Bezeichnung Aurora Borealis für das Nordlicht und Aurora Australis für das Südlicht eingebürgert. Im Englischen bedeutet denn auch „aurora" Polarlicht und nicht Morgenröte, wie manchmal fälschlich übersetzt wird.
Durch langjährige Untersuchungen der solar-terrestrischen Beziehungen weiß man heute ziemlich genau, wie Polarlichter entstehen und ist nicht mehr auf abenteuerliche Erklärungen angewiesen. Die genauen physikalischen Zusammenhänge zwischen dem von der Sonne her kommenden Strom elektrisch geladener Teilchen und den Reaktionen im irdischen Magnetfeld wurden aber erst in den letzten Jahren erforscht.
Bereits der berühmte Astronom Edmond Halley (1656–1742) hat wohl als erster erkannt, dass Nordlichterscheinungen etwas mit dem Magnetfeld der Erde zu tun haben. Er wies darauf hin, dass die Polarlichtbögen entlang der irdischen Magnetfeldlinien verlaufen. Halley hatte den Nordatlantik bereist und eine Magnetfeldkarte angefertigt. Die Beziehung zwischen Polarlichtern und Erdmagnetfeld wies schließlich der schwedische Astronom Anders Celsius (1701–1744) nach. Uns ist der Name Celsius von der Thermometerskala her vertraut. Er hat auch die Sternwarte Uppsala

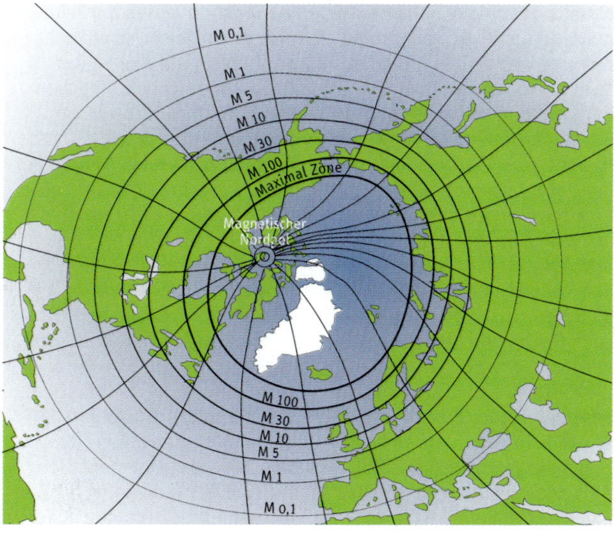

2.9 Zonen gleicher Nordlichthäufigkeit (Isochasmen). Die Zahlen geben die mittlere Nordlichthäufigkeit pro Jahr an.

gegründet. Celsius bemerkte beim Erscheinen der Polarlichter ein zeitgleiches Zittern der Kompassnadel.
Rund hundert Jahre später schloss Hermann Fritz (1830–1893), Professor für Mechanik in Zürich, aus statistischen Untersuchungen über das Auftreten von Sonnenflecken und dem Erscheinen von Polarlichtern, dass Sonnenaktivität und Polarlichter in engem Zusammenhang stehen. Ist die Sonne fleckenreich, was etwa alle elf Jahre der Fall ist, dann flammen häufiger Polarlichter auf als in der Zeit der ruhigen Sonne. Die Sonne ist offensichtlich der Antriebsmotor für Polarlichter.
Der große Durchbruch in der Erforschung der Polarlichter gelang dem norwegischen Physiker Kristian Olaf Bernhard Birkeland im Jahre 1896. Birkeland stellte fest, dass die Polarlichter in Kreisbögen um die Erdmagnetpole erscheinen und Elektronen entlang der irdischen Magnetfeldlinien wandern, wobei sie Lichterscheinungen auslösen. Als Quelle der Elektronen sah Birkeland die Sonne an. Tatsächlich sendet die Sonne nicht nur Licht (genauer: elektromagnetische Wellen aller Frequenzen von Röntgenstrahlen bis Radiowellen) ab, sondern auch eine Korpuskularstrahlung. Sie besteht aus elektrisch geladenen Teilchen, vornehmlich Elektronen, Protonen (den Kernen von Wasserstoffatomen) und Alpha-Teilchen (den Kernen von Heliumatomen). Dieser Strom elektrisch geladener Teilchen (Ionen und Elektronen) wird Sonnenwind genannt. Auf die Existenz eines Sonnenwindes deuten auch die Kometenschweife hin, die stets von der Sonne weggerichtet sind. Definitiv nachgewiesen wurde die Existenz des Sonnenwindes durch die ersten Erdsatelliten in den 60er Jahren des 20. Jahrhunderts.
Die elektrisch geladenen Teilchen des Sonnenwindes treffen jedoch nicht direkt und ungebremst auf die irdische Atmosphäre, sondern prallen auf das unsichtbare Schutzschild der Magnetosphäre der Erde, die sich weit in das Weltall hinaus erstreckt (siehe Abb. 2.9 auf Seite 63). Die Magnetfeldlinien, die sich von Magnetpol zu Magnetpol der Erde ziehen, wirken dabei als Barrieren für die geladenen Teilchen. Sie werden abgelenkt, ähnlich wie eine Windschutzscheibe beim Auto die anströmende Luft abweist. Die Wechselwirkungen zwischen Sonnenwind und Erdmagnetfeld sind jedoch recht kompliziert und konnten erst in den letzten Jahrzehnten näher aufgeklärt werden. Ein Teil der abgelenkten Teilchen strömt an der Erde vorbei. Durch den Druck der heranströmenden Partikel wird das Erdmagnetfeld verformt: Auf der sonnenzugewandten Seite wird es gestaucht, auf der sonnenabgewandten Seite jedoch gedehnt, die Teilchen reißen die Feldlinien mit sich fort, es entsteht der Magnetfeldschweif der Erde. Aber nicht alle Teilchen strömen an der Erde vorbei. Ein bestimmter Prozentsatz wird eingefangen und in Umlaufbahnen um die Erde gezwungen, die sich in zwei Bereichen als Gürtel um die Erde legen, den so genannten Van-Allen-Strahlungsgürteln. Ein anderer Teil der elektrisch geladenen Korpuskel bewegt sich spiralförmig entlang der Erdmagnetfeldlinien in Richtung der irdischen Magnetpole, die nicht mit den geographischen Polen (Rotationspolen) zusammenfallen. Durch Wechselwirkung mit den Molekülen und Atomen in der Hochatmosphäre (Ionosphäre) rufen die Teilchen des Sonnenwindes die Leuchterscheinungen der Polarlichter hervor – etwa in einer Höhe zwischen 100 und 400 Kilometer. Die Verhältnisse sind etwas verwickelt. Der Sonnenwind strömt permanent, aber nicht jede Nacht ist ein Nordlicht zu beobachten. Der „normale" Sonnenwind strömt mit einer Geschwindigkeit von 400 bis 500 Kilometer pro Sekunde von der Sonne weg. Man spricht auch vom „langsamen Sonnenwind". Früher dachte man, die Teilchen des Sonnenwindes stammen direkt von der Sonnenoberfläche, wo ständig gewaltige Eruptionen stattfinden und Materie emporgeschleudert wird. Allerdings: Die Entweichgeschwindigkeit beträgt auf der Sonnenoberfläche zirka 620 Kilometer pro Sekunde. Langsamere Teilchen können die Sonnenoberfläche nicht verlassen, sondern fallen wieder auf sie zurück.
Die Teilchen des Sonnenwindes stammen aus der Korona, der äußersten Gashülle der Sonne, die sich einige Millionen Kilometer ins Weltall hinaus erstreckt und Temperaturen zwischen einer und drei Millionen Grad (besser: Kelvin) aufweist, dabei jedoch eine sehr geringe Dichte besitzt.
Der Sonnenwind wird durch so genannte koronale Massenausstöße, koronale Löcher aber auch teilweise durch Sonnenflares hervorgerufen. Koronale Löcher (engl.: coronal holes) sind erst seit etwa vierzig Jahren bekannt. Sie sind großräumige, relativ beständige Gebiete in der Sonnenkorona mit stark reduzierter Dichte, Temperatur und Magnetfeldstärke. Das Besondere an den Korona-Löchern ist die Tatsache, dass ihre relativ schwachen Magnetfelder offen sind, das heißt, die Feldlinien

2.10 Typen der Polarlichter: HA = ruhiger, homogener Bogen, HB = homogene Bänder, mehr oder weniger lebhafte Bewegungen, R = Strahlen, RA = Strahlen in Bogenform, RB = Strahlen bilden gewundene Bänder, S = unscharf begrenzte Nordlichter, diffus, G = diffuses Nordlicht reicht bis zum Horizont hinab, C = Korona, Strahlen scheinen sternförmig von einem Punkt auszugehen.

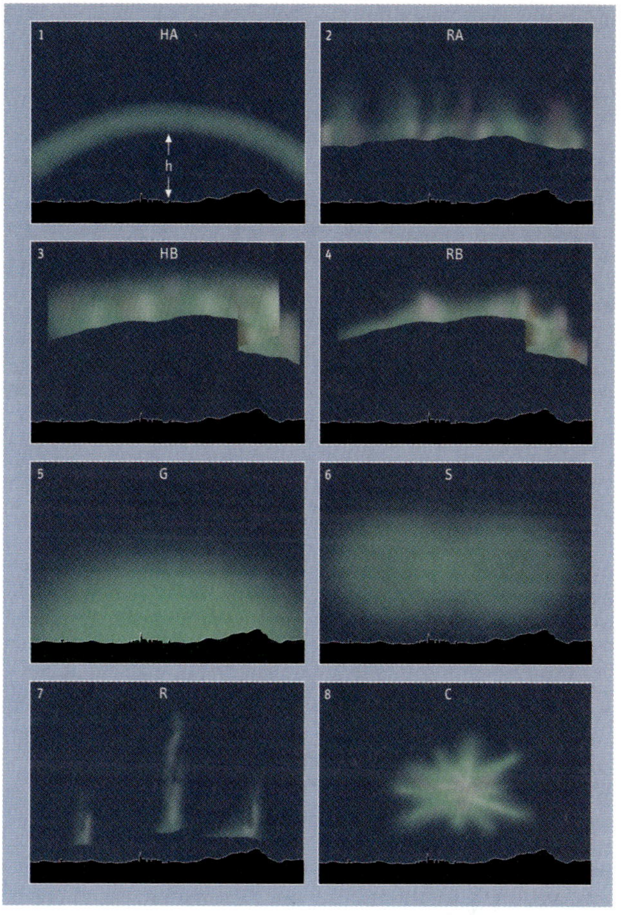

sind keine geschlossenen Kurven, sondern reichen weit in den interplanetaren Raum hinaus. Entlang dieser Magnetfeldlinien kann das Sonnenplasma, also die Partikel des Sonnenwindes, in den interplanetaren Raum hinausströmen. Der so genannte schnelle Sonnenwind erreicht dabei Geschwindigkeiten von etwa 800 Kilometer pro Sekunde im Bereich der Erde. Noch schnellere Sonnenwindteilchen stammen von den Sonnenflares. Sonnenflares sind lokal begrenzte, gewaltige Explosionen auf der Sonnenoberfläche, bei denen im Verlauf einer Viertelstunde riesige Energiemengen freigesetzt werden – entsprechend etwa einer Milliarde Tonnen TNT-Bomben oder der Energie, die die gesamte Sonne in einer Zehntelsekunde abstrahlt. Bei solchen Flare-Ausbrüchen wird Sonnenplasma mit einigen Tausend Kilometer pro Sekunde von der Sonnenoberfläche emporgeschleudert. In Erdnähe sind die dabei ausgeschleuderten Partikel immer noch um die 1000 Kilometer pro Sekunde schnell. Die von den Korona-Löchern und Sonnenflares ausgeschleuderten Partikel, die den schnellen Sonnenwind produzieren, werden jedoch nicht in alle Richtungen gleichmäßig ausgeschleudert. Der schnelle Sonnenwind strömt mal in die eine, dann in die andere Richtung und erreicht die Erde meist gar nicht. Nur in den seltenen Fällen, bei denen die Erde gewissermaßen in einen schnell strömenden Sonnenwind hineinläuft, kommt es zum Aufleuchten von Polarlichtern. Und das ist fast nie der Fall. Bleibt noch die dritte Quelle des Sonnenwindes, die koronalen Massenausstöße, kurz als CMEs bezeichnet (vom engl.: Coronal Mass Ejections). Noch diskutieren die Theoretiker, wie die CMEs entstehen. Aber dass sie vorkommen, haben die ersten Beobachtungen von Skylab im Jahre 1973 gezeigt. Ein typischer Sonnenwindstoß transportiert eine Billion (10^{12}) Kilogramm Masse in den interplanetaren Raum hinaus. Ein solcher Ausbruch setzt etwa 10^{25} Joule (!) an Energie frei. Die Erde erreicht dann gegebenenfalls ein superschneller Sonnenwind von 2000 Kilometer pro Sekunde oder mehr. Tapfer wehrt der irdische Magnetschutzschild die heranstürmenden Plasmateilchen ab. Doch unter besonderen Bedingungen können die Partikel den Schutzschild durchbrechen, wenn nämlich das interplanetare und das irdische Magnet-

2.11 Polarlicht über Süddeutschland am 6. April 2000, aufgenommen auf der Privatsternwarte Bittenfeld bei Stuttgart von Albert Sciesielski.

feld in einer ganz bestimmten Weise miteinander verschmelzen. Die erste Voraussetzung für das Eindringen der Teilchen ist ihre hohe Durchschlagskraft – und die ist beim superschnellen Sonnenwind vorhanden. Zusätzlich müssen die Feldlinien des interplanetaren Magnetfeldes an einzelnen, lokal begrenzten Stellen mit den Feldlinien des Erdmagnetfeldes verschmelzen. Der Schutzschild wird damit durchlässig, es entstehen gewissermaßen Spalten, durch die die Sonnenwindpartikel hindurchschlüpfen können. Dies reicht aber immer noch nicht aus, um Polarlichter zu produzieren. In Höhen zwischen 80 000 und 100 000 Kilometer, wo der Sonnenwind und das interplanetare Magnetfeld auf das irdische Magnetfeld treffen, mischen sich die Sonnenwindpartikel und die geladenen Teilchen der irdischen Ionosphäre und bilden eine Plasmaschicht auf der der Sonne abgewandten Erdseite, also der Nachtseite.
Die Teilchen des Sonnenwindes haben durchschnittliche Energien von zwei bis drei Elektronenvolt (eV). Die Elektronen, die für die Polarlichter verantwortlich sind, besitzen Energien um die 10 000 eV! Und woher nehmen sie diese? Sie werden durch extrem starke elektrische Felder beschleunigt, die die Elektronen (und auch die Ionen) in Richtung der magnetischen Pole der Erde entlang der irdischen Magnetfeldlinien schleudern. Die starken elektrischen Felder entstehen durch das Zusammenpressen der irdischen Magnetfeldlinien infolge des anströmenden, superschnellen Sonnenwindes und der Auffüllung dieser Region mit elektrisch geladenen Teilchen, was zur Bildung der Plasmaschicht führt.
Die Elektronen und Ionen aus der Plasmaschicht spiralisieren entlang der irdischen Magnetfeldlinien in Richtung der Magnetpole der Erde. Dabei werden sie enorm beschleunigt und erreichen zwischen 15 000 und 3000 Kilometer Höhe kinetische Energien von etlichen Tausend Elektronenvolt pro Teilchen, was elektrische Ströme bis zu einer Million Ampère induziert. Zu Ehren des norwegischen Physikers spricht man von Birkeland-Strömen. Je energiereicher, desto tiefer dringen die Elektronen in die Atmosphäre ein. Zwischen 1000 und 100 Kilometer Höhe ist die Atmosphäre dann schon so dicht, dass die energiereichen Elektronen mit den Atomen und Molekülen der Ionosphäre häufig zusammenprallen und dabei die Leuchterscheinungen hervorrufen, die uns als Polarlichter erscheinen. In welchen Farben und Formen die Polarlichter aufflammen, hängt von Dichte, chemischer Zusammensetzung und Strömungen in der Ionosphäre ab.

Vielfalt der Farben

Die häufigste Leuchterscheinung ist das grüne Polarlicht, das in Höhen von etwa 400 Kilometer aufleuchtet. Die Elektronen der Sauerstoffatome werden vom Grundzustand auf das zweite Energieniveau angehoben, wo sie für knapp eine Sekunde verharren bis sie auf das erste Energieniveau zurückfallen und Photonen der Wellenlänge 5577 Ångström aussenden – also grünes Licht. Dann braucht es fast zwei Minuten, bis die Orbitalelektronen aus dem ersten auf das Grundniveau zurückfallen. Dabei werden Photonen von 6300 Å Wellenlänge abgestrahlt, dies ergibt rotes Licht. In Höhen von 400 Kilometer ist die Luft allerdings noch so dicht, dass ein angeregtes Sauerstoffatom keine zwei Minuten lang ungestört bleibt – es prallt mit anderen Atomen zusammen, was die Emission der roten 6300-Å-Photonen verhindert. Erst ab einer Höhe von etwa 1000 Kilometer ist die Atmosphärendichte so gering, dass rote Polarlichter aufleuchten können. Die Emissionslinie von 6300 Å des angeregten Sauerstoffes wurde im irdischen Labor unter normalen Druckbe-

INTERCON SPACETEC®
Galaxy D8 – Das Weltall erleben
Das Galaxy D8 erschließt Ihnen ein völlig neues Universum. Die große, beugungsbegrenzte Galaxy-Qualitätsoptik sorgt für ein hochaufgelöstes, helles und kontrastreiches Bild.
Mit diesem Teleskop sehen Sie Wirbel in den Jupiterbändern, die Cassini-Teilung der Saturnringe, die Polkappe des Mars. Viele Messier-Galaxien sind keine diffusen Flecken mehr, sondern offenbaren Spiralstruktur und Dunkelbänder. Sehen Sie mit eigenen Augen, wie sich tausende von Sternen zu einem Kugelsternhaufen zusammenballen.
Freie Öffnung 200 mm, f=1200 mm, f/6. Tubus und Fassungen aus Metall, Dobsonmontierung mit Friktionssystem, Okularauszug 1,25" (31,8mm), 2 Plössl Okulare 30mm und 9mm, Justierokular, Mondfilter, Sucher 6x30. 10 Jahre Garantie. Komplett nur € 549,-
M39
Nordamerika Nebel
Deneb
Schwan
Alles für die Astronomie
TELESKOPE · FERNGLÄSER · ZUBEHÖR
BÜCHER · POSTER · STERNKARTEN · SOFTWARE
ICS · GALAXY · TAKAHASHI · TELE VUE · PENTAX
LOSMANDY · TAL · NGT · VIXEN · CELESTRON
CANON · DOCTER · FUJINON · LEICA · MIYAUCHI
Riesenauswahl · Große Ausstellung
Katalog ASTRONOMIE 2002
208 Seiten kompetente Information
Bitte 5,– €.
INTERCON SPACETEC · Gablinger Weg 9d
D-86154 Augsburg (Zufahrt nur über Talweg)
Fax 0821-414 085 · Telefon 0821-414 081
ASTRONOMIE 2002
INTERCON SPACETEC
Internet: www.intercon-spacetec.de

2.12 Polarlicht über der Sternwarte Welzheim am 31. März 2001 um 21^h MESZ aufgenommen von Steffen Brückner (Beobachtergruppe Planetarium Stuttgart).

dingungen auch nie beobachtet – man sprach daher von einer „verbotenen" Linie. Das rote Polarlicht wurde dem hypothetischen Element „Geocoronium" zugeordnet, das allerdings in der Natur gar nicht vorkommt.
Außer grün und rot tauchen bei Polarlichtern noch weitere Farben auf. Ionisierte Stickstoffmoleküle erzeugen blaues (4700 Å) und violettes (3914 Å) Licht, vornehmlich in Höhen von rund 90 – 140 Kilometer. So wird auch verständlich, weshalb das rote Polarlicht am weitesten zu sehen ist – also auch in den geographischen Breiten Mitteleuropas, denn es entsteht in den höchsten Schichten. Grüne, blaue und violette Nordlichter sind bei uns nie zu sehen.
Es gibt noch zahlreiche weitere Emissionsprozesse, die beispielsweise auch zart rosa Polarlichter aufleuchten lassen. Blaue, violette und rosa Polarlichter sind jedoch fast immer so leuchtschwach, dass sie mit bloßen Augen gar nicht wahrgenommen werden können. Meist dominieren die roten und grünen Polarlichter.
Die Polarlichter treten vornehmlich in einer Zone von 20° um die geomagnetischen Pole auf. Zur Zeit liegt der magnetische Südpol der Erde im Norden Kanadas bei 105° westlicher Länge und 79° nördlicher Breite, der magnetische Nordpol bei 138° östlicher Länge und 64° südlicher Breite, also zwischen Australien und der Antarktis. Die magnetischen Pole wandern und bleiben nicht ortsfest. Auch nimmt die Erdmagnetfeldstärke permanent ab und wird in rund 2000 Jahren den Nullwert erreichen. Dann wird man keine Polarlichter mehr sehen. Erst wieder in späterer Zeit nach der Umpolung werden sie wieder in Erscheinung treten.
Die koronalen Massenanstöße (CMEs) treten bei aktiver Sonne gehäuft auf, weshalb – wie schon früh beobachtet wurde – die Polarlichter viel häufiger erscheinen, wenn die Sonne viele Flecken zeigt. Die extremen, kurzzeitigen Veränderungen im irdischen Magnetfeld werden als geomagnetische Stürme bezeichnet. Die starken Birkelandströme, die entlang der Magnetfeldlinien fließen, sind auch für induzierte Ströme in Weidezäunen, Telegraphenleitungen und sonstigen Kabeln sowie für Funkstörungen und Zusammenbrüche von Transformatoren verantwortlich. Weniger bekannt ist, dass auch die Ozonschicht der Erde in 20 bis 30 Kilometer Höhe bei geomagnetischen Stürmen abgebaut wird. Harte Ultraviolett- und weiche Röntgenstrahlung zerlegen den molekularen Stickstoff (N_2) in atomaren Stickstoff (N). Dieser reagiert mit Ozon (O_3) und bildet Stickstoffmonoxid (NO) sowie molekularen Sauerstoff (O_2). Bei längeren geomagnetischen Stürmen, wie sie bei hoher Sonnenaktivität immer wieder auftreten, wird die Ozonschicht so geschwächt, dass energiereiches Ultraviolettlicht bis zum festen Erdboden vordringen kann, was nicht nur die Gefahr von Sonnenbränden extrem erhöht.

Unsere Vorfahren dachten beim Anblick von Polarlichtern an den Kampf von Göttern und Dämonen. So ganz falsch ist diese Vorstellung eigentlich nicht. Polarlichter zeugen tatsächlich von einer himmlischen Schlacht. Der Sonnenwind ist das anstürmende Heer, die Elektronen sind die Munition, die Erdatmosphäre und das irdische Magnetfeld der Schutzwall. Kommt es zum Kampf, dann sehen wir das nächtliche Firmament in leuchtenden Flammen – leider immer seltener. Denn selbst wenn in unseren Breiten einmal ein Nordlicht zu sehen wäre: Die zunehmende Lichtverschmutzung unseres Nachthimmels macht es immer schwieriger, derartige Naturphänomene zu beobachten.

März 2002

Die Sonne wechselt am 20. um 20^h16^m MEZ von der Süd- auf die Nordhalbkugel des Himmels: Der astronomische Frühling beginnt. Am westlichen Abendhimmel sind die Planeten Venus, Mars, Jupiter und Saturn vertreten. Mars ist allerdings inzwischen recht unscheinbar.

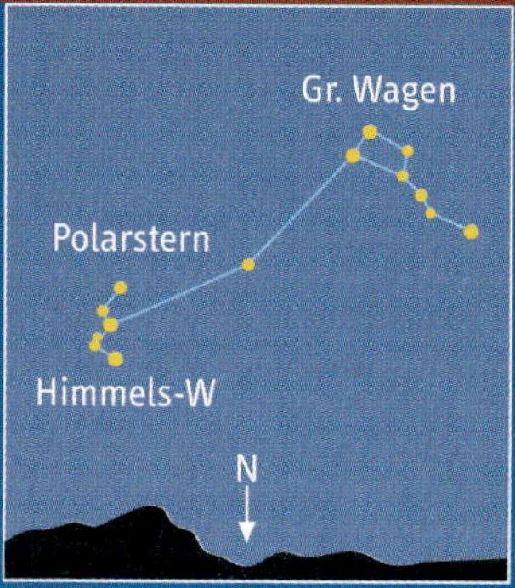

Großer Wagen und Himmels-W Anfang März um 22^h

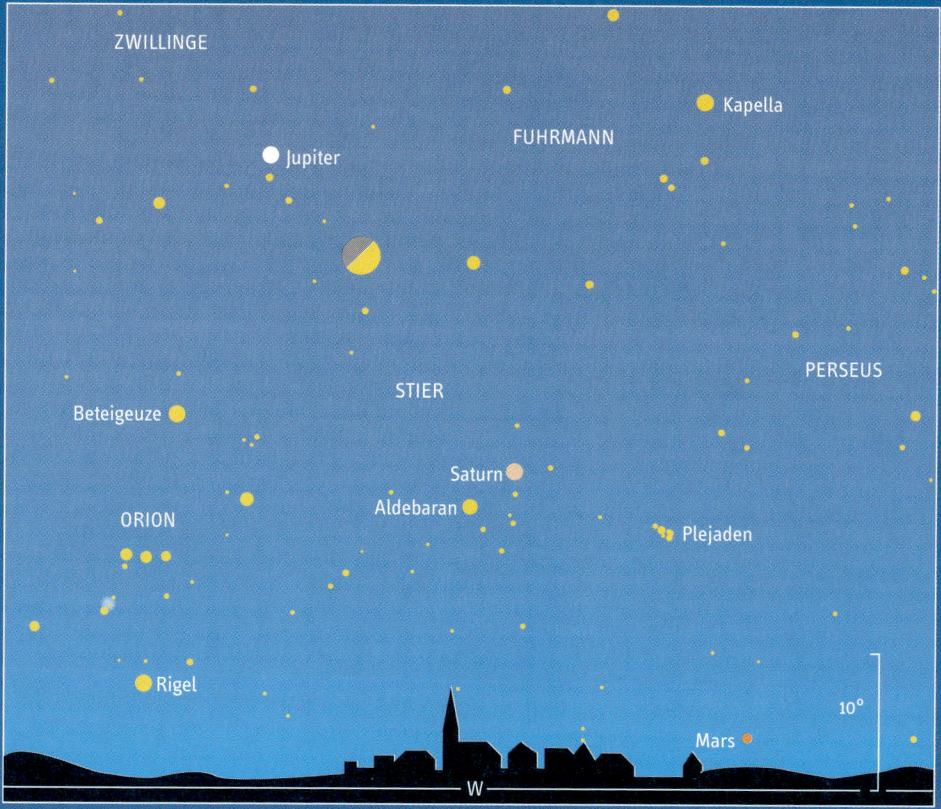

3.1 Anblick des abendlichen Westhimmels am 21. März gegen 22^h MEZ. Die Riesenplaneten Jupiter und Saturn rahmen den zunehmenden Halbmond ein. Tief am Westhorizont ist noch Mars zu erkennen.

Sonnenlauf

12.3. 12^h
Sonne tritt in das Sternbild Fische
20.3. 20^{h}16^m
Sonne tritt in das Tierkreiszeichen Widder

Julianisches Datum am 1. März, 1^h MEZ: 2 452 334,5

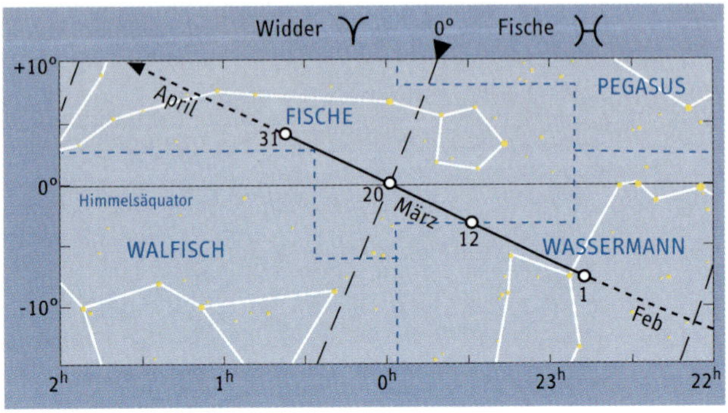

Tag	Dämmerg. Anfang	Aufgang MEZ	Kulmination	Untergang MEZ	Dämmerg. Ende	Mittagshöhe	Zeitgleichg.	Rektaszension	Deklination
	h m	h m	h m	h m	h m	°	m	h m	°
1.	5 54	7 04	12 32	18 02	19 12	32,4	−12	22 47	−7,7
5.	5 46	6 56	12 32	18 08	19 18	34,0	−12	23 02	−6,2
10.	5 36	6 45	12 30	18 16	19 26	35,9	−10	23 20	−4,3
15.	5 25	6 34	12 29	18 25	19 34	37,9	− 9	23 39	−2,3
20.	5 13	6 24	12 28	18 33	19 43	39,9	− 8	23 57	−0,3
25.	5 02	6 13	12 26	18 40	19 51	41,8	− 6	0 15	+1,6
31.	4 48	6 00	12 24	18 50	20 02	44,2	− 4	0 37	+4,0

Achtung: Ab Sonntag, 31. März, gilt die Sommerzeit. Zu allen Zeiten 1^h addieren!

Tages- und Nachtstunden

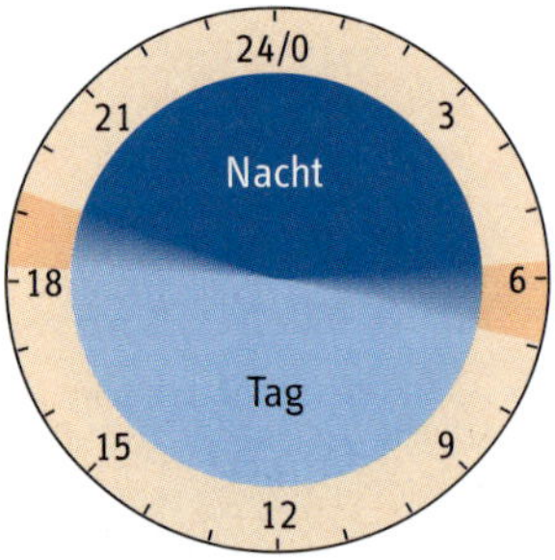

5. März

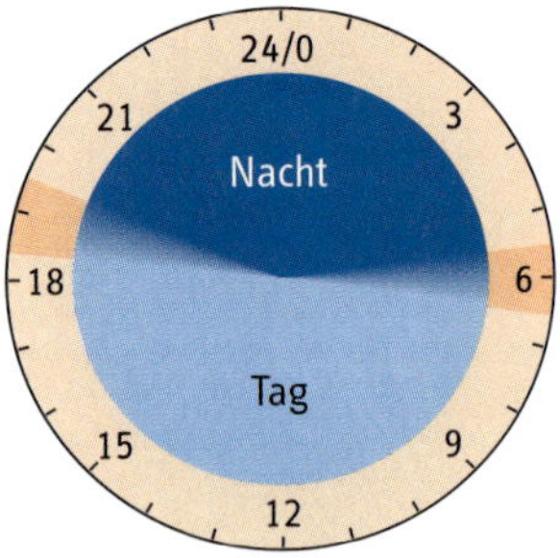

15. März

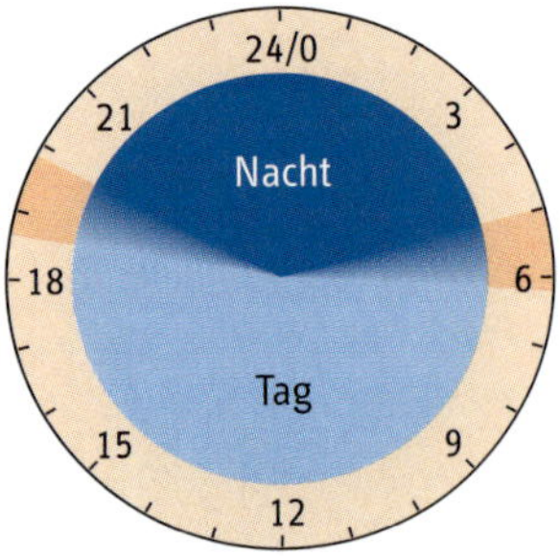

25. März

Mondlauf

Datum		Aufg. MEZ	Kulmination	Unterg. MEZ	Rektaszension	Deklination	Sterne und Sternbilder	Phase	MEZ
		h m	h m	h m	h m	°			
Fr	1.	20 58	2 08	8 26	12 20	+ 3,2	Jungfrau		
Sa	2.	22 22	3 01	8 48	13 15	− 3,0	Spica		
So	3.	23 44	3 53	9 10	14 09	− 8,9	* Jungfrau		
Mo	4.	–	4 45	9 35	15 03	−14,2	Waage		
Di	5.	1 03	5 37	10 04	15 58	−18,5	* Waage	Libration West	
Mi	6.	2 17	6 31	10 39	16 53	−21,8	Antares	**Letztes Viertel** Absteigender Knoten	2^h24^m
Do	7.	3 24	7 24	11 22	17 49	−23,8	Schütze		
Fr	8.	4 22	8 18–	12 14	18 44	−24,5	Schütze, Nunki		
Sa	9.	5 09	9 09	13 13	19 38	−24,0	Schütze		
So	10.	5 46	9 59	14 17	20 31	−22,3	Steinbock		
Mo	11.	6 15	10 46	15 24	21 21	−19,7	Steinbock		
Di	12.	6 38	11 30	16 31	22 09	−16,3	Wassermann		
Mi	13.	6 58	12 12	17 37	22 55	−12,2	Wassermann		
Do	14.	7 15	12 53	18 43	23 40	− 7,6	Wassermann	**Neumond** Erdferne 407/29,′4 Größte Südbreite	3^h03^m 2^h
Fr	15.	7 32	13 34	19 48	0 23	− 2,8	Fische		
Sa	16.	7 48	14 14	20 54	1 06	+ 2,1	Walfisch		
So	17.	8 04	14 56	22 01	1 50	+ 7,0	Fische		
Mo	18.	8 23	15 39	23 10	2 35	+11,6	Widder		
Di	19.	8 45	16 25	–	3 21	+15,9	* Widder		
Mi	20.	9 12	17 14	0 19	4 11	+19,6	Stier, Hyaden		
Do	21.	9 47	18 07	1 29	5 04	+22,4	Stier	Aufsteigender Knoten	
Fr	22.	10 33	19 03	2 35	6 00	+24,2	Stier	**Erstes Viertel** Libration Ost	3^h28^m
Sa	23.	11 32	20 02	3 34	6 58	+24,7	Zwillinge		
So	24.	12 43	21 00	4 24	7 58	+23,7	Pollux		
Mo	25.	14 04	21 59	5 04	8 59	+21,1	Krebs, Krippe		
Di	26.	15 29	22 55	5 36	9 59	+17,2	Löwe, Regulus		
Mi	27.	16 57	23 50	6 03	10 57	+12,1	Löwe	Größte Nordbreite	
Do	28.	18 24	–	6 26	11 54	+ 6,1	Jungfrau	**Vollmond** Erdnähe 357/33,′5	19^h25^m 9^h
Fr	29.	19 51	0 44	6 48	12 49	− 0,2	Jungfrau		
Sa	30.	21 16	1 37	7 09	13 45	− 6,5	Spica		
So	31.	22 40	2 31	7 33	14 40	−12,3	Waage		

Planetenlauf

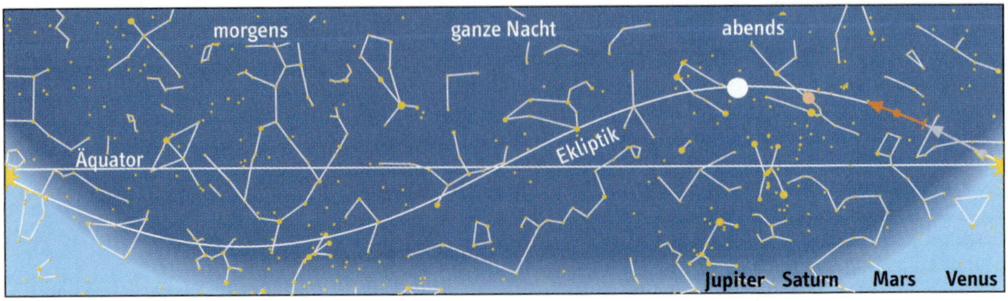

Merkur eilt der Sonne nach, die ihm im Tierkreis voranläuft. Seine westlichen Winkelabstände vom Tagesgestirn schrumpfen bis Monatsende auf knapp 7°. Die obere Konjunktion mit der Sonne wird erst Anfang April erreicht. Merkur bleibt im März unsichtbar. Auch sein Treffen mit Uranus am 9. bleibt mit bloßen Augen und selbst im Fernglas unbeobachtbar.
Am 4. läuft Merkur durch das Aphel (Sonnenferne) seiner recht elliptischen Bahn. An diesem Tag ist er 70 Millionen Kilometer (= 0,47 AE) von der Sonne entfernt.
Venus etabliert sich allmählich als Abendstern. Der $-3{,}^{\mathrm{m}}9$ helle innere Nachbarplanet verlagert seine Untergänge von $18^{\mathrm{h}}\,59^{\mathrm{m}}$ am 1. auf $19^{\mathrm{h}}\,41^{\mathrm{m}}$ am 15. und auf $20^{\mathrm{h}}\,30^{\mathrm{m}}$ (= $21^{\mathrm{h}}\,30^{\mathrm{m}}$ Sommerzeit) am Monatsletzten. Da auch die Sonne immer später untergeht, ist der Gewinn an Sichtbarkeitsdauer nicht allzu groß. Venus wandert durch die Fische und passiert am 7. etwa $1{,}^\circ3$ südlich den Frühlingspunkt (auch Widderpunkt genannt). Am 15. zieht die Sichel des zunehmenden Mondes an Venus vorbei.
Mars ist nach wie vor am Abendhimmel vertreten. Der rote Planet strebt immer nördlicheren Bezirken des Tierkreises zu. Er wandert rechtläufig durch den Widder. Die Grenzen zum Sternbild Stier überschreitet er dann Anfang des nächsten Monats. Die Marshelligkeit sinkt weiter um $0{,}^{\mathrm{m}}2$ während des Monats auf $1{,}^{\mathrm{m}}5$ ab. Mars ist damit kein besonders auffälliges Gestirn mehr. Die Untergangszeiten des roten Planeten variieren kaum. Am 1. sinkt Mars um $22^{\mathrm{h}}\,35^{\mathrm{m}}$ unter die Horizontlinie, und am 31. um $22^{\mathrm{h}}\,37^{\mathrm{m}}$ (=$23^{\mathrm{h}}\,37^{\mathrm{m}}$ Sommerzeit).
Jupiter bleibt am Monatsanfang stehen und wandert anschließend wieder rechtläufig durch die Zwillinge. Dabei entfernt er sich wieder von Tejat Posterior (μ Geminorum). Im März ist die rechtläufige Bewegung des Riesenplaneten allerdings noch recht zögerlich (siehe Abb. 1.9 auf Seite 35). Am 12. erreicht Jupiter mit +23° 27' seine extreme Nordposition. Letztmals war er im April 1978 so weit nördlich. Die nächste extreme Nordposition wird er im März 2014 einnehmen.
Mit seinem Stillstand beendet Jupiter die Oppositionsperiode.

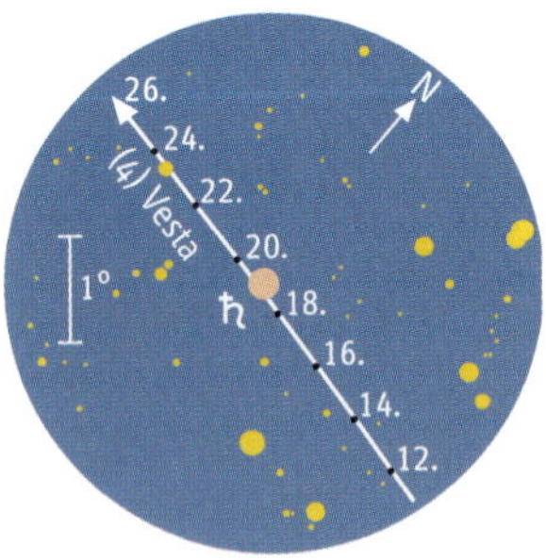

3.2 Kleinplanet Vesta (4) zieht am 19. März in nur 2' Distanz am Ringplaneten vorbei. Anblick im Fernglas bei 5° Gesichtsfeld.

Jupitermond-Erscheinungen

Tag	MEZ h m	Vorgang	
1.	1 59	I	VE
	19 41	I	DA
	20 51	I	SA
	21 55	I	DE
	23 06	I	SE
2.	20 28	I	VE
4.	1 19	II	DA
5.	0 57	IV	DA
	19 24	II	BA
6.	0 41	II	VE
	18 24	III	DA
	21 26	III	DE
	23 15	III	SA
7.	2 25	III	SE
	19 47	II	SE
8.	0 25	I	BA
	21 33	I	DA
	22 46	I	SA
	23 47	I	DE
9.	1 01	I	SE
	18 53	I	BA
	22 23	I	VE
10.	19 30	I	SE

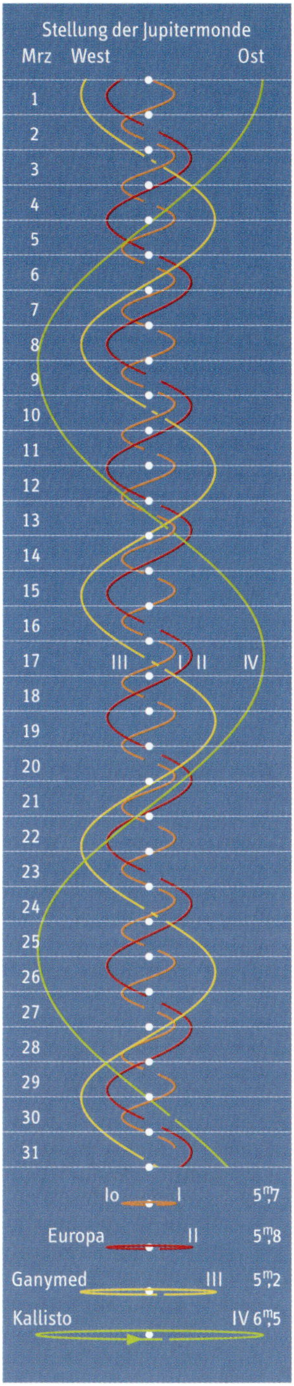

12.	21 55	II	BA
13.	19 20	IV	VA
	22 12	III	DA
	22 48	IV	VE
14.	1 16	III	DE
	19 35	II	SA
	19 51	II	DE
	22 23	II	SE
15.	23 26	I	DA
16.	0 41	I	SA
	1 40	I	DE
	20 46	I	BA
17.	0 18	I	VE
	19 10	I	SA
	20 09	I	DE
	20 31	III	VE
	21 25	I	SE
20.	0 29	II	BA
21.	2 06	III	DA
	18 11	IV	DA
	19 38	II	DA
	21 06	IV	DE
	22 12	II	SA
	22 25	II	DE
22.	0 59	II	SE
23.	1 20	I	DA
	19 15	II	VE
	22 40	I	BA
24.	19 12	III	BE
	19 49	I	DA
	21 06	I	SA
	21 19	III	VA
	22 03	I	DE
	23 21	I	SE
25.	0 33	III	VE
	20 42	I	VE
28.	22 14	II	DA
29.	0 47	II	SA
	1 00	II	DE
30.	1 16	IV	BA
	21 52	II	VE
31.	0 35	I	BA
	20 05	III	BA
	21 44	I	DA
	23 01	I	SA
	23 13	III	BE
	23 59	I	DE

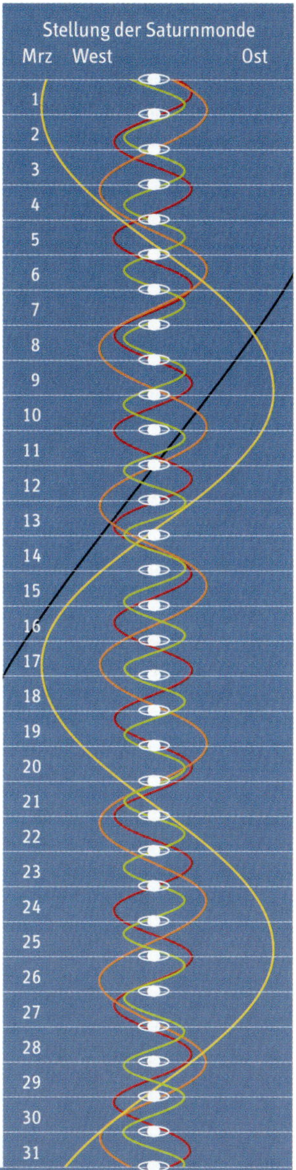

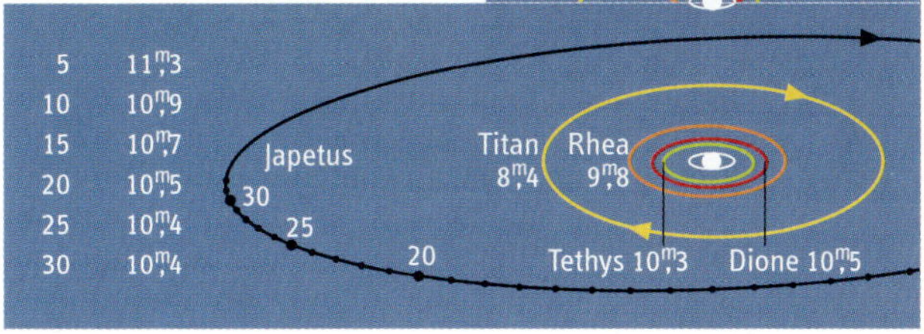

Vom Morgenhimmel zieht sich der Riesenplanet weitgehend zurück. Auch seine Helligkeit sinkt leicht um 0ᵐ2 auf −2ᵐ2 ab. Damit ist er eine halbe Größenklasse lichtschwächer als noch zu Jahresanfang.
Geht Jupiter am 1. noch um 4^h 18^m unter, so erfolgt sein Untergang am 15. um 3^h 25^m und am 31. bereits um 2^h 26^m (=3^h 26^m Sommerzeit).
Saturn, wieder rechtläufig im Stier, zieht sich aus der zweiten Nachthälfte ganz zurück. Zu Monatsende wandert er 4° nördlich am rötlichen Aldebaran, dem Hauptstern des Stiers vorbei (siehe Abb. 2.2 auf Seite 54). Die Saturnhelligkeit geht ein wenig auf 0ᵐ2 zurück.
Am 1. geht Saturn um 2^h 01^m unter, am 15. um 1^h 10^m und am 31. bereits um 0^h 14^m. Der Mond zieht am 20. an Saturn in den Vormittagsstunden vorbei. Am Abend beträgt der Abstand Saturn – Mond schon 4°, das sind acht Vollmondbreiten. Wieder kommt es zu einer Saturnbedeckung durch den Mond, die abermals den Mitteleuropäern entgeht. Erst am 16. des nächsten Monats wird man Gelegenheit haben, von unserem Gebiet aus eine solche Saturnbedeckung zu verfolgen.
Am 19. überholt der Kleinplanet (4) Vesta in nur 0°04 = 2' (!) südöstlichem Abstand den Ringplaneten (Abb. 3.2 auf Seite 72). Vesta ist an diesem Tag 8ᵐ2 hell. Die Beobachtung dieses Ereignisses sollte sich niemand entgehen lassen.
Uranus, rechtläufig im Steinbock, stand Mitte des Vormonats in Konjunktion mit der Sonne. Der grünliche Planet kann sich noch nicht aus den Strahlen der Sonne befreien und bleibt unsichtbar. Auch die Begegnung mit Merkur am 9. ist unbeobachtbar. Am Monatsletzten wechselt Uranus in das Sternbild Wassermann.
Neptun, rechtläufig im Steinbock, kann sich noch nicht aus den Strahlen der Sonne befreien. Der mit 8^m recht lichtschwache, bläuliche Planet bleibt unsichtbar.
Pluto sei in diesem Monat erwähnt, da er am 21. stationär wird, was seine Bewegung in Rektaszension betrifft. Anschließend wandert er rückläufig im Schlangenträger (siehe Abb. 6.4 auf Seite 119). Die Opposition des neunten Planeten tritt am 7. Juni ein (siehe „Planetenlauf im Juni“).

Konstellationen und Ereignisse

Datum	MEZ	Ereignis
1.	16^h	Jupiter im Stillstand, anschließend rechtläufig
4.	13	Merkur im Aphel
9.	4	Merkur bei Uranus, Merkur 1°2 südlich
10.	10	Mond bei Neptun, Mond 3°8 südlich
11.	18	Mond bei Uranus, Mond 3°9 südlich
12.	2	Mond bei Merkur, Mond 2°7 südlich
15.	8	**Mond bei Venus,** Mond 4°0 südlich, **Abstand 4°8 um 19^h**
18.	2	**Mond bei Mars,** Mond 4°0 südlich, **Abstand 6°0 um 21^h am 17.**
20.	11	**Mond bei Saturn,** Mond 0°5 nördlich, **Abstand 4°0 um 19^h**
20.	20^h 16^m	**Sonne im Frühlingspunkt, Tagundnachtgleiche**
21.	7	Pluto im Stillstand, anschließend rückläufig
20.	11	**Mond bei Jupiter,** Mond 1°1 nördlich, **Abstand 3°7 um 19^h**

Planetoiden

Juno (3) wird am 23. stationär und ist anschließend wieder rechtläufig. Das „stationär“ bezieht sich lediglich auf ihre Bewegung in Rektaszension.
In Deklination strebt sie rasch nordwärts. Als Beobachtungsobjekt ist Juno nicht mehr empfehlenswert – ihre Helligkeit sinkt auf 9ᵐ5 ab.
Vesta (4) kann unter günstigen Sichtbedingungen von erfahrenen Beobachtern noch am Abendhimmel mit lichtstarker Optik aufgefunden werden. Sie beschleunigt ihre rechtläufige Bewegung im Stier und steht zu Monatsende etwa 4° nordwestlich von Aldebaran. Am 19. hält sie sich nur 2' (!) südöstlich von Saturn auf (siehe auch Abb. 2.2 und 3.2 auf Seite 54 und 72). Die Vestahelligkeit sinkt während des März nur leicht von 8ᵐ1 auf 8ᵐ3 ab. Ihre Kulminationszeiten lauten: 1.: 17^h 54^m und 31.: 16^h 33^m (= 17^h 33^m Sommerzeit).

Periodische Sternschnuppenströme

In der Zeit um Mitternacht sind während des ganzen Monats die **Virginiden** zu beobachten. Ihr Radiant (Ausstrahlungspunkt) liegt in der Jungfrau. Die Häufigkeit ist nicht besonders groß. Das Maximum der Virginidenaktivität ist erst Anfang April zu erwarten.
Ein schwacher Strom sind die **Hydraïden**, die zwischen Mitte

3.3 Das Sternbild Zwillinge aus dem Himmelsatlas von Johann Elert Bode aus dem Jahre 1782.

März und Anfang April auftauchen. Ihr Maximum ist wenig ausgeprägt – es sind nur einige wenige Sternschnuppen pro Stunde zu erwarten, die außerdem noch recht langsam sind. Der Radiant liegt im Sternbild Wasserschlange. Vermutlich sind die Hydraïden ein Zweigstrom der Virginiden.
Gegen Ende des Monats tauchen die ersten Exemplare der **Sigma-Leoniden** auf, ein schwacher, breit gestreuter Strom, dessen Radiant im Löwe liegt.

Der Fixsternhimmel

Allmählich macht sich der veränderte Charakter des Sternbilderhimmels bemerkbar. Das Wintersechseck Kapella – Aldebaran – Rigel – Sirius – Prokyon – Pollux ist bereits in die Westhälfte des Himmels gerückt. Hoch am Südhimmel zieht der mächtige Löwe die Blicke auf sich. Tief am Südosthorizont blinkt ein rötlicher Stern als Vorbote des Frühlings: Arktur im Sternbild Bootes. Knapp über dem Südosthorizont erkennt man die Jungfrau, die eben aufgegangen ist. Ihr hellster Stern, die Spica, leuchtet in einem bläulich-weißen Licht.
Besonders leicht ist jetzt der Große Wagen zu entdecken. Er steht hoch über unseren Köpfen – zur Standardbeobachtungszeit von 22^h um die Monatsmitte. Das Zenitfeld wird von den lichtschwachen Sternen des Bildes Luchs (lat.: Lynx) besetzt gehalten. Überhaupt finden sich in Meridiannähe lauter lichtschwache Bilder: Südlich des Luchs, zwischen Zwillingen und Löwe, nimmt in der Mittagslinie der Krebs mit dem offenen Sternhaufen Krippe seinen Platz ein.
Weiter südlich, vom Krebs ausgehend, stößt man auf den Kopf der Wasserschlange, die sich nach Südosten windet. Tief im Süden, ein wenig östlich des Großen Hundes, ist unter günstigen Sichtbedingungen ein Teil des Argonautenschiffes zu erhaschen. Zum Schiff gehört noch das neuzeitliche Sternbild Kompass (lat.: Pyxis), das knapp über dem Südpunkt mehr zu erahnen als zu sehen ist. Da man schon beim Aufsuchen schwächerer Bilder ist, versuche man einmal auch die Giraffe (lat.: Camelopardalis) zu finden. Sie steht jetzt hoch am Himmel. Man gehe von der hellen Kapella im Fuhrmann aus, die hoch im Westen steht. Westlich von Kapella befindet sich als letztes Herbstbild der Perseus. Lässt man von ihm aus seinen Blick zum Polarstern schweifen, so überstreicht er die Sterne der Giraffe.
Im Nordwesten sinkt das Himmels-W, die Kassiopeia, ihrer unteren Kulmination zu. Unter „unterer Kulmination“ versteht man bei zirkumpolaren Sternbildern ihren Meridiandurchgang zwischen dem Himmelsnordpol und dem Nordpunkt am Horizont. In unterer Kulmination erreichen die Sterne ihre geringste Höhe. Nur wenn ein Stern in unter Kulmination eine

Veränderliche Sterne

Algol-Minima	6. 2^h33^m	8. 23^h22^m	11. 20^h11^m	14. 17^h01^m	29. 1^h07^m	31. 21^h56^m
β-Lyrae-Minima	2. 1^h N	8. 12^h H	14. 23^h N	21. 11^h H	27. 22^h N	
δ-Cephei-Maxima	1. 23^h	7. 8^h	12. 16^h	18. 1^h	23. 10^h	28. 19^h
Mira-Helligkeit	1. 10^m	10. 10^m	20. 10^m	31. 10^m		

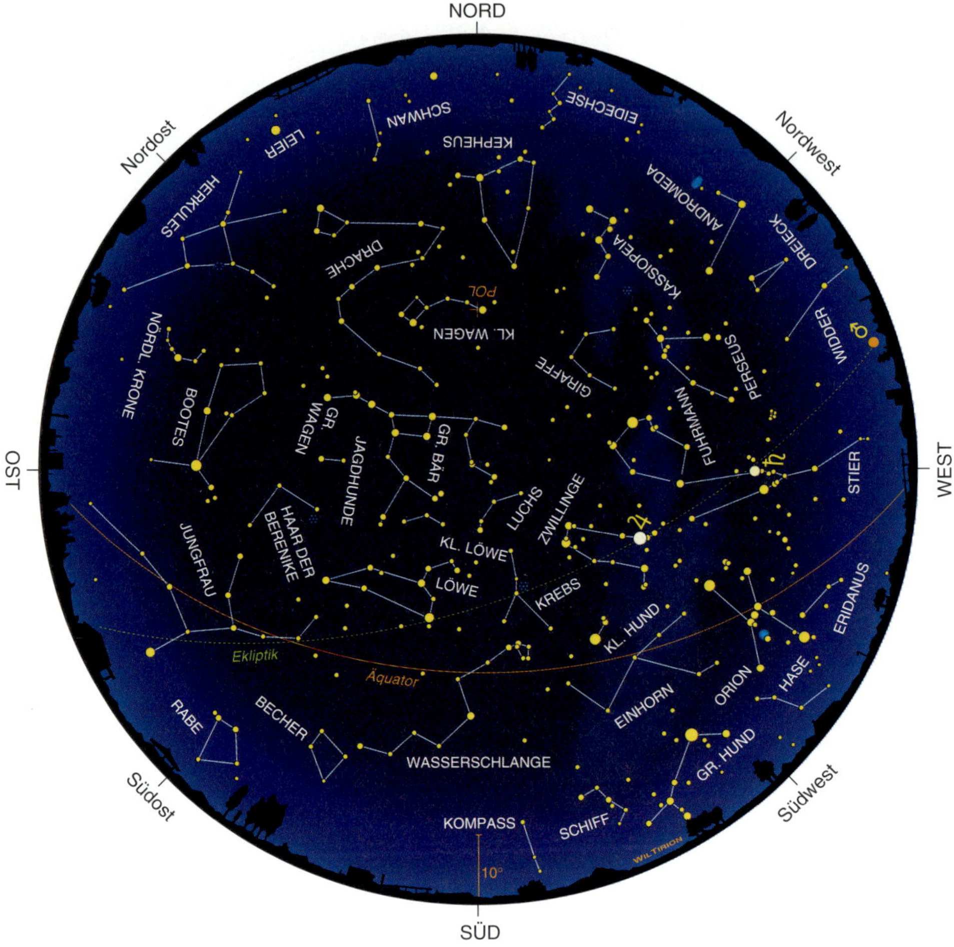

Sternenhimmel am 15. März um 22^h MEZ

Fixsternhimmel auch gültig für:	MEZ	MESZ
15.11.	6^h	
1.12.	5	
15.12.	4	
1. 1.	3	
15. 1.	2	
1. 2.	1	
15. 2.	0	
1. 3.	**23**	
15. 3.	**22**	
31. 3.	**21**	**22^h**

positive Höhe hat (oder im Extremfall die Höhe gleich Null ist), so geht er nicht unter und ist somit zirkumpolar. Welche Sterne in einer bestimmten geographischen Breite φ zirkumpolar sind, hängt von der Deklination δ des Gestirns ab. Die Gestirnshöhe h über dem Nordpunkt am Horizont zur Zeit der *unteren* Kulmination ergibt sich zu: $h = \delta + \varphi - 90°$.
Noch relativ zenitnah liegt das Sternbild der Zwillinge. Schon bei den Assyrern wurden die beiden auffälligen Sternenketten mit jeweils einem hellen Stern an der Spitze als Zwillinge angesehen. Durch die Zwillinge gehen die nördlichen Teile der scheinbaren Sonnenbahn. Während im Altertum der Sommerpunkt noch im Krebs lag (daher die Bezeichnung „Wendekreis des Krebses"), so war seine Position bis vor wenigen Jahren in den Zwillingen. Inzwischen hat er die Grenze zum Sternbild Stier überschritten. Knapp vor der Grenze zu den Zwillingen, aber eben noch auf dem Areal des Stieres, be-

findet sich heutzutage das Sommersolstitium.
Die Griechen übernahmen von den Assyrern die Deutung dieser beiden Sternenketten als Zwillinge. Sie sprachen von Δίδυμοι (griech., Zwillinge). Ursprünglich sahen sie hier das Brüderpaar Amphion und Zethos, Söhne des Göttervaters Zeus und der bildhübschen Antiope, die vor ihrem rachsüchtigen Vater Nykteos fliehen muss. Amphion und Zethos werden auch als das thebanische Zwillingspaar bezeichnet, weil die beiden Brüder die Stadtmauer von Theben erbaut haben.
Weit bekannter sind jedoch die lakedämonischen Zwillinge Kastor und Polydeukes, ebenfalls Söhne des Zeus, auch als Dioskuren bezeichnet. Die Zwillingssage von der unsterblichen Bruderliebe war tief im griechischen Volksglauben verwurzelt. Von den Spartanern wurden die Dioskuren als Schutzherren ihres Stadtstaates hoch verehrt. Auch sollte das Zwillingspaar in Seenot oder im Schlachtengetümmel durch die Luft herbeieilen und Hilfe bringen.
Der Sage nach sind die Zwillinge Halbbrüder. Polydeukes ist Sohn des Zeus und der Leda, der er sich als Schwan genähert hat. Das Sternbild Schwan findet man am Sommerhimmel. In der gleichen Nacht, in der Zeus die Leda aufsucht, empfängt diese von ihrem rechtmäßigen Gatten Tyndareos ebenfalls einen Sohn, nämlich Kastor. Während Polydeukes als Sohn des Götterbosses Zeus natürlich unsterblich ist, so ist Kastor sterblicher Natur. Eine innige Liebe zueinander verbindet die Brüder. Als Kastor im Kampf schließlich getötet wird, bittet Polydeukes seinen Vater inständig darum, seinen Bruder in den Olymp aufzunehmen. Zeus verweigert dies, stellt aber Polydeukes zur Wahl, entweder allein im Olymp zu bleiben oder je einen Tag im Olymp und einen Tag im in der Unterwelt Hades zu verbringen. Polydeukes, bei den Römern Pollux genannt, entscheidet sich für Letzteres. Zur ewigen Erinnerung an diese übergroße Bruderliebe wurden beide unter die Sterne versetzt, wo sie heute noch zu finden sind.
Wer genauer beobachtet, entdeckt noch eine dritte, leicht gebogene Sternenkette im Bild der Zwillinge. Sie soll den Bogen der Waffe von Pollux darstellen. Pollux (β Geminorum) ist mit $1\overset{m}{,}1$ deutlich heller als Kastor (α Geminorum) mit $1\overset{m}{,}6$. Während Pollux nur 34 Lichtjahre von uns entfernt ist, trennen uns von Kastor immerhin 52 Lichtjahre.
Die meisten Völker erkannten in diesen beiden Sternenketten zwei Menschengestalten. Die Inder nannten das Bild Mithuna und sahen darin einen Knaben und ein Mädchen. Bei den Persern hießen die Zwillinge Do Paktar, was einfach „die beiden Figuren" bedeutet. Im Mittelalter sah man zwei Engel in diesem Bild. Im alten China war hier der Affe Shih Chin beheimatet, und später sah man die Lebensprinzipien Yin und Yang im Sternbild Zwillinge.

Die Tagundnachtgleiche

Zu Frühlings- und Herbstbeginn überschreitet die Sonne den Himmelsäquator. An diesen Tagen geht die Sonne genau im Osten auf und exakt im Westen unter. Der Tagbogen der Sonne ist gleich groß wie ihr Nachtbogen, in mittleren Breiten erlebt man somit zwölf Stunden Tag und zwölf Stunden Nacht – wie am Erdäquator das ganze Jahr über. Man spricht von der Tagundnachtgleiche oder, mit einem Fremdwort aus dem Lateinischen, vom Äquinoktium (= „Nachtgleiche"). So wissen es die meisten, an der Astronomie zumindest ein wenig interessierten Leute. Oberflächlich betrachtet, ist dies auch zutreffend. Doch so manche Leserin und mancher Leser ist etwas pingelig und prüft nach. Zu ihrem oder seinem Erstaunen stellt sich heraus, dass an den Tagen von Frühlings- und von Herbstbeginn die Sonne offensichtlich länger als zwölf Stunden über dem Horizont verweilt. Die eigentliche Frühlingstagundnachtgleiche mit je zwölf Stunden Tag und zwölf Stunden Nacht findet einige Tage vor dem Frühlingsäquinoktium statt. Die Herbsttagundnachtgleiche hat gegenüber dem exakten Herbstäquinoktium einige Tage Verspätung.

Im Jahr 2002 überschreitet die Sonne am 20. März um $20^{h}16^{m}$ MEZ den Himmelsäquator. Genauer: Der Sonnen*mittelpunkt* passiert den Himmelsäquator und wechselt von der Süd- auf die Nordhalbkugel des Firmaments. Dieser Zeitpunkt markiert den Frühlingsbeginn und somit die „Tagundnachtgleiche". Für unseren Standardbeobachtungsort (50° Nord, 10° östlich von Greenwich, siehe auch unter „Auf- und Untergangszeiten" auf Seite 16 und Seite 70) geht die Sonne am 20. März um $6^{h}24^{m}$ auf und um $18^{h}33^{m}$ unter. Dies ergibt eine Tageslänge von $12^{h}09^{m}$. Entsprechend ist die

3.4 Bei Auf- oder Untergang erscheint der Sonnenball durch die Refraktion zu einer Ellipse verformt.

Nacht zu Frühlingsbeginn um mehr als eine Viertelstunde kürzer als der Tag.
Ähnliches ergibt sich für den Herbstbeginn. Das Herbstäquinoktium fällt in diesem Jahr auf 5^h55^m am 23. September. An diesem Tag geht die Sonne um 6^h07^m auf und um 17^h17^m unter. Die Tageslänge beträgt somit 12^h10^m, die Nacht dauert nur 11^h50^m. Die eigentlichen Tagundnachtgleichen treten 2002 schon am 18. März ein, wenn der Tag 12^h01^m lang ist, und am 25. September mit einer Tageslänge von 12^h02^m beziehungsweise am 26. September mit einer Tageslänge von 11^h58^m. Woher kommt es nun, dass an den Tagen, an denen die Sonne am Himmelsäquator steht, die Tage etwas länger als zwölf Stunden sind? Auch geht die Sonne zum Frühlingsäquinoktium nicht genau im Osten auf, sondern meist ein wenig nördlicher! Bevor die Ursachen der längeren Tage zu den Äquinoktien und der der Abweichungen von der exakten Ost- bzw. Westrichtung der Sonnenauf- und -untergangspunkte näher erläutert werden, seien zunächst einige Tatsachen und Begriffe ins Gedächtnis gerufen.

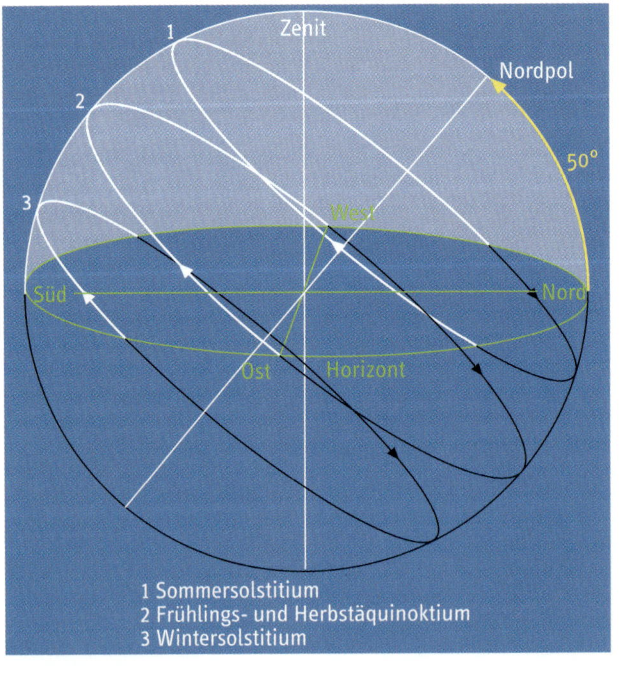

3.5 Tag- und Nachtbögen der Sonne zu den Solstitien und Äquinoktien. Zum Frühlings- und Herbstäquinoktium sind Tag- und Nachtbogen (2) gleich groß.

Tag- und Nachtbögen

Die Gestirne beschreiben infolge der Erdrotation Kreisbögen am Firmament. Es handelt sich dabei um die scheinbare tägliche Himmelsdrehung. „Scheinbar“ deshalb, weil sich nicht das Firmament mit seinen Gestirnen um uns dreht, sondern die Erdkugel rotiert. Die Bögen, die die Gestirne über dem Horizont beschreiben, nennt man Tagbögen; die unter dem Horizont liegenden Bögen sind die Nachtbögen. Diese beiden Begriffe sind von der täglichen scheinbaren Sonnenbahn abgeleitet: Ist die Sonne über dem Horizont, so ist es Tag, hält sie sich unter dem Horizont auf, so ist es Nacht. Die Begriffe gelten für alle Gestirne. Auch der Mond oder der helle Fixstern Sirius beschreiben Tag- und Nachtbögen. Bei den Tagbögen

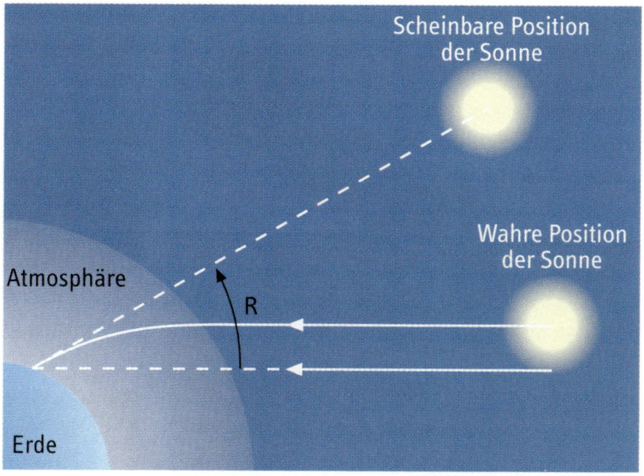

3.6 Durch die atmosphärische Strahlenbrechung (Refraktion) erscheint die Sonne am Horizont höher zu stehen als es ihrer wahren Position entspricht.

hat ein Gestirn Höhen zwischen 0° und 90° (= Zenit) über dem Horizont. Die Nachtbögen liegen unterhalb des Horizonts, die Gestirne haben negative Höhen (0° bis –90°) beziehungsweise Zenitdistanzen größer als 90° (Höhenwinkel und Zenitdistanz sind Komplementärwinkel, ihre Summe gibt stets 90°). Tag- und Nachtbogen eines Gestirnes ergeben jeweils einen Vollkreis, also 360°. Für einen Beobachter auf dem Erdäquator sind die Tag- und Nachtbögen *aller* Gestirne gleich lang, nämlich jeweils 180°. Gestirne, die zirkumpolar sind, also nicht untergehen, beschreiben Tagbögen von 360° und keine Nachtbögen.
Die Größe der Tagbögen (und damit auch der Nachtbögen, die sich ja mit den Tagbögen zu einem Vollkreis von 360° ergänzen) hängt von der geographischen Breite (φ) des Beobachters und der Deklination (δ) des Gestirns ab.
Bleiben wir beim Beispiel Sonne und dem Standardbeobachtungsort in 50° nördlicher Breite. Zu den Äquinoktien, wenn die Sonne genau auf dem Himmelsäquator steht ($\delta = 0°$), ist ihr Tagbogen gleich lang wie der Nachtbogen (siehe Abb. 3.5). Zu Sommerbeginn (Sommersolstitium: $\delta = +23{,}^\circ4$) ist ihr Tagbogen maximal, ihr Nachtbogen am kleinsten. Sie beschreibt den Wendekreis des Krebses, weil sie zu Sommerbeginn definitionsgemäß in das Tierkreiszeichen Krebs tritt. Der Beginn des Tierkreiszeichens Krebs ist mit dem Sommerpunkt identisch, der heute im Sternbild Stier an der Grenze zum Sternbild Zwillinge liegt (siehe auch Grafik „Sonnenlauf im Juni" auf Seite 116).
Zu Winterbeginn nimmt die Sonne ihre südlichste Position im Tierkreis ein (Wintersolstitium: $\delta = -23{,}^\circ4$). Sie beschreibt den kleinsten Tagbogen und den größten Nachtbogen des Jahres und läuft dabei entlang des Wendekreises des Steinbocks. Der Beginn des Tierkreiszeichens Steinbock ist mit dem Winterpunkt identisch – ebenfalls per definitionem. Der Winterpunkt liegt in heutiger Zeit im Sternbild Schütze (siehe auch Grafik „Sonnenlauf im Dezember" auf Seite 210).
Beim Überschreiten des Horizonts, also bei Auf- oder Untergang, hat ein Gestirn die Höhe h = 0° (beziehungsweise eine Zenitdistanz von 90°). Demnach muss man den Zeitpunkt errechnen, an dem ein Gestirn die Höhe 0° erreicht, um zu wissen, wann es auf- oder untergeht.

Auf- und Untergang

Zu Frühlings- und Herbstbeginn, wenn die Sonne am Himmelsäquator steht, sind ihr Tag- und Nachtbogen gleich lang. Sie müsste somit genau zwölf Stunden über dem Horizont verweilen. Was heißt aber, die „Sonne" steht am Äquator? Gemeint ist der Sonnenmittelpunkt. Bei Sonne und Mond versteht man unter Auf- und Untergang jedoch den Zeitpunkt, zu dem der *obere* Rand der Gestirnsscheibe die Horizontlinie berührt. Der obere Rand erscheint aber beim Aufgang früher am Horizont als der Scheibenmittelpunkt und erreicht beim Untergang die Horizontlinie später als die Sonnenmitte. Somit ist die Zeitspanne zwischen Sonnenauf- und -untergang länger als genau zwölf Stunden, auch wenn sich die Sonne auf dem Himmelsäquator (Sonnenscheibenmittelpunkt: $\delta = 0°$) befindet. Zu den Äquinoktien beträgt der scheinbare Radius der Sonnenscheibe 16′. Der Sonnenaufgang erfolgt also bei einer Höhe von h = -16′ (Zenitdistanz: 90°16′). Gleiches gilt für den Sonnenuntergang. Bei ihrer scheinbaren täglichen Wanderung über das Himmelsgewölbe legt die Sonne einen Winkel von 16′ in 64 Sekunden zurück. Dies ist die Zeit, die zwischen der Horizontberührung des oberen Randes und der Horizontpassage des Scheibenmittelpunktes vergeht. Somit ist der Tag zum Frühlings-

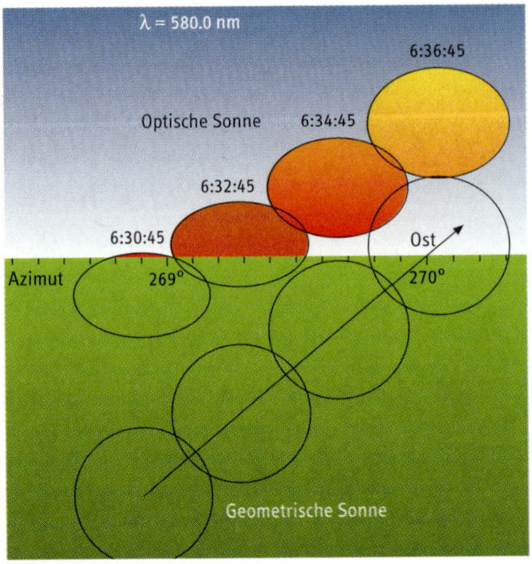

3.7 Die Lufthülle der Erde bewirkt nicht nur eine selektive Absorption und damit Rotfärbung der Sonne (und des Mondes) bei Auf- und Untergang, sondern auch eine scheinbare Anhebung und elliptische Verformung der Sonnenscheibe sowie eine Azimutänderung des Auf- bzw. Untergangspunktes (jeweils oberer Rand der Sonnen- bzw. Mondscheibe!).

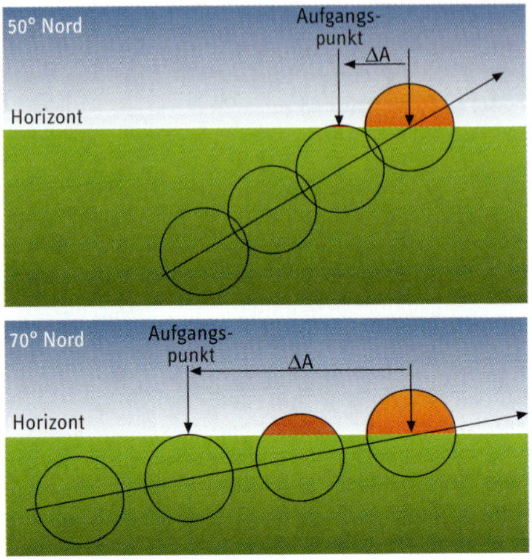

3.8 Die Azimutdifferenz bei Sonnenaufgang zwischen oberem Sonnenrand und Scheibenmittelpunkt ist abhängig von der geographischen Breite des Beobachters.

und Herbstäquinoktium um etwas mehr als zwei Minuten länger als exakt zwölf Stunden (genau genommen erfolgt der tägliche Sonnenlauf in der Äquatorebene – die Sonne geht in unseren Breiten nicht senkrecht auf – siehe weiter unten). Diese gut zwei Minuten sind aber nur ein Teil der Erklärung, weshalb zu den Tagundnachtgleichen der Tag um neun bis zehn Minuten länger ist als genau zwölf Stunden. Einen wesentlich größeren Effekt in der Tagesverlängerung bewirkt die atmosphärische Strahlenbrechung, die so genannte Refraktion.

Zu unserem Glück ist die Erde von einer dichten Lufthülle umgeben. Sie dient nicht nur zum Atmen, sie wirkt auch als Thermostat und schützt uns vor gefährlichen, energiereichen Strahlen aus dem Weltall ebenso wie vor dem meteoroidischen Bombardement. Für die Sternbeobachtung ist sie aber hinderlich. Nur in einem schmalen Wellenlängenbereich dringt sichtbares Sternenlicht bis zum Erdboden („Optisches Fenster der Atmosphäre"), in einem etwas weiteren Bereich können wir auch Radiowellen aus dem Kosmos empfangen („Radiofenster"). Alle Strahlung anderer Wellenlängenbereiche (Gamma-, Röntgen-, UV-Strahlung usw.) wird fast vollständig absorbiert. Aber selbst das sichtbare Licht wird erheblich geschwächt und gefiltert (selektive Extinktion). Oft verhindert kondensierter Wasserdampf in Form von Wolken oder Nebel die Beobachtung des Sternenhimmels vollständig. Darüber hinaus wird das aus dem Weltallvakuum kommende Gestirnslicht beim Eintritt in die optisch dichtere Atmosphäre abgelenkt. Diese Lichtbrechung quantitativ exakt zu bestimmen ist nicht ganz trivial, denn der Weg des Lichtstrahls durch die irdische Lufthülle ist recht kompliziert. Er hängt von der Dichte der einzelnen Luftschichten in verschiedenen Höhen ab. Und die Luftdichte wiederum ist eine Funktion von Temperatur, Luftdruck und Feuchtigkeit. Bei höherem Druck und niedrigerer Temperatur ist die Luftdichte größer und die Brechung stärker beziehungsweise die Ablenkung des Lichtstrahls größer. Diese als Refraktion bezeichnete Erscheinung bewirkt, dass die Gestirne scheinbar höher stehen als sie in Wirklichkeit sind. Je horizontnäher ein Gestirn steht, desto stärker wirkt sich der Effekt der Refraktion aus. In unmittelbarer Horizontnähe hebt die Refraktion die

Gestirne um etwa ein halbes Grad an, das entspricht dem scheinbaren Sonnendurchmesser (siehe Abb. 3.7). Sieht man beim Aufgang die volle Sonnenscheibe am Horizont, wobei ihr *unterer* Rand die Horizontlinie gerade berührt, so ist die Sonne in Wirklichkeit noch gar nicht über die Horizontlinie gestiegen. Die geometrische Sonnenscheibe ist noch vollständig unter dem Horizont, während die Refraktion die Sonnenscheibe bereits zur Gänze über der Horizontlinie erscheinen lässt. Die Sonne hat also noch eine negative Höhe (und eine Zenitdistanz größer als 90°), wenn sie am Horizont sichtbar wird. Ähnliches gilt für den Sonnenuntergang: Wenn wir sehen, dass der untere Rand des Sonnenballs die Horizontlinie berührt, dann ist die geometrische Sonne bereits untergegangen.
Die mittlere Horizontrefraktion wird mit 34′ angenommen, was für atmosphärische Normalbedingungen (Temperatur 20°C, Luftdruck 1000 hPa, trockene Luft) einen guten Wert darstellt. Um diesen Betrag erscheinen die Gestirne angehoben, wenn sie geometrisch am Horizont stehen.
Als Sonnenauf- oder -untergangszeit nimmt man nun jenen Zeitpunkt, bei dem der Scheibenmittelpunkt der Sonne eine Zenitdistanz von $z = 90°50'$ (= Höhe: $h = -50'$) hat. 16′ entfallen auf den scheinbaren Sonnenradius, 34′ gehen auf das Konto der Refraktion. Dadurch erscheint der Sonnenrand morgens etwas früher am Horizont als der geometrische Scheibenmittelpunkt, und abends sieht man das letzte Fünkchen der schwindenden Sonnenscheibe entsprechend später, nachdem die geometrische Sonne die Horizontlinie schon passiert hat. Was heißt nun „etwas früher“ und entsprechend später? Nun, man muss kalkulieren, welche Zeit die Sonne benötigt, um 50′ Höhendifferenz zu überwinden. Dabei ist zu beachten, dass die Sonne in unseren Breiten nicht senkrecht, sondern schräg auf- und untergeht. Da sich die Sonne in der Äquatorebene bewegt (beim Tageslauf, nicht beim Jahreslauf!), so ist der Neigungswinkel ihrer Bewegungsrichtung zum Horizont gleich dem Komplementärwinkel der geographischen Breite φ, also $90 - \varphi$. Die Sonne muss also in der Äquatorebene eine größere Wegstrecke zurücklegen als 50′, um eine Höhendifferenz von 50′ zu überwinden. Man muss die Höhendifferenz nur mit dem Sekans φ multiplizieren (oder durch Kosinus φ dividieren) und erhält die Wegstrecke, die die Sonne in der Äquatorebene zurücklegen muss, um diese Höhendifferenz zu überwinden. Berücksichtigt man noch, dass die Sonne per definitionem 360° in 24 Stunden zurücklegt und somit 15′ in einer Minute, so kommt man zu dem Ergebnis, dass die Sonne etwa fünf Minuten früher zur Tagundnachtgleiche aufgeht und fünf Minuten später unter, als es sich rechnerisch ergibt, wenn man den geometrischen Mittelpunkt der Sonne ohne Berücksichtigung der Refraktion von Horizont zu Horizont einen 12-Stunden-Tagbogen zurücklegen lässt. Somit sind zu den Äquinoktien die Tage rund zehn Minuten länger als exakt zwölf Stunden.

Die Summe vieler Teile

Ein weiterer Punkt ist zu beachten: Während der Äquinoktien ändert sich die Sonnendeklination in zwölf Stunden um etwa ein viertel Grad. Passiert die Sonne gerade zu ihrem Aufgang den Himmelsäquator im Frühling, so hat sie zum Untergang zwölf Stunden später schon rund 15′ nördliche Deklination – ihr Tagbogen ist etwas größer, der Untergang erfolgt etwas später. Andererseits: Wenn erst am Abend zu Sonnenuntergang das Frühlingsäquinoktium erreicht wird, so hat die Sonne beim Aufgang noch eine negative Deklination (sie befindet sich noch südlich des Äquators), ihr Tagbogen ist etwas kleiner, der Aufgang verspätet sich leicht. Da die Auf- und Untergangszeiten aus gutem Grund nur in Minutengenauigkeit vermerkt werden, so findet man in einem Jahr eine Tageslänge zum Äquinoktium von 12^h09^m, in einem anderen Jahr von 12^h10^m – je nach genauer Uhrzeit des Äquinoktiums und den entsprechenden Rundungen.
Wer die berechneten Sonnenauf- und -untergangszeiten durch eigene Beobachtungen überprüfen will, sollte noch Folgendes beachten: Der Refraktionswert von 34′ in Horizontnähe ist ein Mittelwert. Extreme atmosphärische Verhältnisse können ihn erheblich verändern. So kann die Horizontrefraktion in arktischen Regionen über 4° (!) erreichen. Entsprechend früher geht die Sonne auf beziehungsweise später unter. In den Polarregionen verläuft die tägliche Sonnenbahn extrem flach zum Horizont, so dass ein voller Sonnenaufgang (vom oberen bis zum unteren Scheibenrand) mehrere Stunden dauern kann.
Die Sonne erscheint am Horizont auch größer als in Zenitnähe. Dies ist eine reine optische Täuschung und nicht real. Psychologen sprechen von der Größenkonstanz der Wahrnehmung. Wir erleben das Himmelsgewölbe nicht als Halbkugel sondern als abgeflachte Scheibe. Objekte in Zenitnähe erscheinen uns näher (selbst

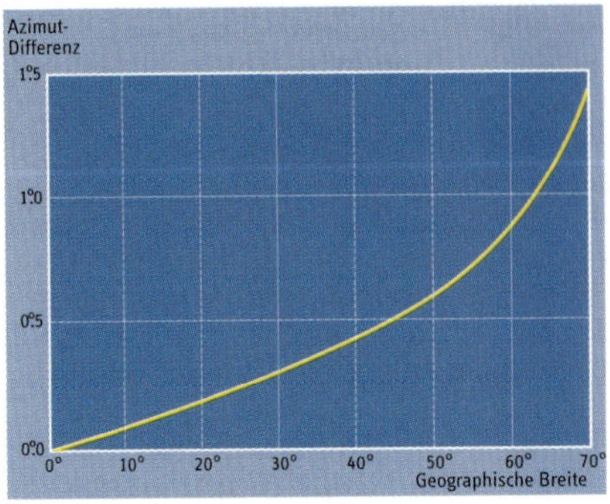

3.9 Die Azimutdifferenz des Sonnenaufgangs zu den Äquinoktien ist eine Funktion der geographischen Breite. Die eingetragene Kurve gilt bei einer Standardrefraktion von 30' am Horizont.

wenn sie Lichtjahre entfernt sind) als solche knapp über dem Horizont. Ferne Gegenstände werden aber von unserem Gehirn automatisch „hochgerechnet". Obwohl ein nahestehendes Kind unter einem größeren Winkel gesehen wird als ein entfernter Erwachsener, weiß man automatisch: Der Erwachsene ist größer – er ist nur weiter weg.

Die Sonnenscheibe zeigt sich außerdem am Horizont nicht kreisförmig sondern erscheint abgeplattet. Dies ist eine Folge der differenziellen Refraktion. In Horizontnähe ändert sich der Refraktionswert sehr rasch mit der Höhe. Der untere Sonnenrand wird stärker angehoben als der obere, die Sonnenkugel wird elliptisch verformt.

Selbst wenn der Sonnenmittelpunkt beim Aufgang gerade den Frühlingspunkt passiert, so erscheint die Sonne nicht genau im Osten. Das Aufgangsazimut verschiebt sich in Richtung Nord, weil sich der obere Sonnenrand nördlich vom Sonnenmittelpunkt befindet. Deshalb beschreibt er einen etwas größeren Tagbogen. Der obere Sonnenrand taucht somit nicht nur etwas früher auf, sondern auch nördlich des Ostpunktes. Dieser Effekt fällt umso größer aus, je nördlicher der Beobachter steht (siehe Abb. 3.9).

Das Azimut gibt den Winkel in der Horizontebene an, unter dem ein Gestirn zu finden ist. Er wird von Süd über West, Nord und Ost gezählt. Der Südpunkt hat das Azimut A= 0°, der Westpunkt A = 90°, der Nordpunkt A = 180°, der Ostpunkt A = 270°. In der Nautik wird das Azimut vom Nordpunkt aus in Richtung Ost gezählt. Die Ostrichtung entspricht dann Azimut A = 90°.

Zu Frühlingsbeginn erfolgt der Sonnenaufgang in 50° nördlicher Breite bei einer mittleren Refraktion bei A = 268° 53′, also über ein volles Grad weiter nördlich als exakt im Osten (siehe Abb. 3.10).

Die Refraktion verstärkt noch erheblich die Abweichung des Aufgangsortes vom Ostpunkt, denn sie hebt die Sonnenscheibe am Horizont um mehr als ein halbes Grad an. Der exakte Aufgangspunkt der geometrischen Sonne lässt sich genau angeben, nicht jedoch der durch die Refraktion beeinflussten scheinbaren Sonnenscheibe. Denn die Wirkung der Refraktion hängt von den jeweiligen meteorologischen Verhältnissen ab. In hohen geographischen Breiten fällt die Nordabweichung des Aufgangsortes vom Ostpunkt gegebenenfalls ganz erheblich aus. In 85° Breite (nördlich oder südlich) kann die Horizont-Refraktion bei größerer Kälte durchaus 1°30′ betragen, was zu einer Verschiebung des Sonnenaufgangspunktes von 20° im Azimut führt! Die Sonne erscheint dann bei A = 250° (Nordosten) anstatt im Ostpunkt bei A = 270°. Selbst bei der Normalrefraktion von 30‘ am Horizont weicht der Aufgangspunkt um rund 9° in nördlicher Richtung vom Ostpunkt ab. Analoges gilt für den Untergang: Die letzten Strahlen der Sonne sieht man nicht genau im Westpunkt (A = 90°), sondern mehr oder minder weiter nördlich. In den arktischen Regionen kann das Sonnenaufgangs- oder -untergangsazimut daher nur recht grob angegeben werden.

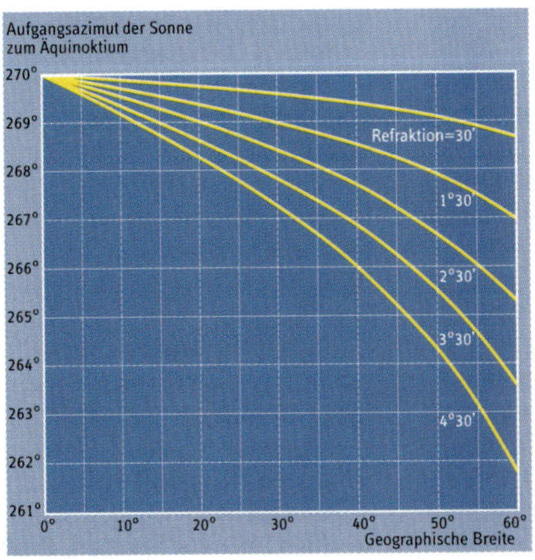

3.10 Aufgangsazimute der Sonne zu den Äquinoktien in Abhängigkeit von der geographischen Breite für verschiedene Refraktionswerte.

April 2002

Venus setzt sich am Abendhimmel allmählich immer mehr durch. Mit Mars, Saturn und Jupiter bildet sie eine Planetenparade am Westhimmel. Am 16. wird der Ringplanet Saturn vom Mond bedeckt – ein von Mitteleuropa beobachtbares Ereignis.

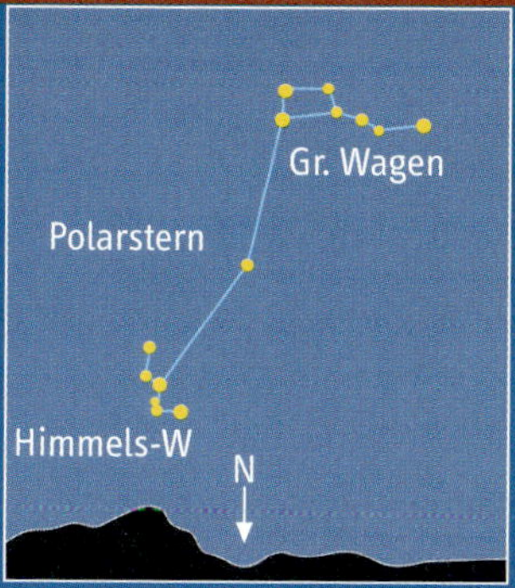

Großer Wagen und Himmels-W Anfang April um 22h

4.1 Planetenparade am Abendhimmel zur Monatsmitte: Über dem Westhorizont sind am 14. April gegen 20h 30m MEZ (= 21h 30m MESZ) die Planeten Venus, Mars, Saturn und Jupiter sowie die schmale Mondsichel zu sehen.

Sonnenlauf

18.4. 24ʰ
Sonne tritt in das Sternbild Widder
20.4. 7ʰ
Sonne tritt in das Tierkreiszeichen Stier

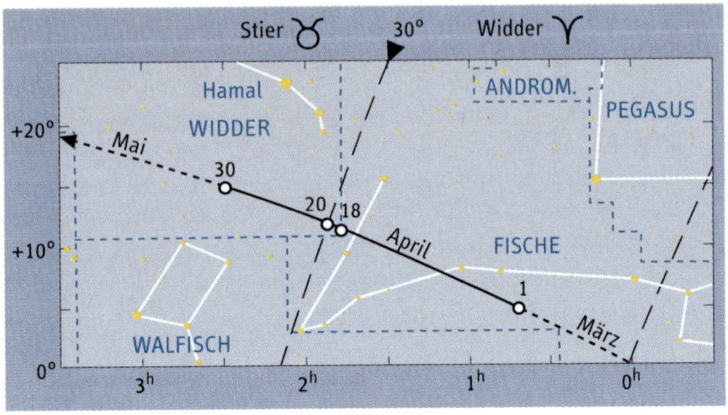

Julianisches Datum am 1. April, 1ʰ MEZ: 2 452 365,5

Tag	Dämmerg. Anfang	Aufgang MEZ	Kulmination	Untergang MEZ	Dämmerg. Ende	Mittagshöhe	Zeitgleichg.	Rektaszension	Deklination
	h m	h m	h m	h m	h m	°	m	h m	°
1.	4 45	5 57	12 24	18 51	20 04	44,6	−4	0 41	+ 4,4
5.	4 36	5 49	12 23	18 58	20 11	46,1	−3	0 55	+ 5,9
10.	4 24	5 38	12 21	19 06	20 20	48,0	−1	1 14	+ 7,8
15.	4 12	5 28	12 20	19 13	20 30	49,8	0	1 32	+ 9,6
20.	4 00	5 18	12 19	19 21	20 40	51,5	+1	1 51	+11,4
25.	3 48	5 08	12 18	19 29	20 50	53,2	+2	2 09	+13,1
30.	3 36	4 59	12 17	19 37	21 00	54,8	+3	2 28	+14,6

Tages- und Nachtstunden

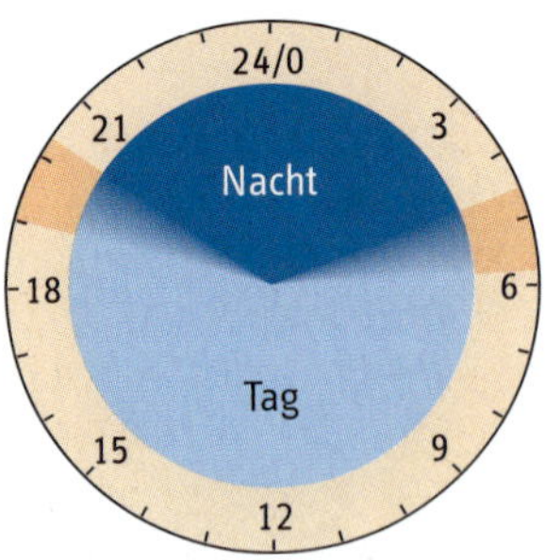

5. April

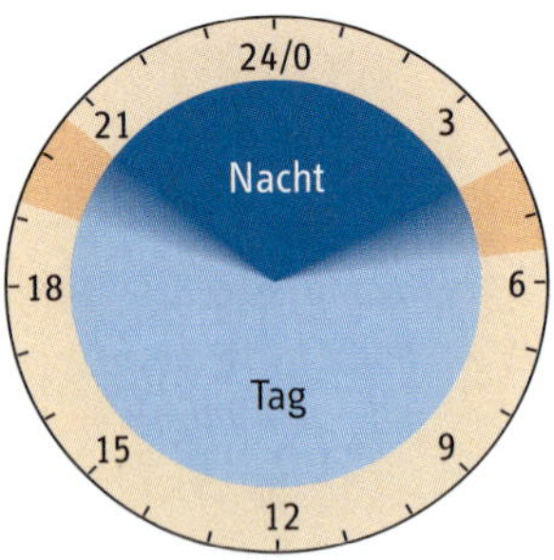

15. April

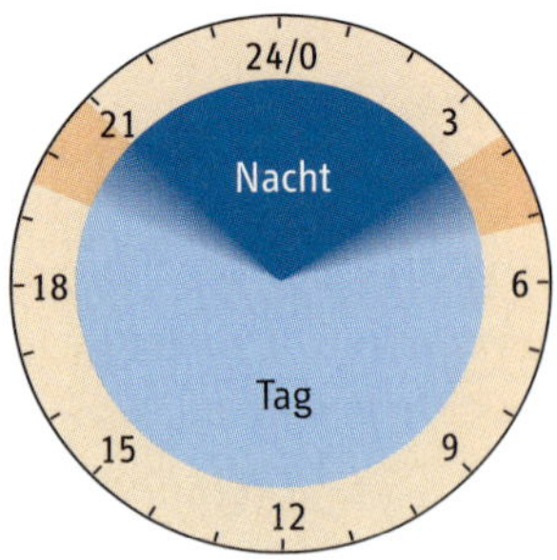

25. April

Mondlauf

Datum		Aufg. MEZ	Kulmination	Unterg. MEZ	Rektaszension	Deklination	Sterne und Sternbilder	Phase	MEZ
		h m	h m	h m	h m	°			
Mo	1.	–	3 25	8 01	15 37	−17,2	Waage		
Di	2.	0 00	4 21	8 34	16 34	−21,0	Antares	Absteigender Knoten	
Mi	3.	1 14	5 16	9 15	17 31	−23,6	Schlangenträger	Libration West	
Do	4.	2 17	6 11	10 05	18 28	−24,7	Schütze, Nunki	**Letztes Viertel**	**16^h29^m**
Fr	5.	3 08	7 05	11 04	19 24	−24,5	Schütze, Nunki		
Sa	6.	3 49	7 55	12 07	20 18	−23,1	Steinbock		
So	7.	4 20	8 43	13 14	21 09	−20,6	Steinbock		
Mo	8.	4 45	9 29	14 21	21 58	−17,3	Steinbock		
Di	9.	5 05	10 12	15 28	22 44	−13,4	Wassermann		
Mi	10.	5 23	10 53	16 34	23 29	− 8,9	Wassermann	Erdferne 406/29,′4 Größte Südbreite	6^h
Do	11.	5 39	11 33	17 39	0 12	− 4,1	Fische		
Fr	12.	5 55	12 14	18 46	0 55	+ 0,9	Walfisch	**Neumond**	**20^h21^m**
Sa	13.	6 11	12 55	19 53	1 39	+ 5,8	Fische		
So	14.	6 29	13 38	21 01	2 23	+10,6	Widder		
Mo	15.	6 49	14 23	22 11	3 10	+15,1	Widder		
Di	16.	7 14	15 11	23 21	3 59	+19,0	* Stier, Plejaden		
Mi	17.	7 46	16 03	–	4 51	+22,1	Aldebaran	Aufsteigender Knoten	
Do	18.	8 28	16 57	0 29	5 46	+24,1	Stier, Al Nath		
Fr	19.	9 21	17 54	1 30	6 43	+24,9	Alhena	Libration Ost	
Sa	20.	10 26	18 51	2 22	7 41	+24,3	Pollux	**Erstes Viertel**	**13^h48^m**
So	21.	11 42	19 47	3 04	8 40	+22,3	Krebs, Krippe		
Mo	22.	13 03	20 42	3 37	9 38	+18,9	Löwe		
Di	23.	14 27	21 36	4 04	10 35	+14,3	Löwe, Regulus	Größte Nordbreite	
Mi	24.	15 52	22 29	4 28	11 31	+ 8,8	Löwe		
Do	25.	17 17	23 21	4 49	12 25	+ 2,6	Jungfrau	Erdnähe 360/33,′2	17^h
Fr	26.	18 43	–	5 10	13 20	− 3,7	Spica		
Sa	27.	20 09	0 14	5 32	14 15	− 9,8	Jungfrau	**Vollmond**	**4^h00^m**
So	28.	21 33	1 08	5 57	15 11	−15,2	Waage		
Mo	29.	22 53	2 04	6 27	16 09	−19,7	Antares		
Di	30.	–	3 02	7 05	17 08	−22,9	Schlangenträger	Absteigender Knoten	

18. April 19^h MEZ

19. April 1^h MEZ

Planetenlauf

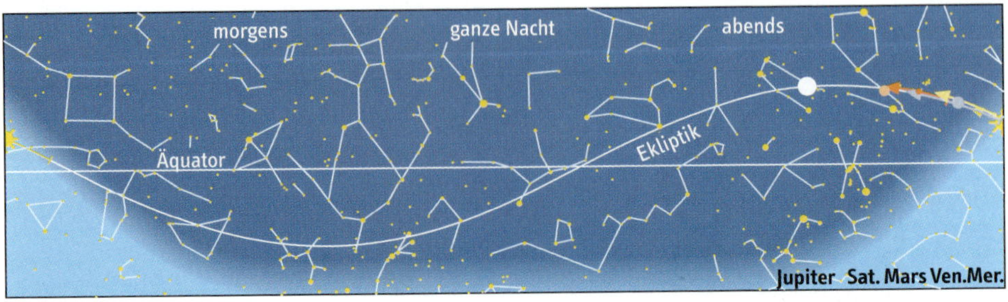

Merkur kommt am 7. in obere Konjunktion mit der Sonne. Im Laufe des April gewinnt er einen immer größer werdenden östlichen Winkelvorsprung vor der Sonne. In größter östlicher Elongation steht der flinke Planet erst Anfang des nächsten Monats. Wegen der abends steil zum Westhorizont stehenden Ekliptik taucht Merkur bereits im letzten Monatsdrittel am Abendhimmel auf. Ab dem 20. kann man den sonnennahen Planeten etwa eine halbe Stunde nach Sonnenuntergang tief am Nordwesthorizont ausmachen (siehe auch Abb. 4.3 und 4.4 auf Seite 87).

Am 20. geht der $-1{,}^{m}1$ helle Planet um $20^{h}\,46^{m}$ (= $21^{h}46^{m}$ Sommerzeit) unter. Gegen $19^{h}\,45^{m}$ wird er in der Abenddämmerung für das bloße Auge erkennbar, gegen $20^{h}\,30^{m}$ verschwindet er in den dichten Horizontdunstschichten.

Bis Monatsende sinkt die Merkurhelligkeit um eine ganze Größenklasse auf $-0{,}^{m}1$ ab, die Untergänge des flinken Planeten verspäten sich bei Monatsende um fast eine ganze Stunde auf $21^{h}\,42^{m}$ (= $22^{h}\,42^{m}$ Sommer-

4.2 Heliozentrischer Anblick des Planetensystems im zweiten Jahresviertel 2002. Eingetragen sind links die Positionen der inneren Planeten für den 1. April (4), 1. Mai (5), 1. Juni (6) und 1. Juli (7). Der rechte Teil zeigt das äußere Planetensystem zu Anfang und Ende des zweiten Jahresviertels. Die Pfeile deuten die Richtungen zu den ferneren Planeten sowie zum Frühlingspunkt an.

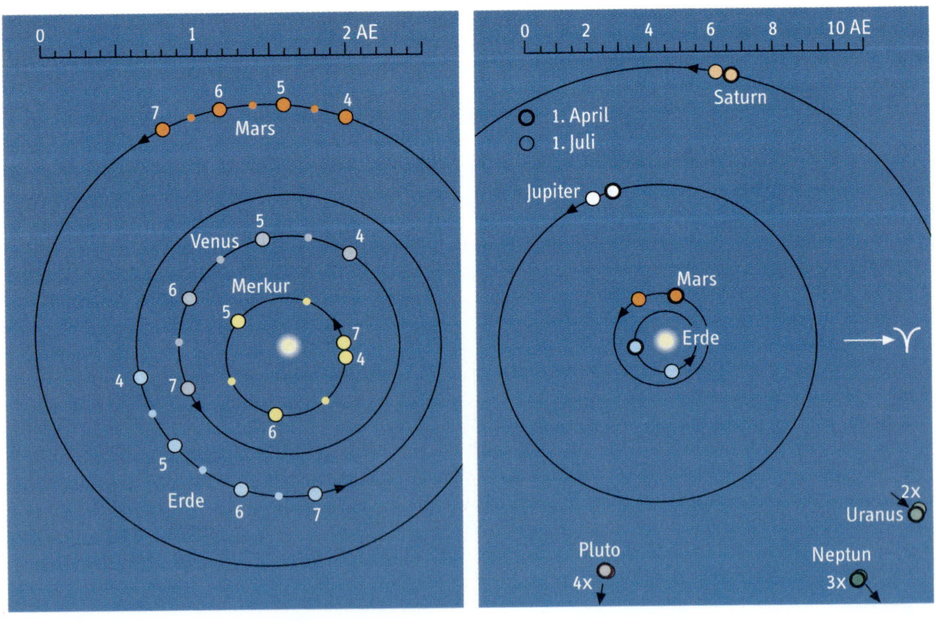

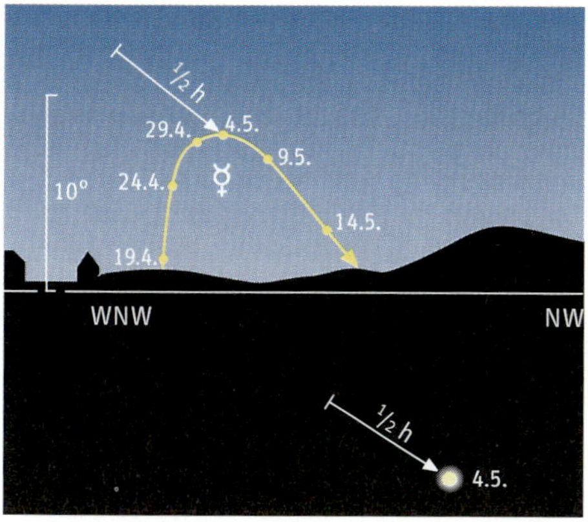

4.3 Stellung von Merkur über dem Nordwesthorizont zu den angegebenen Daten jeweils eine Stunde nach Sonnenuntergang. Die Pfeile geben die Bewegung von Merkur und Sonne während der letzten halben Stunde an.

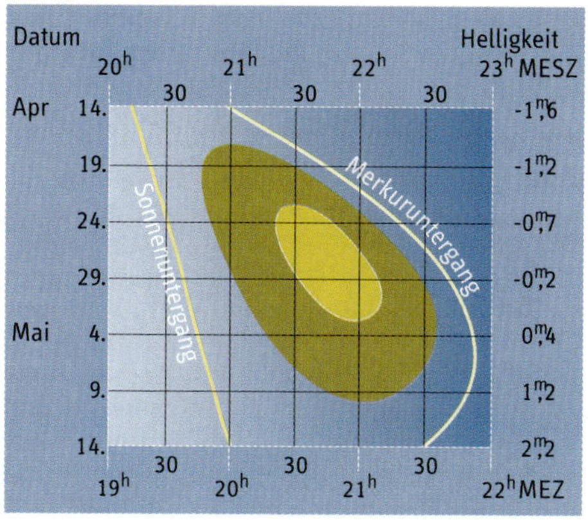

4.4 Sichtbarkeitsdiagramm für Merkur. Es gilt genau für 50° nördlicher Breite und 10° östlicher Länge. Dunkelgelbe Fläche: Unter günstigen Sichtbedingungen kann man Merkur mit bloßen Augen erkennen, hellgelbe Fläche: Merkur ist leicht zu sehen.

zeit) am Monatsletzten (siehe Abb. 4.8 und 4.9 auf Seite 90).
Am 17. eilt Merkur durch sein Perihel, wobei ihn 46 Millionen Kilometer (= 0,307 AE) von der Sonne trennen. Am 29. abends zeigt sich das $7''1$ große Merkurscheibchen im Fernrohr halb beleuchtet (Eintritt der Dichotomie).
Venus baut ihre Rolle als Abendstern nur zögerlich aus. Zwar verspäten sich ihre Untergänge um eineinhalb Stunden, aber auch die Tageslänge nimmt zu, so dass der Gewinn an Sichtbarkeitsdauer nur etwa eine dreiviertel Stunde beträgt. Eine Stunde nach Sonnenuntergang sieht man Venus nur noch knapp über dem Westhorizont – sie steht nicht einmal 10° hoch (siehe auch Abb. 5.3 auf Seite 103). Mit -3^m9 bleibt die Venushelligkeit konstant. Damit ist unser innerer Nachbarplanet nach Sonne und Mond das hellste Gestirn am irdischen Himmel. Im Fernrohr zeigt sich Venus noch immer fast voll beleuchtet und als kleines Scheibchen von nur 11″ Durchmesser. Zu Monatsende ist jedoch ein Phaseneffekt durchaus erkennbar (89 % beleuchteter Teil).
Die Venusuntergänge erfolgen am 1. um $20^h\,34^m$, am 15. um $21^h\,17^m$ und am 30. um $22^h\,03^m$ (= $23^h\,03^m$ Sommerzeit).
Venus wandert durch den Widder und wechselt am 20. in das Sternbild Stier. Am 25. befindet sie sich $3^\circ5$ südlich der Plejaden.

Die extrem schmale Sichel des zunehmenden Mondes kann am 14. gegen 20^h (= 21^h Sommerzeit) nahe Venus tief am Westhorizont erblickt werden (siehe Abb. 4.1 auf Seite 83). Außerdem sind noch die hellen Planeten Mars, Saturn und Jupiter am westlichen Abendhimmel vertreten. Und der Mond führt diese Planetenparade an.
Mars kann noch am Abendhimmel gesehen werden, ist aber nicht mehr besonders auffällig. Zu Monatsbeginn wechselt er aus dem Sternbild Widder in den Stier und erreicht immer nördlichere Positionen im Tierkreis. Am 13. steht Mars etwa

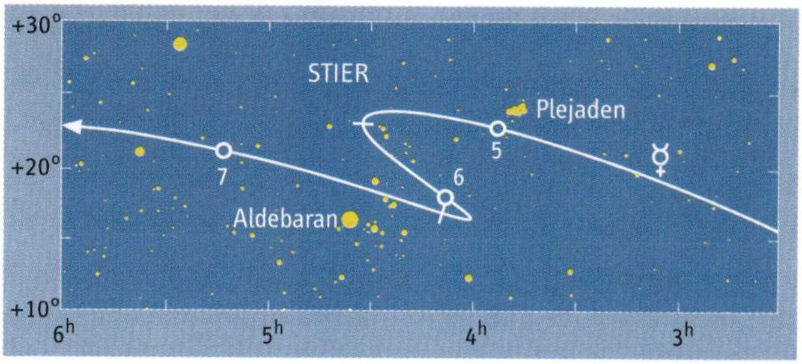

4.5 Merkurschleife im Gebiet des Goldenen Tores der Ekliptik im Sternbild Stier.

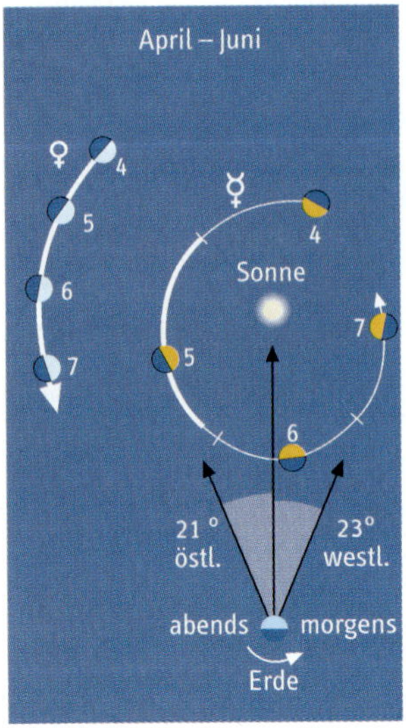

4.6 Heliozentrische Bewegungen von Merkur und Venus relativ zur Erde. In den dicker ausgezogenen Bahnteilen sind die Planeten beobachtbar. Die Zahlen markieren die Positionen jeweils zum Monatsersten. Östlicher Winkelabstand bedeutet Abendsichtbarkeit, westliche Elongation: Planet steht am Morgenhimmel.

$3^\circ,5$ südlich der Plejaden. Seine Helligkeit sinkt auf $1^m,6$ ab, der Durchmesser des Marsscheibchens beträgt zu Monatsende nur noch $4'',0$.
Am 18. beginnt auf der Nordhalbkugel der Marsfrühling. Die Untergänge des roten Planeten bleiben fast konstant. Am 1. geht Mars um $22^h\,37^m$ (= $23^h\,37^m$ Sommerzeit) unter, am 30. um $22^h\,31^m$. Mars gehört jetzt noch zur abendlichen Planetenparade, die aus Venus, Mars, Saturn und Jupiter gebildet wird. Er ist aber das bei weitem lichtschwächste Mitglied (siehe Abb. 4.1 auf Seite 83). Am 29. passiert der rote Planet Aldebaran, der Hauptstern des Stieres, in 6° nördlichem Abstand.

Jupiter, wieder rechtläufig in den Zwillingen, zieht sich aus der zweiten Nachthälfte völlig zurück und wird Planet der ersten Nachthälfte. Seine scheinbare Helligkeit geht weiter um $0^m,2$ auf $-2^m,0$ zurück.
Seine Untergänge verlagert der Riesenplanet von $2^h\,23^m$ (= $3^h\,23^m$ Sommerzeit) am 1. auf $1^h\,34^m$ am 15. und auf $0^h\,43^m$ am 30. Auch sein scheinbarer Durchmesser ist nun deutlich etwas kleiner als noch zur Opposition. Der Äquatordurchmesser ist auf $35'',0$ und der Poldurchmesser auf $32'',7$ bis Monatsende zurückgegangen.
Saturn beschleunigt seine rechtläufige Bewegung im Stier und entfernt sich vom Goldenen Tor der Ekliptik. Im letzten Monatsdrittel zieht er nördlich am offenen Sternhaufen NGC 1647 im Stier vorbei (siehe Abb. 2.2 auf Seite 54). Die Saturnhelligkeit steigt wieder leicht von $0^m,2$ auf $0^m,1$ an, obwohl die Distanz Erde – Saturn immer größer wird. Am 1. ist Saturn 1425 Millionen Kilometer (= 9,53 AE) von der Erde entfernt, am 30. schon 1478 Millionen Kilometer (= 9,88 AE). Aber der Saturnring öffnet sich weiter – die reflektierende Fläche wird damit größer. Bis Monatsende ist der Öffnungswinkel auf $26^\circ,5$ angewachsen.
Die Saturnuntergänge verfrühen sich um mehr als eineinhalb Stunden. Am Monatsende sinkt der Ringplanet bereits um $22^h\,28^m$ (= $23^h\,28^m$ Sommerzeit) unter die Horizontlinie, während sein Untergang am 1. um $0^h\,10^m$ und am 15. um $23^h\,19^m$ erfolgt.
Am 16. wird Saturn vom Erdmond gegen 22^h bedeckt, ein Ereignis, das von Mitteleuropa bei klarem Wetter beobachtbar ist (siehe Seite 238, „Sternbedeckungen durch den Mond") sowie Abb. 4.7 unten). An der Parade der freisichtigen Planeten am Abendhimmel nimmt auch Saturn mit teil (siehe Abb. 4.1 auf Seite 83 sowie Abb. 4.8 und 4.9 auf Seite 90).

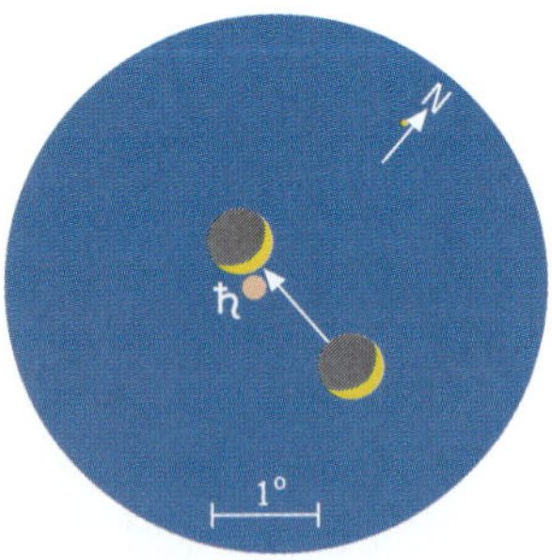

4.7 Der Mond bedeckt in den Abendstunden den Ringplaneten Saturn. Fernglasanblick bei 5° Gesichtsfelddurchmesser.

Uranus im Wassermann kann sich noch nicht am Morgenhimmel durchsetzen und bleibt auch in diesem Monat unbeobachtbar.
Neptun im Steinbock entzieht sich nach wie vor einer Beobachtung. Noch bevor er sich im Südosten hoch genug über den Horizont erhoben hat, um beobachtet zu werden, hat die Morgendämmerung eingesetzt und hellt den Himmel auf.

Periodische Sternschnuppenströme

Um den 3. April erreichen die **Virginiden** ihr wenig ausgeprägtes Maximum. Einzelne Virginiden-Meteore sind bis ins erste Maidrittel zu verfolgen.
In der Zeit vom 12. bis 24. April werden die **Lyriden** aktiv. Ihr Ausstrahlungspunkt liegt in der Leier, etwa 7° südwestlich von Wega. Manche Beobachter vermuten mehrere Radianten. Die Lyriden-Objekte sind schnell – im Mittel liegt die Geschwindigkeit um 50 Kilometer pro Se-

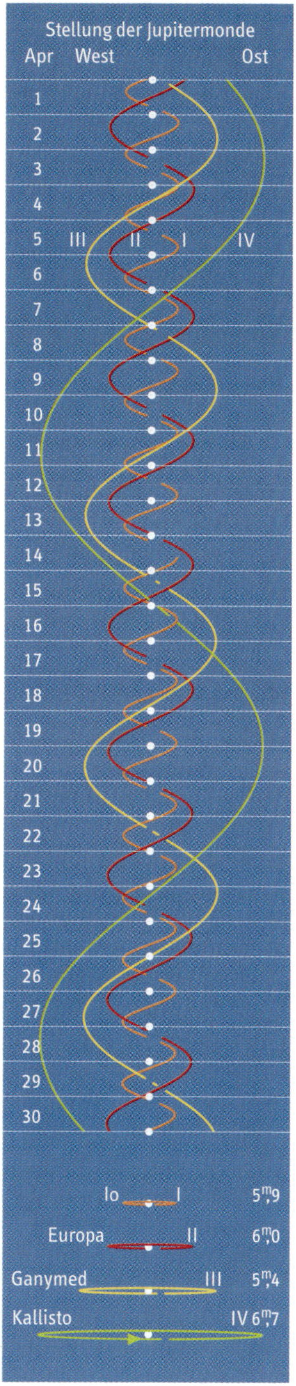

Jupitermond-Erscheinungen

Tag	MEZ h m	Vorgang	
1.	1 16	I	SE
	1 18	III	VA
	22 37	I	VE
2.	19 45	I	SE
5.	0 51	II	DA
7.	0 30	II	VE
	23 41	I	DA
8.	0 08	III	BA
	0 09	IV	SA
	21 00	I	BA
9.	0 32	I	VE
	19 26	I	SA
	20 24	I	DE
	21 41	I	SE
11.	19 15	III	SA
	22 29	III	SE
13.	21 43	II	BA
15.	19 17	II	SA
	19 36	II	DE
	19 48	IV	BA
	22 04	II	SE
	22 57	I	BA
	23 01	IV	BE
16.	20 07	I	DA
	21 21	I	SA
	22 22	I	DE
	23 37	I	SE
17.	20 56	I	VE
18.	21 29	III	DE
	23 16	III	SA
22.	21 52	II	SA
	22 17	II	DE
23.	22 05	I	DA
	23 17	I	SA
24.	21 55	IV	SE
	22 51	I	VE
25.	20 01	I	SE
	22 33	III	DA
29.	20 36	III	VE
	22 13	II	DA

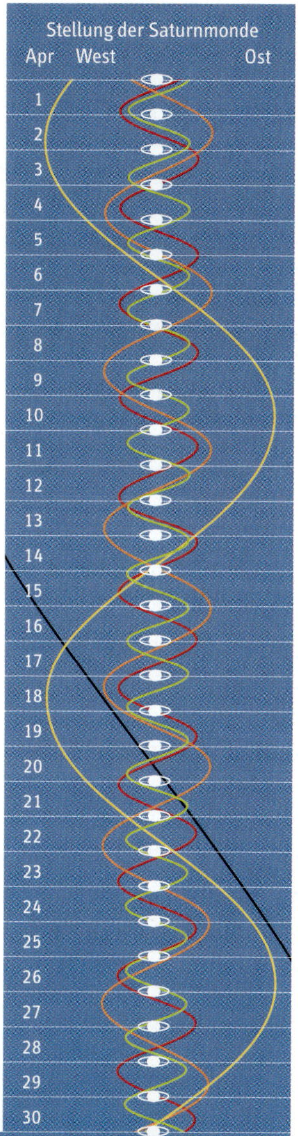

5	10^{m},5
10	10^{m},6
15	10^{m},8
20	11^{m},1
25	11^{m},4
30	11^{m},8

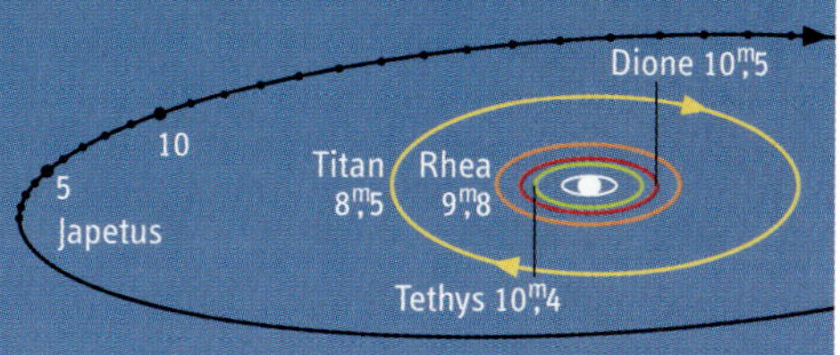

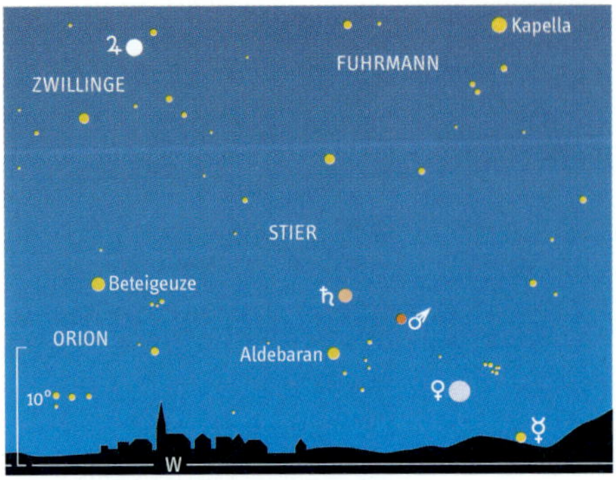

4.8 Planetenparade am Abendhimmel: Am 25. April sind alle fünf freisichtigen Planeten (Merkur, Venus, Mars, Jupiter und Saturn) am westlichen Himmel versammelt (Himmelsanblick gegen 21^h MEZ = 22^h MESZ).

4.9 Anblick der abendlichen Planetenparade zu Monatsende (30. April) am Westhimmel gegen 21^h MEZ (= 22^h MESZ). Man beachte die Änderungen der Planetenpositionen gegenüber Abb. 4.8!

kunde. Günstigste Beobachtungszeit: 22^h bis 4^h. Das Maximum am 22. April ist nicht sehr ausgeprägt. Rund zehn bis zwanzig Meteore, darunter einige helle Exemplare, leuchten dann pro Stunde auf. In seltenen Fällen sind bis zu neunzig Sternschnuppen pro Stunde zu registrieren.
Um den 17. April erreichen die **Sigma-Leoniden** ihr Maximum. Vereinzelte Objekte dieses schwachen Stromes sind noch bis Mitte Mai nachweisbar.

Der Fixsternhimmel

Die Wintersternbilder haben ihr Regiment abgegeben, der Charakter des Sternenhimmels ist nun einwandfrei frühlingshaft. Zwar wird es jetzt schlagartig später dunkel – eine Folge der künstlichen Umstellung auf Sommerzeit. Dafür sind die Nächte jetzt etwas milder und laden vielleicht zum Beobachten ein. Zur Standardbeobachtungszeit (am 1. um 23^h MEZ = 24^h Sommerzeit, am 15. um 22^h MEZ = 23^h Sommerzeit) ist es jedoch längst dunkel genug, um einen Ausflug in die Sternenwelt wagen zu können.
Blickt man nun steil nach oben, so erkennt man auf Anhieb die sieben Sterne des Großen Wagens. Sie stehen jetzt senkrecht über unseren Köpfen, fast im Zenit. Der Große Wagen ist nur ein Teil der viel größeren Sternenfigur des Großen Bären (lat.: Ursa Maior, international abgekürzt als UMa). Jetzt ist auch die Gelegenheit recht günstig, die Gestalt des Bären einmal auszumachen. Denn die Wagensterne deuten lediglich Schwanz und Schinken des Bären an, während der Rumpf, der Kopf und die Pranken von vergleichsweise lichtschwachen Sternen angedeutet werden.
Hoch im Süden, fast genau in Gipfelposition, erstreckt sich jetzt das dominierende Frühlingssternbild, nämlich der Löwe. Ein großes Sternentrapez

Konstellationen und Ereignisse

Datum	MEZ	Ereignis
6.	17^h	Mond bei Neptun, Mond 4,°1 südlich
7.	10	Merkur in oberer Konjunktion mit der Sonne
8.	2	Mond bei Uranus, Mond 4,°2 südlich
13.	7	Mond bei Merkur, Mond 4,°3 südlich
14.	18	**Mond bei Venus,** Mond 3,°0 südlich, **Abstand 3,°3 um 20^h**
15.	24	**Mond bei Mars,** Mond 2,°3 südlich, **Abstand 4,°0 um 21^h**
16.	21	**Mond bei Saturn,** Mond 0,°8 nördlich, **Bedeckung um 22^h – von Mitteleuropa sichtbar** (siehe Seite 238)
17.	13	Merkur im Perihel
18.	24	**Mond bei Jupiter,** Mond 1,°6 nördlich, **Abstand 1,°0 um 24^h**

markiert den Rumpf, ein kleines, aufgesetztes den Kopf dieses königlichen Tieres. Sein heller, bläulicher Hauptstern heißt Regulus (α Leonis), was soviel wie „kleiner König“ bedeutet. Seine Position ist am vorderen (westlichen) Ende der Basislinie vom großen Löwentrapez. Der Löwe ist Mitglied im exklusiven Zirkel der Tierkreissternbilder. Vom 11. August bis 17. September wandert die Sonne durch das Sternbild Löwe. Regulus liegt fast genau auf der Ekliptik. Von Zeit zu Zeit wird Regulus deshalb vom Mond bedeckt – in seltenen Fällen auch einmal von einem Planeten.
Am östlichen Ende der Basislinie des Löwentrapezes steht ein Stern zweiter Größenklasse (β Leonis). Sein Eigenname Denebola stammt aus dem Arabischen und bedeutet soviel wie „Schwänzchen“ (des Löwen). Der Halsstern (γ Leonis) ist ebenfalls zweiter Größenklasse und wurde von den Arabern Algieba getauft, was „Mähne des Löwen“ heißt. Algieba ist ein schöner Doppelstern.
Wenig bekannt ist, dass es noch einen „Kleinen Löwen“ gibt. Er kauert zu Füßen des Großen Bären. Das unscheinbare Sternbild Kleiner Löwe (lat.: Leo Minor) findet sich zwischen Großem Bär und Löwe, also nördlich des Löwen, wenn man seine Augen in Richtung Zenit wandern lässt. Nur drei Sterne des Kleinen Löwen sind heller als $4{,}^m5$. In der Antike und im Mittelalter war der Kleine Löwe unbekannt. Erst der Danziger

4.10 Die Sternbildergruppe Wasserschlange, Rabe und Becher in einer figürlichen Darstellung.

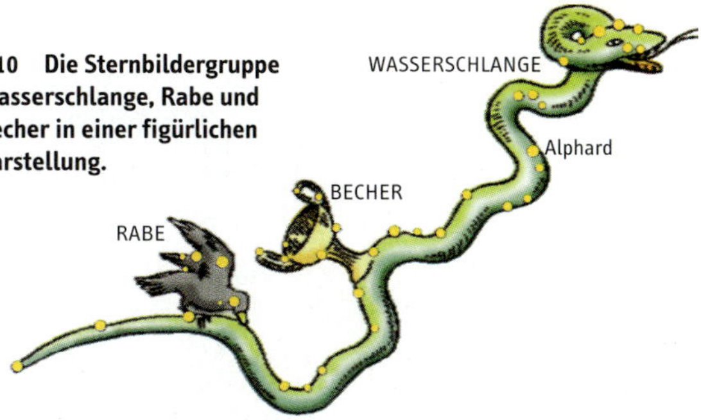

Ratsherr und renommierte Amateurastronom Johannes Hevelius hat dieses Sternbild im 17. Jahrhundert eingeführt.
Im Westen versinken die Winterbilder, Sirius im Großen Hund ist bereits untergegangen. Orion, der mächtige Himmelsjäger, befindet sich gerade im Untergang, ebenso der Stier mit dem roten Aldebaran.
Halbhoch im Westen sind die Zwillinge mit Kastor und Pollux zu sehen. Der Vater von Pollux, nämlich Jupiter, hält sich zur Zeit in den Zwillingen auf. Im Südwesten stößt man auf Prokyon im Kleinen Hund. Über dem Nordosthorizont ist als Überbleibsel des Herbsthimmels noch der Perseus zu erspähen.
Die Kassiopeia, das Himmels-W, bereitet sich auf die untere Kulmination vor. Der Kepheus, Gemahl der Kassiopeia, wandert eben zwischen Himmelsnordpol und Nordpunkt am Horizont durch den Meridian. Diese Position bezeichnet man bekanntlich als „untere Kulmination“.
Hoch im Südosten fällt ein intensiv orange-rot strahlender Stern auf. Es ist Arktur, der Bärenhüter und Hauptstern im Sternbild Bootes. In Sternkarten ist er als α Bootis vermerkt. Mit 0^m Helligkeit gehört Arktur zu den fünf hellsten Fixsternen am Himmel. Bedenkt man, dass von Mitteleuropa aus die beiden hellen Sterne Kanopus (α Carinae) und Toliman (α Centauri) unsichtbar bleiben, so gehört Arktur an unserem Firmament zu den drei hellsten Sternen. Nur noch Sirius und Wega können sich mit ihm messen. Knapp 37 Lichtjahre trennen Arktur von der Erde.
Da Arktur im täglichen Reigen des Himmelsumschwungs stets dem Großen Bären folgt, gewinnt man den Eindruck, als ob er den Bären um den Polarstern herumtreibt. Daher die Bezeichnung Bärenhüter.
Die Sternenfigur des Bootes sieht wie ein großer Papierdrachen aus. Bootes wiederum bedeutet Rinderhirt. Die alten Römer sahen in den sieben Wagensternen sieben Dreschochsen, die um den Polarstern als Göpel herumtappen. Dabei treibt Bootes sie an, indem er ihnen ständig folgt.
Den Platz im Südosten nimmt das Sternbild Jungfrau ein.

Veränderliche Sterne

Algol-Minima	3.	18^h45^m	15.	6^h02^m	20.	23^h40^m	23.	20^h29^m				
β-Lyrae-Minima	3.	9^h H	9.	21^h N	16.	8^h H	22.	19^h N	29.	6^h H		
δ-Cephei-Maxima	3.	4^h	8.	12^h	13.	21^h	19.	6^h	24.	15^h	29.	23^h

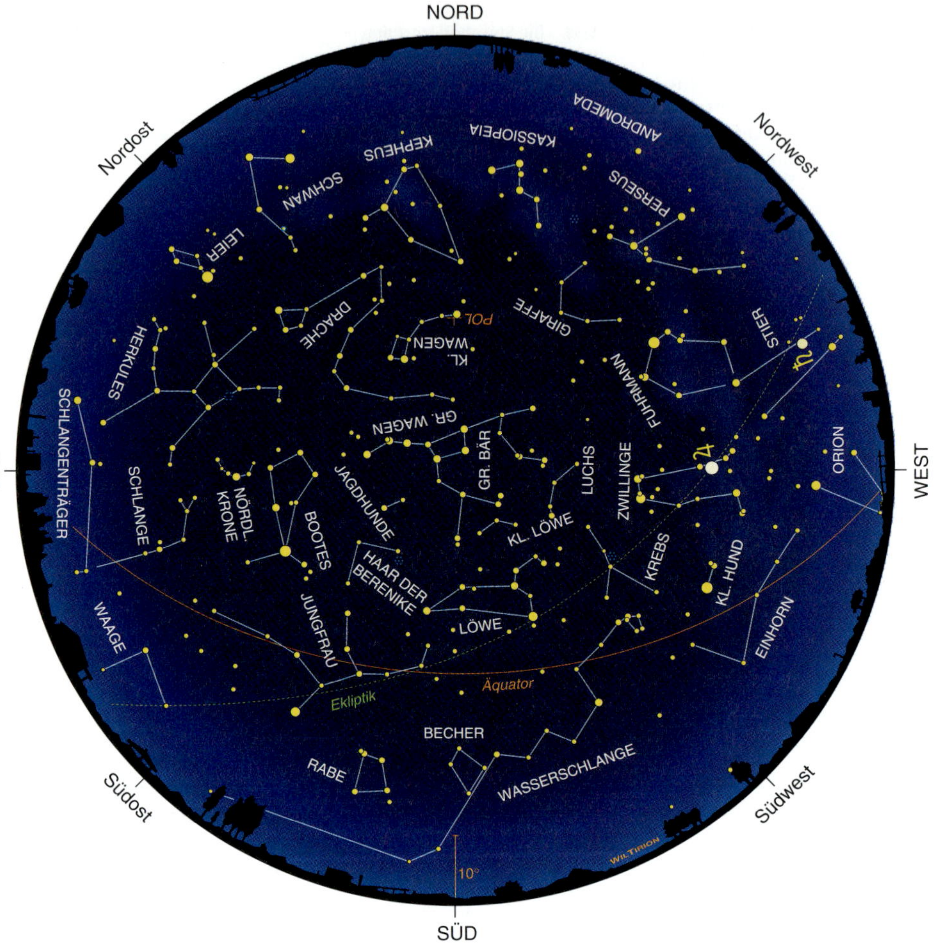

Sternenhimmel
am 15. April
um 22ʰ MEZ (23ʰ MESZ)

Fixsternhimmel auch gültig für:

	MEZ	MESZ
15.12.	6ʰ	
1. 1.	5	
15. 1.	4	
1. 2.	3	
15. 2.	2	
1. 3.	1	
15. 3.	0	
1. 4.	**23**	**24ʰ**
15. 4.	**22**	**23**
30. 4.	**21**	**22**

Lateinisch heißt die Jungfrau Virgo. Die international genormte Abkürzung lautet: Vir. Der hellste Stern in der Jungfrau, α Virginis, heißt mit Eigennamen Spica. Spica kommt ebenfalls aus dem Lateinischen und heißt „Kornähre“. Die Kornähre galt bei den alten Römern als Symbol der Fruchtbarkeit. Im Gegensatz zum rötlichen Arktur leuchtet Spica in bläulicher Farbe. Unter den hellen Sternen ist Spica eine relativ weit entfernte Sonne. Von ihr trennen uns 260 Lichtjahre.

Das Dreieck, das aus den drei Sternen erster Größe Regulus, Arktur und Spica gebildet wird, nennt man Frühlingsdreieck, gewissermaßen als Pendant zum Sommerdreieck, Herbstviereck und Wintersechseck. Südlich der Jungfrau sind das Kleine Sternviereck des Raben (lat.: Corvus) und der Becher (lat.: Crater) auszumachen. Während der Rabe relativ leicht zu erkennen ist, kann der lichtschwache Becher nur unter sehr günstigen Sichtbedingungen erkannt werden. Mytholo-

gisch gehören die Sternbilder Rabe und Becher zusammen. Einer griechischen Sage nach soll der Rabe in einem goldenen Becher dem Gott Apoll zu einem Gastmahl der Götter auf dem Olymp frisches Quellwasser bringen. Der Rabe aber versäumt schuldhaft seinen Auftrag. Von Apoll zur Rede gestellt, windet er sich heraus und behauptet, eine Wasserschlange hätte in behindert. Wütend versetzt Apoll den Raben samt Becher und Schlange unter die Sterne zur Mahnung für die Nachwelt.
Das Sternbild Wasserschlange (lat.: Hydra) zieht sich über viele Rektaszensionsstunden tief im Süden und südlich von Rabe und Becher am Frühlingshimmel dahin.
In nordöstlicher Richtung ist bereits der Herkules über den Horizont gestiegen, ein ausgedehntes Bild ohne hellere, auffallende Sterne.
Halbhoch im Osten springt der Sternenhalbkreis der Nördlichen Krone förmlich ins Auge. Am Nordosthorizont künden Wega in der Leier und Deneb im Schwan den kommenden Sommer an. Atair im Adler, der dritte Stern des Sommerdreiecks, ist allerdings noch nicht aufgegangen.

Ursprung und Schicksal unseres Sonnensystems

Die Sonne ist der Stern des Lebens. Ohne ihr Licht und ihre Wärme wäre auf unserem Planeten kein Leben entstanden. Ohne Sonnenenergie würde alles binnen kurzem erstarren und absterben. Die Erde würde als toter, eisiger Felsklotz durchs Weltall taumeln, ebenso die anderen Planeten, die um die Sonne laufen. Wie ist die Sonne mit ihren Planeten entstanden, wie lange wird sie noch leuchten, kann es sein, dass sie bald erlischt? Droht der Erde der Kältetod?
Sicher, eines mehr oder minder fernen Tages werden auch die Energievorräte der Sonne zu Ende gehen. Doch wann wird das sein? Was passiert dann mit der Erde und ihren Geschwistern, den anderen Planeten?
Unsere Sonne samt ihren Planeten, deren Monde, Kleinplaneten, Kometen und der kosmische Kleinschrott im interplanetaren Raum ist knapp fünf Milliarden Jahre alt. Dies ist vergleichsweise jung, wenn man bedenkt, dass das Alter des Universums etwa zwanzig Milliarden Jahre beträgt. Die Sonne samt ihrem Anhang von neun Planeten, Dutzenden Monden, Tausenden Kleinplaneten, Millionen Kometenkernen und Milliarden Meteoroiden bezeichnet man ganz allgemein als Sonnensystem, dessen Durchmesser einige Lichtstunden beträgt.
Das Sonnensystem wurde aus einem Fragment einer interstellaren Wolke geboren, das sich zu einem scheibenförmigen, rasch rotierenden Gas- und Staubnebel entwickelte. Die Sonne ging aus dem dichten und massereichen Zentrum hervor, während sich die Planeten aus der restlichen, die frühe Sonne umgebenden Staubscheibe bildeten.
Vor Milliarden von Jahren fand sich das Material, das unser Sonnensystem einst bilden würde, in einer riesigen, turbulenten aber recht kalten Wolke aus Staub und Gas. Zwar war die Dichte der Wolke außerordentlich gering – viel geringer als die der irdischen Luft in Bodennähe –, jedoch war sie deutlich größer als die durchschnittliche Materiedichte im interstellaren Raum.
Wegen der geringen Temperatur und der großen Materiemenge der Wolke von einigen Tausend Sonnenmassen aus Staub und Gas gewann die Schwerkraft die Oberhand, und die Wolke begann zu schrumpfen. Die Bedingungen, unter denen eine interstellare Wolke kollabiert und Sterne entstehen können, hat einst Sir James Jeans (1877 – 1946) untersucht. Die Astronomen kennen sie unter der Bezeichnung Jeanssches Kriterium. Die turbulenten Bewegungen in der Wolke, aus der auch unser Sonnensystem sein Baumaterial bezog, sorgten beim Kontraktionsprozess dafür, dass die Wolke in viele kleinere Portionen zerfiel. Aus einem dieser Fragmente entstand schließlich unser Sonnensystem. Druck, Temperatur und Dichte innerhalb der einzelnen Fragmente stiegen ebenso an wie auch die Rotationsgeschwindigkeit. Hauptbestandteil des Urnebels, aus dem auch unser Sonnensystem hervorging, waren Wasserstoff und Helium, beides wurde in den ersten drei Minuten nach dem Urknall produziert. Hinzu kamen beim Ursonnennebel noch ein paar Prozent schwerere Elemente, die im tiefen Inneren von massereichen Sternen gebacken und nach deren explosionsartigem Ende in die interstellare Materie hineingepustet wurden. Daher kamen auf etwa hundert Atome Wasserstoff in unserem Sonnensystem etwa zwei Atome der schwereren Elemente wie Kohlenstoff, Sauerstoff, Stickstoff, Silizium, Schwefel, Phosphor, Eisen usw.

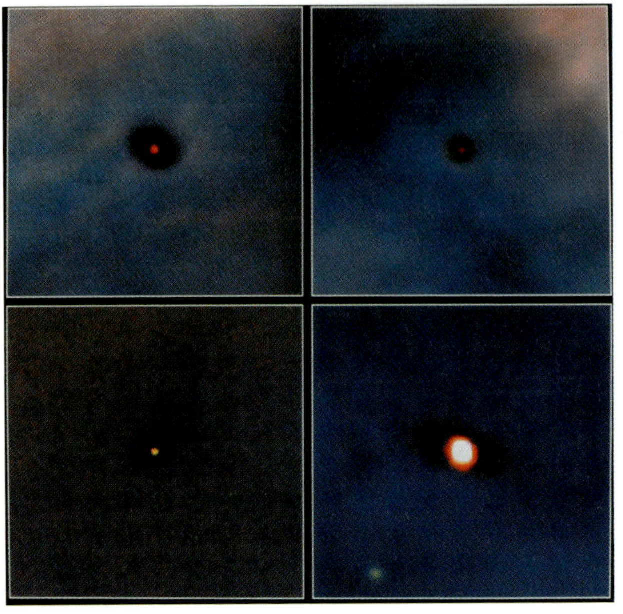

4.11 Mit dem Hubble-Weltraumteleskop konnten in interstellaren Materiewolken Gas- und Staubscheiben entdeckt werden, die Vorstufe von Sonnensystemen.

Die Schwerkraft formte schließlich aus dem Wolkenfragment einen zentralen, annähernd kugelförmigen Gasball, der von einer rotierenden Scheibe aus Gas und Staub umgeben war. Ein Teil der Materie aus der protoplanetaren Scheibe regnete auf den protosolaren zentralen Gaskörper (auch als Protostern bezeichnet) herab. Der Protostern schrumpfte weiter, bis seine Zentraltemperatur nach etwa zehn Millionen Jahren auf über zehn Millionen Grad angewachsen war. Das Zentrum des Protosterns war nun heiß genug, um das nukleare Kernbrennen zu zünden und dabei Wasserstoff in Helium zu wandeln.

Die Entstehung

Ein neuer Stern war mit dem Auflodern des Atomfeuers geboren – unsere Sonne. Aus der noch vorhandenen Restmaterie in der zirkumsolaren Materiescheibe entstanden die Planeten, deren Monde und die zahlreichen Kleinplaneten.

Die Sonne beherbergt fast die gesamte Masse des Sonnensystems in ihrem gewaltigen, 1,4 Millionen Kilometer durchmessenden Gasleib. Die restliche Materie macht nicht einmal zwei Tausendstel der Sonnenmasse aus. Dafür steckt aber fast der gesamte Drehimpuls in den Planetenbewegungen. Hätte die junge, embryonale Sonne nicht den Großteil ihres Drehimpulses abgeben können, so hätten die Fliehkräfte des rasch rotierenden, zentralen Bereiches der Scheibe die Entstehung der Sonne verhindert – zumindest für sehr lange Zeit. Nach Aufflammen der noch jungen Sonne kreisten um sie Milliarden von kilometergroßen Brocken, die sich aus dem Material der Scheibe in relativ kurzer Zeit kondensiert hatten. Diese frühesten Körper nennt man Planetesimale. Sie stellen die Vorstufe zur Bildung mehr oder minder großer Planeten dar. Die Heerscharen der Planetesimale umrundeten alle in gleicher Richtung die frisch geborene Sonne. Auf ihrem Weg um die Sonne kam es dabei häufig zu mehr oder minder sanften Zusammenstößen und Berührungen. Bei solchen Begegnungen blieben Planetesimale häufig aneinander kleben. Die Planetesimale wuchsen heran, gleichzeitig nahm ihre Zahl rapide ab. Je größer sie wurden, desto kräftiger hielten sie nach einer Karambolage zusammen – denn die Schwerkraft nimmt mit der Masse zu. In nur etwa 20 000 Jahren bildeten sich so einige Hunderte etwa mondgroße Körper. Dieser Zusammenballungsprozess setzte sich fort, bis schließlich vier oder fünf große Körper (Planetenembryos) zwischen etwa 0,3 AE (= 45 Millionen Kilometer) und 3 AE (= 450 Millionen Kilometer) Entfernung von der Sonne übrig blieben, die in der ursprünglichen Scheibenebene die Sonne umrunden. Sie sind heute als die terrestrischen Planeten Merkur, Venus, Erde und Mars bekannt. Noch nicht sicher ist, ob sich unser Erdmond als primärer Körper durch Akkretion von Planetesimalen gebildet hat, oder ob er durch eine gewaltige Kollision aus dem Erdmantel herausgeschlagen wurde.
Die terrestrischen Planeten weisen einen Nickel-Eisen-Kern auf, der von einem Gesteinsmantel (Silikate) umschlossen wird. Die noch jungen Planeten hatten heiße, aufgeschmolzene Oberflächen, auf die ein ständiger Hagel von kilometergroßen Planetesimalen und Meteoroiden niederprasselte. Allmählich kühlten die Oberflächen ab und

das Material erstarrte. Weitere kosmische Einschläge führten zu gigantischen Explosionen und damit zur Bildung riesiger Krater und Ringwälle. Aber auch endogene Prozesse wie Vulkanismus und Plattentektonik gestalteten die Oberflächenformen der terrestrischen Planeten.

Von winzigen Staubkörnchen, die sich zu immer größeren Partikeln zusammenballten, über größere Brocken, die sich zu kilometergroßen Planetesimalen zusammenfanden, entwickelten sich Planetenembryos und schließlich die terrestrischen Planeten bis etwa zur Hälfte ihrer heutigen Masse. Dann dauerte es nochmals rund hundert Millionen Jahre, bis sie ihre heutige, volle Größe erreicht hatten.

Auch weiter außen, jenseits von 4 AE (= 600 Millionen Kilometer), entstanden Planeten aus dem Material der präsolaren Scheibe. In diesen äußeren Bereichen, also außerhalb der terrestrischen Zone, ist die Temperatur allerdings viel geringer. Hier bildeten sich ebenfalls aus Planetesimalen größere Planetenembryos, nämlich die Kerne der Riesenplaneten Jupiter, Saturn, Uranus und Neptun. Wegen der in den äußeren Zonen geringeren Temperatur erhielten diese Planetesimale neben Silikaten auch große Mengen an gefrorenen Gasen wie Wasser-, Methan- und Ammoniakeis. Ab einer gewissen Größe waren die Planetenembryos dann massereich genug, um ausgedehnte Gashüllen aus Wasserstoff und Helium an sich zu fesseln. Die Bildung der so genannten Wasserstoffplaneten Jupiter, Saturn, Uranus und Neptun dauerte denn auch länger als die der terrestrischen von Merkur bis Mars.

Ursprünglich hatten auch die Riesenplaneten in ihrem embryonalen Zustand recht hohe Oberflächentemperaturen als Folge des permanenten Bombardements. Mit dem langsamen Abkühlen begannen die Gasplaneten zu schrumpfen. Wegen der Erhaltung des Drehimpulses nahm die Rotationsgeschwindigkeit jedoch zu, die jungen Riesenplaneten drehten sich immer schneller. Dabei spalteten sich in den Äquatorzonen Ringe von Gas, Eis und Staub ab, aus denen sich die Planetenmonde bildeten – ein ähnlicher Prozess wie das Anwachsen der Planetenembryos. Die heutigen Ringsysteme um die Riesen Jupiter, Saturn, Uranus und Neptun entstanden jedoch erheblich später. Sie sind das Ergebnis von Vorgängen in viel jüngerer Zeit. Allerdings sind nicht alle Planetenmonde auf diese Weise entstanden. Die äußersten Jupitermonde, Saturnmond Phoebe, die fünf äußeren Uranusmonde oder die Neptunmonde Triton und Nereïde wurden erst im Laufe der Zeit von den Riesenplaneten eingefangen. Sie waren vagabundierende Asteroiden, besser Planetesimale, die sich nicht zu richtigen Planeten zusammengefunden hatten. Der Akkretionsprozess hält in unserem Sonnensystem noch immer an. Nach wie vor stürzen Meteoroiden, Kometenkerne und Asteroiden auf die Planeten, wodurch der interplanetare Raum immer leerer wird.

Jupiter hat mit seiner gewaltigen Masse im übrigen bisher verhindert, dass sich aus den hunderttausenden Planetesimalen im Asteroidengürtel ein Planet bilden konnte. Seine Gravitationswirkung sorgte für mehr elliptische Bahnen (Bahnen größerer numerischer Exzentrizität) der Kleinplaneten, so dass bei Kollisionen die Relativgeschwindigkeiten größer wurden. Statt zusammenzubacken und zu wachsen, prallten die Planetesimale aufeinander und zerbrachen in noch mehr Stücke – ein reversiver Prozess der Planetenbildung. Ein Teil der Fragmente verließ die Zone des Planetoidengürtels zwischen Mars und Jupiter und stürzte im Laufe von Milliarden Jahren auf die großen Planeten. Ursprünglich fand sich im Planetoidengürtel eine Materialmenge von etwa vier Erdmassen. Heute ist davon höchstens ein Viertel der Masse des Erdmondes übrig.

Außerhalb der Neptunbahn kurven im so genannten Kuiper-Gürtel Millionen weiterer Planetesimale um die Sonne – im Eisschrank des Sonnensystems gewissermaßen. Man nennt sie auch Plutinos (siehe *Himmelsjahr* 1998, Seite 97, Monatsthema: „Was sind Plutinos?“). Sie sind die ältesten und weitgehend in ihrem ursprünglichen Zustand erhaltenen Körper unseres Sonnensystems.

Die Zukunft

Die weitere Entwicklung unseres Sonnensystems hängt in erster Linie vom zukünftigen Lebensweg unserer Sonne ab. Gegenwärtig befindet sich die Sonne in einem recht stabilen Zustand. Im Zentrum der Sonne wird in thermonuklearen Prozessen permanent Wasserstoff zu Helium fusioniert. Die dabei freigesetzte Energie lässt die Sonne als Feuerball grell leuchten und erzeugt den notwendigen inneren Druck, der verhindert, dass die Sonne durch ihre eigene Schwerkraft in sich zusammenfällt. Doch die Sonnenleuchtkraft ist nicht konstant. Als die Sonne vor knapp fünf Milliarden Jahren zu leuchten begann, war sie nur 40 % so hell wie heute. In Zukunft wird die Sonne noch heller leuchten als bisher. Sicher, eines Tages wird ihr Vorrat an Kernbrennstoff erschöpft sein und die Sonne wird erkalten. Doch noch lange bevor das Atomfeuer im tiefen Sonneninneren erlischt, wird die Sonne sich aufzublähen beginnen und zu einem roten Riesenstern werden, wie wir sie zahlreich im Weltall vorfinden. Die Entwicklung der Sonne zu einem Roten Riesen bedeutet aber den Feuertod für die Erde. Auch die inneren Planeten Merkur und Venus werden dieses Entwicklungsstadium der Sonne nicht überleben, sie werden verdampfen. Auf Pluto hingegen werden dann tropische Temperaturen herrschen.

In groben Zügen lässt sich die zukünftige Entwicklung unserer Sonne und des Planetensystems relativ leicht beschreiben. Genauere Vorhersagen sind jedoch schwieriger zu machen, da eine ganze Reihe von Effekten zu berücksichtigen ist, die quantitativ nur sehr grob in ihren Wirkungen geschätzt werden können. Lange bevor sich die Sonne zu einem roten Riesenstern aufbläht, wird alles Leben auf unserem Planeten längst verschwunden sein. Bereits in 500 Millionen Jahren wird die Sonnenleuchtkraft um rund zehn Prozent höher sein als heute: Die Erde wird zu einem dampfenden Treibhaus. Mit zunehmender Sonneneinstrahlung steigt die Verdunstungsrate der Weltmeere, was zu stark erhöhter Wolkenbildung führt. Durch höhere Reflexionsraten des Sonnenlichts an der Wolkenobergrenze wird zunächst der Treibhauseffekt gebremst. Schließlich wird er aber siegen und die Ozeane werden vollständig verdampfen.

Unser äußerer Nachbarplanet, der Mars, wird für eine Zeitlang ein recht mildes Klima erhalten. Der heute als Permafrost unter der Marsoberfläche gebundene Wasservorrat wird schmelzen und freie Wasserflächen bilden. Die zunehmende Sonnenstrahlung bewirkt eine mittlere Oberflächentemperatur von etwa zehn Grad Celsius auf Mars. Nach drei Milliarden Jahren, wenn die Sonne 50 % heller als heute scheinen wird, ist eine mittlere Jahrestemperatur von 25 °C auf Mars zu erwarten. Die Marsluft wird dichter und enthält einen erheblichen Anteil an Wasserdampf.

Im Laufe der Zeit bildet sich im Zentrum der Sonne ein immer größerer Kern aus Helium, der Asche des Wasserstoffbrennens. Um diesen Kernbereich schließt sich die Schale des Wasserstoffbrennens, die sich langsam nach außen frisst, während sich im Zentrum immer mehr Helium ansammelt. Aufgrund ihrer eigenen Schwerkraft schrumpft die zentrale Heliumkugel, wobei sie heißer wird. Dieser Temperaturanstieg regt die Energieproduktion der Wasserstoffbrennschale an. Sie wird heißer, der Strahlungsdruck bläht die äußeren Schichten auf, die Sonne wird größer, an der Oberfläche kühler und leuchtet rötlich. Durch die wachsende Oberfläche wird sie zudem immer leuchtkräftiger.

Sechs Milliarden Jahre nach unserer Zeit wird die Sonne einen Radius von 30 Millionen Kilometer aufweisen, rund der halbe Merkurbahnradius. Im Stadium des roten Riesen beschert uns die Sonne etwa die dreihundertfache Leuchtkraft von heute. Die Oberflächentemperatur der Erde wird dann 700 bis 800 °C betragen. Leben wird es in dieser Zeit auf unserem Planeten nicht mehr geben. Die Riesenplaneten hingegen werden ihre Wasserstoff- und Heliumatmosphären verlieren. Ihre großen Monde werden komplett entwässert. Zuerst bildet sich eine Dampfatmosphäre, die jedoch wegen der geringen Schwerkraft bald ins Weltall entweicht. Die eisverkrusteten kleinen Monde und Ringpartikel bilden kein flüssiges Wasser. Das Eis sublimiert, es geht direkt in die gasförmige Phase über. Der entstehende Wasserdampf entweicht augenblicklich ins Weltall.

Nur relativ kurze Zeit dauert das Rote-Riesen-Stadium der Sonne. Es endet abrupt mit dem schlagartigen Zünden des Heliumkerns, dem so genannten Heliumflash. Bei etwa 120 Millionen Grad Zentraltemperatur fusioniert das Helium zu Kohlenstoff. Jeweils drei Alphateilchen verschmelzen (über die Zwischenstufe Beryllium) zu einem Kohlenstoffatomkern. Für kurze Zeit sinkt die Sonnenleuchtkraft vom 300fachen auf das 50fache des heutigen Wertes, der Sonnendurchmesser schrumpft wieder, die Sonnenoberfläche wird heißer und gelber. Dieser Zustand hält etwa hundert Millionen Jahre an – eine kurze Zeitspanne für die nunmehr elf Milliarden Jahre alte Sonne. Dann geht alles sehr schnell. Innerhalb von nur zehntausend Jahren schwillt die Sonne zu einem roten Überriesenstern an. Die Sonnenleuchtkraft erreicht den zehntausendfachen Wert von heute, der Sonnenradius wächst auf die Größe der Erdbahn an. Schon vor dem roten Überriesenstadium werden die Gebirge der Erde schmelzen. Spätestens dann verschwinden auch die letzten Spuren unserer längst erloschenen Existenz für immer.

Am Ende

Ob die Erde in die sich aufblähende Sonne stürzen wird, ist

4.12 Entwicklung der Sonne zu einem roten Riesen

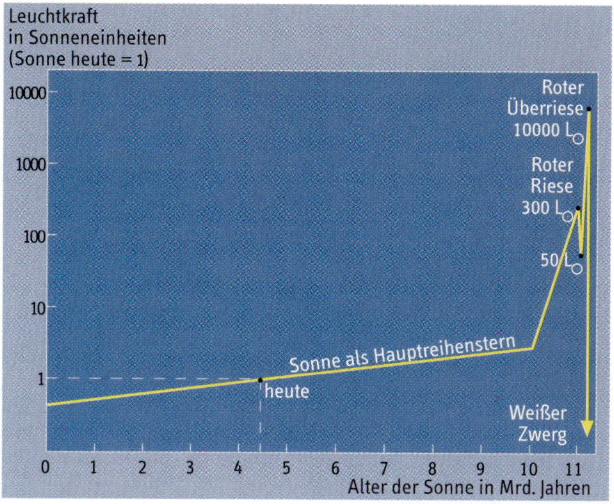

noch nicht sicher. Zwar wird die Oberfläche der Sonne bis an die Erdbahn herankommen, aber ob die dann atmosphärelose, von einem Ozean aus flüssigem Gestein bedeckte Erde von der Sonne einverleibt wird, ist noch offen. Denn im Rote-Riese-Stadium verliert die Sonne erheblich an Masse durch den enormen Anstieg des so genannten Sonnenwindes. Dabei wird die Sonne voraussichtlich zehn Prozent ihrer Masse verlieren, was zu einer Verringerung ihrer Anziehungskraft führt. Da der Bahndrehimpuls der Erde aber konstant bleibt, driftet die Erde bei Abnahme der Sonnenschwerkraft nach außen – etwa bis zur Marsbahn. Merkur und Venus hingegen werden in der Sonne ihr feuriges Grab finden. Allerdings kann der Erde durch zwei Effekte auch Bahndrehimpuls entzogen werden. Einmal wird sie durch die erhöhte Dichte des interplanetaren Gases (infolge des anschwellenden Sonnenwindes) abgebremst. Zwar ist die Bremswirkung gering, summiert sich aber im Laufe von Hunderten von Millionen Jahren. Zum anderen werden durch Gezeitenwirkungen der sich aufblähenden Sonne die inneren Planeten etwas abgebremst, wobei sie sich in Spiralbahnen auf die Sonne zu bewegen. Apropos Gezeitenwirkung: Wenn sich die Sonne zu einem roten Riesenstern aufbläht, wird die Erde längst keinen Mond mehr haben. Unser Erdmond bremst durch seine Gezeitenwirkung die Erdrotation ab. Dadurch wird Drehimpuls auf den Mond übertragen. Der Mond entfernt sich von uns langsam aber stetig. Schließlich wird ein Mondumlauf um die Erde etwa 42 unserer heutigen Tage dauern – genauso lange wie eine Erdrotation.

Das System Erde – Mond wird doppelt gebunden rotieren – nicht nur der Mond zeigt dann der Erde immer die gleiche Seite, auch die Erde wird eine Hälfte immer zum Mond gekehrt haben. Von der anderen Erdhälfte wird der Mond dann nicht mehr zu sehen sein. Durch die sich aufblähende Sonne wird dem System Erde – Mond Drehimpuls entzogen. Der Mond rückt der Erde wieder näher und zwar so nahe, dass er von den Gezeitenkräften der Erde zerrissen wird. Die Bruchstücke werden sich zu einem Ring um die Erde formieren – ähnlich dem Saturnring (siehe auch Monatsthema: „Die Rochesche Grenze" im *Himmelsjahr 1996* auf Seite 133). Doch dieser Ring wird nur wenige Millionen Jahre existieren, bis die einzelnen Ringteilchen auf die bereits glühende Erdoberfläche niederprasseln.

Es ist durchaus möglich, dass der Erde ein anderes Schicksal beschieden ist, als den Feuertod durch den Sonnenofen zu erleiden. In sehr langen Zeiträumen geschehen auch Dinge, die äußerst unwahrscheinlich sind, wie beispielsweise nahe Begegnungen von Sternen. In den nächsten fünf Milliarden Jahren ist ein naher Vorübergang der Sonne an einem anderen Stern nicht völlig auszuschließen. Am ehesten kommt noch die Begegnung der Sonne mit einem roten Zwergstern in Frage. Denn rote Zwerge sind die bei weitem häufigsten Sonnen in unserer Milchstraße. In einem solchen Falle könnte die Erde (und auch andere Planeten) unserer Sonne entrissen werden. Hierbei tun sich zwei Möglichkeiten auf. Einmal driftet anschließend die Erde mutterseelenallein durch die endlosen Weiten unserer Milchstraße. In kürzester Zeit würde auf der Erde alles in Eiseskälte erstarren. Die Temperatur der Erde sänke auf nur etwa zehn Grad über dem absoluten Nullpunkt (= 10 K) ab, was rund –263° Celsius entspricht. Dies wäre der Kältetod für unseren Planeten. Zum anderen könnte aber der Begegnungsstern die Erde einfangen und in eine Umlaufbahn um ihn zwin-

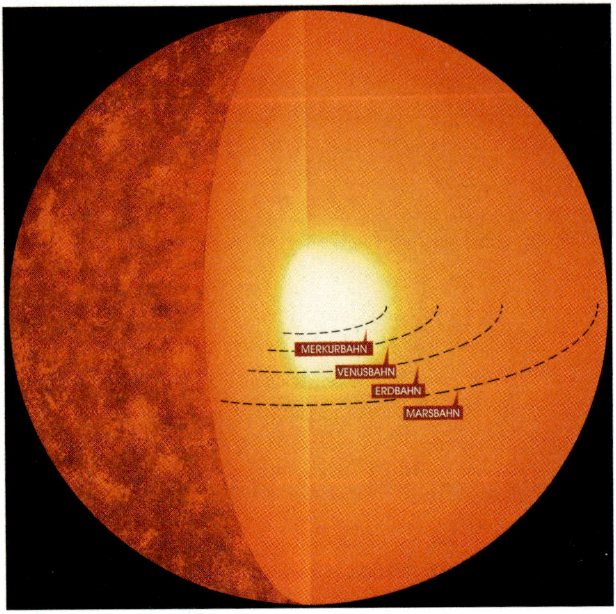

4.13 Die Sonne als roter Riese mit dem inneren Planetensystem.

gen. In einem solchen Fall bekämen wir eine neue Sonne. Freilich hinge alles davon ab, was für eine Umlaufbahn dies sein wird. Von Gluthitze bis Eiseskälte ist alles drin. Dazwischen liegt die schmale Zone derjenigen Umlaufbahnen, in der der Erde gerade soviel Strahlungsenergie zugeführt wird, dass die Oberfläche für Leben erträgliche Temperaturen halten kann. Solche Zonen nennt man Ökosphären. Da rote Zwerge erheblich länger leben als unsere Sonne, könnte die Erde noch weitere Milliarden Jahre in einem einigermaßen lebensfreundlichen Zustand erhalten bleiben. Doch solche Sternbegegnungen sind in unseren Bezirken der Milchstraße außerordentlich selten. Noch unwahrscheinlicher ist, dass die Erde in eine Bahn einschwenkt, die in der bei roten Zwergen sehr schmalen Ökosphäre liegt.

Nach dem Überriesenstadium der Sonne, das kosmisch gesehen nur sehr kurz währt, nämlich wenige Millionen Jahre im Vergleich zu den rund zehn Milliarden Jahren, die die Sonne auf der Hauptreihe des Hertzsprung-Russell-Diagramms [1] zubringt, wird die Sonne zu einem Weißen Zwergstern. Als rote Überriesensonne stößt sie einen erheblichen Teil ihrer äußeren Hülle ab.

Von einem anderen Stern aus betrachtet, erscheint um die Sonne ein Planetarischer Nebel (siehe auch Monatsthema Juli: „Der Ringnebel in der Leier“ auf Seite 140). Übrig bleibt der Sonnenkern – ein Weißer Zwerg mit etwa der halben Masse der heutigen Sonne und einem Durchmesser, der dem der Erde gleicht.

Sollte die Erde das Inferno des Überriesenstadiums der Sonne überleben, dann kreist sie etwa in einem Abstand von zwei AE (rund 300 Millionen Kilometer), also dem doppelten der heutigen Sonnendistanz, um den Weißen Zwerg. Die Erdoberfläche kühlt auf –200° C ab.

Zunächst leuchtet die gealterte Sonne noch in einem grellweißen Licht. Doch Temperatur und Strahlung nehmen unaufhaltsam ab. Das Atomfeuer ist längst erloschen, der Weiße Zwerg zehrt von seiner inneren thermischen Energie. Im Laufe von weiteren Milliarden Jahren verfärbt sich die zum weißen Zwerg gewordene Sonne: Sie wird gelb, dann orange, rot, dunkelrot und endet schließlich als kalter, unsichtbarer Schwarzer Zwerg, rund 16 Milliarden Jahre nach uns.

Noch kreist die tiefgefrorene Erde um die völlig erkaltete Sonne. Doch ihrem finalen Schicksal wird unser Planet nicht entgehen. Durch Abstrahlung von Gravitationswellen verliert die Erde an kinetischer Energie und nähert sich in Spiralbahnen immer mehr der toten Sonne bis sie schließlich nach der irrsinnig fernen Zeit von rund hundert Trillionen (= 10^{20}) Jahren endgültig in die Sonne stürzt – ein Ereignis, das allerdings niemanden mehr interessieren wird.

1) siehe *Astrowissen* von H.-U. Keller, Seite 142

Mai 2002

Merkur gibt in der ersten Maihälfte sein zweites Abendgastspiel in diesem Jahr. Damit sind alle fünf freisichtigen Planeten (Merkur, Venus, Mars, Saturn und Jupiter) am abendlichen Westhimmel vertreten. Mars und Saturn ziehen sich im Laufe des Monats vom Abendhimmel zurück.

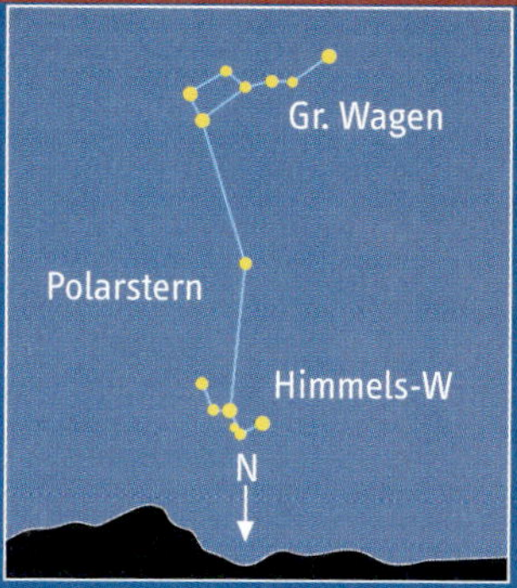

Großer Wagen und Himmels-W Anfang Mai um 22ʰ

5.1 Himmelsanblick am 14. Mai gegen 21ʰ 30ᵐ MEZ (= 22ʰ 30ᵐ MESZ): Tief am Westhorizont sind Venus und Mars sowie die dünne Sichel des zunehmenden Mondes zu erkennen. Ein wenig höher steht Jupiter in den Zwillingen.

Sonnenlauf

14.5. 11ʰ
Sonne tritt in das Sternbild Stier
21.5. 6ʰ
Sonne tritt in das Tierkreiszeichen Zwillinge

Julianisches Datum am 1. Mai, 1ʰ MEZ: 2 452 395,5

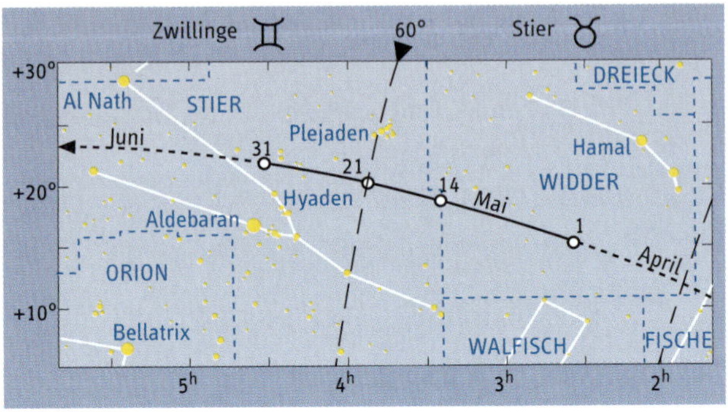

Tag	Dämmerg. Anfang	Aufgang MEZ	Kulmination	Untergang MEZ	Dämmerg. Ende	Mittagshöhe	Zeitgleichg.	Rektaszension	Deklination
	h m	h m	h m	h m	h m	°	m	h m	°
1.	3 34	4 57	12 17	19 38	21 02	55,1	+3	2 32	+14,9
5.	3 25	4 50	12 17	19 44	21 10	56,3	+3	2 47	+16,1
10.	3 14	4 42	12 16	19 52	21 21	57,6	+4	3 07	+17,5
15.	3 03	4 35	12 16	19 59	21 31	58,9	+4	3 26	+18,8
20.	2 53	4 28	12 16	20 06	21 42	60,0	+4	3 46	+19,9
25.	2 44	4 22	12 17	20 12	21 51	61,0	+3	4 06	+20,9
31.	2 34	4 17	12 18	20 19	22 02	61,9	+2	4 31	+21,9

Tages- und Nachtstunden

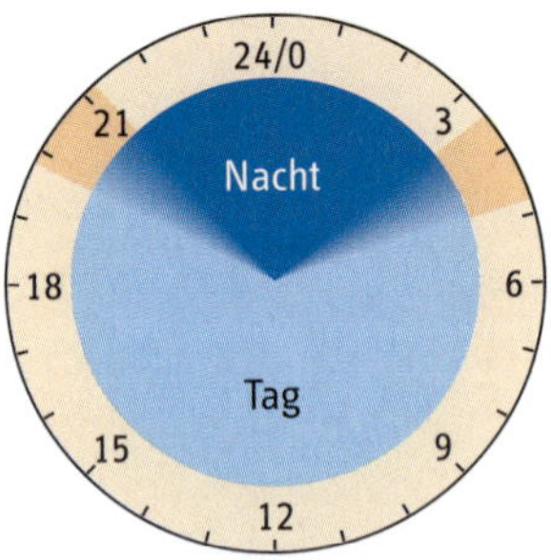

5. Mai

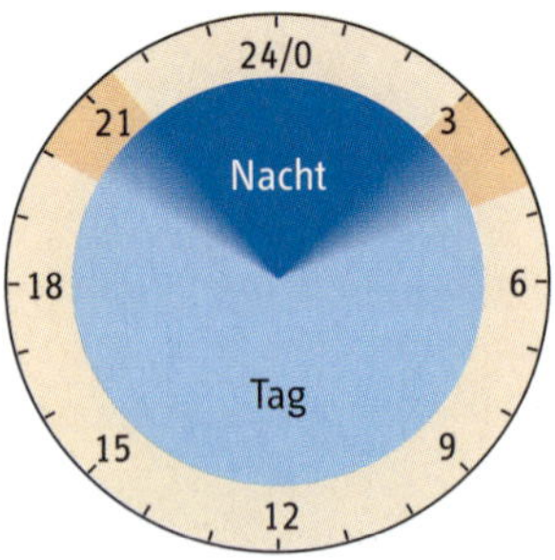

15. Mai

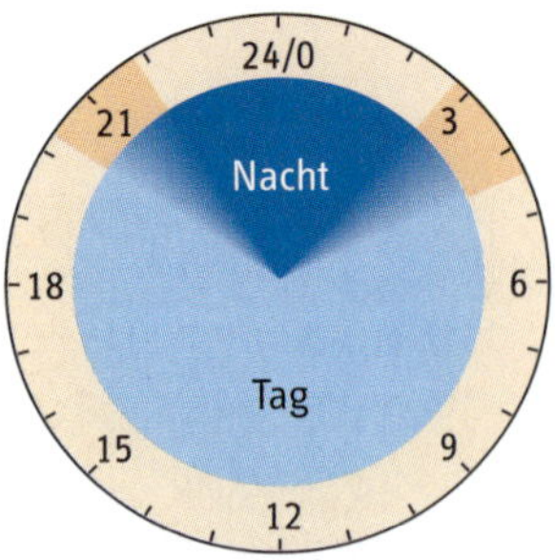

25. Mai

Mondlauf

Datum		Aufg. MEZ	Kulmination	Unterg. MEZ	Rektaszension	Deklination	Sterne und Sternbilder	Phase	MEZ
		h m	h m	h m	h m	°			
Mi	1.	0 03	3 59	7 53	18 07	−24,6	Schütze	Libration West	
Do	2.	1 02	4 55	8 49	19 05	−24,9	Schütze, Nunki		
Fr	3.	1 48	5 48	9 53	20 01	−23,9	Schütze		
Sa	4.	2 23	6 38	11 01	20 54	−21,7	Steinbock	**Letztes Viertel**	**8^h16^m**
So	5.	2 50	7 25	12 09	21 44	−18,6	Steinbock		
Mo	6.	3 12	8 09	13 16	22 31	−14,7	Wassermann		
Di	7.	3 30	8 51	14 23	23 16	−10,3	Wassermann	Erdferne 405/29′,5 Größte Südbreite	20^h
Mi	8.	3 47	9 32	15 28	0 00	− 5,6	Fische		
Do	9.	4 02	10 12	16 34	0 43	− 0,6	Walfisch		
Fr	10.	4 18	10 53	17 41	1 27	+ 4,4	Fische		
Sa	11.	4 35	11 35	18 50	2 11	+ 9,3	Walfisch		
So	12.	4 54	12 20	20 01	2 57	+14,0	Widder	**Neumond**	**11^h45^m**
Mo	13.	5 18	13 08	21 12	3 46	+18,1	Stier, Plejaden		
Di	14.	5 47	13 59	22 22	4 38	+21,5	Aldebaran	Aufsteigender Knoten	
Mi	15.	6 26	14 53	23 26	5 33	+23,8	Stier, Al Nath		
Do	16.	7 16	15 49	–	6 30	+25,0	Zwillinge	Libration Ost	
Fr	17.	8 17	16 46	0 21	7 28	+24,7	Pollux		
Sa	18.	9 29	17 42	1 06	8 27	+23,0	Krebs, Krippe		
So	19.	10 47	18 37	1 41	9 24	+20,0	Löwe	**Erstes Viertel**	**20^h42^m**
Mo	20.	12 08	19 29	2 09	10 20	+15,8	Löwe, Regulus		
Di	21.	13 30	20 20	2 32	11 14	+10,6	Löwe	Größte Nordbreite	
Mi	22.	14 53	21 11	2 53	12 07	+ 4,8	Jungfrau		
Do	23.	16 16	22 02	3 13	13 00	− 1,3	Jungfrau	Erdnähe 365/32′,7	17^h
Fr	24.	17 39	22 54	3 33	13 53	− 7,4	Spica		
Sa	25.	19 04	23 48	3 56	14 48	−13,1	Waage		
So	26.	20 26	–	4 23	15 45	−18,0	Waage	**Vollmond**	**12^h51^m**
Mo	27.	21 42	0 45	4 57	16 43	−21,7	Antares	Absteigender Knoten	
Di	28.	22 48	1 43	5 40	17 43	−24,1	Schlangenträger		
Mi	29.	23 41	2 41	6 33	18 42	−25,0	Schütze, Nunki	Libration West	
Do	30.	–	3 37	7 35	19 40	−24,5	Schütze		
Fr	31.	0 22	4 30	8 43	20 35	−22,7	Steinbock		

19. Mai 21^h MEZ

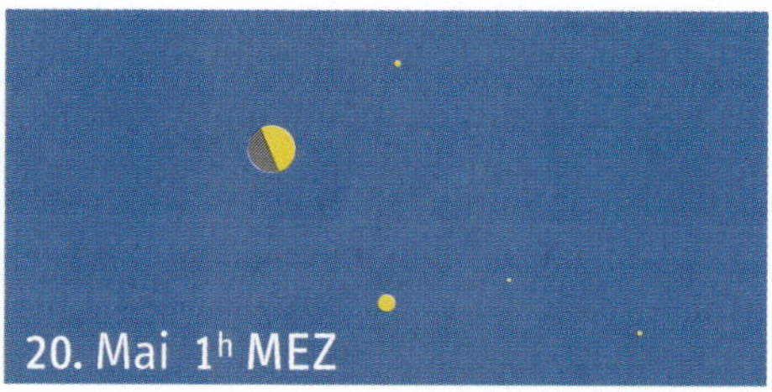
20. Mai 1^h MEZ

Planetenlauf

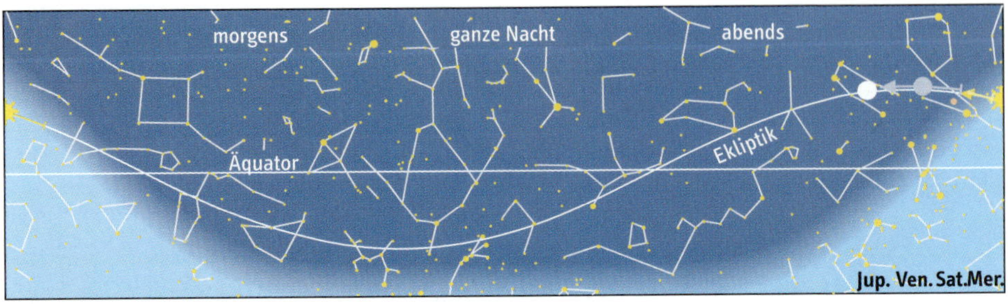

Merkur erreicht am 4. mit 20° 58′ Winkelabstand seine größte östliche Elongation von der Sonne und bietet zu Monatsanfang die günstigste Abendsichtbarkeitschance des ganzen Jahres. Wer noch nie Merkur mit eigenen Augen am natürlichen Firmament gesehen hat, sollte nun versuchen, den als schwierig geltenden Planeten aufzufinden. Bereits im letzten Drittel des Vormonats taucht Merkur am Abendhimmel tief im Nordwesten auf (siehe auch Abb. 4.3 und 4.4 auf Seite 87 sowie Abb. 4.5 auf Seite 87). Am 4., dem Tag der größten östlichen Elongation, wird Merkur gegen $20^h\,13^m$ (= $21^h\,13^m$ Sommerzeit) tief im Nordwesten erkennbar. Der Untergang des $0^m{,}4$ hellen Merkur erfolgt an diesem Tag dann um $21^h\,51^m$ (= $22^h\,51^m$ Sommerzeit).

Nach dem 4. werden die Sichtbedingungen schnell schlechter. Die Merkurhelligkeit sinkt rapide bis 10. auf nur noch $1^m{,}4$ ab. Am 10. geht Merkur um $21^h\,46^m$ (= $22^h\,46^m$ Sommerzeit) unter. Nach dem 10. wird man vergeblich nach den sonnennahen Planeten Ausschau halten.

Zu Monatsanfang sind somit alle hellen, freisichtigen Planeten am westlichen Abendhimmel vertreten (siehe Abb. 5.2 unten).

Am 16. kommt Merkur zum Stillstand und eilt anschließend rückläufig auf die Sonne zu, die ihm im Tierkreis entgegenkommt. Bereits am 27. steht Merkur in unterer Konjunktion mit der Sonne am Taghimmel. Seine Konjunktionsschleife zieht Merkur im Stier (siehe Abb. 4.5 auf Seite 87).

Am Monatsletzten passiert Merkur seinen sonnenfernsten Bahnpunkt, das so genannte Aphel. Am 31. ist er daher 70 Millionen Kilometer (= 0,468 AE) von der Sonne entfernt.

Venus wird allmählich zu einem auffälligen Gestirn am Abendhimmel. Sie wandert durch die nördlichsten Bereiche des Tierkreises. Den Hauptstern des Stiers, Aldebaran, passiert sie am 4. in 6° nördlichem Abstand. Am 20. passiert sie in $1^{\circ}{,}5$ nördlichem Abstand den Sommerpunkt im Stier an der Grenze zu den Zwillingen. Am gleichen Tag wechselt der Abendstern dann auch in das Sternbild Zwillinge.

Der Abendstern wird als erster in der Abenddämmerung sicht-

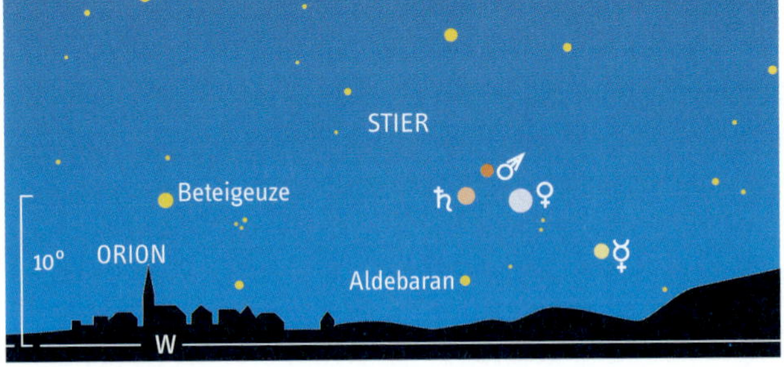

5.2 Planetenparade am Abendhimmel: Am 4. Mai sind gegen 21^h MEZ (= 22h MESZ) alle freisichtigen Planeten von Merkur bis Saturn tief am Westhorizont zu erkennen – für Merkur, Mars und Saturn empfiehlt sich ein Fernglas. Man vergleiche die Stellungen der Planeten mit denen in den Abb. 4.8 und 4.9 auf Seite 90.

bar. Der Venusuntergang erfolgt am 1. um $22^h\,05^m$ (= $23^h\,05^m$ Sommerzeit) und am 15. um $22^h\,39^m$. Am 31. geht die $-4^m{,}0$ helle Venus erst um $23^h\,00^m$ unter. Venus, Mars und Saturn stehen relativ nahe beieinander. Da zu Monatsanfang auch Merkur auf der westlichen Himmelsbühne vertreten ist, so sind mit dem etwas höher stehenden Jupiter alle hellen, freisichtigen Planeten am Abendhimmel beieinander versammelt. Zu dieser beeindruckenden Planetenparade gesellt sich am 14. die zunehmende Mondsichel. Dann sind allerdings Merkur und Saturn mit bloßen Augen kaum mehr sichtbar (siehe Abb. 5.1 auf Seite 99 und Abb. 5.2 links unten). Mitte des Monats zeigt sich das 12″ große Venusscheibchen zu 85 % beleuchtet. Das Perihel passiert Venus am 17., wobei sie 107 Millionen Kilometer (= 0,715 AE) von der Sonne entfernt ist.

Mars beginnt sich allmählich vom Abendhimmel zurückzuziehen. Gegen Monatsende wird der rote Planet unbeobachtbar.

Mars wandert durch den Stier und wechselt zu Monatsende in die Zwillinge. Am 4. überholt er den Ringplaneten in 2°,2 nördlichem Abstand (siehe Abb. 5.2 auf Seite 102) und am 10. passiert Venus in nur 0°,3 nördlicher Distanz den roten Planeten (siehe Abb. 5.4 und 5.5 auf Seite 104). Die schmale Sichel des zunehmenden Mondes gesellt sich am 14. zu Mars und Venus (siehe Abb. 5.1 auf Seite 99). An diesem Tag wird der rote Planet auch vom Mond bedeckt. Die Marsbedeckung ist allerdings von Mitteleuropa aus nicht beobachtbar. Auch Venus und Saturn werden an diesem Tag vom Mond bedeckt – alle drei Planeten stehen zur Zeit nahe beieinander.

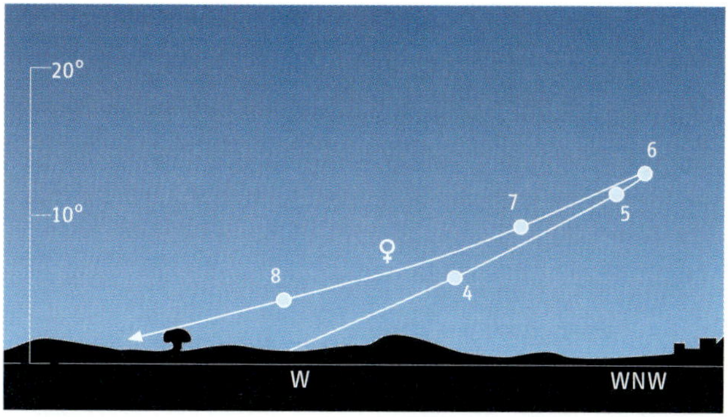

Am 1. geht Mars um $22^h\,31^m$ unter. Am 25., dem letzten Tag, an dem man Mars noch freisichtig erkennen kann, sinkt der $1^m{,}7$ helle Planet um $22^h\,15^m$ unter die Horizontlinie.

5.3 Stellung der Venus über dem Westhorizont etwa eine Stunde nach Sonnenuntergang. Die Zahlen geben die Venusposition zum jeweiligen Monatsersten an (5 = 1. Mai).

Konstellationen und Ereignisse

Datum	MEZ	Ereignis
4.	1^h	Mond bei Neptun, Mond 4°,3 südlich
4.	5	Merkur in größter östlicher Elongation (21°)
4.	18	**Mars bei Saturn,** Mars 2°,2 nördlich, **Abstand 2°,2 um 21^h**
5.	11	Mond bei Uranus, Mond 4°,4 südlich
7.	19	**Venus bei Saturn,** Venus 2°,4 nördlich, **Abstand 2°,4 um 21^h**
10.	22	**Venus bei Mars,** Venus 0°,3 nördlich, **Abstand 0°,3 um 21^h**
13.	15	Neptun im Stillstand, anschließend rückläufig
13.	22	Mond bei Merkur, Mond 2°,5 südlich
14.	9	**Mond bei Saturn,** Mond 1°,1 nördlich, **Abstand 5°,9 um 21^h**
14.	20	**Mond bei Mars,** Mond 0°,6 südlich, **Abstand 1°,2 um 21^h**
14.	24	**Mond bei Venus,** Mond 0°,8 südlich, **Abstand 2°,3 um 22^h**
16.	6	Merkur im Stillstand, anschließend rückläufig
16.	13	**Mond bei Jupiter,** Mond 2°,0 nördlich, **Abstand 4°,0 um 21^h**
26.	13	Halbschattenfinsternis des Mondes – von Mitteleuropa aus unbeobachtbar
27.	8	Merkur in unterer Konjunktion mit der Sonne
31.	9	Mond bei Neptun, Mond 4°,4 südlich
31.	12	Merkur im Aphel

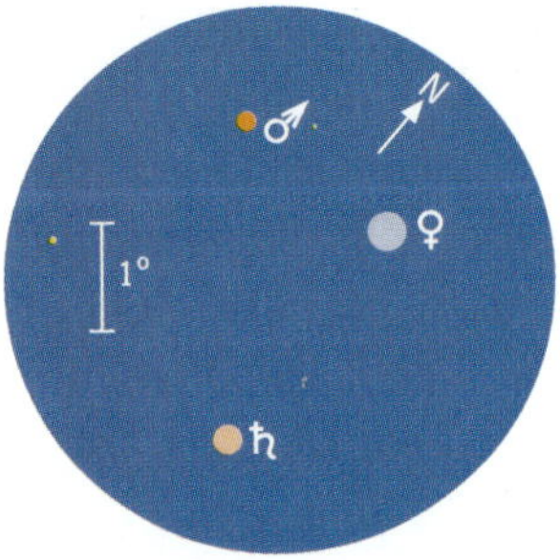

5.4 Das Planetentrio Venus-Mars-Saturn am 7. Mai gegen 21^h MEZ (= 22^h MESZ) im Fernglas bei 5° Gesichtsfelddurchmesser.

5.5 Anblick des Planetentrios Venus-Mars-Saturn am 10. Mai gegen 21^h MEZ (= 22^h MESZ) im Fernglas bei 5° Gesichtsfelddurchmesser. Man vergleiche mit Abb. 5.4!

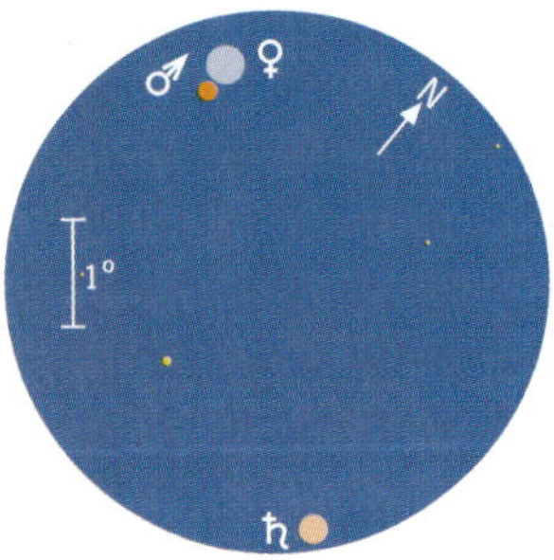

Jupiter beschleunigt seine rechtläufige Bewegung durch die Zwillinge (siehe Abb. 1.9 auf Seite 35). Mit Venus zusammen bildet er den auffälligen Helligkeitsschwerpunkt am abendlichen Westhimmel. Seine Sichtbarkeitszeiten verkürzt der Riesenplanet drastisch. Die Dunkelheit setzt immer später ein, die Jupiteruntergänge erfolgen immer früher. Am 1. geht der Riesenplanet um $0^h 40^m$ (= $1^h 40^m$ Sommerzeit) unter, am 15. um $23^h 51^m$ und am 31. bereits um $22^h 59^m$. Damit verbleiben gut zwei Stunden Sichtbarkeitsdauer. Zu Monatsanfang bildet Jupiter die höchste Spitze der Parade aller freisichtigen Planeten von Merkur bis Saturn (siehe Abb. 5.2 auf Seite 102).

Saturn, rechtläufig im Stier, gibt seine Abschiedsvorstellung am Abendhimmel und zieht sich zur Monatsmitte ganz zurück. Am 4. kommt es zu einer Begegnung mit Mars und am 7. mit Venus. Alle drei Planeten stehen in der ersten Woche des Mai nahe beieinander am abendlichen Westhimmel (siehe Abb. 5.2 auf Seite 102 und Abb. 5.4 links oben). Für die Verfolgung des Planetentrios benutze man nach Möglichkeit ein Fernglas.

Am 1. geht der Ringplanet um $22^h 25^m$ (= $23^h 25^m$ Sommerzeit) unter, am 15. bereits um $21^h 38^m$. Dies dürfte der letzte Tag sein, den $0^m{,}1$ hellen Saturn mit bloßen Augen tief am Nordwesthorizont zu erspähen. Danach verschwindet er in den Strahlen der Sonne.

Uranus kann ab der Monatsmitte tief im Südosten bei guten Sichtbedingungen mit lichtstarker Optik (Fernglas + Stativ) aufgestöbert werden. Der grünliche Planet wandert langsam rechtläufig im Wassermann, wobei er zum Monatsende fast ganz stehen bleibt. Zu Beginn des nächsten Monats wird Uranus stationär (siehe auch Aufsuchkärtchen Abb. 8.4 und Übersichtskarte Abb. 8.6 auf Seite 151).

Am 15. geht Uranus um $1^h 52^m$ (= $2^h 52^m$ Sommerzeit) auf. Etwa eine Stunde später kann man mit Aussicht auf Erfolg nach dem $5^m{,}8$ hellen Planeten Ausschau halten. Gegen $3^h 20^m$ (= $4^h 20^m$ Sommerzeit) verblasst er in der aufkommenden Morgendämmerung. Zu Monatsende erfolgt der Uranusaufgang bereits um $0^h 50^m$ (= $1^h 50^m$ Sommerzeit).

Neptun kommt im Steinbock zur Monatsmitte zum Stillstand. Am 13. wird er stationär und setzt zu seiner Oppositionsschleife an. Von da an wandert er rückläufig durch den Tierkreis (siehe Abb. 8.5 und 8.6 auf Seite 151). Allerdings ist die Neptunbewegung zunächst kaum feststellbar, so langsam erfolgt sie.

Die Aufgänge des $7^m{,}9$ hellen Planeten verfrühen sich um fast zwei Stunden. Der Neptunaufgang erfolgt am 1. um $2^h 02^m$, am 15. um $1^h 07^m$ und am 31. bereits um $0^h 04^m$ (= $1^h 04^m$ Sommerzeit).

Periodische Sternschnuppenströme

Die **Eta-Aquariden**, auch **Mai-Aquariden** genannt, tauchen vom 1. bis 8. Mai auf. Ihr Radiant liegt bei η Aquarii. Das ausgeprägte Maximum wird am 5. Mai erreicht. Im Durchschnitt sind etwa zwanzig Sternschnuppen pro Stunde zu registrieren, um die Zeit des Maxi-

Veränderliche Sterne

Algol-Minima	8.	4^h34^m	13.	22^h12^m	16.	19^h01^m	31.	3^h06^m		
β-Lyrae-Minima	5.	18^h N	12.	5^h H	18.	16^h N	25.	4^h H	31.	15^h N
δ-Cephei-Maxima	5.	8^h	10.	17^h	16.	2^h	21.	11^h	26.	19^h

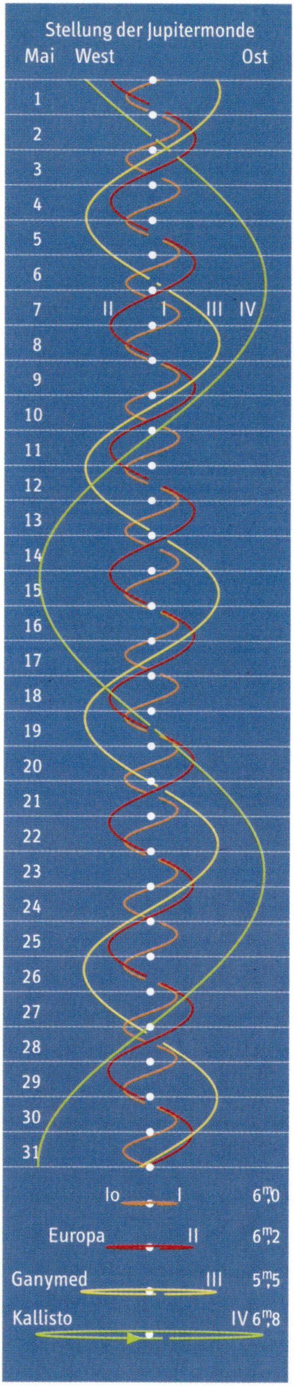

mums sogar bis zu sechzig. Wegen des horizontnah liegenden Radianten sind die Mai-Aquariden in unseren Breiten kaum zu beobachten. Aber in südlichen Gegenden sind sie ein auffälliger Strom. Es handelt sich bei diesem Meteorstrom um schnelle Objekte (um 65 Kilometer pro Sekunde), die auffallend lange Leuchtspuren hinterlassen. Die beste Beobachtungszeit ist ab etwa 3^h am Morgenhimmel in den Tropen. Vereinzelte Mai-Aquariden führen ihren Ursprung auf den Kometen 1P/Halley zurück. Ferner sind noch die **Scorpius-Sagittarius**-Meteore zu erwarten, die von Mitternacht bis 4^h morgens günstig zu beobachten sind. Ihr Ausstrahlungspunkt liegt rund 1° nördlich von

Jupitermond-Erscheinungen

Tag	MEZ h m	Vorgang	
1.	21 23	I	BA
	21 43	II	VE
2.	20 49	I	DE
	21 57	I	SE
6.	21 17	III	VA
8.	23 22	I	BA
9.	20 34	I	DA
	21 36	I	SA
	22 49	I	DE
10.	21 09	I	VE
13.	21 15	III	BA
15.	22 07	II	BA
16.	22 34	I	DA
17.	21 43	II	SE
	23 04	I	VE
24.	21 30	II	SA
	21 51	I	BA
	22 35	III	SE
	22 36	II	DE
25.	21 21	I	DE
	22 12	I	SE
27.	22 37	IV	DA
31.	20 09	III	DA
	22 34	II	DA

β Scorpii. Das erste Maximum dieses Stromes wird um den 20. erwartet. Es handelt sich um mittelschnelle Sternschnuppen (etwa um 30 Kilometer pro Sekunde).

Der Fixsternhimmel

Die Wintersternbilder sind nun endgültig von der Himmelsbühne abgetreten. Lediglich die beiden Sternenketten der Zwillinge mit Kastor und Pollux sind tief im Nordwesten noch zu erkennen. Knapp über dem Westhorizont flackert noch Prokyon im Kleinen Hund durch die horizontnahen Dunstschichten. Auch Kapella erinnert tief im Nordwesten an vergangene Wintertage, als sie hoch im Süden stand. Kapella ist in unseren Breiten zirkumpolar, sie geht also bei uns niemals unter und ist somit in jeder klaren Nacht des Jahres beobachtbar.
Den Südhimmel nimmt jetzt das Frühlingsdreieck ein. Es wird gebildet von den hellen Sternen Arktur im Bootes, Regulus im Löwen und Spica in der Jungfrau. Das gewaltige Sternentrapez des Löwen, die langgestreckte Figur der Jungfrau und die drachenähnliche Gestalt des Bootes prägen das typische Bild des Frühlingshimmels.
In der Sternenkonstellation der Jungfrau, die sich südlich von Bootes und östlich vom Löwen erstreckt, sahen viele Völker ein Symbol der Fruchtbarkeit. Vor rund 13 000 Jahren lag der Frühlingspunkt noch in diesem Sternenareal. Infolge der Präzession der Erdachse liegt heute jedoch der Herbstpunkt in der Jungfrau. Die Sonne läuft vom 16. September bis 30. Oktober durch dieses Tierkreissternbild.
Die alten Babylonier erkannten hier eine Kornähre als Symbol der Fruchtbarkeit. Später sahen

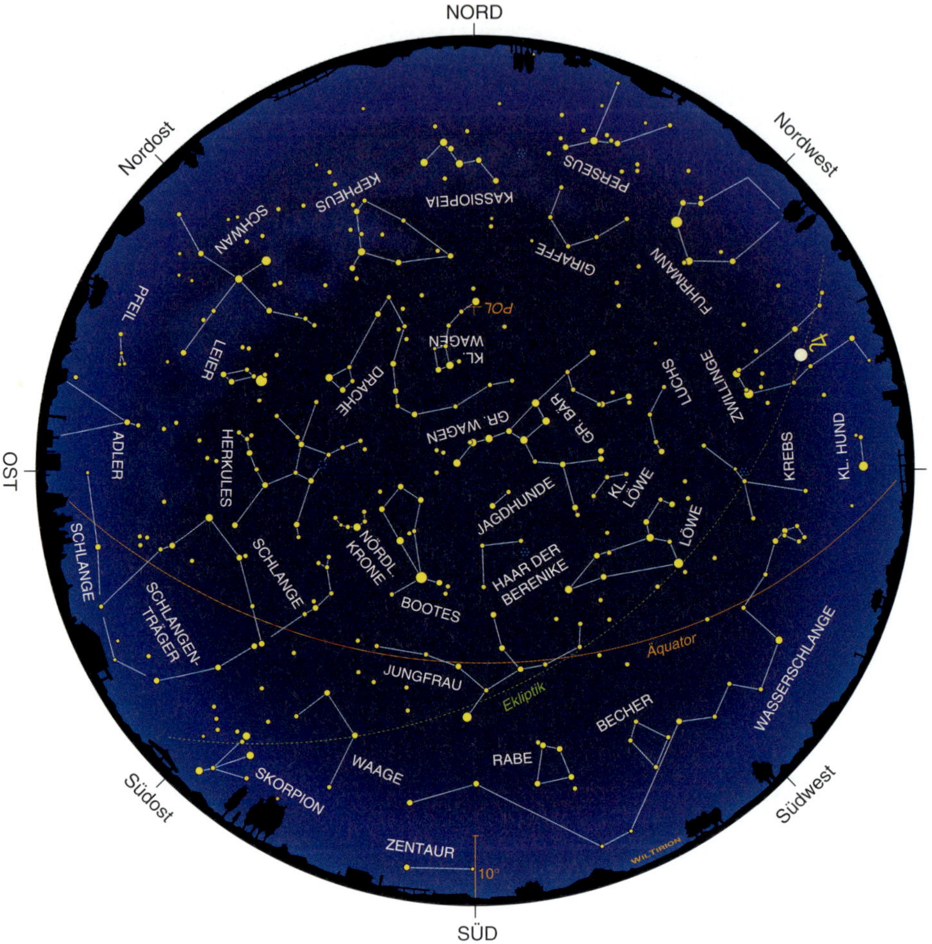

**Sternenhimmel
am 15. Mai
um 22h MEZ (23h MESZ)**

Fixsternhimmel auch gültig für:

	MEZ	MESZ
1. 1.	7h	
15. 1.	6	
1. 2.	5	
15. 2.	4	
1. 3.	3	
15. 3.	2	
1. 4.	1	2h
15. 4.	0	1
1. 5.	**23**	**24**
15. 5.	**22**	**23**

sie hier eine Frauengestalt. Die Bezeichnung „Kornähre" ist auf den hellsten Stern in der Jungfrau, α Virginis, übergegangen. Er heißt schließlich auch Spica (lat.), was Kornähre bedeutet. Spica ist ein heißer, bläulicher Stern erster Größenklasse (1,m0), der 260 Lichtjahre von uns entfernt ist. In späterer Zeit meinten die Babylonier an dieser Stelle Ishtar, die Königin der Sterne, zu sehen.
Bei den Ägyptern symbolisierte dieses Bild die Gottheit Isis. In Indien sprach man von Kanya, der Mutter des großen Gottes Krishna. In Persien hieß das Bild Khusah, die Weizen- oder Kornähre. Bei den frühen Arabern gehörten die Sterne der Jungfrau zu einem riesigen Himmelslöwen. Später übernahmen sie von den Griechen die Gestalt der Jungfrau. Auch die Römer sahen hier eine weibliche Figur: Einmal Fortuna, die Glücksgöttin, dann wieder Urania, die Muse der Himmelskunde. Auch als Göttin der Gerechtigkeit war sie bei den Griechen unter dem Na-

5.6 Die Sternbilder Bootes und Nördliche Krone mit den beiden kugelförmigen Sternhaufen M 3 und M 5.

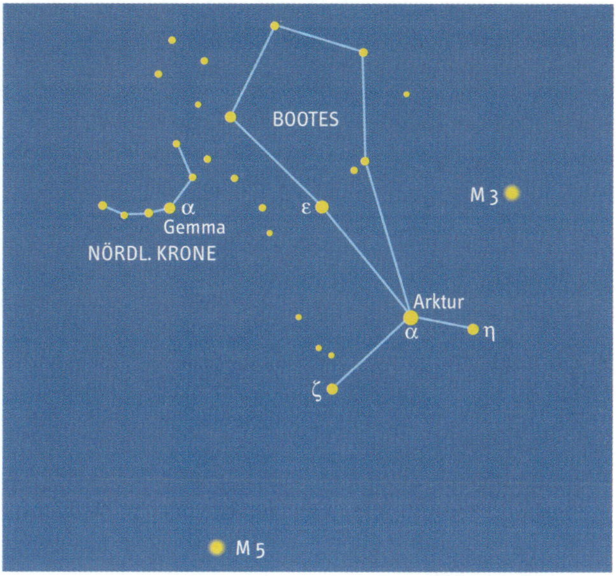

men Dike bekannt. In der römischen Version ist sie Astraea, die Sternentochter. Nach dem römischen Dichter Orid wandelte sie im Goldenen Zeitalter über die Erde. Als im Silbernen Zeitalter Streit aufkommt, ist sie nur noch selten zu sehen. Schließlich verlässt sie im Eisernen Zeitalter als letzte der Himmlischen die Erde ganz und nimmt dabei ihre bescheidene Schwester Pudicitia (Keuschheit) mit. Man schaut deshalb heute zur Jungfrau auf, wenn man Gerechtigkeit sucht.
Der Große Wagen steht jetzt fast senkrecht über unseren Köpfen. Der letzte Stern in der Deichsel, Benetnasch (η Ursae Maioris), markiert nun zur Standardbeobachtungszeit fast genau den Zenit (Scheitelpunkt). Der mittlere Deichselstern heißt Mizar. Knapp neben Mizar sieht man ein kleines Lichtpünktchen, nämlich Alkor, das Reiterlein. Alkor gilt als Augenprüfer. Normalsichtige Augen sollten Alkor ohne weiteres erkennen.
Im Gebiet zwischen Löwe, Großer Wagen und Bootes liegen noch zwei lichtschwächere und weniger bekannte Bilder: Die Jagdhunde (lat.: Canes Venatici) und das Haar der Berenike (lat.: Coma Berenices). Der hellste Stern in den Jagdhunden (α Canum Venaticorum) ist mit dritter Größenklasse leicht zu erkennen. Das Haar der Berenike ist sehr unauffällig, aber reich an schwachen Sternen. Wer diese Gegend mit lichtstarker Optik durchmustert, erkennt zahlreiche Galaxien, fremde Milchstraßensysteme, denn der Blick geht hier in Richtung hoher galaktischer Breiten weit aus unserer Milchstraße hinaus in die Tiefen des Kosmos.
Im Südosten findet man die Waage, ebenfalls ein Tierkreissternbild wie die Jungfrau. Die Waage ist nicht besonders auffällig. In der Antike deuteten die Sterne der Waage noch die Scheren des Skorpions an.
Im Osten ist mittlerweile der Schlangenträger (lat.: Ophiuchus) mit der Schlange aufgegangen. Von der Schlange ist allerdings nur der Vorderteil (lat.: Serpens Caput) über dem Horizont zu sehen. Der hintere Teil (lat.: Serpens Cauda) ist noch so horizontnah, dass er in den Dunstschichten am Horizont nicht ausgemacht werden kann. Der Schlangenträger mit der Schlange ist eine großflächige, aber lichtschwache Sternenfigur, die nur unter sehr guten Sichtbedingungen zu erkennen ist.
Hoch im Osten fällt der Sternenhalbkreis der Nördlichen Krone auf. Neben der Krone breitet sich das ausgedehnte, aber lichtschwache Bild des Herkules aus. Im Nordosten blinkt die helle Wega in der Leier – sie ist einer der fünf hellsten Fixsterne des Himmels. Auch Deneb im Schwan ist im Nordosten bereits tief am Horizont zu erkennen.

Objekte für Feldstecher und Fernrohr

Wer mit seinem Instrument tief in das Weltall blicken will, beginne seine abendliche Beobachtungsrunde mit einer relativ hellen Galaxie, nämlich M 104 in der Jungfrau an der Grenze zum Raben. Wegen ihrer Form wird sie auch Sombrero-Galaxie genannt. Sie gehört zu den so genannten „Deep Sky"-Objekten (engl., „tiefer Himmel"). Unter Deep-Sky-Objekten versteht man alle Himmelsobjekte jenseits der Grenzen unseres Sonnensystems, vornehmlich Sternhaufen, interstellare Gas- und Staubwolken sowie Galaxien. Schon in einem lichtstarken Fernglas sieht man die längliche Lichtspindel von M 104.

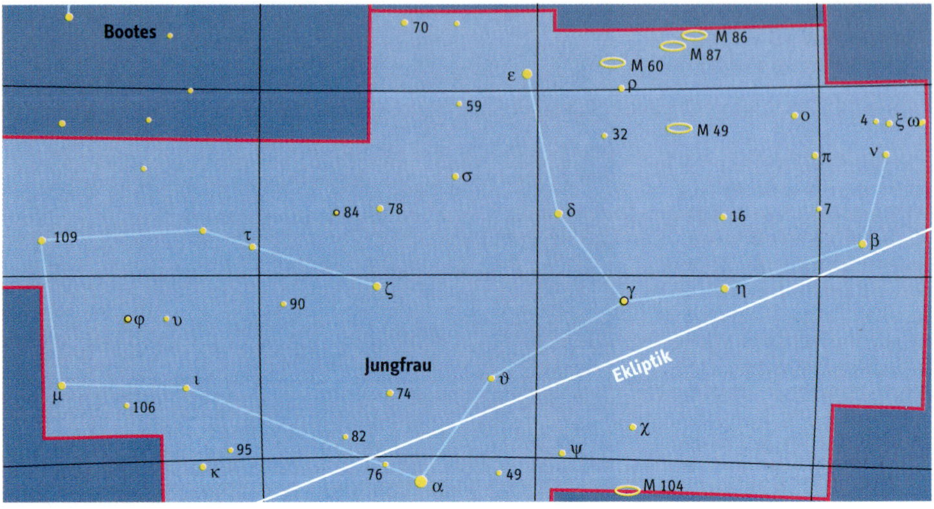

5.7 Das Sternbild Jungfrau mit den Positionen der Galaxien M 87 (= Radioquelle Virgo A) und M 104.

Aber erst im Teleskop erkennt man das dunkle Band, das M 104 teilt. Es entsteht durch die Absorption von Sternenlicht, hervorgerufen von interstellarem Staub. Die Sombrero-Galaxie ist etwa 42 Millionen Lichtjahre von uns entfernt. Ihre genaue Position findet man im *Atlas für Himmelsbeobachter* von Erich Karkoschka in der Aufsuchkarte E 12. Um M 104 zu finden, gehe man am besten von Spica (α Virginis) aus. Spica hat fast die gleiche Deklination, so dass man mit einem parallaktisch montierten Fernrohr nur leicht nach Westen schwenken muss, um M 104 ins Gesichtsfeld zu bekommen, wenn man vorher Spica eingestellt und die Deklination festgeklemmt hat. Eine weitere schöne Galaxie, geradezu ein Paradebeispiel für einen Spiralnebel, ist M 51 im Sternbild der Jagdhunde. M 51 ist leicht zu finden, wenn man von der Deichsel des Großen Wagens ausgeht. Ein wenig südwestlich vom letzten Deichselstern (Benetnasch) stösst man auf die beeindruckende Spirale, die schon Lord Rosse als „Whirlpool-Galaxy" (engl., Strudel-Galaxie) beschrieben hat. Im Amateurteleskop hält sich der tolle Anblick freilich in Grenzen. Man sieht in kleineren Fernrohren lediglich einen hellen Kern, um den sich recht lichtschwache Spiralarme winden. Die Strudel-Galaxie ist rund dreißig Millionen Lichtjahre von uns entfernt.

Die drei schönsten Kugelhaufen nördlich des Himmelsäquators sind am Frühlingshimmel vertreten. Manchmal spricht man auch vom „Frühlingsdreieck der Kugelhaufen". Es sind dies M 13 im Herkules, M 3 in den Jagdhunden und M 5 in der Schlange. Sie bilden ein großes, etwa gleichseitiges Dreieck. Alle drei sind unter sehr guten Sichtbedingungen, bei dunklem Himmel ohne Mondschein und irdischem Streulicht, schon mit bloßen Augen gerade noch zu erkennen, auf alle Fälle in einem Fernglas. Wirklich beeindruckend wirken sie aber erst im Fernrohr ab 15 cm freier Öffnung. Dann glitzern zahllose Sternchen in den Randpartien der Kugelhaufen, winzige Lichtpünktchen wie feine Nadelstiche. M 3 liegt auf der Verbindungslinie Arktur – α Canum Venaticorum, an der Grenze zum Bootes. M 5 wiederum befindet sich im westlichsten Teil des Schlangenkopfes (Serpens Caput) an der Grenze zur Jungfrau und nördlich der Waage. M 3 und M 5 sind im *Atlas für Himmelsbeobachter* in der Karte E 15 eingetragen.

Ein schöner Doppelstern am Frühlingshimmel ist Algieba (γ Leonis), der Halsstern des Löwen. Bereits in einem Zweizöller (= Fernrohr mit 5 cm freier Öffnung) kann man ihn leicht trennen. Zwei orangegelbe Sterne, $2^{\mathrm{m}}{,}3$ und $3^{\mathrm{m}}{,}5$ hell, stehen in $4''{,}7$ Distanz voneinander. Algieba ist 125 Lichtjahre von uns entfernt. Schwieriger aufzulösen ist ε Bootis. Die Distanz seiner Komponenten von $2''{,}9$ erfordert schon einen Dreizöller, um das Paar einwandfrei zu trennen. Vor allem kommt der Helligkeitsunterschied erschwerend hinzu. Die hellere Komponente hat $2^{\mathrm{m}}{,}5$, die schwächere $4\overset{m}{.}9$. Nett anzusehen ist der Farbkontrast: Der hellere Stern leuchtet orange, der Begleiter weißblau. Die Entfernung von Izar, wie ε Bootis mit Eigennamen heißt, misst 210 Lichtjahre. Ein schwieriges Objekt ist ω Leonis. Um diesen Doppelstern zu trennen, ist schon ein Teleskop von mindestens 25 cm freier Öffnung erforderlich, möglichst ein Linsenfernrohr mit hervorragender Definition. Bei sehr ruhiger Luft lässt sich ω Leonis schon mit einem 20-cm-Refraktor auflösen. Die beiden $5\overset{m}{.}9$ und $6\overset{m}{.}5$ hellen Komponenten stehen nur $0\overset{''}{.}6$ auseinander. Der Abstand wird langsam größer. Beide Komponenten leuchten in einem gelblichen Licht und sind 112 Lichtjahre von der Erde entfernt. ω Leonis steht in der südwestlichen Ecke des Sternbildes Löwe. Um ihn aufzufinden, benutze man die Karte E 11 im *Atlas für Himmelsbeobachter.* Die vorgestellten Doppelsterne sind echte oder physische Doppelsterne, wie der Astronom zu sagen pflegt. Im Gegensatz dazu stehen bei optischen Doppelsternen zwei Sterne nur zufällig nahe am Himmel beieinander, sind aber in Wirklichkeit weit voneinander entfernt. Echte Doppelsterne hingegen sind Sternpärchen, die um einen gemeinsamen Schwerpunkt kreisen. Solche Sonnen sind durch die Schwerkraft aneinander gebunden. Das „kreisen" darf nicht zu wörtlich genommen werden. Meist sind die Bahnen der einzelnen Komponenten mehr oder minder langgestreckte Ellipsen, nämlich so genannte Keplerbahnen um das jeweilige Schwerezentrum. Solche Sternpaare nennt man auch physische Doppelsterne. Nicht immer gelingt es, sie im Teleskop in zwei einzelne Lichtpünktchen zu trennen. Stehen sie in großen Entfernungen und laufen sie in engen Bahnen umeinander, dann gelingt es auch mit großen Fernrohren nicht, sie in einzelne Lichtpunkte aufzulösen. Solche Doppelsterne verraten sich durch ihr variables Spektrum. Die Spektrallinien erfahren periodische Veränderungen (Dopplerverschiebungen), man spricht von *spektroskopischen* Doppelsternen. Liegt die Bahnebene in Richtung des Beobachters, so bedecken sich die beiden Sonnen gegenseitig, es kommt zu periodischen Helligkeitsschwankungen. In solchen Fällen spricht man von *Bedeckungsveränderlichen.* Berühmte Beispiele für Bedeckungsveränderliche sind Algol im Perseus und Sheliak in der Leier, auch als β Lyrae bekannt.

Welches „Sternzeichen" bin ich?

Lernt man einen netten Menschen kennen und interessiert sich für ihn näher, so fragt man oft nach dessen „Sternzeichen". Auch kommt es immer wieder vor, dass man selbst gefragt wird: „Welches ‚Sternzeichen' sind Sie?" Fast jeder kennt die Namen der Sternzeichen: Widder, Stier, Zwillinge ... usw. Manche erhoffen sich, aus der Kenntnis des Sternzeichens Rückschlüsse auf den Charakter eines Menschen ziehen zu können. Besonders bei Partnerschaften glaubt man, aus den Sternzeichen ermitteln zu können, ob Harmonie oder Probleme zu erwarten sind. Nicht selten liest man in Anzeigen Sätze wie diesen: „Fische-Frau sucht Waage-Mann". Nun, die Astronomen können aus den Sternen keine Aussagen über Charakter, Anlagen und Lebensweg von Menschen herauslesen. Dies tun die Sterndeuter, die dies angeblich können. Sofern sie geschickte Psychologen sind, können sie dem einen oder anderen vielleicht tatsächlich helfen. Aber sie erfahren nichts durch die Sterne. Es ist richtig: Die Sterne lügen nicht, denn sie sagen schlicht nichts. Aber die Astronomen sollten doch zumindest angeben können, in welchem Sternzeichen jemand geboren ist. Öfters erhalten Planetarien und Sternwarten Anfragen von Bürgerinnen und Bürgern, die wissen möchten, in welchem Sternzeichen sie geboren sind. Solche Fragen sind nicht so einfach zu beantworten. Denn der Begriff „Sternzeichen" existiert in der Astronomie eigentlich gar nicht. Man wird ihn vergeblich in astronomischen Lexika suchen. Auch in den meisten allgemeinen Lexika findet man ihn nicht. Lediglich im DUDEN-Wörterbuch wird das Wort „Sternzeichen" ohne nähere Erklärung aufgeführt, wohl weil es umgangssprachlich häufiger gebraucht wird.

„Sternzeichen" ist ein mixtum compositium aus *Stern*bild und Tierkreis*zeichen.* Unter den Sternbildern versteht man die Gruppierungen von einzelnen Sternen, die mehr oder minder auffällige Figuren bilden und denen phantasievolle Menschen Namen von Sagengestalten, Tieren oder Gegenständen aus dem täglichen Leben gegeben haben. Da die Sterne sehr weit von uns entfernt sind, fallen ihre Ortsveränderungen selbst in Jahrhunderten dem unbewaffneten Auge nicht auf. Man spricht daher auch von Fix-

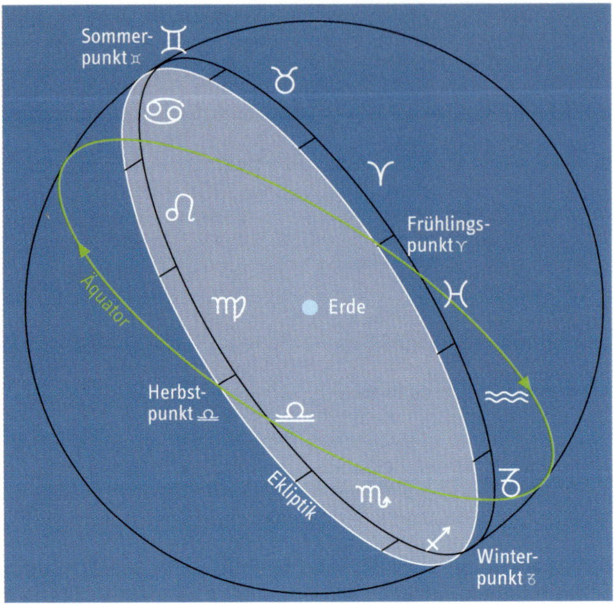

5.8 Die zwölf Tierkreiszeichen mit den vier Kardinalpunkten.

sternen, weil diese Sonnen im All scheinbar an der Himmelskugel fest angeheftet, also fixiert sind (siehe auch Monatsthema: „Fixsterne sind nicht fix!" im *Himmelsjahr 2001* auf Seite 179). Deshalb sehen wir die gleichen Sternbilder wie unsere fernen Vorfahren im alten Ägypten, Babylon, China und Griechenland vor zweitausend und mehr Jahren. Heute dienen die Sternbilder nur noch zur Orientierung am gestirnten Himmel, ihre mythologische Bedeutung haben sie längst verloren.

Die Sonnenbahn

Einige der heute international festgelegten 88 Sternbilder sind besonders ausgezeichnet. Nämlich 13 von ihnen bilden den so genannten Tierkreis. Man spricht daher von den Tierkreis*sternbildern.* Diese sind wiederum nicht mit den gleichnamigen Tierkreis*zeichen* zu verwechseln. So gibt es ein Tierkreissternbild Widder, das nicht mit dem Tierkreiszeichen Widder identisch ist.

Zum Tierkreis gehören alle jene Sternbilder, die im Laufe eines Jahres von der Sonne besucht werden. Die Sonne wandert während eines Jahres *scheinbar* entlang eines Großkreises [1]) an der Himmelskugel durch die Sternbilder des Tierkreises. In Wirklichkeit läuft die Erde um die Sonne. Der Lauf der Sonne durch den Tierkreis ist somit ein Spiegelbild dieser Erdbewegung. Von der um die Sonne wandernden Erde aus betrachtet, scheint die Sonne im Laufe des Jahres jeweils vor einem anderen Sternenhintergrund zu stehen. Wir verändern unseren Beobachtungsstandort und nicht die Sonne. So wandert die Sonne von der Erde aus betrachtet vom 10. August bis zum 16. September durch das Sternbild Löwe. Am 23. August beispielsweise passiert sie Regulus, den Hauptstern im Löwen. Alle in dieser Zeitspanne geborenen Menschen sind somit im Tierkreissternbild Löwe geboren. Der Weg, den die Sonne unter den Sternen zurücklegt, wird *scheinbare Sonnenbahn* oder *Ekliptik* genannt. „Ekliptik" bedeutet soviel wie Finsternislinie. Denn nur wenn der Mond gleichzeitig in den Syzygien (Neumond- und Vollmondphasen) und in der Ekliptik steht, kommt es zu einer Sonnen- bzw. Mondfinsternis.

Da die meisten Planetenbahnen und auch die Mondbahn nur geringe Neigungen zur Ekliptik aufweisen, laufen auch die Wandelsterne und der Erdtrabant durch den Tierkreis. Sonne, Mond und Planeten ziehen ihre Bahnen durch den Tierkreis, was insbesondere die Phantasie der Sterndeuter beflügelt. Der Tierkreis ist daher eine Zone von rund 16° Breite, in deren Mitte die Ekliptik verläuft.

Da die Rotationsachse der Erde nicht senkrecht auf der Erdbahnebene steht, ist auch die Ekliptik zum Himmelsäquator geneigt. Man spricht von der Schiefe der Ekliptik. Der Neigungswinkel beträgt zur Zeit 23,°4. Er bleibt nicht konstant, sondern unterliegt sowohl kleinen kurzperiodischen als auch langperiodischen Schwankungen.

An zwei Stellen, den so genannten Knoten, schneidet die Ekliptik den Himmelsäquator. Die Knoten teilen den Tierkreis in eine nördliche und eine südliche Zone. Die beiden Knoten

1) Unter einem Großkreis (früher auch Hauptkreis genannt) versteht man einen Kreis an der gedachten Himmelskugel, dessen Mittelpunkt mit dem Erdmittelpunkt identisch ist. Er hat also den maximal möglichen Radius.

5.9 **Die Wanderung der Sonne am Löwenhauptstern Regulus vorbei im letzten Augustdrittel. Eingetragen sind die Sonnenpositionen im Abstand von jeweils zwölf Stunden.**

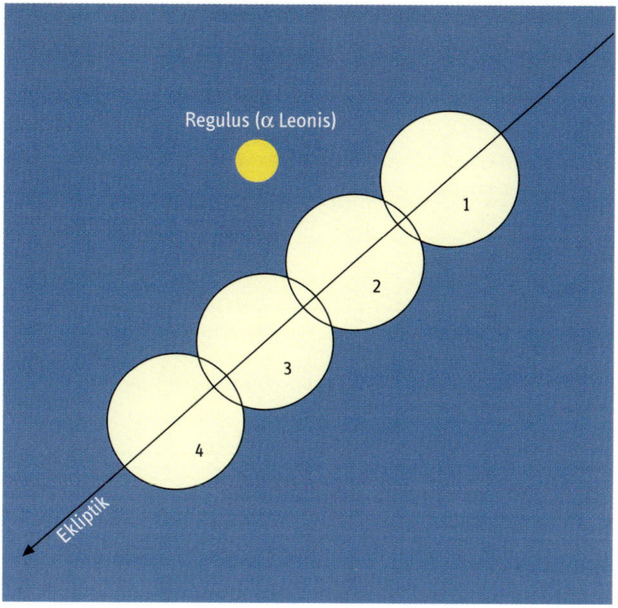

heißen Frühlingspunkt und Herbstpunkt. Steht die Sonne in einem dieser beiden Punkte, so tritt die Tagundnachtgleiche ein. Deshalb nennt man die Knoten auch Äquinoktialpunkte oder kurz Äquinoktien. In den Äquinoktien kreuzt die Sonne den Himmelsäquator, im Frühlingsäquinoktium von Süd nach Nord und im Herbstäquinoktium von der Nord- auf die Südhalbkugel des Himmels. Zwei weitere Punkte auf der Ekliptik sind ausgezeichnet, nämlich die, in denen die Sonne ihre Extremwerte in Deklination erreicht, also Sonnenhöchst- und Sonnentiefststand (von unseren geographischen Breiten aus betrachtet). Diese Punkte heißen Solstitien („Sonnenstillstände"). Im Sommersolstitium erreicht die Sonne ihre größte nördliche Deklination (+ 23,°4), im Wintersolstitium ihre geringste Deklination (–23,°4). Äquinoktien und Solstitien werden als „Kardinalpunkte der Ekliptik" bezeichnet. Passiert die Sonne einen Kardinalpunkt, so beginnt eine neue Jahreszeit.

Der Tierkreis

Die Sternbilder, durch die die Ekliptik verläuft, gehören zum Tierkreis. Tierkreis deshalb, weil die meisten Sternbilder in dieser Zone Tiergestalten darstellen. Die klassischen zwölf Tierkreissternbilder, deren Ursprung auf die Babylonier zurückgeht, weisen acht Tiergestalten (zwei Fische!), fünf Personen (Zwillinge = zwei Personen!) und einen Gegenstand (Waage) auf. In der Neuzeit ist als dreizehntes Tierkreissternbild der Schlangenträger (lat.: Ophiuchus) hinzugekommen, als man nämlich die Sternbildergrenzen endgültig festgelegt hat. Durch den Schlangenträger wandert die Sonne vom 29. November bis 18. Dezember. Davor befindet sie sich bloß eine Woche im Skorpion.

Fast alle Völker des Altertums, die Himmelskunde betrieben, haben die Sternbilder, durch die die Sonne im Jahreskreis hindurch wandert, besonders beachtet. Bei den Akkadiern hieß diese Zone Pidnu sha-Shame, was soviel wie Ackerfurche des Himmels bedeutet. Der Tierkreis begann bei ihnen mit dem Sternbild Stier, da vor 1840 v. Chr. das Frühlingsäquinoktium im Stier lag.

Die alten Babylonier kannten ursprünglich nur sechs „Zeichen", nämlich Taurus (Stier), Cancer (Krebs), Virgo (Jungfrau), Scorpius (Skorpion), Capricornus (Steinbock) und Pisces (Fische). Später teilten sie die Sonnenbahn in zwölf Teile gemäß den zwölf Vollmonden im Jahr. Dabei gab es elf „Zeichen". Die Scheren des Skorpions wurden durch die Sterne der Waage gebildet, die erst später hinzukam und vermutlich ägyptischen Ursprungs ist. Der Skorpion war also ein Doppelzeichen. Die Sonne beschreibt einen Vollkreis pro Jahr, wobei sie 360° in 365,256 Tagen zurücklegt (siderisches Jahr). Pro Tag schreitet die Sonne somit um ein knappes Grad, also um fast das Doppelte ihres scheinbaren Scheibendurchmessers am Firmament, von West nach Ost voran (siehe Abb. 5.9). Ursprünglich benutzte man die Tierkreissternbilder zur Zeitbestimmung in der Nacht. Aus der Beobachtung des nächtlichen Sternenhimmels ergab sich dann auch der Wanderweg der Sonne. Am hellen Tag kann man nicht sehen, vor welchem Sternenhintergrund die Sonne gerade steht. Aber aus den heliakischen Auf- und Untergängen der

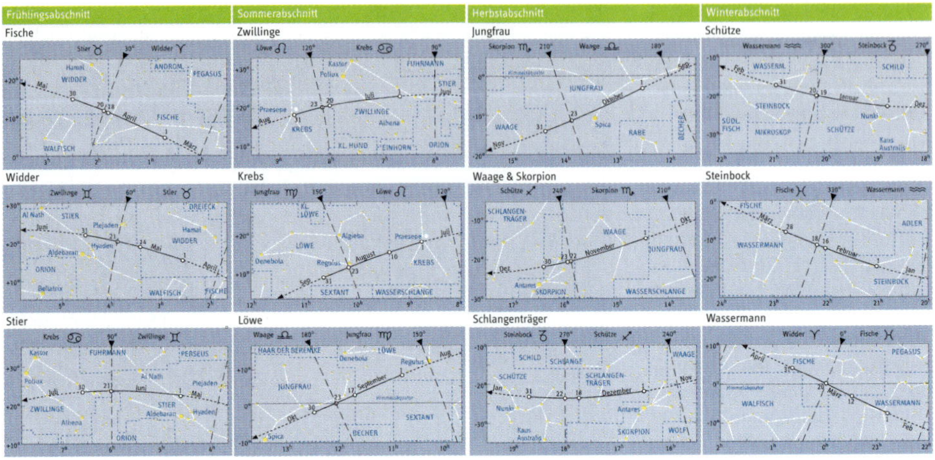

5.10 Die Jahresbahn der Sonne durch die Tierkreissternbilder und Tierkreiszeichen. Die angegebenen Daten sind Mittelwerte. Sie variieren je nach Zeitspanne nach dem letzten Schaltjahr um etwa einen Tag.

Sterne und Sternbilder konnte man den Wanderweg der Sonne ermitteln.
Nun haben die einzelnen Völker den Sterngruppierungen unterschiedliche Bezeichnungen gegeben. Auch sind die Dimensionen sehr verschieden. So gab es mal acht, dann wieder fünfzehn Sternbilder, durch die die Sonne zu wandern hatte.
In der Jungfrau sahen die Babylonier eine Kornähre, die Ägypter die Göttin Isis und die Chinesen eine Schlange. Die Chinesen hatten in ihrem Tierkreis lauter Tiere, unter anderem Hund, Affe, Schaf, Krokodil, Drache, Ratte und Schwein.
Berühmt geworden ist der Tierkreis von Denderah. In der oberägyptischen Siedlung Denderah (heute Tentyris) entdeckten französische Archäologen, die Napoleon Bonaparte auf seinem Feldzug 1798 begleiteten, im Hathor-Tempel eine figürliche Darstellung der Sternbilder, insbesondere des Tierkreises, als Deckengemälde. Heute befindet sich dieser Tierkreis von Denderah im Louvre in Paris.
Fast jedes Volk hatte einen eigenen Tierkreis. Um- und Neubenennungen erfolgten auch in späterer Zeit. So ersetzte Beda Venerabilis (673–735) elf Tierkreissternbilder durch Apostel.
Die Bezeichnung Tierkreis geht auf die alten Griechen zurück, die den Gürtel der Sternbilder, durch die die Sonne wandert, als δ Ζωδίακος Κύκλος, eben „Tierkreis“ bezeichnet.
Während die Babylonier noch 700 v. Chr. in den Sternbildern Häuser und Länder sahen, die vom Sonnengott (und den anderen Planetengöttern) aufgesucht werden, so sah man in Griechenland die Tierkreisbilder als Orientierungsmarken an. Da die Sternbilder verschiedene Größen haben und im Altertum auch nicht scharf gegeneinander abgegrenzt wurden, sah Hipparchos von Nikaia die Darstellung des Tierkreises nach den babylonischen Vorstellungen als ungenügend an. Er führte daher die Zodiakalzeichen oder Tierkreiszeichen ein, und zwar zwölf Stück zu je exakt 30° Länge. Die Tierkreiszeichen belegte Hipparch mit den Namen derjenigen Sternbilder, die im jeweiligen Bereich eines Zeichens lagen. Damit hatten die Zeichen die Funktion einer Koordinate. Jedes Tierkreiszeichen wurde in drei Abschnitte zu je 10 ° unterteilt. Außerdem erhielten die Tierkreiszeichen Symbole (siehe Tabelle auf Seite 113), deren Ursprung auf ägyptische Hieroglyphen zurückgeht, die teilweise aber auch aus byzantinischer Zeit stammen. Noch bis ins 18. Jahrhundert war es üblich, die ekliptikalen Längen von den Wandelgestirnen einschließlich Sonne und Mond in Zeichen anzugeben. So bedeutet 7° ♉ (sprich: sieben Grad Stier) eine ekliptikale Länge von 37°. Denn der Widder ist das erste Tierkreiszeichen und geht von 0° – 30° ekliptikaler Länge. Dann folgt das Zeichen Stier von 30° – 60°, das Zeichen Zwillinge von 60° – 90°, das Zeichen Krebs von 90° – 120° usw. 0° Krebs bedeutet also das Sommersolstitium, die Sonne hat dann 90° ekliptikale Länge, per definitionem der astronomische Sommerbeginn. Heute zählt man die ekliptikalen Längen von 0° bis

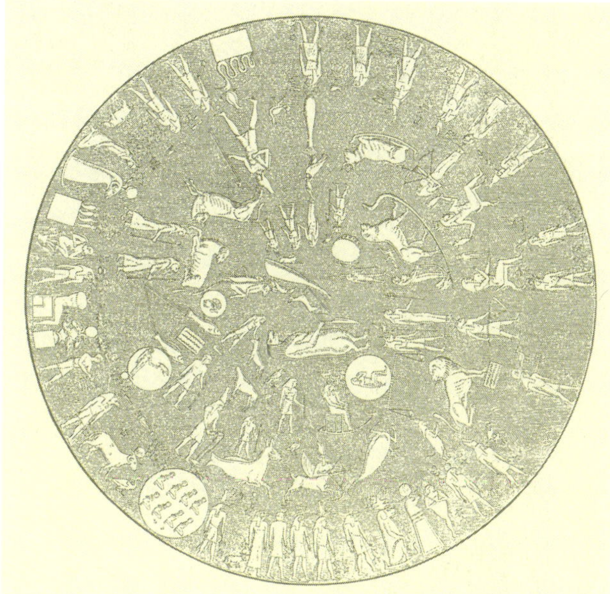

5.11 Der Tierkreis von Denderah.

360° durch, ohne Angabe von Tierkreiszeichen. Inzwischen verwenden nur noch Astro*logen* (Sterndeuter) die Zeichen für ekliptikale Längenangaben in ihren Ephemeriden.
Schon im alten Griechenland unterschied man zwischen dem *tropischen* Tierkreis (Hipparchos, Ptolemaios) mit Zuordnung der Zeichen zu den Äquinoktien und Solstitien und dem *siderischen* Tierkreis (Eudoxos, Aratos), der sich rein auf die Sternbilder bezieht und nach den heliakischen Aufgangszeiten bestimmt wird. Unter heliakischem Aufgang versteht man den Tag, an dem am Morgenhimmel erstmals ein Stern (oder Sternbild) wieder sichtbar wird, nachdem er (es) vorher mit der Sonne am Taghimmel stand.
Der tropische Tierkreis beginnt immer mit dem Widderpunkt. Der Sommerpunkt liegt immer im Zeichen Krebs (Wendekreis des Krebses), der Herbstpunkt in der Waage und der Winterpunkt im Steinbock (Wendekreis des Steinbocks). Vor zweieinhalbtausend Jahren fielen die Zeichen und Sternbilder noch miteinander zusammen. Sie waren praktisch deckungsgleich. Heute ist das nicht mehr so. Der Widderpunkt liegt inzwischen im Sternbild Fische, der Krebspunkt (Sommersolstitium) im Sternbild Stier, der Waagepunkt im Sternbild Jungfrau und der Steinbockpunkt (Wintersolstitium) im Sternbild Schütze. Während die Tierkreiszeichen fest an die Kardinalpunkte der Ekliptik gekoppelt sind und daher vom Datum unabhängig sind (das Widderzeichen ♈ hat immer die ekliptikale Länge 0° – 30° und bleibt stets das erste Zeichen des Tierkreises), wandern die Kardinalpunkte im Laufe der Jahrhunderte und Jahrtausende rückläufig durch alle Tierkreissternbilder. Der Tierkreis der Sternbilder beginnt heute mit dem Sternbild Fische, ab dem Jahre 2600 mit dem Sternbild Wassermann, weil dann der Frühlingspunkt (Nullpunkt der ekliptikalen Längenzählung = Widderpunkt) im Sternbild Wassermann liegen wird. Ursache für die Verschiebung der Tierkreissternbilder gegenüber den Tierkreiszeichen ist die Präzession der Erdachse. In knapp 26 000 Jahren (diese Zeitspanne wird *Platonisches Jahr* genannt) wandert der Frühlingspunkt durch alle dreizehn Tierkreissternbilder hindurch. Die Präzession ist eine Folge der Kreiselbewegung der Erdachse. Sie hat auch zur Konsequenz, dass unser Polarstern nicht immer Polarstern bleibt. Im Jahre 14 000 wird beispielsweise die Wega in der Nähe des Himmelsnordpols stehen.

Keine Sternzeichen

Fazit: „Sternzeichen" gibt es nicht, sondern nur Tierkreis*zeichen* und Tierkreis*sternbilder*. Wenn jemand am 21. März geboren ist, dann stand die Sonne

Tierkreissternbilder und -zeichen

Widder	♈	Waage	♎
Stier	♉	Skorpion	♏
Zwillinge	♊	Schütze	♐
Krebs	♋	Steinbock	♑
Löwe	♌	Wassermann	♒
Jungfrau	♍	Fische	♓

5.12 Der tropische Tierkreis nach einem französischen Holzschnitt aus dem Jahre 1504.

zu seiner Geburt im Sternbild Fische und im Zeichen Widder. Wer das Licht der Welt am 14. Oktober erblickt hat, bei dem stand die Sonne zum Geburtsdatum im Sternbild Jungfrau und gleichzeitig im Zeichen der Waage. Wer wissen will, in welchem Sternbild und in welchem Zeichen die Sonne zu seiner Geburt stand, braucht bloß einen Blick auf die jeweilige Monatsgrafik „Sonnenlauf" zu werfen. Dort sind die Eintritte in die Tierkreis*zeichen* und *-sternbilder* vermerkt.

In der astrologischen Kabbalistik finden die Tierkreissternbilder kaum eine Beachtung. Die Tierkreiszeichen sollen jedoch mit den entsprechenden Planetenkonstellationen schicksalsbestimmend sein. So hat man den Tierkreiszeichen Planeten, andere Tiere, Pflanzen, Länder, Städte usw. zugeordnet. Dem Widderzeichen sind beispielsweise zugeordnet: Mars und Sonne, Pferd, Wolf, Hund ... Pfingstrose, Mohn, Tabak, Pfeffer, Distel ... Albanien, Deutschland, England, Japan, Schweden ... Berlin, Birmingham, Braunschweig, Neapel, Verona usw. Darüber hinaus teilen die Sterndeuter die Zeichen in feurige, luftige, irdische und wässrige ein, ebenso in männliche und weibliche Typen. Danach ist der Widder ein männliches Zeichen, der Stier hingegen ein weibliches! Der Widder ist ein feuriges Zeichen, der Stier ein irdisches, die Zwillinge ein luftiges und der Krebs ein wässriges. An dieser Aufzählung erkennt man schnell, dass sich alle beliebigen Schicksalsdeutungen aus diesem Wust von Zuordnungen und Einteilungen vornehmen lassen. Psychologisch geschickte Sterndeuter mögen so ihre Klientel beeindrucken. Die gesamte Tierkreisastrologie ist ein Relikt der chaldäischen Magier, die zwar die Planetenpositionen oder Sonnen- und Mondfinsternisse berechnen konnten, im Übrigen aber glaubten, die Gestirne seien schicksalsbestimmende Gottwesen. Für die Astronomen sind die Tierkreiszeichen jedoch nichts anderes als eine etwas antiquierte Angabe für die ekliptikale Länge eines Gestirns.

Juni 2002

Die Sonne erklimmt am 21. um 15^h24^m MESZ den Gipfel ihrer Jahresbahn – der astronomische Sommer hält Einzug. Venus und Jupiter sind nach Einbruch der Dunkelheit tief am Nordwesthorizont zu sehen. Die ringförmige Sonnenfinsternis vom 10./11. bleibt von Mitteleuropa aus unbeobachtbar.

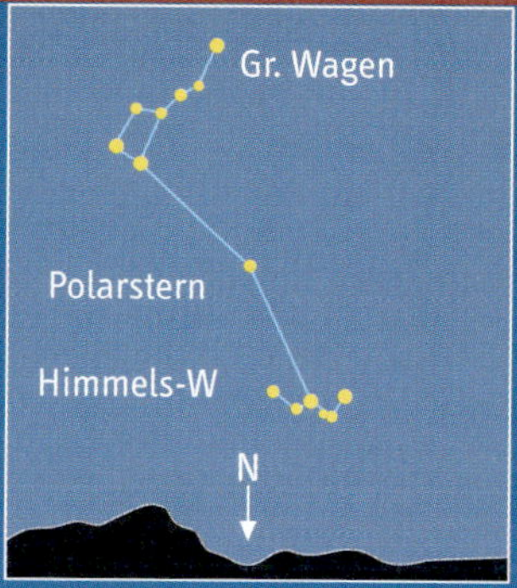

Großer Wagen und Himmels-W Anfang Juni um 22^h

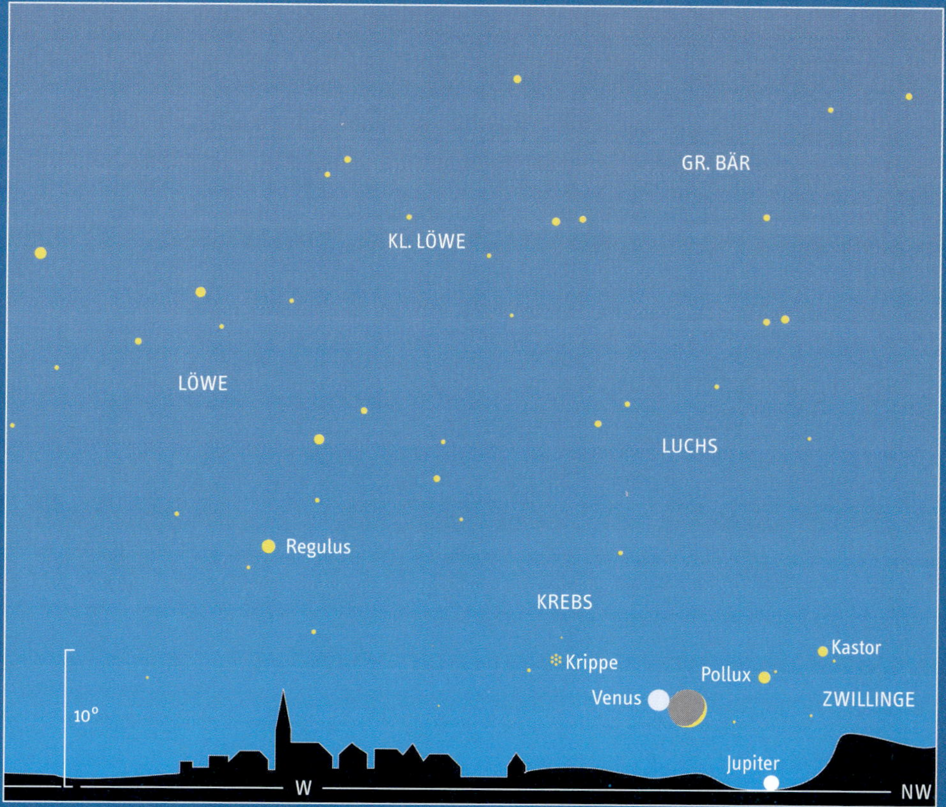

6.1 Anblick des abendlichen Sternenhimmels am 13. Juni gegen 22^h MEZ (= 23^h MESZ): Knapp über dem Nordwesthorizont sind die beiden hellsten Planeten, Venus und Jupiter, sowie die zunehmende Mondsichel auszumachen.

Sonnenlauf

21.6. 14ʰ24ᵐ
Sonne tritt in das Tierkreiszeichen Krebs
21.6. 19ʰ
Sonne tritt in das Sternbild Zwillinge

Julianisches Datum am
1. Juni, 1ʰ MEZ: 2 452 426,5

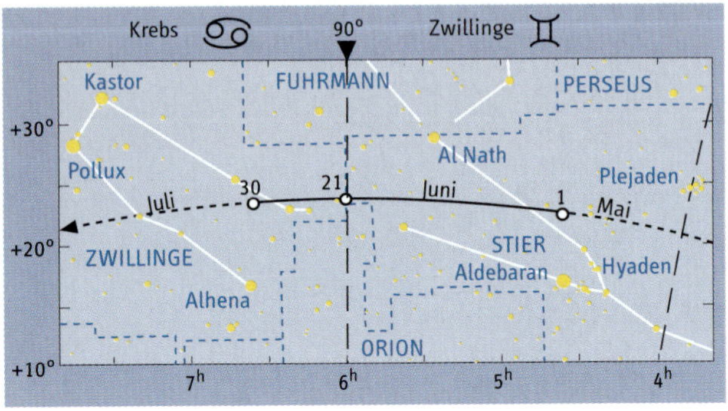

Tag	Dämmerg. Anfang	Aufgang MEZ	Kulmination	Untergang MEZ	Dämmerg. Ende	Mittagshöhe	Zeitgleichg.	Rektaszension	Deklination
	h m	h m	h m	h m	h m	°	m	h m	°
1.	2 33	4 16	12 18	20 20	22 04	62,1	+2	4 35	+22,0
5.	2 28	4 13	12 18	20 24	22 10	62,6	+2	4 51	+22,5
10.	2 23	4 11	12 19	20 28	22 16	63,0	+1	5 12	+23,0
15.	2 21	4 10	12 20	20 31	22 21	63,3	0	5 33	+23,3
20.	2 20	4 10	12 21	20 33	22 23	63,4	−1	5 53	+23,4
25.	2 22	4 12	12 23	20 33	22 23	63,4	−3	6 14	+23,4
30.	2 25	4 14	12 24	20 33	22 21	63,2	−4	6 35	+23,2

Tages- und Nachtstunden

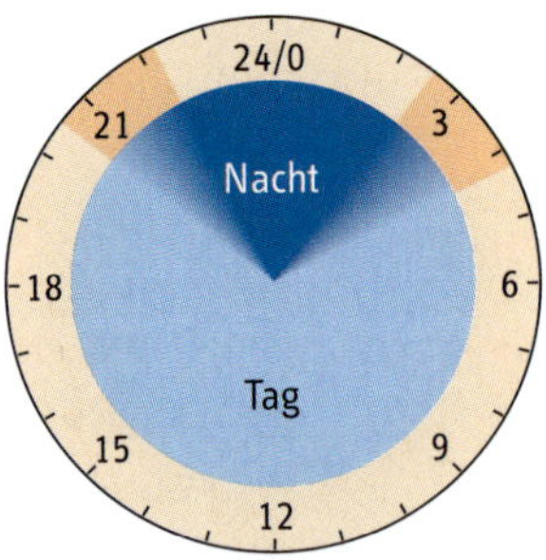

5. Juni

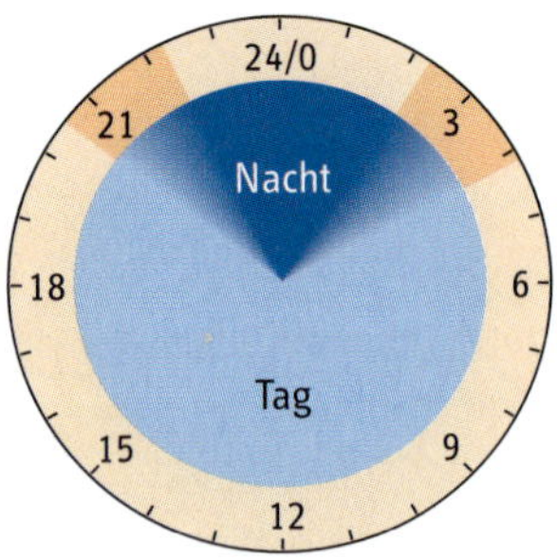

15. Juni

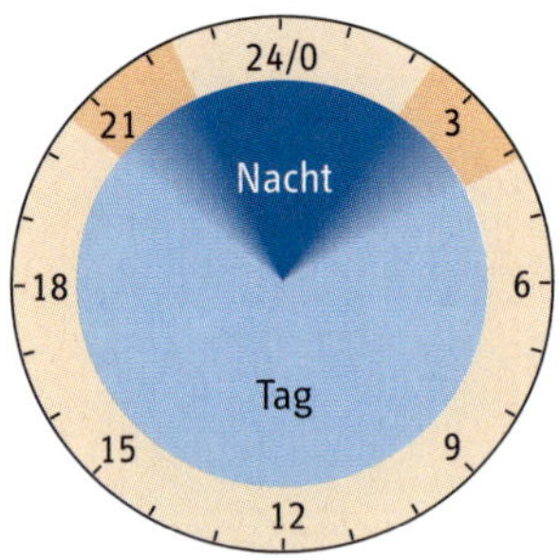

25. Juni

Mondlauf

Datum		Aufg. MEZ	Kulmination	Unterg. MEZ	Rektaszension	Deklination	Sterne und Sternbilder	Phase	MEZ
		h m	h m	h m	h m	°			
Sa	1.	0 53	5 19	9 53	21 27	−19,8	Steinbock		
So	2.	1 17	6 04	11 01	22 16	−16,1	Wassermann		
Mo	3.	1 36	6 47	12 09	23 02	−11,8	Wassermann	**Letztes Viertel**	**1^h05^m**
								Größte Südbreite	
Di	4.	1 53	7 28	13 15	23 47	− 7,2	Wassermann	Erdferne 405/29,'5	14^h
Mi	5.	2 09	8 09	14 21	0 30	− 2,2	Walfisch		
Do	6.	2 24	8 49	15 27	1 13	+ 2,8	Fische		
Fr	7.	2 40	9 31	16 35	1 57	+ 7,8	Fische		
Sa	8.	2 59	10 14	17 45	2 42	+12,5	Widder		
So	9.	3 20	11 01	18 57	3 31	+16,9	Stier		
Mo	10.	3 48	11 52	20 09	4 22	+20,5	Stier, Hyaden	Aufsteigender Knoten	
Di	11.	4 23	12 46	21 16	5 16	+23,3	Stier, Al Nath	**Neumond**	**0^h46^m**
								Libration Ost	
Mi	12.	5 09	13 43	22 16	6 14	+24,8	Zwillinge		
Do	13.	6 08	14 40	23 05	7 13	+24,9	Zwillinge		
Fr	14.	7 18	15 38	23 44	8 13	+23,6	Krebs, Krippe		
Sa	15.	8 36	16 33	–	9 11	+20,8	Krebs, Krippe		
So	16.	9 57	17 26	0 14	10 08	+16,8	Löwe, Regulus		
Mo	17.	11 18	18 17	0 39	11 02	+11,9	* Löwe	Größte Nordbreite	
Di	18.	12 39	19 07	1 00	11 55	+ 6,3	Jungfrau	**Erstes Viertel**	**1^h29^m**
Mi	19.	13 59	19 56	1 19	12 46	+ 0,3	* Jungfrau	Erdnähe 369/32,'4	8^h
Do	20.	15 20	20 46	1 38	13 38	− 5,7	* Spica		
Fr	21.	16 42	21 38	1 59	14 31	−11,4	Waage		
Sa	22.	18 03	22 32	2 23	15 25	−16,4	Waage		
So	23.	19 21	23 29	2 53	16 22	−20,5	Antares	Absteigender Knoten	
Mo	24.	20 32	–	3 31	17 20	−23,4	Schlangenträger	**Vollmond**	**22^h42^m**
Di	25.	21 31	0 27	4 20	18 20	−24,9	Schütze	Libration West	
Mi	26.	22 17	1 24	5 18	19 18	−24,9	Schütze, Nunki		
Do	27.	22 52	2 18	6 24	20 15	−23,5	Steinbock		
Fr	28.	23 19	3 10	7 34	21 09	−20,9	Steinbock		
Sa	29.	23 41	3 57	8 45	21 59	−17,5	Steinbock		
So	30.	23 59	4 42	9 53	22 47	−13,3	Wassermann	Größte Südbreite	

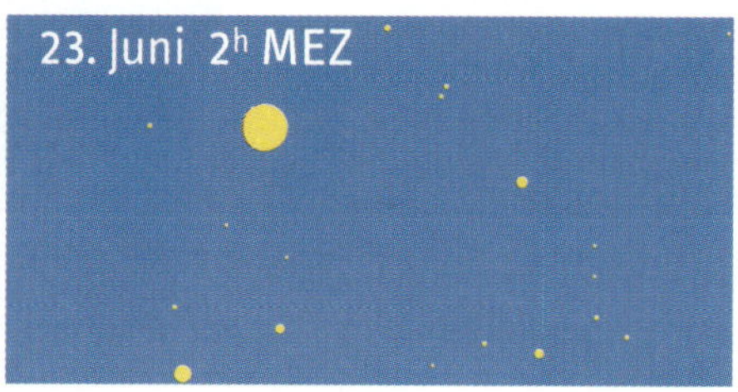

Planetenlauf

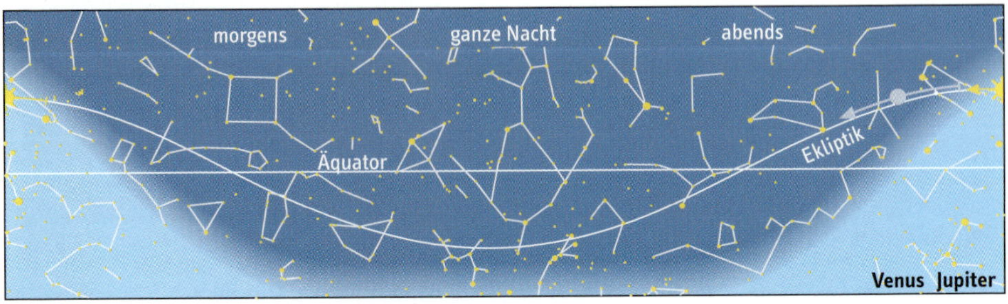

Merkur entfernt sich zu Monatsbeginn rasch rückläufig von der Sonne. Am 8. wird der sonnennahe Planet stationär und wandert anschließend wieder rechtläufig durch den Tierkreis (siehe auch Abb. 4.5 auf Seite 87), wobei er am 24. Aldebaran im Stier 2° nördlich passiert. Am 21. steht Merkur mit 22° 44' Winkelabstand in größter westlicher Elongation von der Sonne. Zu einer Morgensichtbarkeit kommt es diesmal nicht. Merkur bleibt im Juni unsichtbar.

Venus ist auffälliges Gestirn am westlichen Abendhimmel. Am 3. treffen sich Venus und Jupiter im Sternbild Zwillinge (Abb. 6.1 auf Seite 115). Die beiden hellsten Planeten liefern einen eindrucksvollen Himmelsanblick am abendlichen Westhimmel. Zu ihnen gesellt sich am 13. die schmale Sichel des zunehmenden Mondes (siehe Abb. 6.1 auf Seite 115). An Pollux in den Zwillingen wandert Venus am 9. in 5° südlichem Abstand vorbei. Zu Monatsende wechselt Venus in das Sternbild Löwe. Die Untergänge der $-4\overset{m}{,}0$ hellen Venus erfolgen am 1. um $23^h\,00^m$, am 15. um $22^h\,58^m$ (= $23^h\,58^m$ Sommerzeit) und am 30. um $22^h\,41^m$. Das Planetenscheibchen wächst bis Monatsende auf bescheidene 15″ Durchmesser an und zeigt sich am 21. zu 75 % beleuchtet.

Mars hat sich vom Abendhimmel zurückgezogen und bleibt unbeobachtbar. Unser äußerer Nachbarplanet strebt seiner Konjunktionsstellung mit der Sonne zu, die er aber erst im August erreichen wird.

Jupiter, rechtläufig in den Zwillingen, zieht sich vom Abendhimmel zurück und wird um die Monatsmitte unbeobachtbar. Am 3. überholt Venus den Riesenplaneten in $1\overset{\circ}{,}7$ nördlichem Abstand. Einen netten Himmelsanblick, vor allem im Fernglas, bieten damit die beiden hellsten Planeten am irdischen Firmament (Abb. 6.2 unten). Am 1. geht Jupiter um $22^h\,56^m$ unter und am 15. sinkt der $-1\overset{m}{,}8$ helle Riesenplanet um $22^h\,11^m$ unter die Horizontlinie. Nach dem 15. wird man mit bloßen Augen vergebens nach dem Riesenplaneten suchen.

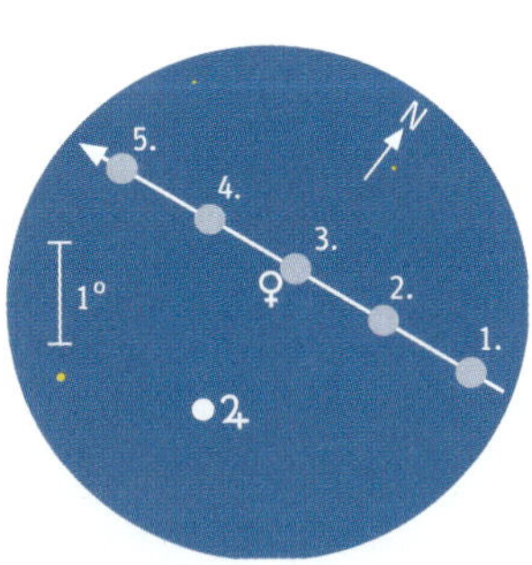

6.2 Venus zieht zu Monatsbeginn etwa $1\overset{\circ}{,}6$ nördlich am Riesenplaneten Jupiter vorbei. Fernglasanblick bei 5° Gesichtsfelddurchmesser.

Saturn im Stier hat sich von der nächtlichen Himmelsbühne verabschiedet. Am 9. wird er von der Sonne eingeholt und steht in Konjunktion mit ihr. Der Ringplanet hält sich am Taghimmel auf und bleibt nachts unbeobachtbar. Am Tag der Konjunktion trennen Saturn 1505 Millionen Kilometer (= 10,06 AE) von der Erde.

Uranus bleibt am 3. im Sternbild Wassermann stehen und setzt zu seiner Oppositionsschleife an. Die Opposition wird im letzten Augustdrittel erreicht. Nach seinem Stillstand wandert Uranus kaum merklich rückläufig im Wassermann (siehe Abb. 8.4 auf Seite 151). Der grünliche Planet verlegt seine Aufgänge in die Zeit weit vor Mitternacht. Am 1. geht Uranus um $0^h\,46^m$ (= $1^h\,46^m$ Sommerzeit) auf, am 15. um $23^h\,47^m$ und am 30. bereits um $22^h\,47^m$. Die beste Zeit, um Uranus mit dem Feldstecher oder Fernrohr zu erjagen, ist die Zeit um seinen Meridiandurchgang. Im Juni ist es aber dann schon zu hell. Am 30. kulminiert Uranus um $3^h\,52^m$, die Sonne geht aber schon um $4^h\,14^m$ auf. Erst im August sind die Beobachtungsverhältnisse günstiger und Uranus in Meridiannähe beobachtbar, wenn er seine größte Höhe über dem Horizont erreicht.

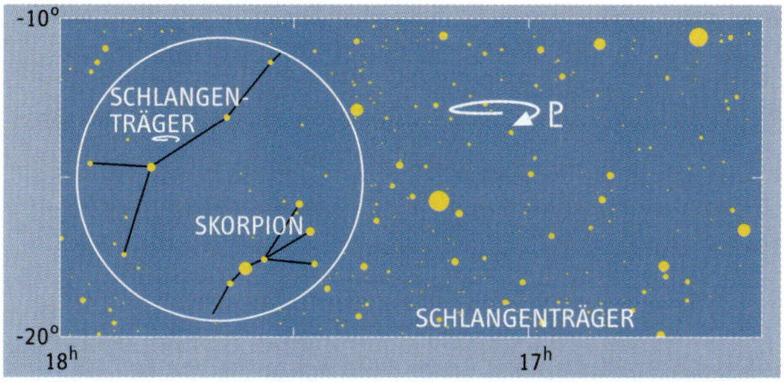

6.3 Lage der Oppositionsschleife von Pluto im Sternbild Schlangenträger.

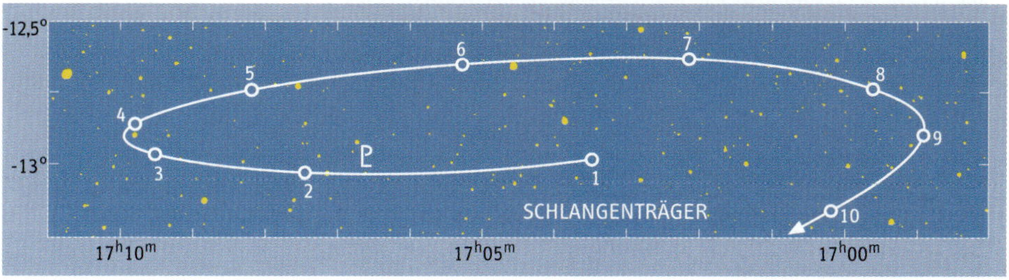

6.4 Scheinbare Bahn des Planeten Pluto im Jahre 2002.

Neptun, rückläufig im Zentralbereich des Steinbocks, strebt seiner Opposition zur Sonne entgegen, die er aber erst Anfang August erreicht. Der sonnenferne, bläuliche Planet verlagert seine Aufgänge zwar in die Zeit weit vor Mitternacht. Um ihn aufzusuchen, sind jedoch erst die Stunden nach Mitternacht zu empfehlen – bis er sich nämlich entsprechend hoch über den Horizont erhoben hat.
Der mit 7^m9 recht lichtschwache Planet geht am 1. um Mitternacht auf und kulminiert um 4^h 35^m, am 15. erfolgt sein Aufgang um 23^h 01^m, die Meridianpassage um 3^h 40^m und am Monatsletzten überschreitet Neptun schon um 22^h 01^m (= 23^h 01^m Sommerzeit) die Horizontlinie und passiert um 2^h 40^m die Mittagslinie. Zu Monatsende stört Mondlicht die Beobachtung von Neptun.
Pluto, der lichtschwächste der neun Planeten, steht am 7. im Sternbild Schlangenträger in **Opposition** zur Sonne. Der sonnenfernste und kleinste Planet unseres Sonnensystems erreicht auch nur eine scheinbare Oppositionshelligkeit von 13^m8. Nur mit leistungsstarken Teleskopen kann der ferne Planet gesehen werden (siehe auch Abb. 6.3 und 6.4 oben). Zur Opposition ist Pluto 4416 Millionen Kilometer (= 29,52 AE) von der Erde entfernt. Dies entspricht einer Lichtlaufzeit von vier Stunden und fünf Minuten. Von der Sonne trennen Pluto am Oppositionstag 4565 Millionen Kilometer oder 30,51 AE. Der scheinbare Plutodurchmesser beträgt nur etwa $0''1$. Somit erscheint er auch bei starker Vergrößerung nur als Punkt und nicht als Scheibchen wie die anderen Planeten (bei Übervergrößerung sieht man nur das Beugungsscheibchen und nicht den Plutoglobus). Sein einziger Mond Charon kann auch in großen Teleskopen nicht erkannt werden.

Periodische Sternschnuppenströme

Das zweite Maximum des **Scorpius-Sagittarius**-Stromes ist um den 14. Juni zu erwarten. Der Ausstrahlungspunkt oder Radiant liegt bei γ Sagittarii. Der Strom ist während des ganzen Monats aktiv. Wegen der geringen Höhe des Radianten sind Beobachtungen in unseren Breiten schwierig. Die beste Beobachtungszeit sind die Stunden um Mitternacht. Bei diesem Strom sind langsam fliegende Meteore (um 26 Kilometer pro Sekunde) zu registrieren.
Am 3. Juni erreichen die **Tau-Herkuliden** ihr Maximum. Dieser wenig bekannte und unauffällige Strom ist vom 19. Mai bis 14. Juni aktiv.
Am 8. und 9. Juni kann man nach den **Libriden** Ausschau halten. Der Radiant dieses Stromes liegt in der Waage.
Seit etwa zwanzig Jahren werden die **Juni-Lyriden** in der Zeit

vom 10. bis 20. Juni beobachtet. Ihr Ausstrahlungspunkt liegt in der Leier. Ein Ursprungskomet ist noch nicht bekannt.
Zwischen dem 25. Juni und dem 2. Juli tauchen die **Corviden** auf, deren Radiant im Sternbild Rabe liegt. Am 27. Juni erreicht die Corvidenaktivität ihr Maximum.
Um den 28. Juni sind die **Juni-Draconiden** zu erwarten. Der Radiant liegt im Sternbild des Drachen. Die Draconiden sind ein kometarischer Strom, der seinen Ursprung auf den Kometen 7P/Pons-Winnecke zurückführt.

Der Fixsternhimmel

Allmählich bemerkt man die Umstellung auf den Sommerhimmel. Die Wintersternbilder sind allesamt verschwunden, wenn man davon absieht, dass tief im Nordwesten noch Kapella und die Zwillingssterne Kastor und Pollux herumkrebsen. Das Frühlingsdreieck, bestehend aus Arktur, Regulus und Spica, ist in die westliche Hemisphäre des Firmaments gerückt. Im Osten ist dagegen das Sommerdreieck mit Wega, Deneb und Atair aufgegangen. Immer noch steil über unseren Köpfen steht der Große Wagen. Den Meridian hat er allerdings schon überschritten und bereitet sich auf seinen Abstieg vor.
In der nun recht spät einsetzenden Abenddämmerung erscheint im Südwesten als einer der ersten Sterne Arktur im Bootes. Auch dem Einsteiger in die Himmelskunde fällt sofort seine orangerote Farbe auf.
Fast gleichzeitig mit Arktur taucht in der beginnenden Dunkelheit die bläulich-weiß strahlende Wega auf. Die Wega ist der Hauptstern der Leier (α Lyrae). Sie ist 25 Lichtjahre von uns entfernt. Arktur und Wega sind somit die ersten Fixsterne, die in der hereinbrechenden Abenddämmerung zu sehen sind.

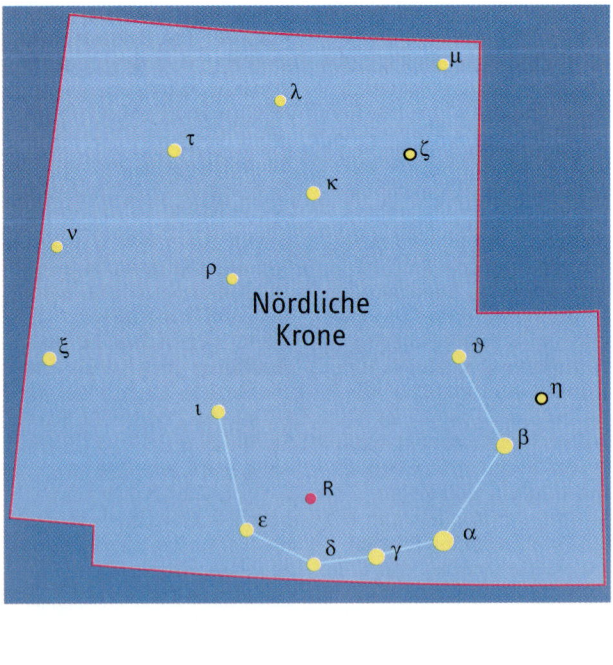

Im Westen neigt sich der Löwe seinem Untergang zu. Das Feld im Südwesten wird von der Jungfrau besetzt gehalten. Ihr Hauptstern Spica leuchtet gut sichtbar in bläulichem Licht halbhoch über dem Südwesthorizont.
Ein wenig östlich der Jungfrau stößt man auf die Waage, die eben den Meridian überquert hat. In der Antike deuteten die Sterne der Waage noch die Scheren des Skorpions an, der der Waage im Tierkreis folgt. Aus dieser Zeit leiten sich denn auch die arabischen Namen für die beiden hellsten Sterne der Waage ab: α Librae ($2\overset{m}{,}6$) heißt Zuben el Genubi (oder Eldschenubi), was „südliche Schere" bedeutet, und β Librae ($2\overset{m}{,}6$) wird Zuben el Chamali (oder Elschemali) genannt, was entsprechend „nördliche Schere" heißt. α Lib ist mit 78 Lichtjahren halb so weit entfernt wie β Lib, dessen Entfernung 160 Lichtjahre beträgt. α Lib ist im Übrigen ein schöner Doppelstern, der schon im Fernglas gut zu trennen, theoretisch sogar mit bloßen Augen doppelt zu sehen ist. α_1 ($2\overset{m}{,}8$) ist von α_2 Lib ($5\overset{m}{,}2$) fast vier Bogenminuten ($\rho = 231''$) entfernt.
In der Antike lag der Herbstpunkt im Sternbild Waage, weshalb der Herbstpunkt immer noch Waagepunkt genannt wird. Heute wandert die Sonne vom 31. Oktober bis 23. November durch die Waage.
Tief im Süden krabbelt der Skorpion mit dem intensiv rot leuchtenden Antares den Horizont entlang. Die rote Riesensonne Antares ist 450 Lichtjahre von uns entfernt. Nördlich des Skorpions stößt man auf das

6.5 Das Sternbild Nördliche Krone mit dem Veränderlichen R CrB.

6.6 Das Sternbild Nördliche Krone neben dem Bootes in dem Sternatlas von Johann Elert Bode aus dem Jahre 1782.

ausgedehnte, aber nur aus lichtschwachen Sternen bestehende Bild des Schlangenträgers mit der Schlange. Diese wird durch ihren Träger in zwei Teile zerlegt. Der östliche Teil markiert den Schwanz der Schlange. Er besteht im wesentlichen aus einer Sternenkette, die auf Atair deutet. Der westliche Teil bildet den Kopf der Schlange. Der Schlangenkopf passiert gerade den Meridian und blickt nach Norden zum kleinen, aber einprägsamen Sternbild Nördliche Krone (lat.: Corona Borealis). Die Nördliche Krone kulminiert ebenfalls gerade. Sie wird durch einen kleinen, aber auffallenden Halbkreis von Sternen dargestellt. Ein Stern in diesem Halbkreis hebt sich durch seine etwas größere Helligkeit deutlich von den anderen Sternen ab. Er heißt Gemma (α Coronae Borealis). Gemma kommt aus dem Lateinischen und heißt soviel wie Edelstein. 75 Lichtjahre trennen uns von Gemma. Wenig bekannt ist, dass Gemma ein Bedeckungsveränderlicher mit einer Periode von 17,4 Tagen ist. Die Amplitude beträgt aber nur eine Zehntel Größenklasse – Gemmas Helligkeit schwankt zwischen $2^{m}{,}2$ und $2^{m}{,}3$. Dies fällt dem Gelegenheitsbeobachter kaum auf.
Der klassischen Mythologie nach gehört die Krone zum Sagenkreis um Theseus, dem legendären König der Landschaft Attika und der Stadt Athen. Theseus ist Sohn des Meeresgottes Poseidon und der Königstochter Aithra. Als junger Held kommt er nach Athen und will die Einwohner von einem schrecklichen Tribut befreien: Alle neun Jahre müssen auf Forderung König Minos von Kreta sieben Jünglinge und sieben Mädchen dem fürchterlichen Minotaurus geopfert

Konstellationen und Ereignisse

Datum	MEZ	Ereignis
1.	19^h	Mond bei Uranus, Mond 4°,5 südlich
3.	8	Uranus im Stillstand, anschließend rückläufig
3.	19	**Venus bei Jupiter,** Venus 1°,7 nördlich, **Abstand 1°,7 um 22^h**
7.	6	**Pluto in Opposition** zur Sonne
8.	12	Merkur im Stillstand, anschließend rechtläufig
9.	12	Saturn in Konjunktion mit der Sonne
9.	15	Mond bei Merkur, Mond 2°,7 nördlich
10.	23	Mond bei Saturn, Mond 1°,4 nördlich
11.	1	Ringförmige Sonnenfinsternis – von Mitteleuropa unbeobachtbar (siehe auch Seite 27)
12.	13	Mond bei Mars, Mond 0°,9 nördlich
13.	5	**Mond bei Jupiter,** Mond 2°,5 nördlich, **Abstand 4°,8 um 22^h am 12.**
13.	22	**Mond bei Venus,** Mond 1°,5 nördlich, **Abstand 1°,0 um 22^h**
21.	$14^h\ 24^m$	**Sonne im Sommerpunkt, Sommersonnenwende**
21.	15	Merkur in größter westl. Elongation (23°)
24.	22	Halbschattenfinsternis des Mondes – von Mitteleuropa aus unbeobachtbar
27.	17	Mond bei Neptun, Mond 4°,4 südlich
29.	3	Mond bei Uranus, Mond 4°,4 südlich

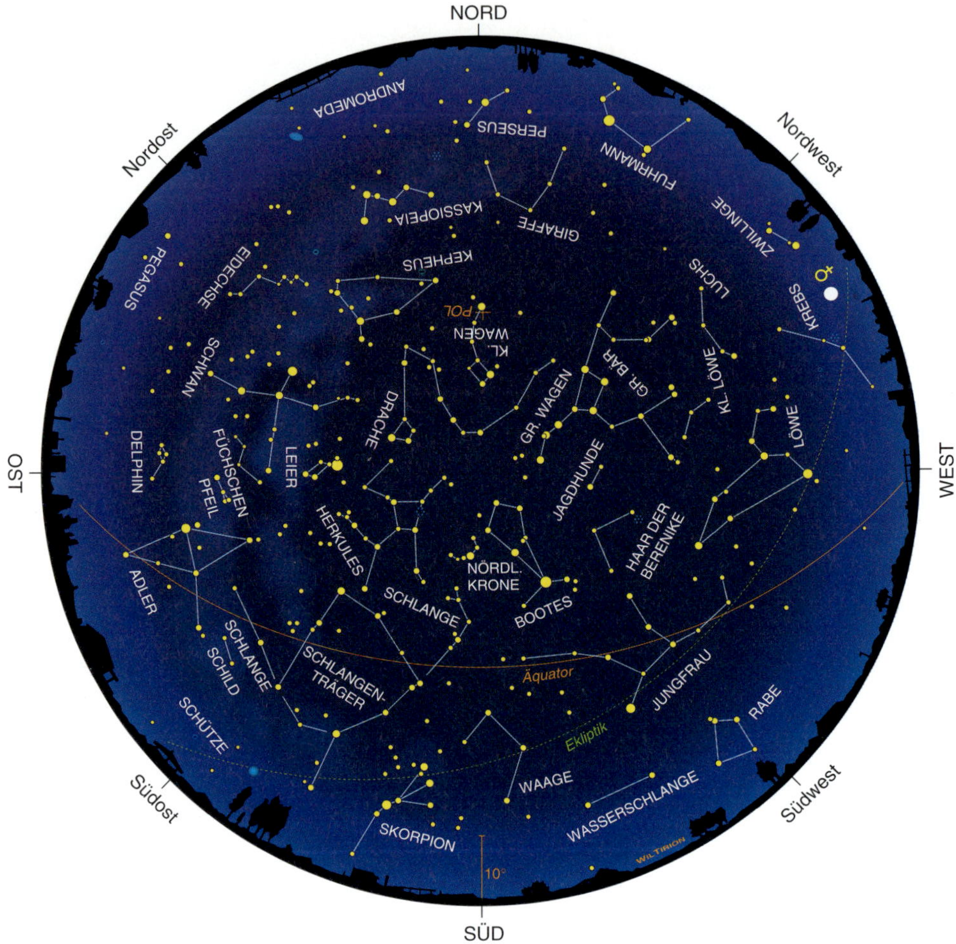

Sternenhimmel am 15. Juni um 22^h MEZ (23^h MESZ)

Fixsternhimmel auch gültig für:

	MEZ	MESZ
15. 2.	6^h	
1. 3.	5	
15. 3.	4	
1. 4.	3	4^h
15. 4.	2	3
1. 5.	1	2
15. 5.	0	1
1. 6.	**23**	**24**
15. 6.	**22**	**23**

werden. Der Minotaurus ist ein Ungeheuer, halb Mensch, halb Stier, das die tausend Irrgänge des Kretischen Labyrinths bewohnt. Theseus schifft sich mit den unglücklichen Opfern nach Kreta ein. Auf dem Weg nach Kreta gerät Theseus mit König Minos auf dem Schiff in Streit. Minos streift seinen goldenen Ring vom Finger und wirft ihn in die Fluten des Meeres. Wenn Theseus tatsächlich der Sohn des Meeresgottes sei, so solle er den Ring doch wiederbringen, meint Minos.

Theseus springt ins Meer und versinkt in den Fluten. Er wird von den Nereïden, den Töchtern des Meeresgottes, freundlich empfangen, die ihm den goldenen Ring des Minos überreichen. Außerdem erhält Theseus von der Meeresgöttin Amphitrite einen goldenen Kranz, besetzt mit funkelnden Edelsteinen, eben die Krone, geschenkt. Hersteller der Krone ist Hephaistos (römisch: Vulkanus), der Gott der Schmiedekunst. Er hat sie im Auftrag von Amphitrite aus Gold geschmiedet und

Veränderliche Sterne

Algol-Minima	5.	20^h43^m	20.	4^h47^m	23.	1^h36^m	28.	19^h13^m				
β-Lyrae-Minima	7.	2^h H	13.	13^h N	20.	1^h H	26.	12^h N				
δ-Cephei-Maxima	1.	4^h	6.	13^h	11.	22^h	17.	7^h	22.	15^h	28.	0^h

mit Edelsteinen besetzt. Theseus kehrt auf das Schiff des Minos zurück. In Kreta angekommen, erblickt Ariadne, die Tochter von Minos, den schönen und starken Theseus. Auf der Stelle verliebt sie sich in ihn. Um zu vermeiden, dass er sich im Labyrinth verirrt, gibt sie ihm einen Knäuel Faden, den Theseus mit dem einen Ende am Eingang festbindet und beim Gang ins finstere Labyrinth abwickelt.
Nach einiger Zeit hören Theseus sowie die unglücklichen Mädchen und Jünglinge ein schreckliches Gebrüll. Der Minotaurus stürzt heran und will ihnen den Garaus machen. Theseus trägt jedoch die Krone der Amphitrite auf dem Haupt, deren funkelnde Edelsteine das Untier so blenden, dass Theseus Zeit findet, sein Schwert tief in das Herz des Minotaurus zu stoßen. Ein letzter Schrei schallt schaurig durch die Gänge des Labyrinths, und der Minotaurus bricht tot zusammen. Mit Hilfe des Fadens der Ariadne hangelt sich Theseus mit seinen Schutzbefohlenen zum Ausgang, wo ihn Ariadne freudestrahlend umarmt. Theseus schenkt ihr daraufhin seine goldene Krone als Dank für ihre Hilfe.
Noch in der gleichen Nacht fliehen Ariadne und Theseus von der Insel Kreta. Denn dem Gott des Weines, Dionysos, war Ariadne als Braut versprochen worden. Als die beiden Flüchtlinge auf Naxos übernachten, erscheint die Göttin Athene dem Theseus und klärt ihn über das Verlöbnis der Ariadne auf. Theseus verlässt sofort alleine Naxos. Als Ariadne erwacht und merkt, dass sie allein gelassen wurde, bricht sie in Tränen aus. Dionysos erscheint, um sie zu trösten. Er nimmt ihr die Krone vom Haupt und schleudert sie gen Himmel, wo sie heute noch unter den Sternen zu sehen ist.

Venus vor der Sonnenscheibe

In gut zwei Jahren wird ein seltenes astronomisches Ereignis eintreten, eines, das noch kein heute lebender Mensch je selbst beobachten konnte und das wir alle nur vom Hörensagen kennen: Die Venus wird von der Erde aus gesehen vor die Sonne treten. Als dunkler Punkt wird unser innerer Nachbarplanet in fünfeinhalb Stunden vor der grellen Sonnenscheibe vorbeiziehen. Die Astronomen sprechen in so einem Fall von einem „Transit" oder „Durchgang". Der nächste Venustransit wird in den Vormittagstunden des 8. Juni 2004 erfolgen und bei klarem Wetter von Mitteleuropa aus sichtbar sein. Letztmals schob sich die Venus von der Erde aus betrachtet am 6. Dezember 1882 vor die Sonnenscheibe. Im 20. Jahrhundert fand überhaupt kein Venustransit statt.
Venusdurchgänge sind sehr seltene Himmelsereignisse. Während Merkur pro Jahrhundert dreizehn- bis vierzehnmal vor die Sonne tritt, so geschieht dies bei Venus nur maximal zweimal – oder auch überhaupt nicht wie im letzten Jahrhundert. Seit dem letzten Venusdurchgang haben zwei schreckliche Weltkriege die Menschheit heimgesucht, die Spaltung von Atomkernen gelang und brachte neue Gefahren, Menschen landeten erstmals auf dem Mond, Computer traten ihren Siegeszug an, die Welt ist durch Informationssysteme vernetzt, mit so genannten „Handys" ist inzwischen fast jedermann in unseren Kulturkreisen überall und jederzeit erreichbar, die Planeten wurden von irdischen, unbemannten Spähern erforscht – nur einen Venusdurchgang hat noch niemand der heute lebenden Generation beobachten können.

Venustransite sind selten

Merkur und Venus laufen auf engeren Bahnen um die Sonne als die Erde. Zu einem Transit kann es dabei nur kommen, wenn Merkur oder Venus zwischen Sonne und Erde tritt. Dies bedingt die Konstellation „untere Konjunktion". Bei einer unteren Konjunktion stehen Sonne – Planet – Erde in einer geraden Linie, wobei sich der Planet zwischen Sonne und Erde befindet. Diese Position können nur Merkur und Venus einnehmen (siehe auch Abb. E.10 auf Seite 19). Wann kommt es nun

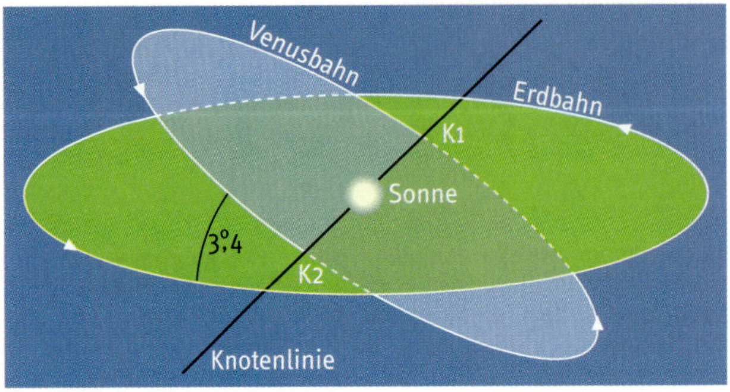

6.7 Die Venusbahn ist zur Erdbahnebene um 3°,4 geneigt. In den Punkten K1 (aufsteigender Knoten) und K2 (absteigender Knoten) schneidet sie die Erdbahn.

zu einer unteren Konjunktion? Bleiben wir bei Venus. Zu einer unteren Konjunktion der Venus kommt es immer dann, wenn unser innerer Nachbarplanet die Erde überholt. Venus läuft in 225 Tagen um die Sonne, die Erde braucht dafür etwas mehr als 365 Tage. Starten wir das Wettrennen bei einer unteren Konjunktion: Venus eilt der Erde voraus. Nach einem vollem Umlauf, also nach 225 Tagen, hat Venus wieder die gleiche Position erreicht – bezogen auf die Fixsterne. Man spricht daher von einem siderischen Umlauf (lat.: sidus, -eris = Gestirn, Stern). In dieser Zeit hat sich die Erde aber in ihrer Bahn weiterbewegt, und zwar hat sie mehr als die Hälfte eines vollen Sonnenumlaufs zurückgelegt. Nach 225 Tagen hat Venus zwar wieder die gleiche Position in ihrer Bahn erreicht, aber noch nicht die untere Konjunktion. Sie muss der Erde weiter nachlaufen, um sie einzuholen und damit wieder in untere Konjunktion zu kommen. Während dieser Zeit läuft die Erde aber wieder ein Stück weiter. Schließlich holt die Venus die Erde doch ein – im Gegensatz zur Meinung alter griechischer Sophisten, dass Achilles die zehnmal langsamere Schildkröte niemals einholen kann, denn immer wenn Achilles ein Stück Weges in schnellem Lauf durcheilt hat, so hat die Schildkröte ebenfalls wieder ein Zehntel dieses Wegstückes zurückgelegt, und das geht ad infinitum so weiter. Nicht bedacht haben die Sophisten dabei, dass eine Reihe aus *unendlich* vielen Termen auch einen *endlichen* Grenz-

Venustransite 1874–2498

Datum	1. Kontakt	2. Kontakt	Mitte	3. Kontakt	4. Kontakt	d	Knoten	Intervall
9. Dez. 1874	1^h49^m	2^h19^m	4^h07^m	5^h56^m	6^h26^m	+13′50″	A	8
6. Dez. 1882	13 56	14 17	17 06	19 55	20 15	−10 37	A	121,5
8. Juni 2004	5 15	5 34	8 21	11 08	11 27	−10 27	D	8
5./6. Juni 2012	22 11	22 29	1 31	4 33	4 51	+ 9 14	D	105,5
11. Dez. 2117	0 02	0 25	2 52	5 19	5 42	+12 04	A	8
8. Dez. 2125	13 19	13 43	16 06	18 29	18 52	−12 16	A	121,5
11. Juni 2247	8 51	9 12	11 42	14 13	14 34	−11 31	D	8
9. Juni 2255	1 17	1 34	4 48	8 01	8 18	+ 8 12	D	105,5
12./13. Dez. 2360	22 47	23 07	1 59	4 50	5 10	+10 26	A	8
10. Dez. 2368	12 45	13 15	15 00	16 46	17 16	−13 56	A	121,5
12. Juni 2490	12 02	12 25	14 40	16 54	17 18	−12 21	D	8
10. Juni 2498	4 12	4 28	7 49	11 09	11 25	+ 7 23	D	

Die Kontaktzeiten sind geozentrische Werte. Sie sind in Dynamischer Zeit angegeben (Erläuterungen siehe S. 17). Die Angaben sind auf Minuten gerundet. Addiert man zu den Kontaktzeiten eine Stunde, so erhält man ungefähr MEZ. Bei Gültigkeit der Sommerzeit sind zwei Stunden zu addieren. Gegenwärtig beträgt das ΔT (Abweichung der Weltzeit UT von der Dynamischen Zeit DT) etwa eine Minute.
Bis zum Jahre 2500 wird das ΔT allerdings schon auf 20^m angewachsen sein!

d – Gibt die Minimumsdistanz der Venus vom Sonnenscheibenmittelpunkt an. Ein „+“ bedeutet, Venus geht nördlich, ein „–“ Venus geht südlich des Sonnenscheibenmittelpunktes vorbei.

A – Aufsteigender Knoten (**A**scending Node)

D – Absteigender Knoten (**D**escending Node)

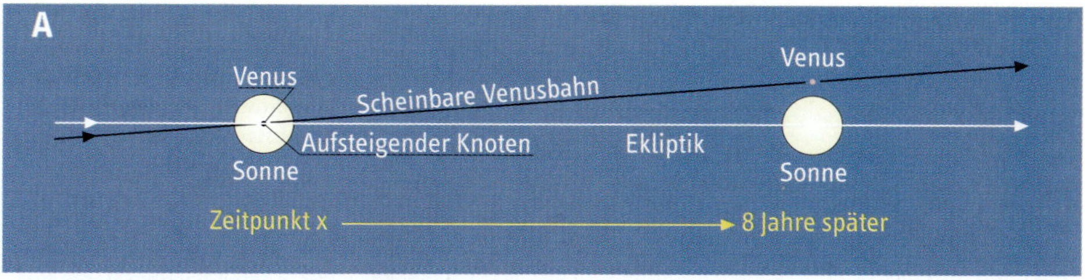

6.8 Steht Venus bei ihrem Transit in einem Knoten, so kommt es nach acht Jahren nicht wieder zu einem Transit (Teilbild A). Erfolgt der Venustransit jedoch kurz vor der Knotenpassage, so ereignet sich nach acht Jahren nochmals ein Transit (Teilbild B).

wert haben kann. Deshalb schnappt sich Achilles die Schildkröte trotz ihres ursprünglichen Vorsprungs sehr bald.

Das Problem zu kalkulieren, wann jeweils die Venus wieder die Erde einholt und damit in untere Konjunktion kommt, also die synodische Umlaufzeit zu ermitteln, gleicht der Frage: Nach welcher Zeit überholt der Minutenzeiger jeweils den Stundenzeiger einer Uhr? Wenn es zwölf Uhr ist, deuten beide Zeiger in die gleiche Richtung nach oben. Nach einer Stunde zeigt der Minutenzeiger wieder nach oben auf die Zahl „Zwölf", der Stundenzeiger deutet jedoch auf „1 Uhr". Er ist während einer Stunde um ein Zwölftel eines vollen Kreises, also um dreißig Grad weitergewandert.

Nach 65 Minuten zeigt der Minutenzeiger dann auf „1 Uhr", der Stundenzeiger ist aber in den weiteren fünf Minuten ebenfalls ein kleines Stück weitergerückt und zeigt nicht mehr auf „1 Uhr".

Also muss die Zeit zwischen zwei aufeinanderfolgenden Überholvorgängen beider Zeiger länger als 65 Minuten sein. Zur Lösung dieses Problems ist die simple Formel heranzuziehen: Weg = Geschwindigkeit mal Zeit. Nimmt man als Zeiteinheit die Stunde, so hat der Minutenzeiger die Geschwindigkeit von einem Umlauf pro Stunde, die Geschwindigkeit des Stundenzeigers ist jedoch erheblich geringer, nämlich 1/12 Umlauf pro Stunde. Der Minutenzeiger läuft also zwölfmal schneller. Die relative Geschwindigkeit beider Zeiger zueinander ist somit $(1 - 1/12) = 11/12$.

Ein voller *relativer* Umlauf beider Zeiger, wenn also nach einem Überholvorgang der Minutenzeiger abermals den Stundenzeiger überholt und beide in die gleiche Richtung zeigen, dauert somit $1 = 11/12 \times t$. Daraus folgt für die Zeit zwischen zwei aufeinanderfolgenden Überholvorgängen: $t = 12/11$ Stunden, das sind eine Stunde, fünf Minuten und 27,27... Sekunden. Somit überholt der Minutenzeiger alle $1^h\,5^m\,27^s{,}27...$ den Stundenzeiger.

Ganz ähnlich lässt sich die synodische Umlaufzeit der Venus berechnen, also die Zeit zwischen zwei aufeinanderfolgenden unteren Konjunktionen. In diesem Fall spielt die Venus die Rolle des Minutenzeigers, weil sie schneller als die Erde läuft. Die langsamere Erde fungiert als Stundenzeiger.

Die Venusgeschwindigkeit beträgt 1/224,7 siderische Umläufe pro Tag, die der Erde 1/365,256 siderische Umläufe pro Tag [1]). Daraus ergibt sich eine *relative* Geschwindigkeit von Venus gegenüber der Erde von $(1/224{,}7 - 1/365{,}256) = 0{,}00171257$ Umläufen pro Tag. Ein synodischer Venusdurchlauf dauert somit:

$1\,[U_{syn}] = 0{,}00171257 \times t_{syn}$ [Tage].

Es folgt daher: $t_{syn} = 1/0{,}00171257$, das sind 583,9169, also knapp 584 Tage. Alle 584 Tage kommt die Venus daher in untere Konjunktion,

1) Hier ist das siderische und nicht das tropische Jahr einzusetzen!

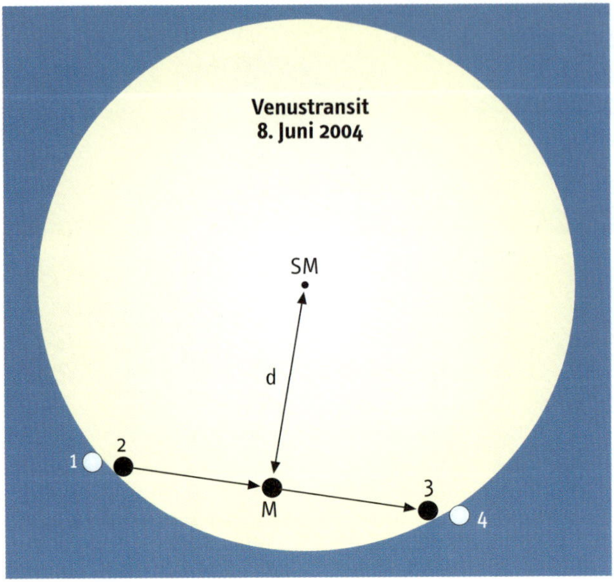

6.9 Verlauf des Venustransits vom 8. Juni 2004. Die Zahlen 1, 2, 3 und 4 bedeuten die Kontaktzeiten, M – Mitte des Transits, d – Minimalabstand der Venus vom Sonnenscheibenmittelpunkt SM.

das sind ein Jahr, sieben Monate und eine gute Woche.

Nun könnte man glauben, alle 584 Tage zieht die Venus als dunkler Punkt vor der Sonnenscheibe vorbei. Dem ist aber nicht so. In den meisten Fällen wandert die Venus nördlich oder südlich an der Sonne vorbei, wenn sie in untere Konjunktion kommt. Der Grund dafür, warum Venus nicht in jeder unteren Konjunktion vor der Sonne vorbeiwandert ist der gleiche, weswegen es nicht bei jedem Neumond zu einer Sonnenfinsternis kommt: Sowohl die Venus- als auch die Mondbahn sind leicht zur Ekliptik (= Erdbahnebene) geneigt. Die Neigung der Venusbahn zur Ekliptik beträgt dabei 3,°4 (siehe auch Abb. 6.7 auf Seite 124). Von der Erde aus betrachtet kann daher die Venus in unterer Konjunktion 9° nördlich oder südlich der Ekliptik stehen. Da die Sonne aber entlang der Ekliptik von Tag zu Tag ihren Weg von West nach Ost zurückgelegt und nur ein halbes Grad scheinbaren Durchmessers aufweist, kommt es nur selten vor, dass die Venus vor die Sonnenscheibe tritt. Damit es zu einem Venustransit kommt, muss unser innerer Nachbarplanet nicht nur in unterer Konjunktion stehen, sondern gleichzeitig in der Erdbahnebene oder nicht weiter als ein Viertelgrad von ihr entfernt. Venus muss sich also in den entscheidenden Stunden der unteren Konjunktion in oder nahe bei einem der beiden Schnittpunkte ihrer Bahn mit der Ekliptik aufhalten. Die Schnitt- oder Durchstoßpunkte einer Bahn mit der Ekliptikebene werden „Knoten" genannt. Passiert die Venus ihren aufsteigenden Knoten, so wechselt sie von der Süd- auf die Nordseite der Ekliptik. Geht sie durch den absteigenden Knoten, so strebt sie auf die Südseite der Erdbahnebene. Die Verbindung beider Knoten miteinander heißt Knotenlinie. Die Knotenlinie geht durch das Sonnenzentrum und teilt die Venusbahn in eine nördliche und eine südliche Hälfte. Die Knotenlinie dreht sich nur äußerst langsam, für einige hundert Jahre kann man die Knotenlinie fast als raumfest ansehen. Zur Zeit liegt die Knotenlinie so, dass der aufsteigende Knoten von der Erde aus betrachtet am 8. Dezember vor

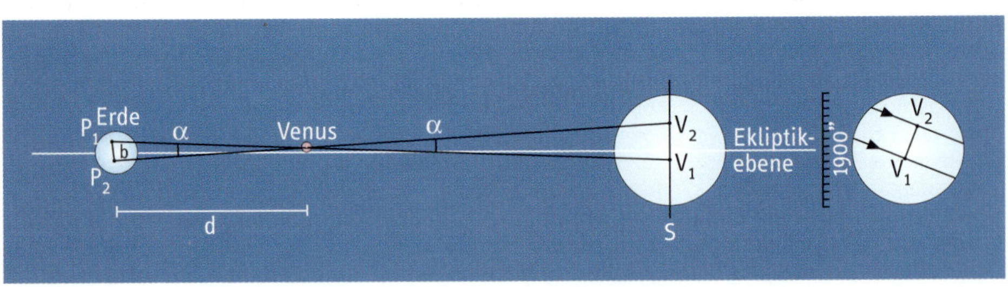

6.10 Zur Messung der Venusparallaxe. Nähere Erläuterungen siehe Text.

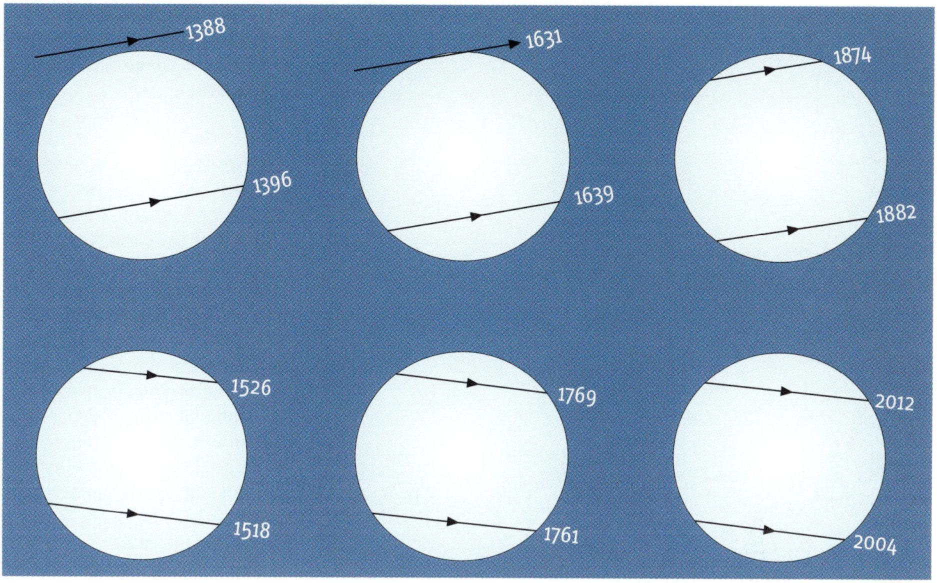

6.11 Venustransite von 1396 bis 2012.

der Sonne steht und der absteigende Knoten am 7. Juni. Wenn die Venus um diese Zeiten in untere Konjunktion kommt, dann erfolgt ein Transit, sie zieht als dunkler Punkt vor der Sonnenscheibe vorbei.
Wenn man also berechnen will, wann auf einen Venustransit der nächste folgt, so muss man nicht nur ermitteln, wann wieder die nächste untere Konjunktion eintritt, sondern auch, wann die Venus in unterer Konjunktion gleichzeitig in einem der beiden Knoten steht. Dabei ist folgender Zusammenhang von Bedeutung: 5 synodische Venusdurchläufe entsprechen ziemlich genau 8 siderischen Erdumläufen. Es sind 5 × 583,9169 Tage = 2919,5845 Tage, während 8 × 365,256 = 2922,048 Tage sind. Nach acht Jahren haben Venus, Erde und Sonne nahezu die gleiche Stellung zueinander *und* relativ zu den Fixsternen. Damit keine Verwechslung mit der synodischen Umlaufszeit zur Konfusion führt, ein Hinweis zum Uhrenbeispiel: Nach jeweils $1^h\,5^m\,27^s$ stehen Minuten- und Stundenzeiger zwar wieder in gleicher Position zueinander (dies entspricht der synodischen Umlaufszeit) aber sie zeigen nicht wieder die gleiche Richtung, zum Beispiel zur Zahl „12“ am Rand der Uhr. Erst nach zwölf Stunden stehen sie nicht nur in gleicher Position zueinander, sondern zeigen auch wieder in die gleiche Richtung. Nach acht siderischen Erdenjahren steht Venus nicht nur wieder in unterer Konjunktion, sondern die Linie Sonne – Venus – Erde hat wieder die gleiche Raumlage, sie zeigt also wieder zu den gleichen Fixsternen. Steht Venus in unterer Konjunktion und gleichzeitig im aufsteigenden Knoten, so tritt diese Konstellation nach acht Jahren wieder ein. Allerdings nicht genau, denn die Venus ist ein wenig schneller: Nach fünf unteren Konjunktionen (2919,5845 Tagen) bleibt die Erde um 2,46 Tage zurück (8 siderische Jahre sind 2922,048 Tage). Venus hat dann ihren Bahnknoten schon passiert und steht 22′ nördlich der Ekliptik. Da der scheinbare Sonnenradius aber nur 16′ beträgt, so kommt es nicht mehr zu einem Transit (im Falle des absteigenden Knotens steht die Venus dann südlich der Ekliptik). Es kommt nur dann nach acht Jahren wieder zu einem Transit, wenn der erste noch deutlich vor dem Knoten liegt, so dass nach acht Jahren Venus sich noch nicht weit genug vom Knoten entfernt hat, wenn sie in untere Konjunktion kommt (siehe auch Abb. 6.8 auf Seite 125).
Nimmt man den Idealfall an, dass sich Venus und Erde genau auf einer Kreisbahn bewegen, was bei der Venus weitgehend der Fall ist, und lässt die Störungen der anderen Planeten unberücksichtigt, so wandert die Position, in der Venus ihre untere Konjunktion erreicht, in 121,5 Jahren vom aufsteigenden

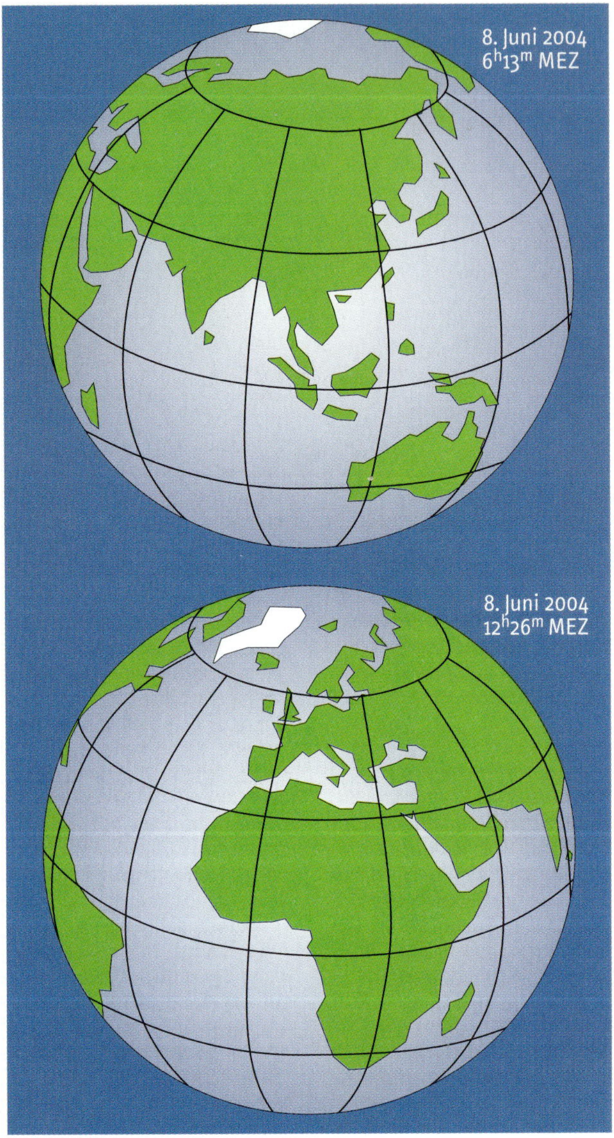

6.12 Stellung der Erde relativ zur Venus bei geozentrischem Beginn und Ende des Venustransits vom 8. Juni 2004.

zum absteigenden Knoten. Das bedeutet, nach dieser Zeit erfolgt abermals ein Venustransit. Somit ergibt sich, dass Venustransite in Intervallen von 8 und 121,5 Jahren auftreten können. Das ist aber noch nicht die ganze Wahrheit. Zu berücksichtigen ist außerdem, dass sowohl die Erde als auch die Venus nicht auf Kreis- sondern auf Ellipsenbahnen die Sonne umrunden. Zwar ist die Venusbahn fast kreisförmig, aber eben nur fast. Eine Folge davon ist, dass die Planeten in Sonnennähe schneller laufen als in Sonnenferne. Dies folgt aus dem 2. Keplergesetz der Planetenbewegungen. Zudem bewirkt die elliptische Erdbahn, dass der scheinbare Durchmesser der Sonne Anfang Januar ein wenig größer ausfällt als im Juli, da die Sonne uns im Januar näher ist. Beide Effekte zusammen bewirken eine Beschleunigung der Wiederkehr eines Transits um sechzehn Jahre, das sind zehn synodische Venusperioden, wenn der Wechsel vom absteigenden zum aufsteigenden Knoten, also von einem Transit im Juni zu einem Transit im Dezember erfolgt. Dann folgt bereits nach 105,5 Jahren der nächste Venustransit. Auf den Venustransit vom 6. Juni 2012 folgt nach 105,5 Jahren, nämlich am 11. Dezember 2117, bereits der nächste Transit. Es ergibt sich damit eine Gesamtperiode von 243 Jahren für einen vollen Transitzyklus. Nach zwei Dezembertransiten im aufsteigenden Knoten im Abstand von acht Jahren folgen nach 121,5 Jahren zwei Juni-Transite im absteigenden Knoten, ebenfalls im Abstand von acht Jahren. Dann dauert es 105,5 Jahre, bis der nächste Dezember-Transit eintritt, dem nach acht Jahren ein weiterer folgt.

Nicht immer folgen Venustransite in achtjähriger Doppelfolge. Manchmal verpasst Venus die Sonnenscheibe ganz knapp. So sollte beispielsweise am 26. November 1388 (Datum im Julianischen Kalender) ein Transit erfolgen, dem acht Jahre später, am 23. November 1396 ein weiterer folgte. Doch 1388 ging die Venus knapp nördlich der Sonnenscheibe vorbei, es fand kein Transit statt.

Der gegenwärtige Venustransit-Zyklus von 8 – 121,5 – 8 – 105,5 = 243 Jahren begann am 7. Dezember 1631 (dieser Transit wurde von Johannes Kepler berechnet und vorhergesagt) und wird am 14. Juni 2984 enden. Später folgen dann eine Reihe von Einzeltransiten im Dezember, ohne eine Wiederholung nach acht Jahren im Dezember. Auf lange Sicht gesehen verschieben sich die Daten der Venustransite, sie geschehen nicht auf ewige Zeiten Anfang Juni und Anfang Dezember. Wie schon vorhin erwähnt, dreht sich nämlich die Knotenlinie der Venus, wenn auch langsam. Eine volle Rotation der Knotenlinie erfolgt in 63 220 Jahren. Pro Jahr ergibt das eine Drehung um 20,″5. Hinzu kommt die Präzession der Erde: Der Frühlingspunkt verschiebt sich *retrograd* um 50,″3 pro Jahr. Da auch die Drehung der Venusknotenlinie *retrograd* erfolgt, so ergibt die Kombination beider Bewegungen eine leichte prograde (also von West nach Ost!) Bewegung der Venusknoten in der Ekliptik von 29,″8 (= 50,″3 – 20,″5). Um knapp 30″ nehmen also die geozentrischen ekliptikalen Längen der Venusknoten pro Jahr zu. Es dauert somit jedes Jahr ein wenig länger (als ein *tropisches* Jahr), bis die Erde wieder die Knotenlinie beim aufsteigenden Knoten passiert. In einem kompletten Venustransit-Zyklus von 243 Jahren bedeutet dies eine Verspätung von etwa zwei Tagen, bis die Erde wieder den gleichen Knoten passiert. So erfolgte der Venustransit 1639 am 4. Dezember, der von 1882 am 6. Dezember und der von 2125 wird dann am 8. Dezember eintreten.
Nach dem Jahr 4000 rücken eines Tages die Dezember-Transite in den Januar und die Juni-Transite in den Juli hinein. Vorher kommt es noch zu einem Transit am 1. Weihnachtsfeiertag. Im Jahre 3818 ereignet sich am 25. Dezember ein fast exakt zentraler Transit; das bedeutet, Venus wird knapp am Scheibenmittelpunkt der Sonne vorbeiwandern. Da die Sonne im Winter auch in Erdnähe ist, so wird dieser Transit die maximal mögliche Länge von acht Stunden und neun Minuten erreichen. Der letzte zentrale Transit fand am 23. November 424 statt, der übernächste wird erst am 11. Juli 5900 zu verfolgen sein. Ein etwas kurioser Transit wird 2854 am 14. Dezember eintreten. Geozentrisch betrachtet verpasst die Venus gerade die Sonnenscheibe, es kommt zu keinem Transit. Von der Antarktis aus beobachtet ereignet sich ein *streifender* Venusdurchgang, die Venus wird nur partiell ein Stück vom Sonnenrand bedecken.

Das Schauspiel

Im Gegensatz zu einer Sonnenfinsternis, bei der sich die Mondscheibe von West nach Ost über die Sonne schiebt, ziehen bei einem Transit Merkur und Venus stets von *Ost nach West* über die Sonnenscheibe, da sich ein Planet in unterer Konjunktion rückläufig bewegt.
Üblicherweise werden bei Transiten vier Kontaktzeiten berechnet und gemessen sowie die „Mitte" des Ereignisses angegeben, also der Zeitpunkt, zu dem der Planet den geringsten Abstand vom Scheibenmittelpunkt hat. Der erste Kontakt stellt die äußere Berührung des Planetenscheibchens mit dem Sonnenrand dar (siehe auch Abb. 6.9). Beim zweiten Kontakt steht das Planetenscheibchen zur Gänze innerhalb der Sonnenscheibe und berührt den Sonnenrand von innen. Zur Transitmitte (M) wird die geringste

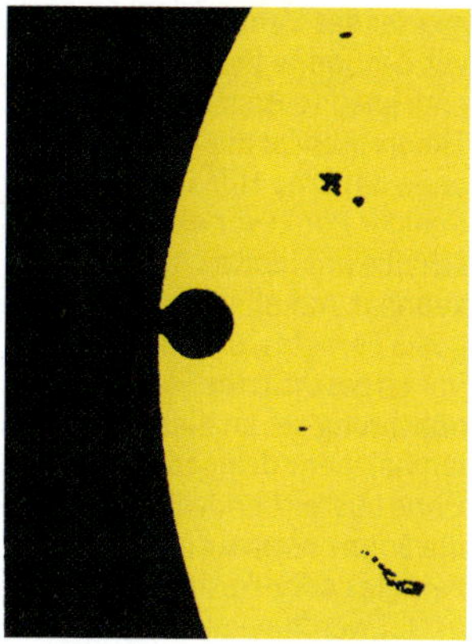

6.13 Das Tropfenphänomen erschwert die genaue Erfassung der Kontaktzeiten.

Entfernung Planet – Sonnenscheibenmittelpunkt erreicht. Berührt der Planet dann den Sonnenrand abermals von innen, so spricht man vom dritten Kontakt. Die letzte Berührung von außen, das endgültige Ablösen des Planetenscheibchens vom Sonnenrand, wird als vierter Kontakt notiert. Die genaue Erfassung der Kontaktzeiten ist schwierig, insbesondere beim zweiten und dritten Kontakt. Hier tritt bei visueller Beobachtung ein physiologisches Phänomen auf, das unter der Bezeichnung *Schwarzer Tropfen* bekannt ist. Nach dem zweiten Kontakt scheint sich das Planetenscheibchen nicht vom Sonnenrand lösen zu wollen. Eine dunkle Brücke bleibt für einige Zeit bestehen, man gewinnt den Eindruck eines schwarzen Tropfens. Reißt diese dunkle Verbindung endlich ab, so ist das Planetenscheibchen schon ein ganzes Stück vom Sonnenrand entfernt und die eventuell erfolgte Zeitmessung verfälscht. Auch beim dritten Kontakt tritt das Tropfenphänomen auf.
Der scheinbare Winkeldurch-

messer des Venusscheibchens vor der Sonne beträgt 59″, also eine knappe Bogenminute. Theoretisch ist die Venus somit ohne optische Hilfsmittel als dunkler Punkt vor der Sonnenscheibe mit bloßen Augen erkennbar. Auf alle Fälle reicht ein gutes Fernglas, um sie zu sehen. Vor **ungeschützter Sonnenbeobachtung** sei an dieser Stelle einmal mehr **dringend gewarnt**. Ohne ausreichende Filter darf die Sonne **niemals** mit einem Fernglas oder Fernrohr beobachtet werden – auch nicht in Horizontnähe, wo das Licht scheinbar durch Dunstschichten genügend gefiltert ist! Am besten benutze man die Projektionsmethode, indem man das Sonnenbild am okularseitigen Ende des Teleskops auf einen weißen Schirm projiziert.
Venusdurchgänge sind von der gesamten der Sonne zugekehrten Erdhälfte beobachtbar. Da die Venustransite einige Stunden dauern, kann von mehr als der halben Erdoberfläche aus ein Transit – zumindest teilweise – verfolgt werden. Die Kontaktzeiten sind allerdings ortsabhängig. Üblicherweise werden in den Ephemeridentabellen die *geozentrischen* Kontaktzeiten vermerkt. Aus ihnen kann man schnell entnehmen, ob in einer bestimmten Gegend der vorausberechnete Venustransit beobachtbar ist oder nicht – die Sonne muss über dem Horizont stehen! So wandert die Venus geozentrisch gesehen am 8. Juni 2004 von $6^h\,13^m$ MEZ bis $12^h\,26^m$ MEZ vor der Sonnenscheibe vorbei. Für unseren zentralen Ort in Deutschland erfolgt der Sonnenaufgang am 8. Juni bereits um $4^h\,12^m$. Somit ist der gesamte Verlauf des Venustransits von 2004 von Mitteleuropa aus beobachtbar. Am 5./6. Juni 2012 erfolgt der geozentrische Venustransit von $23^h\,12^m$ bis $5^h\,53^m$ MEZ – lediglich das Ende dieses Ereignisses kann man von Deutschland aus beobachten! Am 11. Dezember 2117 dauert der Venustransit von $1^h\,03^m$ bis $6^h\,44^m$. Damit bleibt er von Mitteleuropa aus völlig unbeobachtbar. Am 8. Dezember 2125 beginnt der Venusdurchgang um $14^h\,19^m$, was in unserer Gegend gut beobachtbar ist. Der 4. Kontakt, also das Ende, tritt um $19^h\,54^m$ ein, zu einer Zeit also, zu der die Sonne bei uns schon untergegangen ist. Erst der Venustransit vom 11. Juni 2247 wird von Mitteleuropa aus wieder vollständig beobachtbar sein, findet er doch von $9^h\,57^m$ bis $15^h\,38^m$statt.
Da die Venus in unterer Konjunktion nur rund 40 Millionen Kilometer von der Erde entfernt ist – dies ist die geringste Entfernung eines Planeten von der Erde – zeigt sie eine relativ große Parallaxe. Die Sehne, die die Venus während ihres Vorübergangs vor der Sonnenscheibe erzeugt, fällt für unterschiedliche Beobachtungsorte verschieden aus (siehe auch Abb. 6.10). Damit variieren auch die Kontaktzeiten um einige Minuten von Ort zu Ort. Um beim nächsten Venusdurchgang vom 8. Juni 2004 zu bleiben: In Berlin erfolgt der 1. Kontakt um $6^h\,19^m\,40^s$, der letzte um $12^h\,22^m\,53^s$ MEZ. Der Transit dauert somit in Berlin sechs Stunden, drei Minuten und 13 Sekunden.
In Bombay hingegen beginnt der Venustransit um $6^h\,16^m\,13^s$ und endet um $12^h\,21^m\,36^s$, das sind sechs Stunden fünf Minuten und 23 Sekunden Dauer. In Sydney tritt die Venus um $6^h\,07^m\,20^s$ vor die Sonnenscheibe, in Buenos Aires erfolgt der vierte Kontakt um $12^h\,32^m\,48^s$ (alle Zeiten MEZ).
Aus den unterschiedlichen Pfaden, die die Venus vor der Sonnenscheibe zurücklegt, und den differierenden Kontaktzeiten für die einzelnen Beobachtungsorte lässt sich die Venusdistanz direkt trigonometrisch ermitteln. Darauf hat schon der königliche britische Astronom Sir Edmond Halley im Jahre 1716 hingewiesen. Aus Beobachtungen eines Venustransits von verschiedenen Punkten der Erde aus lässt sich die Entfernung Erde – Venus trigonometrisch in Meilen beziehungsweise Kilometern bestimmen. Da die relativen Entfernungen im Sonnensystem aufgrund des 3. Keplergesetzes aus den Umlaufzeiten der Planeten bestimmbar sind, ist mit der exakten Bestimmung der Venusdistanz bei einem Transit die Astronomische Einheit (AE), also die mittlere Entfernung Erde – Sonne, in irdischen Längeneinheiten ableitbar.
Man unternahm daher in früheren Zeiten Expeditionen in ferne Gegenden unseres Globus, um aus der Beobachtung von Venustransiten die Länge der Astronomischen Einheit möglichst genau zu bestimmen. Die Beobachtung des Venusdurchganges vom 6. Juni 1761 erwies sich allerdings als Fehlschlag, denn das schon erwähnte Phänomen des „Schwarzen Tropfens“ verfälschte die Messungen um etwa zwanzig Prozent. Auch die Verfolgung des Venustransits vom 3. Juni 1769, unter anderem durch den legendären Kapitän James Cook während seiner Südsee-Expedition von Tahiti aus, sowie der beiden letzten Transite vom 9. Dezember 1874 und vom 6. Dezember 1882, brachte nicht die gewünschte Genauigkeit bei der Ermittlung der Astronomischen Einheit in Kilometern. Heute benutzt man die Radarecho-Methode, um Distanzen im Sonnensystem zu ermitteln, denn die Laufzeit elektromagneti-

DANUBIA
Germany
DÖRR
Astro-Teleskope
Reflektoren – Refraktoren
ORBIT
SIRIUS 150
MERKUR 60
TAURUS 80
Spiegel- und
Objektivdurchmesser
50, 60, 75, 80, 100, 114,
120, 130, 150, 200 mm
Vergrößerung
bis 400 fach
Qualität
Garantie
Service
DÖRR GmbH
Foto Marketing
Postfach 1280
D-89202 Neu-Ulm
Telefon (0731) 97037-0
Telefax (0731) 97037-37
www.doerrfoto.de
Lieferung über den Fachhandel

scher Wellen lässt sich sehr exakt messen.

Der 8. Juni 2004

Am Dienstag, 8. Juni 2004, ist es wieder einmal soweit. Um 10 Uhr MEZ kommt Venus in untere Konjunktion mit der Sonne, wobei sie mit 43,2 Millionen Kilometer ihren Minimalabstand von uns erreicht. Da sie sich nahe ihres absteigenden Knotens befindet, kommt es zu einem Durchgang. Das Ereignis beginnt 13 Minuten und 27 Sekunden nach sechs Uhr morgens beziehungsweise sieben Uhr morgens Sommerzeit. Die Sonne steht in Mitteleuropa schon hoch über dem Osthorizont. Das dunkle Venusscheibchen von 58″ Durchmesser beginnt eine kleine, schwarze Einbuchtung im Sonnenrand zu erzeugen, die allmählich größer wird. Rund 19 Minuten später löst sich das Venusscheibchen vom Sonnenrand und beginnt seine Wanderung über den südlichen Teil der Sonnenscheibe. Viel langsamer als bei einer Sonnenfinsternis der Mond zieht Venus vor der Sonne vorbei – wohlgemerkt: von Ost nach West. Fünf Stunden und 34 Minuten zieht die Venus über die Sonnenscheibe, bis sie den gegenüberliegenden Rand um $12^h 06^m 31^s$ erreicht – der 3. Kontakt findet statt. Neunzehn Minuten später, um $12^h25^m57^s$, löst sich zum 4. Kontakt das Venusscheibchen endgültig vom Sonnenrand, der Transit ist vorüber. Obige Zeiten in MEZ gelten für einen fiktiven Beobachter im Mittelpunkt der Erde. Wir leben jedoch auf der Erdoberfläche. Für Orte auf der Erde weichen die topozentrischen Kontaktzeiten bis etwa sieben Minuten von den geozentrischen ab (siehe auch Tabelle „Venustransite“ auf Seite 124). Für unseren zentralen Beobachtungsort in Mitteleuropa (10° östliche Länge, 50° nördliche Breite) gelten unter Berücksichtigung der Sommerzeit folgende Kontaktzeiten: 1. Kontakt: $7^h 20^m$, 2. Kontakt: $7^h 39^m$, Mitte: $10^h 22^m$, 3. Kontakt: $13^h 04^m$ und 4. Kontakt: $13^h 23^m$. Innerhalb des deutschen Sprachgebietes weichen die Kontaktzeiten nur um einige Sekunden bis etwa eine halbe Minute ab. Wer keine extreme Genauigkeit benötigt, dem reichen die Minutenangaben. Die Kontaktzeiten sind ohnehin nicht mit Sekundengenauigkeit zu beobachten.

Während der fast sechsstündigen Wanderung der Venus vor der Sonnenscheibe dreht sich die Erde infolge ihrer Rotation um etwa 90° weiter. Somit kann von rund dreiviertel der Erdoberfläche aus zumindest ein Teil des Venustransits beobachtet werden. Von Sydney oder Tokio aus nur der Beginn, von Toronto, Chicago, New York und Buenos Aires nur das Ende des Transits (siehe auch Abb. 6.12 auf Seite 128). Eine detaillierte Beschreibung der Sichtbedingungen wird im *Himmelsjahr 2004* zu lesen sein, in dem auch eine ausführliche Anleitung zur Beobachtung des Venustransits enthalten sein wird.

Standortwechsel

Im Zeitalter der Weltraumfahrt sind auch von anderen Planeten aus beobachtbare Transite von einem gewissen Interesse. Über kurz oder lang werden eines Tages Menschen auf dem Mars landen. Für Astronauten auf dem Mars sind Venustransite häufiger als auf der Erde. Zwar erscheint vom Mars aus die Sonnenscheibe kleiner als von der Erde (im Mittel unter einem Winkel von 21′ statt 32′), aber die Abweichungen der Venus von der Marsbahnebene fallen erheblich kleiner aus als ihre geozentrischen ekliptikalen Breiten. Der letzte Venustransit war von Mars aus am 21. August 1998 zu beobachten – es gab nur damals keine Beobachter dort. Die nächsten Venustransite von Mars aus finden am 20. August 2030, am 18. Juni 2032 und am 5. November 2059 statt. Es erscheint durchaus im Bereich des Möglichen, dass einer dieser Transite von Astronauten beobachtet werden wird. Venus erscheint vom Mars aus betrachtet in unterer Konjunktion nur unter einem Winkel von 21″, weshalb man schon ein Teleskop benötigt, um die Venus als dunklen Punkt vor der Sonnenscheibe zu erkennen.

Nicht nur Merkur und Venus können von Mars aus gesehen vor die Sonne treten, sondern auch die Erde. Die Erde erscheint von Mars aus gesehen in unterer Konjunktion nur etwa halb so groß wie die Venus bei einem irdischen Transit, nämlich unter einem Winkel von 33″. Der letzte Erdtransit fand für Mars am 11. Mai 1984 statt. Der nächste lässt hundert Jahre auf sich warten: Erst am 10. November 2084 wird die Erde für Beobachter auf dem Mars wieder vor die Sonnenscheibe treten. Die nächsten drei Erdtransite folgen dann am 15. November 2163, am 10. Mai 2189 und am 13. Mai 2268. Auch Erdtransite sind somit seltene Ereignisse. Sie erfolgen von Mars aus betrachtet in Abständen von 100, 79 und 26 Jahren.

Heute haben Transite ihre Bedeutung für genaue Parallaxenmessung längst verloren. Ihre Seltenheit lässt uns jedoch bewusst werden, wie kurz doch ein Menschenleben im Vergleich zu kosmischen Ereignissen ist.

Juli 2002

Ihren sonnenfernsten Bahnpunkt durchläuft die Erde am 6. An diesem Tag trennen uns 152 Millionen Kilometer vom Glutball Sonne. Venus leuchtet als strahlender Abendstern am Westhimmel – allerdings in geringer Höhe. Jupiter wird am 20. von der Sonne eingeholt und bleibt unsichtbar am Taghimmel.

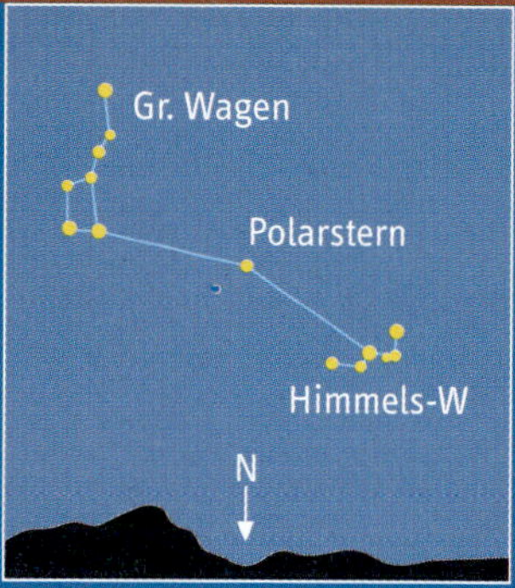

Großer Wagen und Himmels-W Anfang Juli um 22h

7.1 Anblick des abendlichen Westhimmels am 13. Juli gegen 22h MEZ (= 23h MESZ): Knapp über dem Horizont geben sich Venus und die zunehmende Mondsichel ein Stelldichein.

Sonnenlauf

20.7. 24h
Sonne tritt in das Sternbild Krebs
23.7. 1h
Sonne tritt in das Tierkreiszeichen Löwe

Julianisches Datum am 1. Juli, 1h MEZ: 2 452 456,5

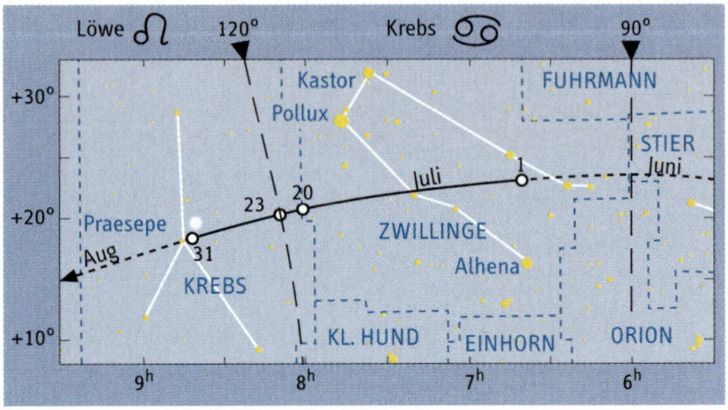

Tag	Dämmerg. Anfang	Aufgang MEZ	Kulmination	Untergang MEZ	Dämmerg. Ende	Mittagshöhe	Zeitgleichg.	Rektaszension	Deklination
	h m	h m	h m	h m	h m	°	m	h m	°
1.	2 26	4 15	12 24	20 32	22 21	63,1	–4	6 39	+23,1
5.	2 31	4 18	12 25	20 31	22 17	62,8	–5	6 56	+22,8
10.	2 38	4 22	12 25	20 28	22 12	62,2	–5	7 16	+22,3
15.	2 46	4 27	12 26	20 24	22 05	61,5	–6	7 36	+21,6
20.	2 55	4 33	12 26	20 19	21 56	60,6	–6	7 57	+20,7
25.	3 05	4 39	12 26	20 13	21 47	59,6	–6	8 16	+19,7
31.	3 17	4 47	12 26	20 04	21 34	58,2	–6	8 40	+18,4

Tages- und Nachtstunden

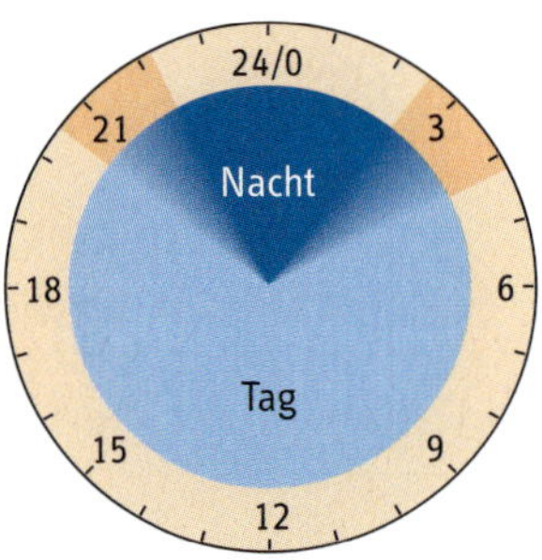

5. Juli

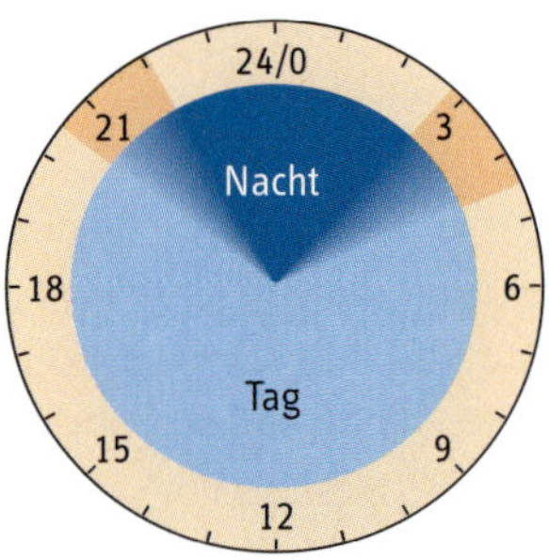

15. Juli

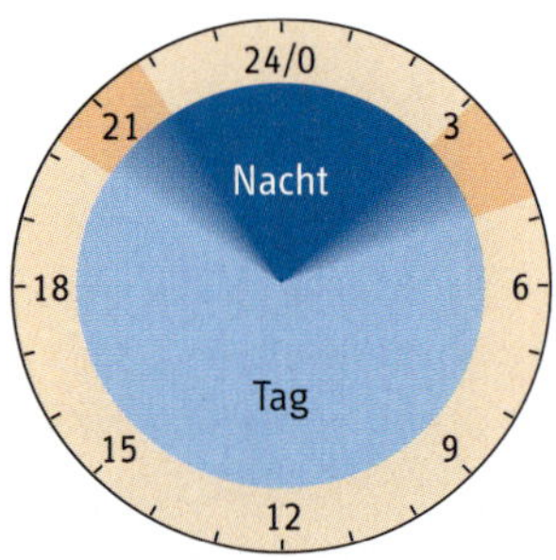

25. Juli

Mondlauf

Datum		Aufg. MEZ	Kulmination	Unterg. MEZ	Rektaszension	Deklination	Sterne und Sternbilder	Phase	MEZ
		h m	h m	h m	h m	°			
Mo	1.	–	5 24	11 00	23 32	– 8,7	Wassermann		
Di	2.	0 15	6 04	12 06	0 16	– 3,9	Fische	**Letztes Viertel**	**18^h19^m**
								Erdferne 404/29',6	9^h
Mi	3.	0 30	6 45	13 12	0 58	+ 1,2	Walfisch		
Do	4.	0 45	7 25	14 19	1 42	+ 6,1	Fische		
Fr	5.	1 03	8 08	15 28	2 26	+11,0	Widder		
Sa	6.	1 22	8 53	16 38	3 13	+15,4	Widder		
So	7.	1 47	9 42	17 50	4 03	+19,3	Stier, Hyaden		
Mo	8.	2 19	10 34	19 01	4 57	+22,4	Aldebaran	Aufsteigender Knoten	
								Libration Ost	
Di	9.	3 00	11 31	20 05	5 53	+24,4	Stier, Al Nath		
Mi	10.	3 55	12 29	20 59	6 53	+25,0	Zwillinge	**Neumond**	**11^h26^m**
Do	11.	5 03	13 28	21 43	7 54	+24,2	Pollux		
Fr	12.	6 20	14 26	22 16	8 54	+21,7	Krebs, Krippe		
Sa	13.	7 42	15 21	22 43	9 53	+18,0	Löwe, Regulus		
So	14.	9 05	16 14	23 05	10 49	+13,1	Löwe	Erdnähe 368/32',5	14^h
								Größte Nordbreite	
Mo	15.	10 27	17 04	23 25	11 42	+ 7,5	Jungfrau		
Di	16.	11 48	17 54	23 44	12 35	+ 1,6	Jungfrau		
Mi	17.	13 09	18 43	–	13 26	– 4,4	* Spica	**Erstes Viertel**	**5^h47^m**
Do	18.	14 29	19 34	0 05	14 18	–10,2	Jungfrau		
Fr	19.	15 49	20 26	0 27	15 11	–15,3	Waage		
Sa	20.	17 07	21 21	0 54	16 06	–19,6	* Antares		
So	21.	18 19	22 17	1 29	17 03	–22,8	Schlangenträger	Absteigender Knoten	
Mo	22.	19 21	23 13	2 12	18 01	–24,6	Schütze	Libration West	
Di	23.	20 11	–	3 06	18 59	–25,0	Schütze, Nunki		
Mi	24.	20 50	0 08	4 09	19 56	–24,1	Schütze	**Vollmond**	**10^h07^m**
Do	25.	21 20	1 01	5 18	20 51	–21,9	Steinbock		
Fr	26.	21 44	1 50	6 28	21 43	–18,7	Steinbock		
Sa	27.	22 03	2 36	7 38	22 31	–14,7	Wassermann		
So	28.	22 20	3 19	8 46	23 17	–10,2	Wassermann	Größte Südbreite	
Mo	29.	22 35	4 00	9 53	0 01	– 5,3	* Fische		
Di	30.	22 50	4 41	10 59	0 44	– 0,3	Walfisch	Erdferne 405/29',5	3^h
Mi	31.	23 07	5 21	12 05	1 27	+ 4,7	Fische		

22. Juli 21^h MEZ

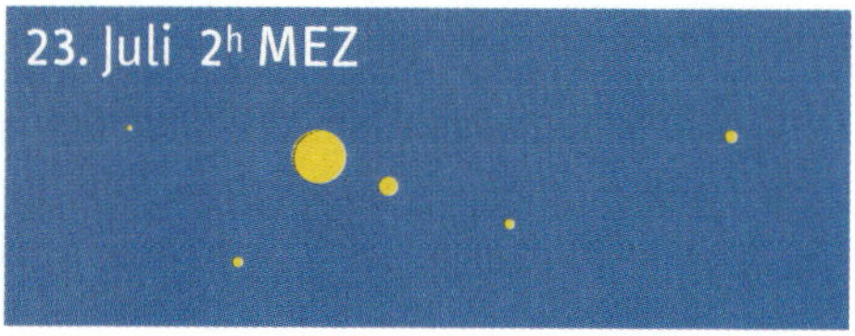
23. Juli 2^h MEZ

Planetenlauf

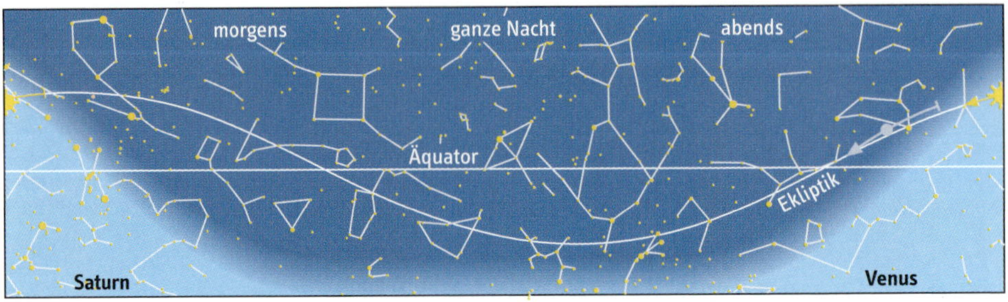

Merkur eilt der Sonne im Tierkreis nach und holt sie schließlich am 21. ein. An diesem Tag steht der flinke Planet in oberer Konjunktion mit ihr. Merkur hält sich am Taghimmel auf und bleibt nachts unbeobachtbar. Auch die Begegnungen mit Saturn am 2., mit Jupiter am 20. und mit Mars am 25. entgehen uns. Sein Perihel durchläuft Merkur zur Monatsmitte. Am 14. ist er 46 Millionen Kilometer (= 0,307 AE) von der Sonne entfernt.

Venus spielt nach wie vor ihre Rolle als Abendstern. Sie wandert durch den Löwen und passiert dessen Hauptstern Regulus am 10. in 1°,1 nördlichem Abstand (siehe Abb. 7.4 auf Seite 137). Ein hübscher Himmelsanblick ergibt sich am Abend des 13. gegen 22^h (= 23^h Sommerzeit), wo sich Venus und die zunehmende Mondsichel ein Stelldichein geben (siehe Abb. 7.1 auf Seite 133). Die Abendsichtbarkeit verkürzt sich deutlich, eine Stunde nach Sonnenuntergang steht Venus nur noch knapp über dem

7.2 Heliozentrischer Anblick des Planetensystems im dritten Jahresviertel 2002. Eingetragen sind die Positionen der inneren Planeten für den 1. Juli (7), 1. August (8), 1. September (9) und 1. Oktober (10) im linken Teil. Der rechte Teil zeigt das äußere Planetensystem samt einiger Planetoiden zu Anfang und Ende des dritten Jahresviertels. Die Pfeile deuten die Richtungen zu den ferneren Planeten sowie zum Frühlingspunkt an.

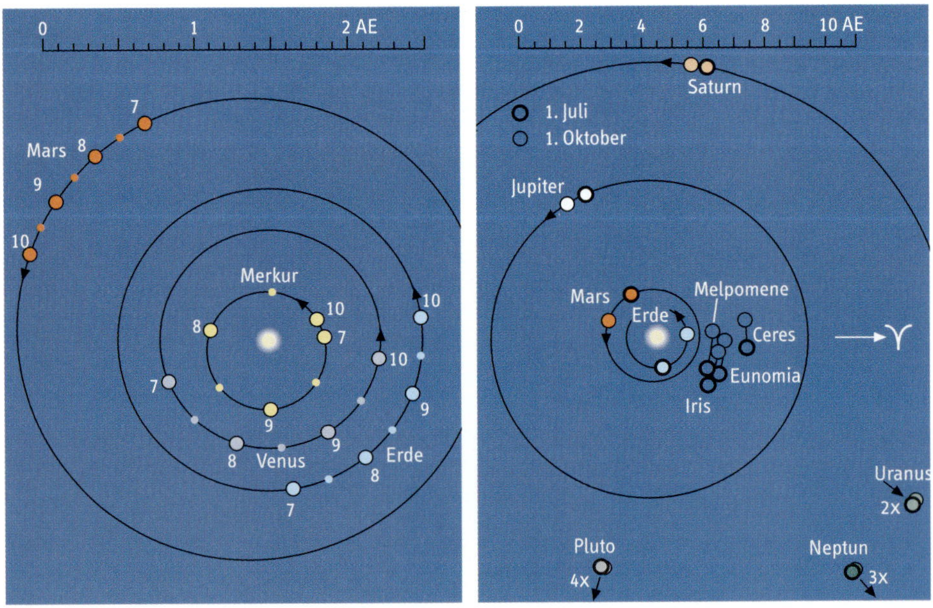

Westhorizont (siehe Abb. 5.3 auf Seite 103).
Am 1. geht unser innerer Nachbarplanet um $22^h\,39^m$ (= $23^h\,39^m$ Sommerzeit) unter, am 15. um $22^h\,13^m$ und am 31. bereits um $21^h\,35^m$. Die Venushelligkeit steigt während des Monats leicht auf $-4{,}^m2$ an. Nun merkt auch der Fernrohrbeobachter das Größerwerden des Planetenscheibchens, es wächst auf knapp 20″ an, während der Beleuchtungsgrad auf 59 % zurückgeht – die Dichotomie ist nicht mehr fern.
Mars ist am Nachthimmel nicht mehr vertreten. Der rote Planet wandert durch die Zwillinge und tritt am 10. in das Sternbild Krebs. Er wird von der Sonne verfolgt, die ihn aber erst im nächsten Monat einholen kann. Am 3. überholt Mars den Riesenplaneten Jupiter nur $0{,}^\circ8$ nördlich, was bei uns nicht verfolgt werden kann. Der Untergang des nur noch $1{,}^m8$ hellen Mars erfolgt am 3. um $21^h\,18^m$ (= $22^h\,18^m$ Sommerzeit).
Jupiter steht am 20. in Konjunktion mit der Sonne. Der Riesenplanet hält sich am Taghimmel auf und bleibt nachts unbeobachtbar. Am Tag der Konjunktion ist Jupiter 937 Millionen Kilometer (= 6,26 AE) von der Erde und 785 Millionen Kilometer (= 5,25 AE) von der Sonne entfernt. Am 23. wechselt der Riesenplanet rechtläufig aus den Zwillingen in das Sternbild Krebs (siehe auch Abb. 1.9 auf Seite 35).
Saturn stand im ersten Drittel des Vormonats in Konjunktion mit der Sonne. Um die Monatsmitte taucht der Ringplanet wieder am Morgenhimmel auf. Er wandert rechtläufig durch die östlichen Gebiete des Stiers und steuert auf die Zwillinge zu (siehe Abb. 12.6 auf Seite 215). Zu Monatsende passiert Saturn den berühmten Krabben-Nebel

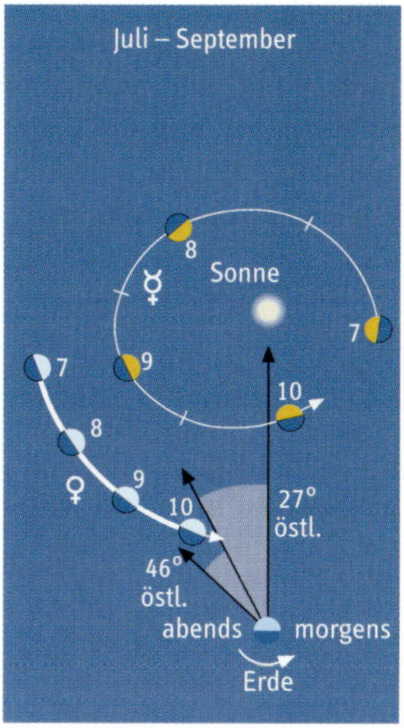

7.3 Heliozentrische Bewegungen von Merkur und Venus relativ zur Erde. In den dicker ausgezogenen Bahnteilen sind die Planeten beobachtbar. Die Zahlen geben die Positionen jeweils zum Monatsersten an. Östlicher Winkelabstand bedeutet Abendsichtbarkeit; westliche Elongation: Planet steht am Morgenhimmel.

(M 1) knapp nördlich.
Am 10. geht der $0{,}^m1$ helle Ringplanet um $2^h\,37^m$ (= $3^h\,37^m$ Sommerzeit) auf, am 20. um $2^h\,02^m$

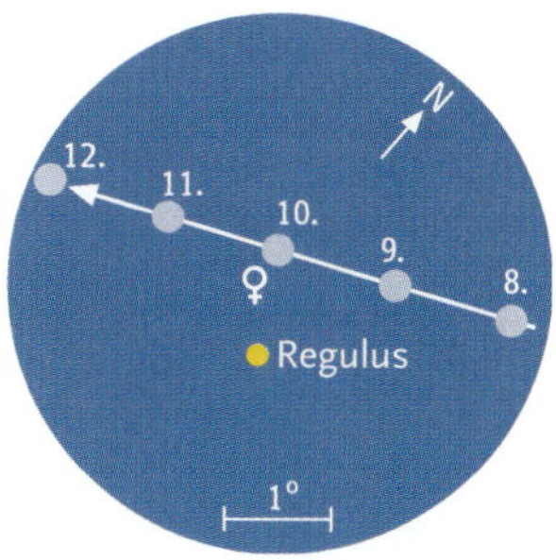

7.4 Venus wandert im ersten Julidrittel 2002 etwa ein Grad nördlich an Regulus im Löwen vorbei. Fernglasanblick bei 5° Gesichtsfelddurchmesser.

und am 31. schon um $1^h\,24^m$. Jeweils zwanzig Minuten nach der Aufgangszeit sollte man Saturn tief am Nordosthorizont erkennen.
Uranus, rückläufig im Wassermann, strebt seiner Opposition entgegen, die er aber erst im letzten Augustdrittel erreichen wird. Dennoch ist der lichtschwache und sonnenferne Planet fast die ganze Nacht am Firmament vertreten. Am 1. geht Uranus um $22^h\,43^m$ (= $23^h\,43^m$ Sommerzeit) auf, am 15. um $21^h\,48^m$ und am 31. um $20^h\,44^m$. Seine Kulminationszeiten verfrühen sich von $3^h\,48^m$ zu Monatsbeginn auf $1^h\,47^m$ zu Monatsende. Es empfiehlt sich, den grünlichen Planeten um die Kulminationszeit herum zu suchen (siehe Abb. 8.4 und Abb. 8.6 auf Seite 151). Die Uranushelligkeit beträgt ab der Monatsmitte $5{,}^m7$.
Neptun, der bläuliche Planet, steht kurz vor seiner Opposition zur Sonne, die er Anfang nächsten Monats erreicht. Der lichtschwache Planet wandert rückläufig im Steinbock (siehe Abb. 8.5 auf Seite 151). Zwar ist Neptun inzwischen fast die ganze Nacht über dem Horizont, ihn aufzusuchen lohnt aber erst etwa zwei Stunden nach seinem Aufgang. Rund zwei Stunden vor dem Untergangstermin ist Neptun als Beobachtungsobjekt nicht mehr tauglich. Die beste Zeit, Neptun in einem lichtstarken Fernglas (mit Stativ!) oder besser Teleskop aufzufinden, sind nur die Stunden um Mitternacht.
Am 1. geht Neptun um $21^h\,57^m$ (= $22^h\,57^m$ Sommerzeit) auf und passiert den Meridian um $2^h\,36^m$, am 15. um $21^h\,01^m$ mit Meridianpassage um $1^h\,39^m$ und am 31. erfolgt der Neptunaufgang um $19^h\,57^m$ und die Kulmination um $0^h\,35^m$. Zu Monatsende beträgt die Neptunhelligkeit $7{,}^m8$.

Periodische Sternschnuppenströme

Vom 20. bis 30. Juli leuchten die **Delta-Aquariden** auf, die zwischen 3^m und 5^m hell sind, also nicht besonders auffällig. Sie heißen auch **Juli-Aquariden**. Ihr Radiant liegt etwa 3° westlich von δ Aquarii. Das Maximum ist nicht in jedem Jahr am selben Tag zu erwarten. Für 2002 dürfte es in den Stunden nach Mitternacht am 28. Juli auftreten. Die Geschwindigkeit der Sternschnuppen liegt um 40 Kilometer pro Sekunde. Im Maximum sind etwa dreißig Meteore pro Stunde zu erwarten.
Vom 5. Juli bis 10. August treten die **Alpha-Capricorniden** (Radiant im Steinbock) auf. Sie sind die ganze Nacht über beobachtbar. Der Ursprungskomet ist 45P/Honda-Mrkos-Pajdusáková (früher 1948 XII). Um das Maximum am 30. Juli sind nur etwa zwölf Objekte pro Stunde zu erwarten. Es handelt sich um recht langsame Meteore (im Mittel 23 Kilometer pro Sekunde).

Der Fixsternhimmel

Der Charakter des abendlichen Sternenhimmels trägt nun eindeutig sommerliche Züge. Nach Einbruch der jetzt spät einsetzenden Dunkelheit ist das auffällige Sternendreieck Wega - Deneb - Atair schon hoch im Osten zu erkennen. Es trägt daher auch die Bezeichnung Sommerdreieck. Noch hat es den Meridian nicht ganz erreicht, aber die Sommerbilder sind bereits allesamt über dem Horizont, während sich die Frühlingsbilder im Westen verabschieden. Der Löwe ist im Untergang begriffen und kann als Figur nicht mehr erkannt werden, denn sein Hauptstern Regulus ist bereits unter den Horizont gesunken. Damit ist auch das Frühlingsdreieck aufgelöst, dessen beide anderen Eckpunkte allerdings noch zu sehen sind: Tief im Südwesten steht die bläuliche Spica in der Jungfrau. Ihr Licht wird merkbar von den horizontnahen Dunstschichten geschwächt. Östlich der Jungfrau ist tief am Südwesthorizont die Waage vertreten. Wesentlich höher im Südwesten findet man den hellen, orangeroten Arktur im Bootes, der den Helligkeitsschwerpunkt in der westlichen Hemisphäre bildet.
Der Große Wagen hat mit seinem Abstieg begonnen. Seine Deichsel zeigt nach oben, der Wagenkasten hängt nach unten. Das Himmels-W, die Kassiopeia, hat hingegen die untere Kulmination hinter sich und beginnt mit dem Aufstieg zum Zenit. Zwischen Zenit, Kleinem Wagen und Großem Wagen schlängelt sich der Drache (lat.: Draco) hindurch. Der Drache ist nicht leicht zu finden. Am ehesten ist noch der Drachenkopf zu erkennen, der aus einem kleinen Sternenviereck gebildet wird, das nun fast exakt im Scheitelpunkt steht.
Schaut man vom Zenit zum Südpunkt am Horizont hinunter, indem man den Blick den Meridian hinuntergleiten lässt, so kommen nacheinander die Sternbilder Herkules und Schlangenträger mit der Schlange ins Gesichtsfeld.
Der Skorpion hat den Meridian bereits überschritten und hält sich knapp über dem Südsüdwesthorizont auf. Auffallend strahlt sein hellster Stern, Antares, in einem intensiven, roten Licht. Antares (α Scorpii) ist ein roter Riesenstern. Er ist so gewaltig groß, dass unsere Sonne samt der Erdbahn bequem in seinem Inneren Platz fänden. Die Bezeichnung Antares stammt aus dem Griechischen

Konstellationen und Ereignisse

Datum	MEZ	Ereignis
2.	12^h	Merkur bei Saturn, Merkur 0°,2 südlich
3.	7	Mars bei Jupiter, Mars 0°,8 nördlich
6.	5	Erde im Aphel (Sonnenferne), Abstand Erde – Sonne 152,097 Millionen Kilometer
8.	14	**Mond bei Saturn,** Mond 1°,7 nördlich, **Abstand 5°,1 um 3^h**
9.	10	Mond bei Merkur, Mond 1°,5 nördlich
10.	23	Mond bei Jupiter, Mond 2°,9 nördlich
11.	5	Mond bei Mars, Mond 2°,3 nördlich
13.	13	**Mond bei Venus,** Mond 3°,9 nördlich, **Abstand 3°,8 um 21^h**
14.	12	Merkur im Perihel
20.	2	Jupiter in Konjunktion mit der Sonne
20.	14	Merkur bei Jupiter, Merkur 1°,2 nördlich
21.	3	Merkur in oberer Konjunktion mit der Sonne
25.	0	Mond bei Neptun, Mond 4°,3 südlich
25.	13	Merkur bei Mars, Merkur 0°,7 nördlich
26.	10	Mond bei Uranus, Mond 4°,3 südlich

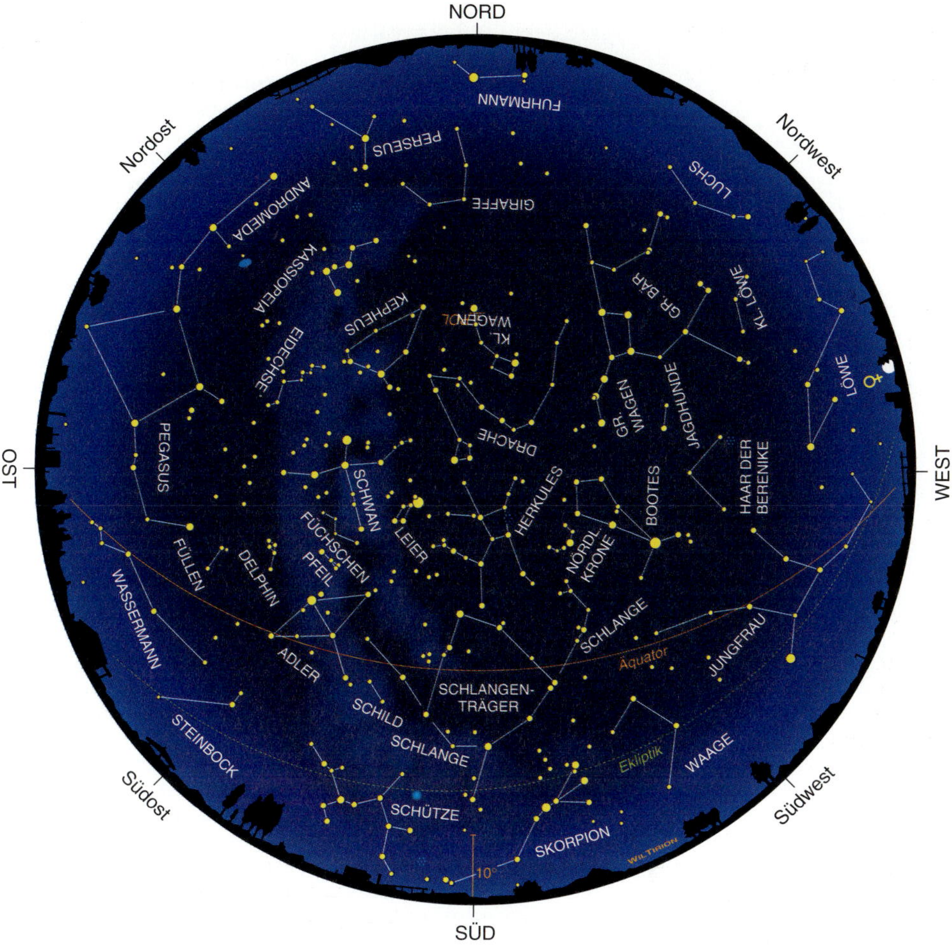

Sternenhimmel
am 15. Juli
um 22ʰ MEZ (23ʰ MESZ)

Fixsternhimmel auch gültig für:

	MEZ	MESZ
15. 4.	4ʰ	5ʰ
1. 5.	3	4
15. 5.	2	3
1. 6.	1	2
15. 6.	0	1
1. 7.	**23**	**24**
15. 7.	**22**	**23**

und bedeutet soviel wie Gegenspieler des Mars, weil er ihm an Farbe ähnlich ist und in der Nähe der Ekliptik steht, so dass es gegebenenfalls auch zu Verwechslungen kommen kann. An den Skorpion grenzt im Norden der Schlangenträger, durch den auch ein Teil der Ekliptik verläuft. Somit gehört der Schlangenträger (lat.: Ophiuchus) zum Tierkreis, der aus dreizehn Sternbildern besteht (siehe auch Monatsthema Mai: „Welches ‚Sternzeichen' bin ich?" auf Seite 109). Vom 30. November bis 18. Dezember wandert die Sonne durch den Schlangenträger. Der Schlangenträger sowie der Vorder- und der Hinterteil der Schlange sind schwierig auszumachen, denn diese Gruppe ist recht ausgedehnt und ohne markante, hellere Sterne. Der Helligkeitsschwerpunkt in der östlichen Himmelshälfte wird vom Sommerdreieck mit Wega in der Leier, Deneb im Schwan und Atair im Adler bestimmt.

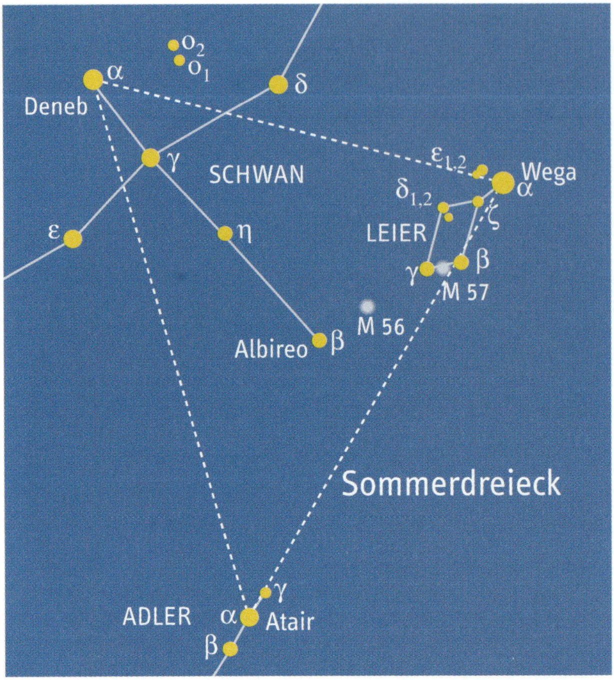

7.5 Das Sommerdreieck mit Wega, Deneb und Atair. Eingetragen sind ferner der schöne Doppelstern Albireo (β Cygni) und der Dreifachstern o Cygni nahe Deneb, der Ringnebel M 57 in der Leier sowie der Kugelsternhaufen M 56.

Tief im Südosten sind die beiden Tierkreisbilder Schütze und Steinbock zu finden. Während der Schütze noch verhältnismäßig leicht auszumachen ist, sind der Steinbock und der nachfolgende Wassermann, der eben aufgeht, kaum zu erkennen. Steinbock und vor allem Wassermann sind ausgesprochen schwierige Sternbilder, was ihr Erkennen am Nachthimmel betrifft.
Im Schützen findet man viele interessante galaktische Objekte wie Gasnebel und Kugelsternhaufen – alles Objekte für Feldstecher- und Fernrohrbeobachter. Auch helle Partien der Milchstraße sind hier zu erkennen. In Richtung des Schützen liegt das Zentrum unseres Milchstraßensystems. Im sichtbaren Bereich des elektromagnetischen Spektrums bleibt es allerdings durch die starke Absorption des interstellaren Staubes unbeobachtbar. Aber im infraroten Licht sowie im Bereich der Radiowellen kann man das Milchstraßenzentrum gut beobachten. Es ist 28 000 Lichtjahre von uns entfernt.
Tief am Nordhorizont blinkt noch ein heller Stern: Es ist Kapella im Fuhrmann, die bei uns zirkumpolar ist. Sie hat gerade ihre untere Kulmination hinter sich. An Winterabenden steht Kapella dagegen hoch am Firmament und ist kaum zu übersehen.

Veränderliche Sterne

Algol-Minima	13.	3^h17^m	16.	0^h05^m								
β-Lyrae-Minima	2.	23^h H	9.	11^h N	15.	22^h H	22.	9^h N	28.	20^h H		
δ-Cephei-Maxima	3.	9^h	8.	18^h	14.	3^h	19.	11^h	24.	20^h	30.	5^h
Mira-Helligkeit	1.	5^m	10.	4^m	20.	3^m	31.	3^m				

Der Ringnebel in der Leier

Zu den schönsten und interessantesten Himmelsobjekten zählt ohne Zweifel der berühmte Ringnebel im Sternbild der Leier. Er ist schon mit einem guten Fernglas zu sehen und relativ leicht zu finden. Der Ringnebel befindet sich zwischen den Sternen Sulaphat und Sheliak des Leier-Rhombus, und zwar etwa in der Mitte zwischen beiden, ein wenig näher bei Sheliak. Die üblichen Bezeichnungen für diese Leiersterne nach dem Sternatlas von Johannes Bayer aus dem Jahre 1603 lauten: γ und β Lyrae (siehe auch Abb. 7.7). Mit bloßen

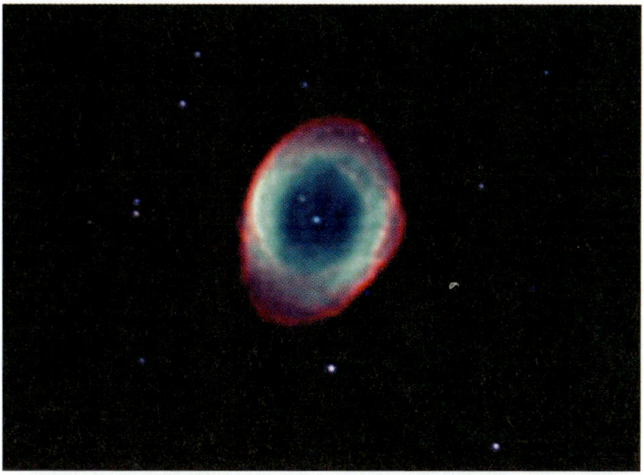

7.6 Der Ringnebel (M 57) im Sternbild Leier, aufgenommen von Justina Engelmann und Martin Gertz auf der Sternwarte Welzheim am 31. Juni 2000 um 23^{h} 45^{m} UT.

Augen unsichtbar, zeigt sich der Ringnebel im Fernglas als sternartiges, also punktförmiges Objekt. In einem kleinen Teleskop erscheint er als winziges, scheinbar strukturloses Scheibchen von etwa einer Bogenminute Durchmesser. Erst in größeren Fernrohren sieht man bei starker Vergrößerung einen leicht ovalen Ring und gegebenenfalls in der Mitte einen im sichtbaren Spektralbereich recht lichtschwachen Stern, der als Zentralstern bezeichnet wird. Mit weniger als 14^{m} scheinbarer Helligkeit im Visuellen ist der Zentralstern nur in seltenen Fällen und in Teleskopen ab 30 cm Öffnung zu erkennen. Der Kometenjäger Charles Messier beobachtete den Ringnebel im Jahre 1779 und gab ihm die Nummer 57 in seinem Katalog nebelhafter Himmelsobjekte. Unabhängig von Messier entdeckte sein Landsmann Antoine Darquier aus Toulouse im gleichen Jahr ebenfalls M 57 und bemerkte, dass das winzige Nebelscheibchen ähnlich aussieht wie der Planet Jupiter, was die Größe betrifft, nur eben erheblich lichtschwächer. Friedrich Wilhelm Herschel, Entdecker des Uranus, führte schließlich die Bezeichnung „Planetarischer Nebel“ ein, nicht nur wegen der Form von M 57 sondern auch der Farbe wegen. Der Ringplanet erscheint ähnlich grünlich wie das Uranusscheibchen im Teleskop. M 57 in der Leier ist wohl der berühmteste aller Planetarischer Nebel, von denen heute über Tausend bekannt sind und deren Zahl in unserer Milchstraße auf mehr als Zehntausend geschätzt wird. Im umfangreichen Nebelkatalog von John L. Dreyer trägt der Ringnebel in der Leier die Nummer NGC 6720. Darquier, der mit einem Refraktor von 8 cm Öffnung beobachtete, machte sich auch als erster Gedanken über die Natur des Ringnebels. Er vermutete einen Ring aus sehr fernen Sternen, der wegen seiner großen Distanz nicht in einzelne Lichtpünktchen aufzulösen ist. Pater Angelo Secchi (1818 – 1878) glaubte sogar, den Ringnebel in einzelne, zwar winzige, aber glitzernde Sterne aufgelöst zu haben, die wie Silberstaub auf schwarzem Samt erscheinen. Herschel zählt M 57 bereits im Jahre 1785 zu den Kuriositäten des Himmels, ohne zu ahnen, dass es eine große Zahl dieser Planetarischen Nebel gibt. Er beschreibt den Ringnebel als kreisförmiges Gebilde mit einem dunklen Fleck in der Mitte. M 57 ist seiner Meinung nach ein leuchtschwacher, aber deutlicher Nebel und keine Sternansammlung.
Bei größeren Objektivöffnungen wird die blau-grüne Farbe und die elliptische Form (60 × 80 Bogensekunden) von M 57 deutlich erkennbar. Die Gesamthelligkeit des Ringnebels liegt bei $8^{m}{,}5$, weshalb er schon als Lichtpunkt im Fernglas erkannt werden kann.

1) 1 Å = 10^{-8} cm (1 Ångström = ein Hundertmillionstel Zentimeter)

Verbotene Linien

Erstmals berichtet F. von Hahn aus Deutschland von einem Zentralstern. Nach Messungen am Lick-Observatorium beträgt die visuelle Helligkeit des Zentralsterns $14^{m}{,}7$, seine fotografische Helligkeit liegt bei $14^{m}{,}2$. Er ist ein bläulich-weißer, extrem heißer Zwergstern. Mit einer Oberflächentemperatur von 70 000 K gehört er zu den heißesten Sternen überhaupt. Wegen seiner hohen Oberflächentemperatur strahlt der Zentralstern seine meiste Energie im Bereich des ultravioletten Lichtes ab. Diese energiereiche UV-Strahlung ist auch verantwortlich für das Leuchten des Nebels. Während der Zentralstern ein kontinuierliches Spektrum zeigt, weist der Ringnebel selbst ein typisches Emissionslinienspektrum auf. Bei den Wellenlängen 4949 Å und 5007 Å [1]) finden sich zwei besonders kräftige Emissionslinien. Sie bewirken die typische grünliche Fär-

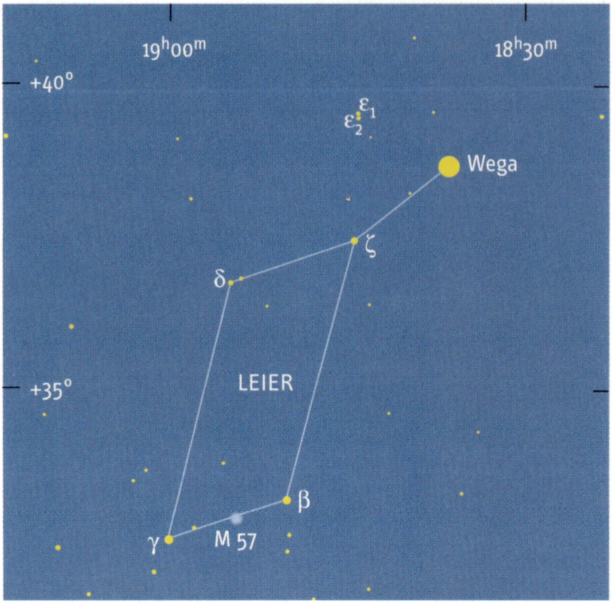

7.7 Das Sternbild Leier mit der Position von M 57.

bung des Ringnebels. Längere Zeit rätselte man, welchen chemischen Elementen diese Emissionslinien wohl zugeordnet werden könnten. Man dachte an ein noch unbekanntes, auf Erden nicht existierendes Element und nannte es „Nebulium“. Doch ein solches Element gibt es nicht. Vielmehr werden diese Linien vom doppelt ionisierten Sauerstoff (O III) erzeugt. Es handelt sich dabei um so genannte „verbotene“ Linien, die im irdischen Labor nicht vorkommen. Welcher Mechanismus bewirkt das Nebelleuchten?

Man spricht vom Rekombinationsleuchten. Die energiereichen Photonen des UV-Lichtes vom Zentralstern entreißen den Atomen im Nebelgas ein oder mehrere Elektronen, ein Vorgang, den man Fotoionisation nennt. Die freien Elektronen werden wieder von den Atomkernen eingefangen, wobei sie kaskadenartig auf immer tiefere Bahnniveaus um den Atomkern herunterfallen. Dabei wird Energie in Form von Photonen freigesetzt, die allerdings andere Wellenlängen aufweisen als jene energiereichen Lichtquanten, die vom Zentralstern kommend den Atomen ihre Elektronen entreißen. Die niedrigere Energie der emittierten Photonen ist gleichbedeutend mit größeren Wellenlängen – sie liegen im Bereich des sichtbaren Lichtes, weshalb wir den Nebel im Fernrohr sehen können. Im Prinzip strahlt eine Leuchtstoffröhre aus gleichem Grund. Auch Zusammenstöße von Elektronen mit anderen Atomen (zum Beispiel Sauerstoff und Stickstoff) führen zur Freisetzung von niederenergetischen Photonen, man spricht vom Anregungsleuchten. In erster Linie setzt sich das Nebelgas aus Wasserstoff und Helium zusammen, ferner aus Sauerstoff

7.8 Räumliche Lage des Ringnebels in der Leier relativ zum Beobachter auf der Erde.

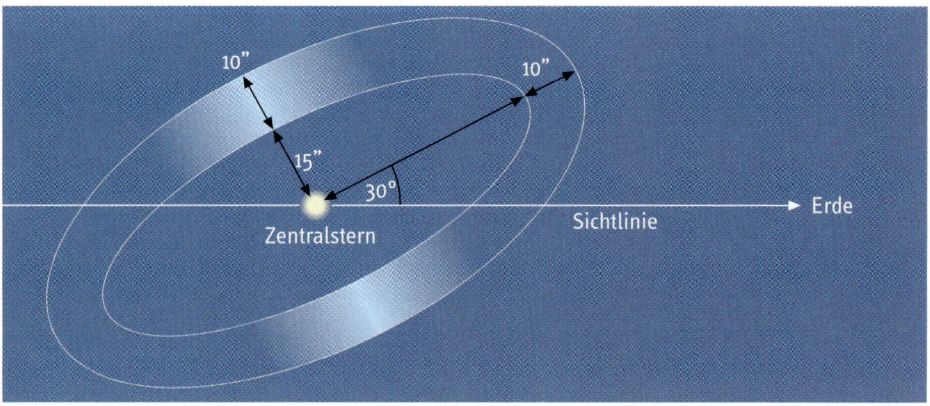

7.9 Aufnahme des Ringnebels M 57: Bei überbelichteter Zentralregion zeigt sich ein äußerer Wasserstoffhalo.

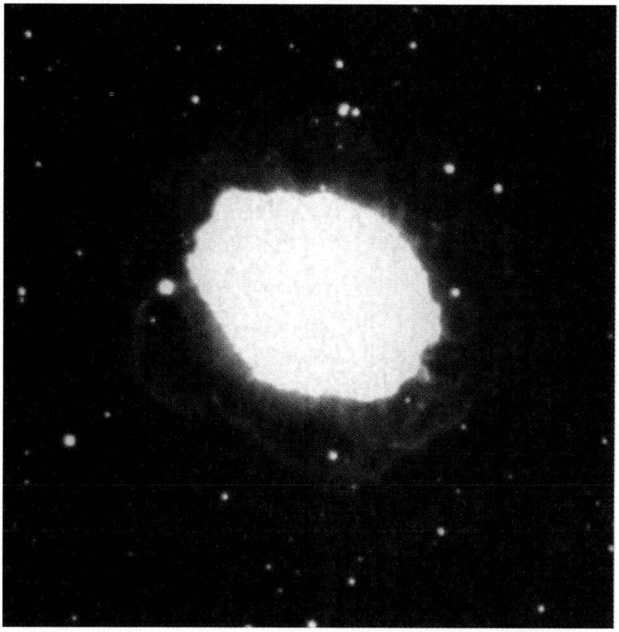

und Stickstoff sowie aus Neon, Schwefel, Argon, Chlor und Fluor (in abnehmender Häufigkeit, siehe Tabelle unten).
Das Nebelgas weist eine außerordentlich geringe Dichte auf. Pro Kubikzentimeter finden sich nur etwa zehntausend Ionen (Elektronen und geladene Atomkerne). Im irdischen Labor würde man das fast als Vakuum bezeichnen. Die geringe Dichte des Nebelgases ermöglicht auch die Entstehung von kräftigen Emissionslinien, die unter irdischen Laborbedingungen nicht auftreten würden. Atome, die ein oder mehrere Elektronen durch harte UV-Strahlung verloren haben, sind elektrisch positiv aufgeladen – man nennt sie Ionen. Sie sind in der Lage, herumstreunende Elektronen, die ja negative elektrische Ladung besitzen, wieder einzufangen. Dabei geraten diese Elektronen nicht sofort in den Grundzustand. Zwischen dem höchsten und dem niedrigsten Energieniveau gibt es mehrere metastabile Niveaus, auf denen die eingefangenen Elektronen kurzzeitig verweilen können. Sie stürzen gewissermaßen in Kaskaden zum Grundniveau. Dabei werden jeweils Photonen entsprechender Wellenlängen ausgesandt. Bei irdischen Bedingungen, also bei relativ hohen Gasdichten, stoßen die Atome so häufig miteinander zusammen, dass es kaum Elektronen gibt, die auf metastabilen Bahnen laufen können.
In den extrem dünnen Gasen eines Planetarischen Nebels wie M 57 jedoch, in denen Atome etliche Minuten völlig ohne jede Kollision ungestört bleiben,

Der Ringnebel in Zahlen

Ringnebel im Sternbild Leier (Lyra)

Katalogbezeichnungen:	M 57 / NGC 6720
Zentralstern:	HD 175 353
Äquatoriale Koordinaten	α (2000.0) = $18^h53^m,6$
	δ (2000.0) = $+33^\circ\,02'$
Scheinbare Helligkeit des Zentralsterns:	$m_{vis} = 14{,}7$
Scheinbare Gesamthelligkeit des Nebels:	$m_{vis} = 8{,}5$
Scheinbare Größe am irdischen Firmament:	70″ x 150″
Entfernung:	1800 - 2000 Lichtjahre
Wahrer Durchmesser:	0,5 Lichtjahre etwa gleich 30 000 AE
Mittlere Radialgeschwindigkeit:	– 21 km/s
Expansionsgeschwindigkeit:	20 bis 30 km/s
Mittlere Dichte der Nebelhülle:	10 000 Ionen/cm^3
Gesamtmasse der Nebelhülle:	ca. 0,2 Sonnenmassen
Gesamtleuchtkraft der Nebelhülle:	ca. 50 Sonnenleuchtkräfte
Chemische Zusammensetzung:	
Wasserstoff (H):	4 250 000
Helium (He):	337 500
Sauerstoff (O):	2 500
Stickstoff (N):	1 250
Neon (Ne):	375
Schwefel (S):	225
Argon (Ar):	30
Chlor (Cl):	9
Fluor (F):	1

Auf ein Atom Fluor kommen somit 4,25 Millionen Wasserstoffatome.

7.10 Falschfarbendarstellung einer Infrarotaufnahme von M 57 auf dem deutsch-spanischen Calar-Alto-Observatorium. Bei 2,12 µm Wellenlänge leuchtet der molekulare Wasserstoff, dessen Hülle weit über den sichtbaren Teil hinausreicht.

kommt es zu diesen seltenen Übergängen und damit zum Leuchten in den beobachteten Emissionslinien. Da sie auf der Erde im Labor aber nie beobachtet wurden, obwohl sie theoretisch existieren müssten, so sprach man von „verbotenen" Linien.

Genaue Beobachtungen zeigen, dass der Ringnebel an Größe zunimmt – etwa 0,″3 in 60 Jahren. Somit kann der Ringnebel nicht sehr alt sein, man schätzt etwa 20 000 Jahre. Dies ist jung, wenn man bedenkt, dass Sterne viele Millionen und Milliarden Jahre alt werden. Die Gasmassen des Ringnebels wurden offensichtlich vom Zentralstern abgestoßen. Die Gesamtmasse des Materials im Ringnebel beträgt dabei höchstens zwanzig Prozent der Masse unserer Sonne. Die Expansionsgeschwindigkeit liegt zwischen 20 und 30 Kilometer pro Sekunde und variiert auch mit der Raumrichtung. Dies ist eine vergleichsweise niedrige Expansionsrate. Früher dachte man, der Ringnebel sei das Ergebnis eines Nova-Ausbruches. Doch bei einer Nova-Detonation treten recht hohe Ausbreitungsgeschwindigkeiten auf, erst recht bei einer Supernova-Explosion wie bei M 1. Der Krabben-Nebel im Stier (M 1) zählt zwar auch zu den Planetarischen Nebeln, ist aber eher den Supernova-Überresten („remnants") zuzuordnen. Bei M 1 liegt die Expansionsgeschwindigkeit bei tausend Kilometer pro Sekunde!

M 57 und andere Planetarische Nebel sind jedoch nach modernen Erkenntnissen nicht durch explosionsartige Vorgänge entstanden, sondern der Zentralstern hat seine Gashülle mehr oder minder kontinuierlich abgeblasen.

Ein besonders schwieriges Problem ist die Entfernungsbestimmung von M 57 und der anderen Planetarischen Nebel. Wegen der großen Distanzen sind trigonometrische Parallaxen nicht messbar – auch nicht mit dem famosen Astrometriesatelliten Hipparcos. Bei fotometrischen Parallaxen muss man aber die absolute Helligkeit des Zentralsterns kennen. Und diese zu ermitteln, ist nicht einfach. Die Zentralsterne sind offensichtlich ältere Objekte, Sonnen am Ende ihres Sternenlebens. Sie haben die höchsten Oberflächentemperaturen, von 30 000 K bis 150 000 K, gelegentlich weit darüber hinaus bis 400 000 K! Ihre absoluten Helligkeiten liegen zwischen 1^M bis 9^M, die hellsten sind mit RR-Lyrae-Sternen vergleichbar (um 0^M), die schwächsten kommen in ihrer Leuchtkraft den Weißen Zwergen nahe. Die Zentralsterne der Planetarischen Nebel stellen gewissermaßen ein Übergangsstadium dar. Sie sind auf dem Weg zum Stadium der Weißen Zwerge. Die Entfernungsschätzungen liegen bei M 57 zwischen 1270 und 4100 Lichtjahren. Der letzte Wert ist mit Sicherheit zu groß. Neuere Bestimmungen der absoluten Helligkeit des Zentralsterns von M 57 ergeben eine Distanz von knapp 2000 Lichtjahren. Damit hätte der Ringnebel einen linearen Durchmesser von einem halben Lichtjahr, das sind rund 30 000 AE.

Morphologie

Lange waren die Astronomen der Auffassung, der Ringnebel in der Leier habe die Gestalt einer kugelförmigen Hülle um den Zentralstern. Dass der Rand des Ringnebels rund zwanzigmal heller erscheint als der Bereich in der Mitte des Nebelscheibchens, führte man darauf zurück, dass am Rand mehr leuchtendes Material entlang der Sichtlinie anzutreffen ist als im Zentrum, wo die Hülle eher durchsichtig erscheint, ähnlich wie bei einem leicht durchsichtigen Luftballon. Genauere Untersuchungen lassen jedoch erkennen, dass M 57 keine hohlkugelförmige Gaswolke ist, sondern eher die Form eines Torus hat. Die Amerikaner sprechen vom doughnut-shaped nebula, vom schmalzkringelförmigen Nebel. Die wahre Natur von M 57 entpuppte sich erst im Vergleich mit anderen Planetarischen Nebeln und durch Aufnahmen in verschiedenen Farbbereichen mit CCD-Kameras [2]), die seine Gestalt und Ausdehnung viel besser erkennen lassen als je zuvor. Auch auf der Sternwarte Welzheim sind solche CCD-Aufnahmen von M 57 mit dem großen Refraktor gewonnen worden (siehe Seite 141, Abb. 7.6).

Der Planetarische Nebel M 76 im Perseus zeigt keinen Ring, sondern einen Balken von etwa 150″ × 70″ Ausdehnung. Gelegentlich wird M 76 darum auch als „kleiner Hantelnebel“ bezeichnet. Geht man davon aus, dass alle Planetarischen Nebel eine ähnliche Form, nämlich einen torusartigen Ring, aufweisen, dann sehen wir bei M 76 auf die Kante des Ringes.

Als man M 57 mit großen Teleskopen mittels geeigneter Filter in verschiedenen Farbbereichen aufnahm, erkannte man bald, dass Aussehen und Größe in den einzelnen Farben sehr verschieden sind. Im Licht der Emissionslinie $\lambda = 4686$ Å des einfach ionisierten Heliums (He II) erscheint M 57 eher kugelförmig, die Emissionslinie $\lambda = 6300$ Å des neutralen Sauerstoffs zeigt einen hellen Ring, der auch viel größer ist als das Bild im Licht des ionisierten Heliums, das einen viel kleineren Durchmesser aufweist. Dies wird schnell einsichtig, wenn man Folgendes bedenkt: Der Ringnebel ist kein festes Gebilde wie eine Teetasse oder hohle Glaskugel, das bei jedem Licht die gleiche Größe und Form erkennen lässt. Vielmehr hängt das Erscheinungsbild von den verschiedenen Leuchterscheinungen ab, die in der Gaswolke von M 57 hervorgerufen werden. Entsprechend der Entfernung vom Zentralstern und den Anregungs- und Ionisationsenergien der einzelnen Atome leuchten jeweils andere Regionen in den verschiedenen Farbbereichen auf. Die physikalischen Prozesse der Anregung zum Emissionsleuchten bewirken die unterschiedlichen Erscheinungen in den einzelnen Farbbereichen.

Schon im August 1936 fand John C. Duncan auf einer Aufnahme, die mit dem 2,5-m-Spiegelteleskop auf dem Mt. Wilson gewonnen wurde, eine schwach leuch-

7.11 Aufnahme von M 57 mit dem japanischen 8,3-Meter-Teleskop auf Mauna Kea (Hawaii) im Licht der roten Wasserstofflinie Hα.

2) Zu CCD-Kameras siehe *Himmelsjahr 1996,* Seite 189, Monatshema: „Zauberformel CCD- ungeahnte Möglichkeiten für Astronomen und Sternfreunde“

tende äußere Hülle mit nahezu vier Bogenminuten scheinbarem Durchmesser, also der vierfachen Größe des üblicherweise sichtbaren Ringes von M 57. Dabei schienen Bögen und filamentartige Strukturen vom inneren, wohlbekannten Ring auszugehen. Mit CCD-Kameras wurden inzwischen zahlreiche solcher schwach glimmender äußerer Gashüllen um Planetarische Nebel entdeckt. Von 126 im Jahre 1985 untersuchten Planetarischen Nebeln zeigte etwa die Hälfte diese leuchtschwachen Halos. Die Entdeckung verschiedener Schichten und Strukturen gab neuen Antrieb zur theoretischen Erklärung über die Entstehung dieser von Herschel als „kurios" angesehener Gebilde. Einmal gilt es zwischen langsamen und schnellen Sternwinden zu unterscheiden. Erstere treiben die Gashülle vom Zentralstern weg, letztere, die später auftreten, komprimieren die Gasschichten in der Hülle. Bei höheren Dichten wird auch das Anregungs- und Ionisationsleuchten besser sichtbar. Zum Zweiten weht der langsamere Sternwind durchaus nicht in alle Richtungen gleich stark, er ist nicht sphärisch-symmetrisch würde ein Mathematiker sagen. Es entstehen also keine kugelförmigen Gashüllen, sondern Gebilde höchst unterschiedlicher Erscheinungsformen. Einige der Planetarischen Nebel zeigen eine bipolare Struktur. Früher dachte man, bipolare Nebel seien selten und eine ungewöhnliche Erscheinung. Sie sind es offensichtlich nicht. CCD-Beobachtungen lassen bei M 76 zwei schwach leuchtende, aber gut ausgeprägte Bögen erkennen, deren Symmetrieachse um 90° zum hellen Längsbalken gedreht ist. Offensichtlich sind aber fast alle Planetarischen Nebel zu den bipolaren Objekten zu zählen, unter anderem auch M 57 in der Leier. Die verschiedenen Erscheinungsformen der Planetarischen Nebel werden uns nur vorgetäuscht, weil wir sie unter unterschiedlichen Blickwinkeln sehen. Alle Planetarischen Nebel sind einander viel ähnlicher, als man bisher annahm. Sie beruhen vermutlich auf einem einzigen Funktionsmodell. Radialgeschwindigkeitsmessungen an M 57 deuten darauf hin, dass die äußere Ringhülle bereits ausgestoßen wurde, als der Zentralstern noch ein roter Riese war. Nachdem der äußere Halo einmal entstanden war, folgte rasch ausströmende Sternmaterie, die die äußere, bereits existierende Hülle komprimierte und zu einer Stoßfront führte sowie filamentartige Strukturen hervorrief, die man besonders gut im Infraroten bei 2,12 Mikrometer (21 200 Å) des molekularen Wasserstoffs (H_2) beobachten kann. Der schnellere und heftigere Sternwind wird dabei vornehmlich in den beiden Richtungen der Rotationsachse des Sternes ausgestoßen, während der Materietorus in der Äquatorebene liegt. Auch wenn noch längst nicht alle Rätsel von M 57 gelöst sind – für Sternfreunde bleibt der Ringplanet in der Leier allemal ein empfehlenswertes Beobachtungsobjekt. Und der Anfänger in der Himmelskunde sollte versuchen, ihn wenigstens mit dem Fernglas einmal aufzuspüren.

August 2002

Die beiden fernen und lichtschwachen Planeten Uranus und Neptun kommen im August im Sternbild Steinbock in Opposition zur Sonne. Venus steht am 22. in größter östlicher Elongation von der Sonne und ist damit am Abendhimmel hellstes Gestirn – vom Mond natürlich abgesehen.

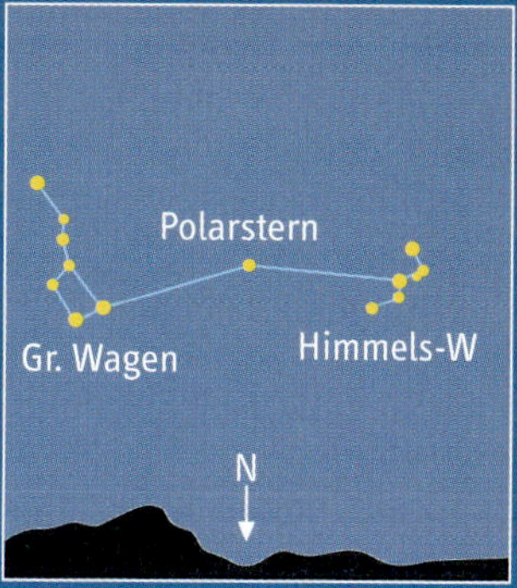

Großer Wagen und Himmels-W Anfang August um 22^h

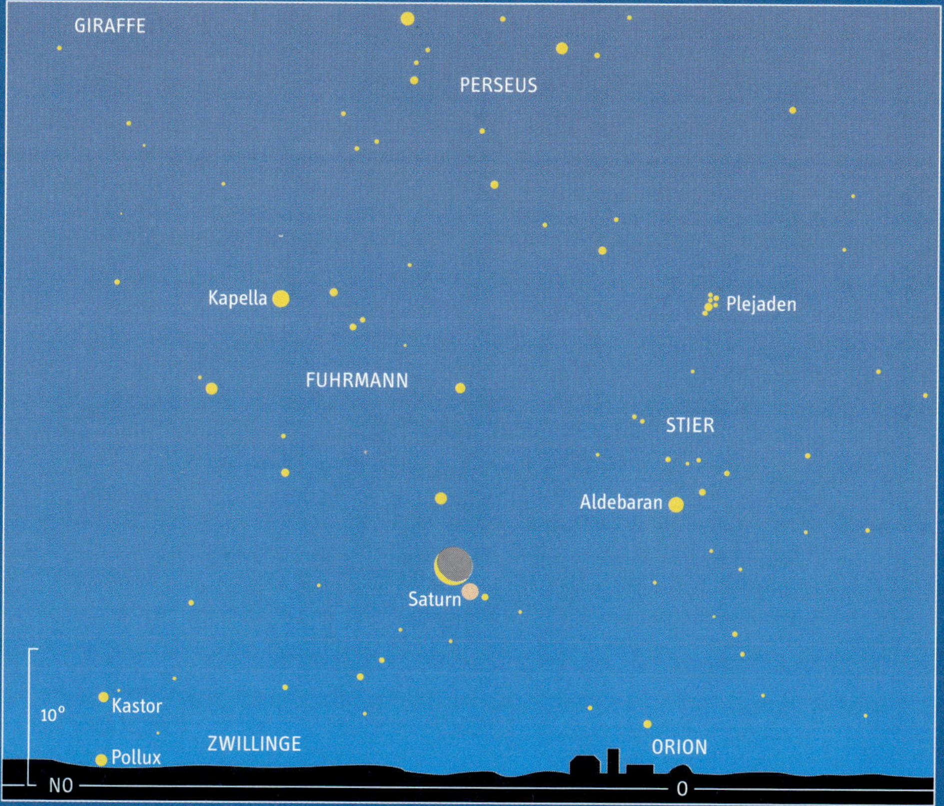

8.1 Himmelsanblick am 5. August gegen 3^h MEZ (= 4^h MESZ): Saturn im Stier sowie die Sichel des abnehmenden Mondes sind am morgendlichen Osthimmel vertreten.

Sonnenlauf

10.8. 23ʰ
Sonne tritt in das Sternbild Löwe
23.8. 9ʰ
Sonne tritt in das Tierkreiszeichen Jungfrau

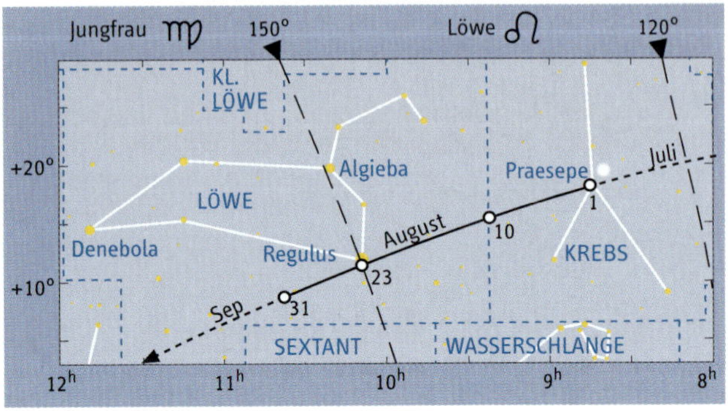

Julianisches Datum am
1. August, 1ʰ MEZ: 2 452 487,5

Tag	Dämmerg. Anfang	Aufgang MEZ	Kulmination	Untergang MEZ	Dämmerg. Ende	Mittagshöhe	Zeitgleichg.	Rektaszension	Deklination
	h m	h m	h m	h m	h m	°	m	h m	°
1.	3 19	4 49	12 26	20 03	21 32	58,0	–6	8 44	+18,1
5.	3 27	4 54	12 26	19 56	21 23	57,0	–6	8 59	+17,1
10.	3 37	5 02	12 25	19 48	21 12	55,5	–5	9 18	+15,7
15.	3 47	5 09	12 24	19 39	21 00	54,0	–4	9 37	+14,2
20.	3 57	5 17	12 23	19 29	20 48	52,4	–3	9 56	+12,6
25.	4 07	5 24	12 22	19 19	20 36	50,7	–2	10 14	+10,9
31.	4 18	5 33	12 20	19 07	20 22	48,6	0	10 36	+ 8,8

Tages- und Nachtstunden

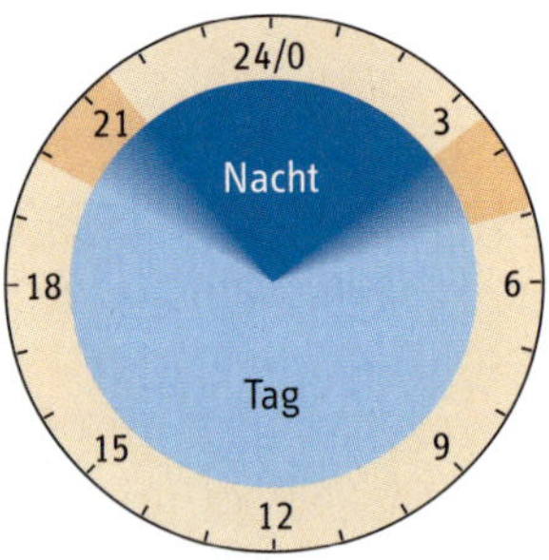

5. August

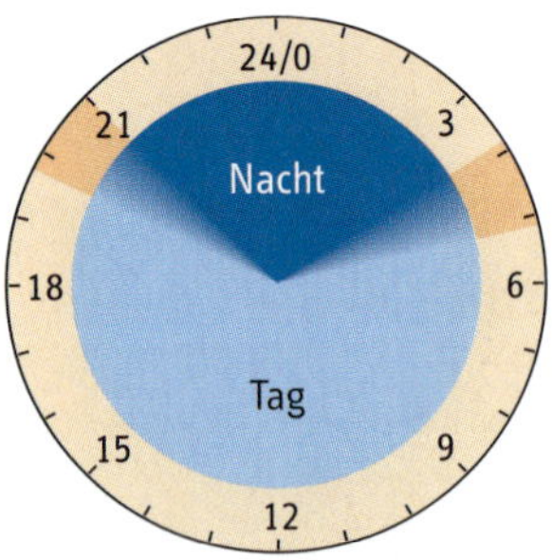

15. August

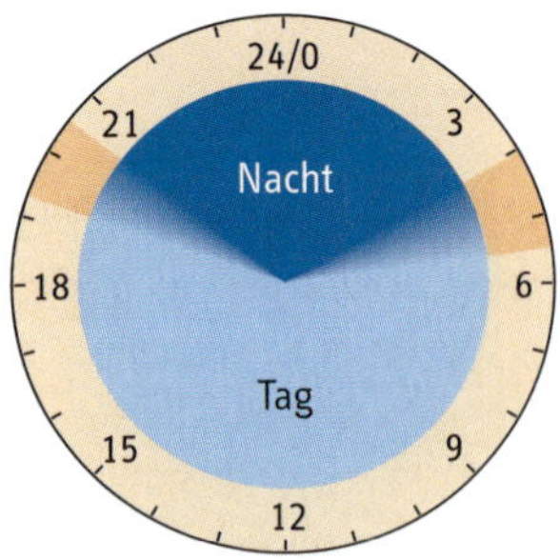

25. August

Mondlauf

Datum		Aufg. MEZ	Kulmination	Unterg. MEZ	Rektaszension	Deklination	Sterne und Sternbilder	Phase	MEZ
		h m	h m	h m	h m	°			
Do	1.	23 25	6 02	13 12	2 11	+ 9,5	* Walfisch	**Letztes Viertel**	**11^h22^m**
Fr	2.	23 47	6 45	14 21	2 56	+14,1	Widder		
Sa	3.	–	7 32	15 31	3 45	+18,1	Stier, Plejaden		
So	4.	0 14	8 22	16 41	4 36	+21,5	* Aldebaran	Aufsteigender Knoten	
Mo	5.	0 51	9 16	17 48	5 31	+23,9	Stier, Al Nath	Libration Ost	
Di	6.	1 39	10 14	18 47	6 29	+25,0	Zwillinge		
Mi	7.	2 41	11 13	19 36	7 30	+24,7	Kastor, Pollux		
Do	8.	3 56	12 12	20 14	8 31	+22,8	Krebs, Krippe	**Neumond**	**20^h15^m**
Fr	9.	5 18	13 10	20 44	9 31	+19,4	Löwe		
Sa	10.	6 44	14 05	21 08	10 30	+14,8	Löwe, Regulus	Größte Nordbreite	
So	11.	8 09	14 58	21 30	11 26	+ 9,2	Löwe	Erdnähe 363/32′,9	0^h
Mo	12.	9 33	15 49	21 49	12 20	+ 3,1	Jungfrau		
Di	13.	10 56	16 40	22 09	13 13	– 3,1	Spica		
Mi	14.	12 18	17 31	22 31	14 05	– 9,0	Jungfrau		
Do	15.	13 39	18 23	22 57	14 59	–14,4	Waage	**Erstes Viertel**	**11^h12^m**
Fr	16.	14 57	19 17	23 29	15 54	–18,9	Waage		
Sa	17.	16 11	20 12	–	16 50	–22,3	Antares	Absteigender Knoten Libration West	
So	18.	17 16	21 08	0 09	17 47	–24,4	Schütze		
Mo	19.	18 09	22 02	0 59	18 45	–25,2	Schütze, Nunki		
Di	20.	18 51	22 55	1 59	19 41	–24,5	Schütze		
Mi	21.	19 23	23 45	3 05	20 36	–22,6	Steinbock		
Do	22.	19 48	–	4 15	21 28	–19,7	Steinbock	**Vollmond**	**23^h29^m**
Fr	23.	20 08	0 32	5 25	22 17	–15,9	Wassermann		
Sa	24.	20 25	1 16	6 34	23 03	–11,5	Wassermann	Größte Südbreite	
So	25.	20 41	1 57	7 41	23 48	– 6,7	Wassermann		
Mo	26.	20 56	2 38	8 47	0 31	– 1,7	Walfisch	Erdferne 406/29′,5	19^h
Di	27.	21 11	3 18	9 53	1 14	+ 3,4	Fische		
Mi	28.	21 28	3 58	10 59	1 57	+ 8,3	Fische		
Do	29.	21 48	4 40	12 07	2 42	+12,9	* Widder		
Fr	30.	22 12	5 25	13 16	3 28	+17,1	Stier		
Sa	31.	22 44	6 12	14 25	4 18	+20,7	Stier, Hyaden	**Letztes Viertel** Aufsteigender Knoten	**3^h31^m**

18. Aug. 20^h MEZ

18. Aug. 24^h MEZ

Planetenlauf

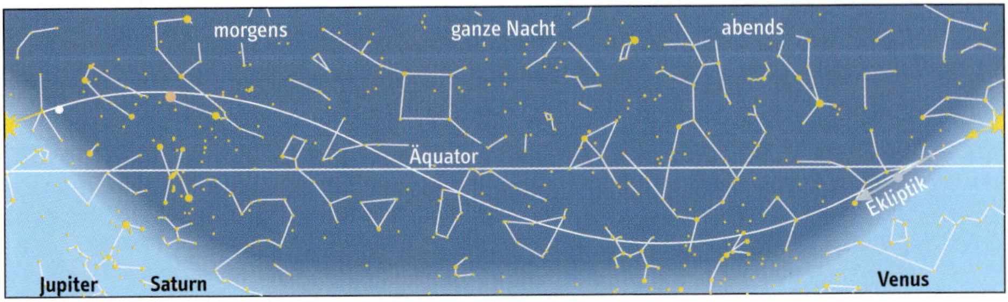

Merkur hat seine obere Konjunktion mit der Sonne hinter sich und gewinnt nur langsam östlichen Vorsprung vor der Sonne, die ihm im Tierkreis folgt. Seine größte östliche Elongation erreicht der flinke Planet aber erst zu Beginn des nächsten Monats. Bis Monatsende wächst die östliche Elongation zwar auf stattliche 27° an, zu einer Abendsichtbarkeit reicht es dennoch nicht, da Merkur erheblich südlicher als die Sonne steht und deshalb einen kleinen Tagbogen beschreibt, was zu einem relativ frühen Untergang führt. Am 31. geht der $0^m,2$ helle Merkur um $19^h\,40^m$ (= $20^h\,40^m$ Sommerzeit) unter, die Sonne aber erst um $19^h\,07^m$ (= $20^h\,07^m$ Sommerzeit). Dies reicht nicht, um Merkur in der Abenddämmerung zu erkennen. Wer jedoch seinen Urlaub in äquatornahen Regionen oder auf der Südhalbkugel verbringt, kann Merkur am Abendhimmel über dem Westhorizont in der Dämmerung sehen. Am 6. zieht Merkur $0^\circ,9$ nördlich an Regulus im Löwen vorbei.

Am 27. passiert Merkur das Aphel seiner Bahn, wobei ihn 70 Millionen Kilometer (= 0,468 AE) von der Sonne trennen.

Venus erreicht am 22. mit 46° 00′ Winkelabstand ihre größte östliche Elongation. Trotz ihres weiteren Helligkeitsanstieges auf $-4^m,4$ ist sie als Abendstern

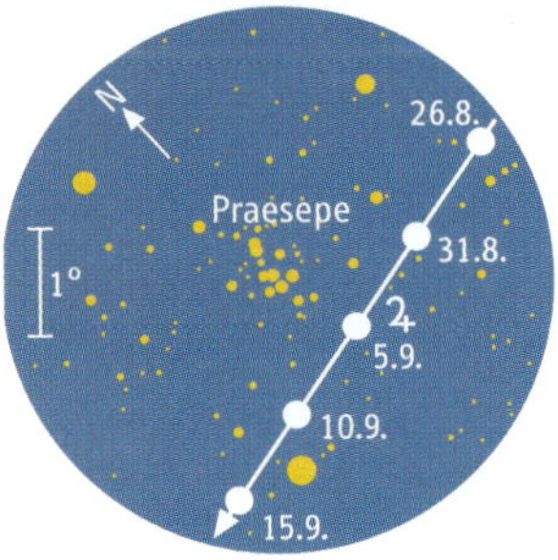

8.2 Der Riesenplanet Jupiter passiert Anfang August 2002 den offenen Sternhaufen Praesepe (Krippe) im Sternbild Krebs. Anblick im Fernglas bei 5° Gesichtsfelddurchmesser.

nicht mehr so auffällig. Denn sie geht nun immer früher unter, nämlich am 1. um $21^h\,33^m$ (= $22^h\,33^m$ Sommerzeit), am 15. um $20^h\,56^m$ und am 31. bereits um $20^h\,10^m$. Der Abendstern strebt südlicheren Gefilden des Tierkreises zu, daher der relativ frühe Untergang. Venus läuft durch die Jungfrau, am 7. passiert sie nur $0^\circ,4$ südlich den Waagepunkt (= Herbstpunkt) und zieht zu Monatsende $0^\circ,8$ südlich an Spica, dem Hauptstern in der Jungfrau vorbei (siehe Abb. 8.3 unten).

Am 19. abends sieht man das knapp 24″ große Venusscheibchen im Teleskop halb beleuchtet – die Dichotomie tritt ein.

Mars wird am späten Abend des 10. von der Sonne im Sternbild Löwe eingeholt und steht in Konjunktion mit ihr. Da er am 14. seine größte ekliptikale Nordbreite erreicht, zieht die Sonne knapp 1° südlich an Mars vorbei. Mars hält sich mit der Sonne am Taghimmel auf und bleibt nachts unsichtbar.

Am Tag der Konjunktion ist Mars 400 Millionen Kilometer (= 2,67 AE) von der Erde entfernt. Dies entspricht fast der maximal möglichen Entfernung von uns, da Mars zur diesjährigen Konjunktion fast seine Aphelposition erreicht hat.

Jupiter, rechtläufig im Sternbild Krebs, stand im Vormonat in Konjunktion mit der Sonne. Der Riesenplanet taucht im zweiten Monatsdrittel am Morgenhimmel auf. Am 10. geht der $-1^m,8$ helle Planet um $3^h\,36^m$ auf, am

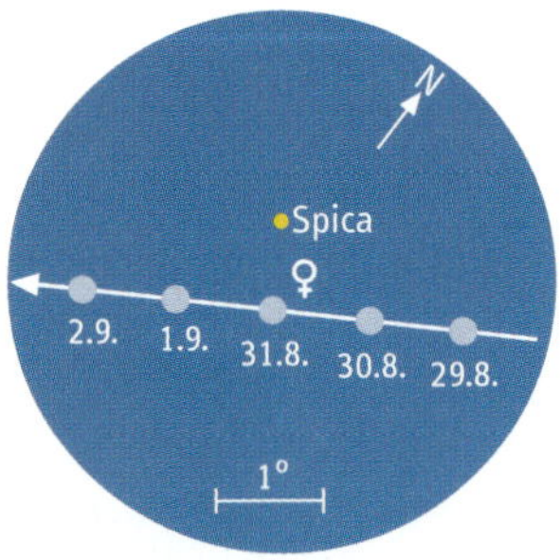

8.3 Venus zieht Ende August rund $0^\circ,8$ südlich am Jungfrauhauptstern Spica vorbei. Anblick im Fernglas bei 5° Gesichtsfelddurchmesser.

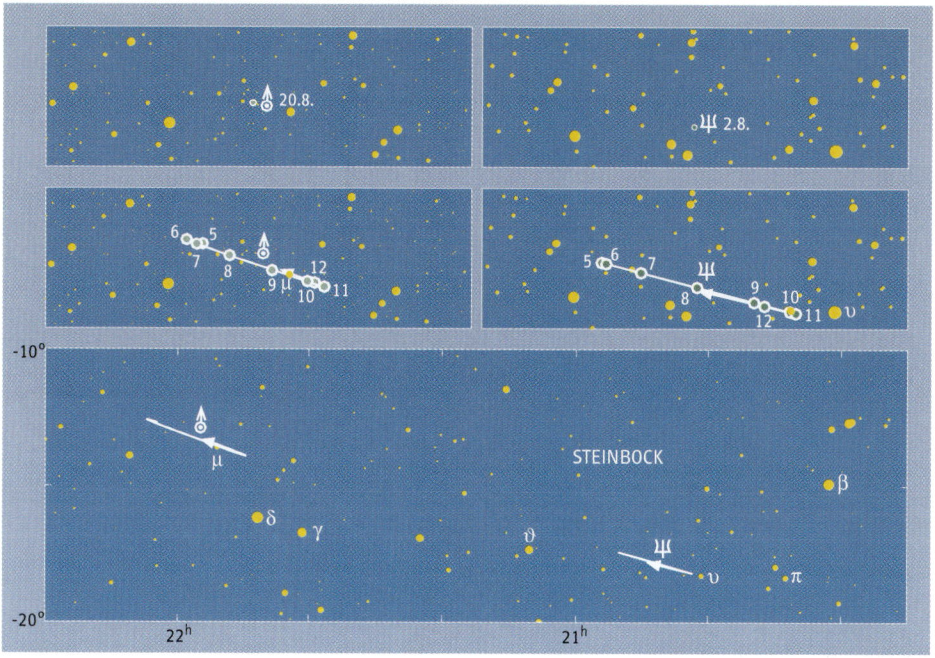

8.4 (oben links) Die scheinbare Bahn von Uranus im Jahre 2002 sowie seine Position zur Opposition.

8.5 (oben rechts) Die scheinbare Bahn von Neptun im Jahre 2002 sowie seine Position zur Opposition.

8.6 (unten) Lage der Oppositionsschleifen von Uranus und Neptun im Sternbild Steinbock.

Monatsletzten bereits um $2^h\,37^m$ (= $3^h\,37^m$ Sommerzeit).
Saturn, rechtläufig im Stier, zieht zu Monatsbeginn (2.) knapp zwei Vollmondbreiten nördlich am südlichen Stierhorn (ζ Tauri, $3\overset{m}{,}0$) vorbei und tritt am Monatsende in den nördlichsten Ausläufer des Sternbildes Orion ein (siehe Abb. 12.6 auf Seite 215).
Der Ringplanet verlagert seine Aufgänge in die Zeit vor Mitternacht. Am 1. geht der $0\overset{m}{,}2$ helle Saturn um $1^h\,20^m$ (= $2^h\,20^m$ Sommerzeit) auf, am 15. um $0^h\,31^m$ und am 31. bereits um $23^h\,30^m$. Am 5. erhält Saturn Besuch von der schmalen Sichel des abnehmenden Mondes (siehe Abb. 8.1 auf Seite 147).
Uranus überschreitet am 10. rückläufig die Grenze Wassermann/Steinbock und tritt wieder in den Steinbock. Am 20. steht Uranus dann in Opposition zur Sonne. Der erfahrene Sternfreund weiß: Dies bedeutet günstigste Sichtbarkeit, nämlich die ganze Nacht über dem Horizont, Höchststellung um Mitternacht, geringste Entfernung von der Erde und maximale scheinbare Helligkeit.
Am Tag der Opposition geht der $5\overset{m}{,}7$ helle Uranus um $19^h\,23^m$ (= $20^h\,23^m$ Sommerzeit) auf, passiert um $0^h\,23^m$ den Meridian in knapp 27° Höhe und geht morgens dann um $5^h\,18^m$ unter.
Um Uranus aufzufinden, benutze man das Aufsuchkärtchen Abb. 8.4 und die Übersichtskarte 8.6 auf Seite 151. Im Teleskop erkennt man ein winziges, grünliches Uranusscheibchen von nur $3\overset{''}{,}6$ scheinbarem Durchmesser. Auf ihm sind keine Details sichtbar.
Die Oppositionsentfernung des Uranus von der Erde beträgt 2841 Millionen Kilometer (= 18,99 AE). Von Uranus braucht daher das Licht zwei Stunden und 38 Minuten, um zur Erde zu gelangen. Von der Sonne trennen Uranus am Oppositionstag 2993 Millionen Kilometer (= 20,01 AE).
Neptun, rückläufig im Steinbock, steht am 2. in Opposition zur Sonne. Am Tag der Opposition geht der mit $7\overset{m}{,}8$ recht lichtschwache Planet um $19^h\,49^m$ (= $20^h\,49^m$ Sommerzeit) auf, kulminiert in der Oppositionsnacht um $0^h\,23^m$ und sinkt am nächsten Morgen um $4^h\,56^m$ unter die Horizontlinie (siehe auch Auf-

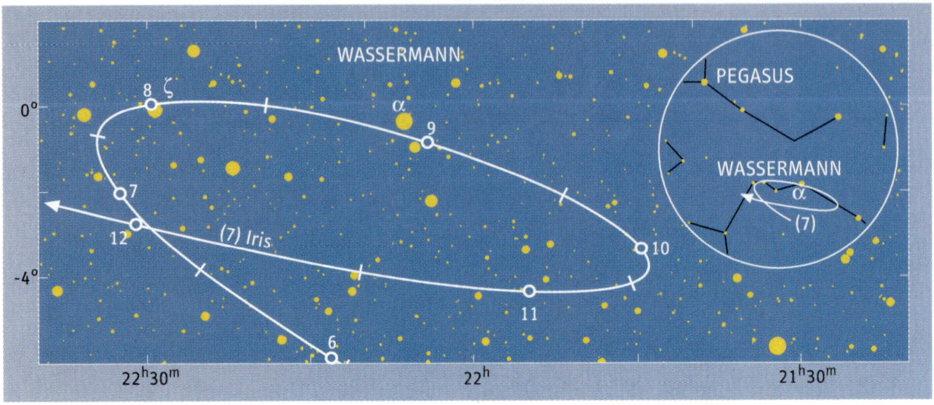

8.7 Die scheinbare Bahn des Kleinplaneten Iris (7) in der zweiten Jahreshälfte 2002 im Sternbild Wassermann. Die Zahlen geben die Irisposition zum jeweiligen Monatsersten an.

suchkärtchen Abb. 8.5 auf Seite 151). Bis Monatsende verfrüht sich die Untergangszeit auf $3^{h}\,02^{m}$ und die Kulmination auf $22^{h}\,25^{m}$ (= $23^{h}\,25^{m}$ Sommerzeit). Im Teleskop erkennt man nur ein winziges, bläuliches Planetenscheibchen von $2\overset{''}{,}3$ scheinbarem Durchmesser. Nur in sehr großen Teleskopen sind einige wenige Details auf Neptun auszumachen. Am 2. trennen Neptun 4349 Millionen Kilometer (= 29,07 AE) von der Erde, dies entspricht einer Lichtlaufzeit von vier Stunden und drei Minuten. Von der Sonne ist Neptun zur Oppositionszeit in diesem Jahr 4501 Millionen Kilometer (= 30,09 AE) entfernt. Bei der diesjährigen Neptunopposition kommt es zu einem Erdtransit, von Neptun aus beobachtet.
Pluto im Sternbild Schlangenträger wird am 27. stationär und beendet damit seine Rückläufigkeit. Danach wachsen seine Rektaszensionen wieder an (siehe auch Abb. 6.4 auf Seite 119).

▸ Konstellationen und Ereignisse

Datum	MEZ	Ereignis
2.	2^{h}	**Neptun in Opposition zur Sonne**
5.	5	**Mond bei Saturn,** Mond $2\overset{\circ}{,}1$ nördlich, **Abstand $1\overset{\circ}{,}3$ um 3^{h}**
7.	18	Mond bei Jupiter, Mond $3\overset{\circ}{,}3$ nördlich
8.	20	Mond bei Mars, Mond $3\overset{\circ}{,}4$ nördlich
10.	2	Mond bei Merkur, Mond $4\overset{\circ}{,}4$ nördlich
10.	23	Mars in Konjunktion mit der Sonne
11.	23	Mond bei Venus, Mond $6\overset{\circ}{,}1$ nördlich
20.	2	**Uranus in Opposition zur Sonne**
21.	5	Mond bei Neptun, Mond $4\overset{\circ}{,}2$ südlich
22.	14	**Venus in größter östlicher Elongation** (46°)
22.	15	Mond bei Uranus, Mond $4\overset{\circ}{,}2$ südlich
27.	11	Merkur im Aphel
27.	21	Pluto stationär, anschließend rechtläufig

Planetoiden

Ceres (1) setzt am 17. zu ihrer Oppositionsschleife an. An diesem Tag wird sie in Rektaszension stationär und wandert anschließend rückläufig durch den Walfisch (lat.: Cetus). Ihre Helligkeit steigt bis Monatsende von $8\overset{m}{,}7$ auf $8\overset{m}{,}1$ an, was es lohnenswert erscheinen lässt, nach dem Planetoiden Nr. 1 zu suchen (siehe Aufsuchkärtchen Abb. 10.7 auf Seite 184). Die Ceres-Kulminationen verlagern sich von $5^{h}\,06^{m}$ (= $6^{h}\,06^{m}$ Sommerzeit) am 1. auf $3^{h}\,09^{m}$ am 31.
Pallas (2) steht am 12. in Opposition zur Sonne. Mit nur $9\overset{m}{,}4$ Oppositionshelligkeit ist sie diesmal kein lohnenswertes Beobachtungsobjekt. Zur Opposition ist Pallas 370 Millionen Kilometer (= 2,47 AE) von der Erde und 508 Millionen Kilometer (= 3,40 AE) von der Sonne entfernt.
Iris (7) eilt rückläufig durch den Wassermann und passiert am 2. nur $0\overset{\circ}{,}1$ nördlich ζ Aquarii und am 30. in 0,°4 südlichem Abstand Sadalmelik (α Aquarii). Am 27. kommt sie in **Opposi-**

tionsstellung zur Sonne. Zu Monatsanfang noch $8^{m}\!.4$ hell erreicht sie am 27. immerhin $7^{m}\!.7$ Oppositionshelligkeit, was sie zu keinem allzu schwierigen Beobachtungsobjekt macht (siehe auch Aufsuchkärtchen Abb. 8.7 auf Seite 152).
Zu Monatsanfang geht Iris noch um $2^{h}\,12^{m}$ durch den Meridian, am Oppositionstag erfolgt ihre Kulmination bereits um $0^{h}\,09^{m}$ (= $1^{h}\,09^{m}$ Sommerzeit).
Zur Opposition sind wir 165 Millionen Kilometer (= 1,10 AE) von Iris entfernt. Von der Sonne trennen Iris an diesem Tag 315 Millionen Kilometer (= 2,11 AE).
Eunomia (15), rückläufig im Pegasus, strebt ihrer Opposition entgegen, die sie aber erst Mitte des nächsten Monats erreicht (siehe Abb. 9.3 auf Seite 167). Ihre Helligkeit steigert Eunomia im Laufe des Monats kräftig um $0^{m}\!.7$ auf $8^{m}\!.2$. Die Kulminationszeiten von Eunomia lauten: 1.: $3^{h}\,11^{m}$, 15.: $2^{h}\,11^{m}$ und 31.: $0^{h}\,56^{m}$ (= $1^{h}\,56^{m}$ Sommerzeit).

Periodische Sternschnuppenströme

Der wohl aktivste Sternschnuppenmonat ist der August. In seinen lauen Sommernächten sind besonders viele Sternschnuppen zu sehen. Die Ursache liegt in den **Perseïden**, deren maximale Tätigkeit zwischen dem 10. und 14. August liegt. Helle Objekte (um 0^{m} und heller, so genannte Feuerkugeln oder Boliden) sind keine Seltenheit. Als schönster und reichster Strom des Jahres bescheren die Perseïden bis zu neunzig Sternschnuppen pro Stunde. Ihren Ursprung führen die Perseïden auf den Kometen 109P/Swift-Tuttle (früher: 1862 III) zurück. Die beste Beobachtungszeit liegt zwischen 22^{h} und 4^{h} morgens. Die Perseïden-Sternschnuppen sind mit 60 Kilometer pro Sekunde recht schnelle Objekte. Im Volksmund heißen sie auch Laurentius-Tränen nach dem Märtyrer Laurentius (gest. 258 n. Chr.). In diesem Jahr können die Leoniden (siehe „Periodische Sternschnuppenströme“ im November) zu einer ernsthaften Konkurrenz für die Perseïden werden.
Zu erwähnen sind noch die **Kappa-Cygniden**, deren Radiant im Sternbild Schwan liegt. Sie sind vom 3. bis 25. August aktiv, allerdings sind sie kein besonders reicher Strom. Zur Zeit des Maximums um den 18. August ist nur mit etwa fünf bis zehn Meteoren pro Stunde zu rechnen. Mit 25 Kilometer pro Sekunde mittlerer Geschwindigkeit zählen die Cygniden zu den langsamen Sternschnuppen. Die Umlaufzeit dieses Stromes beträgt sieben Jahre; der Ursprungskomet dürfte sich aufgelöst haben.
Der wenig bekannte Strom der **Cepheiden** macht sich um den 18. August herum bemerkbar. Die Frequenz ist gering, nämlich nur zehn Objekte pro Stunde. Vermutlich sind die Cepheiden ein Zweigstrom der Cygniden.

Der Fixsternhimmel

Die letzten Überbleibsel des Frühlingshimmels, die Sternbilder Löwe und Jungfrau, sind im Westen unter der Horizontlinie verschwunden. Der orangerote Arktur im Sternbild Bootes ist zum Westhorizont hinabgesunken. Er erinnert als letzter heller Stern an die Frühlingstage. Hoch im Süden dominiert jetzt das Sommerdreieck mit Wega in der Leier, Deneb im Schwan und Atair im Adler. Die Wega (α Lyrae), mit 0^{m} etwa gleich hell wie Arktur, strahlt ein bläulichweißes Licht aus. Sie ist der hellste Stern in der Leier, zu der noch ein kleiner Sternenrhombus gehört sowie der berühmte Vierfachstern $\varepsilon_{1,2}$ Lyrae, den man schon in einem kleinen Fernglas als doppelt erkennen kann. Erst im Teleskop sieht man, dass ε Lyrae ein Vierfachstern ist. 160 Lichtjahre trennen uns von diesem Vierfachsystem in der Leier.
Ein großes Sternenkreuz stellt den durch die Milchstraße fliegenden Schwan dar. Gelegentlich wird es auch als „Kreuz des Nordens“ bezeichnet. Die Längsachse Deneb (α Cygni) – Albireo (β Cygni) bildet den Rumpf, wobei der Kopf durch Albireo und der Schwanz durch Deneb markiert wird. Die Querachse deutet die Flügel an. Das schimmernde Lichtband der Milchstraße verläuft mitten durch den Schwan. Im Fernglas beeindruckt die unübersehbare Fülle von Sternen in dieser Himmelsregion.

Veränderliche Sterne

Algol-Minima	2.	$4^{h}56^{m}$	5.	$1^{h}45^{m}$	7.	$22^{h}34^{m}$	25.	$3^{h}25^{m}$	28.	$0^{h}14^{m}$	30.	$21^{h}02^{m}$
β-Lyrae-Minima	4.	8^{h} N	10.	19^{h} H	17.	6^{h} N	23.	18^{h} H	30.	5^{h} N		
δ-Cephei-Maxima	4.	14^{h}	9.	23^{h}	15.	7^{h}	20.	16^{h}	26.	1^{h}	31.	10^{h}
Mira-Helligkeit	1.	3^{m}	10.	3^{m}	20.	4^{m}	31.	4^{m}				

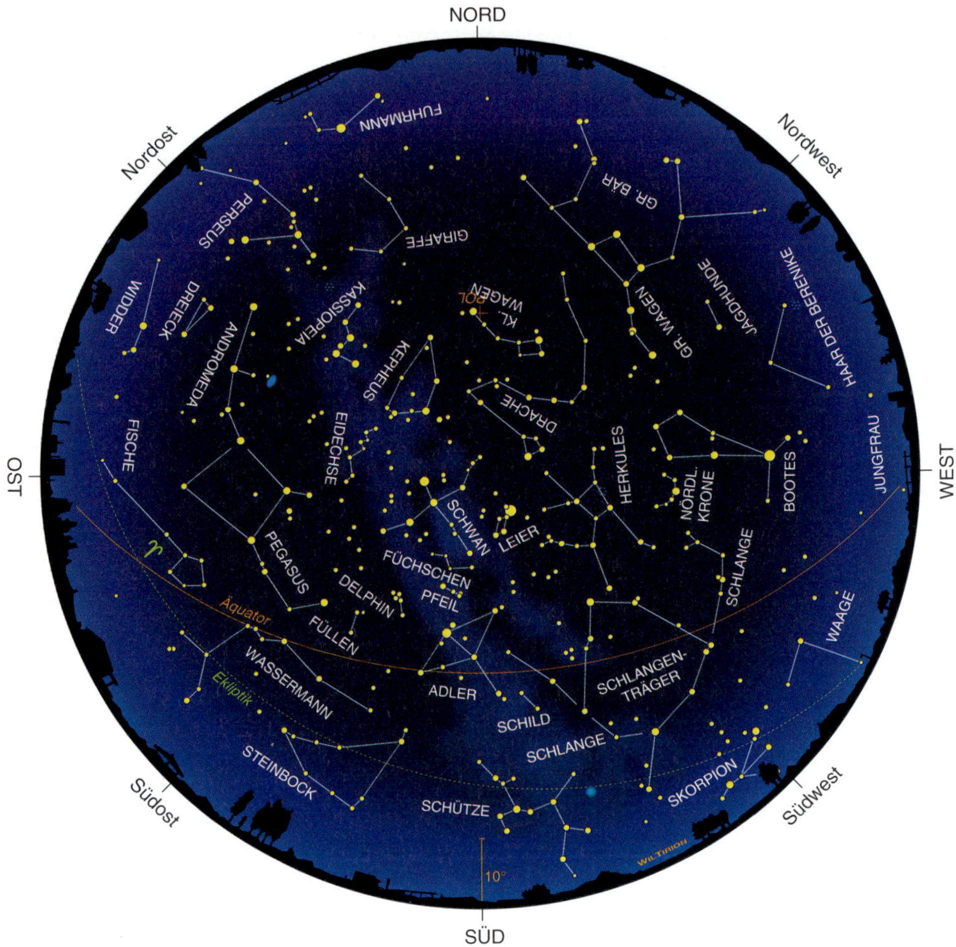

Sternenhimmel am 15. August um 22ʰ MEZ (23ʰ MESZ).

Fixsternhimmel auch gültig für:		
	MEZ	MESZ
15. 6.	2ʰ	3ʰ
1. 7.	1	2
15. 7.	0	1
1. 8.	**23**	**24**
15. 8.	**22**	**23**
31. 8.	**21**	**22**
15. 9.	20	21
30. 9.	19	20

Südlich vom Schwan stößt man auf den Adler, der ebenfalls durch die Milchstraße fliegt. Sein Hauptstern heißt Atair (α Aquilae), was soviel wie der fliegende, auf seine Beute herabstürzende Adler bedeutet. Außer von Atair wird die Gestalt des Adlers in erster Linie von drei Sternen dritter Größe, nämlich Tarazed (γ Aquilae), Deneb Okab (= Schwanz des Adlers, δ Aquilae) und ϑ Aquilae gebildet. Tief im Süden hat der Schütze den Meridian fast vollständig überschritten. Er hat damit den Skorpion verdrängt, der sich bereits am Südwesthorizont im Untergang befindet. Sein heller und roter Hauptstern Antares (α Scorpii) steht zwar noch über der Horizontlinie, aber zwischenzeitlich so tief, dass sein Licht durch den Horizontdunst erheblich geschwächt ist und Antares kaum noch auffällt.
Auch der Schütze (lat.: Sagittarius) steht recht tief, obwohl er sich noch in Meridiannähe auf-

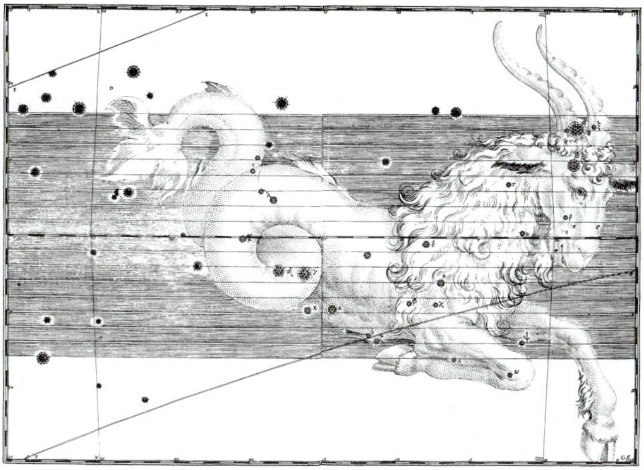

8.8 Das Sternbild Steinbock in einer Darstellung aus dem Sternatlas Uranometria von Johannes Bayer aus dem Jahre 1603.

hält. Er erreicht aber in unseren Breiten selbst bei der Kulmination nur eine bescheidene Höhe über dem Horizont. Im Schützen liegt auch der südlichste Punkt (Winterpunkt) der Ekliptik (scheinbare Sonnenbahn). Hier wendet die Ekliptik und steigt wieder zum Himmelsäquator hinauf.
Die acht hellsten Sterne im Schützen werden von den Amerikanern als Sternbild „Teekanne“ (engl.: teapot) benannt.
Im Südosten findet man den Steinbock, der auf den Meridian zusteuert. Die lateinische Bezeichnung für Steinbock lautet Capricornus. In ferner Vergangenheit lag einst der Winterpunkt im Steinbock. Durch die Präzessionsbewegung der Erde hat sich der Winterpunkt verschoben und liegt heute im Schützen. Dennoch spricht man immer noch vom „Wendekreis des Steinbocks“. Der Steinbock wird der klassischen Mythologie nach als der Hirten- oder Waldgott Pan angesehen. Pan verwandelt sich in einen Steinbock, um sich vor dem Riesen Typhon zu verstecken.
Östlich des Steinbocks stößt man auf den Wassermann. Er ist noch schwieriger zu erkennen als der Steinbock: Seine lichtschwachen Sterne sind weit verstreut, klare geometrische Konturen fehlen. Wie der Steinbock so gehört auch der Wassermann zum Tierkreis.
Im Osten ist das Sternenquadrat des Pegasus schon vollständig aufgegangen. Der Pegasus ist ein erster Bote am Sternenhimmel kommender Herbsttage. An das Pegasusquadrat schließt sich die Sternenkette der Andromeda an, der unglücklichen Tochter des Königspaares Kassiopeia und Kepheus.
Südlich der Andromeda findet man das kleine, aber markante Sternbild Dreieck (lat.: Triangulum). In ihm liegt die bereits im Fernglas gut erkennbare Spiralgalaxie M 33, die zusammen mit dem Andromeda-Nebel (M 31) und unserer Milchstraße zu den drei größten Galaxien der Lokalen Milchstraßengruppe zählt.
Tief am Osthorizont ist inzwischen das kleine, aber doch sehr markante Bild des Widders aufgegangen. Sein Hauptstern α Arietis heißt Hamal und ist 66 Lichtjahre von uns entfernt, also ähnlich weit weg wie Regulus im Löwen. Der Widder zählt zu den typischen Herbstbildern. Somit deutet er die kommende Jahreszeit am Sternenhimmel an.

Objekte für Feldstecher und Fernrohr

Es gibt Himmelsobjekte, die gehören gewissermaßen zum „Standard“ einer Beobachtungsnacht mit einem eigenen Teleskop. Gewöhnlich nehmen solche Favoriten auch einen festen Platz im Programm einer Sternführung in einer öffentlich zugänglichen Sternwarte ein. Zu einem solchen Standardobjekt gehört zweifelsohne der berühmte Vierfachstern ε in der Leier. Sehr gute Augen bemerken, dass ε Lyrae länglich erscheint. ε Lyrae steht in unmittelbarer Nachbarschaft der strahlend hellen Wega und ist im Fernglas leicht zu entdecken. Jedes noch so kleine Fernglas trennt diesen Stern, denn ε_1 und ε_2 weisen eine Distanz von 209″ auf. Im Teleskop ab etwa 8 cm freier Öffnung erkennt man, dass sowohl ε_1 als auch ε_2 Lyrae ihrerseits wiederum Doppelsterne sind. Bei ε_1 stehen zwei $5^{m}{,}0$ und $6^{m}{,}1$ helle Sterne in nur $2''{,}5$ Distanz, während die Komponenten von ε_2 $5^{m}{,}2$ und $5^{m}{,}5$ hell sind und sich in $2''{,}4$ scheinbarem Abstand befinden. Alle vier Sonnen leuchten in einem intensiven, bläulichen Licht. Die Gesamthelligkeit von ε Lyr beträgt $3^{m}{,}9$. Der Vierfachstern in der Leier ist 160 Lichtjahre von uns entfernt.
Ein weiterer prominenter Doppelstern, der einen sehr schönen Farbkontrast zeigt, ist Albireo, der Kopfstern des Schwan, auch unter der Bezeichnung

8.9 Der Nordamerika-Nebel (NGC 7000) im Sternbild Schwan – eine interstellare Gas- und Staubwolke.

β Cygni bekannt. Albireo liegt etwa im Schwerpunkt des Sommerdreiecks. Die $3\overset{m}{,}1$ helle, rötliche Hauptkomponente hat in $34\overset{\prime\prime}{,}5$ Distanz einen $5\overset{m}{,}1$ hellen, bläulich-weißen Begleiter. Jedes gute Fernglas muss Albireo trennen. Die Entfernung des Kopfsternes im Schwan beträgt 390 Lichtjahre.

Im Schwan liegt auch der offene Sternhaufen M 39. Mit nur etwa zwei Dutzend Sternen ist er nicht besonders reich. Er liegt in der nordöstlichen Ecke des Sternfeldes Schwan (siehe Karte N24 im *Atlas für Himmelsbeobachter*). Im Fernglas ist M 39 (= NGC 7092) gut zu erkennen, während man ihn im Teleskop wegen der geringen Sternzahl und schwachen Konzentration übersieht. Rund tausend Lichtjahre trennen uns von diesem Sternhaufen.

Und wer schon im Schwan mit dem Fernglas herumsucht, stößt vielleicht auf den Nordamerika-Nebel. Er wurde so nach seinem Aussehen benannt, das an den nordamerikanischen Kontinent erinnert. Schon ein kleines Fernglas lässt diese Gas- und Staubwolke ein wenig östlich von Deneb erkennen. Der Nordamerika-Nebel, der keine Messier-Nummer trägt, sondern die Katalogbezeichnung NGC 7000 erhalten hat, ist rund 2700 Lichtjahre von uns entfernt. Wer ein Teleskop benützt, sollte möglichst die schwächste Vergrößerung wählen, damit sein Gesichtsfeld entsprechend groß wird. Ein Nebelfilter hilft sehr, den Kontrast im Teleskop zu verbessern. Der „Golf von Mexiko" kommt noch am deutlichsten zur Geltung, während der Nordteil fast nahtlos in das sternreiche Gebiet der Milchstraße übergeht.

Zurück zu den Doppelsternen: Noch leichter als Albireo im Schwan ist ν im Drachen zu trennen. ν Draconis ist mit 62″ Separation ein ausgesprochen leichtes Fernglasobjekt. Allerdings ist dieser Doppelstern nicht so leicht zu finden wie Albireo, der gut mit freiem Auge zu erspähen ist. Die beiden Komponenten von ν Draconis sind je nur 5^{m} hell. Bei unseren fast immer schlechten Sichtbedingungen sind sie daher kaum mit unbewaffneten Augen zu sehen. Ein Fernglas leistet hier allemal gute Dienste. Wesentlich schwieriger zu trennen sind im Drachen ε und η. Bei ε Draconis hat die $3\overset{m}{,}9$ helle Hauptkomponente in $3\overset{\prime\prime}{,}2$ einen nur $6\overset{m}{,}9$ hellen Begleiter. Bei η Draconis stehen die 3^{m} und 9^{m} hellen Komponenten in $5\overset{\prime\prime}{,}3$ Distanz.

Als netter Kugelhaufen sei M 4 im Skorpion empfohlen. Man stößt knapp westlich von Antares im Skorpion auf M 4. Selbst Einsteiger in die praktische Astronomie finden ihn schnell (besonders unter Zuhilfenahme der Karte E18). Im Fernglas erscheint M 4 wie ein etwas diffuser, verschmierter Lichtfleck. Mit 6^{m} Gesamthelligkeit ist er für Feldstecherbeobachter nicht besonders aufregend. Aber im Teleskop zeigt M 4 seine wahre Pracht. Vor allem seine aufgelockerten Randpartien begeistern Sternfreunde. Mit nur 7000 Lichtjahren Distanz gehört M 4 zu den nahen kugelförmigen Sternhaufen.

In unseren Breiten erreicht der Schütze wegen seiner südlichen Lage im Tierkreis selbst bei seiner Kulmination nur eine bescheidene Höhe über dem Horizont. Dennoch stellt er eine wahre Fundgrube an klassischen Fernrohrobjekten dar. Im Schützen wimmelt es von Sternhaufen und Gasnebeln. M 22 ist nach M 13 der schönste Kugelhaufen, der von unseren geographischen Breiten aus zu sehen ist. Ein großer, diffuser Gasnebel im Schützen ist M 8, wegen seiner Form Lagunen-Nebel genannt. Etwa drei Vollmonddurchmesser nördlich vom Lagunen-Nebel stößt man auf

M 20, den so genannten Trifid-Nebel, der ebenfalls zu den galaktischen Gasnebeln zählt. Knapp nordöstlich davon liegt M 21, ein offener Sternhaufen, der vor einer Dunkelwolke im Schützen liegt.
Besonders reizvoll ist es, das schimmernde Lichtband der Milchstraße zu beobachten, das mit seinen hellsten Partien durch den Schützen zieht. Mit einem Fernglas erkennt man schnell, dass das Licht der Milchstraße von Abertausenden einzelner Lichtpünktchen stammt, alles ferne Sonnen in den Tiefen des Kosmos. Schon in der Antike hat der ionische Naturphilosoph Demokrit von Abdera die richtige Vermutung geäußert, die Milchstraße werde von vielen schwachen Sternen gebildet. Aber erst Galileo Galilei konnte 1610 mit seinem kleinen Fernrohr diese Ansicht durch direkte Beobachtung bestätigen.

Die Entstehung der Gezeiten

Eine ganz herausragende Rolle in der Himmelskunde spielt die Schwerkraft oder Gravitation. Zwar ist sie die bei weitem schwächste der vier bekannten Naturkräfte (sie ist rund vierzig Zehnerpotenzen schwächer als die Kernkraft), die die Elementarteilchen Protonen und Neutronen bindet, aber im Bereich der riesigen Räume und gewaltigen Massen der Himmelskörper dominiert die Gravitation. Sie ist es, die die Planeten an die Sonne und die Monde an Planeten fesselt, die die Sterne zu mächtigen Galaxien vereint, die Sterne aus interstellaren Materiewolken bildet sowie schließlich auch dafür sorgt, dass Sterne an ihrem Lebensende zu Weißen Zwergen, Neutronensternen oder Schwarzen Löchern kollabieren.
Diese Wirkungen der Schwerkraft sind weithin bekannt und meist verstanden. Weniger populär sind die durch die Gravitation bewirkten Gezeiteneffekte. Dabei gehören die Gezeiten zu den interessantesten Phänomenen im Universum. Sie bewirken manch bizarre und seltsame Form von wechselwirkenden Milchstraßensystemen, rufen Vulkanismus auf dem Jupitermond Io hervor, ließen den Kometen Shoemaker-Levy 9 im Schwerefeld des Jupiters zerbröseln, lassen unseren Mond der Erde immer dieselbe Seite zukehren, erzeugen Ebbe und Flut der irdischen Wassermassen und heben und senken den Boden unter unseren Füßen täglich zweimal um mindestens dreißig Zentimeter.

Ebbe und Flut

Von all diesen Gezeitenwirkungen sind wohl Ebbe und Flut der Ozeane am bekanntesten. Meist weiß man, dass „der Mond das Wasser anzieht". Die Mitwirkung unserer Sonne bei der Entstehung von Ebbe und Flut wird dagegen oft übersehen.
Die Wirkungen der Schwerkraft beschreibt das Gravitationsgesetz von Isaac Newton. Es besagt, dass die Kraft, mit der zwei Massen aufgrund der Gravitation einander anziehen, proportional dem Massenprodukt aber umgekehrt proportional dem Quadrat der Entfernung ist. Entfernt man zwei Massen auf das Doppelte der ursprünglichen Distanz voneinander, so nimmt die Kraft auf ein Viertel ab.
Deshalb findet man häufig die Meinung vertreten, der Mond ziehe das Wasser der Ozeane an und erzeuge so einen dem Mond zugekehrten Flutberg. Seltsamerweise bildet sich aber auf der dem Mond abgewandten Seite ein zweiter Flutberg. Meist wird als „Erklärung" angegeben: Erde und Mond laufen in einem siderischen Monat (= $27^d7^h43^m$) um ihren gemeinsamen Schwerpunkt, der nicht im Mittelpunkt der Erde ruht. Somit ergibt sich ein Fliehkrafteffekt, der den zweiten Flutberg hervorruft. Dieser Fliehkrafteffekt ist tatsächlich vorhanden. Seine Wirkung ist allerdings so gering, dass kaum ein messbarer zweiter Flutberg entsteht. Tatsächlich ist der zweite, mondabgewandte Flutberg fast genauso groß wie der erste, dem Mond zugewandte[1)]. Würde man den Lauf von Erde und Mond für einen Augenblick anhalten, so blieben beide Flutberge in der jeweiligen Größe erhalten.
Um die Wirkung der Gezeiten zu verstehen, muss man sich Folgendes vor Augen führen: Der Mond zieht die Erde genauso an wie die Erde den Mond. Auf jeden Massenpunkt der Erde wirkt die Mondbeschleunigung. Allerdings ist sie unterschiedlich groß, denn die einzelnen Punkte sind vom Mond verschieden weit entfernt (siehe Abb. 8.10 auf Seite 158). Im Punkt A auf der dem Mond zugekehrten Erdhälfte ist die Anziehungskraft größer als im Erdmittelpunkt M. Am geringsten ist sie in Punkt B auf der dem Mond gegenüberliegenden Seite. B ist schließlich am weitesten vom Mond entfernt. Die

1) Genau genommen ist der mondabgewandte Flutberg um 5% kleiner als der dem Mond zugewandte.

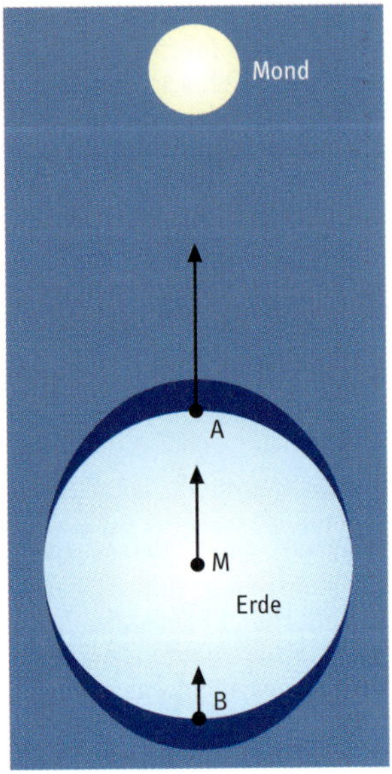

8.10 Gravitationsbeschleunigung des Mondes auf verschiedene Punkte der Erde. In A ist sie stärker als im Mittelpunkt M und in B wiederum schwächer als in M.

Länge der Pfeile in Abb. 8.10 sollen die unterschiedliche Stärke der Schwerebeschleunigung durch den Mond skizzieren. Wäre die Erde nun ein elastischer Körper oder eine Flüssigkeitskugel, so würde sie sich infolge der in den einzelnen Punkten unterschiedlichen Mondbeschleunigung zu einer länglichen Figur verformen. Doch in kurzen Zeitskalen von einigen Stunden verhält sich die Erde wie ein starrer Körper. Nicht jedoch das Wasser der Ozeane. In Punkt B auf der dem Mond gegenüberliegenden Seite bleibt durch die Massenträgheit das Wasser zurück, die feste Erdkugel wird gewissermaßen vom Wasser weggerissen, während sich im Punkt A ein Flutberg ausbildet, weil dort der Mond das Wasser stärker als die feste Erdkugel beschleunigt: Das Wasser wird von der Erdoberfläche weggerissen. Man darf das allerdings nicht zu wörtlich nehmen. Genaugenommen erzeugt der Mond nur indirekt zwei Flutberge, indem er nämlich zwei „Ebbetäler" hervorruft. Die Erdschwerebeschleunigung, die das Wasser an unseren Planeten bindet, ist etwa um den Faktor 300 000 stärker als die Mondbeschleunigung. Der Mond hebt somit nicht die Wassermassen an, dazu ist seine Kraft zu gering, sondern er bewegt das Wasser tangential an der Erdoberfläche entlang, er zieht es von den Punkten C und D (Abb. 8.11) weg in Richtung A. In horizontaler Richtung lässt sich das Wasser leichter bewegen, es muss nicht gegen die Erdschwerkraft angehoben werden. Die Wassermassen werden in Richtung zum Punkt A hin verschoben. Der zweite Flutberg beim Punkt B bildet sich, weil dort das Wasser schlicht zurückbleibt.

Da die Erde schneller rotiert als der Mond sie umkreist, dreht sich die feste Erdkugel unter den beiden Flutbergen hindurch. Für den Beobachter auf der Erde entsteht der Eindruck, dass die Flutberge um die Erde wandern. Da der Mond aber nicht stillsteht, sondern um die Erde läuft und dabei die Flutberge mitzieht, so ist die Periode von einem Eintreffen der Flut bis zum nächsten länger als eine siderische Erdrotation von $23^h\,56^m$. Der zirkadiane Mondrhythmus (die Zeit zwischen zwei aufeinanderfolgenden Meridiandurchgängen des Mondes, auch „Mondtag" genannt) beträgt *im Mittel* $24^h\,50^m\,28^s$. Da zwei Flutberge die Erde umrunden, so ist alle 12^h und 25^m mit dem Eintreffen von Hochwasser zu rechnen. Die Zeit von $12^h\,25^m$ wird eine Tide genannt.

Nicht nur der Mond, auch die Sonne trägt zu den Gezeiten bei. Zwar besitzt die Sonne eine enorme Masse, sie ist jedoch

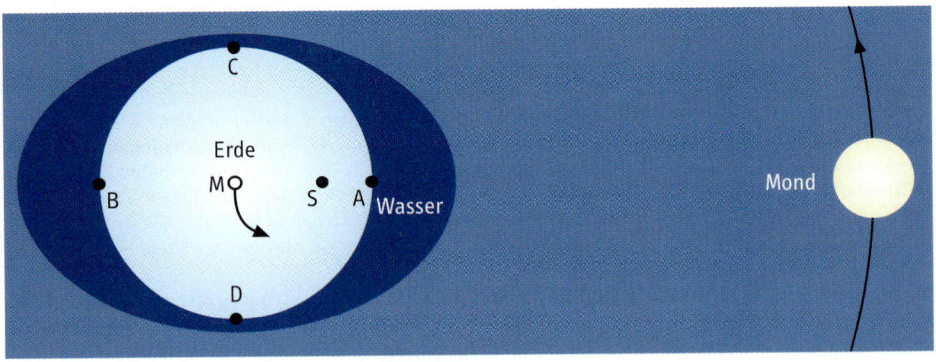

8.11 Zur Entstehung von Ebbe und Flut: Der Erdmittelpunkt M wandert um den Schwerpunkt S des Systems Erde – Mond.

8.12 Bei Voll- und Neumond kommt es zu Springfluten, zu den Halbmondzeiten tritt Nippflut ein.

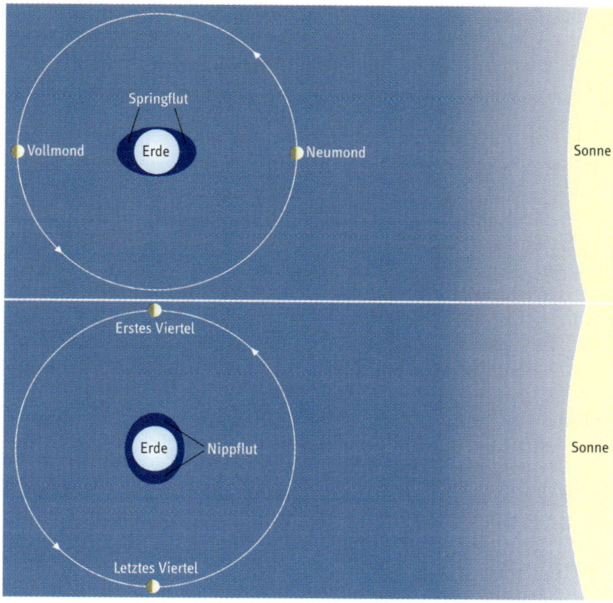

rund vierhundertmal weiter weg als der Mond. Ihre Gravitationsbeschleunigung auf die Erde ist rund 1800-mal größer als die des Mondes. Bei der Gezeitenwirkung ist aber die *Variation* der Schwerebeschleunigung für unterschiedliche Punkte auf der Erde zu berücksichtigen. Und diese ist umgekehrt proportional der *dritten* Potenz der Entfernung vom die Gezeiten erzeugenden Körper. Die Formel für die Gezeitenbeschleunigung b lautet:
$b = 2 \cdot G \cdot R \cdot m/r^3$.
Hierbei steht G für die universelle Gravitationskonstante, R für den Erdradius, m für die Mond- bzw. Sonnenmasse und r für die Mond- bzw. Sonnenentfernung. Danach beträgt die Gezeitenwirkung der Sonne auf unsere Ozeane nur etwa 45 % der des Mondes. Die Gezeitenwirkungen von Sonne und Mond addieren sich, wenn der Mond in den Syzygien steht, also bei Voll- oder Neumond. Beide Gestirne zerren dann in gleicher Richtung, es treten Springfluten auf. In den Halbmondstellungen heben sich die Gezeitenwirkungen von Sonne und Mond teilweise auf, es kommt zu Nippfluten (siehe Abb. 8.12 oben).
Durch den Einfluss der Sonne verkompliziert sich natürlich die Berechnung der Gezeiten. Die Sonnentide dauert einen halben Sonnentag. Doch es gilt noch weitere Faktoren bei der Kalkulation von Ebbe und Flut zu berücksichtigen. Der Mond umrundet die Erde in einer elliptischen Bahn. Im Perigäum ist uns der Mond zwischen neun und vierzehn Prozent näher als im Apogäum (Erdferne). Gemäß der vorhin angegebenen Formel für die Gezeitenbeschleunigung ist die Mondwirkung im Perigäum 30 % bis 48 % stärker als im Apogäum. In Kombination mit den Syzygien kommt es zu extremen Gezeiten. Fällt Vollmond (oder Neumond) mit Erdnähe des Mondes zusammen, so treten die höchsten Flutberge auf. Der englische Fachbegriff hierfür lautet: *Perigean spring tides.* Solche extremen Gezeiten können auch Erdbeben und Vulkanausbrüche auslösen, da sie auch auf die Kontinente wirken. Die Kontinente, die auf dem Magma des plastisch verformbaren Erdinneren schwimmen, werden durch die Gezeiten angehoben und abgesenkt. Der durch den Mond bewirkte Tidenhub beträgt dabei im Mittel 30 Zentimeter, der Sonnenanteil etwa 15 Zentimeter. Die Addition bei Neu- oder Vollmond ergibt somit ein täglich zweimaliges Anheben des Bodens unter unseren Füßen von rund 50 Zentimeter. Freilich merken wir davon nichts, da wir keinen Bezugspunkt haben, an dem wir die Höhenänderung registrieren können – es wird ja die gesamte Umgebung mit angehoben.
Die Flutberge wandern nicht exakt in paralleler Richtung zum Äquator um die Erde. Der Flutgipfel tritt im sublunaren Punkt auf, also an dem Erdort, an dem der Mond durch den Zenit geht. Wo dieser Ort liegt, hängt aber von der Monddeklination ab – und die ändert sich von Tag zu Tag erheblich.
So beeinflussen eine Reihe von astronomischen Faktoren Größe und Zeit des Eintreffens der Flut an einem bestimmten Ort. Folgende Perioden sind dabei zu berücksichtigen: Halber zirkadianer Mondrhythmus ($12^h 25^m$), halber Sonnentag (12^h), halber synodischer Monat (14,77 Tage – Mondphase), halber siderischer Monat (13,66 Tage – Variation der Monddeklination), anomalistischer Monat (27,55 Tage: Perigäum – Apogäum) – halbjährige Variation der Son-

nendeklination (182,6 Tage), anomalistisches Jahr (365,26 Tage – Perihel-Aphel-Position der Erde), prograder Umlauf des Perigäums (8,8 Jahre) und retrograde Drehung der Knotenlinie (18,6 Jahre – variiert die Extreme der Monddeklinationen).
Neben den rein astronomischen Einflüssen sind bei der Berechnung der Tiden auch geophysikalische Faktoren zu berücksichtigen. Eintreffzeit der Flut und Tidenhub, die Differenz zwischen Niedrigwasser (Ebbe) und Hochwasser (Flut), sind von Küstenort zu Küstenort verschieden. Meeresströmungen, Verlauf der Küstenlinie, Buchten, Meerengen, Trichtermündungen verändern die Flutberge. Der Tidenhub beträgt auf dem freien Ozean nur 35 Zentimeter. An den Küsten staut sich jedoch das Wasser. An der deutschen Nordseeküste beträgt der Tidenhub zwei bis vier Meter, an der französischen Atlantikküste bis sieben Meter und in Trichtermündungen von Flüssen steigt der Wasserspiegel bis zu 21 Meter an!
Der Gezeiteneinfluss von Mond und Sonne erstreckt sich nicht nur auf die Wassermassen der Ozeane und die feste Erdkruste, sondern auch auf die irdische Lufthülle. Die Wirkung auf die Atmosphäre ist allerdings außerordentlich gering und bedingt nur Luftdruckschwankungen von 0,1 Hektopascal (= 0,1 Millibar). Dies beeinflusst das Wettergeschehen kaum, das von vielen anderen Faktoren gesteuert wird.

Die Zukunft

Auf lange Frist gesehen haben die Gezeiten aber einen dramatischen Einfluss auf das System Erde – Mond. Wie Bremsbacken wirken die beiden Flutberge auf die rotierende Erde. Im Laufe der Zeit wird die Erddrehung deshalb immer langsamer, die so genannte Gezeitenreibung führt zu einer Verlängerung der Tage. In 100 000 Jahren nimmt die Dauer einer Erdrotation um knapp zwei Sekunden zu. Dieser Wert ist aus vielerlei Beobachtungen abgeleitet und wurde früher etwas kleiner geschätzt. Wie paläontologische Untersuchungen ergaben, betrug die Tageslänge vor 400 Millionen Jahren nur rund 22 Stunden, ein Jahr hatte damals somit 400 Tage. Vor 900 Millionen Jahren gar dauerte ein Tag nur 18 Stunden, das Sonnenjahr hatte somit 490 Tage.
Bei der Abbremsung der Erdrotation wird Drehimpuls auf den Mond übertragen. Er wird damit etwas beschleunigt in seinem Lauf und entfernt sich pro Jahr um vier Zentimeter von uns. Dies hat zur Konsequenz, dass totale Sonnenfinsternisse immer kürzer und immer seltener werden.
In 300 Millionen Jahren wird die Tageslänge auf 26 Stunden angewachsen sein. Ein synodischer Monat wird dann 28 solcher 26-Stunden-Tage dauern und damit ziemlich genau einem Kalendermonat entsprechen. Denn zwölf Monate zu 28 Tagen, die jeweils 26 Stunden dauern, ergeben 336 Tage. Und so viele Tage wird dann ein Sonnenjahr haben.
In 600 Millionen Jahren wird der Mond dann so weit entfernt sein, dass er die Sonne von uns aus gesehen nicht mehr vollständig bedecken kann; es finden keine totalen Sonnenfinsternisse mehr statt.
Wenn die Sonne nicht vorher der Erde ein flammendes Grab bereitet, werden eines sehr fernen Tages – die Schätzungen liegen bei drei Milliarden Jahren – Erde und Mond in doppelt gebundener Rotation die Sonne umkreisen. Das heißt, ein siderischer Monat und eine Erdrotation werden gleich lang sein, nämlich etwa 40 Tage heutiger Länge. Von der Erde aus gesehen, wird dann der Mond immer in gleicher Richtung stehen. Das Nachtgestirn wird dann stets nur von einer Erdhälfte zu sehen sein. Sollten dann noch Menschen die Erde bevölkern, was sehr unwahrscheinlich ist, dann wird es wohl eine Art „Mondtourismus“ geben, damit die Bewohner von der immer dem Mond abgewandten Erdhälfte wenigstens einmal in ihrem Leben den Erdtrabanten zu Gesicht bekommen...
Wenn die Erde nicht mehr so schnell wie heute rotiert, so wird sich auch der Erdkörper infolge der Gezeiten verformen, da immer eine Erdhälfte dem Mond zugekehrt, die andere aber abgewandt ist. Um den leicht eiförmigen Erdkörper werden dann aber keine Flutwellen mehr laufen, denn die Flutberge liegen ja immer auf der Linie Erde – Mond.
Dieser Zustand wird aber auch nicht von Dauer sein. Denn die Gezeitenwirkung der Sonne entzieht dem System Erde – Mond Drehimpuls. Der Mond wird sich der Erde so lange nähern, bis ihn schließlich die Gezeitenkräfte zerreißen werden. Die Bruchstücke werden sich zu einem Ring um die alternde Erde verteilen (siehe auch Monatsthema: „Die Rochesche Grenze“ auf Seite 133 im *Himmelsjahr 1996*). Die Erde wird dann für einige Zeit von einem Ring geschmückt sein wie heute Saturn. Doch es wird dann wohl niemanden mehr auf diesem Planeten geben, der dieses Naturschauspiel bewundern können wird.

September 2002

Venus leuchtet am 26. in größtem Glanz am Abendhimmel. Saturn ist am Morgenhimmel sichtbar, Jupiter taucht im Laufe des Monats ebenfalls am Morgenhimmel auf und zieht knapp am offenen Sternhaufen Krippe vorbei. Am 23. überschreitet die Sonne um $6^h\ 55^m$ MESZ den Himmelsäquator in südlicher Richtung, der Herbst beginnt.

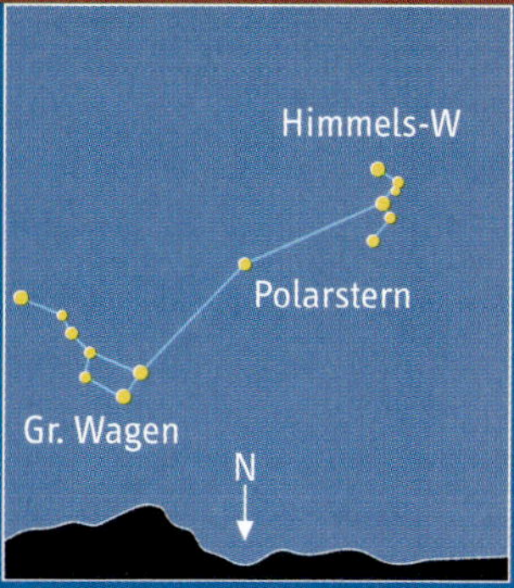

Großer Wagen und Himmels-W Anfang September um 22^h

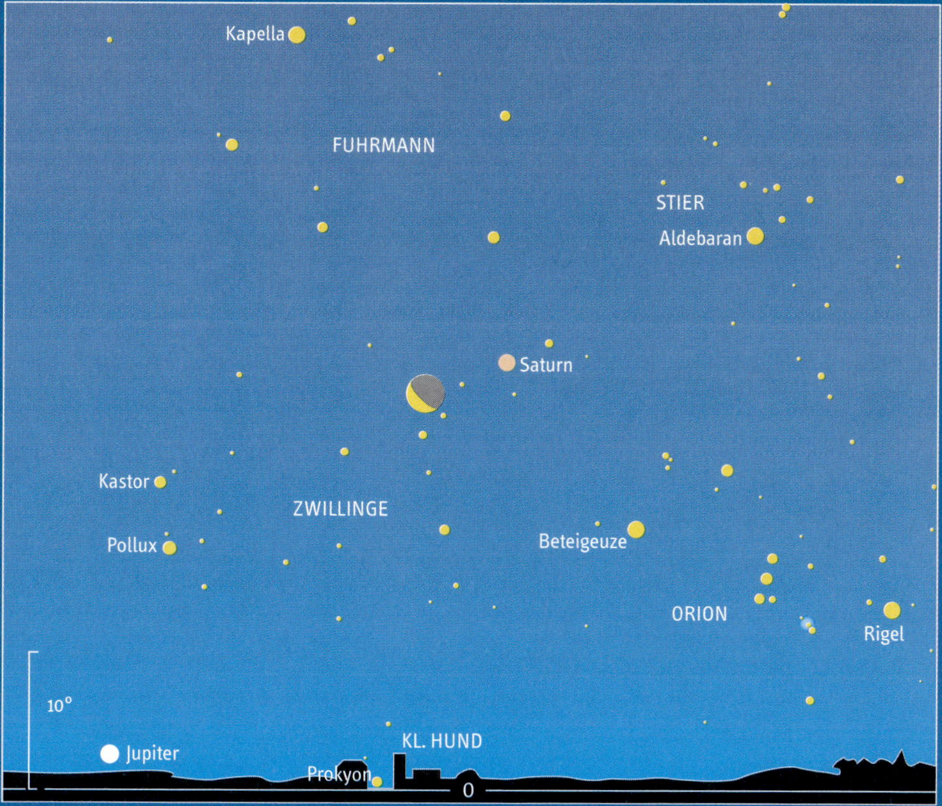

9.1 Anblick des Sternenhimmels am 2. September 3^h MEZ (= 4^h MESZ): Am morgendlichen Osthimmel stehen Saturn und die Mondsichel im Gebiet Stier/Zwillinge. Knapp über dem Horizont macht sich Jupiter bemerkbar.

Sonnenlauf

17.9. 0h
Sonne tritt in das Sternbild Jungfrau
23.9. 5h55m
Sonne tritt in das Tierkreiszeichen Waage

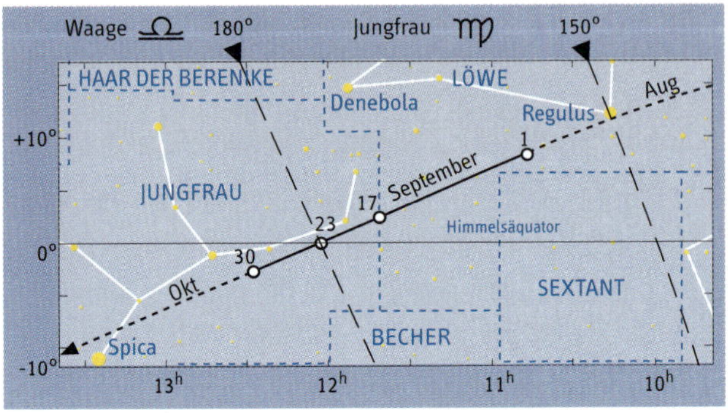

Julianisches Datum am
1. September, 1h MEZ: 2 452 518,5

Tag	Dämmerg. Anfang	Aufgang MEZ	Kulmination	Untergang MEZ	Dämmerg. Ende	Mittagshöhe	Zeitgleichg.	Rektaszension	Deklination
	h m	h m	h m	h m	h m	°	m	h m	°
1.	4 19	5 34	12 20	19 05	20 19	48,3	0	10 40	+8,4
5.	4 27	5 40	12 19	18 56	20 09	46,8	+ 1	10 54	+7,0
10.	4 35	5 48	12 17	18 45	19 57	44,9	+ 3	11 12	+5,1
15.	4 44	5 55	12 15	18 34	19 45	43,0	+ 5	11 30	+3,2
20.	4 52	6 03	12 13	18 23	19 34	41,1	+ 7	11 48	+1,3
25.	5 00	6 10	12 12	18 12	19 22	39,1	+ 8	12 06	−0,7
30.	5 08	6 18	12 10	18 01	19 11	37,2	+10	12 24	−2,6

Tages- und Nachtstunden

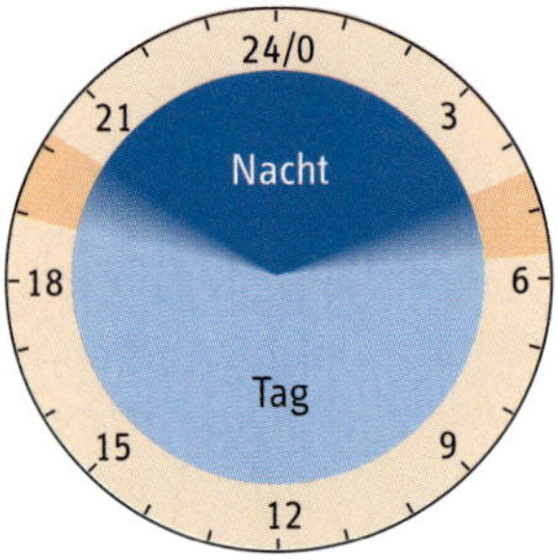

5. September

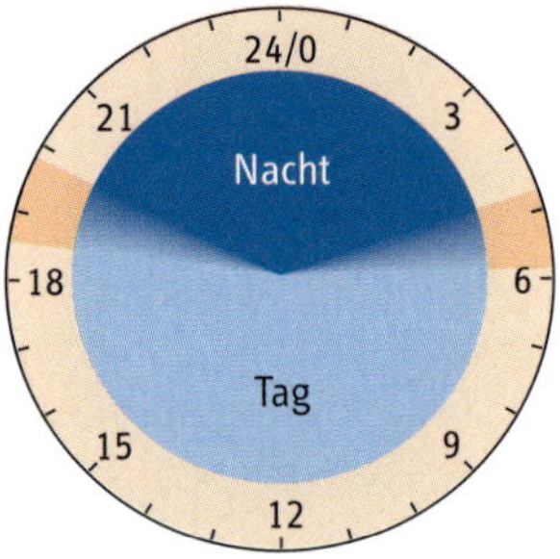

15. September

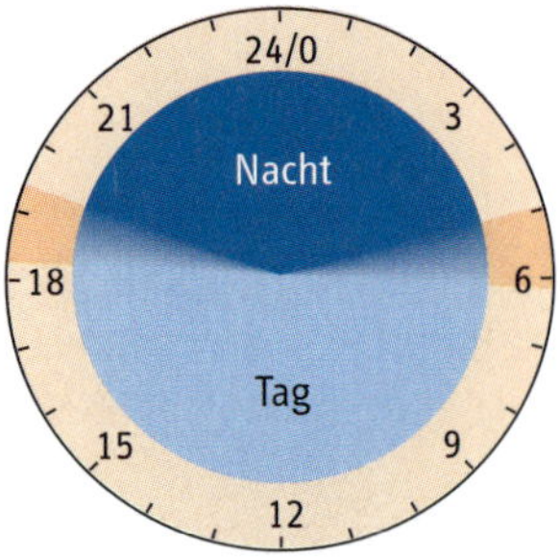

25. September

Mondlauf

Datum		Aufg. MEZ	Kulmination	Unterg. MEZ	Rektaszension	Deklination	Sterne und Sternbilder	Phase	MEZ
		h m	h m	h m	h m	o			
So	1.	23 26	7 03	15 32	5 10	+23,4	Stier, Al Nath		
Mo	2.	–	7 58	16 34	6 06	+25,0	* Zwillinge	Libration Ost	
Di	3.	0 21	8 56	17 26	7 05	+25,2	Zwillinge		
Mi	4.	1 29	9 55	18 08	8 05	+23,9	Pollux		
Do	5.	2 47	10 53	18 42	9 06	+21,1	Krebs, Krippe		
Fr	6.	4 13	11 50	19 09	10 05	+16,9	Löwe, Regulus		
Sa	7.	5 40	12 45	19 31	11 03	+11,6	Löwe	**Neumond**	**4^h10^m**
								Größte Nordbreite	
So	8.	7 07	13 38	19 52	11 58	+ 5,5	Jungfrau	Erdnähe 359/33',3	4^h
Mo	9.	8 33	14 30	20 12	12 53	– 1,0	Jungfrau		
Di	10.	9 59	15 23	20 34	13 48	– 7,3	Spica		
Mi	11.	11 23	16 16	20 58	14 43	–13,1	Waage		
Do	12.	12 46	17 11	21 28	15 39	–18,0	Waage		
Fr	13.	14 03	18 07	22 06	16 36	–21,8	* Antares	**Erstes Viertel**	**19^h08^m**
								Absteigender Knoten	
Sa	14.	15 11	19 03	22 54	17 34	–24,3	* Schlangenträger	Libration West	
So	15.	16 08	19 59	23 51	18 32	–25,3	Schütze, Nunki		
Mo	16.	16 53	20 52	–	19 29	–25,0	Schütze, Nunki		
Di	17.	17 27	21 42	0 56	20 23	–23,3	Steinbock		
Mi	18.	17 53	22 29	2 05	21 16	–20,6	Steinbock		
Do	19.	18 14	23 14	3 14	22 05	–17,0	* Wassermann		
Fr	20.	18 32	23 56	4 23	22 52	–12,7	Wassermann	Größte Südbreite	
Sa	21.	18 48	–	5 31	23 36	– 7,9	Wassermann	**Vollmond**	**14^h59^m**
So	22.	19 03	0 36	6 37	0 20	– 2,9	Fische		
Mo	23.	19 17	1 16	7 43	1 02	+ 2,1	Walfisch	Erdferne 406/29',4	4^h
Di	24.	19 33	1 57	8 50	1 45	+ 7,1	Fische		
Mi	25.	19 52	2 38	9 57	2 29	+11,9	Widder		
Do	26.	20 14	3 21	11 05	3 15	+16,3	Widder		
Fr	27.	20 42	4 07	12 14	4 03	+20,0	Stier, Plejaden	Aufsteigender Knoten	
Sa	28.	21 19	4 56	13 21	4 54	+22,9	Aldebaran		
So	29.	22 06	5 48	14 24	5 48	+24,9	Stier, Al Nath	**Letztes Viertel**	**18^h03^m**
Mo	30.	23 07	6 43	15 19	6 45	+25,5	Zwillinge	Libration Ost	

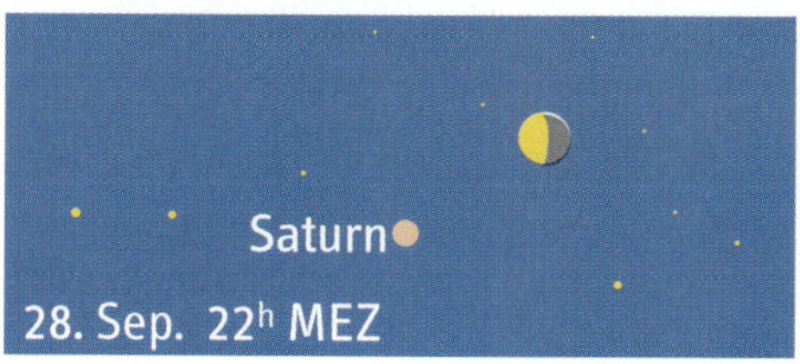

28. Sep. 22^h MEZ

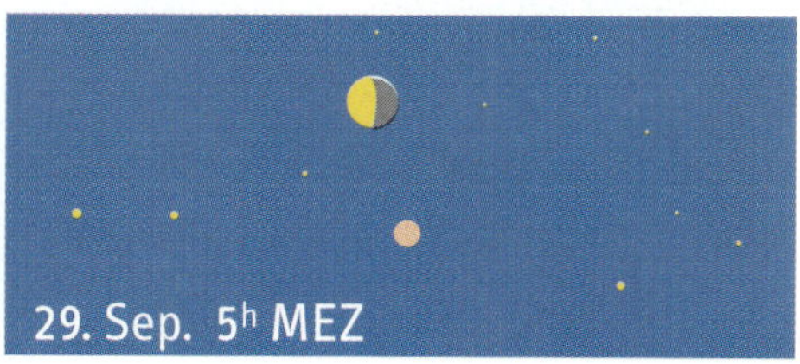
29. Sep. 5^h MEZ

Planetenlauf

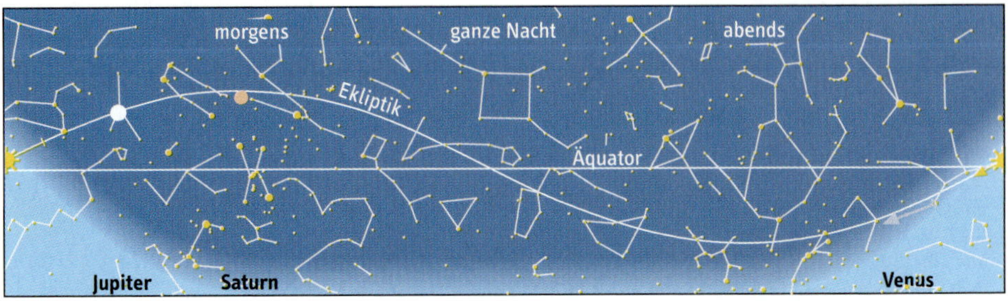

Merkur steht am 1. in größter östlicher Elongation von der Sonne. Trotz eines relativ großen Winkelabstandes von 27° – Merkur passierte am 27. des Vormonats sein Aphel – kommt es nicht zu einer Abendsichtbarkeit in unseren Breiten. Merkur wandert weit südlicher als die Sonne durch den Tierkreis. Am 14. kommt Merkur zum Stillstand und eilt anschließend rückläufig auf die Sonne zu, mit der er am 27. zusammentrifft. An diesem Tag steht Merkur in unterer Konjunktion mit ihr. Er erreicht dabei auch seine geringste Entfernung von der Erde, nämlich 98 Millionen Kilometer (= 0,66 AE). Seine Konjunktionsschleife zieht der sonnennahe Planet im Sternbild Jungfrau (siehe Abb. 9.2 unten).

Venus hat ihre größte östliche Elongation gerade hinter sich. Am 26. leuchtet sie mit $-4{,}^{m}6$ in größtem Glanz am Abendhimmel. Allerdings verkürzt sie ihre Sichtbarkeitszeit am Abendhimmel drastisch. Da sie rasch durch Jungfrau und Waage nach Süden strebt und sich damit ihre Tagbögen verkleinern, geht sie immer früher unter. Außerdem werden ihre östlichen Winkelabstände zur Sonne immer kleiner – bis auf knapp 37° zu Monatsende. Geht Venus am 1. noch um $20^h\,07^m$ und am 15. um $19^h\,23^m$ unter, so sinkt sie am 30. schon um $18^h\,29^m$ (= $19^h\,29^m$ Sommerzeit) unter die Horizontlinie (siehe auch Abb. 9.2 unten). Gegen Monatsende zieht sich Venus ganz vom Abendhimmel zurück.

Am 26. abends ist das auf 40″ angewachsene Venusscheibchen nur noch zu 25 % beleuchtet – unser innerer Nachbarplanet zeigt im Teleskop eine beeindruckende Sichelgestalt.

9.2 Die Schleifenbahnen von Merkur und Venus im Herbst 2002 im Gebiet der Sternbilder Jungfrau und Waage. Die Zahlen geben die Planetenposition zum jeweiligen Monatsersten an (z. B.: 9 = 1. September).

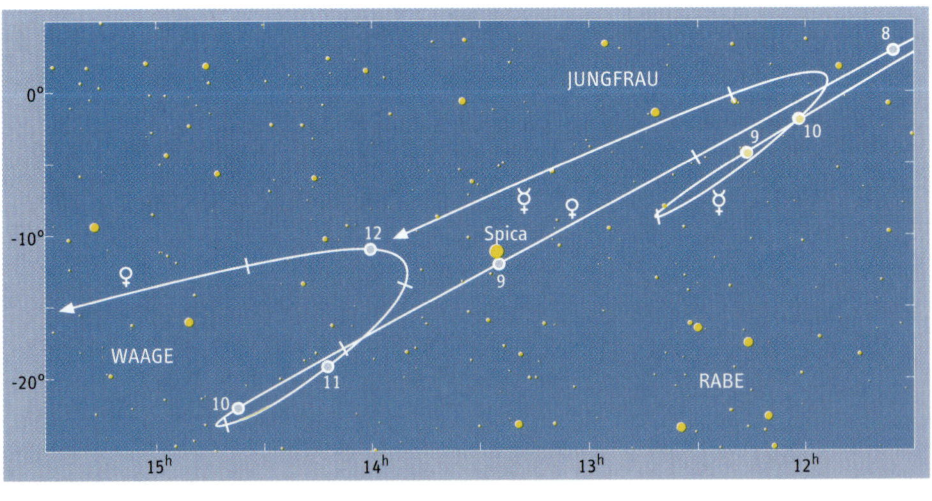

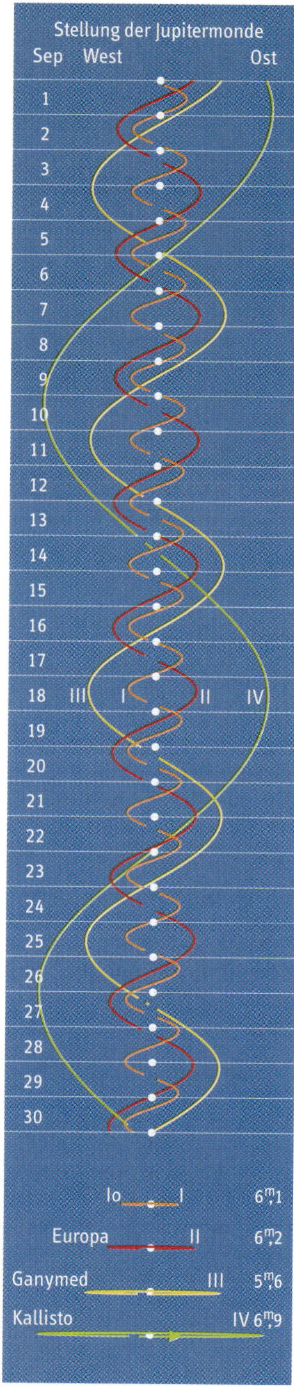

Am 7. durchläuft Venus das Aphel ihrer Bahn (Sonnendistanz: 109 Millionen Kilometer = 0,729 AE).

Jupitermond-Erscheinungen

Tag	MEZ h m	Vorgang	
1.	4 19	I	BE
2.	3 04	III	SA
	5 53	III	DA
3.	4 41	II	VA
5.	3 11	II	DE
6.	5 57	IV	DE
8.	3 14	I	VA
9.	2 52	I	SE
	3 40	I	DE
12.	3 06	II	DA
	4 17	II	SE
	5 58	II	DE
13.	4 00	III	BE
15.	5 07	I	VA
16.	2 29	I	SA
	3 22	I	DA
	4 46	I	SE
	5 39	I	DE
17.	2 48	I	BE
19.	4 01	II	SA
	5 51	II	DA
20.	4 29	III	VE
	4 45	III	BA
21.	3 57	II	BE
23.	2 01	IV	DE
	4 23	I	SA
	5 20	I	DA
24.	4 47	I	BE
25.	2 07	I	DE
27.	4 56	III	VA
28.	1 44	II	VA
30.	6 16	I	SA

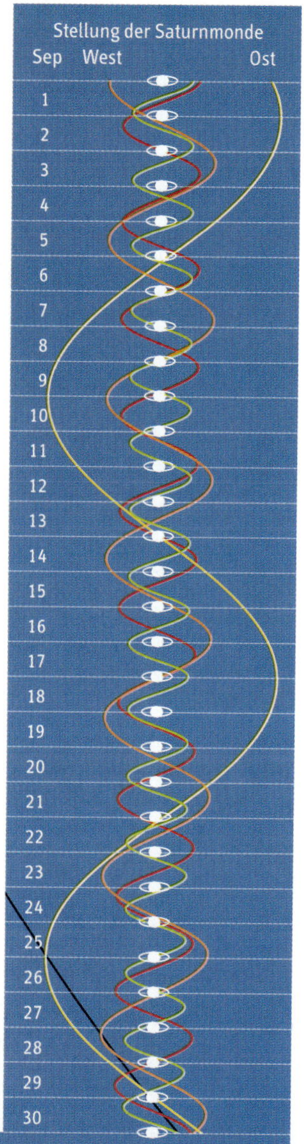

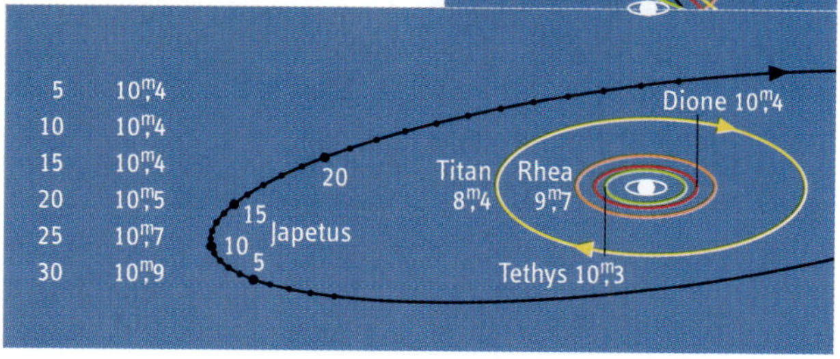

Mars stand im Vormonat in Konjunktion mit der Sonne. Der rote Planet kann sich noch nicht aus den Strahlen der Sonne befreien und bleibt unbeobachtbar.

Jupiter ist Planet am Morgenhimmel. Der Riesenplanet wandert rechtläufig durch das Sternbild Krebs und passiert zu Monatsanfang $1^{\circ}{,}2$ südlich den offenen Sternhaufen Krippe, lateinisch Praesepe genannt (siehe auch Abb. 1.9 auf Seite 35).

Am 1. geht der $-1^{m}{,}8$ helle Jupiter um $2^h 35^m$ auf, zu Monatsende dann bereits eineinhalb Stunden früher, nämlich um $1^h 11^m$ (= $2^h 11^m$ Sommerzeit).

Saturn bremst seine rechtläufige Bewegung im Grenzgebiet Orion/Stier merkbar ab; der Stillstand ist nicht mehr fern, wird aber erst im nächsten Monat erreicht (siehe Abb. 12.6 auf Seite 215). Saturn ist Planet der zweiten Nachthälfte. Seine Aufgangszeiten verlagert der Ringplanet in die späten Abendstunden. Am 1. geht Saturn um $23^h 26^m$ auf und am 15. um $22^h 34^m$. Am Monatsletzten steigt der $0^{m}{,}0$ helle Ringplanet bereits um $21^h 38^m$ (= $22^h 38^m$ Sommerzeit) über die nordöstliche Horizontlinie.

Uranus, rückläufig im Steinbock, stand im letzten Augustdrittel in Opposition zur Sonne. Am 17. passiert der grünliche Planet in nur $0^{\circ}{,}1$ südlichem Abstand μ Capricorni, der mit $5^{m}{,}1$ deutlich heller als Uranus mit seinen $5^{m}{,}7$ ist (siehe Aufsuchkärtchen Abb. 8.4 auf Seite 151). Bei Einbruch der Dunkelheit kann man Uranus mit geeigneter Optik bereits aufsuchen. Vom Morgenhimmel zieht sich Uranus zurück.

Am 1. geht Uranus um $4^h 33^m$ unter, am 15. um $3^h 35^m$ und am 30. schon um $2^h 33^m$ (= $3^h 33^m$ Sommerzeit). Am Monatsende kulminiert Uranus bereits um $21^h 34^m$ (= $22^h 34^m$ Sommerzeit). Dies ist die günstigste Zeit, um nach dem grünlichen Planeten zu fahnden.

Neptun, rückläufig im Steinbock, stand zu Anfang des Vormonats in Opposition zur Sonne und kann in der ersten Nachthälfte beobachtet werden (siehe auch Aufsuchkärtchen Abb. 8.5 auf Seite 151). Seine Kulmination verlegt der bläuliche Planet in die Abendstunden. Am 1. passiert Neptun um $22^h 21^m$ (= $23^h 21^m$ Sommerzeit) den Meridian und geht um $2^h 58^m$ unter.

Am 30. kulminiert der lichtschwache Planet schon um $20^h 25^m$ und sinkt um $1^h 01^m$ (= $2^h 01^m$ Sommerzeit) unter die Horizontlinie. Nach 23^h wird man vergeblich nach Neptun suchen.

Konstellationen und Ereignisse

Datum	MEZ	Ereignis
1.	11^h	Merkur in größter östlicher Elongation (27°)
1.	18	**Mond bei Saturn,** Mond $2^{\circ}{,}5$ nördlich, **Abstand $4^{\circ}{,}3$ um 24^h**
4.	14	Mond bei Jupiter, Mond $3^{\circ}{,}7$ nördlich
6.	11	Mond bei Mars, Mond $4^{\circ}{,}1$ nördlich
7.	5	Venus im Aphel
8.	18	Mond bei Merkur, Mond $8^{\circ}{,}6$ nördlich
10.	3	Mond bei Venus, Mond $7^{\circ}{,}9$ nördlich
14.	15	Merkur im Stillstand, anschließend rückläufig
17.	10	Mond bei Neptun, Mond $4^{\circ}{,}3$ südlich
18.	19	Mond bei Uranus, Mond $4^{\circ}{,}2$ südlich
21.	2	Mars im Aphel
23.	$5^h 55^m$	**Sonne im Herbstpunkt, Tagundnachtgleiche**
26.	12	**Venus in größtem Glanz** ($-4^{m}{,}6$)
27.	20	Merkur in unterer Konjunktion mit der Sonne
29.	4	**Mond bei Saturn,** Mond $2^{\circ}{,}9$ nördlich, **Abstand $2^{\circ}{,}4$ um 2^h**

Planetoiden

Ceres (1) eilt rückläufig durch den Walfisch und strebt ihrer Opposition entgegen, die sie aber erst zu Anfang Oktober erreicht (siehe auch Aufsuchkärtchen Abb. 10.7 auf Seite 184). Im Laufe des Monats nimmt die Cereshelligkeit von $8^{m}{,}1$ auf $7^{m}{,}6$ zu. Damit wird sie auch für Fernglasbeobachter ein interessantes Beobachtungsobjekt.

Ceres kulminiert am 1. um $3^h 05^m$, am 15. um $2^h 03^m$ und am 30. bereits um $0^h 53^m$ (= $1^h 53^m$ Sommerzeit).

Pallas (2) sei erwähnt, da sie am Monatsletzten stationär wird und sich anschließend wieder rechtläufig in Rektaszension bewegt. Mit nur $9^{m}{,}8$ ist sie kein lohnenswertes Beobachtungsobjekt.

Iris (7), rückläufig im Wassermann, hat ihre Opposition eben hinter sich und kann noch gut aufgefunden werden (siehe Abb. 8.7 auf Seite 152). Die Irishelligkeit sinkt allerdings im Laufe des September um eine

9.3 Die scheinbare Bahn des Kleinplaneten Eunomia (15) im Gebiet Pegasus/Fische von August bis Jahresende 2002. Die Zahlen geben die Eunomia-Positionen zum jeweiligen Monatsersten an.

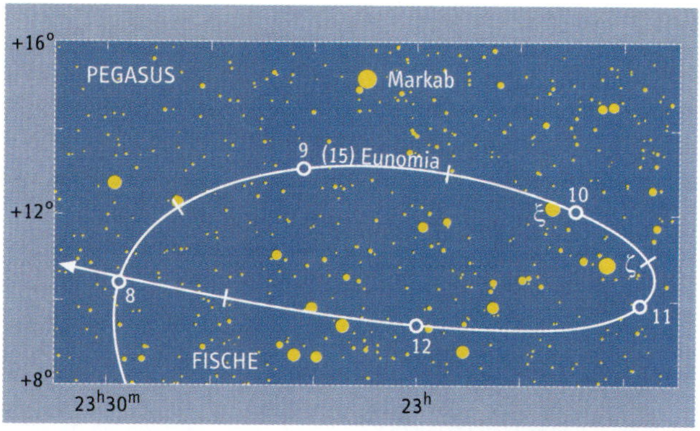

halbe Größenklasse und beträgt zu Monatsende nur mehr $8^m{,}2$. Die Iriskulminationen erfolgen am 1. um $23^h\,40^m$, am 15. um $22^h\,33^m$ und am 30. schon um 21^h27^m (= $22^h\,27^m$ Sommerzeit).
Eunomia (15) kommt am 14. im Sternbild Pegasus in **Opposition** zur Sonne. Sie eilt rückläufig an Markab (α Pegasi) vorbei und passiert in der Nacht vom 27. auf 28. ξ Pegasi in nur $0^\circ{,}1$ nördlichem Abstand (siehe Aufsuchkärtchen Abb. 9.3 rechts oben). Mit nur $8^m{,}0$ Oppositionshelligkeit ist Eunomia kein ganz leichtes Objekt zum Auffinden. In dieser Gegend wimmelt es von ähnlich hellen Sternen. Zu Monatsanfang und am Monatsende beträgt die Eunomia-Helligkeit $8^m{,}2$. Am Tag der Opposition kulminiert Eunomia um $23^h\,43^m$, am 30. bereits um $22^h\,27^m$ (= $23^h\,27^m$ Sommerzeit). Von der Erde ist Eunomia am 14., also zur Opposition, 187 Millionen Kilometer (= 1,25 AE) entfernt. Von der Sonne trennen sie zu diesem Zeitpunkt 334 Millionen Kilometer (= 2,23 AE).
Melpomene (18) erreicht am 28. ihre **Opposition** zur Sonne im Sternbild Walfisch, wobei sie rasch nach Süden strebt (siehe Aufsuchkärtchen Abb. 10.7 auf Seite 184). Mit $7^m{,}8$ Oppositionshelligkeit ist Melpomene Amateurteleskopen einwandfrei zugänglich. Zu Monatsanfang beträgt ihre Helligkeit allerdings noch $8^m{,}3$. Am 1. wird Melpomene stationär und ist anschließend rückläufig. Das „stationär" bezieht sich lediglich auf ihre Bewegung in Rektaszension. In Deklination kommt es nicht zu einem Stillstand. Melpomene geht am 1. um 2^h27^m (= $3^h\,27^m$ Sommerzeit) durch den Meridian und zur Opposition schon um $0^h\,32^m$. Ihre Oppositionsentfernung von der Erde misst diesmal 122 Millionen Kilometer (= 0,82 AE). Von der Sonne ist sie am Oppositionstag 270 Millionen Kilometer (= 1,80 AE) entfernt.

Periodische Sternschnuppenströme

Die **Pisciden** sind im gesamten September aktiv. Ihr Ausstrahlungspunkt liegt in den Fischen. Beste Beobachtungszeit ist zwischen 22^h und 4^h morgens. Das Maximum ist um den 20. September zu erwarten, wobei nur etwa fünf bis zehn Meteore pro Stunde auftauchen. Die Geschwindigkeit der Meteore liegt um 25 Kilometer pro Sekunde. Die Pisciden zerfallen in mehrere Teilströme, von denen einer bis Mitte Oktober tätig ist.
Die **Tauriden** tauchen vom letzten Septemberdrittel bis Ende November auf. Ihr Radiant liegt im Stier. Der Tauriden-Strom geht wahrscheinlich auf den Kometen 2P/Encke zurück. Das wenig ausgeprägte Maximum fällt auf den 12. November. Die Objekte sind um 30 Kilometer pro Sekunde schnell, haben also mittlere Geschwindigkeiten. Manchmal unterscheidet man zwischen Süd- und Nordtauriden. Die Südtauriden erreichen ihr Maximum schon am 5. November.
Ein relativ neuer Strom sind die **Delta-Aurigiden**, dessen Radiant im Fuhrmann nahe δ Aurigae zu finden ist. Es sind schnelle, aber seltene Objekte. Ihre Geschwindigkeit liegt bei 60 Kilometer pro Sekunde. Sie erscheinen vom 5. September bis etwa 10. Oktober, wobei das wenig ausgeprägte Maximum um den 8. September zu erwarten ist. Nur zwei bis drei Meteore sind pro Stunde zu sehen.

Der Fixsternhimmel

Die Zeit des Hochsommerhimmels ist nun vorbei, langsam setzt sich der herbstliche Charakter des abendlichen Sternenzeltes durch. Zwar steht das Sommerdreieck zu unserer Standardbeobachtungszeit hoch am Himmel, Deneb sogar fast noch im Zenit, aber insgesamt ist es nach Westen gerückt und hat seinen Meridiandurchgang somit schon hinter sich. Arktur im Bootes steht zwar gerade noch über dem Nordwesthorizont, wegen seiner tiefen

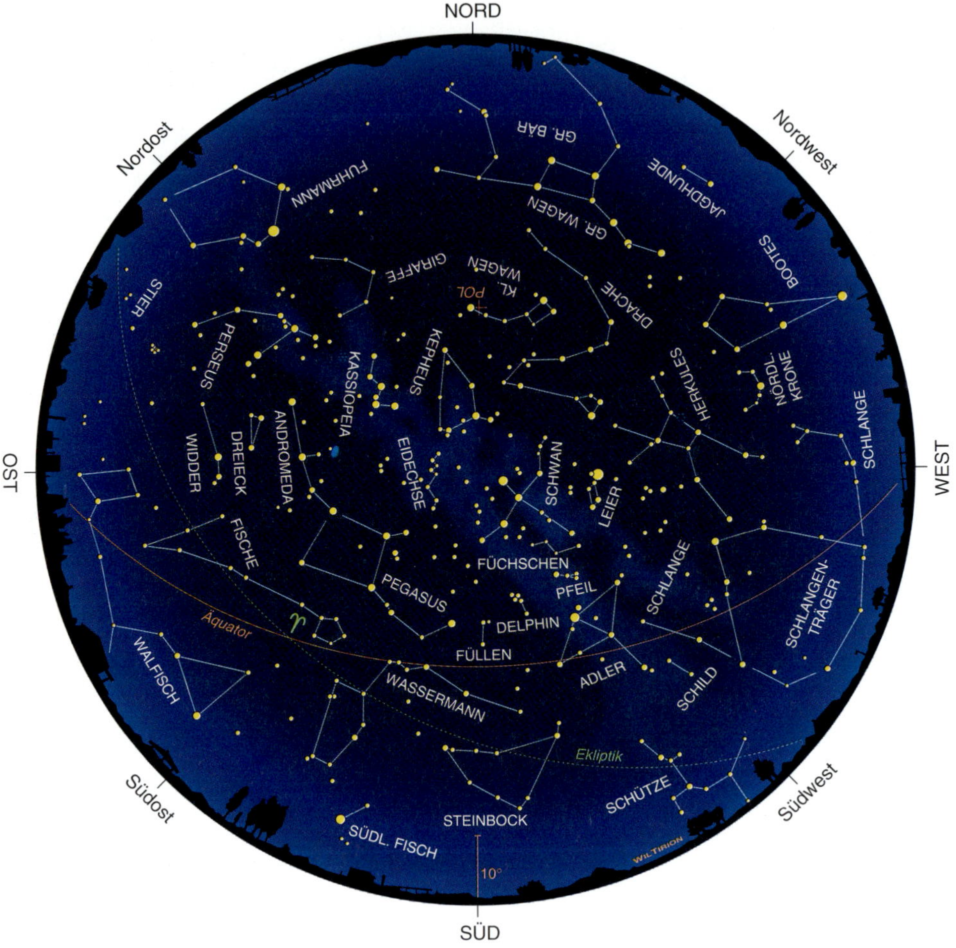

Sternenhimmel am 15. September um 22^h MEZ (23^h MESZ)

Fixsternhimmel auch gültig für:

	MEZ	MESZ
15. 7.	2^h	3^h
1. 8.	1	2
15. 8.	0	1
1. 9.	**23**	**24**
15. 9.	**22**	**23**
30. 9.	**21**	**22**
15.10.	20	21
31.10.	19	
15.11.	18	

Stellung kann man ihn jedoch kaum mehr erkennen. Von den Sommerbildern ist der Skorpion bereits verschwunden. Der Schütze geht im Südwesten gerade unter, während der Steinbock eben durch den Meridian trabt. Der Wassermann steht kurz vor seiner Kulmination. Zwischen Steinbock und Schwan stößt man auf halber Höhe auf das kleine, aber sehr markante und darum gut einprägbare Bild des Delphin. Der Delphin liegt östlich von Atair im Adler.

Der Kepheus durchschreitet gerade den Meridian zwischen Zenit und Polarstern. Die schwachen Sterne, die den König von Äthiopien darstellen sollen, sind nicht leicht auszumachen. Der Kepheus ist ein gutes Übungsobjekt für den schon etwas fortgeschrittenen Sternfreund. Der Kepheus gehört zu der Gruppe der Sternbilder aus der Andromedasage, die am Himmel in einem gemeinsamen Gebiet zu finden sind. Außer Kepheus und Andromeda zählen noch die Stern-

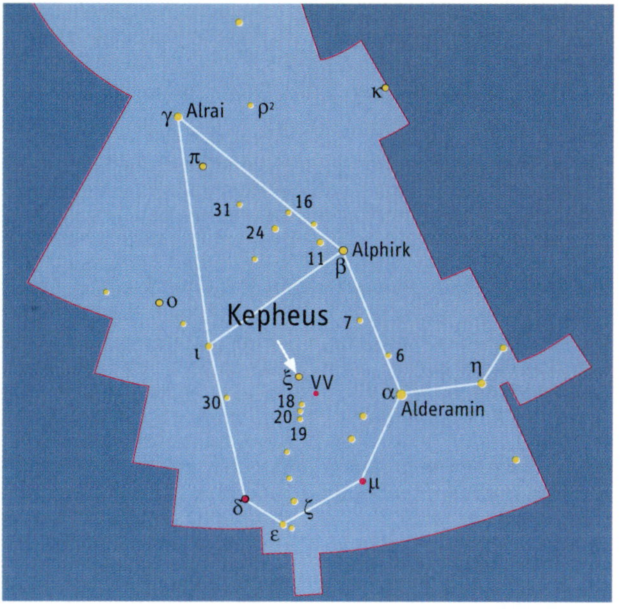

9.4 Skelettkarte des Sternbildes Kepheus.

bilder Kassiopeia, Perseus und Walfisch (Cetus) zu dieser Gruppe.
König Kepheus herrschte einst über Äthiopien. Seine Gemahlin Kassiopeia schenkte ihm eine Tochter namens Andromeda. Prinzessin Andromeda wuchs heran und wurde ein bildhübsches Mädchen. Ihre eitle Mutter beleidigte jedoch die Nereïden, die sich hilfesuchend an Neptun, den Gott des Meeres wandten. Dieser sandte ein gar schreckliches Ungeheuer an die Gestade Äthiopiens, das Schiffe, Herden und Menschen in die Tiefen des Okeanos riss. Um sein Land zu retten, sandte König Kepheus einen Boten nach Delphi, um das Orakel zu befragen. Die Antwort fiel entsetzlich aus: Erst wenn Andromeda dem Meeresungeheuer geopfert würde, könnte Äthiopien von der Plage befreit werden. Vom Volke gedrängt, entschließt sich König Kepheus schweren Herzens, seine Tocher preiszugeben. Andromeda wird an einen Felsen in der Meeresbrandung mit Ketten angeschmiedet, um dem Meeresungeheuer zum Fraße zu dienen. Dort entdeckt sie Perseus, der gerade auf dem Heimweg von dem Kampf gegen die Gorgonen ist. In der einen Hand hält er das abgeschlagene Haupt der Medusa. Perseus verliebt sich auf der Stelle in die Prinzessin Andromeda. Als das Meeresungeheuer Cetus, nach Andromeda lechzend, aus den Tiefen des Meeres auftaucht, stößt Perseus mit aller Kraft sein Schwert in die Flanke des Untiers. Blut spritzt auf, das Meer verfärbt sich rötlich. Ein fürchterlicher Kampf tobt. Schon droht Perseus zu unterliegen, da streckt er in höchster Not dem Cetus das abgeschlagene Gorgonenhaupt entgegen. Der Anblick der Gorgo Medusa ist so abscheulich, dass der Cetus augenblicklich zu Stein erstarrt. Noch heute kann man ihn als Felsrücken vor der Küste Äthiopiens bestaunen. Perseus befreit eilends Andromeda von ihren Ketten und bringt sie den Eltern Kepheus und Kassiopeia zurück. König Kepheus gibt dem Helden Perseus seine Tochter Andromeda zur Frau und obendrein sein Königreich als Mitgift.
Die Hindus sehen in dieser Sternenfigur den Gott der Affen mit Namen Kapi. Ein Affe taucht auch bei den Arabern auf. Der Doppelstern ξ Cepheï ($4^m{,}4$ und $6^m{,}5$ hell, bläulich, $\rho = 8''$) heißt Al Kirdah, was arabisch „der Affe" bedeutet. Im alten China sah man in Kepheus den Thron des Kaisers.
Im Kepheus findet sich auch der berühmte Granatstern, nämlich μ Cepheï, der wegen seiner tiefroten Farbe so getauft wurde. Die Helligkeit von μ Cepheï schwankt zwischen $3^m{,}4$ und 5^m

Veränderliche Sterne

Algol-Minima	14.	5^h05^m	17.	1^h54^m	19.	22^h42^m	22.	19^h31^m		
β-Lyrae-Minima	5.	16^h H	12.	3^h N	18.	15^h H	25.	2^h N		
δ-Cephei-Maxima	5.	19^h	11.	3^h	16.	12^h	21.	21^h	27.	6^h
Mira-Helligkeit	1.	4^m	10.	4^m	20.	4^m	30.	5^m		

mit einer mittleren Periode von 5 $^{1}/_{3}$ Tagen. Er ist der Prototyp einer ganzen Klasse von Veränderlichen. μ Cepheï ist ein riesengroßer Stern in 3000 Lichtjahren Entfernung und übertrifft die Sonne um das Zwanzigtausendfache an Leuchtkraft. Sein Spektraltyp ist M2, die Leuchtkraftklasse Ia.
Lassen wir den Blick nach Süden zu Steinbock und Wassermann schweifen. Tief im Südsüdosten flackert ein Stern erster Größe, Fomalhaut im Südlichen Fisch (lat.: Piscis Austrinus), der eben aufgegangen ist.
Hoch im Südosten breitet sich der Pegasus aus, das geflügelte Pferd der Dichter. Seine Schnauze, markiert durch Enif (ε Pegasi), berührt bereits den Meridian. Am auffälligsten ist jedoch der zentrale Teil des Pegasus, ein großes Sternenquadrat, zu dem man auch Herbstviereck sagt. Der Pegasus verhilft den Poeten zu ihren gedanklichen Höhenflügen. Als der schrecklichen Gorgone Medusa von Perseus das Haupt abgeschlagen wurde, entwich ihrem Leib im Todeskampf das Flügelroß. Kaum dem Blute der Medusa entsprungen, entfaltete Pegasus seine Schwingen und flog gen Himmel zu den Göttern, um fortan den Keulenwagen des Blitze schleudernden Götterbosses Zeus zu ziehen.
Südlich des Pegasus stößt man auf die eine der beiden Fischellipsen. In ihrer Nähe liegt heute der Frühlingspunkt. Ihn passiert die Sonne am 21. März, wenn sie den Himmelsäquator von Süd nach Nord überschreitet. Von der Fischellipse zieht sich eine lichtschwache Sternenkette nach Osten, knickt um und steigt nach Norden zur Andromeda empor, wo die zweite Fischellipse liegt: Die Fische sind nicht leicht zu erkennen, da sie sich nur aus lichtschwachen Sternen zusammensetzen. Wesentlich leichter erkennt man das kleine Bild des Widders (lat.: Aries), das bereits halbhoch im Osten steht. Zwischen dem Widder und der nördlicher liegenden Sternenkette der Andromeda findet man das Sternbild Dreieck (lat.: Triangulum).

Die Suche nach fremden Planetensystemen

Spätestens seit Nikolaus Kopernikus (1473 – 1543) wissen wir, dass die Erde ein Gestirn ist, nämlich ein Planet. Sie kreist um die Sonne als Zentralgestirn. Die Sonne wiederum ist ein Stern – eine selbstleuchtende, glühend heiße Gaskugel. Die vielen glitzernden Lichtpünktchen am klaren, nachtdunklen Firmament, die Sterne also, sind ebenfalls Sonnen. Mindestens hundert Milliarden Sonnen bilden die riesige flache Scheibe unseres Milchstraßensystems. Und eine davon ist eben „unsere" Sonne, um die wir Jahr für Jahr mit unserer Erde kreisen. Außer der Erde laufen noch acht weitere Planeten um die Sonne sowie Tausende von Kleinplaneten, so genannte Planetoiden, und Millionen von Kometenkernen.
Zu den spannendsten Problemen der Himmelskunde gehört seit langem die Frage: Ist unser Sonnensystem mit seinen neun Planeten ein Ausnahmefall, oder werden andere Sonnen ebenfalls von Planeten umrundet? Ist der Besitz von Planeten sozusagen der Normalfall für einen Stern oder nur eine extrem seltene Ausnahmeerscheinung? Diese Frage beschäftigt vor allem Astronomen, die nach außerirdischen Lebensformen fahnden. Denn auf der Oberfläche von Sternen kann wegen der enorm hohen Temperaturen kein organisches Material existieren. Komplizierte Molekülverbindungen, eine Voraussetzung für Organismen, können sich bei Temperaturen von einigen Tausend Grad weder bilden noch halten. Auf Planeten hingegen, die von ihren Muttersternen beschienen werden, können passable Bedingungen für eine biologische Evolution vorhanden sein. Dabei versteht man unter „Planeten" relativ kühle Himmelskörper von Massen zwischen etwa einer Tausendstel und der tausendfachen Erdmasse, die einen Stern umkreisen. Massеärmere Objekte zählen zu den Planetoiden, massereichere zu den so genannten Braunen Zwergen, einem Übergangsstadium zwischen Planeten und Sternen (siehe auch *Himmelsjahr 1998,* Seite 70, Monatsthema: „Gibt es Braune Zwerge?").
Schon lange weiß man, dass etwa zwei Drittel aller Sterne keine Einzelkinder sind, sondern als Doppelsternpärchen oder gar als Mehrfachsystem auftreten. Unsere Sonne hingegen ist ein Einzelstern. Noch vor zehn Jahren konnte man nur darüber spekulieren, ob andere Sonnen ebenfalls von Planeten umrundet werden. Inzwischen sind einige Dutzend Planeten um andere Sterne gefunden worden. Man spricht von „extrasolaren" Planeten. Gemeint sind Planeten *anderer* Sterne. Im strengen Wortsinne sind alle Planeten „extrasolar", auch unsere Erde. Denn alle Planeten laufen außerhalb der Sonne um

diese und keiner innerhalb. Aber die Bezeichnung „extrasolar“ hat sich nun mal für Planeten außerhalb unseres Sonnensystems eingebürgert und jeder Astronom weiß, was damit gemeint ist.
Wie findet man nun Planeten um andere Sonnen? Am einfachsten ist es wohl, mit großen Teleskopen nachzusehen, ob um einen Stern ein Planet kreist. Doch dieses Vorgehen führt bis dato zu keinem positiven Ergebnis, wie man sich schnell klarmachen kann. Sind selbst Sterne, also selbstleuchtende, grelle Gasbälle, nur als matte Lichtpünktchen zu sehen, so erscheinen Planeten in mehreren Lichtjahren Entfernung noch viel lichtschwächer. Würden wir Jupiter um den uns am nächsten stehenden Stern Toliman (α Centauri) kreisen lassen, so erschiene er in 4,3 Lichtjahren Entfernung am irdischen Firmament nur als Objekt der 21. Größenklasse (21^{m}). Zwar sind solche lichtschwachen Gestirne mit unseren Riesenteleskopen durchaus zu erfassen, nicht aber, wenn sie in unmittelbarer Nähe eines hellen Sternes stehen. Würden wir von Sirius aus, der knapp neun Lichtjahre entfernt ist, unsere Sonne betrachten, so erschiene sie als Stern mit $1\overset{\mathrm{m}}{,}8$ Helligkeit, also etwa so hell wie der letzte Deichselstern im Großen Wagen (α UMa, Dubhe). Jupiter hingegen wäre nur noch $22\overset{\mathrm{m}}{,}5$ hell und sein Winkelabstand von der Sonne würde nur noch zwei Bogensekunden betragen! Selbst in Riesenteleskopen bliebe er in den Strahlen der Sonne verborgen. Die Großteleskope der neuen Generation (zum Beispiel die vier Spiegel des VLT auf dem Paranal in Chile – siehe auch *Himmelsjahr 2000*, Seite 107, Monatsthema: „Wie arbeiten moderne Großteleskope?“) lassen vielleicht schon bald den einen oder anderen Planeten ei-

Extrasolare Planeten

Stern	S	H	E	M	a	U	e
51 Peg	G2	5,5	50	0,47	0,05	4,2	0,02
υ And	F7	4,6	44	0,68	0,06	4,6	0,15
55 Cnc	G8	5,9	41	0,84	0,11	14,6	0,05
Lalande 21185	M2	7,5	8	0,9	2	2120	0
ρ CrB	G0	5,4	57	1,13	0,25	39,5	0,03
61 Cyg B	G2	6,2	72	1,7	1,7	803	0,57
47 UMa	G0	5,1	46	2,8	2,1	1103	0,03
τ Boo	F6	4,5	49	3,9	0,05	3,3	0,02
70 Vir	G4	5,0	59	6,6	0,43	117	0,40
HD 114762	F9	7,3	91	10	0,3	84	0,25
HD 110833	K3	7,0	55	17	0,8	270	0,69
BD-4° 782	K5	9,4	–	21	0,7	241	0,28
HD 112758	K0	7,6	54	35	0,35	103	0,16
HD 29587	G2	7,3	147	40	2,5	1160	0
Gliese 229	M2	8,1	22	40	40	73000	–
HD 283750	K2	8,4	54	50	0,04	1,8	0,02
HD 217580	K4	7,5	59	60	1	455	0,52
PSR 1257+12	P	–	1000	0,00005	0,19	25,3	0
				0,0107	0,36	66,5	0,02
				0,00881	0,47	98,2	0,03
				0,31463	40	62091	–
PSR B1620-15	P	-	12500	0,00076	38	36520	–

Die obige Tabelle bringt eine Auswahl von neuentdeckten Planeten außerhalb unseres Sonnensystems.

Stern – Name beziehungsweise Katalognummer
S – Spektralklasse (P = Pulsar) des Muttersterns
H – Scheinbare Helligkeit des Muttersterns (V-Helligkeit)
E – Entfernung in Lichtjahren
M – Mindestmasse ($M \cdot \sin i$) des Planeten in Einheiten der Jupitermasse (1 Jupitermasse = $1{,}899 \times 10^{27}$ kg = 317,83 Erdmassen = 1/1047 Sonnenmassen)
a – Große halbe Bahnachse der Planetenbahn in AE (1 AE = 149,6 Millionen Kilometer)
U – Umlaufszeit in mittleren Sonnentagen des Planeten um seine Muttersonne
e – Numerische Exzentrizität der Planetenbahn

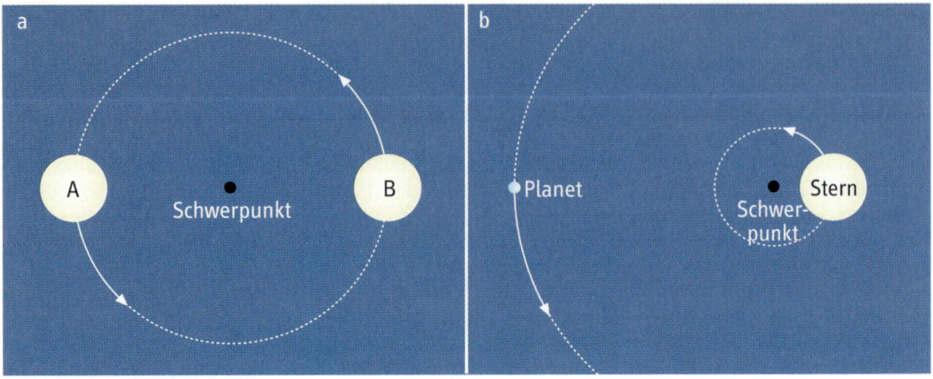

9.5 Im Bild (a) kreisen zwei Sterne um den gemeinsamen Schwerpunkt, während in (b) der massereichere Stern nur eine kleine Bewegung um den Schwerpunkt ausführt, da der Planet nur wenig Masse im Vergleich zu seinem Mutterstern aufweist.

ner fremden Sonne direkt erkennen.

Wobbelsterne

Bisherige Entdeckungen extrasolarer Planeten erfolgten jedoch mit indirekten Methoden. Unsichtbare Begleiter eines Sterns können dessen Bewegung durch ihre Schwerkraftwirkung beeinflussen. So hat bereits im Jahre 1844 der Königsberger Astronom Friedrich Wilhelm Bessel einen lichtschwachen Begleiter des hellen Sirius entdeckt. Bessel bemerkte, dass Sirius keine geradlinige Eigenbewegung vollführt, sondern eine Schlangenlinie mit einer Periode von 50 Jahren zeigt. Richtig schloss man, dass Sirius und sein unsichtbarer Begleiter gemeinsam durchs Weltall driften, wobei sie gemäß den Keplerschen Gesetzen in Ellipsenbahnen um ihren gemeinsamen Schwerpunkt laufen. Allerdings wurde dann im Jahre 1862 der Sirius-Begleiter erstmals direkt beobachtet. Es handelt sich bei ihm um einen Weißen Zwerg mit etwa einer Sonnenmasse. Der Begleiter des Sirius ist somit eine Sonne und kein Planet.

Planeten besitzen wesentlich weniger Masse als Sterne. So verfügt Jupiter nur über rund ein Tausendstel der Masse unserer Sonne. Wenn überhaupt, so werden extrasolare Planeten nur eine geringe Schwerkraftwirkung auf ihre Muttersterne ausüben. Die zu erwartenden Schwankungen der Eigenbewegungen fallen demnach recht klein aus. Abweichungen von einer geradlinigen Eigenbewegung sind umso geringer, je kleiner das Massenverhältnis Planet / Stern ausfällt. Trotz dieser ungünstigen Voraussetzungen hat man versucht, bei einigen sonnennahen Sternen solche Schwankungen der Eigenbewegung zu finden, die einen indirekten Beweis für die Existenz eines extrasolaren Planeten darstellen. In der Regel zeigen sonnennahe Sterne eine relativ große Eigenbewegung. Außerdem sind die meisten Sterne in der Nachbarschaft unserer Sonne Zwergsterne mit geringer Masse, deren Bahnschwankungen dadurch so groß ausfallen, dass sie messbar werden. Bei sorgfältigen Bestimmungen und hochpräzisen Messungen von Eigenbewegungen sonnennaher Sterne hat man zwar dann und wann scheinbar periodische Schwankungen gefunden, als deren Ursache eine kleine unsichtbare Masse und somit ein extrasolarer Planet vermutet wurde, aber alle derartigen Beobachtungen hielten einer strengen Nachprüfung nicht stand. Meist entpuppte sich die registrierte Schlangenlinie als systematischer Messfehler oder als Instrumentenstörung.

Aber es gibt noch andere Methoden, um nach extrasolaren Planeten zu fahnden, die dank verbesserter, hochpräziser Messmethoden in einzelnen Fällen schon zu einem Erfolg geführt haben. Eine davon ist als „Doppler-Wobble“ bekannt geworden. „Doppler“ bezieht sich auf den so genannten Dopplereffekt. Nach dem österreichischen Physiker Christian Doppler (1803 – 1853) ist die Frequenz und damit auch die beobachtete Wellenlänge eines Senders abhängig von der Relativgeschwindigkeit zwischen Beobachter und Sender. Nähert sich uns eine Licht ausstrahlende Quelle, so steigt die Frequenz, die Wellenlänge wird kürzer. Entfernt sich die Quelle, so sinkt die Frequenz und die

9.6 Planetentransit vor einem Stern: In (a) und (b) zieht der Planet vor der Sternscheibe vorbei, es kommt zu einem geringen Helligkeitsabfall. Ist die Bahn wie in (c) stärker geneigt, lässt sich mit photometrischen Methoden ein extrasolarer Planet nicht aufspüren.

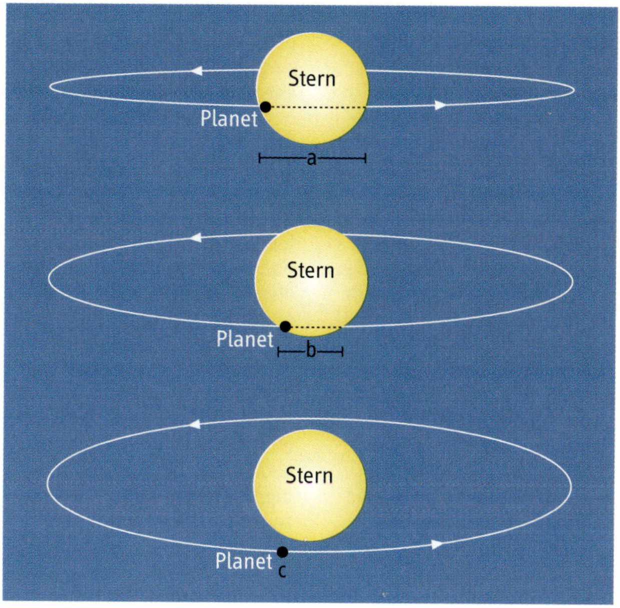

Wellenlänge wird größer. Im Spektrum eines Sterns erscheinen somit die Linien bei Annäherung nach dem violetten Ende des Spektrums verschoben. Entfernt sich aber der Stern, so sind seine Spektrallinien nach dem roten Ende des Spektrums verschoben. Auf diese Weise lässt sich die Radialgeschwindigkeit eines Sternes messen, also seine Bewegung auf uns zu oder von uns weg. Der Dopplereffekt gilt im Übrigen ganz allgemein für jede Wellenbewegung, also auch beim Schall. Das An- und Abschwellen der Sirene eines Krankenwagens im Einsatz ist ein sehr eindrucksvolles Beispiel für den Dopplereffekt. „Wobble" ist das englische Wort für „wackeln, schwanken". Wird ein Stern von einem Planeten umkreist, so zeigt seine Radialgeschwindigkeit eine kleine, periodische Schwankung. Denn der Planet kreist nicht exakt um den Mittelpunkt des Sternes, sondern um den Schwerpunkt des Systems Planet – Stern. Da der gemeinsame Schwerpunkt die Verbindungslinie Planet – Sternmittelpunkt im umgekehrten Massenverhältnis teilt, so liegt der Schwerpunkt meist sehr nahe dem Sternmittelpunkt, oft sogar innerhalb des Sternkörpers. Der Mittelpunkt des Sterns läuft dabei gemäß der Umlaufzeit des Planeten um den Schwerpunkt (siehe Abb. 9.5). Wenn die Bahn des Sterns um den gemeinsamen Schwerpunkt nicht genau senkrecht auf der Sichtlinie (Visionsradius) steht, so wird sich der Stern periodisch einmal auf uns zu, nach einem halben Umlauf dann von uns weg bewegen. Man kann also das rhythmische Schwanken der Radialgeschwindigkeit im Prinzip beobachten. Das Problem besteht hier wieder „im Prinzip". Bei engen Doppelsternen sind solche periodischen Radialgeschwindigkeitsschwankungen schon lange bekannt (so genannte spektroskopische Doppelsterne). Wegen der recht großen Massenverhältnisse von 1:1 bis etwa 1:10 haben die Sterne relativ große Radialgeschwindigkeitsdifferenzen von etlichen *Kilometern* pro Sekunde. Bei kleinen Massenverhältnissen in der Größenordnung von 1:1000 oder noch kleiner, wie sie bei Planet / Stern zu erwarten sind, treten nur Radialgeschwindigkeitsschwankungen von einigen Dutzend *Metern* pro Sekunde auf (natürlich beim Stern; die Radialgeschwindigkeit des schnell laufenden Planeten ist nicht messbar. Denn wegen seiner Lichtschwäche ist er nicht sichtbar, erst recht erhält man von ihm kein Spektrum).

Erstmals gelang es im Jahre 1995, mit dieser „Doppler-Wobble"-Methode bei dem sonnenähnlichen Stern 51 Pegasi (Spektraltyp: G2 V) einen unsichtbaren Begleiter mit einer Mindestmasse von einer halben Jupitermasse aufzuspüren. Wegen der unbekannten Neigung der Umlaufbahn des Begleiters kann aus der Radialgeschwindigkeitsschwankung immer nur die Mindestmasse ermittelt werden. Wegen der geringen Masse des so aufgespürten Begleiters von 51 Peg kann es sich weder um einen Stern noch um einen braunen Zwerg handeln. Man geht vielmehr davon aus, dass dieser sonnenähnliche Stern von einem jupiterähnlichen Planeten umkreist wird. Entdeckt werden konnte der Planet von 51 Peg nur durch die gewaltige Verbesserung der Methoden zur Radialgeschwindigkeitsmessung. Man kann heute Radialgeschwindigkeiten mit einer Genauigkeit von nur wenigen *Metern* pro Sekunde ermitteln – früher kam man auf kaum einen *Kilometer* pro Sekunde. 51 Peg zeigt Radialgeschwindigkeitsvariationen mit einer Periode von 4,2 Tagen und einer Amplitude von nur ±60 *Meter* pro Sekunde, während die mittlere Radialgeschwindigkeit bei –31 Kilometer pro Sekunde liegt: 51 Peg nähert sich der Erde also mit 31 km/s. Inzwischen wurden mit der „Doppler-Wobble"-Methode mehr als fünfzig Kandidaten entdeckt, die man wohl als extrasolare Planeten ansehen muss, die ihren Mutterstern umkreisen.

Planeten bei Pulsaren

Aber schon drei Jahre vor der Entdeckung des Begleiters von 51 Peg hatte man mindestens drei extrasolare Planeten aufgespürt. Sie haben allerdings nicht so sehr das große Interesse der Öffentlichkeit hervorgerufen, denn die zuvor entdeckten Planeten umkreisen nicht einen sonnenähnlichen Stern in der vollen Blüte seines Sternenlebens, sondern einen Neutronenstern. Neutronensterne sind die Leichen massereicher Sterne – ausgebrannte, superdichte und winzige Kugeln von etwa zwei bis drei Sonnenmassen aber mit Durchmessern von nur rund dreißig Kilometern (!). Neutronensterne rotieren unglaublich schnell und schleudern Lichtblitze und Radiopulse innerhalb von Sekunden oder Sekundenbruchteilen ins All, weshalb man sie als so genannte Pulsare beobachtet.
Die Pulsarfrequenz ist dabei fast absolut konstant und lässt sich außerdem sehr präzise messen. Besitzt ein Pulsar einen oder mehrere Planeten, so bewegt sich der Pulsarmittelpunkt ebenfalls um den gemeinsamen Schwerpunkt. Nähert sich der Pulsar bei seinem Lauf um den gemeinsamen Schwerpunkt der Erde, so verkürzt sich die Pulsperiode gemäß dem Doppler-Effekt – entfernt er sich aber von uns, so treffen die Radiopulse etwas seltener ein, die Pulsfrequenz sinkt. Nach diesem einfachen Prinzip begann man schon 1985 mit dem 76 m großen Radioteleskop von Jodrell Bank bei Manchester auf die Suche nach planetaren Pulsarbegleitern zu gehen – und wurde sofort fündig. Der Pulsar PSR 1829-10 zeigte eine periodische Frequenzvariation. „Hurra", hieß es, „wir haben den ersten extrasolaren Planeten gefunden". Merkwürdig war nur, dass der gefundene Planet in genau einem *irdischen* Jahr seinen Neutronenstern umkreist. Bald dämmerte es den stolzen Planetenentdeckern, dass etwas mit der Interpretation der Messdaten schiefgelaufen war. Die Euphorie schlug in gedämpfte Stimmung um: Man hatte die Daten nicht richtig reduziert, das heißt, nicht korrekt auf den Schwerpunkt unseres Sonnensystems umgerechnet. Man berücksichtigte nicht, dass die Erde im Perihel schneller als im Aphel um die Sonne eilt. Die Variation der Pulsarfrequenz wird durch die unterschiedliche Bahngeschwindigkeit der Erde hervorgerufen und nicht durch einen Begleiter des Pulsars PSR 1829-10!
Doch man ließ sich nicht entmutigen. Schließlich ist die Suchmethode einwandfrei, man muss nur die Messdaten richtig reduzieren und interpretieren. Im Jahre 1992 gelang es schließlich nachzuweisen, dass um den Pulsar PSR 1257+12 im Sternbild Jungfrau sogar zwei Planeten kreisen, einer mit 3,4 Erdmassen und einer mit 2,8 (jeweils Mindestmassen, wie vorhin erklärt). Der massereichere läuft in 55 Millionen Kilometer (= 0,37 AE) Entfernung in 66,6 Tagen um den Pulsar, der masseärmere hat eine große halbe Bahnachse von 70 Millionen Kilometer (= 0,47 AE) und eine Umlaufzeit von 98,2 Tagen. Inzwischen vermutet man, dass noch ein dritter Planet diesen Neutronenstern umrundet, der nur fünfzehn Promille der Erdmasse (!) besitzt. Die mittlere Entfernung dieses Miniplaneten vom Pulsar beträgt 28 Millionen Kilometer (= 0,19 AE), die Umlaufzeit wurde zu 25,3 Tagen bestimmt – dies entspricht rein zufällig einer siderischen Sonnenrotation.
Mittlerweile ist es gelungen, um etliche andere Pulsare planetare Begleiter nachzuweisen. Ungeklärt ist jedoch noch die Frage: Wie konnten diese Planeten die Supernovadetonation überstehen? Nach der heutigen Vorstellung gehen Neutronensterne, die wir als Pulsare beobachten, aus Supernovaausbrüchen hervor. Sie sind die Kerne der explodierten, massereichen Sterne, während die äußeren Schichten des ursprünglichen Sterns ins All geschleudert wurden. Für die Astronomen, die auf der Suche nach extraterrestrischen Lebensformen sind, haben die extrasolaren Planeten von Neutronensternen allerdings keine größere Bedeutung. Denn auf solchen Planeten gibt es sicher kein Leben.

Neue Techniken

Eine weitere Methode, auf indirektem Wege extrasolare Planeten zu entdecken ohne sie direkt gesehen zu haben, ist die extrem präzise Messung von Sternhelligkeiten. Auch hier hat man

9.7 Vorübergang eines extrasolaren Planeten vor seinem Mutterstern nach einer künstlerischen Darstellung.

in den letzten Jahren enorme Fortschritte erzielt, was die Genauigkeit von Helligkeitsmessungen betrifft. Die Überlegung ist folgende: Hat die Bahn eines Planeten um seinen Mutterstern keine oder nur eine geringe Neigung zum Visionsradius (Sichtlinie), sehen wir also von der Erde aus praktisch auf die Kante der Bahn, so wandert der Planet bei seinem Umlauf von Zeit zu Zeit vor der Sternscheibe vorbei. Man spricht von einem Transit, ähnlich wie Merkur und Venus gelegentlich von der Erde aus betrachtet vor der Sonnenscheibe vorbeiziehen (siehe auch Monatsthema: „Venus vor der Sonnenscheibe" auf Seite 123). Dabei verdeckt der vorüberziehende Planet einen wenn auch winzigen Teil der leuchtenden Sternscheibe, es kommt zu einem geringen Helligkeitsabfall (siehe Abb. 9.6). Ein solcher Helligkeitsabfall ist allerdings außerordentlich gering und fordert eine hohe Präzision der Helligkeitsmessung. Würde man von Regulus aus einen Jupitertransit vor unserer Sonne registrieren, so würde man bemerken, dass die Sonne während des Transits nur um $0\overset{\text{m}}{,}008$ schwächer leuchtet!
Bei HD 209458, einem sonnenähnlichen Stern in 150 Lichtjahren Entfernung, wurde eine periodische Lichtabschwächung von nur $0\overset{\text{m}}{,}017$ registriert. Man glaubt, dass sie von einem Planeten hervorgerufen wird, der in nur dreieinhalb Tagen seinen Mutterstern auf einer Bahn umrundet, die kleiner ist als die des Merkur. Die Masse dieses Planeten soll nur mindestens zwei Drittel der von Jupiter betragen, sein Durchmesser hingegen ist vermutlich um sechzig Prozent größer als der des Jupiter. Es muss sich demnach um einen recht großen Gasplaneten handeln.
Die vierte Möglichkeit, extrasolare Planeten aufzuspüren, bietet der Gravitationslinseneffekt. Schon Albert Einstein (1879 – 1955) hat in seiner Allgemeinen Relativitätstheorie gezeigt, dass Licht durch Massen abgelenkt wird. Massen können ähnlich wie optische Linsen wirken und Lichtstrahlen bündeln. So können ganze Galaxien oder Galaxienhaufen das Licht ferner Quasare in zwei oder mehrere Punktquellen aufspalten oder auch Galaxien zu Bögen verformen (Einsteinkreuze, Einsteinringe). Wandert ein Stern (oder auch ein Planet) zwischen einem sehr fernen Stern, der punktförmig erscheint, und dem Beobachter auf der Erde vorbei, so wird durch den Gravitationslinseneffekt das Licht des Hintergrundsternes kurzfristig verstärkt – seine Helligkeit steigt an. Da es sich bei Planeten um relativ kleine Massen handelt, die hier als Gravitationslinsen wirken und entsprechend kleine Ablenkungen des Lichtstrahls zur Folge haben, spricht man vom „Mikrolinseneffekt". Wandert also ein Planet um einen Stern, der als Mikrolinse für einen sehr viel ferneren Stern wirkt, dann kann der Planet die Lichtkurve der Mikrolinse in charakteristischer Weise beeinflussen – sie ist dann nicht mehr völlig symmetrisch. Diese Mikrolinsenmethode ist nicht ganz unumstritten. Sie wird sich auch nur in seltenen Fällen anwenden lassen, wenn nämlich sehr viele Hintergrundsterne vorhanden sind, die in einem kleinen Winkelbereich um den Stern mit einem potentiellen Planeten herum stehen. Mit dem Mikrolinseneffekt kann man im Prinzip auch Planeten mit nur Erdmasse nachweisen. Außerdem ist das Verfahren weitgehend von der Entfernung unabhängig, während die anderen Methoden sich mehr auf Sterne in der erweiterten Nachbarschaft unserer Sonne anwenden lassen. Allerdings ist die Wahrscheinlichkeit, ein solches Gravitationslinsenphänomen zu beobachten, sehr gering – etwa eins zu einer Million. Das ist genauso, wie wenn man auf einen Lottogewinn warten wollte.
Inzwischen sind etliche Dutzend von extrasolaren Planeten ent-

deckt worden. Und in jedem Jahr kommen neue hinzu. Manche Astronomen vermuten sogar, dass es möglicherweise auch Milliarden von erdgroßen, eiskalten, felsigen Planeten gibt, die ohne Mutterstern ziellos durch die dunklen Weiten des Universums driften. Solchen herumstreunenden muttersternlosen Planeten kommt man nur durch den Gravitationslinseneffekt auf die Spur. Die anderen beschriebenen Methoden versagen in solchen Fällen.

Der bisher sonnennächste Stern, bei dem ein Planet entdeckt wurde, ist ε Eridani. Dieser Stern wurde schon in den 1960er-Jahren ausgesucht, um bei ihm nach Radiosignalen extraterrestrischer Zivilisationen zu fahnden (Projekt OZMA). Die Suche ging allerdings negativ aus. Vergeblich hoffte man auf eine Kontaktaufnahme mit einer weit fortgeschrittenen Zivilisation. Epsilon Eridani ist ein so genannter Hauptreihenstern (Leuchtkraftklasse V) und etwas kühler als unsere Sonne (Spektraltyp: K2). Mit 10,5 Lichtjahren Entfernung gehört er zu den unmittelbaren Nachbarn unserer Sonne. Der aufgespürte extrasolare Planet umrundet seine orangefarbene Sonne in sieben Jahren in einer mittleren Entfernung von 478 Millionen Kilometer, das ist die rund viereinhalbfache Distanz von der Erde zur Sonne. Seine Mindestmasse beträgt 80 % der Jupitermasse.

Die meisten der bisher entdeckten extrasolaren Planeten sind Gasriesen ähnlich Jupiter und nicht erdähnlich, also keine so genannten terrestrischen Planeten. Dies ist sicher auch ein Auswahleffekt, da terrestrische Planeten wegen ihrer erheblich geringeren Massen (weit weniger als ein Prozent der Jupitermasse) viel schwieriger aufzuspüren sind. Auffallend ist auch, dass viele Gasriesen ihren Mutterstern auf sehr engen Bahnen umrunden. Teilweise ist ihr Bahnradius kleiner als der der Merkurbahn.

Die Entdeckung von zahlreichen extrasolaren Planeten zeigt aber: Unser Sonnensystem ist offenbar kein Einzelfall! Wahrscheinlich gibt es auch Planetensysteme, die unserem ähnlich sind. Und möglicherweise existieren sogar Planeten, die Leben beherbergen. Sie zu finden, ist nur eine Frage der Zeit.

Oktober 2002

Venus verabschiedet sich vom Abendhimmel und wird unsichtbar. Merkur bietet um die Monatsmitte die einzige Morgensichtbarkeitschance des ganzen Jahres. Ebenfalls am Morgenhimmel sichtbar sind Jupiter und Saturn. Um die Monatsmitte betritt auch Mars die morgendliche Himmelsbühne.

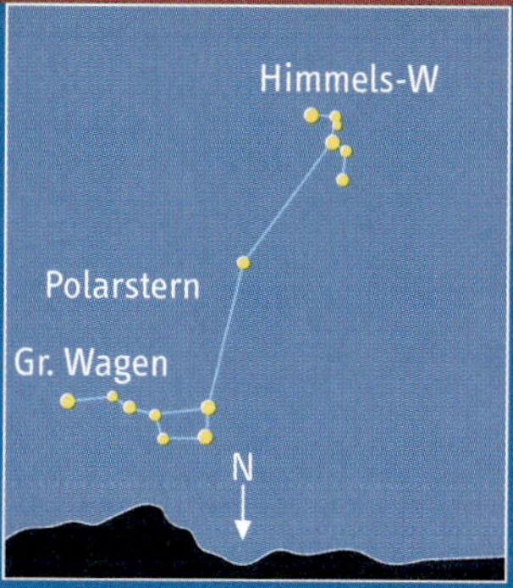

Großer Wagen und Himmels-W Anfang Oktober um 22^h

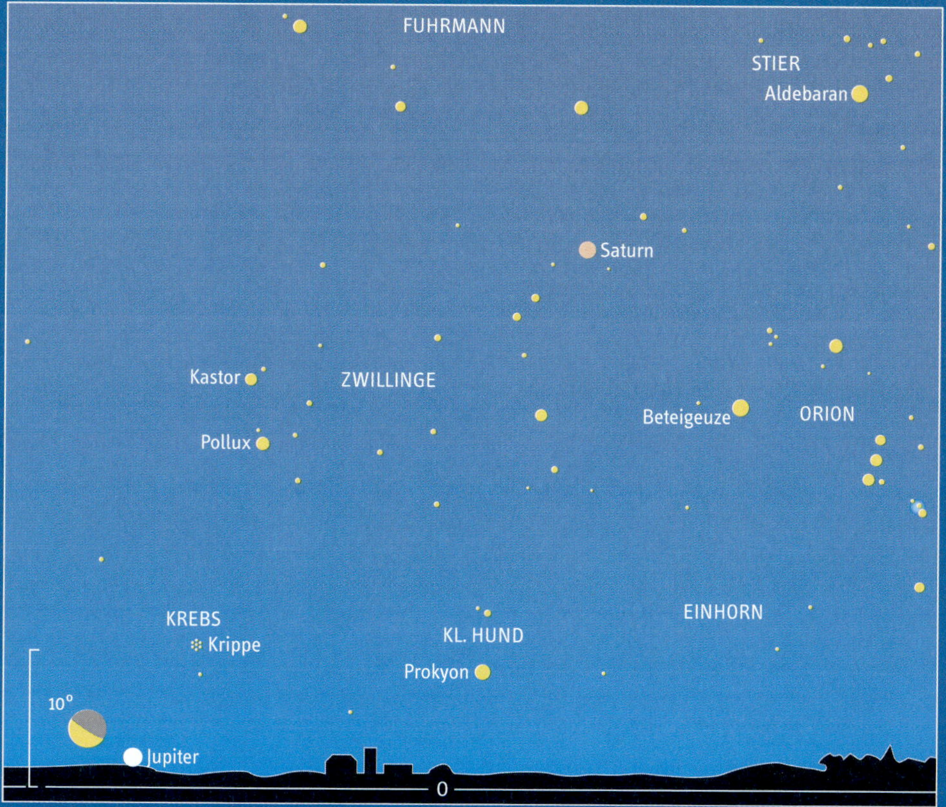

10.1 Anblick des Sternenhimmels gegen Mitternacht am 29. Oktober: Über dem Osthorizont sind Saturn sowie Jupiter und der abnehmende Halbmond zu sehen. Mond und Jupiter sind eben aufgegangen und stehen noch tief.

Sonnenlauf

23.10. 16ʰ
Sonne tritt in das Tierkreiszeichen Skorpion
31.10. 12ʰ
Sonne tritt in das Sternbild Waage

Julianisches Datum am
1. Oktober, 1ʰ MEZ: 2 452 548,5

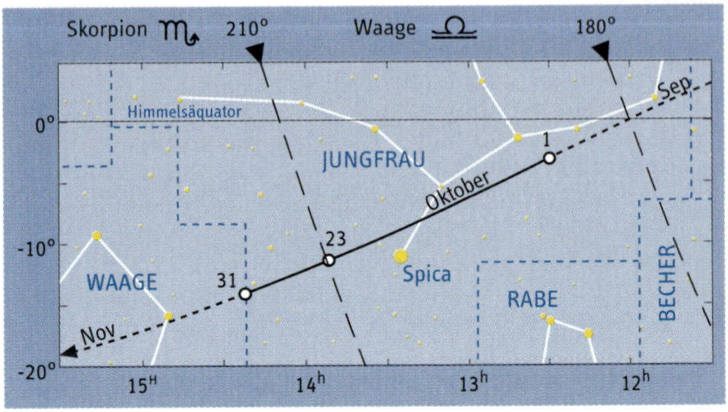

Tag	Dämmerg. Anfang	Aufgang MEZ	Kulmination	Untergang MEZ	Dämmerg. Ende	Mittagshöhe	Zeitgleichg.	Rektaszension	Deklination
	h m	h m	h m	h m	h m	°	m	h m	°
1.	5 10	6 19	12 10	17 59	19 09	36,8	+10	12 28	– 3,0
5.	5 16	6 26	12 08	17 50	19 00	35,2	+12	12 42	– 4,6
10.	5 24	6 33	12 07	17 40	18 49	33,3	+13	13 01	– 6,5
15.	5 31	6 41	12 06	17 29	18 39	31,5	+14	13 19	– 8,3
20.	5 39	6 49	12 05	17 19	18 30	29,6	+15	13 38	–10,2
25.	5 46	6 58	12 04	17 10	18 21	27,9	+16	13 57	–11,9
31.	5 55	7 07	12 04	16 59	18 11	25,9	+16	14 20	–14,0

Sonntag, 27. Oktober: Ende der Sommerzeit

Tages- und Nachtstunden

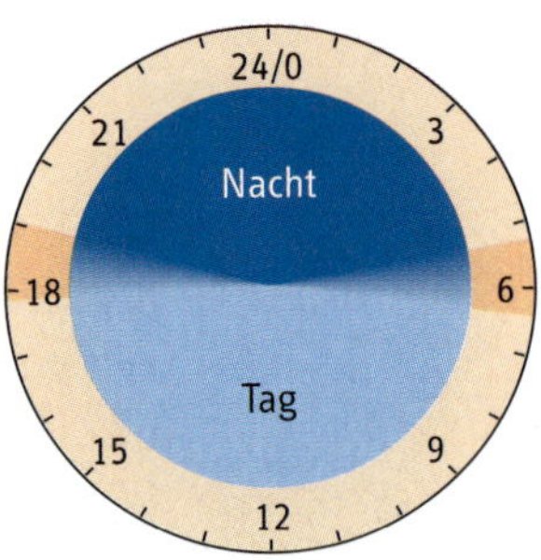

5. Oktober

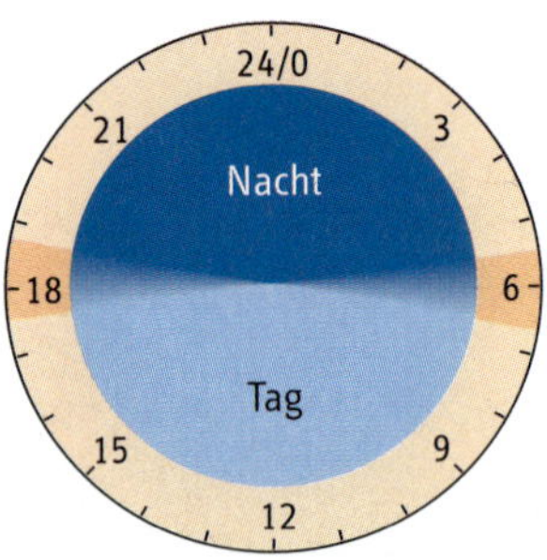

15. Oktober

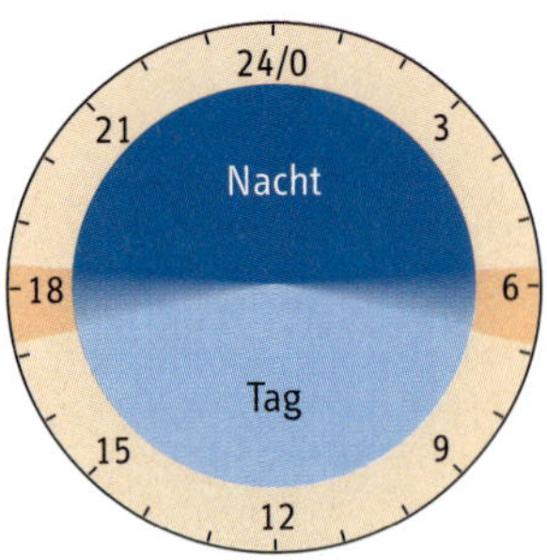

25. Oktober

Mondlauf

Datum		Aufg. MEZ	Kulmination	Unterg. MEZ	Rektaszension	Deklination	Sterne und Sternbilder	Phase	MEZ
		h m	h m	h m	h m	°			
Di	1.	–	7 40	16 04	7 43	+24,8	* Pollux		
Mi	2.	0 19	8 37	16 39	8 42	+22,6	Krebs, Krippe		
Do	3.	1 40	9 33	17 08	9 40	+19,0	Löwe		
Fr	4.	3 05	10 28	17 32	10 37	+14,2	Löwe, Regulus	Größte Nordbreite	
Sa	5.	4 32	11 22	17 53	11 33	+ 8,3	Löwe		
So	6.	6 00	12 15	18 13	12 29	+ 1,9	Jungfrau	**Neumond**	**12^h17^m**
								Erdnähe 357/33′,5	14^h
Mo	7.	7 28	13 08	18 34	13 24	– 4,7	Spica		
Di	8.	8 56	14 03	18 57	14 20	–10,9	Jungfrau		
Mi	9.	10 23	14 59	19 25	15 17	–16,5	Waage		
Do	10.	11 46	15 57	20 01	16 16	–20,9	Antares	Absteigender Knoten	
Fr	11.	13 01	16 55	20 46	17 15	–23,9	Schlangenträger		
Sa	12.	14 04	17 53	21 41	18 15	–25,4	* Schütze	Libration West	
So	13.	14 54	18 48	22 45	19 14	–25,5	Schütze, Nunki	**Erstes Viertel**	**6^h33^m**
Mo	14.	15 31	19 39	23 54	20 10	–24,1	Steinbock		
Di	15.	16 00	20 28	–	21 03	–21,5	* Steinbock		
Mi	16.	16 22	21 13	1 04	21 53	–18,1	Steinbock		
Do	17.	16 40	21 55	2 14	22 41	–13,9	Wassermann	Größte Südbreite	
Fr	18.	16 56	22 36	3 21	23 25	– 9,2	Wassermann		
Sa	19.	17 10	23 16	4 28	0 09	– 4,3	Fische		
So	20.	17 25	23 56	5 34	0 52	+ 0,8	Walfisch	Erdferne 406/29′,4	6^h
Mo	21.	17 40	–	6 41	1 34	+ 5,9	Fische	**Vollmond**	**8^h20^m**
Di	22.	17 57	0 37	7 48	2 18	+10,8	Widder		
Mi	23.	18 18	1 19	8 56	3 04	+15,3	Widder		
Do	24.	18 44	2 05	10 06	3 51	+19,3	Stier, Plejaden	Aufsteigender Knoten	
Fr	25.	19 17	2 53	11 14	4 41	+22,5	Aldebaran		
Sa	26.	20 00	3 43	12 18	5 34	+24,7	Stier, Al Nath		
So	27.	20 55	4 37	13 15	6 30	+25,7	Zwillinge		
Mo	28.	22 02	5 32	14 02	7 26	+25,4	Kastor, Pollux	Libration Ost	
Di	29.	23 17	6 27	14 40	8 23	+23,7	Krebs, Krippe	**Letztes Viertel**	**6^h28^m**
Mi	30.	–	7 21	15 10	9 20	+20,6	Krebs		
Do	31.	0 38	8 15	15 34	10 16	+16,3	Löwe, Regulus	Größte Nordbreite	

25. Okt. 21^h MEZ

26. Okt. 6^h MEZ

Planetenlauf

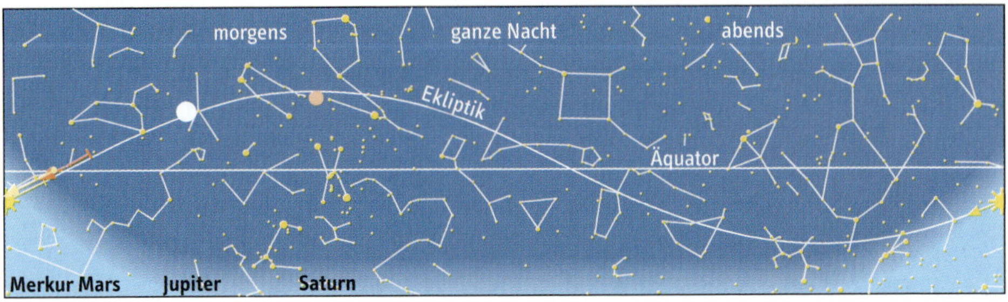

Merkur hat seine untere Konjunktion mit der Sonne gerade hinter sich und gewinnt schnell an westlichem Winkelabstand von der Sonne, da er sich bis 6. rückläufig von ihr entfernt. An diesem Tag wird er stationär. Anschließend bewegt er sich wieder rechtläufig durch den Tierkreis.

Bereits am 13. erreicht er mit 18° 04′ Winkelabstand seine größte westliche Elongation von der Sonne. Die größte Elongation fällt diesmal recht bescheiden aus, da Merkur am 10. durch sein Perihel läuft. Dennoch kommt es zu einer respektablen Morgensichtbarkeit, da die morgendliche Ekliptik steil zum Osthorizont steht.

Gute Sichtbedingungen vorausgesetzt, kann Merkur bereits am 7. am Morgenhimmel aufgestöbert werden. An diesem Tag geht der $0^{\mathrm{m}}{,}7$ helle, sonnennahe Planet um $5^{\mathrm{h}}\,03^{\mathrm{m}}$ (=$6^{\mathrm{h}}\,03^{\mathrm{m}}$ Sommerzeit) auf. Die Merkurhelligkeit nimmt danach rapide zu, die Merkuraufgänge verfrühen sich nur unwesentlich. Am 13. geht der $-0^{\mathrm{m}}{,}5$ helle Merkur um

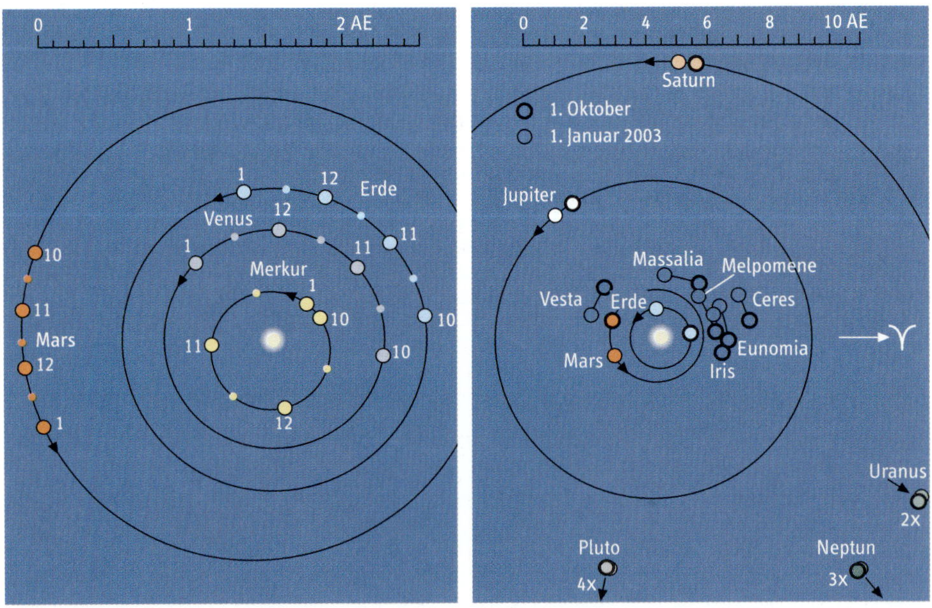

10.2 Heliozentrischer Anblick des Planetensystems im letzten Jahresviertel 2002. Eingetragen sind im linken Teil die Positionen der inneren Planeten für den 1. Oktober (10), den 1. November (11), den 1. Dezember (12) und den 1. Januar 2003 (1). Der rechte Teil zeigt das äußere Planetensystem samt einiger Planetoiden zu Anfang und Ende des letzten Jahresviertels. Die Pfeile deuten die Richtungen zu den ferneren Planeten sowie zum Frühlingspunkt an.

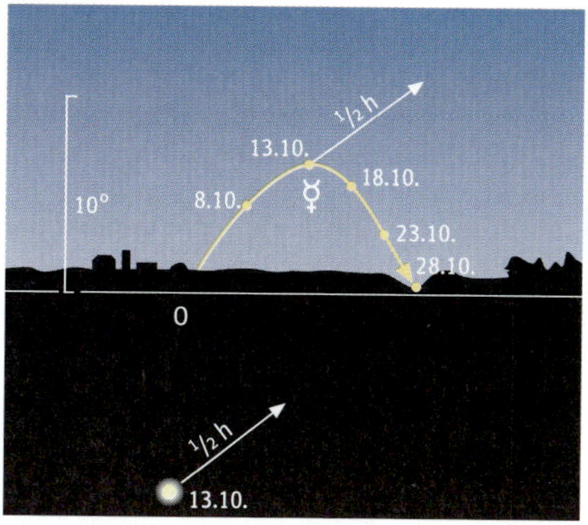

10.3 Stellung von Merkur über dem Osthorizont zu den angegebenen Daten jeweils eine Stunde vor Sonnenaufgang. Die Pfeile deuten die Bewegungen von Merkur und Sonne in der folgenden halben Stunde an.

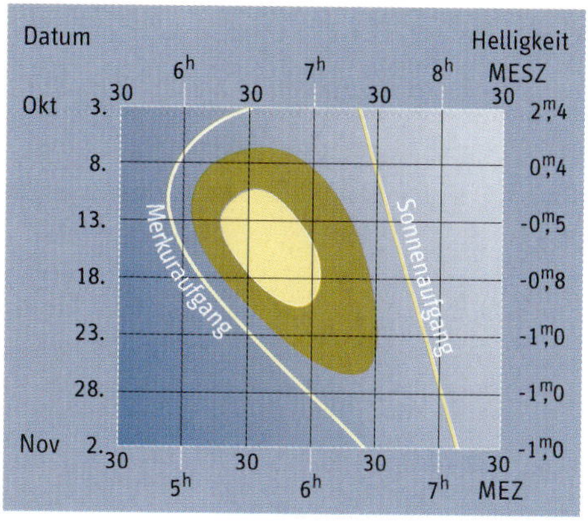

10.4 Sichtbarkeitsdiagramm für Merkur (Erläuterungen siehe Abb. 4.4 auf Seite 87).

4^h^ 55^m^ (= 5^h^ 55^m^ Sommerzeit) auf. Bis 23. steigt die Merkurhelligkeit nochmals auf –1,^m^0 an. Nach dem 23. wird es schwierig, den flinken Planeten am Morgenhimmel zu erspähen. Letztmals kann man unter idealen Sichtbedingungen Merkur am 27. sehen. An diesem Tag geht der immer noch –1,^m^0 helle Planet um 5^h^ 53^m^ auf (siehe Abb. 10.3 und 10.4 oben).

Am 10. kommt es zu einer „Quasi-Konjunktion" – einer nahen Begegnung mit Mars, die man am besten mit einem Fernglas verfolgt. Merkur kommt bis auf 2° 50′ an Mars heran (siehe Abb. 10.6, Seite 183). Am 27. wandert Merkur 4° nördlich an Spica vorbei (siehe Abb. 9.2 auf Seite 164). Für Fernrohrbeobachter sei erwähnt, dass das 7,″1 große Merkurscheibchen am Abend des 12. halb beleuchtet erscheint. Die Halbphase nennt man Dichotomie. An diesem Tag ist Merkur 144 Millionen Kilometer von der Erde entfernt, das sind 0,96 AE.

Venus hat ihre Abendsternperiode beendet. Am 10. wird sie stationär und steuert anschließend rasch rückläufig auf die Sonne zu, mit der sie am Monatsletzten zusammentrifft. Am 31. kommt sie in untere Konjunktion mit der Sonne. Zur unteren Konjunktion erreicht sie ihre geringste Entfernung von der Erde (41 Millionen Kilometer = 0,274 AE).

Mars erscheint um die Monatsmitte allmählich auf der morgendlichen Himmelsbühne. Der rote Planet verlässt am 5. das Sternbild Löwe und tritt in das Sternbild Jungfrau ein. Ab etwa dem 10. kann man mit Aussicht auf Erfolg nach Mars am Morgenhimmel Ausschau halten. Am 10. geht der nur 1,^m^8 helle Mars um 4^h^ 39^m^ (= 5^h^ 39^m^ Sommerzeit) auf. Etwa 20 Minuten später hat er sich so weit über die dichtesten Dunstschichten am Horizont erhoben, dass er erkennbar wird. Bis Monatsende verfrühen sich die Marsaufgänge nur unwesentlich auf 4^h^ 31^m^.

Zum Auffinden von Mars kann Merkur hilfreich sein – um den 10. kommt er relativ nahe an

10.5 Heliozentrische Bewegungen von Merkur und Venus relativ zur Erde. In den dicker ausgezogenen Bahnteilen sind die Planeten beobachtbar. Die Zahlen geben die Positionen jeweils zum Monatsersten an. Östlicher Winkelabstand bedeutet Abendsichtbarkeit; westliche Elongation: Planet steht am Morgenhimmel.

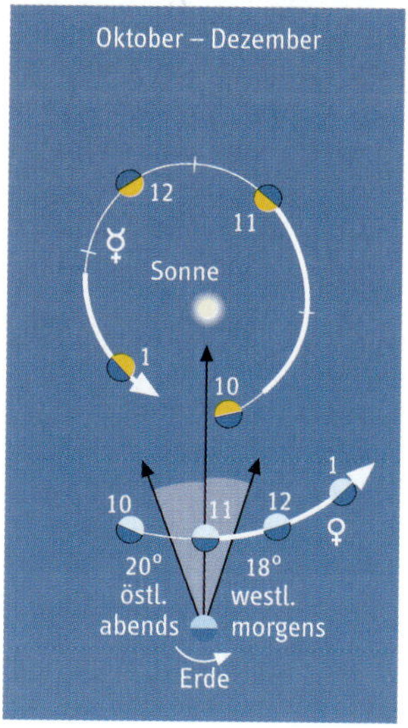

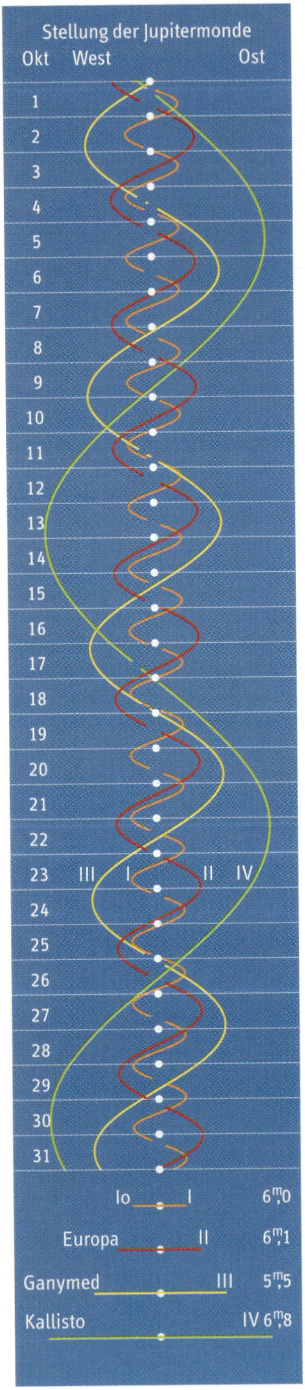

Jupitermonde

Tag	MEZ (h m)	Vorgang
4.	0 22	III VE
1.	2 46	III DE
	3 23	I VA
2.	3 01	I SE
	4 05	I DE
5.	4 18	II VA
7.	3 35	II DE
8.	2 26	III SE
	3 26	III DA
	5 16	I VA
9.	2 38	I SA
	3 45	I DA
	4 55	I SE
10.	3 12	I BE
14.	3 24	II DA
	3 55	II SE
15.	2 54	III SA
16.	1 25	II BE
	4 32	I SA
	5 42	I DA
17.	1 38	I VA
	5 09	I BE
18.	1 11	IV BA
	1 16	I SE
	2 27	I DE
19.	1 21	III BE
21.	3 39	II SA
23.	4 04	II BE
24.	3 32	I VA
25.	0 53	I SA
	2 06	I DA
	3 10	I SE
	4 23	I DE
26.	0 15	IV SA
	0 22	III VE
	1 33	I BE
	1 50	III BA
	4 52	IV SE
	5 28	III BE
28.	2 08	I BA II
	2 14	I BE II
	6 14	II SA
30.	1 18	II VA

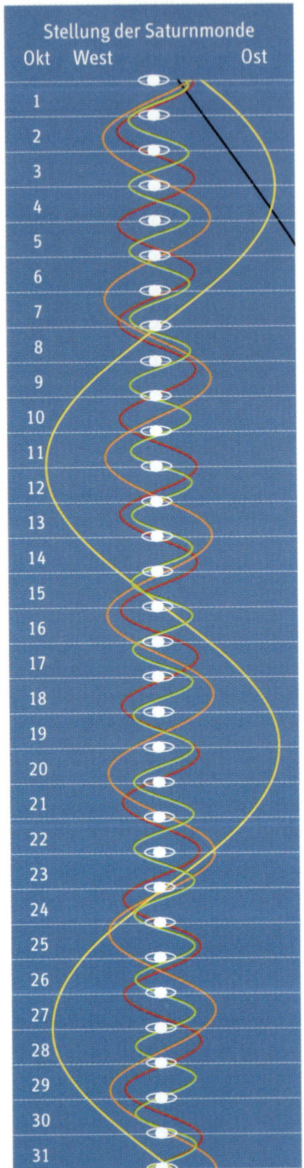

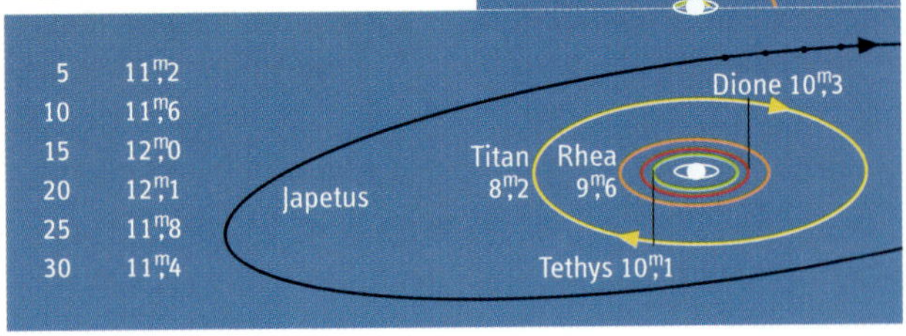

Mars heran (siehe Abb. 10.6 rechts). Im Fernrohr sind auf dem winzigen, knapp 4″ großen Marsscheibchen kaum Einzelheiten zu erkennen.

Jupiter ist Planet der zweiten Nachthälfte. Im Laufe des Monats verlagert er seine Aufgänge in die Zeit vor Mitternacht. Der Riesenplanet wandert durch den Krebs, wobei er seine Bewegung merkbar abbremst. Die Erde beginnt ihn auf der Innenbahn langsam einzuholen. Noch dauert es aber über ein Vierteljahr, bis er in Oppositionsstellung zur Sonne kommt (siehe auch Abb. 1.9 auf Seite 35). Dass die Opposition näher rückt, zeigt sich auch an der leicht auf $-2{,}^m1$ ansteigenden Jupiterhelligkeit. Am 1. geht Jupiter um $1^h\,08^m$ (= $2^h\,08^m$ Sommerzeit) auf, am 15. um $0^h\,25^m$ und am 31. bereits um $23^h\,29^m$.

Ein netter Anblick am Morgenhimmel ergibt sich am 2., an dem die abnehmende Mondsichel 4,°1 nördlich vom Riesenplaneten vorbeiläuft und am 29., wo abermals der abnehmende Mond bei Jupiter steht (siehe Abb. 10.1 auf Seite 177).

Saturn wird allmählich zum Planeten der gesamten Nacht. Am 11. kommt der Ringplanet im Grenzgebiet Orion/Stier zum Stillstand und wandert anschließend rückläufig durch den Tierkreis. Der Umkehrpunkt liegt etwa 1,°6 südwestlich vom Sommerpunkt (siehe Abb. 12.6 auf Seite 215). Mit seinem Stillstand leitet Saturn seine diesjährige Oppositionsperiode ein. Mitte Dezember wird er dann im Gegenschein zur Sonne stehen.

Saturn geht am 1. um $21^h\,34^m$ (= $22^h\,34^m$ Sommerzeit) auf, am 15. um $20^h\,39^m$, am 31. um $19^h\,35^m$. Bis Ende Oktober steigt die Saturnhelligkeit leicht auf $-0{,}^m1$ an.

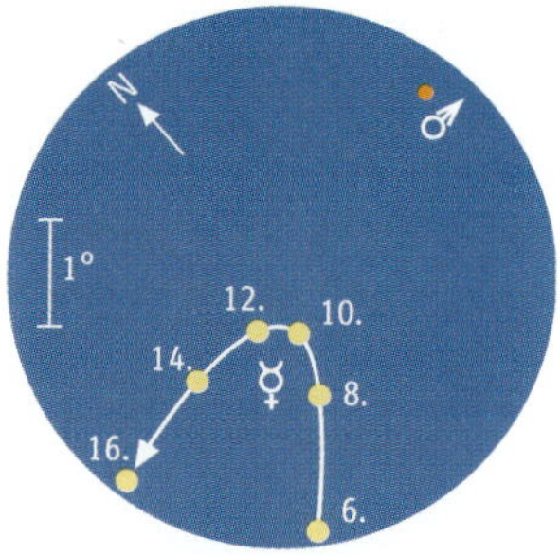

10.6 Nahe Begegnung von Merkur und Mars im Oktober 2002. Fernglasanblick bei 5° Gesichtsfelddurchmesser.

Uranus bremst seine ohnehin langsame, rückläufige Bewegung im Steinbock fast ganz ab. Anfang November wird er abermals stationär (siehe Abb. 8.4 auf Seite 151). Aus der zweiten Nachthälfte zieht sich Uranus zurück. Am 1. sinkt der sonnenferne Planet um $2^h\,29^m$ (= $3^h\,29^m$ Sommerzeit) unter die Horizontlinie und am 15. um $1^h\,32^m$. Am 31. erfolgt der Untergang des $5{,}^m8$ hellen Uranus schon um $0^h\,29^m$. Spätestens eine Stunde vor Untergang wird Uranus unbeobachtbar. Die günstigste Beobachtungszeit für den grünlichen Planeten fällt in die Abendstunden. Am 1. passiert Uranus den Meridian um $21^h\,30^m$ (= $22^h\,30^m$ Sommerzeit), am 31. bereits um $19^h\,30^m$.

Neptun bremst seine ohnehin recht langsame, rückläufige Bewegung im Steinbock vollends ab und wird stationär. Damit beendet er seine Oppositionsperiode. Fortan wandert der lichtschwache und sonnenferne Planet wieder rechtläufig durch

Konstellationen und Ereignisse

Datum	MEZ	Ereignis
2.	8^h	**Mond bei Jupiter,** Mond 4,°1 nördlich, **Abstand 4,°0 um 6^h**
5.	2	**Mond bei Mars,** Mond 4,°2 nördlich, **Abstand 3,°5 um 5^h**
5.	10	Mond bei Merkur, Mond 5,°5 nördlich
6.	3	Merkur im Stillstand, anschließend rechtläufig
8.	11	Mond bei Venus, Mond 9,°8 nördlich
10.	10	Venus im Stillstand, anschließend rückläufig
10.	11	Merkur im Perihel
10.	13	**Merkur bei Mars,** Merkur 2,°8 nördlich, **Abstand 2,°8 um 6^h** (Quasikonjunktion)
11.	14	Saturn im Stillstand, anschließend rückläufig
13.	8	Merkur in größter westlicher Elongation (18°)
14.	15	Mond bei Neptun, Mond 4,°5 südlich
15.	23	Mond bei Uranus, Mond 4,°4 südlich
20.	12	Neptun im Stillstand, anschließend rechtläufig
26.	10	**Mond bei Saturn,** Mond 3,°1 nördlich, **Abstand 3,°5 um 6^h**
29.	23	**Mond bei Jupiter,** Mond 4,°4 nördlich, **Abstand 3,°7 um 24^h**
31.	13	Venus in unterer Konjunktion mit der Sonne

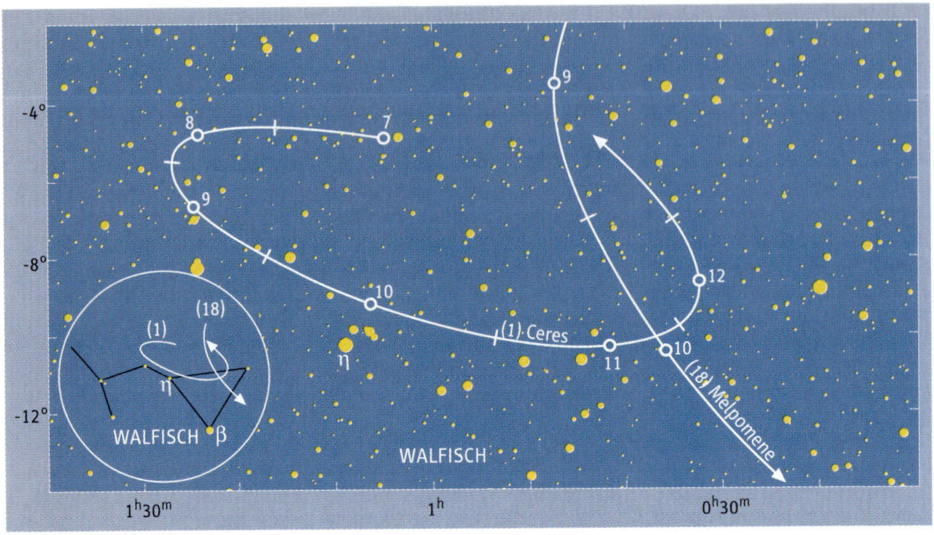

10.7 Die scheinbaren Bahnen der Kleinplaneten Ceres (1) und Melpomene (18) im Sternbild Walfisch. Die Zahlen geben die Positionen der Kleinplaneten zum jeweiligen Monatsersten an.

den Tierkreis. Bis Monatsende ist von einer Neptunbewegung kaum etwas auszumachen, der bläuliche Planet tritt auf der Stelle (siehe Abb. 8.5 auf Seite 151). Die jetzt immer früher einsetzende Dunkelheit erlaubt es, Neptun noch am Abendhimmel aufzufinden.

Zu Monatsanfang kulminiert der $7{,}^{m}9$ lichtschwache Planet um $20^h 21^m$ (= $21^h 21^m$ Sommerzeit) und geht um $0^h 57^m$ unter. Ende des Monats passiert Neptun schon um $18^h 23^m$ den Meridian und sinkt um $22^h 54^m$ unter den Horizont.

Planetoiden

Ceres (1), rückläufig im Sternbild Walfisch, kommt am 4. in **Opposition** zur Sonne. Mit einer Oppositionshelligkeit von $7{,}^{m}6$ ist der Kleinplanet Nr. 1 bereits in einem Fernglas zu erkennen, zumal eine markante Sternenkonstellation um η Ceti das Aufsuchen erleichtert (siehe Abb. oben). Bis Monatsende sinkt die Ceres-Helligkeit wieder auf $8{,}^{m}0$ ab. Am Oppositionstag kulminiert Ceres um $0^h 34^m$ (= $1^h 34^m$ Sommerzeit), am 15. um $23^h 37^m$ und am 31. bereits um $22^h 22^m$. Von der Erde ist Ceres am Oppositionstag 293 Millionen Kilometer (= 1,96 AE) und von der Sonne 439 Millionen Kilometer (= 2,93 AE) entfernt.

Juno (3) steht am 3. in Konjunktion mit der Sonne. Ihre Entfernung von der Erde beträgt zur Konjunktion 601 Millionen Kilometer (= 4,02 AE).

Iris (7) wird am 7. im Sternbild Wassermann stationär und bewegt sich anschließend wieder rechtläufig durch den Tierkreis (siehe Abb. 8.7 auf Seite 152). Die Helligkeit von Iris sinkt im Laufe des Monats von $8{,}^{m}2$ auf $8{,}^{m}8$ ab, was ihr Auffinden nicht gerade erleichtert. Am 1. kulminiert Iris um $21^h 23^m$ (= $22^h 23^m$ Sommerzeit), am 15. um $20^h 29^m$ und am 31. schon um $19^h 35^m$.

Eunomia (15) wird im Sternbild Pegasus am 22. stationär und wandert anschließend wieder rechtläufig durch die Sternenwelt (siehe Abb. 9.3 auf Seite 167). Damit endet ihre Oppositionsperiode, was man auch an der rapide fallenden Helligkeit (von $8{,}^{m}2$ auf $8{,}^{m}8$) bemerkt. Die Kulminationszeiten von Eunomia verfrühen sich von $22^h 23^m$ (= $23^h 23^m$ Sommerzeit) am 1. auf $21^h 21^m$ am 15. und auf $20^h 19^m$ am Monatsletzten.

Melpomene (18) im Walfisch kann noch in der ersten Monatshälfte aufgesucht werden. Sie eilt rasch südwärts (siehe Abb. 10.7 auf Seite 184). Ihre Helligkeit geht von $7{,}^{m}8$ zu Monatsbeginn auf $8{,}^{m}1$ zur Monatsmitte und auf $8{,}^{m}5$ zu Monatsende zurück. Am 1. passiert Melpomene um $0^h 18^m$ (= $1^h 18^m$ Sommerzeit) den Meridian, am 15. um $23^h 10^m$ und am 31. bereits um $22^h 03^m$.

Periodische Sternschnuppenströme

Die **Delta-Draconiden**, auch **Oktober-Draconiden** genannt, sind ein temporärer Strom, deren Radiant im Sternbild des Drachen, etwa 3° östlich von γ Draconis liegt. Die Oktober-Draconiden führen ihren Ursprung auf den Kometen 21P/Giacobini-Zinner (alte Bezeichnung: 1900 III) zurück, weshalb dieser Meteorstrom auch **Giacobiniden** heißt. Vom 7. bis 11. Oktober passiert die Erde relativ nahe den absteigenden Knoten der Bahn des Kometen 21P. Seine Umlaufzeit beträgt 6,5 Jahre. Alle 13 Jahre trifft die Erde auf die recht breit gestreute Trümmerwolke der Auflösungsprodukte des Kometen Giacobini-Zinner. Dann hagelt es nur so Sternschnuppen. Am 8. Oktober 1985 konnten 400 Meteore pro Stunde registriert werden. Da die Trümmerwolke schon recht langgezogen ist und die Meteoroide sich entlang der Bahn verteilt haben, ist mit Überraschungen auch in anderen Jahren zu rechnen. Vom 14. bis 28. Oktober sind die **Orioniden** aktiv, deren Ursprung auf den Halleyschen Komet deutet. Mit dem Maximum ist am 21. Oktober zu rechnen, wobei etwa zwanzig bis dreißig Meteore pro Stunde zu erwarten sind. Die Frequenz ist von Jahr zu Jahr verschieden. Die beste Beobachtungszeit: Mitternacht bis 5^h morgens. Der Radiant liegt etwa 10° nordöstlich von Beteigeuze. Es handelt sich bei den Orioniden um sehr schnelle Objekte (über 60 Kilometer pro Sekunde).

Der Fixsternhimmel

Noch steht das Sommerdreieck, gebildet aus Wega, Deneb und Atair, hoch am abendlichen Firmament. Doch es ist bereits weit in die westliche Himmelshälfte gerückt. Der Charakter des Sternenhimmels ist nun eindeutig herbstlich. Vor allem am Herbstviereck wird dies ersichtlich: Das Sternenquadrat des Pegasus zieht hoch im Süden die Blicke auf sich. Zur Standardbeobachtungszeit (am 1. um 23^h MEZ = 24^h Sommerzeit bzw. am 15. um 22^h MEZ) läuft der Meridian mitten durch das Pegasusquadrat.
Teile des Bootes mit Arktur, der Skorpion mit Antares sowie der Schütze sind längst untergegangen. Auch der Schlangenträger mit der Schlange versinkt gerade unter der Horizontlinie. Den Großen Wagen wird man vielleicht vergeblich suchen. Zwar ist er in unseren Breiten zirkumpolar und somit stets über dem Horizont anzutreffen, aber er hat jetzt seine Tiefststellung erreicht. Bäume, Häuser oder Berge können ihn leicht in unterer Kulmination verdecken.
Das Himmels-W, die Kassiopeia, steht dagegen jetzt hoch über unseren Köpfen kurz vor seiner oberen Kulmination. Blickt man fast senkrecht nach oben, so springt die Sternenfigur des „W" förmlich ins Auge.
Südlich des Pegasus hat gerade der Wassermann (lat.: Aquarius) den Meridian durchschritten, ein lichtschwaches und unscheinbares Sternbild.
Im Südwesten bereitet sich der Steinbock (lat.: Capricornus) auf seinen Untergang vor. Als lichtschwaches Bild kann man ihn kaum noch erkennen.
Tief im Süden, noch in Meridiannähe, flackert ein Stern erster Größe in einer sonst an helleren Sternen armen Gegend. Es ist Fomalhaut, der Hauptstern im Sternbild Südlicher Fisch (α Piscis Austrinus). Fomalhaut ist der südlichste Stern erster Größe, der von Mitteleuropa aus noch gesehen werden kann. Die Bezeichnung Fomalhaut kommt aus dem Arabi-

10.8 Das Pegasusquadrat wird gerne als „Herbstviereck" bezeichnet. Von ihm ausgehend stößt man schnell auf Kassiopeia, Deneb und Fomalhaut.

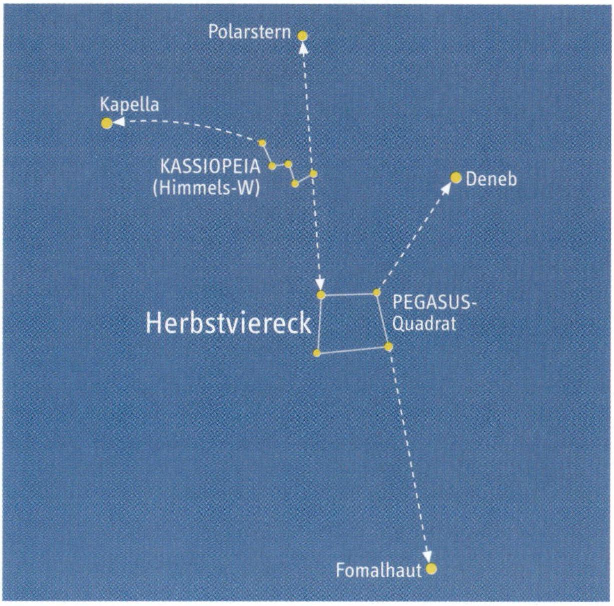

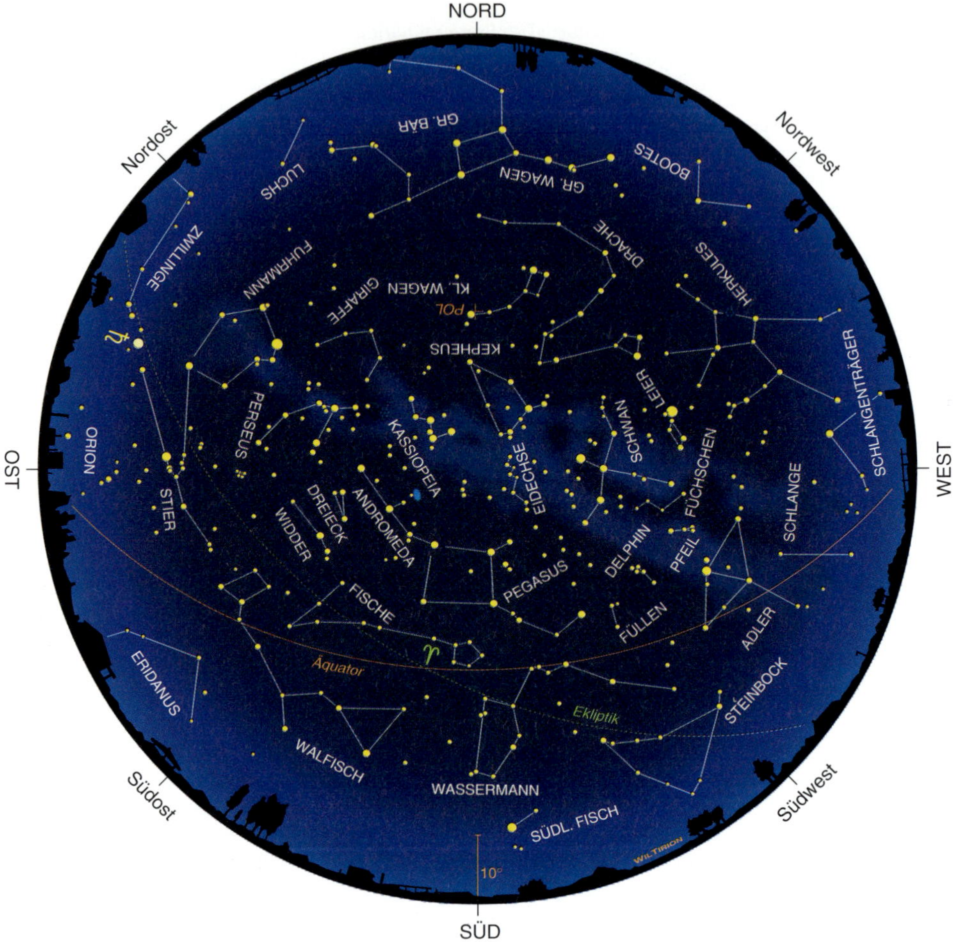

Sternenhimmel
am 15. Oktober
um 22ʰ MEZ (23ʰ MESZ)

Fixsternhimmel auch gültig für:

	MEZ	MESZ
1. 8.	3ʰ	4ʰ
15. 8.	2	3
1. 9.	1	2
15. 9.	0	1
1.10.	**23**	**24**
15.10.	**22**	**23**
31.10.	**21**	
15.11.	20	
30.11.	19	
15.12.	18	

schen und bedeutet soviel wie „Maul des Fisches". Fomalhaut ist so weit wie Wega von uns entfernt, nämlich 25 Lichtjahre. Fomalhaut leuchtet in einem weißlichen Licht (Spektraltyp: A3).

Hoch in der östlichen Himmelshälfte findet man jetzt die typischen Herbstbilder, die außer dem Pegasus fast alle zur so genannten Andromeda-Gruppe gehören. Zu ihr zählen Kassiopeia, Kepheus, Andromeda, Perseus und Walfisch. Diese Bilder können, was ihre Helligkeit betrifft, nicht mit denen des Winterhimmels konkurrieren. In ihnen findet sich kein einziger Stern erster Größenklasse. Aber sie haben ihren eigenen Reiz und sind mit Ausnahme des Walfischs leicht zu erkennen. Die Mythologie verbindet die Andromedagruppe: Das Königspaar Kepheus und Kassiopeia bangt um seine unglückliche Tochter Andromeda, die an einen Felsen vor den Gestaden Äthiopiens geschmiedet ist, um einem Meeresungeheuer, dem Walfisch (Cetus), zum Fraße

Veränderliche Sterne

Algol-Minima	7.	3^h34^m	10.	0^h23^m	12.	21^h12^m	15.	18^h00^m	27.	5^h15^m	30.	2^h04^m
β-Lyrae-Minima	1.	13^h H	8.	1^h N	14.	12^h H	20.	23^h N	27.	10^h H		
δ-Cephei-Maxima	2.	14^h	7.	23^h	13.	8^h	18.	17^h	24.	2^h	29.	10^h
Mira-Helligkeit	1.	5^m	10.	5^m	20.	5^m	31.	6^m				

geopfert zu werden. Der mutige Held Perseus rettet die Andromeda und befreit Äthiopien von dem schrecklichen Meeresungeheuer. Es handelt sich also beim Cetus nicht um einen Walfisch im Sinne der Zoologie, sondern um ein blutrünstiges Fabelwesen (siehe: „Der Fixsternhimmel im September“, Seite 167).
Perseus selbst hält in der einen Hand ein Schwert, in der anderen das abgeschlagene Gorgonenhaupt der Medusa, aus dem Blutstropfen vom Himmel herab in den Wüstensand fallen. Sie verwandeln sich augenblicklich in giftige Sandvipern. Im Haupt der Medusa blinkt der Teufelsstern Algol (β Perseï). Algol ist der Prototyp einer ganzen Klasse von Bedeckungsveränderlichen. Diese zeigen periodische Helligkeitsschwankungen, weil sich beide Sterne bei ihrer Wanderung um ihren gemeinsamen Schwerpunkt für den irdischen Beobachter von Zeit zu Zeit verdecken. Genau betrachtet handelt es sich hier um „Sternfinsternisse“. Algol ist 93 Lichtjahre von uns entfernt. Südlich der Andromeda stößt man auf das Sternbild Triangulum (lat., Dreieck) und auf das Tierkreisbild Widder (lat.: Aries). Die drei helleren Sterne des Widders bilden ein stumpfwinkliges Dreieck. Der Hauptstern heißt Hamal und gehört zu den Sternen zweiter Größe. 66 Lichtjahre trennen uns von Hamal. Damit ist Hamal gleich weit entfernt wie Aldebaran im Stier, der an Winterabenden zu beobachten ist und zu unserer Standardbeobachtungszeit bereits tief am Osthimmel gesehen werden kann.
Im Nordosten strahlt die Kapella in gelblichem Licht. Sie ist der Hauptstern im Sternenpolygon des Fuhrmanns, dessen südlichster Stern zum Stier gehört und eine der Hornspitzen darstellt.
Im Stier fällt übrigens noch ein dichtgedrängtes Sternengrüppchen auf, das manchmal Anfänger als den „Kleinen Wagen“ ansehen, nämlich die Plejaden oder das Siebengestirn. Für Feldstecherbesitzer sind die Plejaden ein echter Beobachtungshit.

An der Schwelle zur dritten Kopernikanischen Revolution

Aufbau, Herkunft und endgültiges Schicksal des Universums haben nicht nur Generationen von Astronomen und Philosophen beschäftigt, sondern faszinieren nach wie vor fast jeden Menschen, der sich ein wenig über die Tagesprobleme hinaus Gedanken über seine Existenz und seine Beziehung zum Weltall macht. Dabei ist nicht immer der kühle, rationale Verstand, sondern häufig die emotionale Gefühlswelt im Spiel. Bestimmte Ansichten und Vorstellungen von der räumlichen Struktur und der zeitlichen Entwicklung des Universums werden oft mit missionarischem Eifer vertreten. Es ist ein tiefverwurzelter Wunsch der allermeisten Menschen, über ein vollständiges, alles erklärendes Weltbild zu verfügen. Unerklärbares macht unsicher, Nichterforschtes bereitet Unruhe und Zweifel. Fast alle Weltbilder sehen für die Menschheit eine herausragende Bedeutung, eine exklusive Rolle im Universum vor, kurz: Wir sind etwas Besonderes, wenn nicht gar die Krone der Schöpfung. Zweifel an unserer Exklusivität im Kosmos rufen erbitterten Widerstand hervor, der mancherorts bis zur physischen Vernichtung Andersdenkender führt.
Doch die moderne Astronomie lehrt uns: Die Stellung des Menschen im Universum ist keineswegs in irgendeiner Form besonders ausgezeichnet. Dieser Erkenntnisprozess begann mit dem Werk von Nikolaus Kopernikus, der erklärte: Die Erde ruht nicht im Zentrum des Universums. Galileo Galilei und seine Nachfolger bestätigten diese Ansicht. Die Erde ist ein Planet, der um die Sonne läuft. Aber auch unsere Sonne ist kein besonderes Gestirn. Sie ist ein gewöhnlicher Stern wie mindestens hundert Milliarden anderer Sterne in unserer Milchstraße. Auch unsere Milchstraße spielt keine ausgezeichnete Rolle. Sie ist eine von vielen Milliarden Galaxien in dem von

uns überschaubaren Universum. Unser Platz im Universum ist durch nichts ausgezeichnet. Lange glaubte man an eine spezielle „Lebenskraft", die Entelechie, wodurch sich die „lebendige Materie" von der „toten" unterscheidet. Doch dieser philosophische Begriff aus der Antike ist heute in der Biologie entbehrlich. Leben beruht auf außerordentlich komplexen chemischen Verbindungen, die sich im Laufe von Milliarden Jahren unter ganz speziellen Bedingungen gebildet haben. Spätestens als es Friedrich Wöhler 1828 gelang, Harnstoff synthetisch herzustellen, kamen ernste Zweifel an der Realität der „Entelechie" auf. Die Meinung, organische Substanzen enthielten eine metaphysische Komponente, hielt sich zwar noch einige Zeit, doch kein ernstzunehmender Biologe glaubt heute daran.

Einst war man der Auffassung, Empfindungen im Organismus, speziell in uns Menschen, seien übernatürlicher Art und breiteten sich ohne physikalisch relevante Vorgänge mit unendlich hoher Geschwindigkeit aus. Die Versuche von Luigi Galvani im Jahre 1791 brachten die Erkenntnis, dass die Weiterleitung von Reizen in den Nerven durch elektrochemische Vorgänge bewirkt wird. Dabei ist die Fortpflanzungsgeschwindigkeit durchaus messbar. Sie liegt in etwa zwischen fünf und 120 Meter pro Sekunde. Je dicker ein Nerv ist, desto höher die Weiterleitungsgeschwindigkeit eines Reizsignals.

Kein Sonderfall

Nach und nach hat die Wissenschaft den Werdegang des Lebens auf unserem Planeten enträtselt. Die biologische Evolution führte schließlich zum Menschen, der sich im Grundsatz nicht von anderen Lebensformen unterscheidet. Alle Lebensformen beruhen auf den selben Prinzipien und den gleichen Bausteinen, nämlich zwanzig verschiedenen Aminosäuren sowie den Kodierungen der Baupläne mit dreibuchstabigen Worten, wobei als Buchstaben die vier Nukleotid-Moleküle Adenin, Cytosin, Guanin und Thymin verwendet werden. Diese sind in den langen Spiralen (Doppelhelix) der Desoxyribonukleinsäure (DNS) gespeichert.

Die Entwicklung der Lebewesen bis hin zum Menschen hat Charles R. Darwin (1809 – 1882) im 19. Jahrhundert treffend beschrieben. Sie erfolgte durch Mutation und natürliche Selektion bei reichlich vorhandener Zeit. Der letzte Faktor ist von enormer Bedeutung. Die ungeheure Menge an Zeit, die für die Evolution des Lebens erforderlich war, bildete zunächst ein großes Problem für die Wissenschaft. Denn sie erfordert eine lange Lebensdauer der Sterne, insbesondere unserer Sonne. Erst die Fortschritte der Kernphysik und die aus Albert Einsteins spezieller Relativitätstheorie folgende, weltbekannte Formel $E = mc^2$ ermöglichten es, die lange „Brenndauer" unserer Sonne zu erklären. Ohne die lange Lebenserwartung der Sterne gäbe es keine chemische und biologische Evolution. Nur die nuklearen Fusionsprozesse in den Zentren der Sterne ermöglichen deren lange Brenndauer von Milliarden Jahren.

Die Grundbausteine aller Planeten und aller Lebewesen, nämlich die chemischen Elemente wie Kohlenstoff, Stickstoff, Sauerstoff, Schwefel, Silizium, Phosphor u. a. gab es in der Frühphase des Kosmos noch nicht. Beim Urknall wurden in den ersten drei Minuten der Existenz unseres Universums lediglich Wasserstoff und Helium produziert. Die schwereren Elemente wurden erst im Laufe der Geschichte des Kosmos im tiefen Inneren von massereichen Sternen gebacken. Bei ihrem explosiven Ende schleuderten sie ihre Asche ins Universum und reicherten dabei die interstellare Materie mit schwereren Elementen an. Bei der Bildung neuer Sterne entstanden gewaltige Staubscheiben um die noch embryonalen Sonnen. Aus ihnen formten sich Planeten und schließlich – in mindestens einem Fall – lebende Organismen. Wir bestehen gewissermaßen aus Sternenasche.

Diese Vorgänge sind nicht einzigartig und auf unser Sonnensystem beschränkt. In unserer Milchstraße wimmelt es von Sternen, die von Planeten umrundet werden. Damit scheint aber auch das Leben auf unserem Planeten nicht unbedingt etwas Einzigartiges zu sein. Die Eigenschaft der Materie, komplexe Strukturen zu bilden, ist offensichtlich universell. In interstellaren Wolken wurden komplizierte Moleküle gefunden, dabei auch ausgedehnte Kohlenwasserstoffverbindungen. In Meteoriten entdeckte man extraterrestrische Aminosäuren, die Bausteine der Proteine (Eiweißkörper).

Diese Erkenntnisse lehren uns nicht nur Bescheidenheit. Sie führten auch zu einer tiefen Kränkung der Menschheit, die sich lange als Krone der Schöpfung betrachtete und meinte, Sonne, Mond und Sterne würden uns wundervolle und einzigartige Geschöpfe täglich umkreisen.

Nicht nur Galilei wurde im Inquisitionsprozess im Juni 1633 in der Minerva-Kirche in Rom deshalb verurteilt, weil er die vermeintlich herausragende

10.9 Ein Blick in die Tiefen des Kosmos zeigt die ungeheure Fülle von Galaxien (Milchstraßensysteme) und lässt die gewaltige Zahl an Sternen erahnen. Welche Stellung nimmt der Mensch im Universum ein?

Stellung der Menschen im Zentrum des Universums bestritt. Noch heute wird in etlichen Gebieten unseres Globus die Evolutionslehre fanatisch und erbittert bekämpft. In manchen amerikanischen Schulen darf sie nicht gelehrt werden. Darwin wird ebenso als Unperson verteufelt wie einst Galilei von der Kirche. Die Akzeptanz der biologischen Evolution, der Abschied von der Entelechie oder sonstiger metaphysischer Begriffe zur Erklärung des Lebens, stellt gewissermaßen eine zweite Kopernikanische Revolution im Geistesleben und in unserer Standortbestimmung dar.

Intelligenz

Schon steht die nächste Kränkung der Menschheit unmittelbar bevor. Bewusstsein und Intelligenz, so die Erkenntnisse der Informatiker, müssen keineswegs auf menschliche Gehirne beschränkt sein oder bleiben. Auch die letzte Bastion unserer vermeintlichen Exklusivität wankt erheblich. Zwischen biologischer und technischer Intelligenz gibt es offensichtlich keinen prinzipiellen Unterschied. Sich ihrer selbst bewusste Lebensformen benötigen keine metaphysischen oder übernatürlichen Erklärungen für das Auftreten des Phänomens „Geist“. Zur Erklärung geistiger Funktionen müssen keine metaphysischen Einflüsse angenommen werden, wie schon Karl Steinbuch im 20. Jahrhundert festgestellt hat. Es wäre im Gegenteil höchst verwunderlich, wenn man annehmen müsste, dass die Natur bei komplexeren Funktionen der Informationsverarbeitung plötzlich mit metaphysischen Mitteln zu Werke gehen müsste. Keine kritische und analytische Naturbeobachtung zwingt uns zur Vorstellung, geistige Vorgänge seien nur mit „übernatürlichen" Vorgängen zu erklären. Durch Experiment und Beobachtung ergibt sich kein Hinweis darauf, dass für das Geschehen in höher entwickelten Organismen einschließlich des Menschen metaphysische Komponenten angenommen werden müssten. Alle geistigen Prozesse beruhen auf natürlichen, das heißt physikalischen Prozessen. Und wenn dies so ist, so folgt daraus, dass Bewusstsein nicht auf biologische kybernetische Systeme beschränkt sein muss, sondern auch in hinreichend komplexen technischen kybernetischen Systemen auftreten kann. Es scheint, als ob die Evolution des Kosmos noch lange nicht abgeschlossen ist. Nachdem das Universum Wesen hervorgebracht hat, die sich ihrer Existenz bewusst sind, so werden diese aller Voraussicht nach technische kybernetische Systeme schaffen, deren geistige Leistungsfähigkeit die der heutigen Menschheit bei weitem übertreffen wird. Die dritte Kopernikanische Revolution steht unmittelbar bevor. So wie Kopernikus, Galilei, Darwin und ihre Mitstreiter als Gotteslästerer bekämpft und verfolgt wurden, wird man auch gegen die „Materialisten" zu Felde ziehen und sie der Gottlosigkeit zeihen. Abgesehen davon, dass „Materialismus" ein überholter politischer Begriff aus dem vorigen Jahrhundert ist, der keinerlei wissenschaftliche Relevanz hat, folgt aus der Erkenntnis, dass geistige Prozesse keiner metaphysischen Vorgänge bedürfen, keineswegs die Nichtexistenz Gottes. Ganz im Gegenteil, Gott ist die letzte Ursache allen Seins und damit auch unseres Universums. Wer wollte sich anmaßen, Gott vorzuschreiben, wie er das Weltall und seine Geschöpfe zu gestalten hat, auf welche Weise er dasjenige sich entwickeln ließ, was wir als Bewusstsein empfinden, ohne es vollständig erklären zu können? Und wer maßt sich an, von Gott zu fordern, wir Menschen seien sein exklusivstes Produkt?

Wir sind Teil des Universums, aber offensichtlich weder etwas Besonderes noch einzigartig. Und hierin liegt eine verblüffende Erkenntnis: Wenn wir im Universum keine Sonderrolle spielen, dann sind wir wohl auch nicht allein. Die Evolution hat wahrscheinlich an vielen Stellen im Universum Leben hervorgebracht. Das zu erfahren, wird die Science-Fiction-Fans und UFO-Freaks freuen. Doch sie werden enttäuscht, wenn sie erfahren, dass eine Kontaktaufnahme mit unseren Brüdern und Schwestern im All so gut wie ausgeschlossen bleibt. Wahrscheinlich bleiben wir durch Raum und Zeit für immer voneinander getrennt. Dies kann man sich leicht klarmachen, wenn man sich mit der räumlichen und zeitlichen Entwicklung unseres Universums auseinandersetzt. Eine gute Einführung in die moderne Kosmologie bringt das empfehlenswerte Buch von Mario Livio, *Das beschleunigte Universum,* das in der deutschen Fassung 2001 im Kosmos-Verlag erschienen ist. Es gehört zu den besten allgemein verständlichen Kosmologiebüchern in deutscher Sprache. In den letzten drei Kapiteln wird auch die Frage nach der Bedeutung von Leben im Universum und unserer Stellung im Kosmos behandelt.

November 2002

Die Riesenplaneten Jupiter und Saturn beherrschen die zweite Nachthälfte. Venus ist strahlender Morgenstern. In den Morgenstunden am 20. tritt der Mond in den Halbschatten der Erde – die einzige Mondfinsternis, die in diesem Jahr von Mitteleuropa aus beobachtbar ist.

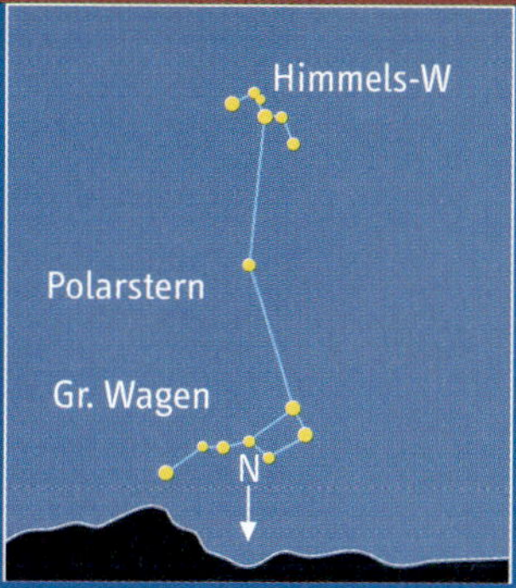

Großer Wagen und Himmels-W Anfang November um 22ʰ

11.1 Himmelsanblick am 25. November gegen 23ʰ MEZ: Hoch am Osthimmel ist Saturn vertreten und knapp über dem Horizont sind Jupiter sowie der abnehmende Mond zu sehen .

Sonnenlauf

22.11. 13ʰ
Sonne tritt in das Tierkreiszeichen Schütze
23.11. 15ʰ
Sonne tritt in das Sternbild Skorpion
30.11. 3ʰ
Sonne tritt in das Sternbild Schlangenträger

Julianisches Datum am 1. November, 1ʰ MEZ: 2 452 579,5

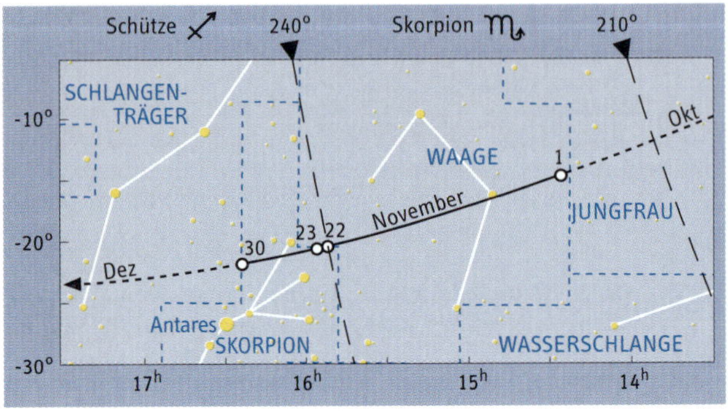

Tag	Dämmerg. Anfang	Aufgang MEZ	Kulmination	Untergang MEZ	Dämmerg. Ende	Mittagshöhe	Zeitgleichg.	Rektaszension	Deklination
	h m	h m	h m	h m	h m	°	m	h m	°
1.	5 57	7 09	12 04	16 57	18 09	25,6	+16	14 24	−14,3
5.	6 03	7 16	12 04	16 51	18 03	24,3	+16	14 40	−15,5
10.	6 10	7 24	12 04	16 43	17 57	22,8	+16	15 00	−17,0
15.	6 17	7 32	12 05	16 36	17 51	21,5	+15	15 20	−18,4
20.	6 24	7 40	12 06	16 30	17 46	20,3	+14	15 41	−19,6
25.	6 31	7 48	12 07	16 25	17 42	19,2	+13	16 02	−20,7
30.	6 37	7 55	12 09	16 22	17 40	18,4	+11	16 23	−21,6

Tages- und Nachtstunden

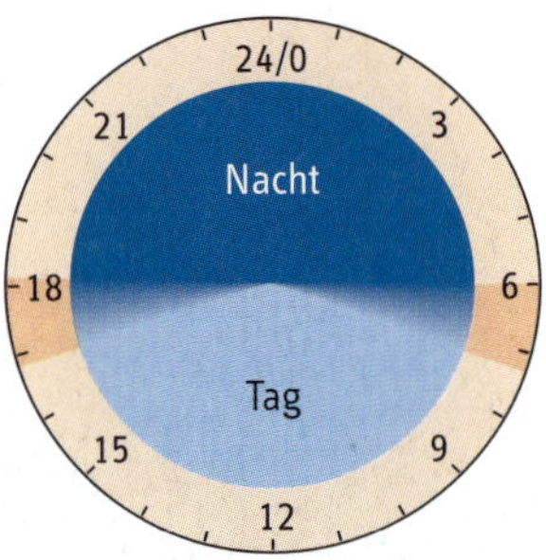

5. November

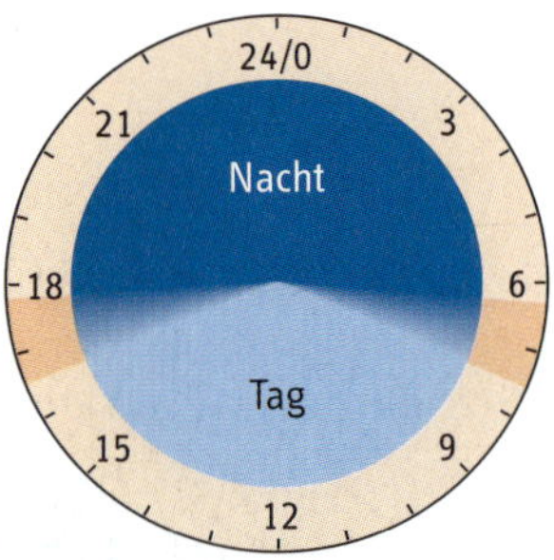

15. November

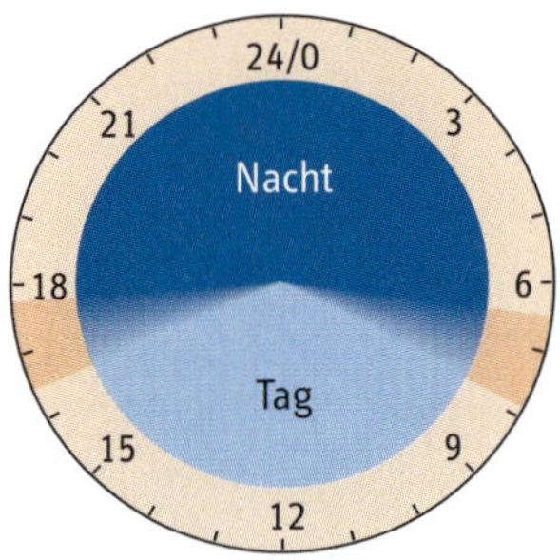

25. November

Mondlauf

Datum		Aufg. MEZ	Kulmination	Unterg. MEZ	Rektaszension	Deklination	Sterne und Sternbilder	Phase	MEZ
		h m	h m	h m	h m	°			
Fr	1.	2 01	9 07	15 55	11 10	+11,0	Löwe		
Sa	2.	3 26	9 59	16 14	12 04	+ 4,9	Jungfrau		
So	3.	4 52	10 51	16 34	12 58	− 1,6	Jungfrau		
Mo	4.	6 20	11 45	16 56	13 53	− 8,1	Spica	**Neumond**	**21^h34^m**
								Erdnähe 358/33,'4	2^h
Di	5.	7 49	12 41	17 21	14 50	−14,1	Waage		
Mi	6.	9 17	13 39	17 53	15 49	−19,2	Waage	Absteigender Knoten	
Do	7.	10 39	14 39	18 34	16 50	−23,0	Antares		
Fr	8.	11 51	15 39	19 27	17 52	−25,2	Schütze		
Sa	9.	12 49	16 38	20 30	18 53	−25,8	Schütze, Nunki	Libration West	
So	10.	13 32	17 33	21 39	19 52	−24,8	Schütze		
Mo	11.	14 04	18 23	22 51	20 48	−22,6	* Steinbock	**Erstes Viertel**	**21^h52^m**
Di	12.	14 28	19 10	–	21 40	−19,3	Steinbock		
Mi	13.	14 47	19 54	0 02	22 28	−15,2	Wassermann	Größte Südbreite	
Do	14.	15 04	20 35	1 11	23 14	−10,6	Wassermann		
Fr	15.	15 19	21 15	2 18	23 58	− 5,7	Fische		
Sa	16.	15 33	21 55	3 24	0 40	− 0,6	Walfisch	Erdferne 406/29,'4	12^h
So	17.	15 48	22 35	4 30	1 23	+ 4,5	Fische		
Mo	18.	16 04	23 17	5 37	2 06	+ 9,5	Fische		
Di	19.	16 23	–	6 46	2 51	+14,2	Widder		
Mi	20.	16 47	0 02	7 55	3 39	+18,4	Stier, Plejaden	**Vollmond**	**2^h34^m**
Do	21.	17 18	0 49	9 05	4 29	+21,8	Stier, Hyaden	Aufsteigender Knoten	
Fr	22.	17 58	1 40	10 12	5 21	+24,3	Stier, Al Nath		
Sa	23.	18 49	2 33	11 12	6 17	+25,6	Zwillinge		
So	24.	19 52	3 28	12 02	7 13	+25,7	Pollux		
Mo	25.	21 04	4 23	12 42	8 10	+24,3	Pollux	Libration Ost	
Di	26.	22 22	5 16	13 13	9 06	+21,6	Krebs, Krippe		
Mi	27.	23 42	6 09	13 39	10 01	+17,7	* Löwe, Regulus	**Letztes Viertel**	**16^h46^m**
								Größte Nordbreite	
Do	28.	–	6 59	14 00	10 54	+12,7	Löwe		
Fr	29.	1 03	7 49	14 19	11 46	+ 7,0	Jungfrau		
Sa	30.	2 25	8 39	14 37	12 38	+ 0,9	Jungfrau		

22. Nov. 19^h MEZ

23. Nov. 7^h MEZ

Planetenlauf

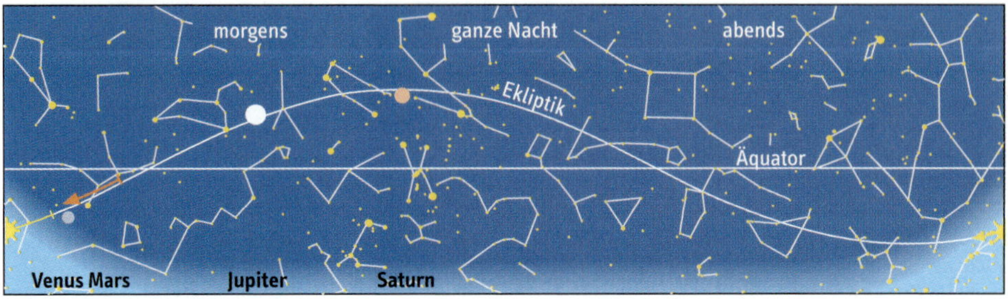

Merkur eilt der Sonne rechtläufig im Tierkreis nach und holt sie zur Monatsmitte ein. Am 14. steht er in oberer Konjunktion mit ihr. Da Merkur nur einige Stunden vorher seinen absteigenden Knoten passiert, läuft er hinter der Sonnenscheibe vorbei – es ereignet sich eine Merkurbedeckung durch die Sonne. Sie bleibt allerdings unbeobachtbar.
Merkur hält sich am Taghimmel auf und bleibt im November unbeobachtbar. Am 23. wandert er wieder einmal durch sein Aphel.

Venus stand am letzten Tag des Vormonats in unterer Konjunktion mit der Sonne. Am 19. wird sie stationär und beendet damit ihre Rückläufigkeit. Der Umkehrpunkt der Konjunktionsschleife liegt etwa $6{,}^{\circ}2$ östlich von Spica in der Jungfrau (siehe Abb. 9.2 auf Seite 164).
Bereits im zweiten Monatsdrittel macht sich Venus am Morgenhimmel bemerkbar. Etwa eine Stunde vor Sonnenaufgang kann man den $-4{,}^{\mathrm{m}}3$ hellen inneren Nachbarplaneten tief im Südosten ausmachen (siehe Abb. 11.2 unten). Am 10. geht Venus um $6^{\mathrm{h}}\,12^{\mathrm{m}}$ auf. Die Sichtbarkeitsdauer nimmt rasch zu, die Venusaufgänge verfrühen sich bis auf $4^{\mathrm{h}}\,33^{\mathrm{m}}$ am Monatsende, die Sonne hingegen geht immer später auf. Auch nimmt die Venushelligkeit bis zum 31. deutlich auf $-4{,}^{\mathrm{m}}6$ zu.
Am 10. zeigt Venus eine extrem schmale Sichel bei fast einer Bogenminute Scheibendurchmesser. Schon in einem guten Fernglas ist eine solch große Venussichel zu erkennen. Im Laufe des November wird die Venussichel dicker und kleiner. Bis 30. schrumpft das Planetenscheibchen auf 45″ Durchmesser, der beleuchtete Anteil nimmt auf 21 % zu. Jetzt ist es besonders reizvoll, Venus im Teleskop von Tag zu Tag zu verfolgen. Die Sichel wird kleiner, weil nach der unteren Konjunktion, bei der die Venus bekanntlich die Erde überholt, Venus sich auf ihrer Bahn rasch von der Erde entfernt. Am 1. beträgt ihre Erddistanz 41 Millionen Kilometer (= 0,274 AE), am 31. ist sie schon 57 Millionen Kilometer (= 0,381 AE) von uns entfernt.

Mars, rechtläufig im Sternbild Jungfrau, kann am Morgenhimmel aufgefunden werden. Der rote Planet wandert durch das Sternbild Jungfrau und erreicht immer südlichere Zonen des Tierkreises. Am 20. zieht er 3° nördlich von Spica, dem Löwenhauptstern, vorbei (siehe Abb. 11.3 auf Seite 195). Venus kann als Aufsuchhilfe für Mars dienen – sie ist nur wenige Grade von Mars entfernt. Im ersten Drittel des nächsten Monats wird Venus an Mars noch näher heranrücken.
Die Marsaufgänge verfrühen sich nur unwesentlich. Am 1. geht Mars um $4^{\mathrm{h}}\,31^{\mathrm{m}}$ auf, am 30. schon um $4^{\mathrm{h}}\,20^{\mathrm{m}}$. Die Marshelligkeit beträgt zum Monatsende

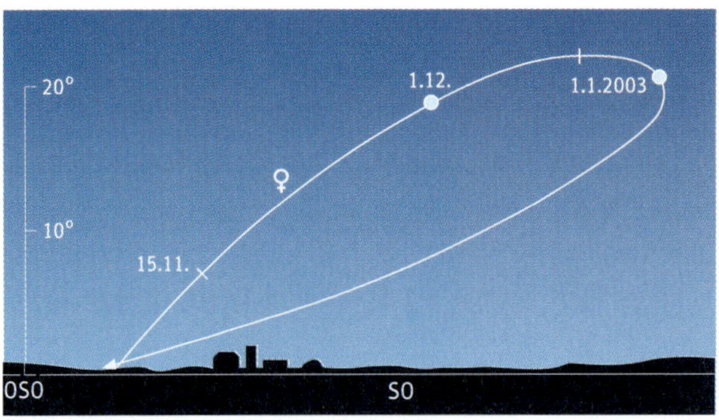

11.2 Stellung von Venus über dem Südosthorizont jeweils eine Stunde vor Sonnenaufgang.

$1\overset{\mathrm{m}}{,}7$. Damit ist Mars deutlich lichtschwächer als Spica ($1\overset{\mathrm{m}}{,}0$), die allerdings bläulich leuchtet. Auf der Marsnordhalbkugel beginnt am 3. der Sommer.

Jupiter verlagert seine Aufgänge in die Zeit weit vor Mitternacht und wird allmählich zum Planeten der gesamten Nacht, sieht man von den ersten Abendstunden ab, die nun in der früh einsetzenden Dämmerung bald beginnen.

Der Riesenplanet wird immer langsamer und bleibt zu Monatsende fast ganz stehen. Der eigentliche Stillstand wird aber erst im nächsten Monat eintreten. Am 22. überschreitet Jupiter die Sternbildergrenze vom Krebs zum Löwen (siehe auch Abb. 1.9 auf Seite 35). Die Jupiterhelligkeit steigt weiter leicht auf $-2\overset{\mathrm{m}}{,}3$ an – die Opposition rückt näher.

Der Aufgang des Riesenplaneten erfolgt am 1. um $23^{h}\,26^{m}$, am 15. um $22^{h}\,37^{m}$ und am 30. bereits um $21^{h}\,41^{m}$. Am 26. läuft der abnehmende Halbmond an Jupiter etwa 4° nördlich vorbei (siehe Abb. 11.1 auf Seite 191).

Saturn, rückläufig im Gebiet Orion/Stier, strebt seiner Opposition entgegen, die er Mitte nächsten Monats erreicht.

Seine Aufgänge verlagert der Ringplanet in die frühen Abendstunden. Damit wird der gegen Mitternacht hoch am Firmament stehende Saturn zum idealen Beobachtungsobjekt bei einer Sternführung in einem Observatorium. Am 1. erscheint Saturn um $19^{h}\,31^{m}$ über der Horizontlinie, am 15. um $18^{h}\,33^{m}$ und am 30. schon um $17^{h}\,29^{m}$. Mit $-0\overset{\mathrm{m}}{,}4$ scheinbarer Helligkeit ist der Ringplanet nun ein auffälliges Objekt und wird nur noch von Sirius, Jupiter und morgens auch Venus an Glanz übertroffen.

Uranus kommt am 4. im Sternbild Steinbock zum Stillstand

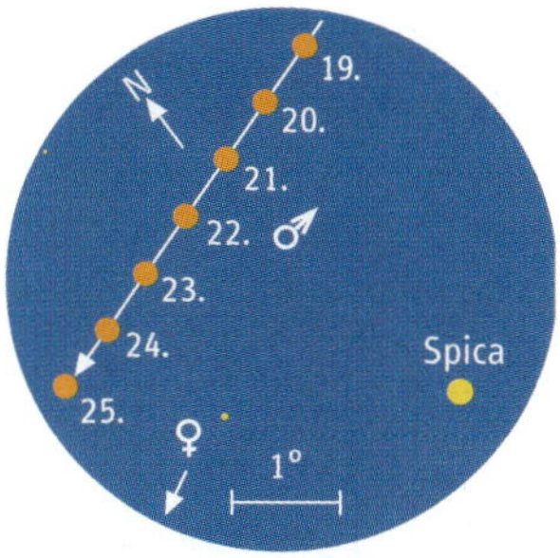

11.3 Mars wandert im letzten Novemberdrittel 3° nördlich an Spica in der Jungfrau vorbei. Venus ist nur ein paar Grad außerhalb des Gesichtsfeldes eines Fernglases von 5° Gesichtsfelddurchmesser.

und wird wieder rechtläufig. Damit beendet der grünliche Planet seine Oppositionsperiode (siehe auch Abb. 8.4 auf Seite 151). Noch kann Uranus am Abendhimmel aufgefunden werden. Am 1. kulminiert Uranus um $19^{h}\,26^{m}$ und geht um $0^{h}\,25^{m}$ unter, am 15. geht er um $18^{h}\,32^{m}$ durch den Meridian und sinkt um $23^{h}\,26^{m}$ unter die Horizontlinie. Am Monatsletzten passiert der $5\overset{\mathrm{m}}{,}9$ helle Planet bereits um $17^{h}\,33^{m}$ den Meridian und geht um $22^{h}\,28^{m}$ unter. Spätestens eine Stunde vor Untergang ist Uranus von der Beobachtungsliste zu streichen.

Neptun, wieder rechtläufig im Steinbock, zieht sich allmählich vom Abendhimmel zurück. Um die Monatsmitte stört zudem Mondlicht die Beobachtung.

Am 1. geht Neptun um $18^{h}\,19^{m}$ durch den Meridian und um $22^{h}\,51^{m}$ unter. Am 30. kulminiert der nur $7\overset{\mathrm{m}}{,}9$ helle Neptun bereits um $16^{h}\,27^{m}$, sein Untergang erfolgt um $20^{h}\,59^{m}$. Erst gegen $17^{h}\,40^{m}$ ist es dunkel genug, um mit Aussicht auf Erfolg nach dem lichtschwachen Planeten mit guter Optik zu spähen.

Planetoiden

Ceres (1) wird am 29. im Walfisch stationär und strebt nach Norden (siehe Abb. 10.7 auf

Konstellationen und Ereignisse

Datum	MEZ	Ereignis
2.	19^{h}	Mond bei Mars, Mond $3\overset{\circ}{,}8$ nördlich
3.	9	Merkur bei Venus, Merkur $6\overset{\circ}{,}6$ nördlich
4.	6	Mond bei Venus, Mond $8\overset{\circ}{,}5$ nördlich
4.	10	Mond bei Merkur, Mond $2\overset{\circ}{,}1$ nördlich
4.	13	Uranus im Stillstand, anschließend rechtläufig
10.	23	Mond bei Neptun, Mond $4\overset{\circ}{,}7$ südlich
12.	6	Mond bei Uranus, Mond $4\overset{\circ}{,}6$ südlich
14.	6	Merkur in oberer Konjunktion mit der Sonne
19.	5	Venus im Stillstand, anschließend rechtläufig
20.	3	**Halbschattenfinsternis des Mondes** (siehe Seite 27)
22.	13	**Mond bei Saturn,** Mond $3\overset{\circ}{,}1$ nördlich, **Abstand $4\overset{\circ}{,}4$ um 7^{h} und $4\overset{\circ}{,}5$ um 19^{h}**
23.	11	Merkur im Aphel
26.	8	**Merkur bei Jupiter,** Mond $4\overset{\circ}{,}5$ nördlich, **Abstand $4\overset{\circ}{,}2$ um 7^{h}**

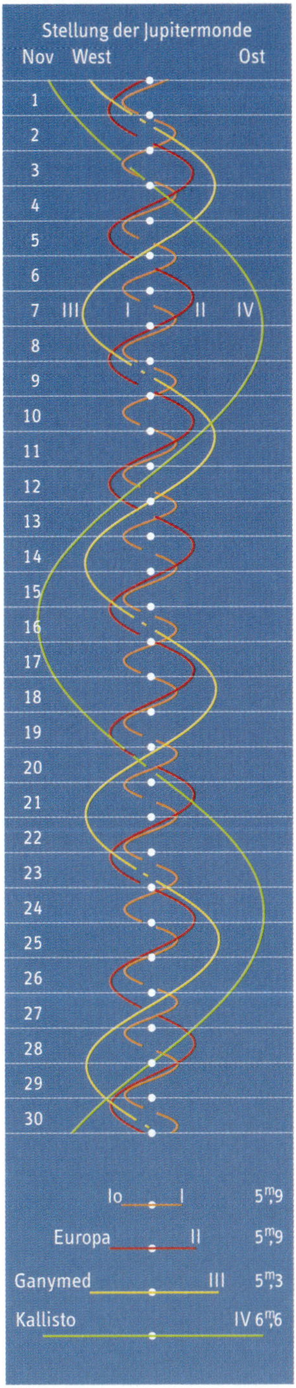

Jupitermond-Erscheinungen

Tag	MEZ		Vorgang		
	h	**m**			
1.	21	29	III	BE	
1.	0	56	II	DE	
	2	47	I	SA	
	4	01	I	DA	
	5	03	I	SE	
2.	0	46	III	VA	
	3	28	I	BE	
	4	21	III	VE	
	5	53	III	BA	
3.	0	46	I	DE	
4.	0	43	IV	BE	
	4	28	I	BA	II
	4	34	I	BE	II
6.	3	52	II	VA	
8.	0	40	II	DA	
	0	59	II	SE	
	3	33	II	DE	
	4	40	I	SA	
	5	54	I	DA	
9.	1	47	I	VA	
	4	44	III	VA	
	5	22	I	BE	
10.	0	23	I	DA	
	1	24	I	SE	
	2	39	I	DE	
11.	6	48	I	BA	II
	6	54	I	BE	II
12.	6	01	IV	DA	
	23	50	III	DA	
13.	0	05	II	BA	IV
	0	11	II	BE	IV
	3	25	III	DE	
	6	25	II	VA	
15.	0	42	II	SA	
	3	15	II	DA	
	3	35	II	SE	
	6	08	II	DE	
	6	33	I	SA	
16.	3	41	I	VA	

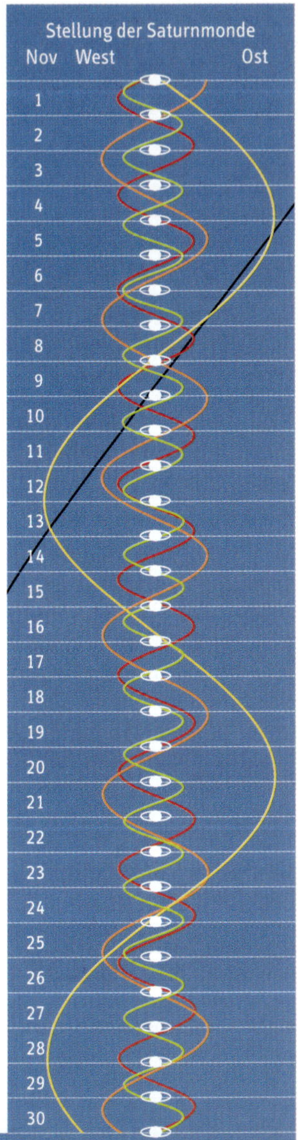

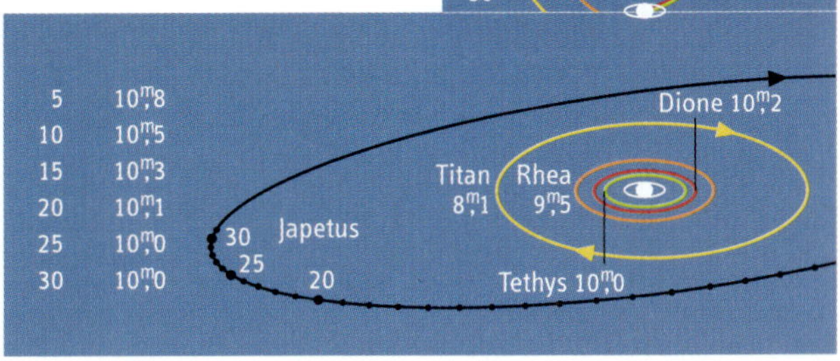

17.	1 01	I	SA	
	1 04	II	BE	
	2 15	I	DA	
	3 17	I	SE	
	4 31	I	DE	
18.	1 44	I	BE	
19.	22 43	III	SA	
20.	1 45	IV	VA	
	2 16	III	SE	
	3 42	III	DA	
	6 31	IV	VE	
22.	3 18	II	SA	
	5 48	II	DA	
	6 10	II	SE	
23.	5 34	I	VA	
24.	2 54	I	SA	
	3 34	II	BE	
	3 51	II	BA	I
	3 53	II	BE	I
	4 06	I	DA	
	5 10	I	SE	
	6 23	I	DE	
25.	0 03	I	VA	
	3 35	I	BE	
	23 39	I	SE	
26.	0 50	I	DE	
27.	2 41	III	SA	
	6 13	III	SE	
28.	23 21	IV	DA	
29.	0 38	I	BA	II
	0 43	I	BE	II
	4 06	IV	DE	
	5 53	II	SA	

Seite 184). Ihre Helligkeit sinkt während des Monats um eine halbe Größenklasse auf $8^{m}5$ ab. Mit ihrem Stillstand in Rektaszension beendet Ceres ihre Oppositionsperiode und ist anschließend wieder rechtläufig. Die Meridiandurchgänge von Ceres erfolgen am 1. um 22^{h} 17^{m}, am 15. um 21^{h} 16^{m} und am 30. bereits um 20^{h} 15^{m}.

Vesta (4) wandert rechtläufig durch den Löwen auf die Jungfrau zu (siehe Abb. 12.7 auf Seite 216). Ihre Helligkeit steigt leicht um $0^{m}2$ an und beträgt am Monatsende $7^{m}9$. Dies ist noch nicht besonders hell, wenn man bedenkt, dass in günstigen Zeiten Vesta durchaus 6^{m} hell werden kann. Am 1. geht Vesta um 1^{h} 59^{m} auf und kulminiert um 8^{h} 49^{m}. Am Monatsletzten erfolgt der Aufgang von Vesta schon um 1^{h} 06^{m} und ihr Meridiandurchgang mit 7^{h} 39^{m}.

Massalia – Planetoid Nr. 20 – sei diesmal erwähnt, weil sie im nächsten Monat bei ihrer Opposition mit $8^{m}4$ Helligkeit ein Beobachtungsobjekt für Sternfreunde wird. Massalia wandert rückläufig durch den Stier (siehe Abb. 12.6 auf Seite 215). Ihre Helligkeit steigert sich im Laufe des Monats von $9^{m}6$ auf $8^{m}8$. Ihre Kulminationen erfolgen am 1. um 3^{h} 13^{m}, am 15. um 2^{h} 14^{m} und am 30. schon um 1^{h} 03^{m}.

Periodische Sternschnuppenströme

Die **Leoniden** treten Mitte November am Morgenhimmel in Aktion. Ihr Radiant liegt im Löwen rund 10° nordöstlich von Regulus. Das spitze Maximum ist in der Nacht vom 17. auf 18. November zu erwarten (gegen 3^{h} MEZ). Die Sternschnuppen sind außerordentlich schnell (um 70 Kilometer pro Sekunde). Einst waren die Leoniden wesentlich aktiver als heute die Perseiden im August. Im vergangenen Jahrhundert galt daher der November als „der Sternschnuppenmonat" schlechthin. Das Erscheinen der Leoniden geht auf den Kometen 55P/Tempel-Tuttle (alte Bezeichnung: 1866 I) zurück. In den letzten Jahren waren die Leoniden besonders aktiv. Nur alle 33 Jahre kollidiert die Erde mit dem Zentrum der Leoniden-Trümmerwolke. In diesem Jahr ist mit stark erhöhter Leonidentätigkeit zu rechnen. Leider stört dabei das Mondlicht.

Auf die **Tauriden**, deren Maximum auf den 12. November fällt, wurde schon im September hingewiesen. Zwischen 20^{h} und 4^{h} morgens ist mit etwa zehn bis zwanzig Meteoren pro Stunde zu rechnen. In den letzten Jahren hat sich gezeigt, dass die **Tauriden** eigentlich in zwei Teilströme zerfallen. Die **N-Tauriden** haben ihr Maximum am 12. November, die **S-Tauriden** sind früher dran, ihr Höhepunkt fällt auf den 5. November.

Der Fixsternhimmel

Der November zeigt sich häufig in unseren Breiten trübe, feucht und nebelig. Wenn der Himmel aber einmal aufklart, so leuchtet das Sternenzelt besonders prächtig. Mancher Sternfreund hat dabei den Eindruck, dass die Sommersternbilder nicht weichen wollen. Dies liegt an der nun wieder früher einsetzenden Dunkelheit. Wer um 18^{h} beobachtet, also vier Stunden vor unserer Standardbeobachtungszeit, sieht den Septemberhimmel. Zur Monatsmitte November um 22^{h} hingegen neigt sich das Sommerdreieck bereits tief zum Westhorizont. Sein südlichster Punkt, Atair im Adler, steht vor seinem Untergang. Die Bilder hoch im Süden und die um den Zenit wie Kassiopeia, Andromeda, Pegasus, Perseus und Widder prägen den typischen Herbstcharakter des gestirnten Firmaments. Im Osten hingegen kündigt sich der Winter durch eine Reihe heller Sterne an: Kapella im Fuhrmann, Aldebaran im Stier, Beteigeuze und Rigel im Orion, Kastor und Pollux in den Zwillingen. Lediglich der strahlend helle Sirius im Großen Hund und Prokyon im Kleinen Hund sind noch nicht auf der Himmelsbühne erschienen.

Im Grenzgebiet der Sternbilder Stier und Zwillinge fällt ein helles Gestirn auf, das den Anblick dieser Sternengegend etwas ungewöhnlich macht. Es han-

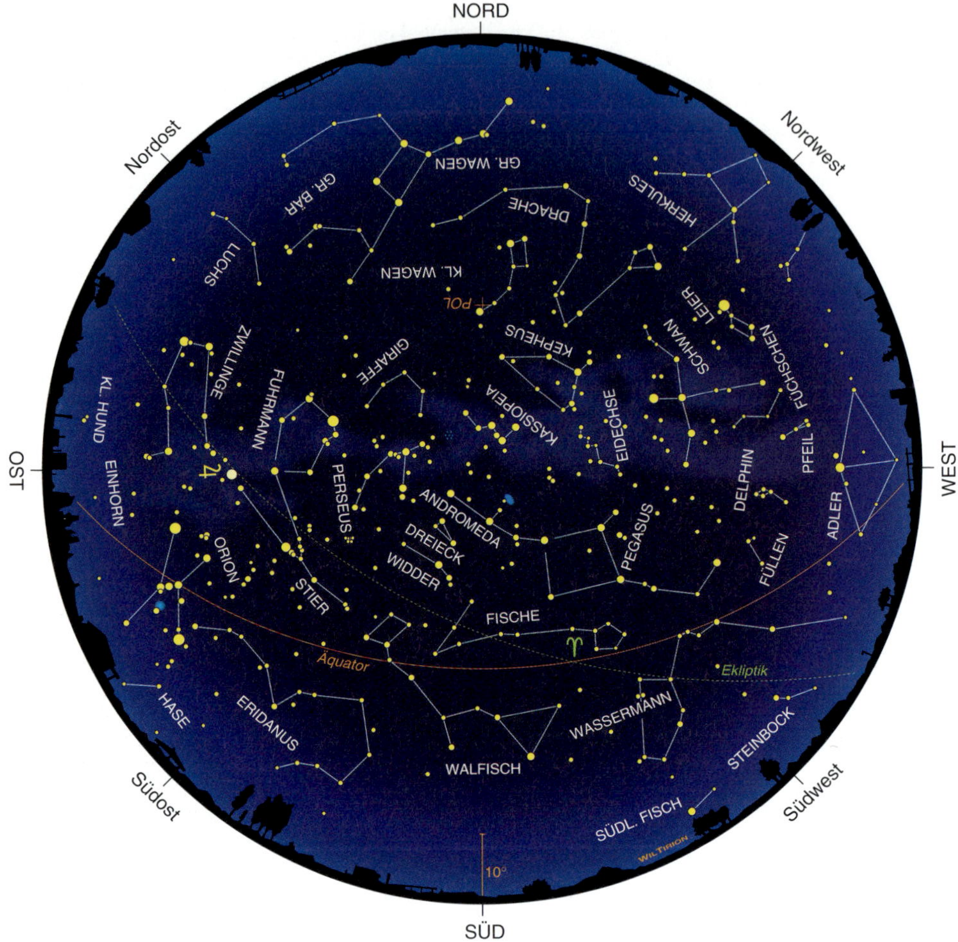

Sternenhimmel am 15. November um 22^h MEZ

Fixsternhimmel auch gültig für:

	MEZ	MESZ
1. 9.	3^h	4^h
15. 9.	2	3
1.10.	1	2
15.10.	0	1
1.11.	**23**	
15.11.	**22**	
30.11.	**21**	
15.12.	20	
31.12.	19	
15. 1.	18	

delt sich um den berühmten Ringplaneten Saturn, der zur Zeit gewissermaßen den Schwerpunkt des Wintersechsecks einnimmt. Allerdings ist das Wintersechseck noch nicht vollständig aufgegangen.
Die Kassiopeia schreitet gerade in oberer Kulmination, und zwar zwischen Zenit und Polarstern, durch den Meridian. Die Kassiopeia, auch als Himmels-W bekannt, hilft nicht nur den Polarstern zu finden, sondern erlaubt auch, die Sternzeit grob zu schätzen. Dazu bedient man sich des Sternes β Cassiopeiae am rechten Ende des Ws, der auch Kolurstern genannt wird. Steht der Kolurstern in oberer Kulmination, so ist es 0^h Sternzeit. Zieht man in Gedanken vom Polarstern eine Linie (sie ist Teil eines Stundenkreises) über den Kolurstern β Cas bis hin zum Himmelsäquator , so markiert der Schnittpunkt dieser Linie mit dem Himmelsäquator ziemlich genau den Frühlingspunkt, der in den Fischen ein wenig südöstlich der ersten Fischellipse liegt.

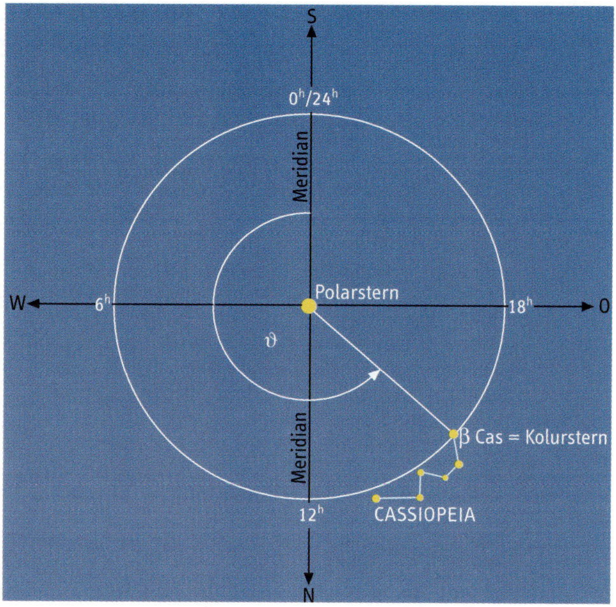

11.4 Der Kolurstern β Cassiopeiae lässt die Sternzeit grob abschätzen. Der Winkel ϑ wird von der oberen Kulmination des Kolursternes in Richtung West gezählt und gibt die Sternzeit an (360° = 24^h).

Hoch über unseren Köpfen geht gerade die Sternenkette der Andromeda durch den Meridian. Der große Andromeda-Nebel (M 31), unsere Nachbarmilchstraße in rund drei Millionen Lichtjahren Entfernung, steht recht zenitnahe und kann bei günstigen Sichtbedingungen schon mit bloßen Augen als mattes Lichtfleckchen ausgemacht werden.

Auch die Fische haben nun ihre höchste Stellung im Süden erreicht. Sie sind nicht leicht zu erkennen, da diese Sternenfigur nur aus Sternen vierter Größe und schwächer gebildet wird. Zwar kennt fast jeder das Sternbild Fische dem Namen nach, weil es zum Zodiak (Tierkreis) gehört, aber wegen seiner lichtschwachen Sterne haben es nur wenige mit eigenen Augen bewusst am Himmel gesehen. Vermutlich wegen seiner geringen Helligkeit hat man dieses Bild fast immer mit den Mächten der Finsternis oder der Erdmutter Gaia in Zusammenhang gebracht.

Den Fischen folgt im Tierkreis der Widder. Er steht im November hoch im Süden kurz vor seinem Meridiandurchgang. Ein stumpfwinkliges Sternendreieck markiert im wesentlichen die Widdergestalt. Sein hellster Stern, α Arietis, wird Hamal genannt.

Der Widder führt als erstes Sternbild den Tierkreis an. Heutzutage wandert die Sonne vom 19. April bis zum 14. Mai durch das Sternbild Widder. Zu Zeiten eines Hipparchos und Ptolemaios, vor über 2000 Jahren also, lag der Frühlingspunkt noch im Sternbild Widder.

Noch heute spricht man vom Widderpunkt, wenn man den Frühlingspunkt meint, obwohl er längst in den Fischen liegt.

Im alten Ägypten gehörten die Widdersterne ursprünglich zum Bild des Stieres. Erst später erkannte man hier den ägyptischen Gott Ammon mit dem Widderkopf. Im Südwesten steht der Wassermann, der wie die Fische zu den lichtschwachen und darum schwer erkennbaren Sternbildern gehört.

Der Walfisch (lat.: Cetus) passiert eben den Meridian. Es ist nicht leicht, den Walfisch als Sternbild auszumachen, da er eine ausgedehnte, lichtschwache Figur ohne markante geometrische Formen ist. Im Walfisch findet man auch den berühmten Veränderlichen Mira (ο Ceti), der Prototyp einer ganzen Klasse veränderlicher Sterne ist.

Im Südosten sind kaum Sterne zu sehen. Das Gebiet zwischen Walfisch und Orion ist nur von wenigen, lichtschwachen Sternen besetzt. Von Rigel im Orion zieht sich das ausgedehnte Sternbild Fluss Eridanus durch diese Gegend. Der Eridanus schlängelt sich weit nach Süden und ist von unseren Breiten aus nie vollständig zu sehen. Auch der Hauptstern Achernar (α Eridani), mit $0\overset{m}{.}5$ scheinbarer Helligkeit einer der zehn hellsten Sterne des irdischen Firmaments, steht so weit südlich (Deklination: $-57\overset{\circ}{.}2$), dass er bei uns nie über den Horizont kommt.

Objekte für Feldstecher und Fernrohr

Der berühmte Andromeda-Nebel, unsere Nachbarmilchstraße, wird in den meisten Astronomiebüchern immer noch als Objekt beschrieben, das man mit unbewaffneten Augen in mondloser Nacht leicht erkennen kann. Auch dem arabischen Astronomen Al Sufi, der um 980 n. Chr. den Nebel im Sternbild

Andromeda erstmals beschrieben hat, stand noch kein Teleskop oder Fernglas zur Verfügung. Unter guten Sichtverhältnissen kann man zwar M 31 – so seine Bezeichnung im Nebelkatalog von Charles Messier – noch mit bloßen Augen erkennen. Durch die rapide schlechter werdenden Sichtbedingungen (Luftverschmutzung und immer greller werdende künstliche Beleuchtung) ist M 31 aber inzwischen zu einem typischen Fernglasobjekt geworden. Selbst in einsamen Gegenden Mitteleuropas, wo man nicht unmittelbar durch irdische Lichter geblendet wird, ist der Himmel längst nicht mehr nachtdunkel, sondern bleibt stets aufgehellt.
Wenn nachts Wolken aufziehen, so machen sie sich nicht mehr als dunkle, scheinbar sternleere Flecken bemerkbar, sondern sie leuchten wesentlich heller als die klaren Gebiete, in denen Sterne zu sehen sind.
M 31 ist jetzt am besten mit einem Fernglas zu finden, steht er doch zu unserer abendlichen Beobachtungsstunde fast im Zenit. M 31 erscheint als mattes, spindelförmiges Lichtfleckchen im Feldstecher. Dieses zarte Lichtfleckchen wird immerhin von 200 Milliarden Sonnen hervorgerufen, die rund drei Millionen Lichtjahre von uns entfernt sind. Trotz der riesigen Distanz spricht man beim Andromeda-Nebel von unserer Nachbarmilchstraße, denn die anderen Galaxien sind noch viel weiter entfernt. In einem größeren Fernrohr zeigt M 31 einen kleinen, fast kreisrunden Kern mit einem spindelförmigen Lichtschleier. Spiralarme, wie sie Aufnahmen großer Teleskope von M 31 zeigen, sind allerdings nicht zu erkennen.
Ein weiteres Milchstraßensystem in der Nachbarschaft von M 31 ist die Galaxie M 33, meist als Dreiecks-Nebel bezeichnet, nicht, weil M 33 dreieckig erscheint, sondern weil sie im Sternbild Dreieck (Triangulum) liegt. M 33 ist eine sehr schöne Spirale, auf die wir fast senkrecht draufsehen. Unter dunklem Himmel lässt bereits ein Opernglas M 33 erkennen. Die Schönheit der Spiralstruktur wird aber erst in Teleskopen ab 20 cm freier Öffnung sichtbar. M 33 ist etwa gleich weit entfernt wie M31, nämlich etwa drei Millionen Lichtjahre.
Bei einer herbstlichen Himmelsdurchmusterung mit einem Fernglas sollten keinesfalls die beiden nahe beieinander liegenden offenen Sternhaufen h und χ im Perseus ausgelassen werden. Nach Hyaden, Plejaden und Praesepe sind sie die schönsten und beeindruckendsten offenen Haufen am Nordhimmel. Im Feldstecher zeigen sie sich allerdings nur als schwache Lichtfleckchen. Ihre wahre Pracht kommt erst im Teleskop voll zur Geltung. Die Sterne dieser Zwillingshaufen glitzern vor dem dunklen Nachthimmel wie in allen Farben funkelnde Edelsteine auf samtschwarzem Hintergrund – vorausgesetzt, man bedient sich einer lichtstarken Optik. Selbst die schönsten Fotos von h und χ Perseï sind nicht in der Lage, den phantastischen Eindruck zu vermitteln, den ein Beobachter am Fernrohr gewinnen kann. Beide Haufen sind etwa 8000 Lichtjahre von uns entfernt.
Man findet h und χ Per schnell, wenn man vom Himmels-W ausgeht und den zweiten Aufstrich des W nach rückwärts in Richtung Algenib im Perseus (α Perseï) verlängert. Etwa halbwegs zwischen δ Cassiopeiae und γ Perseï liegen h und χ Perseï. Die genaue Lage beider Haufen entnehme man der Sternkarte N2 im *Atlas für Himmelsbeobachter.*
Weniger prominent als h und χ im Perseus, aber als Beobachtungsobjekt durchaus lohnenswert, ist der offene Sternhaufen NGC 752 mit etwa 70 Mitgliedssternen. Er liegt zwischen γ Andromedae und β Trianguli. Man findet NGC 752 in der Karte N0 im eben erwähnten Sternatlas. Der Haufen wirkt etwas verstreut und sollte mit geringer Vergrößerung betrachtet werden. Bereits im Fernglas macht NGC 752 einen guten Eindruck und lässt einzelne Sterne leicht erkennen. Die Sterne dieses Haufens sind etwa 1500 Lichtjahre weit weg.
Als Kugelhaufen sei diesmal M 15 beim Kopf des Pegasus empfohlen. Mit einem Fernglas ist M 15 relativ leicht aufzustöbern. Er erscheint als nebelhaftes Gebilde von rund 4′ Durchmesser.
Ein bekannter Doppelstern ist Alamak (γ Andromedae). Mit

Veränderliche Sterne

Algol-Minima	1. 22^h53^m	4. 19^h42^m	19. 3^h46^m	22. 0^h36^m	24. 21^h24^m	27. 18^h13^m
β-Lyrae-Minima	2. 22^h N	9. 9^h H	15. 20^h N	22. 8^h H	28. 19^h N	
δ-Cephei-Maxima	3. 19^h	9. 4^h	14. 13^h	19. 22^h	25. 6^h	30. 15^h
Mira-Helligkeit	1. 6^m	10. 6^m	20. 7^m	30. 7^m		

10″ Distanz ist er kein schwieriges Objekt für einen Zweizöller. Der $2\overset{m}{,}2$ helle, orangegelbe Hauptstern steht in schönem Farbkontrast zum $4\overset{m}{,}9$ hellen, weißblauen Begleiter. Alamak steht in 370 Lichtjahren Distanz. Auch Mesarthim im Widder (γ Arietis) zählt zu den Paradedoppelsternen. Zwei fast gleich helle Sterne ($4\overset{m}{,}6$ und $4\overset{m}{,}7$), beide weiß leuchtend, stehen in $7\overset{\prime\prime}{,}5$ Abstand. Mesarthim ist zweihundert Lichtjahre von der Erde entfernt. Erfahrenere Beobachter, denen ein größeres Instrument zur Verfügung steht, sollten einmal versuchen, den berühmten Krabben-Nebel im Stier aufzufinden. M 1, so die Katalogbezeichnung des Krabben-Nebels, steht gut ein Grad nordwestlich von ζ Tauri, dem zweiten Stierhorn. Seine Position findet man in der Sternkarte E3. M 1 ist das Überbleibsel der Supernovadetonation, die am 4. Juli 1054 beobachtet wurde. Seine Entfernung beträgt rund 4000 Lichtjahre. Für das Fernglas ist der Krabben-Nebel ein schwieriges Objekt. In vielen Büchern wird er als „Krebsnebel“ bezeichnet. Diese Benennung ist jedoch irreführend und beruht auf einem Übersetzungsfehler. Im Englischen heißt M 1 schlicht „crab nebula“. Crab ist die Krabbe, cancer hingegen der Krebs (zum Beispiel das Sternbild: constellation cancer!). Bei der Benennung „Krebsnebel“ meinen manche, M 1 liege im Sternbild Krebs, ähnlich wie der Orion-Nebel im Orion und der Andromeda-Nebel in der Andromeda zu finden ist. M 1 wurde jedoch nicht nach seiner Lage im Stier, sondern nach seinem Aussehen benannt. In größeren Teleskopen kann man durchaus den Eindruck gewinnen, M 1 habe die Form einer Krabbe. Im Inneren schleudert ein rasch rotierender Neutronenstern (er vollführt alle 33 Millisekunden eine Umdrehung!) seine Radio- und Lichtblitze ins All – für Amateure unbeobachtbar. Solche Blitze schleudernden, rasch drehende Neutronensterne werden allgemein Pulsare genannt.

Die hellen Monde des Jupiter

Jupiter zieht stets die Blicke auf sich, wenn er als heller Lichtpunkt am abendlichen Sternenhimmel präsent ist. Nur noch Venus und in seltenen Fällen Mars übertreffen den Riesenplaneten am irdischen Firmament an Glanz. So ist man schnell versucht, Jupiter einmal mit einem Fernglas ins Visier zu nehmen. Selbst in einem bescheidenen Operngucker sieht man neben Jupiter vier, gelegentlich drei oder auch nur zwei „Sternchen“. Manchmal stehen sie nur auf einer Seite des Riesenplaneten, manchmal verteilen sie sich symmetrisch zu beiden Seiten. Diese „Sternchen“ verändern schnell ihre Positionen relativ zum Jupiter. Täglich bietet sich uns im Teleskop ein anderer Anblick, was die Gruppierung dieser Lichtpünktchen um Jupiter betrifft. Sie umkreisen offenbar den Riesenplaneten. Tatsächlich handelt es sich bei ihnen um die vier größten und damit auch hellsten Monde des Jupiter. Theoretisch sind die vier großen Monde des Jupiters schon mit bloßen Augen zu erkennen, denn ihre scheinbaren Helligkeiten liegen zwischen fünfter und sechster Größenklasse. Allein, der helle Jupiter überstrahlt mit seinem Glanz alles andere in seiner Nähe. Aber in jedem kleinen Amateurfernrohr lässt sich der Tanz der hellen Jupitermonde gut verfolgen.

Die vier hellen Monde des Jupiter

Name	a [km]	U [d / h / m]	H [m]	Max. Elong.	Albedo	D [km]
I Io	422 000	1 18 28	5,0	2′ 18″	0,63	3 630
II Europa	671 000	3 13 14	5,3	3 40	0,67	3 138
III Ganymed	1 070 000	7 03 43	4,6	5 51	0,44	5 262
IV Kallisto	1 883 000	16 16 32	5,7	10 18	0,2	4 806

a: Große Halbachse der Mondbahn in Kilometern
U: Umlaufszeit um Jupiter in Tagen / Stunden / Minuten
H: Scheinbare V-Helligkeiten in mittlerer Opposition
Max. Elong.: Maximale Elongation (Winkelabstand) von Jupiter in mittlerer Opposition in Bogenminuten und -sekunden
Albedo: Reflexionsvermögen in Prozent des einfallenden Sonnenlichts
D: Durchmesser in Kilometer

Die numerische Exzentrizität der Mondbahnen ist stets kleiner als 0,01 – die Bahnen sind fast kreisförmig ($e < 0{,}01$).

Die Bahnneigungen zum Jupiteräquator sind stets kleiner als ein halbes Grad ($i < 0\overset{\circ}{,}5$). Die hellen Jupitermonde laufen praktisch in der Äquatorebene um Jupiter.

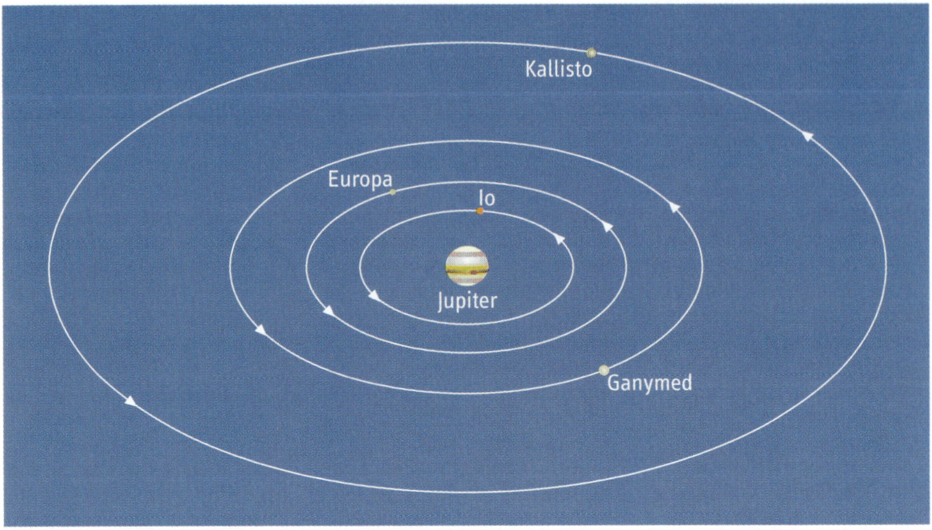

11.5 Die Bahnen der vier hellen Jupitermonde um den Riesenplaneten.

Die Jupitertrabanten entfernen sich nie weit vom Riesenplaneten. In größter östlicher oder westlicher Elongation ist das äußerste Lichtpünktchen nur zehn Bogenminuten vom Planetenscheibchen entfernt, der innerste Trabant nur etwas mehr als zwei Bogenminuten. Da wir von der Erde aus fast genau auf die Kanten der Jupitermondbahnen blicken, so kommt es vor, dass die Trabanten des Riesenplaneten mal hinter der Jupiterscheibe verschwinden, mal in den Schatten des Jupiterglobus treten und deshalb verfinstert werden oder vor der Planetenscheibe vorbeiwandern. Es ist recht reizvoll für Sternfreunde und -freundinnen, das Spiel der Jupitermonde zu verfolgen sowie Verfinsterungen, Bedeckungen und Vorübergänge zu beobachten. Deshalb sind im *Himmelsjahr* für die Monate, in denen der Riesenplanet am Nachthimmel zu sehen ist – also fast immer außer in den Wochen um seine Konjunktion mit der Sonne – die Mondstellungen in einer Grafik verzeichnet. In einer zusätzlichen Tabelle „Jupitermond-Erscheinungen" findet man die in Mitteleuropa beobachtbaren Bedeckungen, Verfinsterungen, Durchgänge und Schattenwürfe auf dem Jupiterglobus angegeben. Im Jahre 2002 kommt es außerdem zu gegenseitigen Bedeckungen und Verfinsterungen der hellen Jupitermonde. Sie sind ebenfalls in der Rubrik „Jupitermonderscheinungen" vermerkt. Nähere Erläuterungen hierzu findet man auf Seite 22.

Die Entdeckung

Entdeckt wurden die vier hellen Jupitermonde von Galileo Galilei im Jahre 1610 mit seinem selbstgefertigten, bescheidenen Teleskop. So steht es zumindest in den meisten Büchern. Man spricht deshalb auch von den *Galileischen Jupitermonden.* Üblicherweise werden sie mit römischen Ziffern gekennzeichnet, der jupiternächste mit I, der äußerste mit IV. Galilei selbst nannte sie zu Ehren seiner Brötchengeber die *Mediceïschen Gestirne.*

In seinem *Sidereus Nuncius* (Sternenbote) berichtet Galilei, dass er erstmals am 7. Januar 1610 die hellen Lichtpünktchen um den strahlenden Jupiter in seinem Fernrohr erkannt habe und am 8. Januar bemerkte er bereits ihre Positionsveränderungen. Zunächst sah Galilei nur drei „helle, aber kleine Sternchen", die er für Fixsterne hielt. In den folgenden Nächten bemerkte er jedoch die raschen Ortsveränderungen seiner „Sternchen" und in der Nacht vom 13. auf 14. Januar 1600 fand er schließlich ein viertes „Sternchen". Bald war dem großen italienischen Astronomen und Physiker klar, dass seine „Sternchen" den Jupiter umrunden, also Satelliten des Riesenplaneten sind. Er sah in Jupiter und seinen vier Monden gewissermaßen ein Modell des Sonnensystems, was ihn in seiner Auffassung bestärkte, dass das von Nikolaus Kopernikus beschriebene heliozentrische System richtig sei.

Was Galilei zunächst nicht wusste und was auch heute noch oft vergessen wird: Wenige Monate zuvor entdeckte bereits Simon Mayr im fränkischen Ansbach die vier hellen Jupitermonde. Simon Mayr, der sich, wie damals bei Gelehrten üblich, latinisiert Marius nannte, wurde am 10. Januar des Jahres 1573 im bayerischen Gunzenhausen als achtes Kind des Büttners Reichart Mayr geboren, der drei Jahre später auch Bürgermeister von Gunzenhausen wurde. Unter anderem studierte Simon Marius Medizin in Padua. Schon früh an der Himmelskunde interessiert, entdeckte er unabhängig von Galilei und Kepler die Supernova von 1604 im Sternbild Ophiuchus (Schlangenträger) von Padua aus. Von 1606 bis zu seinem Tode im Jahre 1624 war Marius in Ansbach fürstlicher Hofastronom und Mathematiker der Markgrafen von Brandenburg in Franken. 1609 erhält er aus Belgien eines der ersten Fernrohre, mit dem er im Herbst gleichen Jahres, also wenige Monate vor Galilei, die vier hellen Jupitermonde findet. Er beschreibt seine Beobachtungen in dem Werk *Mundus Iovalis*, die Welt des Jupiter, das allerdings erst 1614 erscheint, also vier Jahre nach Galileis Sternenbote. 1612 berichtet Marius von seinen Beobachtungen des Andromeda-Nebels, der vorher nur von dem arabischen Astronomen Al Sufi erwähnt wurde. Am Stephanietag (2. Weihnachtsfeiertag) des Jahres 1624 stirbt Marius in Ansbach.
Auf Simon Marius geht auch der Vorschlag zurück, die vier hellen Monde des Jupiter passend zum Göttervater nach Gestalten aus der klassischen Mythologie zu benennen, nämlich nach Gespielinnen des Gottes Jupiter: Io, Europa, Ganymed und Kallisto.
Die Tochter des Flussgottes Inachus heißt Io und wird zur Geliebten Jupiters. Der Götterboss verwandelt Io in eine schöne, weiße Kuh, damit seine Gattin Juno nicht eifersüchtig wird. Diese ahnt jedoch etwas und lässt sich die strahlendweiße Kuh schenken. Damit sie nicht abhanden kommt, bestellt Juno den hundertäugigen Argus als Bewacher. Dem Götterboten Merkur, auch Schutzpatron der Diebe, fällt die Aufgabe zu, die weiße Kuh Io zu entführen. Merkur singt Argus in den Schlaf und flieht mit Io, die wieder ihre ursprüngliche Gestalt annimmt.
Der von Jupiter aus gesehene zweite Mond wurde von Marius Europa getauft. Europa ist die Tochter des Königs Agenor von Phönizien, in die sich Jupiter heftig verliebt. Um sie zu entführen, nimmt der Götterboss die Gestalt eines weißen Stieres an. Europa spielt mit ihren Gefährtinnen am Strand. Als der weiße Stier auftaucht, streichelt sie ihn und lässt sich überreden, auf ihm zu reiten. Der Stier mit Europa auf dem Rücken schreitet jedoch ins Meer und schwimmt alsbald in immer tiefere Gewässer. Schließlich erreicht man Kreta, wo Jupiter die schöne Europa heftig liebt.
Ganymed ist schließlich ein schöner Jüngling, Sohn von König Tros von Troja, zu dem sich Jupiter ebenfalls hingezogen fühlt. Der Göttervater verwandelt ihn in einen Adler, damit er zum Olymp hinauffliegen kann, um fortan der illustren Göttergesellschaft als Mundschenk zu dienen.
Kallisto ist ein besonders braves Mädchen. Als Tochter von König Lycaon von Arkadien legt sie ein Gelübde auf ewige Keuschheit ab. Als aber Jupiter in Gestalt eines feschen Jünglings auftaucht, bricht sie ihr Gelübde. Schließlich wird sie Mutter des kleinen Arkas. Um beide vor seiner eifersüchtigen Gattin Juno zu verbergen, verwandelt Jupiter Mutter und Sohn in Bären und versetzt sie unter die Sterne, wo sie heute noch als Zirkumpolarbilder Großer und Kleiner Bär in ewigem Reigen um den Himmelspol kreisen.
Die vier hellen Jupitermonde blieben nicht die einzigen Satelliten des Riesenplaneten. Im Laufe der Zeit wurden insgesamt sechzehn Jupitertrabanten aufgespürt. Noch weitere, winzige Jupitermonde von weniger als zehn Kilometer Durchmesser wurden 2000 und 2001 gefunden. Sie taumeln auf recht chaotischen Bahnen um den Riesenplaneten.

Beobachtungen

Die vier Galileischen Monde übertreffen fast alle unseren Erdmond an Größe. Nur Europa ist mit 3130 Kilometer Durchmesser etwas kleiner als unser Mond. Europa ist damit aber immer noch um ein Drittel größer als der Planet Pluto. Io ist mit knapp 3700 Kilometer der zweitkleinste der hellen Jupitermonde, aber damit bereits größer als der Erdmond mit seinen 3476 Kilometer Durchmesser. Es folgt Jupitermond IV, der mit rund 4800 Kilometer Durchmesser fast so groß wie Merkur ist. Weit übertroffen wird Merkur von Ganymed, der mit knapp 5300 Kilometer Durchmesser der größte Mond unseres Sonnensystems ist und noch Titan, den größten Saturnmond, überragt.
Io rast als innerster der großen Jupitermonde in nicht einmal zwei Tagen um den Riesenplaneten, wobei sein Abstand von Jupiter 422 000 Kilometer beträgt. Europa ist dreieinhalb Tage unterwegs, um Jupiter in einer Entfernung von 671 000 Kilometer einmal zu umrunden.

11.6 Aufnahmen der vier galileischen Monde Io (oben links), Europa (oben rechts), Ganymed (unten links) und Kallisto (unten rechts) der Raumsonde Voyager I (zum inneren Aufbau siehe Abb. 11.7 auf Seite 206).

Der Riesenmond Ganymed braucht eine Woche, um in etwas mehr als einer Million Kilometer Entfernung Jupiter zu umlaufen. In zwei Wochen umkreist Kallisto, mit knapp 1,9 Millionen Kilometer Abstand der äußerste der vier hellen Jupitertrabanten, den Riesenplaneten. Alle vier hellen Jupitermonde laufen auf fast genau kreisförmigen Bahnen um ihr Zentralgestirn, die numerischen Exzentrizitäten ihrer Bahnen sind allesamt kleiner als 0,01. Ihre Bahnen liegen fast exakt in der Äquatorebene des Jupiter, wobei Kallisto mit einem halben Grad noch die größte Bahnneigung aufweist (siehe auch Tabelle: „Die vier hellen Monde des Jupiter" auf Seite 201).

Im Jahre 1676 bestimmte der dänische Astronom Ole Römer (1644 – 1710) aus Verfinsterungen der Jupitermonde die Lichtgeschwindigkeit. Ihm war aufgefallen, dass immer nach einer Jupiteropposition die vorherberechneten Verfinsterungen mit Verzögerungen eintraten. Bis zur Konjunktion verspäteten sich die Jupitermonderscheinungen um nahezu siebzehn Minuten oder rund tausend Sekunden. Nach der Konjunktion traten die Verfinsterungen wieder früher ein als die Vorausberechnungen ergaben. So wurden die Verspätungen bis zur nächsten Opposition wieder aufgeholt. Römer erkannte sehr schnell die Ursache: Wenn der Abstand Erde – Jupiter nach einer Opposition wieder größer wird, so muss das Licht einen immer längeren Weg vom Riesenplaneten zu uns zurücklegen. In Konjunktion schließlich ist der Weg des Jupiterlichtes zu uns um den Erdbahndurchmesser länger als zur Opposition. Das ergibt 300 Millionen Kilometer in 1000 Sekunden oder 300 000 Kilometer pro Sekunde – ein recht guter Wert für die Lichtgeschwindigkeit. Allerdings war zur Zeit Römers der Erdbahndurchmesser noch nicht genau bekannt, so dass er auf einen etwas zu kleinen Wert von rund 227 000 Kilometer pro Sekunde kam.
Von der Erde aus erscheinen die vier hellen Jupitermonde fast immer punktförmig. Nur in sehr großen, langbrennweitigen Teleskopen erkennt man sie als winzige Scheibchen von einer bis eineinhalb Bogensekunden Durchmesser. Auf den Scheibchen sind so gut wie keine Einzelheiten zu erkennen. Lediglich die leichte orange Farbe des innersten Satelliten Io fiel schon früh auf, man konnte sie aber nicht recht deuten. Auch ein dunkler Fleck auf Ganymed wurde öfters gesichtet.
Erst als die Raumsonden Pioneer 10 und 11 sowie Voyager 1 und Voyager 2 in den 70er Jahren des vorigen Jahrhunderts an Jupiter vorbeirasten, gewann man Bilder von den Galileischen Monden, die eine Fülle von Details zeigen und erkennen lassen, wie unterschiedlich die Oberflächenstrukturen von Io, Europa, Ganymed und Kallisto doch sind. Höhepunkt in der Erforschung der großen Jupitersatelliten war zweifelsohne die Raumsonde Galileo, die im Dezember 1995 in eine Jupiterumlaufbahn einschwenkte und zahlreiche nahe Vorbeiflüge an Io und Europa absolvierte, wobei phantastische, hoch aufgelöste Bilder mit einem unglaublichen Detailreichtum zur Erde gefunkt wurden.

Io

Die Aufnahmen von Io zeigen einen buntschillernden Mond. Seine Oberfläche erscheint gelb, braun, orange, rot – dazwischen kleine, schwarze Flecken. Sein Aussehen hat Io den Spitznamen „Pizzamond" eingebracht. Tatsächlich scheint Io der ungewöhnlichste Mond im gesamten Sonnensystem zu sein. Seine farbenfrohen Landschaften werden durch Schwefelverbindungen verursacht, in erster Linie durch Schwefeldioxid (SO_2) und Schwefelwasserstoff (H_2S). Einschlagkrater fehlen auf der Io-Oberfläche fast völlig, obwohl Io praktisch über keine nennenswerte Atmosphäre verfügt, die Meteoroiden abbremsen und verdampfen könnte. Aber ein sehr aktiver und heftiger Vulkanismus verändert die Io-Landschaften permanent, so dass Impaktkrater nach kurzer Zeit zerstört oder von Lava zugedeckt werden. Anfang März 1997 konnte die Raumsonde Galileo einen Vulkanausbruch am Rande von Io beobachten: Ein rund 250 Kilometer hoher, schirmartiger Pilz erhob sich über die Io-Landschaft und war gut gegen den dunklen Hintergrund des freien Weltraumes zu erkennen. Weitere Vulkanausbrüche wurden registriert, Rauchfahnen über Vulkanschloten gesehen und man erkannte Landschaftsänderungen innerhalb weniger Monate. Die Auswurfgeschwindigkeit der Lava erreichte dabei tausend Kilometer pro Stunde, dies ist eine viel höhere Geschwindigkeit, als sie bei irdischen Vulkaneruptionen beobachtet wird. Ein Teil der ausgeworfenen Materie verlässt die Io-Oberfläche und füllt das dünne Ringsystem des Jupiter auf. Auch ist sie verantwortlich für die dünne Ionosphäre des Pizza-Mondes, in dem elektrisch geladene Teilchen einen großen Halo aus Natrium und Schwefel bilden. Die Ursache des Io-Vulkanismus ist eine völlig anderer als der Mechanismus, der irdische Vulkane ausbrechen lässt. Während der Erdkörper im Inneren noch feurig-flüssig ist und Vulkane durch den inneren Druck entstehen, so müsste der kleine Mond Io schon längst völlig erkaltet sein wie beispielsweise unser Erdmond. Dem ist aber offensichtlich nicht so. Durch die Nähe zum riesigen Jupiterglobus und die 2:1 Resonanz zum Europa-Umlauf (zwei Io-Umrundungen entsprechen einer Europa-Umkreisung um Jupiter) treten erhebliche Gezeitenkräfte auf. Sie walken und kneten Io durch, was Reibungswärme erzeugt. Die durchschnittliche Tagesoberflächentemperatur misst –145 °C, nachts sinkt die Temperatur auf –190 °C. An einzelnen Stellen wurden jedoch Temperaturen von +300 °C gemessen (so genannte „hot spots"). Während

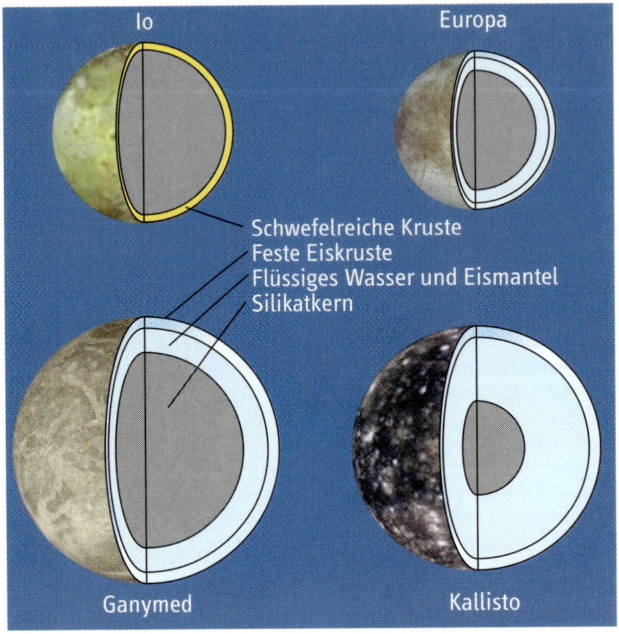

11.7 Der innere Aufbau der galileischen Monde des Jupiters.

die Oberfläche eine feste Kruste aus Schwefelverbindungen darstellt, ist in den hot spots der Schwefel noch flüssig. Einzelne isolierte Berge bis zehn Kilometer Höhe sind vermutlich Silikatblöcke, denn die Schwefelverbindungen wären nicht stabil genug, um so hohe Erhebungen zu bilden.

Io dürfte auch für die gewaltigen elektrischen Entladungen („Radiobursts") in der Jupiteratmosphäre verantwortlich sein. Io erzeugt durch seine vulkanische Aktivität einen Plasma-Torus um Jupiter aus Schwefel-, Sauerstoff- und Natrium-Ionen. Wenn Io durch das gewaltige Magnetfeld Jupiters läuft, entstehen Spannungen mit einer Potentialdifferenz bis zu 400000 Volt. An bestimmten Stellen der Bahn kommt es dann zu gewaltigen Entladungen, die als intensive Radiosignale im Megahertz-Bereich auf der Erde schon lange registriert werden. Zwischen Ios Ionosphäre und den obersten Wolkenschichten Jupiters zeigen die Blitze Stärken im Bereich von einem Terawatt (= 1 Milliarde Kilowatt). Die feste Schwefelkruste reflektiert rund sechzig Prozent des einfallenden Sonnenlichtes, Io ist somit ein heller Mond, ganz im Gegensatz zum Erdmond, der nur rund sieben Prozent reflektiert. Man sagt, die Albedo von Io beträgt 0,63. Unter Albedo versteht man das Rückstrahlungsvermögen eines Planeten, Mondes oder Kometen. Io hat mit 3,5 Gramm pro Kubikzentimeter die größte mittlere Dichte der Galileischen Monde. Unter der festen, gefrorenen Schwefelkruste liegt vermutlich ein Ozean aus flüssigen Schwefelverbindungen. Ursprünglich vermutete man einen reinen Silikatkern. Aus bahndynamischen Gründen, die sich bei der Passage von Galileo an Io ergaben, schließt man nun auf einen relativ großen Eisenkern von 1800 Kilometer Durchmesser, der von einem Mantel aus Silikatgesteinen umschlossen wird. Wie alle vier großen Jupitermonde zeigt Io eine gebundene Rotation, das heißt, immer die gleiche Seite ist Jupiter zugekehrt, da Umlaufzeit und Rotationszeit gleich lang sind. Genaue Vermessungen zeigen, dass der Io-Globus keine exakte Kugel ist, sondern ein dreiachsiges Ellipsoid mit Achsen von 3630, 3638 und 3660 Kilometer Länge. Die Abweichungen von der Kugelgestalt sind so minimal, dass sie beim Anblick von Io nicht zu erkennen sind: Io erscheint uns kugelförmig.

Europa

Ein völlig anderes Bild bietet Europa, der kleinste der vier Galileischen Monde, aber mit einer Albedo von 0,67 auch der hellste (pro Flächeneinheit). Europa ist der Eismond schlechthin, seine Oberfläche erscheint in einem weißlich-grauen Licht. Sie ist von zahlreichen, einander kreuzenden, hellen und dunklen Linien überzogen. In diesem komplexen Liniennetz gibt es kaum Einschlagkrater. Nur drei Ringwälle von 18 bis 25 Kilometer Durchmesser wurden auf den Galileo-Bildern ausgemacht. Europa weist eine bemerkenswert glatte Oberfläche auf – ähnlich einer Billard-Kugel. Es gibt keine Gebirge und alle Höhenunterschiede bleiben unter einem Kilometer. Vulkanismus gibt es keinen auf Europa, der ja auf Io die Impaktkrater rasch zum Verschwinden bringt. Da auf Europa ebenfalls keine Einschlagkrater zu sehen sind, muss es einen anderen Mechanismus geben, der die Spuren kosmischer Kollisionen rasch beseitigt. Man hat das

Modell eines „dynamischen Eispanzers" entworfen. Eine etwa hundert Kilometer dicke Schicht aus Wassereis umschließt einen Ozean aus flüssigem Wasser. Schlägt ein kosmischer Körper auf Io ein, so tritt Wasser aus, füllt das Einschlagbecken und gefriert in kurzer Zeit wieder, denn die maximale Tagestemperatur liegt bei –180 °C. Schockwellen von Impaktereignissen, Spannungen im Eispanzer und Gezeitenkräfte rufen die zahlreichen Bruchlinien hervor, die man auf den Nahaufnahmen von Europa so deutlich sieht. Mit 3,0 Gramm pro Kubikzentimeter ist die mittlere Dichte von Europa etwas geringer als die von Io. Die Eiskruste und der Wasserozean haben jedoch die Dichte 1, weshalb man auf einen relativ großen Kern aus Silikatgesteinen schließt.

Ganymed

Auch Ganymed, der größte der vier hellen Jupitersatelliten und größter Mond im Sonnensystem überhaupt, zählt zu den Eismonden. Mit 1,9 Gramm pro Kubikzentimeter ist seine Dichte noch wesentlich geringer als die von Io und Europa. Man kann es auf die einfache Formel bringen: Viel Eis und wenig Gestein. Vermutlich besteht der Ganymed-Globus zu 50 % aus Wassereis und besitzt nur einen kleinen Silikatkern. Ganymed zeigt nicht die Spur einer Atmosphäre.

Mit einer Albedo von 0,44 ist Ganymed wesentlich dunkler als Io oder Europa. Zwei unterschiedliche Regionen lassen sich ausmachen: Die eine, ältere zeigt ein dunkles, mit zahlreichen Kratern besetztes Gelände. Allerdings sind die Krater und Ringwälle hier nicht so dicht und häufig wie auf dem Erdmond. Die andere Region zeigt helle Gebiete mit wenigen Kratern aber vielen Furchen und Rillen sowie riesigen, breiten Streifen, die teils über tausend Kilometer lang sind. Ein riesiges, fast kreisförmiges, helles Gebiet wurde zu Ehren des großen Physiker und Astronomen „Galileo" getauft. Alte und junge Krater sind leicht zu unterscheiden: Die jungen Ringwälle glänzen hell, während bei den älteren das Eis bereits verschmutzt ist und sie deshalb dunkel erscheint – ähnlich wie bei den Kometenkernen. Große Bergregionen gibt es keine auf Ganymed, dafür wird eine Art „Kontinentaldrift" vermutet: Große, hartgefrorene Eisplatten verschieben sich auf halb flüssigem Eisuntergrund.

Kallisto

Der äußerste der vier Galileischen Monde, Kallisto, weist mit 1,7 Gramm pro Kubikzentimeter die geringste Dichte auf und ist mit einer Albedo von 0,2 auch der dunkelste Mond des Jupitermondquartetts. Da Kallisto offensichtlich einen erheblichen Teil des Sonnenlichtes absorbiert, ist er mit einer maximalen Mittagstemperatur von –110°C auch der wärmste Satellit. Auf der dunklen Kallisto-Oberfläche finden sich zahlreiche Krater, deren Böden hell glänzen sowie große, konzentrische Ringwälle. Das größte derartige Gebilde hat rund 600 Kilometer Durchmesser und wurde „Walhalla" getauft. Dieses große Einschlagbecken erinnert an das Mare Orientale auf dem Erdmond. Im Gegensatz zu den inneren Monden des Jupiter scheint Kallisto eine tote, erstarrte Welt zu sein. Spuren von Vulkanismus lassen sich ebensowenig finden wie hervorquellendes Wasser, Lava oder tektonische Vorgänge. Impaktkrater bestimmen das Aussehen von Kallisto, dessen Landschaft mehr als drei Milliarden Jahre alt sein dürfte. Größere Gebirgsstrukturen kommen nicht vor, Ringwälle und Krater dominieren die Oberfläche. Auseinanderlaufende Schockwellen nach Impaktereignissen sind im wahren Sinne des Wortes eingefroren. Auffallend sind ferner Ketten etwa gleich großer Krater – Spuren von Massenkollisionen ähnlich dem Einsturz der Trümmerwolke des aufgelösten Kometenkerns Shoemaker-Levy 9 auf Jupiter im Sommer 1994. Auch auf dem Erdmond sind solche Kraterketten zu finden. Die geringe Dichte von Kallisto lässt vermuten, dass er zu über fünfzig Prozent aus gepresstem Wassereis besteht. Unter einer etwa 300 Kilometer dicken Eis- und Gesteinsschicht dürfte ein rund tausend Kilometer breiter Mantel aus aufgeschmolzenem Wassereis liegen. Der etwa 2200 Kilometer große Silikatkern enthält wahrscheinlich auch Eisen und Eisensulfide.

Sternfreunde müssen sich mit den schönen Bildern der Galileischen Monde begnügen, die uns die Raumsonden zur Erde funkten. Mit den eigenen Teleskopen lassen sich die Galileischen Jupitermonde nur als Lichtpünktchen erkennen. Aber es ist reizvoll, von Nacht zu Nacht ihre wechselnden Stellungen und ihre Erscheinungen wie Verfinsterungen oder Bedeckungen zu verfolgen.

Dezember 2002

Venus strahlt am 7. in größtem Glanz am Morgenhimmel. Saturn steht am 17. in Gegenschein zur Sonne und ist daher die ganze Nacht am Firmament vertreten. Am 22. passiert die Sonne um 2^h14^m MEZ den tiefsten Punkt ihrer Jahresbahn, der astronomische Winter beginnt.

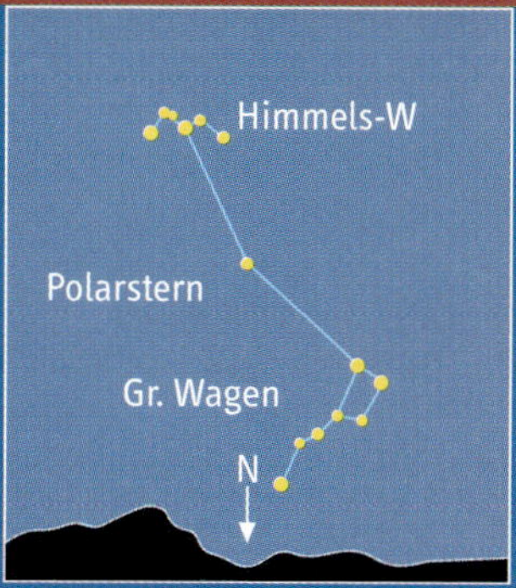

Großer Wagen und Himmels-W Anfang Dezember um 22^h

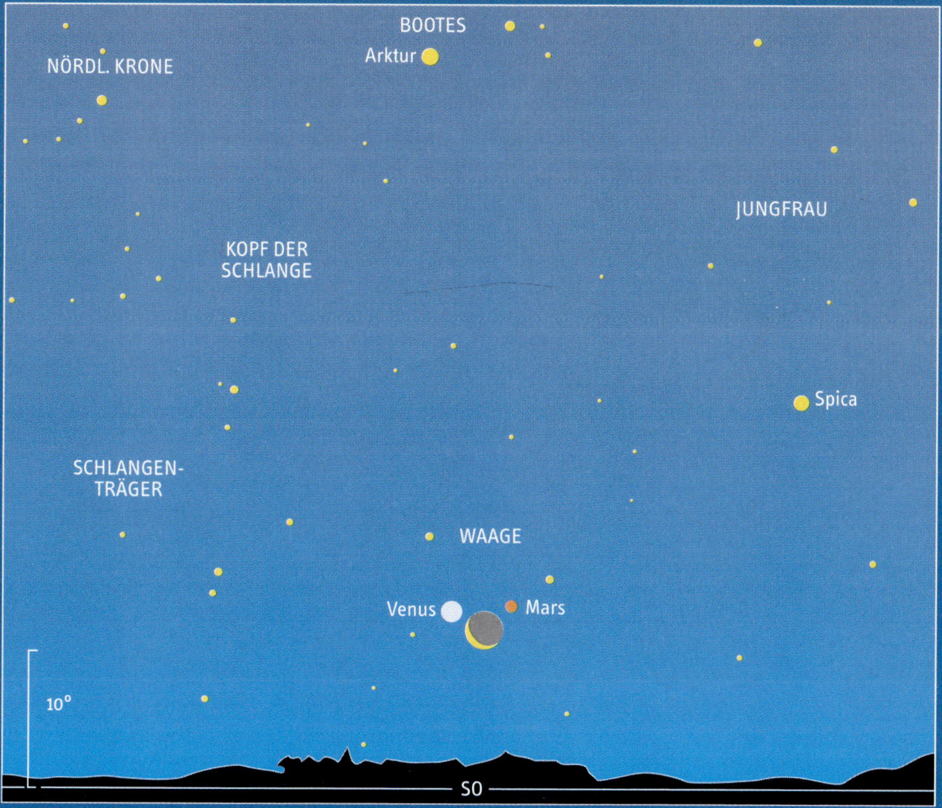

12.1 Anblick des morgendlichen Sternenhimmels am 30. Dezember gegen 6^h MEZ: Tief am Südosthimmel ist das Dreigestirn Venus, Mars und die abnehmende Mondsichel zu sehen.

Sonnenlauf

18.12. 11h
Sonne tritt in das Sternbild Schütze
22.12. 2h14m
Sonne tritt in das Tierkreiszeichen Steinbock

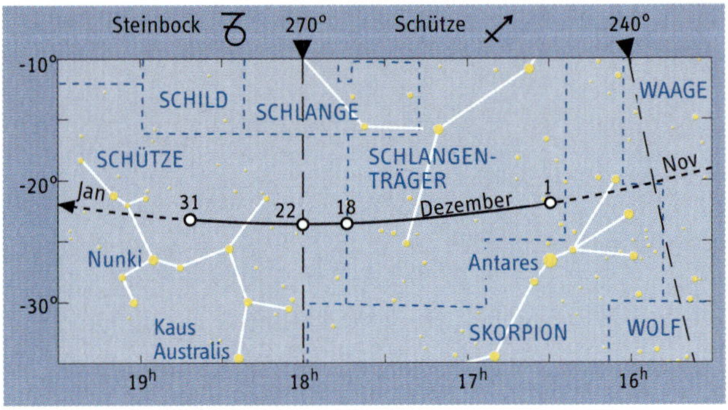

Julianisches Datum am
1. Dezember, 1h MEZ: 2 452 609,5

Tag	Dämmerg. Anfang	Aufgang MEZ	Kulmination	Untergang MEZ	Dämmerg. Ende	Mittagshöhe	Zeitgleichg.	Rektaszension	Deklination
	h m	h m	h m	h m	h m	°	m	h m	°
1.	6 38	7 56	12 09	16 21	17 39	18,2	+11	16 27	−21,7
5.	6 43	8 01	12 10	16 19	17 38	17,6	+10	16 45	−22,3
10.	6 48	8 07	12 13	16 18	17 38	17,1	+ 7	17 06	−22,9
15.	6 52	8 12	12 15	16 18	17 38	16,7	+ 5	17 29	−23,2
20.	6 55	8 15	12 17	16 20	17 40	16,6	+ 3	17 51	−23,4
25.	6 57	8 18	12 20	16 22	17 43	16,6	0	18 13	−23,4
31.	6 59	8 19	12 23	16 27	17 47	16,9	− 3	18 39	−23,1

Tages- und Nachtstunden

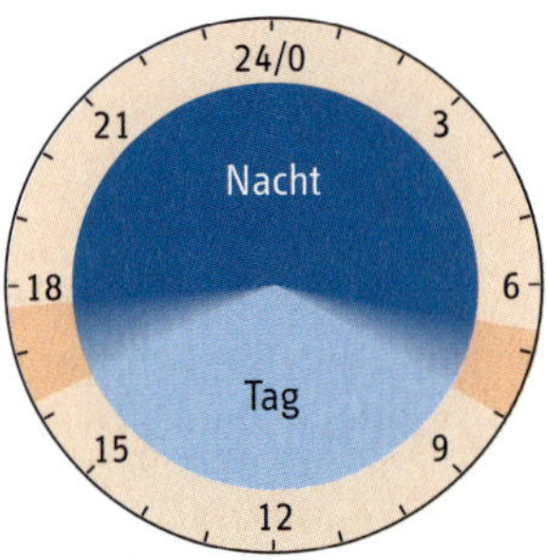

5. Dezember

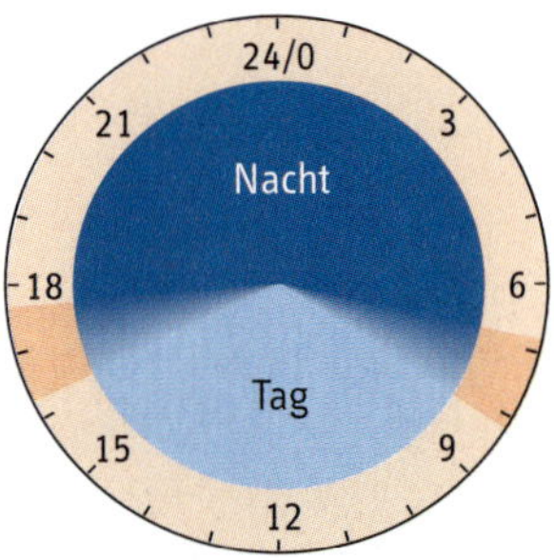

15. Dezember

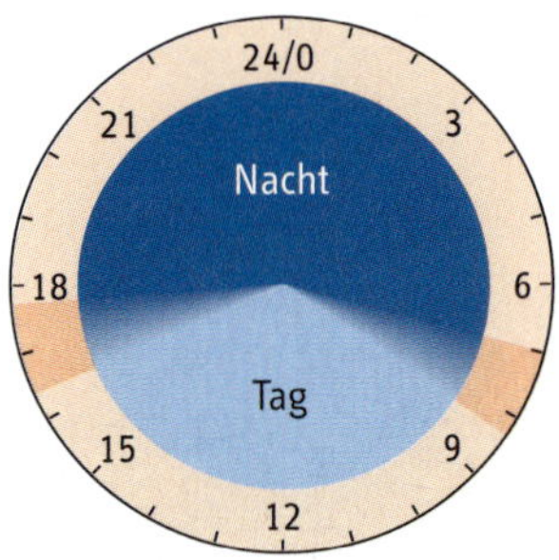

25. Dezember

Mondlauf

Datum		Aufg. MEZ	Kulmination	Unterg. MEZ	Rektaszension	Deklination	Sterne und Sternbilder	Phase	MEZ
		h m	h m	h m	h m	°			
So	1.	3 49	9 30	14 57	13 31	− 5,4	Spica		
Mo	2.	5 15	10 23	15 19	14 25	−11,5	Waage	Erdnähe 362/33′,0	10^h
Di	3.	6 42	11 20	15 47	15 22	−17,0	Waage		
Mi	4.	8 08	12 19	16 23	16 22	−21,4	Antares	**Neumond**	**8^h34^m**
Do	5.	9 27	13 20	17 10	17 24	−24,4	Schlangenträger		
Fr	6.	10 34	14 21	18 09	18 27	−25,7	Schütze, Nunki		
Sa	7.	11 25	15 19	19 18	19 28	−25,4	Schütze, Nunki		
So	8.	12 03	16 13	20 31	20 27	−23,6	Steinbock	Libration West	
Mo	9.	12 31	17 03	21 44	21 22	−20,6	Steinbock		
Di	10.	12 53	17 49	22 56	22 12	−16,7	* Wassermann	Größte Südbreite	
Mi	11.	13 10	18 31	–	23 00	−12,2	Wassermann	**Erstes Viertel**	**16^h48^m**
Do	12.	13 25	19 12	0 04	23 44	− 7,3	Wassermann		
Fr	13.	13 40	19 52	1 11	0 27	− 2,2	Walfisch		
Sa	14.	13 54	20 32	2 17	1 10	+ 3,0	Fische	Erdferne 405/29′,5	5^h
So	15.	14 10	21 13	3 24	1 53	+ 8,0	* Fische		
Mo	16.	14 28	21 57	4 32	2 37	+12,8	Widder		
Di	17.	14 50	22 43	5 41	3 24	+17,1	Widder		
Mi	18.	15 18	23 33	6 51	4 13	+20,9	* Stier, Hyaden	Aufsteigender Knoten	
Do	19.	15 54	–	8 00	5 06	+23,7	Stier, Al Nath	**Vollmond**	**20^h10^m**
Fr	20.	16 43	0 26	9 04	6 01	+25,4	Stier		
Sa	21.	17 43	1 22	9 59	6 58	+25,8	* Zwillinge	Libration Ost	
So	22.	18 54	2 18	10 43	7 56	+24,7	Pollux		
Mo	23.	20 11	3 13	11 17	8 53	+22,3	Krebs, Krippe		
Di	24.	21 30	4 06	11 44	9 49	+18,6	Löwe, Regulus		
Mi	25.	22 50	4 57	12 06	10 42	+13,9	Löwe	Größte Nordbreite	
Do	26.	–	5 46	12 25	11 34	+ 8,4	* Löwe		
Fr	27.	0 10	6 35	12 43	12 25	+ 2,4	Jungfrau	**Letztes Viertel**	**1^h31^m**
Sa	28.	1 31	7 23	13 01	13 16	− 3,7	Spica		
So	29.	2 53	8 14	13 21	14 08	− 9,7	Jungfrau		
Mo	30.	4 17	9 07	13 46	15 02	−15,2	Waage	Erdferne 368/32′,5	2^h
Di	31.	5 41	10 03	14 16	15 59	−19,9	Waage	Absteigender Knoten	

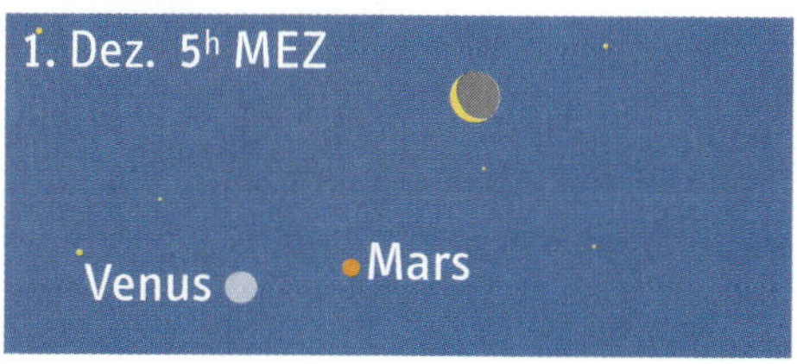

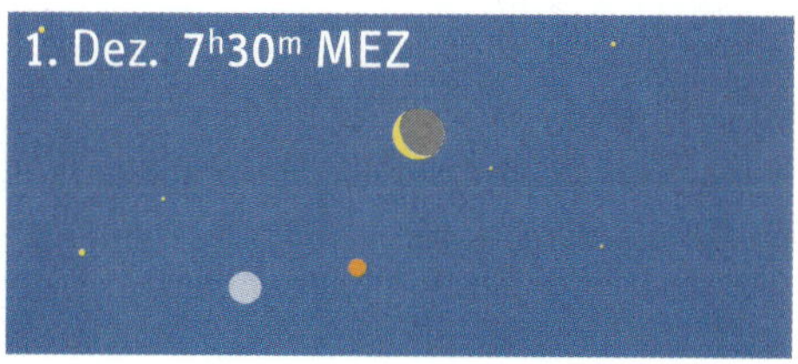

Planetenlauf

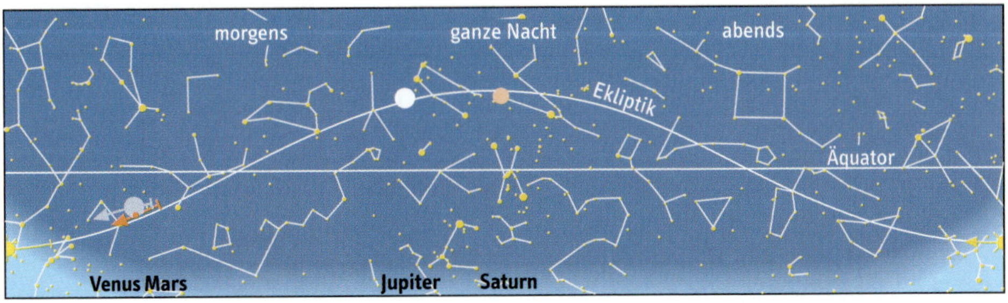

Merkur bietet zum Jahresausklang noch eine bescheidene Abendsichtbarkeit. Mitte des Vormonats stand der flinke Planet in oberer Konjunktion mit der Sonne. Nun entfernt er sich von der Sonne, die ihm nachläuft, und gewinnt langsam östlichen Vorsprung. Am 26. schließlich erreicht er seine größte östliche Elongation mit 19° 52′ Winkelabstand.
Unter guten Sichtbedingungen kann Merkur ab 22. tief im Südwesten gesehen werden – etwa eine halbe Stunde nach Sonnenuntergang. Am 22. erfolgt der Sonnenuntergang um 16^h 21^m, während der $-0\overset{m}{,}6$ helle Merkur um 17^h 41^m unter die Horizontlinie sinkt. Etwa eine halbe Stunde vorher wird Merkur von der dichten Dunstschicht in Horizontnähe verschluckt. Bis Jahresende sinkt die Merkurhelligkeit auf $0\overset{m}{,}0$ ab, die Merkuruntergänge verspäten sich um eine Viertelstunde auf 17^h 58^m. Letztmals am Silvestertag kann man Merkur noch am Abendhimmel ausmachen (siehe Abb. 12.2 und 12.3 unten). Am 29. zeigt sich das $7\overset{''}{,}3$ große Merkurscheibchen halb beleuchtet, die Dichotomie tritt ein.
Venus lässt das Jahr als Morgenstern ausklingen. Am 7. strahlt der Planet der Liebesgöttin mit $-4\overset{m}{,}7$ in größtem Glanz. Bis Jahresende geht die Venushelligkeit leicht um $0\overset{m}{,}2$ zurück.
Venus wandert zunächst noch durch das Sternbild Jungfrau und wechselt am 11. in die Waage. Die Venusaufgänge verfrühen sich ein wenig von

12.2 Merkurstellung über dem Südwesthorizont zu den angegebenen Daten jeweils eine Stunde nach Sonnenuntergang. Die Pfeile geben die Bewegung von Merkur und Sonne während der letzten halben Stunde an.

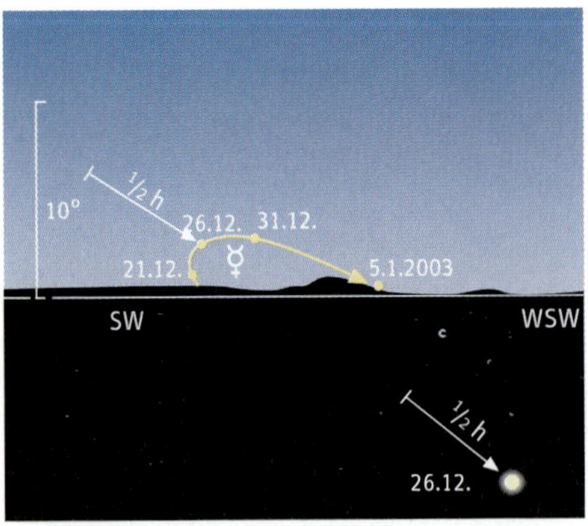

12.3 Sichtbarkeitsdiagramm für Merkur (Erläuterungen siehe Abb. 1.4 auf Seite 33).

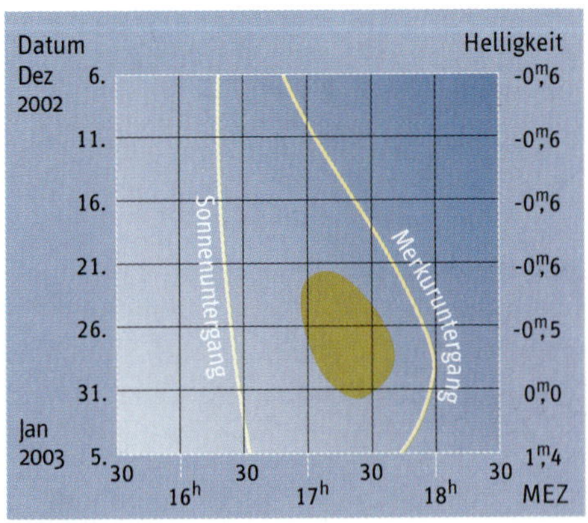

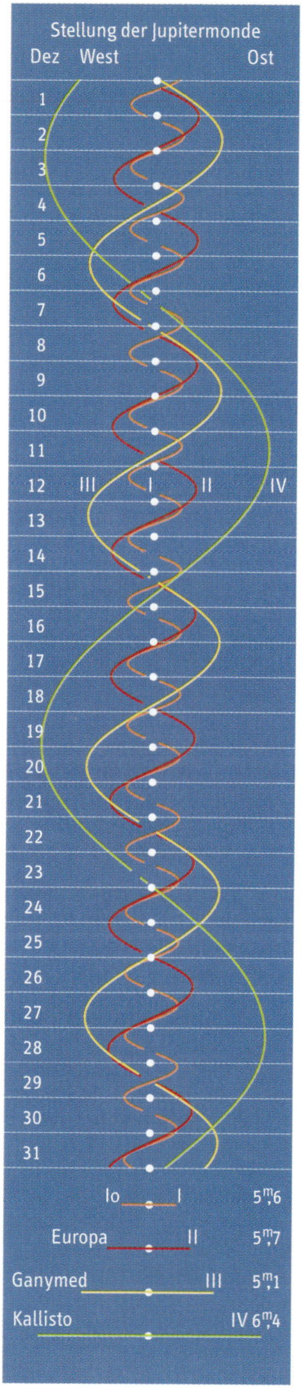

Jupitermond-Erscheinungen

Tag	MEZ h	m	Vorgang		
1.	0	49	II	VA	
	1	06	III	BE	
	4	47	I	SA	
	5	57	I	DA	
	6	01	II	BE	
	7	03	I	SE	
2.	1	56	I	VA	
	5	26	I	BE	
	22	05	II	SE	
	23	16	I	SA	
3.	0	24	I	DA	
	0	26	II	DE	
	1	32	I	SE	
	2	40	I	DE	
	23	53	I	BE	
4.	6	38	III	SA	
6.	0	54	I	VA	II
	1	02	I	VE	II
	2	58	I	BA	II
	3	03	I	BE	II
7.	0	33	IV	VE	
	6	29	IV	BA	
	23	11	IV	BA	I
	23	24	IV	BE	I
8.	0	14	III	VE	
	1	09	III	BA	
	3	22	II	VA	
	4	48	III	BE	
	6	40	I	SA	
9.	3	50	I	VA	
	7	15	I	BE	
	21	47	II	SA	
10.	0	00	II	DA	
	0	41	II	SE	
	1	09	I	SA	
	2	13	I	DA	
	2	54	II	DE	
	3	25	I	SE	
	4	29	I	DE	
	22	18	I	VA	

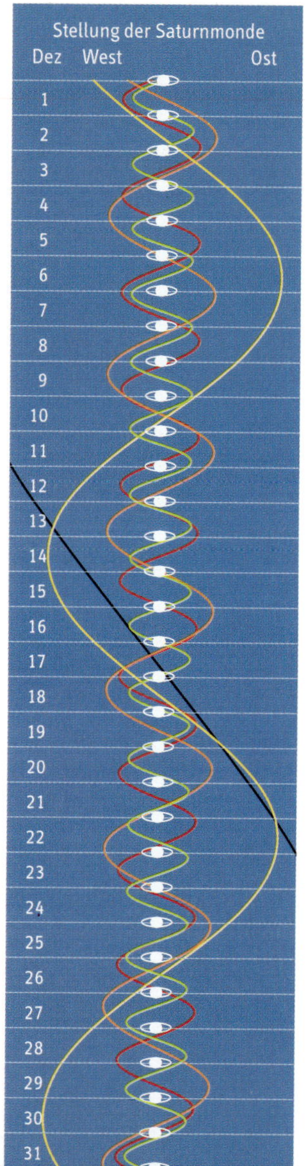

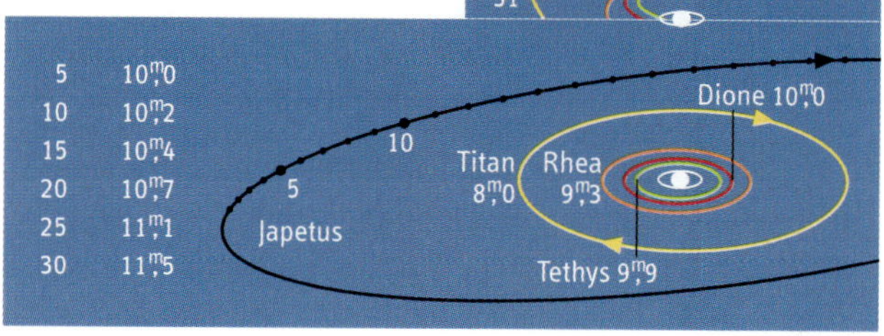

11.	1 43	I	BE	
	21 38	II	BE	
	21 53	I	SE	
	22 56	I	DE	
13.	3 18	I	VA	II
	3 28	I	VE	II
15.	0 35	III	VA	
	4 12	III	VE	
	4 45	III	BA	
	5 55	II	VA	
	6 08	IV	SA	
16.	3 07	I	BA	IV
	3 14	I	BE	IV
	5 44	I	VA	
17.	0 23	II	SA	
	2 25	II	DA	
	3 02	I	SA	
	3 17	II	SE	
	4 00	I	DA	
	5 18	I	SE	
	5 19	II	DE	
	6 17	I	DE	
18.	0 12	I	VA	
	3 31	I	BE	
	21 30	I	SA	
	22 05	III	DE	
	22 27	I	DA	
	23 46	I	SE	
19.	0 00	II	BE	
	0 44	I	DE	
	21 58	I	BE	
20.	5 46	I	VA	II
	5 57	I	VE	II
	22 01	I	BA	II
21.	0 33	I	BE	II
22.	4 33	III	VA	
23.	1 15	III	BA	II
	2 18	III	BE	II
	22 18	IV	BA	
24.	2 59	II	SA	
	3 10	IV	BE	
	4 48	II	DA	
	4 53	IV	BA	I
	4 55	I	SA	
	4 59	IV	BE	I
	5 47	I	DA	
	5 53	II	SE	
	7 11	I	SE	
25.	2 06	I	VA	
	2 46	IV	BA	III
	2 54	IV	BE	III
	5 18	I	BE	
	21 45	II	VA	
	21 59	III	DA	
	22 07	III	SE	
	23 23	I	SA	
26.	0 14	I	DA	
26.	1 36	III	DE	
	1 40	I	SE	
	2 19	II	BE	
	2 30	I	DE	
	4 04	I	BA	III
	4 22	I	BE	III
	20 35	I	VA	
	23 44	I	BE	
27.	20 52	II	DE	
	20 57	I	DE	
	20 59	I	BA	II
	21 32	I	BE	II
28.	3 56	I	BA	II
	4 11	I	BE	II
30.	6 55	III	BA	II
	7 23	III	BE	II
	21 38	I	VA	II
	21 51	I	VE	II
	22 13	III	BA	IV
	22 26	III	BE	IV
31.	5 35	II	SA	
	6 48	I	SA	
	7 08	II	DA	

$4^h\,31^m$ am Monatsanfang auf $4^h\,19^m$ am Monatsende.
Das Venusscheibchen wird immer kleiner, die Sichelbreite nimmt zu. Am 5. sind 25 % des knapp 42″ großen Venusscheibchens beleuchtet. Bis Monatsende nimmt der Beleuchtungsgrad auf 45 % zu, der scheinbare Venusdurchmesser geht auf 28″ zurück.
Am 30. erhält Venus Besuch vom abnehmenden Mond – ein hübscher Anblick des Dreigestirns Venus – Mars – Mondsichel am Morgenhimmel im Südosten gegen 6^h (siehe Abb. 12.1 auf Seite 209).
Mars kann am Morgenhimmel gesehen werden. Er wechselt am 13. aus dem Sternbild Jungfrau in das der Waage. Dabei erreicht er immer geringere Deklinationen, seine Tagbögen werden kleiner. Die Aufgangszeiten verfrühen sich daher gerade mal um zehn Minuten. Geht der rote Planet am 1. um $4^h\,20^m$ auf, so überschreitet der inzwischen $1^m{,}5$ helle Mars am 31. um $4^h\,10^m$ die Horizontlinie. Zu Monatsbeginn und zu Monatsende kommt es zu einer Begegnung mit der abnehmenden Mondsichel und Venus (siehe Abb. 12.1 auf Seite 209). Die geringste Distanz erreichen Mars und Venus voneinander am 6., wo Mars $1{,}^{\circ}5$ südlich von Venus anzutreffen ist (siehe Abb. 12.4 unten). Die Marsbedeckung durch den Mond am 30. kann von Mitteleuropa aus nicht beobachtet werden.
Zum Jahresende zeigt Mars einen leichten Beleuchtungsdefekt (Phase): Das mit 4″,6 Durchmesser immer noch recht kleine Planetenscheibchen ist zu 94 % beleuchtet.
Jupiter wird am 4. im Sternbild Löwe an der Grenze zum Krebs stationär und setzt zu seiner

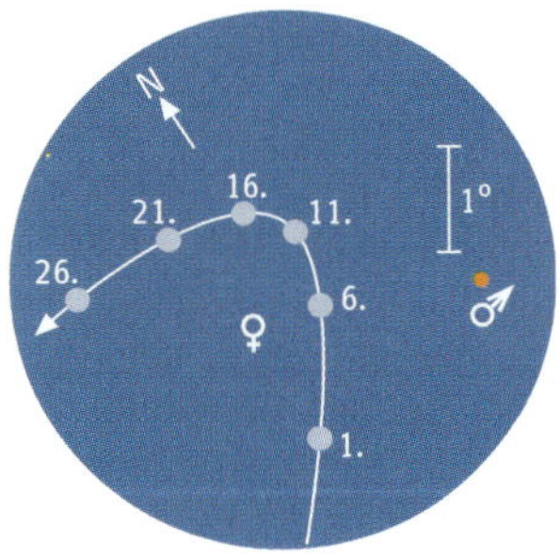

12.4 Enge Begegnung von Venus und Mars im Dezember 2002. Fernglasanblick bei 5° Gesichtsfelddurchmesser.

Oppositionsschleife an. Nach dem 4. bewegt er sich rückläufig im Tierkreis und überschreitet am 17. abermals die Grenze zum Krebs (siehe Abb. 1.9 auf Seite 35). Die Jupiterhelligkeit nimmt auf $-2^m{,}5$ zu, der Riesenplanet nähert sich seiner Oppositionsstellung, die er aber erst am 2. Februar 2003 erreicht. Während des Monats verfrühen sich die Jupiteraufgänge um fast zwei Stunden. Am 1. geht der Riesenplanet um $21^h\,37^m$ auf, am 15. um $20^h\,40^m$ und am

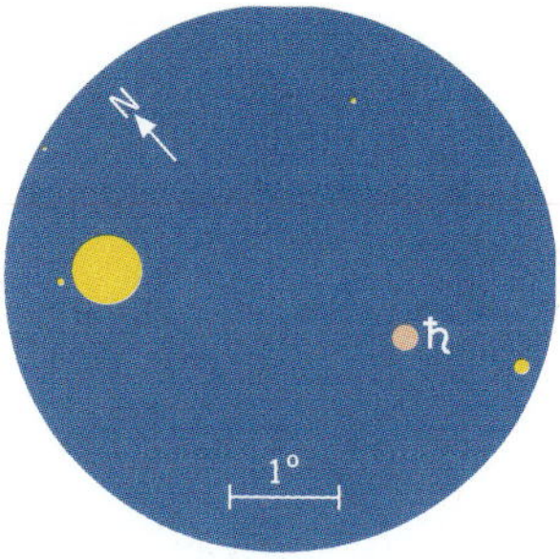

12.5 Begegnung des Vollmondes mit Saturn am Abend des 19. Dezember 2002. Anblick im Fernglas bei 5° Gesichtsfelddurchmesser.

Konstellationen und Ereignisse

Datum	MEZ	Ereignis
1.	11^h	**Mond bei Mars,** Mond 2°,7 nördlich **Abstand 3°,1 um 7^h**
1.	14	**Mond bei Venus,** Mond 2°,1 nördlich, **Abstand 4°,3 um 8^h**
4.	9	Totale Sonnenfinsternis – von Mitteleuropa aus unbeobachtbar (siehe Seite 28)
4.	22	Jupiter im Stillstand, anschließend rückläufig
5.	5	Mond bei Merkur, Mond 0°,6 nördlich
6.	13	**Venus bei Mars,** Venus 1°,5 nördlich, **Abstand 1°,5 um 6^h** (Quasikonjunktion)
7.	2	**Venus in größtem Glanz** (-4^m,7)
8.	9	Mond bei Neptun, Mond 4°,7 südlich
9.	15	Mond bei Uranus, Mond 4°,7 südlich
9.	18	Pluto in Konjunktion mit der Sonne
17.	18	**Saturn in Opposition zur Sonne**
19.	16	**Mond bei Saturn,** Mond 2°,8 nördlich, **Abstand 5°,6 um 7^h**
22.	2^h 14^m	**Sonne im Winterpunkt,** Wintersonnenwende
23.	13	**Mond bei Jupiter,** Mond 4°,3 nördlich, **Abstand 5°,5 um 8^h und 5°,6 und 21^h**
26.	6	Merkur in größter östlicher Elongation (20°)
30.	2	**Mond bei Mars,** Mond 1°,2 nördlich, **Abstand 2°,2 um 5^h**
30.	10	**Mond bei Venus,** Mond 2°,2 südlich,

31. bereits um 19^h 32^m. Jeweils eine Viertelstunde nach seinem Aufgang sollte man den Riesenplaneten tief am Nordosthimmel als hellen Lichtpunkt erspähen können. Fernrohrbeobachter registrieren das langsame Anwachsen des ovalen Planetenscheibchens. Zu Jahresende weist das Planetenscheibchen einen scheinbaren Äquatordurchmesser von 44,″0 und einen Poldurchmesser von 41,″1 auf. Besonders reizvoll ist es auch für Fernglasbeobachter oder Besitzer kleiner Fernrohre, das Wechselspiel der vier hellen Jupitermonde zu verfolgen (siehe jeweils Monatsgrafik: „Stellungen der Jupitermonde").
Saturn, rückläufig im Stier, kommt zur Monatsmitte in Gegenschein zur Sonne. Die exakte Oppositionsstellung tritt

12.6 Bahn von Saturn in der zweiten Jahreshälfte 2002 und des Kleinplaneten Massalia (20) im November und Dezember 2002. Die Zahlen geben die Positionen zum jeweiligen Monatsersten an.

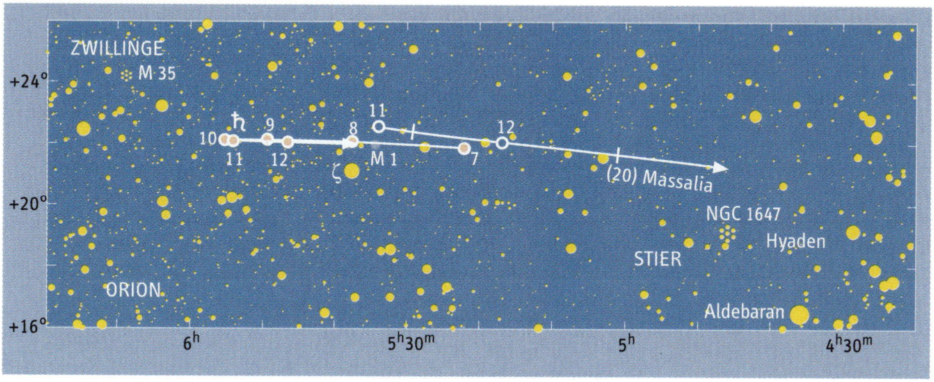

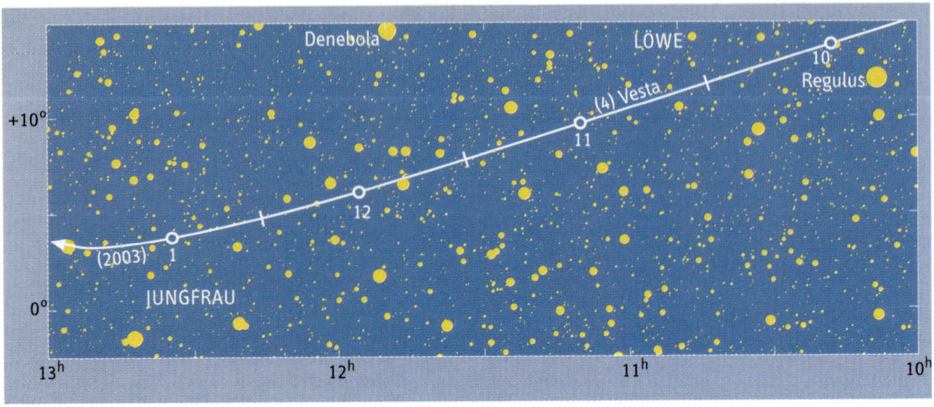

12.7 Scheinbare Bahn des Kleinplaneten Vesta (4) im Gebiet der Sternbilder Löwe und Jungfrau von Oktober 2002 bis Jahresbeginn 2003.

am 17. um 18^h ein. Da der Ring mit fast 27° maximal weit geöffnet ist, beträgt die diesjährige Oppositionshelligkeit $-0{,}^m5$. Dies ist die größte Helligkeit, die Saturn erreichen kann. Bei geringer Ringöffnung bleibt Saturn um mehr als eine Größenklasse lichtschwächer.
Am Tag der Opposition geht Saturn um $16^h\ 17^m$ auf, passiert den Meridian um $0^h\ 20^m$ und geht morgens um $8^h\ 18^m$ unter. In 50° nördlicher Breite erreicht Saturn eine ansehnliche Kulminationshöhe von 62°.
Das ovale Saturnscheibchen weist einen scheinbaren Äquatordurchmesser von $20{,}''6$ und einen Poldurchmesser von $18{,}''9$ auf. Der mit $26{,}^{\circ}6$ geöffnete Ring zeigt eine scheinbare Längsachse von $46{,}''8$ und eine senkrechte Querachse von $21{,}''0$.
Auch in kleineren Teleskopen lässt sich jetzt leicht erkennen, dass die Cassini-Trennung den Saturnring in zwei Ringe teilt – einen äußeren und einen inneren. Raumsondenaufnahmen lassen erkennen, dass der Saturnring aus Hunderten einzelner Ringe besteht.
Zur Opposition erreicht Saturn seine Minimalentfernung von der Erde. Ihn trennen an diesem Tag 1205 Millionen Kilometer (= 8,05 AE) von der Erde. Die Lichtlaufzeit von Saturn zur Erde beträgt somit eine Stunde und 7 Minuten. So lange müsste man auch auf das Signal eines Raumfahrers warten, der sich im Saturnsystem aufhält.
Am Monatsende geht der Ringplanet bereits eine Stunde früher als zur Opposition unter, nämlich um $7^h\ 18^m$; die Saturnhelligkeit sinkt auf $-0{,}^m4$ ab.
Uranus, wieder rechtläufig im Steinbock, kann noch am frühen Abendhimmel mit lichtstarker Optik erspäht werden. Am 20. passiert er abermals in nur $0{,}^{\circ}04$ südlichem Abstand den Stern μ Capricorni – diesmal rechtläufig, also von West nach Ost wandernd (siehe auch Abb. 8.4 auf Seite 151).
Zu Monatsanfang erfolgt der Untergang des $5{,}^m9$ hellen Uranus um $22^h\ 25^m$, zur Monatsmitte um $21^h\ 32^m$ und zu Monatsende bereits um $20^h\ 32^m$. Nur die nun früh einsetzende Abenddämmerung gewährt noch eine Chance, den grünlichen Planeten am Südwesthimmel aufzusuchen. Die Kulminationszeiten von Uranus verfrühen sich von $17^h\ 30^m$ am 1. auf $15^h\ 36^m$ am 31. Zu dieser Zeit ist die Sonne noch nicht untergegangen.
Neptun, rechtläufig im Steinbock, nähert sich seiner Konjunktion mit der Sonne, die er am 30. Januar 2003 erreichen wird.
Der mit $8{,}^m0$ recht lichtschwache Planet hat sich vom Nachthimmel zurückgezogen und bleibt unsichtbar. Spezialisten mögen den bläulichen Planeten noch zu Monatsanfang unter sehr guten Sichtbedingungen und mit leistungsstarken Teleskopen auffinden (siehe Abb. 8.5 auf Seite 151). Am 1. kulminiert Neptun um $16^h\ 23^m$ und geht um $20^h\ 55^m$ unter. Am letzten Tag des Jahres trennen uns 4628 Millionen Kilometer (= 30,94 AE) von Neptun.
Pluto kommt am 9. in Konjunktion mit der Sonne, seine Erddistanz beträgt dann 4721 Millionen Kilometer (= 31,56 AE).

Planetoiden

Vesta (4) wandert rechtläufig aus dem Löwen in die Jungfrau (siehe Abb. 12.7 oben). Ihre Helligkeit nimmt von $7{,}^m9$ auf $7{,}^m6$ merkbar zu. Am 1. geht Vesta um $7^h\ 36^m$ durch den Meridian, am 15. um $7^h\ 00^m$ und am 31. be-

12.8 Skelettkarte des Sternbildes Fuhrmann mit den offenen Sternhaufen M 36, M 37 und M 38.

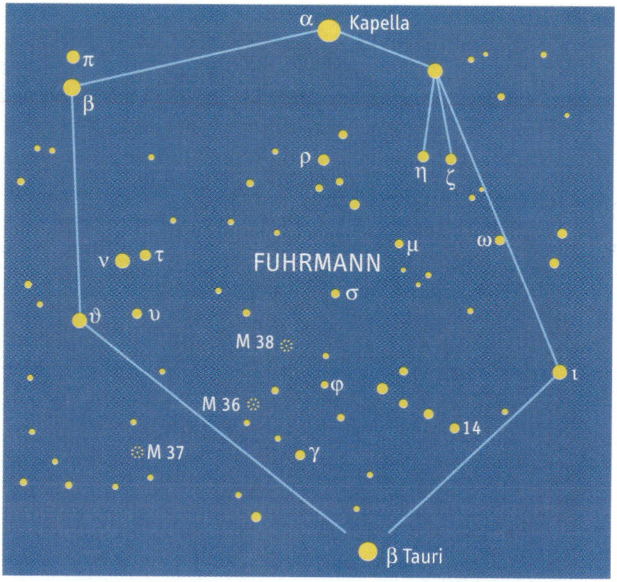

reits um 6^{h} 16^{m}. Frühaufsteher können Vesta noch vor Dämmerungsbeginn erjagen.
Massalia (20), rückläufig im Stier, steuert auf das Goldene Tor der Ekliptik zu (siehe Abb. 12.6 auf Seite 215). Am 10. kommt sie in **Opposition** zur Sonne. Mit $8\overset{m}{,}4$ Oppositionshelligkeit ist sie auch weniger gut ausgerüsteten Sternfreunden zugänglich. Am Oppositionstag kulminiert Massalia um 0^{h} 14^{m}, zu Jahresende bereits um 22^{h} 27^{m}. Bis Monatsende ist ihre Helligkeit allerdings schon wieder auf $9\overset{m}{,}0$ abgefallen. Zur Opposition trennen uns 172 Millionen Kilometer (= 1,15 AE) von Massalia. Ihre Sonnendistanz beträgt an diesem Tag 311 Millionen Kilometer (= 2,08 AE).

Periodische Sternschnuppenströme

Vom 6. bis 17. Dezember macht sich der ekliptikale Strom der **Geminiden** bemerkbar. Ihr Ausstrahlungspunkt liegt in den Zwillingen, rund 1° südwestlich von Kastor. Das Maximum tritt in den Morgenstunden des 14. Dezember ein, wo stündlich weit über sechzig Meteore, mitunter auch sehr helle Objekte, über den Himmel huschen. Die Geschwindigkeiten liegen um 35 Kilometer pro Sekunde, Beobachtungszeit: 21^{h} bis 6^{h}.
Vom 17. bis 24. Dezember tauchen die **Ursiden** auf, deren Radiant im Sternbild Kleiner Bär zu finden ist. Ihr scharfes Maximum erreichen die Ursiden-Meteore in der Nacht vom 22. auf 23. Dezember gegen Mitternacht. Da der Radiant zirkumpolar ist, können die Ursiden die ganze Nacht beobachtet werden. Der Ursprung der Ursiden wird auf den Kometen 8P/Tuttle (früher 1858 I) zurückgeführt. Die Sternschnuppen haben mittlere Geschwindigkeiten von 35 Kilometer pro Sekunde. In den letzten Jahren wurden rund zehn bis zwanzig, manchmal auch mehr Objekte pro Stunde im Maximum registriert. Die Tendenz ist steigend.
Wenig ergiebig ist der Strom mit dem Namen **Coma Bereniciden**, dessen Radiant im Haar der Berenike liegt und die um die Jahreswende auftreten – etwa von Mitte Dezember bis Mitte Januar. Es handelt sich um sehr schnelle Objekte (um 65 Kilometer pro Sekunde). Das Maximum liegt um den 20. Dezember, wobei lediglich fünf bis zehn Meteore pro Stunde zu erwarten sind.

Der Fixsternhimmel

Das Jahr neigt sich seinem Ende zu. Der Kreis der Vorstellungen auf der Himmelsbühne schließt sich. Die Situation am Fixsternhimmel ist der zu Jahresbeginn im Januar ähnlich. Allerdings fehlen noch zwei Stunden, was daran zu erkennen ist, dass zwar alle Winterbilder im Osten schon aufgegangen sind, aber tiefer als im Januar stehen.
Die Herbstbilder nehmen nun den Westhimmel ein. Eine Ausnahme bildet Perseus, der den Platz um den Zenit besetzt hält. Tief im Nordwesten ist noch das Sternenkreuz des fliegenden Schwans mit dem hellen Stern Deneb zu sehen. Der Schwan ist gewissermaßen ein Relikt des Sommerhimmels. Knapp über dem Nordhorizont flackert die Wega in der Leier, die bei uns nahezu zirkumpolar ist und daher fast das ganze Jahr über in klaren Nächten beobachtbar bleibt.
Noch hoch in westlicher Richtung steht das Herbstviereck, das Pegasusquadrat, dessen eine Spitze zum Horizont deutet. Es erinnert entfernt an eine überdimensionale Vorfahrtsta-

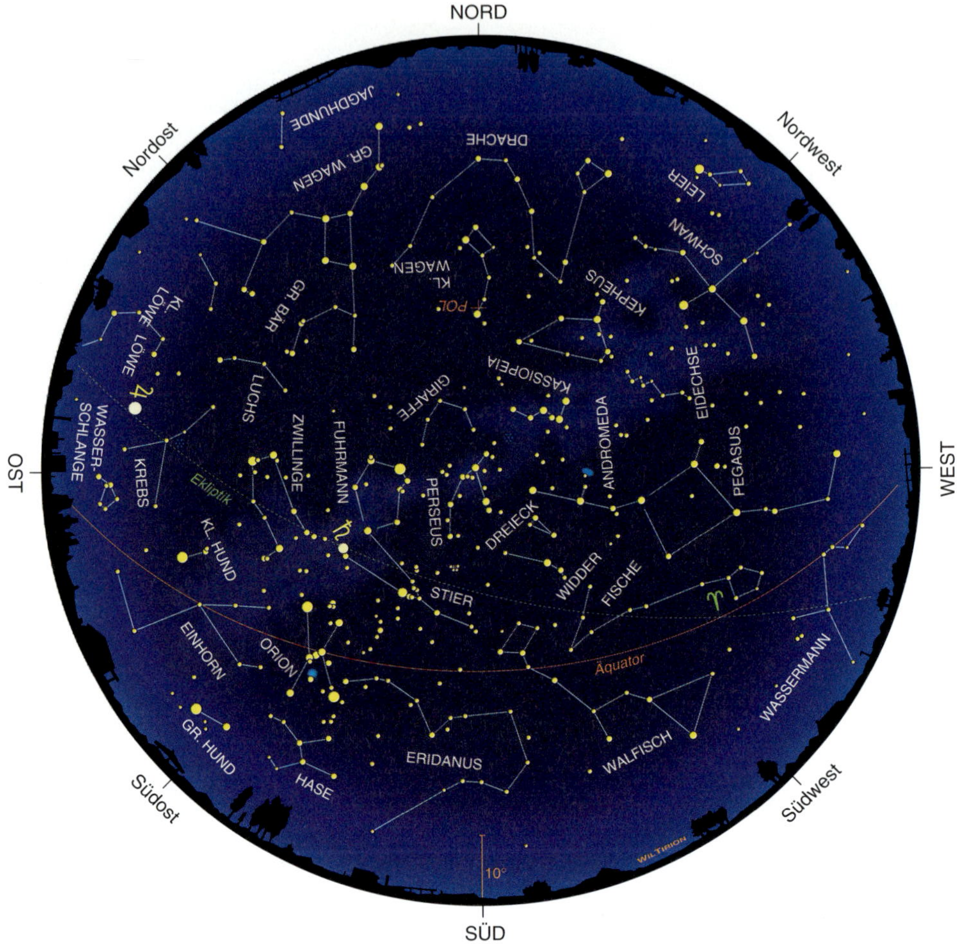

Sternenhimmel am 15. Dezember um 22^h^ MEZ

Fixsternhimmel auch gültig für:

	MEZ	MESZ
15. 9.	4^h	5^h
1.10.	3	4
15.10.	2	3
1.11.	1	
15.11.	0	
1.12.	**23**	
15.12.	**22**	
31.12.	**21**	
15. 1.	20	
31. 1.	19	

fel. Mit der obersten Ecke hängt das Pegasusquadrat an der Andromeda-Sternenkette, die sich fast vom Zenit her in westlicher Richtung erstreckt.
Den Platz im Zenit nimmt nun Perseus ein, der strahlende Held aus der Andromedasage. Zwischen Perseus und Kassiopeia findet man fast senkrecht über unseren Köpfen die beiden prächtigen offenen Sternhaufen h und χ Perseï. Im Fernglas erscheinen sie allerdings nur als matte Lichtfleckchen. Erst im Teleskop erkennt man Hunderte funkelnder Sterne. Ferner sei auf Algol (β Perseï) hingewiesen, den berühmten Bedeckungsveränderlichen, der jetzt besonders günstig zu beobachten ist. Die Helligkeitsminima von Algol sind in der monatlichen Tabelle „Veränderliche Sterne“ verzeichnet.
Im Süden hat gerade der Widder (lat.: Aries) die Mittagslinie durchschritten. Sein Hauptstern Hamal leuchtet mit $2\overset{m}{,}0$ Helligkeit in orangegelber Farbe und ist 66 Lichtjahre von uns entfernt.

Veränderliche Sterne

Algol-Minima	9. 5^h29^m	12. 2^h19^m	14. 23^h08^m	17. 19^h57^m	
β-Lyrae-Minima	5. 6^h H	11. 17^h N	18. 5^h H	24. 16^h N	31. 3^h H
δ-Cephei-Maxima	5. 24^h	11. 9^h	16. 18^h	22. 2^h	27. 11^h
Mira-Helligkeit	1. 7^m	10. 8^m	20. 8^m	31. 9^m	

Hoch im Osten, fast im Zenit, hält sich die helle, gelbliche Kapella im Fuhrmann auf. Das Sternbild Fuhrmann liegt in der winterlichen Milchstraße und ist leicht zu erkennen. Der Hauptstern Kapella steht an der Spitze eines Sternenfünfecks, das den Fuhrmann darstellen soll. Meist sieht man jedoch ein Sechseck aus Sternen, weil man unwillkürlich noch β Tauri, das nördliche Horn des Stieres, mit in dieses Sternenpolygon aufnimmt.
Es gibt eine ganze Reihe von Sagen um das Sternbild Fuhrmann. Wagenlenker, Zügelhalter, Erbauer des Himmelswagens, aber auch ein Maultier und eine Ziege wurden in dieser Sternenfigur gesehen. Eine der ältesten Sagen berichtet: Der Sohn der Erdmutter Gaia und des Gottes der Schmiedekunst und des Feuers, Hephaistos, wird von Athene aufgezogen, die ihn auch lehrt, wilde Rosse einzufangen und zu zähmen. Deshalb erhält er den Namen ἡνίοχος (griech., Heniochos), was soviel wie Zügelhalter heißt. Heniochos erfindet ein Wagengespann mit vier Pferden, das er selber lenkt. Aus Dankbarkeit für diese wichtige Tat wird er von Zeus unter die Sterne versetzt.
Unterhalb des Fuhrmanns leuchten die beiden Sternenketten der Zwillinge mit Kastor und Pollux. Der Stier mit dem prächtigen Sternhaufen der Hyaden, in dem der rote Aldebaran auffällig glänzt, und dem Siebengestirn, den Plejaden, schreitet munter auf den Meridian zu. Die westlichsten Teile des Stieres haben bereits die Mittagslinie erreicht.
In den östlichen Regionen des Stieres, an der Grenze zu den Zwillingen, strahlt gerade der ringgeschmückte Saturn. Der Saturnring ist allerdings nur in einem Fernrohr ab mindestens dreißigfacher Vergrößerung zu erkennen.
Der Stier gehört zu den frühesten und am häufigsten erwähnten Sternbildern. Dies ist gut verständlich, gehört der Stier doch zum Tierkreis und setzt sich außerdem aus auffälligen Gestirnen zusammen: Der helle, rötlich funkelnde Aldebaran zieht die Aufmerksamkeit ebenso auf sich wie die beiden offenen Sternhaufen Hyaden und Plejaden, zwischen denen die Sonnenbahn (die Ekliptik) hindurchläuft. Hyaden und Plejaden bilden das so genannte „Goldene Tor der Ekliptik".
Hinzu kommt, dass der Frühlingspunkt von etwa 4000 bis 1900 v. Chr. im Stier lag und dieses Bild daher als Symbol der Fruchtbarkeit, des Lichtes, des aufstrebenden Lebens, der Stärke und der Kraft angesehen wurde.
Südöstlich des Stieres strahlt unübersehbar der Orion, das bekannteste Wintersternbild, mit den beiden hellen Sternen Beteigeuze und Rigel sowie den in einer Linie stehenden drei Gürtelsternen. Auch dem Anfänger in der Himmelskunde muss dieses Bild förmlich in die Augen springen.
Tief im Südosten ist gerade Sirius im Großen Hund (α Canis Maioris), der hellste Fixstern des Himmels, über die Horizontlinie gestiegen. Auch Prokyon im Kleinen Hund (α Canis Minoris) ist bereits im Osten aufgetaucht. Damit ist das komplette Wintersechseck am Osthimmel vertreten. Es setzt sich aus den hellen Sternen Sirius, Prokyon, Pollux, Kapella, Aldebaran und Rigel zusammen.

Die Sonnenfinsternisse der nächsten sieben Jahre

Es gibt Himmelsschauspiele, die nur wenige Menschen – in ihrem im Vergleich zu kosmischen Zeitläufen kurzen Erdendasein – erleben. Dazu zählen zweifelsohne totale Sonnenfinsternisse. Für einen bestimmten Ort auf der Erde sind sie sehr selten. Denn die Kernschattenspitze des Mondes überstreicht zwar in der Regel eine mehrere tausend Kilometer lange Zone auf der Erdoberfläche, hat aber höchstens eine Breite von knapp dreihundert Kilometer. Und nur wer sich in dieser Totalitätszone aufhält, erlebt eine totale Sonnenfinsternis. Ob er die um den dunklen Neumond strahlende Sonnenkorona auch sehen kann, hängt natürlich stark vom

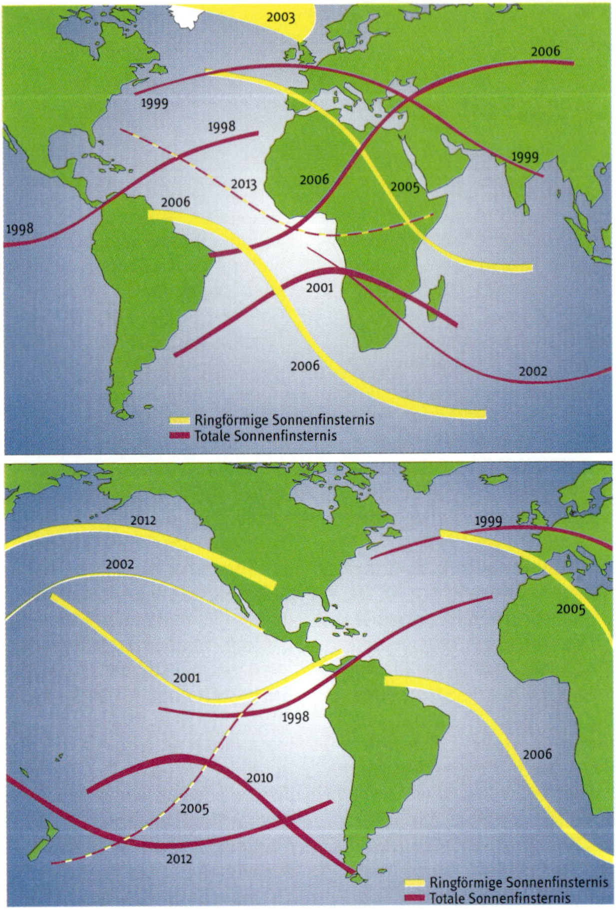

12.9 Übersicht über den Verlauf der Zentrallinien aller totalen und ringförmigen Sonnenfinsternisse in den Jahren 1998 bis 2013.

Wetter ab. Die Totalitätszone zieht meist auf langen Strecken über Ozeane und unbewohnte Gebiete und trifft vergleichsweise selten auf dicht besiedelte Ballungsräume. Die letzte von Stuttgart aus beobachtbare totale Sonnenfinsternis fand am 11. August 1999 statt. Davor traf der Kernschatten des Mondes letztmals am 12. Mai 1706 die Stadt Stuttgart. Erst wieder am Montag, 14. Juni 2151, wird über Stuttgart die total verfinsterte Sonne stehen. Über Deutschland wird der Kernschatten des Mondes erst wieder am Mittwoch, 3. September 2081, streichen, und zwar über die südlichsten Gebiete um den Bodensee. Am Freitag, 7. Oktober 2135, wird die Totalitätszone über Hamburg und Berlin ziehen. Vereinfacht kann man sagen, dass ein Gebiet wie Deutschland etwa einmal pro Jahrhundert vom Kernschatten des Mondes getroffen wird, eine bestimmte Stadt nur alle zweihundert bis dreihundert Jahre.

Um das faszinierende Schauspiel einer totalen Sonnenfinsternis zu erleben, begeben sich daher Astronomen wie engagierte Sternfreunde (besser: „Sonnenfreunde“) und interessierte Laien oft auf weite Reisen, teils in unwegsames Gelände. So manche Kreuzfahrt auf den Weltmeeren hat als Ziel die Totalitätszone einer Sonnenfinsternis.

Vielen Bewohnern Mitteleuropas entging die Beobachtung der totalen Sonnenfinsternis vom 11. August 1999, obwohl sie in die Finsterniszone gefahren waren. Der Wettergott war vielerorts nicht gnädig und ließ den Sommerhimmel voll Wolken hängen. Nur an einzelnen Plätzen war den Beobachtern das Glück hold, wie auf der Sternwarte Welzheim, wo in den entscheidenden Momenten die Wolkendecke aufriss und einen Blick auf die schmale Sonnensichel freigab. Die günstige Wetterlage hielt während der Totalität an, nach dem 3. Kontakt sah man eine Zeit lang die messerscharfe Sonnensichel, bis der Himmel abermals zuzog.

Zur ersten totalen Sonnenfinsternis im dritten Jahrtausend am 21. Juni 2001 pilgerten viele Finsternisenthusiasten ins südliche Afrika oder fuhren mit Kreuzschiffen in den Südatlantik, wo die Sonne für rund fünf Minuten vollständig vom dunklen Neumond bedeckt wurde.

Im finsternisarmen Jahr 2002 sind die Aussichten, eine totale Sonnenfinsternis zu beobachten, eher ungünstig. Es ereignet sich nur eine einzige totale Sonnenfinsternis, und zwar am 4. Dezember. Abermals wie am 21. Juni 2001 zieht die Totalitätszone vom Südatlantik her kommend über das südliche Afrika, diesmal etwas südlicher. An der Westküste Afrikas gibt es einen Ort (13° östlicher Länge und 11°

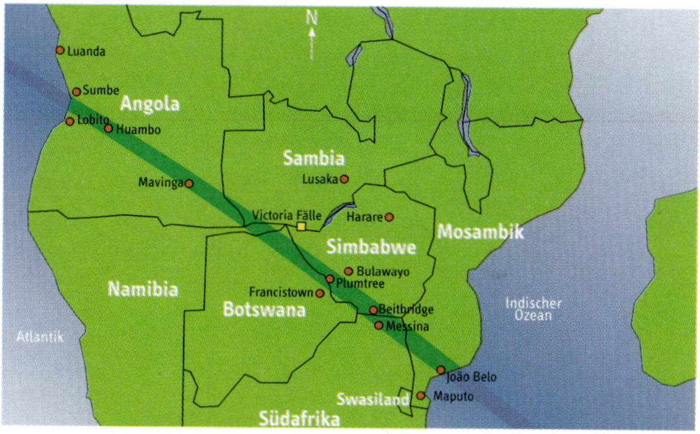

12.10 Verlauf der Kernschattenzone der totalen Sonnenfinsternis vom 4. Dezember 2002.

südlicher Breite), an dem innerhalb von knapp eineinhalb Jahren gleich zweimal eine totale Sonnenfinsternis zu verfolgen ist. Dieser Ort liegt an der angolanischen Westküste bei Sambe. Allerdings ist die totale Sonnenfinsternis im Jahre 2002 recht kurz. An besagtem Ort dauert die Totalität nicht einmal eine Minute. Und wenn der Kernschatten den schwarzen Kontinent an der ostafrikanischen Küste verlässt, so ist die Totalitätsdauer gerade mal auf eineinhalb Minuten angewachsen. Die maximale Dauer von $2^m\ 08^s$ wird mitten im südlichen Indischen Ozean erreicht. Die Totalitätszone endet im südlichen Australien. Von Australien aus gesehen geht die Sonne gerade unter, wenn die Totalität beginnt. Sie dauert hier nur etwas mehr als eine halbe Minute. Wegen der Kürze der Totalität werden viele auf eine abermalige Reise ins südliche Afrika verzichten. Die Totalität fällt so kurz aus, weil im Dezember die Erde in Sonnennähe läuft und der scheinbare Durchmesser der Sonnenscheibe dann größer ist als im Sommer. Wäre der Mond nicht zwei Tage vor Neumond in Erdnähe sondern in Erdferne, so käme es überhaupt nicht zu einer totalen sondern zu einer ringförmigen Sonnenfinsternis.

Bei einer ringförmigen Sonnenfinsternis erreicht der Kernschattenkegel des Mondes die Erdoberfläche überhaupt nicht – die Spitze des Schattenkegels endet im Weltall. Von der Zentrallinie aus sieht man um die dunkle Neumondscheibe den hellen Ring der Sonnenphotosphäre. Da der scheinbare Durchmesser des Mondes kleiner als der der Sonne ist, kann der Mond die Sonne nicht völlig abdecken, es verbleibt eine ringförmige Zone um den Neumond.

Solche ringförmigen Sonnenfinsternisse sind weit weniger spektakulär als totale. Einmal wird der Himmel bei einer ringförmigen Sonnenfinsternis längst nicht so dunkel, als dass man Sterne sehen könnte, zum anderen sind weder die lachsroten Flammenzungen der Protuberanzen am vom Mond verdeckten Sonnenrand zu beobachten, noch die zartschimmernde Korona mit ihren beeindruckenden Strahlenmustern. Dennoch haben auch ringförmige Sonnenfinsternisse ihren eigenen Reiz, so dass manche Sternfreunde ebenfalls weite Reisen unternehmen, um sie zu beobachten. In diesem Jahr ereignet sich am 10./11. Juni eine ringförmige Finsternis. Die Zone der ringförmigen Phase zieht sich fast ausschließlich durch den Pazifischen Ozean und endet an der mittelamerikanischen Westküste (siehe auch „Sonnen- und Mondfinsternisse im Jahr 2002" auf Seite 26).

Nachstehend sind die totalen und ringförmigen Sonnenfinsternisse bis zum Jahr 2009 aufgeführt sowie diejenigen partiellen Sonnenfinsternisse, die von Mitteleuropa aus beobachtbar sind.

2003

Am Samstag, 31. Mai 2003, ereignet sich eine ringförmige Sonnenfinsternis, die **von Deutschland aus** in ihrer partiellen Phase **beobachtbar** ist. Sie gehört zum Saros Nummer 147 und gehört zu den ungewöhnlichsten Finsternissen überhaupt, was ihre Geometrie betrifft. Die Nordhalbkugel der Erde ist der Sonne zugekehrt. Der Kernschattenkegel des Mondes zieht über den Nordpol hinaus, bevor er die Erde fast berührt. Somit läuft der Mondschatten diesmal von Ost nach West über die Erdoberfläche. In einem sehr großen Gebiet von rund 1100 Kilometer Breite (!) ist die ringförmige Phase zu beobachten. Das Gebiet liegt im Nordatlantik und umfasst ganz Island, den nördlichen Teil Schottlands sowie große Bereiche Grönlands. Das Maximum der Finsternis wird um $5^h\ 08^m$ am Ort 24° 00′ westlicher Länge und 66° 49′ nördlicher Breite erreicht. Dieser Punkt liegt nahe bei Island. Die Sonne steht dort nur knapp drei Grad über dem Horizont – sicher ein spektakulärer Anblick eines feuerroten Ringes um die dunkle Neu-

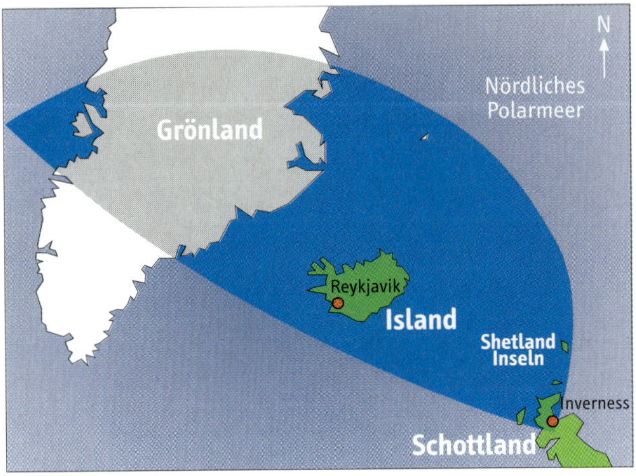

12.11 Ringförmige Sonnenfinsternis vom 31. Mai 2003: Im dunkelblauen Gebiet ist die Finsternis ringförmig zu sehen.

mondscheibe für 3 Minuten und 37 Sekunden. In Deutschland geht die Sonne bereits verfinstert auf. Das Maximum der Finsternis wird hier gegen $4^h\,30^m$ morgens erreicht, der maximale Bedeckungsgrad liegt zwischen 0,85 (München) und 0,88 (Hamburg). Eine Stunde später endet die Finsternis für Deutschland.

12.12 Die ringförmige Sonnenfinsternis vom 31. Mai 2003 weist eine Kuriosität auf: Da die Kernschattenspitze des Mondes knapp über den Nordpol hinweg geht, so wandert der Mondschatten von *Ost* nach *West* über die Erdoberfläche (!), während er sonst stets vom Westen her kommt.

Am Sonntag, 23. November 2003, kommt es zu einer totalen Sonnenfinsternis. Sie ist ausschließlich, auch was ihre partielle Phase betrifft, von der Südhalbkugel der Erde sichtbar. Die Totalitätszone zieht sich durch den Indischen Ozean ein Stück in die Antarktis hinein. Im Maximum hat die Totalitätszone eine Breite von 496 Kilometer (streifender Einfall des Kernschattenkegels!). Der Höhepunkt mit $1^m\,57^s$ Totalitätsdauer wird um $23^h\,49^m$ am Ort 88° 29′ östlicher Länge und 72° 41′ südlicher Breite bei knapp 15° Sonnenhöhe erreicht. Von Mitteleuropa bleibt diese Finsternis unbeobachtbar.

2004

In diesem Jahr ereignet sich weder eine totale noch eine ringförmige Sonnenfinsternis. Die beiden partiellen Sonnenfinsternisse vom 19. April und vom 14. Oktober bleiben von Mitteleuropa aus unbeobachtbar.

2005

Am 8. April 2005, einem Freitag, kommt es zum seltenen Fall einer ringförmig-totalen-ringförmigen Sonnenfinsternis, die zum allergrößten Teil vom Pazifischen Ozean aus sichtbar ist.

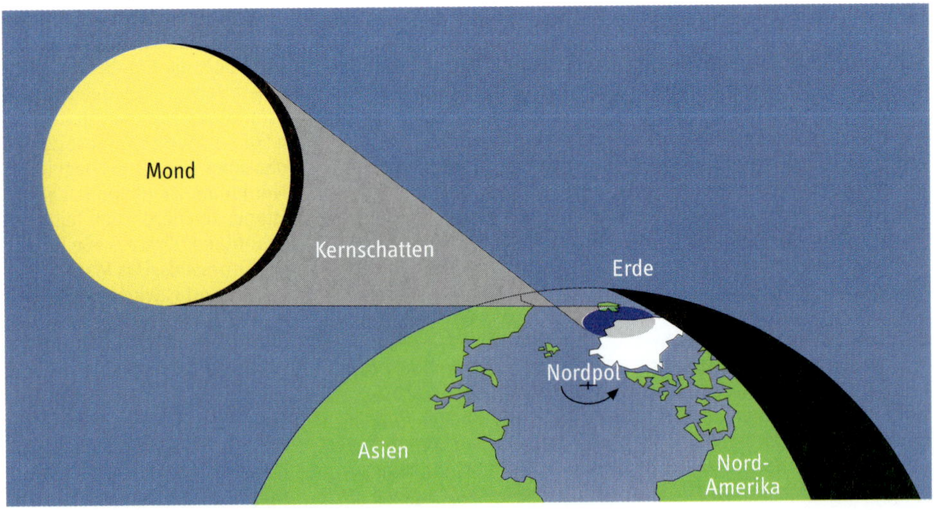

12.13 Verlauf der Zentrallinie der ringförmigen Sonnenfinsternis vom 3. Oktober 2005.

Zu Beginn und zu Ende ist die Finsternis ringförmig, in der Mitte entlang der Zentrallinie jedoch gerade total – die scheinbaren Durchmesser von Sonne und Mond sind nahezu gleich groß. Die Zentrallinie beginnt im Pazifik südöstlich von Neuseeland und zieht sich durch den gesamten Stillen Ozean, bis sie in Zentralamerika bzw. Südamerika (Venezuela) endet. Von Mitteleuropa bleibt sie auch in ihrer partiellen Phase unbeobachtbar. Zum Maximum, das um $21^h 36^m$ eintritt, dauert die Totalität nur 42 Sekunden, wenn man sich auf der Zentrallinie der nur 27 Kilometer breiten Totalitätszone befindet. Das Maximum tritt ein am Ort 118° 58′ westlicher Länge und 10° 35′ südlicher Breite. Dieser Punkt liegt mitten im Pazifik. Die Saros-Nummer der Finsternis lautet 129.
Interessant für uns Mitteleuropäer ist die ringförmige Sonnenfinsternis vom Montag, 3. Oktober 2005, die von **Mitteleuropa** aus in ihrer partiellen Phase **beobachtbar** ist (Saros-Nr. 134). Die Zone der ringförmigen Phase zieht sich, vom Atlantik her kommend, über die Iberische Halbinsel, das Mittelmeer, über Nord- und Ostafrika und endet im Indischen Ozean. Madrid und Algier liegen in der Zone der ringförmigen Phase. Zum Höhepunkt der Finsternis zeigt sich $4^m 31^s$ lang die Sonne ringförmig. Die Breite der Zone, in der die ringförmige Phase sichtbar ist, beträgt 162 Kilometer zum Maximum, das am Ort 28° 45′ östlicher Länge und 12° 52′ nördlicher Breite um $11^h 32^m$ eintritt. Dieser Platz liegt im Sudan.
Von Deutschland betrachtet, werden zwischen 0,60 (München) und 0,49 (Berlin) des scheinbaren Sonnendurchmessers vom Neumond kurz nach 10^h vormittags bedeckt. Die partielle Phase ist in ihrer vollen Länge von Mitteleuropa aus zu verfolgen.

2006

In diesem Jahr ergibt sich wieder einmal die Gelegenheit, eine totale Sonnenfinsternis in relativer Nähe, nämlich in der Türkei, zu beobachten. Die totale Sonnenfinsternis vom Mittwoch, 29. März 2006 (Saros-Nr. 139) hat immerhin etwas über drei Minuten Totalitätsdauer – in der Türkei allerdings nur zwei Minuten! Von **Mitteleuropa** aus ist diese Finsternis in den Mittagsstunden in ihrer partiellen Phase **beobachtbar**.

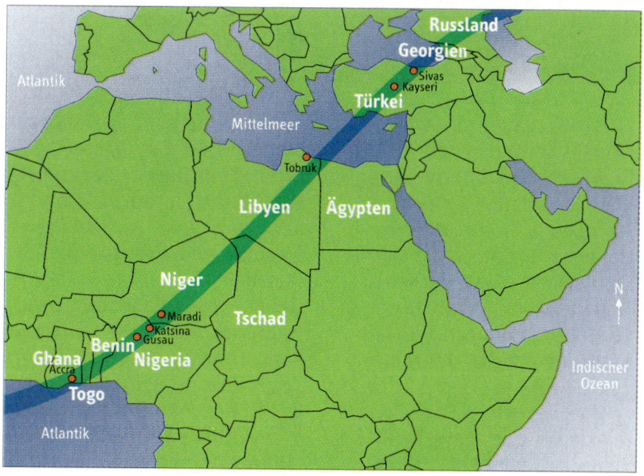

12.14 Verlauf der Kernschattenzone der totalen Sonnenfinsternis vom 29. März 2006 über Afrika und die Türkei.

12.15 Bei der totalen Sonnenfinsternis vom 1. August 2008 zieht der Kernschatten des Mondes über China, Sibirien, das nördliche Polarmeer und Grönland bis nach Nordkanada.

Die Kernschattenspitze des Mondes berührt erstmals die Erdoberfläche in Brasilien, rast über den Atlantik, erreicht Afrika bei Ghana, in dessen Hauptstadt Accra die Finsternis für $3^m\,04^s$ total ist, zieht über Nigeria, Niger, Tschad, Libyen, über das Mittelmeer zwischen Kreta und Zypern, kreuzt die Türkei und das östliche Schwarze Meer und endet schließlich in Asien (Kasachstan). Das Maximum wird um $11^h\,11^m$ am Ort 16° 46′ östlicher Länge und 23° 09′ nördlicher Breite erreicht. Dieser Platz liegt im Grenzgebiet Libyen/Tschad. Die Totalität dauert hier $4^m\,07^s$, die Breite der Totalitätszone beträgt 184 Kilometer.

Der maximale Bedeckungsgrad für Beobachter in Deutschland liegt etwa zwischen 0,37 (Düsseldorf) und 0,48 (München). Der Höhepunkt wird etwa eine Viertelstunde vor zwölf Uhr Mittag (= 13^h Sommerzeit) erreicht – in Düsseldorf um $11^h\,42^m$, in München um $11^h\,46^m$.

Eine ringförmige Sonnenfinsternis ereignet sich am Freitag, 22. September 2006 (Saros-Nr. 144), die auch in ihrer partiellen Phase von Mitteleuropa aus unsichtbar bleibt. Die Zone der ringförmigen Phase zieht sich von Venezuela und Brasilien aus durch den Atlantik weit nach Süden und endet im südlichen Eismeer, ohne vorher Festland zu berühren. Im Maximum dauert die ringförmige Phase $7^m\,09^s$.

2007

ist wieder ein finsternisarmes Jahr – weder eine totale noch eine ringförmige Sonnenfinsternis tritt ein. Die beiden partiellen Sonnenfinsternisse vom 19. März und vom 11. September 2007 bleiben in Mitteleuropa unbeobachtbar.

2008

Die ringförmige Sonnenfinsternis vom Donnerstag, 7. Februar 2008, kann lediglich von der Südhalbkugel aus beobachtet werden und bleibt von ganz Europa aus unbeobachtbar. Die Zone der ringförmigen Phase dieser Finsternis mit der Saros-Nr. 121 geht lediglich über die Antarktis und ein Stück über den Pazifischen Ozean östlich von Neuseeland. Zum Höhepunkt dauert die ringförmige Phase $2^m\,12^s$.

Am Freitag, 1. August 2008, kommt es zu einer totalen Sonnenfinsternis, bei der eine bescheidene partielle Phase auch von **Mitteleuropa** aus **beob-**

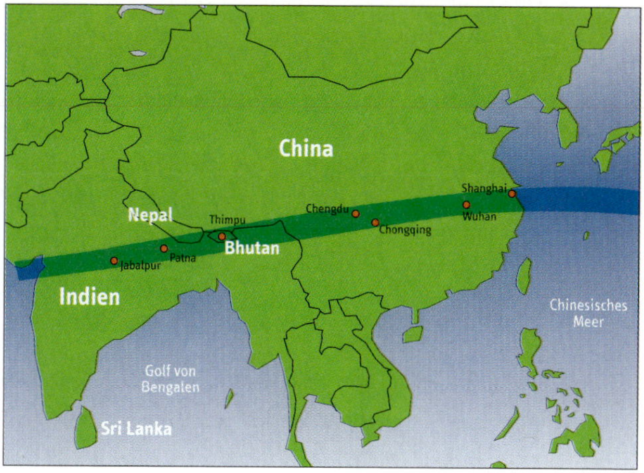

12.16 Weg der Totalitätszone der Sonnenfinsternis vom 22. Juli 2009 über Indien und China in den Pazifik hinein.

achtbar ist. Die Kernschattenzone nimmt ihren Ausgang von Kanada, zieht über die eisigen, arktischen Regionen, berührt die nördlichsten Gebiete Grönlands, zieht in 720 Kilometer Distanz am Nordpol vorbei, passiert Franz-Josef-Land, geht über Nowaja Semlja und kreuzt über Asien bis tief nach China hinein. Die maximale Totalitätsdauer beträgt 2^{m} 27^{s} bei einer Kernschattenbreite von 237 Kilometer. Sie wird erreicht um 11^{h} 21^{m} am Ort 72° 16′ östlicher Länge und 65° 38′ nördlicher Breite. Dieser Ort liegt an der sibirischen Nordküste.
Der maximale Bedeckungsgrad für Orte in Deutschland liegt zwischen 0,17 (Stuttgart) und 0,32 (Hamburg). Er tritt je nach Ort zwischen 10^{h} 32^{m} und 10^{h} 40^{m} am späten Vormittag ein.

2009

Am Montag, 26. Januar tritt eine ringförmige Sonnenfinsternis ein (Saros-Nr. 126) und am Mittwoch, 22. Juli 2009, eine totale (Saros-Nr. 136). Beide Sonnenfinsternisse bleiben auch in ihrer partiellen Phase von Mitteleuropa aus unbeobachtbar.
Die Zone der ringförmigen Verfinsterung vom 26. Januar beginnt im Südatlantik und zieht weit südlich von Afrika (Kap der Guten Hoffnung) vorbei durch den gesamten Indischen Ozean und endet zu Sonnenuntergang in Indonesien, nachdem die Zentrallinie über das südliche Sumatra mit seinem mächtigen Vulkan Krakatau gezogen ist. Der Höhepunkt der Finsternis wird mitten im Indischen Ozean am Ort 70° 16′ östlicher Länge und 34° 05′ südlicher Breite um 8^{h} 59^{m} erreicht, wobei die ringförmige Phase hier 7^{m} 54^{s} dauert und die Breite der Zone ringförmiger Verfinsterung 280 Kilometer misst.
Am 22. Juli ereignet sich eine der längsten totalen Sonnenfinsternisse mit maximal 6^{m} 40^{s} Totalitätsdauer. Sie ist die Nachfolgefinsternis (nämlich Nr. 37) der Finsternis vom 11. Juli 1991 („mexikanische Sonnenfinsternis"), die die Nr. 36 im Saros-Zyklus Nr. 136 war und knapp sieben Minuten dauerte. Die Totalitätszone verläuft über Zentralindien und China – Schanghai liegt auf ihr – und zieht weit hinaus in den Pazifischen Ozean. Das Maximum wird am Ort 144° 08′ östlicher Länge und 24° 12′ nördlicher Breite um 3^{h} 35^{m} erreicht. Dieser Ort liegt mitten im Pazifik. Die Breite der Totalitätszone beträgt dort 259 Kilometer. In Schanghai wird um 2^{h} 39^{m} die Sonne für 5^{m} 50^{s} total verfinstert.

Außer Sonnenfinsternissen sind in den nächsten Jahren noch weitere interessante und seltene Himmelsereignisse zu erwarten. In den nächsten beiden Jahren ereignen sich hintereinander vier totale Mondfinsternisse, die jeweils mindestens zum Teil von Mitteleuropa aus beobachtbar sind (16. Mai und 9. November 2003 sowie 4. Mai und 28. Oktober 2004). Am Mittwoch, 7. Mai 2003, zieht der flinke Merkur vor der Sonnenscheibe vorbei. Dieser Merkurtransit ist am Morgen und Vormittag von unseren Gegenden aus sichtbar.
Am 27. August 2003 nähern wir uns Mars bis auf 55,8 Millionen Kilometer – die geringste Distanz zwischen Mars und Erde in zweitausend Jahren!
Am Dienstag, 8. Juni 2004, tritt das seltene Himmelsschauspiel eines Venustransits ein. Der Vorübergang der Venus vor der Sonnenscheibe ist ebenfalls von Mitteleuropa aus zu verfolgen (siehe Monatsthema Juni auf Seite 123). Und am Freitag, 10. September 2004, zieht Merkur in nur drei Bogenminuten Distanz an Regulus, dem Hauptstern des Löwen vorbei. Merkur bietet uns Mitteleuropäern zu dieser Zeit eine Morgensichtbarkeit.
Man sieht, der gestirnte Himmel sorgt immer wieder für Spannung und Abwechslung, sofern man an der Himmelskunde interessiert ist.

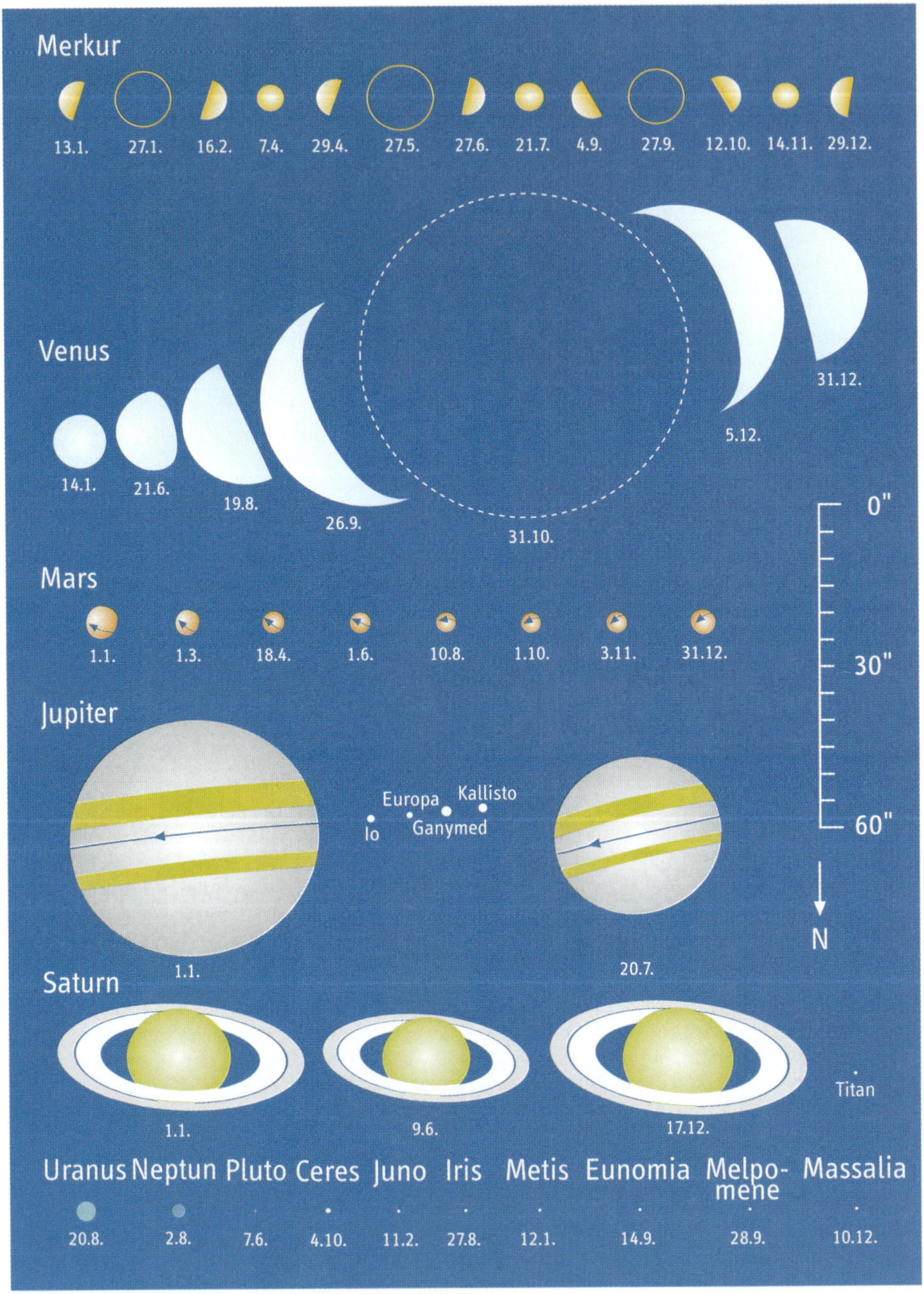

T.1 Die Größe der Planetenscheibchen im Jahre 2002. Man beachte den eingetragenen Maßstab in Bogensekunden. Anblick im umkehrenden Fernrohr (Norden unten, Osten rechts).

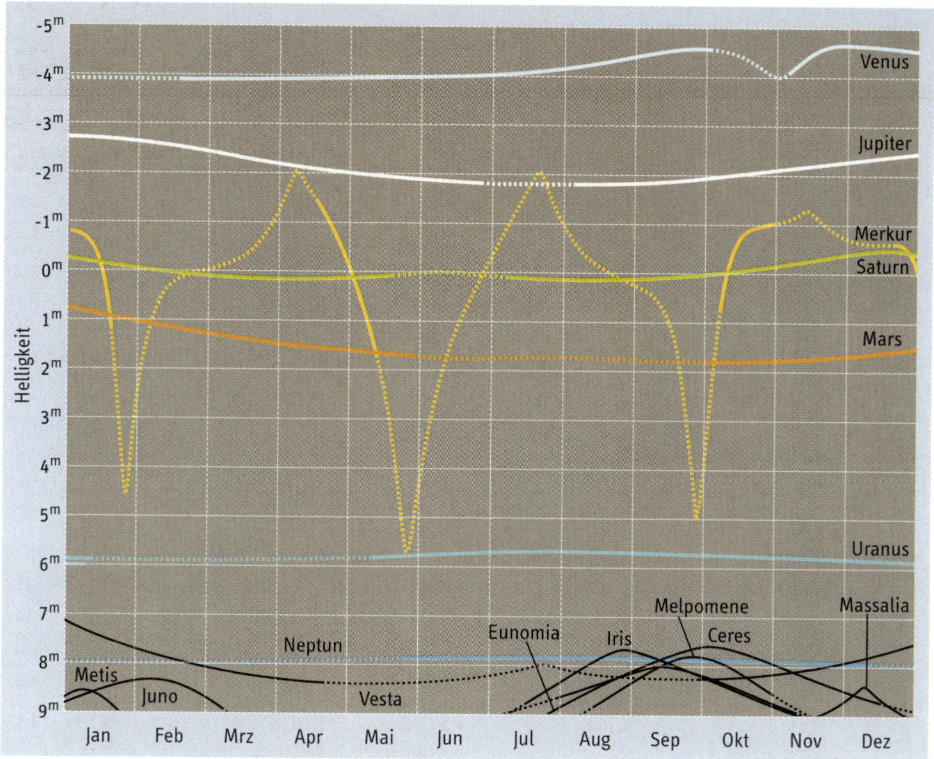

T.2 Die Helligkeiten der Planeten 2002.

T.3 Die Sichtbarkeiten der Planeten im Jahre 2002.

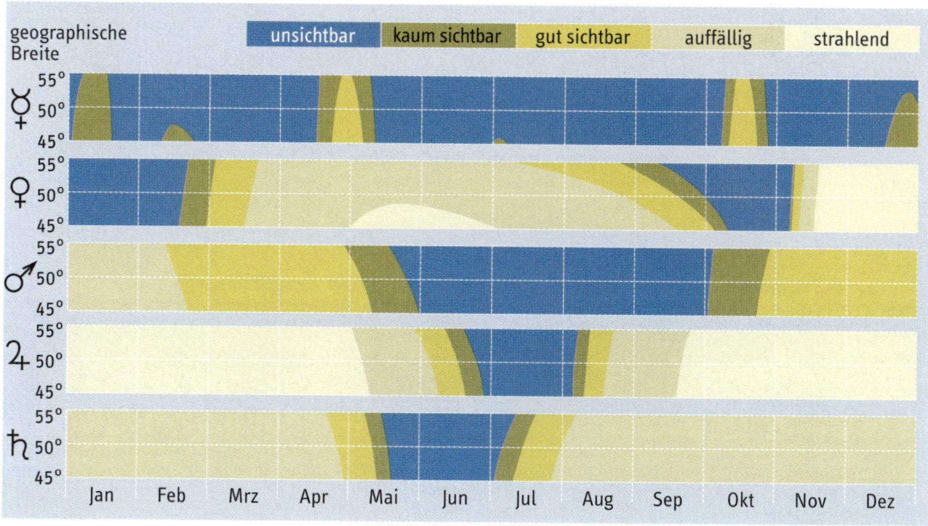

Ekliptikale Koordinaten des Mondes 2002

Tag	JANUAR Länge	JANUAR Breite	FEBRUAR Länge	FEBRUAR Breite	MÄRZ Länge	MÄRZ Breite	APRIL Länge	APRIL Breite	MAI Länge	MAI Breite	JUNI Länge	JUNI Breite
	°	°	°	°	°	°	°	°	°	°	°	°
2.	135,6	+3,9	189,3	+5,0	198,4	+4,6	249,9	+0,9	284,7	−2,3	330,2	−5,0
4.	164,7	+5,1	217,8	+3,8	227,4	+3,0	276,4	−1,4	309,9	−4,1	354,1	−5,3
6.	193,3	+5,1	244,7	+1,9	254,5	+0,8	301,4	−3,3	334,1	−5,0	17,9	−4,6
8.	221,0	+3,8	270,4	−0,4	280,0	−1,5	325,5	−4,6	357,8	−5,1	42,1	−3,1
10.	247,7	+1,8	295,2	−2,5	304,5	−3,3	349,3	−5,1	21,6	−4,3	67,1	−1,0
12.	273,5	−0,6	319,5	−4,1	328,5	−4,5	13,0	−4,6	46,0	−2,8	93,1	+1,4
14.	298,6	−2,7	343,4	−4,9	352,3	−5,0	37,0	−3,4	70,9	−0,6	120,2	+3,6
16.	323,0	−4,3	7,2	−4,9	16,0	−4,6	61,5	−1,5	96,7	+1,7	148,0	+5,0
18.	346,8	−5,1	31,0	−4,1	40,0	−3,3	86,7	+0,7	123,4	+3,8	176,3	+5,2
20.	10,6	−5,0	55,4	−2,5	64,4	−1,5	113,0	+2,9	151,1	+5,0	204,8	+4,2
22.	34,6	−4,1	80,9	−0,3	89,9	+0,8	140,7	+4,5	179,8	+5,1	233,1	+2,2
24.	59,7	−2,4	108,2	+2,0	116,9	+2,9	169,8	+5,1	209,0	+4,0	260,9	−0,3
26.	86,3	0,0	137,5	+4,0	145,8	+4,5	199,8	+4,4	238,0	+1,8	287,7	−2,6
28.	114,8	+2,4	168,0	+5,0	176,1	+5,0	229,6	+2,5	266,0	−0,8	313,4	−4,3
30.	144,5	+4,4	–	–	206,6	+4,1	258,0	0,0	292,7	−3,0	338,1	−5,2

Tag	JULI Länge	JULI Breite	AUGUST Länge	AUGUST Breite	SEPTEMBER Länge	SEPTEMBER Breite	OKTOBER Länge	OKTOBER Breite	NOVEMBER Länge	NOVEMBER Breite	DEZEMBER Länge	DEZEMBER Breite
	°	°	°	°	°	°	°	°	°	°	°	°
2.	2,0	−5,1	45,8	−2,6	91,5	+1,5	126,8	+4,2	179,0	+4,9	217,8	+2,7
4.	25,8	−4,1	70,5	−0,5	118,4	+3,5	155,6	+5,1	209,2	+3,3	247,3	+0,1
6.	50,1	−2,4	96,6	+1,8	147,3	+4,8	185,8	+4,6	239,3	+0,9	276,0	−2,4
8.	75,4	−0,2	124,4	+3,8	177,5	+4,8	216,3	+2,8	268,2	−1,8	303,3	−4,3
10.	102,0	+2,2	153,6	+4,9	207,6	+3,6	245,8	+0,4	295,4	−3,8	329,0	−5,2
12.	129,9	+4,1	183,3	+4,8	236,6	+1,4	273,5	−2,1	320,9	−5,0	353,5	−5,1
14.	158,6	+5,1	212,3	+3,5	264,0	−1,0	299,5	−3,9	345,2	−5,2	17,3	−4,1
16.	187,3	+4,9	240,3	+1,3	290,0	−3,1	324,3	−4,9	9,0	−4,5	41,0	−2,5
18.	215,7	+3,4	267,1	−1,0	315,0	−4,5	348,4	−5,1	32,7	−3,1	65,2	−0,3
20.	243,4	+1,2	292,9	−3,1	339,4	−5,0	12,2	−4,3	56,7	−1,1	90,2	+1,9
22.	270,3	−1,2	318,1	−4,5	3,3	−4,7	35,9	−2,8	81,2	+1,2	116,2	+3,9
24.	296,4	−3,3	342,5	−5,0	27,0	−3,5	59,8	−0,8	106,5	+3,3	143,1	+5,0
26.	321,7	−4,6	6,5	−4,6	50,8	−1,7	84,2	+1,4	132,6	+4,8	170,7	+5,1
28.	346,2	−5,1	30,2	−3,5	74,9	+0,4	109,4	+3,4	159,9	+5,3	198,9	+4,0
30.	10,0	−4,7	54,0	−1,7	100,1	+2,5	136,0	+4,8	188,4	+4,6	227,4	+1,9

Koordinaten gelten für 1^h MEZ und sind geozentrische Werte. Von Mitteleuropa aus steht der Mond etwa 0°,7 südlicher. Abstand der Mondbahn relativ zu helleren Sternen 2002:

Stern:	Aldebaran	Al Nath	Pollux	Regulus	Spica	Antares	Nunki
Mond:	4° nördl.	5° südl.	4° südl.	4° nördl.	5° nördl.	4° nördl.	0°

T.4 Lage der Mondbahn im Tierkreis relativ zur Ekliptik von 180° bis 360° ekliptikale Länge

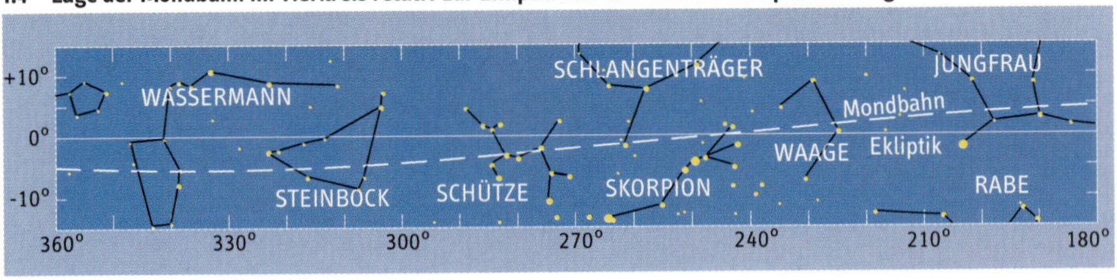

Ekliptikale Koordinaten der Sonne und der großen Planeten

		SONNE	MERKUR		VENUS		MARS		JUPITER		SATURN	
Datum		Länge	Länge	Breite	Länge	Breite	Länge	Breite	Länge	Breite	Länge	Breite
		°	°	°	°	°	°	°	°	°	°	°
Jan	1.	280,4	295,6	−2,1	277,2	−0,4	346,8	−0,7	100,6	0,0	69,3	−1,8
	10.	289,5	308,3	−1,1	288,5	−0,7	353,4	−0,5	99,4	0,0	68,8	−1,8
	20.	299,7	314,3	+1,5	301,1	−1,0	0,7	−0,3	98,2	0,0	68,3	−1,7
	31.	310,9	303,7	+3,6	314,9	−1,3	8,7	−0,2	97,0	+0,1	68,1	−1,7
Feb	10.	321,0	298,7	+2,3	327,4	−1,4	15,9	0,0	96,2	+0,1	68,0	−1,6
	20.	331,1	304,6	+0,4	339,9	−1,5	23,1	+0,1	95,8	+0,1	68,1	−1,6
	28.	339,2	313,4	−0,9	349,9	−1,4	28,8	+0,2	95,6	+0,1	68,4	−1,6
Mrz	10.	349,2	327,0	−1,9	2,4	−1,2	35,9	+0,4	95,7	+0,1	68,8	−1,5
	20.	359,2	342,8	−2,3	14,8	−1,0	42,9	+0,5	96,1	+0,2	69,5	−1,5
	31.	10,1	2,6	−1,8	28,4	−0,6	50,5	+0,6	97,0	+0,2	70,3	−1,5
Apr	10.	19,9	22,8	−0,5	40,7	−0,2	57,4	+0,7	98,0	+0,2	71,2	−1,4
	20.	29,7	43,3	+1,3	53,0	+0,3	64,2	+0,7	99,3	+0,2	72,2	−1,4
	30.	39,5	59,6	+2,5	65,2	+0,7	71,0	+0,8	100,7	+0,2	73,4	−1,4
Mai	10.	49,1	68,6	+2,3	77,3	+1,1	77,7	+0,9	102,4	+0,2	74,6	−1,3
	20.	58,8	69,3	+0,3	89,3	+1,5	84,4	+0,9	104,2	+0,2	75,8	−1,3
	31.	69,4	63,8	−2,7	102,5	+1,8	91,6	+1,0	106,3	+0,2	77,2	−1,3
Jun	10.	78,9	61,4	−4,1	114,3	+2,0	98,2	+1,0	108,4	+0,3	78,5	−1,3
	20.	88,5	66,1	−3,6	126,0	+2,0	104,7	+1,1	110,5	+0,3	79,8	−1,3
	30.	98,0	77,6	−2,0	137,6	+1,8	111,2	+1,1	112,7	+0,3	81,1	−1,3
Jul	10.	107,5	94,9	0,0	149,0	+1,5	117,6	+1,1	114,9	+0,3	82,3	−1,3
	20.	117,1	115,8	+1,5	160,2	+1,0	124,0	+1,1	117,1	+0,3	83,5	−1,3
	31.	127,6	138,3	+1,7	172,1	+0,3	131,1	+1,1	119,6	+0,3	84,7	−1,3
Aug	10.	137,2	156,0	+0,9	182,7	−0,6	137,5	+1,1	121,8	+0,3	85,7	−1,3
	20.	146,8	171,1	−0,4	192,7	−1,5	143,8	+1,1	124,0	+0,4	86,7	−1,3
	31.	157,4	184,5	−2,1	203,0	−2,8	150,8	+1,1	126,3	+0,4	87,5	−1,3
Sep	10.	167,1	192,1	−3,5	211,4	−4,0	157,2	+1,1	128,3	+0,4	88,2	−1,3
	20.	176,8	191,7	−4,0	218,4	−5,2	163,6	+1,1	130,2	+0,4	88,6	−1,3
	30.	186,6	182,0	−1,9	223,4	−6,3	169,9	+1,1	131,9	+0,5	88,9	−1,3
Okt	10.	196,5	179,1	+1,1	225,4	−7,0	176,3	+1,1	133,5	+0,5	89,1	−1,3
	20.	206,4	190,4	+2,0	223,7	−7,1	182,7	+1,1	134,9	+0,5	89,0	−1,3
	31.	217,3	208,4	+1,4	217,9	−5,8	189,7	+1,0	136,2	+0,5	88,7	−1,3
Nov	10.	227,4	224,8	+0,3	212,4	−3,5	196,1	+1,0	137,1	+0,6	88,3	−1,3
	20.	237,4	240,8	−0,8	209,9	−1,0	202,5	+0,9	137,7	+0,6	87,7	−1,3
	30.	247,5	256,3	−1,7	211,4	+1,0	208,9	+0,9	138,0	+0,7	87,0	−1,3
Dez	10.	257,7	271,7	−2,2	216,1	+2,3	215,4	+0,8	138,0	+0,7	86,2	−1,3
	20.	267,9	286,4	−2,1	223,2	+3,2	221,8	+0,8	137,7	+0,7	85,4	−1,3
	31.	279,1	297,7	−0,5	232,7	+3,5	228,9	+0,7	136,9	+0,8	84,5	−1,3

Länge:	Jan 1.	Mrz 1.	Mai 1.	Jul 1.	Sep 1.	Nov 1.	Dez 31.	Breite
URANUS	322°,4	325°,7	328°,4	328°,5	326°,4	324°,9	326°,2	−0°,8 bis −0°,7
NEPTUN	307,4	309,6	310,9	310,4	308,8	308,2	309,5	0,0 bis +0,1
PLUTO	256,0	257,5	257,2	255,6	254,9	256,0	258,2	+9,2 bis +10,1

T.4 Lage der Mondbahn im Tierkreis relativ zur Ekliptik von 0° bis 180° ekliptikale Länge.

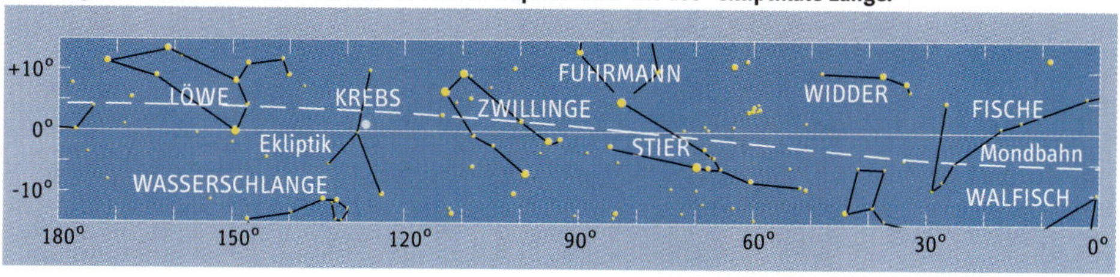

Ephemeriden der großen Planeten Januar – Juni 2002

	MERKUR						VENUS					
Datum	Rektas. h m	Deklin. °	Kulmin. h m	Unterg. h m	Du. ″	bel. %	Rektas. h m	Deklin. °	Kulmin. h m	Unterg. h m	Du. ″	bel. %
Jan 1.	19 52	−23,0	13 31	17 36	5,5	87	18 31	−23,6	12 10	16 09	9,9	100
5.	20 17	−21,5	13 41	17 55	5,8	79	18 53	−23,4	12 16	16 16	9,8	100
10.	20 44	−19,2	13 47	18 15	6,5	65	19 20	−22,9	12 24	16 28	9,8	100
15.	21 02	−16,8	13 44	18 25	7,5	45	19 47	−22,1	12 31	16 41	9,8	100
20.	21 05	−15,1	13 26	18 14	8,7	21	20 14	−20,9	12 38	16 55	9,8	100
25.	20 50	−14,7	12 50	17 39	9,9	3	20 40	−19,6	12 44	17 10	9,8	100
31.	20 21	−15,8	11 57		10,2	4	21 11	−17,6	12 51	17 28	9,9	100
Feb 5.	20 04	−17,1	11 22	Aufg.	9,6	18	21 36	−15,8	12 57	17 44	9,9	100
10.	20 01	−18,2	11 01	6 29	8,7	33	22 01	−13,7	13 01	17 59	9,9	99
15.	20 10	−18,7	10 51	6 22	7,8	46	22 25	−11,5	13 06	18 15	9,9	99
20.	20 27	−18,8	10 49	6 20	7,1	56	22 48	− 9,2	13 10	18 31	10,0	99
25.	20 50	−18,2	10 51	6 19	6,6	64	23 11	− 6,8	13 13	18 46	10,0	99
28.	21 04	−17,6	10 54	6 19	6,3	68	23 25	− 5,3	13 15	18 55	10,0	98
Mrz 5.	21 31	−16,2	11 02	6 18	6,0	74	23 48	− 2,7	13 18	19 11	10,1	98
10.	22 00	−14,3	11 11	6 16	5,7	79	0 11	− 0,2	13 21	19 26	10,2	97
15.	22 29	−11,8	11 21	6 14	5,4	84	0 33	+ 2,4	13 24	19 41	10,2	97
20.	23 00	− 8,8	11 32	6 10	5,2	88	0 56	+ 4,9	13 27	19 57	10,3	96
25.	23 32	− 5,4	11 44	6 05	5,1	92	1 19	+ 7,5	13 30	20 12	10,4	96
31.	0 12	− 0,6	12 01		5,0	97	1 46	+10,4	13 34	20 30	10,5	95
Apr 5.	0 48	+ 3,8	12 17	Unterg.	5,0	100	2 10	+12,7	13 38	20 46	10,6	94
10.	1 25	+ 8,4	12 35	19 24	5,1	99	2 33	+14,9	13 42	21 02	10,8	93
15.	2 04	+13,0	12 54	20 06	5,3	94	2 58	+16,9	13 46	21 17	10,9	93
20.	2 42	+17,1	13 12	20 46	5,7	82	3 22	+18,8	13 51	21 33	11,0	92
25.	3 17	+20,3	13 27	21 20	6,3	66	3 47	+20,4	13 56	21 48	11,2	91
30.	3 47	+22,5	13 37	21 42	7,1	50	4 12	+21,9	14 02	22 03	11,4	90
Mai 5.	4 11	+23,7	13 40	21 51	8,1	35	4 38	+23,1	14 08	22 16	11,6	89
10.	4 26	+24,0	13 34	21 46	9,3	22	5 04	+24,0	14 15	22 29	11,8	87
15.	4 32	+23,4	13 20	21 27	10,4	12	5 31	+24,6	14 21	22 39	12,0	86
20.	4 30	+22,1	12 58	20 55	11,5	4	5 57	+24,9	14 28	22 48	12,3	85
25.	4 22	+20,4	12 29	20 15	12,1	0	6 23	+25,0	14 35	22 55	12,5	84
31.	4 09	+18,2	11 53		12,1	1	6 55	+24,7	14 42	23 00	12,9	82
Jun 5.	4 02	+16,9	11 27	Aufg.	11,5	6	7 21	+24,1	14 49	23 01	13,2	80
10.	4 01	+16,4	11 07	3 42	10,6	14	7 46	+23,2	14 54	23 01	13,5	79
15.	4 06	+16,7	10 53	3 26	9,5	23	8 11	+22,1	15 00	22 58	13,9	77
20.	4 20	+17,7	10 47	3 14	8,4	33	8 36	+20,7	15 04	22 54	14,3	76
25.	4 40	+19,2	10 48	3 06	7,5	44	8 59	+19,1	15 08	22 48	14,8	74
30.	5 07	+20,9	10 56	3 03	6,7	57	9 22	+17,3	15 11	22 41	15,3	72

	SATURN						RING				
Datum	Rektas. h m	Deklin. °	Kulmin. h m	Unterg. h m	Äqu. ″	Pol ″	gr.A. ″	kl.A. ″	Öffn. °	hel. Ö. °	Leucht.
Jan 1.	4 32	+20,1	22 06	5 56	20,2	18,5	46,0	20,0	−25,8	−26,2	1,29
15.	4 28	+20,0	21 08	4 58	19,9	18,2	45,2	19,6	−25,7	−26,2	1,25
31.	4 26	+20,0	20 03	3 53	19,4	17,7	44,0	19,1	−25,8	−26,3	1,23
Feb 15.	4 26	+20,0	19 04	2 54	18,9	17,2	42,8	18,7	−25,8	−26,3	1,22
28.	4 28	+20,2	18 14	2 05	18,4	16,8	41,8	18,3	−25,9	−26,4	1,22
Mrz 15.	4 31	+20,3	17 19	1 10	17,9	16,4	40,7	17,9	−26,0	−26,4	1,23
31.	4 36	+20,6	16 21	0 14	17,5	16,0	39,7	17,5	−26,2	−26,5	1,24
Apr 15.	4 42	+20,8	15 28	23 19	17,1	15,6	38,8	17,3	−26,4	−26,5	1,27
30.	4 49	+21,1	14 36	22 28	16,8	15,4	38,2	17,1	−26,5	−26,5	1,30
Mai 15.	4 56	+21,3	13 44	21 38	16,6	15,2	37,8	16,9	−26,6	−26,6	1,35
31.	5 05	+21,5	12 50		16,5	15,1	37,5	16,9	−26,7	−26,6	1,45
Jun 15.	5 13	+21,7	11 59	Aufg.	16,5	15,1	37,5	16,9	−26,8	−26,6	1,48
30.	5 21	+21,9	11 09	3 11	16,6	15,2	37,7	17,0	−26,8	−26,6	1,36

MARS Rektas. h m	Deklin. °	Kulmin. h m	Unterg. h m	Du. ″	bel. %	JUPITER Rektas. h m	Deklin. °	Kulmin. h m	Unterg. h m	Äqu. ″	Pol ″	Datum
23 13	− 5,8	16 50	22 27	6,3	89	6 46	+23,0	0 25	8 30	47,1	44,0	Jan 1.
23 23	− 4,6	16 45	22 27	6,1	89	6 44	+23,1	0 07	8 12	47,0	44,0	5.
23 37	− 3,1	16 39	22 28	6,0	89	6 41	+23,1	23 40	7 49	46,9	43,9	10.
23 50	− 1,6	16 32	22 29	5,9	90	6 38	+23,2	23 17	7 27	46,7	43,7	15.
0 03	0,0	16 26	22 30	5,7	90	6 36	+23,2	22 55	7 05	46,4	43,4	20.
0 16	+ 1,5	16 19	22 31	5,6	91	6 33	+23,3	22 33	6 44	46,0	43,0	25.
0 32	+ 3,3	16 11	22 32	5,4	91	6 31	+23,3	22 07	6 18	45,5	42,5	31.
0 46	+ 4,8	16 05	22 32	5,3	91	6 29	+23,4	21 45	5 56	45,0	42,1	Feb 5.
0 59	+ 6,3	15 58	22 33	5,2	92	6 27	+23,4	21 24	5 35	44,4	41,5	10.
1 12	+ 7,7	15 52	22 34	5,1	92	6 26	+23,4	21 03	5 15	43,8	41,0	15.
1 25	+ 9,1	15 46	22 34	5,0	93	6 25	+23,4	20 43	4 54	43,2	40,4	20.
1 39	+10,5	15 39	22 35	4,9	93	6 25	+23,4	20 23	4 34	42,6	39,8	25.
1 47	+11,3	15 36	22 35	4,9	93	6 24	+23,4	20 11	4 22	42,2	39,4	28.
2 00	+12,6	15 29	22 36	4,8	94	6 24	+23,5	19 51	4 03	41,5	38,8	Mrz 5.
2 14	+13,8	15 23	22 36	4,7	94	6 25	+23,5	19 32	3 44	40,9	38,2	10.
2 27	+15,0	15 17	22 36	4,6	94	6 26	+23,5	19 13	3 25	40,2	37,6	15.
2 41	+16,2	15 11	22 37	4,5	95	6 27	+23,5	18 55	3 06	39,6	37,0	20.
2 55	+17,2	15 05	22 37	4,4	95	6 28	+23,4	18 37	2 48	38,9	36,4	25.
3 12	+18,4	14 58	22 37	4,4	95	6 30	+23,4	18 15	2 26	38,2	35,7	31.
3 26	+19,4	14 53	22 37	4,3	96	6 32	+23,4	17 58	2 09	37,6	35,2	Apr 5.
3 40	+20,2	14 47	22 36	4,2	96	6 35	+23,4	17 40	1 51	37,1	34,6	10.
3 54	+21,0	14 42	22 35	4,2	96	6 37	+23,3	17 23	1 34	36,5	34,1	15.
4 08	+21,7	14 36	22 34	4,1	97	6 40	+23,3	17 07	1 17	36,0	33,7	20.
4 23	+22,4	14 31	22 33	4,1	97	6 43	+23,3	16 50	1 00	35,5	33,2	25.
4 37	+22,9	14 26	22 31	4,0	97	6 47	+23,2	16 34	0 43	35,1	32,8	30.
4 52	+23,4	14 20	22 29	4,0	97	6 50	+23,2	16 18	0 27	34,6	32,4	Mai 5.
5 06	+23,7	14 15	22 26	3,9	98	6 54	+23,1	16 02	0 10	34,2	32,0	10.
5 21	+24,0	14 10	22 23	3,9	98	6 58	+23,0	15 46	23 51	33,9	31,7	15.
5 35	+24,3	14 05	22 19	3,8	98	7 02	+22,9	15 30	23 34	33,5	31,3	20.
5 50	+24,4	14 00	22 15	3,8	98	7 06	+22,8	15 15	23 18	33,2	31,1	25.
6 07	+24,4	13 53	22 09	3,8	99	7 11	+22,7	14 56	22 59	32,9	30,7	31.
6 22	+24,4	13 48	22 03	3,7	99	7 15	+22,6	14 41	22 43	32,6	30,5	Jun 5.
6 36	+24,2	13 43	21 56	3,7	99	7 20	+22,4	14 26	22 27	32,4	30,3	10.
6 50	+24,0	13 37	21 49	3,7	99	7 24	+22,3	14 10	22 11	32,2	30,1	15.
7 04	+23,7	13 32	21 42	3,6	99	7 29	+22,1	13 55	21 54	32,0	29,9	20.
7 18	+23,3	13 26	21 33	3,6	99	7 34	+22,0	13 40	21 38	31,9	29,8	25.
7 32	+22,8	13 20	21 24	3,6	99	7 38	+21,8	13 25	21 22	31,7	29,7	30.

URANUS Rektas. h m	Deklin. °	Kulmin. h m	Unterg. h m	Du. ″	NEPTUN Rektas. h m	Deklin. °	Kulmin. h m	Aufg. h m	Du. ″	PLUTO Rektas. h m	Deklin. °	Datum
21 40	−14,7	15 16	20 06	3,4	20 39	−18,3	14 15	9 44	2,2	17 03	−13,0	Jan 1.
21 43	−14,5	14 24	19 15	3,4	20 41	−18,2	13 22	8 50	2,2	17 05	−13,0	15.
21 46	−14,2	13 24	18 17	3,4	20 44	−18,0	12 22	7 50	2,2	17 07	−13,0	31.
21 50	−13,9	12 29		3,4	20 46	−17,9	11 25	6 52	2,2	17 08	−13,0	Feb 15.
21 50	−13,9	11 40	Aufg.	3,4	20 48	−17,8	10 36	6 02	2,2	17 09	−13,0	28.
21 56	−13,4	10 45	5 47	3,4	20 50	−17,7	9 39	5 05	2,2	17 10	−12,9	Mrz 15.
21 59	−13,1	9 45	4 46	3,4	20 51	−17,5	8 38	4 03	2,2	17 10	−12,9	31.
22 01	−12,9	8 48	3 48	3,4	20 53	−17,5	7 40	3 05	2,2	17 09	−12,8	Apr 15.
22 03	−12,7	7 51	2 50	3,5	20 53	−17,4	6 41	2 06	2,3	17 08	−12,7	30.
22 04	−12,6	6 53	1 52	3,5	20 53	−17,4	5 43	1 07	2,3	17 07	−12,7	Mai 15.
22 05	−12,6	5 51	0 50	3,6	20 53	−17,4	4 39	0 04	2,3	17 05	−12,6	31.
22 05	−12,6	4 52	23 47	3,6	20 52	−17,5	3 40	23 01	2,3	17 04	−12,6	Jun 15.
22 04	−12,7	3 52	22 47	3,6	20 51	−17,6	2 40	22 01	2,3	17 02	−12,6	30.

Ephemeriden der großen Planeten Juli – Dezember 2002

Datum	MERKUR Rektas. h m	Deklin. °	Kulmin. h m	Aufg. h m	Du. "	bel. %	VENUS Rektas. h m	Deklin. °	Kulmin. h m	Unterg. h m	Du. "	bel. %
Jul 5.	5 41	+22,4	11 11	3 08	6,0	71	9 45	+15,3	15 14	22 32	15,8	70
10.	6 21	+23,4	11 32	3 22	5,5	85	10 07	+13,2	15 16	22 23	16,4	68
15.	7 06	+23,5	11 58	3 47	5,2	95	10 28	+11,0	15 17	22 13	17,0	66
20.	7 52	+22,4	12 25		5,1	100	10 48	+ 8,7	15 18	22 02	17,7	64
25.	8 37	+20,4	12 49	Unterg.	5,0	98	11 08	+ 6,3	15 18	21 50	18,5	62
31.	9 25	+17,0	13 13	20 41	5,1	93	11 32	+ 3,4	15 18	21 35	19,5	60
Aug 5.	10 01	+13,7	13 29	20 38	5,3	87	11 50	+ 0,9	15 17	21 23	20,4	57
10.	10 33	+10,1	13 41	20 31	5,5	82	12 09	− 1,6	15 16	21 10	21,5	55
15.	11 01	+ 6,6	13 49	20 22	5,7	76	12 27	− 4,0	15 14	20 56	22,6	53
20.	11 27	+ 3,1	13 55	20 11	6,1	71	12 44	− 6,5	15 12	20 42	23,9	50
25.	11 50	− 0,2	13 58	19 58	6,4	65	13 01	− 8,8	15 09	20 28	25,4	47
31.	12 13	− 3,7	13 57	19 40	7,0	57	13 21	−11,5	15 05	20 10	27,3	44
Sep 5.	12 28	− 6,2	13 52	19 24	7,6	48	13 37	−13,7	15 00	19 55	29,2	41
10.	12 39	− 8,0	13 42	19 05	8,3	38	13 51	−15,7	14 55	19 39	31,2	38
15.	12 42	− 8,9	13 25	18 45	9,1	26	14 05	−17,5	14 49	19 23	33,6	34
20.	12 37	− 8,3	12 59		9,9	13	14 17	−19,2	14 41	19 06	36,2	30
25.	12 22	− 6,0	12 24	Aufg.	10,4	3	14 28	−20,6	14 32	18 48	39,2	27
30.	12 04	− 2,6	11 47	5 57	10,0	2	14 36	−21,8	14 20	18 29	42,5	22
Okt 5.	11 54	+ 0,4	11 19	5 14	9,0	15	14 41	−22,7	14 05	18 09	46,2	18
10.	11 59	+ 1,3	11 04	4 55	7,7	38	14 43	−23,2	13 47	17 48	50,1	13
15.	12 16	+ 0,3	11 03	4 59	6,6	61	14 41	−23,2	13 25	17 26	54,0	9
20.	12 42	− 2,3	11 09	5 17	5,9	78	14 36	−22,7	13 00	17 05	57,6	5
25.	13 11	− 5,5	11 19	5 42	5,4	89	14 27	−21,6	12 32		60,4	2
31.	13 47	− 9,6	11 32	6 15	5,0	96	14 14	−19,6	11 55	Aufg.	62,0	0
Nov 5.	14 19	−12,9	11 44	6 43	4,8	99	14 04	−17,6	11 26	6 51	61,6	1
10.	14 50	−16,0	11 55	7 11	4,7	100	13 56	−15,6	10 58	6 12	59,7	3
15.	15 22	−18,7	12 07		4,7	100	13 51	−13,8	10 34	5 38	56,6	7
20.	15 54	−21,1	12 20	Unterg.	4,6	100	13 50	−12,4	10 13	5 11	52,8	11
25.	16 27	−23,0	12 33	16 35	4,7	99	13 52	−11,5	9 56	4 49	48,9	16
30.	17 00	−24,4	12 47	16 40	4,8	97	13 58	−11,0	9 43	4 33	45,2	21
Dez 5.	17 34	−25,3	13 01	16 48	4,9	95	14 07	−11,0	9 32	4 23	41,6	25
10.	18 08	−25,7	13 15	17 00	5,1	91	14 18	−11,3	9 24	4 16	38,4	29
15.	18 41	−25,4	13 28	17 16	5,4	86	14 32	−12,0	9 18	4 13	35,6	33
20.	19 12	−24,5	13 40	17 34	5,9	78	14 47	−12,8	9 13	4 12	33,1	37
25.	19 39	−23,1	13 46	17 50	6,5	65	15 03	−13,7	9 10	4 14	30,8	40
31.	20 00	−21,1	13 42	17 58	7,7	41	15 25	−15,0	9 08	4 19	28,5	44

Datum	SATURN Rektas. h m	Deklin. °	Kulmin. h m	Aufg. h m	Äqu. "	Pol "	RING gr.A. "	kl.A. "	Öffn. °	hel. Ö. °	Leucht.
Jul 15.	5 29	+22,0	10 18	2 19	16,8	15,3	38,0	17,1	−26,7	−26,7	1,32
31.	5 37	+22,1	9 22	1 24	17,0	15,6	38,6	17,3	−26,7	−26,7	1,29
Aug 15.	5 44	+22,1	8 30	0 31	17,4	15,9	39,4	17,6	−26,6	−26,7	1,26
31.	5 49	+22,1	7 32	23 30	17,8	16,3	40,4	18,0	−26,5	−26,7	1,24
Sep 15.	5 53	+22,1	6 37	22 34	18,3	16,7	41,5	18,4	−26,4	−26,7	1,23
30.	5 55	+22,1	5 41	21 38	18,8	17,1	42,6	18,9	−26,3	−26,7	1,23
Okt 15.	5 56	+22,1	4 42	20 39	19,3	17,6	43,8	19,4	−26,3	−26,7	1,24
31.	5 54	+22,1	3 38	19 35	19,8	18,1	45,0	20,0	−26,3	−26,7	1,27
Nov 15.	5 51	+22,1	2 36	18 33	20,2	18,5	45,9	20,4	−26,4	−26,7	1,30
30.	5 47	+22,1	1 32	17 29	20,5	18,7	46,6	20,7	−26,5	−26,7	1,36
Dez 15.	5 42	+22,1	0 28	16 25	20,6	18,9	46,8	20,9	−26,6	−26,7	1,63
31.	5 36	+22,0	23 15	15 16	20,6	18,8	46,7	20,9	−26,6	−26,7	1,37

MARS						JUPITER						
Rektas. h m	Deklin. °	Kulmin. h m	Unterg. h m	Du. ″	bel. %	Rektas. h m	Deklin. °	Kulmin. h m	Unterg. h m	Äqu. ″	Pol ″	Datum
7 46	+22,3	13 14	21 15	3,6	100	7 43	+21,6	13 10	21 06	31,6	29,6	Jul 5.
8 00	+21,7	13 08	21 05	3,6	100	7 48	+21,4	12 55	20 50	31,6	29,5	10.
8 13	+21,1	13 02	20 54	3,5	100	7 52	+21,2	12 40	20 34	31,5	29,5	15.
8 27	+20,3	12 56	20 44	3,5	100	7 57	+21,0	12 25		31,5	29,5	20.
8 40	+19,6	12 49	20 32	3,5	100	8 02	+20,8	12 10	Aufg.	31,5	29,5	25.
8 55	+18,5	12 41	20 18	3,5	100	8 07	+20,6	11 52	4 03	31,5	29,5	31.
9 08	+17,6	12 34		3,5	100	8 12	+20,3	11 37	3 49	31,6	29,6	Aug 5.
9 21	+16,7	12 27	Aufg.	3,5	100	8 16	+20,1	11 22	3 36	31,7	29,6	10.
9 34	+15,7	12 20	4 59	3,5	100	8 21	+19,9	11 07	3 22	31,8	29,7	15.
9 46	+14,7	12 13	4 57	3,5	100	8 25	+19,6	10 52	3 08	31,9	29,9	20.
9 59	+13,6	12 06	4 56	3,5	100	8 30	+19,4	10 36	2 54	32,1	30,0	25.
10 13	+12,2	11 57	4 54	3,5	100	8 35	+19,1	10 18	2 37	32,3	30,2	31.
10 25	+11,1	11 49	4 52	3,5	100	8 39	+18,8	10 02	2 23	32,6	30,4	Sep 5.
10 37	+ 9,9	11 41	4 50	3,5	100	8 43	+18,6	9 47	2 09	32,8	30,7	10.
10 49	+ 8,7	11 34	4 49	3,6	100	8 47	+18,4	9 31	1 55	33,1	30,9	15.
11 01	+ 7,5	11 26	4 47	3,6	100	8 51	+18,1	9 15	1 40	33,4	31,2	20.
11 13	+ 6,3	11 18	4 45	3,6	99	8 55	+17,9	8 59	1 26	33,7	31,5	25.
11 25	+ 5,0	11 10	4 43	3,6	99	8 58	+17,7	8 43	1 11	34,1	31,9	30.
11 36	+ 3,7	11 02	4 41	3,6	99	9 01	+17,4	8 27	0 56	34,5	32,2	Okt 5.
11 48	+ 2,5	10 54	4 39	3,7	99	9 05	+17,2	8 10	0 40	34,9	32,6	10.
12 00	+ 1,2	10 46	4 37	3,7	99	9 07	+17,0	7 53	0 25	35,3	33,0	15.
12 12	– 0,1	10 38	4 35	3,7	99	9 10	+16,8	7 36	0 09	35,8	33,5	20.
12 23	– 1,4	10 30	4 34	3,7	98	9 13	+16,7	7 19	23 49	36,3	33,9	25.
12 37	– 2,9	10 20	4 31	3,8	98	9 15	+16,5	6 58	23 29	36,9	34,5	31.
12 49	– 4,2	10 12	4 29	3,8	98	9 17	+16,4	6 40	23 12	37,5	35,0	Nov 5.
13 01	– 5,4	10 04	4 28	3,9	98	9 19	+16,3	6 22	22 55	38,0	35,6	10.
13 13	– 6,7	9 57	4 26	3,9	97	9 20	+16,2	6 04	22 37	38,6	36,1	15.
13 25	– 7,9	9 49	4 24	4,0	97	9 21	+16,1	5 46	22 19	39,2	36,7	20.
13 37	– 9,1	9 41	4 22	4,0	97	9 22	+16,1	5 27	22 00	39,8	37,2	25.
13 49	–10,3	9 34	4 20	4,1	96	9 23	+16,0	5 07	21 41	40,4	37,8	30.
14 01	–11,4	9 26	4 19	4,2	96	9 23	+16,1	4 48	21 21	41,0	38,4	Dez 5.
14 13	–12,5	9 19	4 17	4,2	96	9 23	+16,1	4 28	21 01	41,6	38,9	10.
14 26	–13,6	9 12	4 15	4,3	95	9 22	+16,1	4 08	20 40	42,2	39,5	15.
14 38	–14,6	9 04	4 14	4,4	95	9 21	+16,2	3 47	20 19	42,8	40,0	20.
14 51	–15,6	8 57	4 12	4,4	95	9 20	+16,3	3 27	19 58	43,3	40,5	25.
15 06	–16,8	8 49	4 10	4,6	94	9 19	+16,5	3 01	19 32	43,9	41,1	31.

URANUS					NEPTUN					PLUTO		
Rektas. h m	Deklin. °	Kulmin. h m	Aufg. h m	Du. ″	Rektas. h m	Deklin. °	Kulmin. h m	Aufg. h m	Du. ″	Rektas. h m	Deklin. °	Datum
22 02	–12,8	2 51	21 48	3,7	20 50	–17,7	1 39	21 01	2,3	17 01	–12,7	Jul 15.
22 00	–13,0	1 47	20 44	3,7	20 48	–17,8	0 35	19 57	2,3	16 59	–12,7	31.
21 58	–13,2	0 45	19 43	3,7	20 46	–17,9	23 30		2,3	16 59	–12,8	Aug 15.
21 56	–13,5	23 36		3,7	20 45	–18,0	22 25	Unterg.	2,3	16 59	–12,9	31.
21 53	–13,6	22 35	Unterg.	3,7	20 43	–18,1	21 25	2 01	2,3	16 59	–13,0	Sep 15.
21 52	–13,8	21 34	2 33	3,7	20 43	–18,1	20 25	1 01	2,3	17 00	–13,2	30.
21 50	–13,9	20 34	1 32	3,6	20 42	–18,2	19 26	0 01	2,3	17 01	–13,3	Okt 15.
21 50	–13,9	19 30	0 29	3,6	20 42	–18,2	18 23	22 54	2,3	17 03	–13,4	31.
21 50	–13,9	18 32	23 26	3,5	20 43	–18,1	17 25	21 56	2,3	17 05	–13,5	Nov 15.
21 51	–13,8	17 33	22 28	3,5	20 44	–18,1	16 27	20 59	2,2	17 07	–13,6	30.
21 52	–13,7	16 36	21 32	3,4	20 45	–18,0	15 30	20 02	2,2	17 09	–13,7	Dez 15.
21 53	–13,5	15 36	20 32	3,4	20 48	–17,8	14 29	19 02	2,2	17 12	–13,7	31.

Ephemeriden hellerer Kleinplaneten 2002

CERES (1)

Datum	Rektas. h m	Deklin. °	Kulmin. h m
Aug 15.	1 27	− 5,4	4 14
20.	1 27	− 5,8	3 54
25.	1 26	− 6,1	3 34
31.	1 25	− 6,6	3 09
Sep 5.	1 23	− 7,0	2 47
10.	1 21	− 7,4	2 25
15.	1 18	− 7,9	2 03
20.	1 15	− 8,3	1 40
25.	1 11	− 8,8	1 17
30.	1 07	− 9,2	0 53
Okt 5.	1 03	− 9,5	0 29
10.	0 59	− 9,9	0 05
15.	0 54	−10,1	23 37
20.	0 50	−10,3	23 13
25.	0 46	−10,4	22 50
31.	0 42	−10,4	22 22

JUNO (3)

Datum	Rektas. h m	Deklin. °	Kulmin. h m
Jan 1.	9 51	− 0,1	3 28
5.	9 50	0,0	3 12
10.	9 48	+ 0,3	2 50
15.	9 45	+ 0,6	2 28
20.	9 42	+ 1,1	2 05
25.	9 38	+ 1,7	1 42
31.	9 34	+ 2,5	1 14
Feb 5.	9 29	+ 3,3	0 50
10.	9 25	+ 4,1	0 26
15.	9 21	+ 5,0	0 02
20.	9 17	+ 5,8	23 34
25.	9 13	+ 6,7	23 11
28.	9 11	+ 7,2	22 57

METIS (9)

Datum	Rektas. h m	Deklin. °	Kulmin. h m
Jan 1.	7 54	+27,4	1 32
5.	7 50	+27,9	1 13
10.	7 45	+28,3	0 48
15.	7 39	+28,7	0 22
20.	7 34	+29,1	23 52
25.	7 28	+29,4	23 27
31.	7 23	+29,6	22 58

VESTA (4)

Datum	Rektas. h m	Deklin. °	Kulmin. h m
Jan 1.	3 50	+14,6	21 24
5.	3 48	+14,8	21 07
10.	3 47	+15,0	20 46
15.	3 46	+15,3	20 26
20.	3 46	+15,6	20 07
25.	3 47	+15,9	19 48
31.	3 49	+16,4	19 26
Feb 5.	3 51	+16,8	19 09
10.	3 54	+17,2	18 52
15.	3 58	+17,6	18 36
20.	4 02	+18,0	18 21
25.	4 06	+18,4	18 06
28.	4 09	+18,7	17 57
Mrz 5.	4 14	+19,1	17 42
10.	4 20	+19,6	17 28
15.	4 26	+20,0	17 15
20.	4 32	+20,4	17 01
25.	4 39	+20,8	16 48
31.	4 47	+21,2	16 33
Nov 5.	11 16	+ 9,2	8 40
10.	11 24	+ 8,5	8 28
15.	11 32	+ 7,9	8 16
20.	11 40	+ 7,3	8 04
25.	11 47	+ 6,8	7 51
30.	11 54	+ 6,2	7 39
Dez 5.	12 01	+ 5,7	7 26
10.	12 08	+ 5,3	7 13
15.	12 14	+ 4,8	7 00
20.	12 21	+ 4,5	6 47
25.	12 27	+ 4,1	6 33
31.	12 33	+ 3,8	6 16

IRIS (7)

Datum	Rektas. h m	Deklin. °	Kulmin. h m
Aug 5.	22 27	+ 0,1	1 54
10.	22 24	+ 0,1	1 31
15.	22 20	0,0	1 07
20.	22 16	− 0,2	0 43
25.	22 11	− 0,4	0 19
31.	22 05	− 0,8	23 45
Sep 5.	22 01	− 1,2	23 21
10.	21 56	− 1,6	22 57
15.	21 52	− 2,0	22 33
20.	21 49	− 2,5	22 10
25.	21 47	− 2,9	21 48
30.	21 45	− 3,3	21 27

EUNOMIA (15)

Datum	Rektas. h m	Deklin. °	Kulmin. h m
Aug 5.	23 28	+10,9	2 54
10.	23 26	+11,5	2 33
15.	23 24	+12,0	2 11
20.	23 21	+12,4	1 48
25.	23 17	+12,7	1 25
31.	23 12	+13,0	0 56
Sep 5.	23 07	+13,1	0 32
10.	23 03	+13,1	0 08
15.	22 58	+12,9	23 39
20.	22 53	+12,7	23 14
25.	22 49	+12,5	22 51
30.	22 45	+12,1	22 27
Okt 5.	22 42	+11,7	22 05
10.	22 40	+11,3	21 43
15.	22 38	+10,9	21 21
20.	22 37	+10,6	21 01
25.	22 37	+10,2	20 41
31.	22 38	+ 9,8	20 19

MELPOMENE (18)

Datum	Rektas. h m	Deklin. °	Kulmin. h m
Aug 15.	0 42	− 0,8	3 29
20.	0 45	− 1,4	3 12
25.	0 46	− 2,3	2 54
31.	0 47	− 3,4	2 31
Sep 5.	0 47	− 4,4	2 11
10.	0 46	− 5,6	1 51
15.	0 44	− 6,8	1 29
20.	0 42	− 8,0	1 08
25.	0 39	− 9,2	0 45
30.	0 36	−10,3	0 23
Okt 5.	0 33	−11,3	23 55
10.	0 30	−12,2	23 33
15.	0 28	−12,9	23 10

MASSALIA (10)

Datum	Rektas. h m	Deklin. °	Kulmin. h m
Dez 1.	5 17	+22,1	0 59
5.	5 13	+22,0	0 39
10.	5 07	+21,8	0 14
15.	5 02	+21,7	23 44
20.	4 57	+21,6	23 19
25.	4 52	+21,4	22 55
31.	4 47	+21,3	22 27

Zentralmeridiane Jupiter 2002 (1^h MEZ = 2^h MESZ)

Jupiter System I

Dat.	Jan	Feb	Mrz	Apr	Mai	Jun	Aug	Sep	Okt	Nov	Dez
1.	270°	128°	229°	80°	130°	338°	235°	84°	137°	350°	48°
2.	68	286	26	237	288	135	33	242	295	148	206
3.	226	84	184	35	86	293	191	40	93	306	4
4.	24	242	342	193	243	91	348	197	251	104	162
5.	182	40	140	350	41	248	146	355	48	262	320
6.	340	197	298	148	199	46	304	153	206	60	118
7.	138	355	95	306	356	204	101	311	4	217	276
8.	296	153	253	104	154	1	259	108	162	15	74
9.	94	311	51	261	312	159	57	266	320	173	232
10.	252	109	209	59	109	317	214	64	117	331	30
11.	50	267	7	217	267	114	12	222	275	129	188
12.	208	65	164	14	65	272	170	19	73	287	346
13.	6	223	322	172	222	70	328	177	231	85	144
14.	164	21	120	330	20	227	125	335	29	243	302
15.	322	179	278	127	178	25	283	133	187	41	100
16.	120	336	76	285	335	182	81	290	344	199	258
17.	278	134	233	83	133	340	238	88	142	357	56
18.	76	292	31	241	291	138	36	246	300	154	214
19.	234	90	189	38	88	295	194	44	98	312	12
20.	32	248	347	196	246	93	351	202	256	110	170
21.	190	46	144	354	44	251	149	359	54	268	328
22.	348	204	302	151	201	48	307	157	212	66	126
23.	146	2	100	309	359	206	105	315	9	224	284
24.	304	159	258	107	157	4	262	113	167	22	82
25.	102	317	55	264	314	161	60	270	325	180	240
26.	260	115	213	62	112	319	218	68	123	338	38
27.	58	273	11	220	269	117	16	226	281	136	196
28.	216	71	169	17	67	274	173	24	79	294	354
29.	14		326	175	225	72	331	182	237	92	152
30.	172		124	333	22	230	129	339	34	250	310
31.	330		282		180		286		192		108
D	2	2	2	2	2	1	1	1	0	0	0

Jupiter System II

Dat.	Jan	Feb	Mrz	Apr	Mai	Jun	Aug	Sep	Okt	Nov	Dez
1.	73°	54°	301°	276°	98°	68°	220°	193°	17°	353°	182°
2.	223	204	91	66	248	218	10	343	167	144	332
3.	13	355	242	216	38	8	160	133	317	294	123
4.	164	145	32	6	188	158	311	283	107	84	273
5.	314	295	182	156	338	308	101	73	258	234	63
6.	105	85	332	306	128	98	251	223	48	25	214
7.	255	236	122	96	278	248	41	14	198	175	4
8.	45	26	272	246	68	38	191	164	348	325	154
9.	196	176	63	36	218	189	341	314	138	115	305
10.	346	327	213	186	8	339	131	104	289	266	95
11.	137	117	3	336	158	129	281	254	79	56	246
12.	287	267	153	126	308	279	71	44	229	206	36
13.	77	57	303	277	98	69	221	194	19	357	186
14.	228	208	93	67	248	219	11	344	169	147	337
15.	18	358	244	217	38	9	161	135	320	297	127
16.	169	148	34	7	188	159	311	285	110	87	277
17.	319	298	184	157	338	309	101	75	260	238	68
18.	109	89	334	307	128	99	252	225	50	28	218
19.	260	239	124	97	278	249	42	15	200	178	8
20.	50	29	274	247	68	39	192	165	351	329	159
21.	200	179	64	37	218	189	342	315	141	119	309
22.	351	330	214	187	8	339	132	106	291	269	100
23.	141	120	5	337	158	129	282	256	81	59	250
24.	291	270	155	127	308	279	72	46	231	210	40
25.	82	60	305	277	98	69	222	196	22	0	191
26.	232	211	95	67	248	219	12	346	172	150	341
27.	22	1	245	217	38	9	162	136	322	301	132
28.	173	151	35	7	188	159	312	286	112	91	282
29.	323		185	157	338	309	103	77	263	241	72
30.	113		335	307	128	99	253	227	53	32	223
31.	264		125		278		43		203		13

D = Neigung der Planetenachse zur Erde

Korrektur für MEZ	0^h	1^h	2^h	3^h	4^h	5^h	6^h	7^h	18^h	19^h	20^h	21^h	22^h	23^h	24^h	Änderung
Korrektur für MESZ	1^h	2^h	3^h	4^h	5^h	6^h	7^h	8^h	19^h	20^h	21^h	22^h	23^h	24^h		
Jupiter System I	−37°	0°	+37°	+73°	+110°	+146°	+183°	+219°	−98°	−62°	−25°	+12°	+48°	+85°	+121°	+36°,6/Stunde
Jupiter System II	−36°	0°	+36°	+73°	+109°	+145°	+181°	+218°	−104°	−67°	−31°	+5°	+41°	+78°	+114°	+36°,3/Stunde

In den **halbfett** gedruckten Tagesintervallen sind die Kleinplaneten einfacher aufzufinden. Spaltenüberschriften auf S. 230 bis 234: Rektaszension und Deklination für 1^h MEZ / Kulmination = Meridiandurchgang: MEZ für 10° östliche Länge / Aufgang oder Untergang: MEZ für 10° östliche Länge und 50° nördliche Breite / Scheinbarer Durchmesser für 1^h MEZ, Äqu.: Äquatordurchmesser, Pol: Poldurchmesser / Beleuchteter Teil des Planetenscheibchens für 1^h MEZ / Saturnring: große und kleine Ringachse, Öffnung, heliozentrische Öffnung

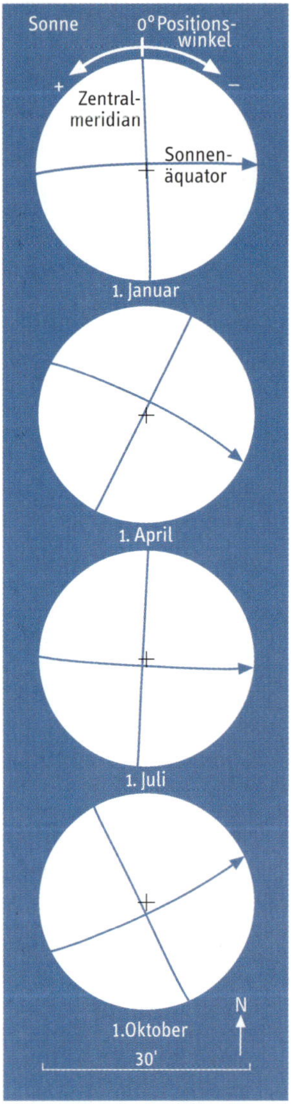

T.5 Lage des Zentralmeridians und des Äquators der Sonne im Verlauf des Jahres relativ zum Beobachter auf der Erde

Ephemeride der Sonnenscheibe (1^h MEZ) 2002

Datum		Entferng. AE	Du. '	Z. M. °	B_0 °	P °	Sternzeit h m
Jan	1.	0,983	32,5	79,7	−3,0	+ 2,2	6 42
	10.	0,983	32,5	321,2	−4,0	− 2,2	7 17
	20.	0,984	32,5	189,5	−5,0	− 6,9	7 57
	31.	0,985	32,5	44,7	−5,9	−11,7	8 40
Feb	10.	0,987	32,4	273,0	−6,6	−15,6	9 20
	20.	0,989	32,4	141,4	−7,0	−18,9	9 59
	28.	0,990	32,3	36,0	−7,2	−21,2	10 31
Mrz	10.	0,993	32,2	264,3	−7,2	−23,5	11 10
	20.	0,996	32,1	132,4	−7,0	−25,1	11 49
	31.	0,999	32,0	347,4	−6,6	−26,1	12 33
Apr	10.	1,002	31,9	215,4	−6,0	−26,3	13 12
	20.	1,005	31,8	83,4	−5,2	−25,7	13 52
	30.	1,007	31,8	311,3	−4,3	−24,4	14 31
Mai	10.	1,010	31,7	179,1	−3,2	−22,3	15 10
	20.	1,012	31,6	46,8	−2,1	−19,6	15 50
	31.	1,014	31,5	261,3	−0,8	−15,9	16 33
Jun	10.	1,015	31,5	128,9	+0,4	−12,0	17 13
	20.	1,016	31,5	356,6	+1,6	− 7,8	17 52
	30.	1,017	31,5	224,2	+2,7	− 3,3	18 32
Jul	10.	1,017	31,5	91,9	+3,8	+ 1,2	19 11
	20.	1,016	31,5	319,5	+4,8	+ 5,7	19 50
	31.	1,015	31,5	174,0	+5,7	+10,3	20 34
Aug	10.	1,014	31,6	41,8	+6,3	+14,1	21 13
	20.	1,012	31,6	269,6	+6,8	+17,5	21 53
	31.	1,010	31,7	124,2	+7,2	+20,7	22 36
Sep	10.	1,007	31,8	352,2	+7,2	+23,1	23 15
	20.	1,004	31,8	220,1	+7,1	+24,8	23 55
	30.	1,002	31,9	88,2	+6,8	+25,9	0 34
Okt	10.	0,999	32,0	316,2	+6,2	+26,3	1 14
	20.	0,996	32,1	184,3	+5,5	+26,0	1 53
	31.	0,993	32,2	39,2	+4,5	+24,7	2 36
Nov	10.	0,990	32,3	267,4	+3,4	+22,8	3 16
	20.	0,988	32,4	135,6	+2,3	+20,0	3 55
	30.	0,986	32,4	3,8	+1,0	+16,6	4 35
Dez	10.	0,985	32,5	232,0	−0,2	+12,6	5 14
	20.	0,984	32,5	100,2	−1,5	+ 8,0	5 54
	31.	0,983	32,5	315,3	−2,9	+ 2,8	6 37

Z.M. Zentralmeridian (Abnahme 13°,2/Tag), B_0 Neigung der Sonnenachse zur Erde, P Positionswinkel des Sonnen-Nordpols, Sternzeit in Greenwich 0^h UT = 1^h MEZ

Beginn der synodischen Sonnenrotation nach Carrington 2002

Rot. Nr.	Datum	MEZ h m	Rot. Nr.	Datum	MEZ h m
1985	Jan 7.	2 18	1992	Jul 16.	23 35
1986	Feb 3.	10 29	1993	Aug 13.	4 50
1987	Mrz 2.	18 35	1994	Sep 9.	10 45
1988	Mrz 30.	2 03	1995	Okt 6.	17 21
1989	Apr 26.	8 31	1996	Nov 3.	0 24
1990	Mai 23.	13 58	1997	Nov 30.	7 50
1991	Jun 19.	18 48	1998	Dez 27.	15 36

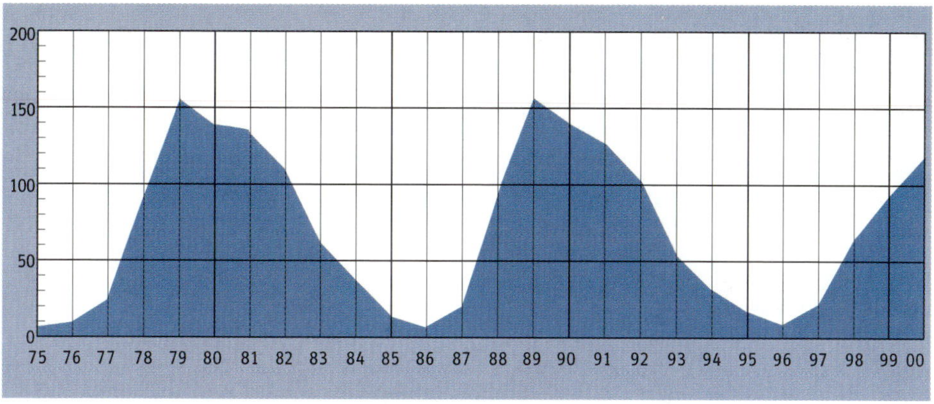

T.6 Jahresmittel der Sonnenfleckenrelativzahlen von 1975 bis 2000

T.7 Monatsmittel der Sonnenfleckenrelativzahlen von Januar 1995 bis März 2001.

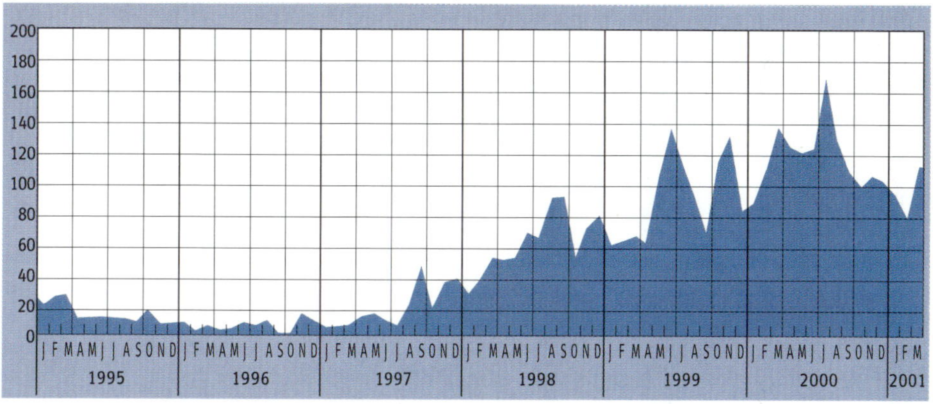

T.8 Stellung und relative Lage der zunehmenden Mondsichel zum Westhorizont jeweils am 1. Sichtbarkeitsabend nach Neumond zum Zeitpunkt des Sonnenuntergangs im Jahre 2002.

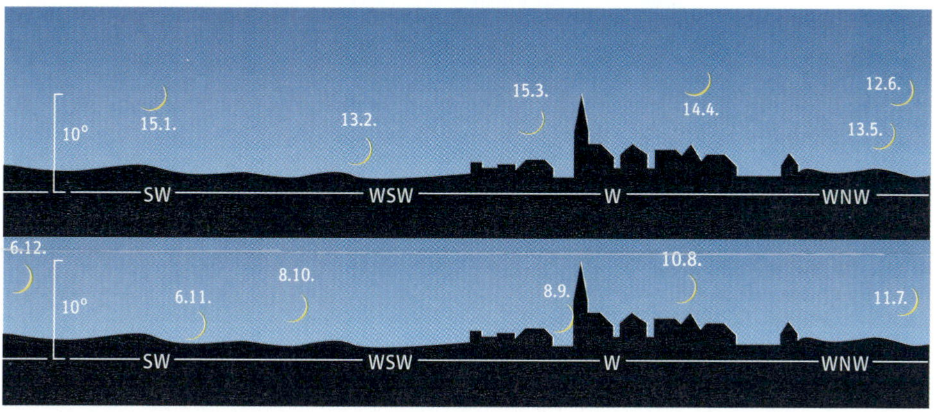

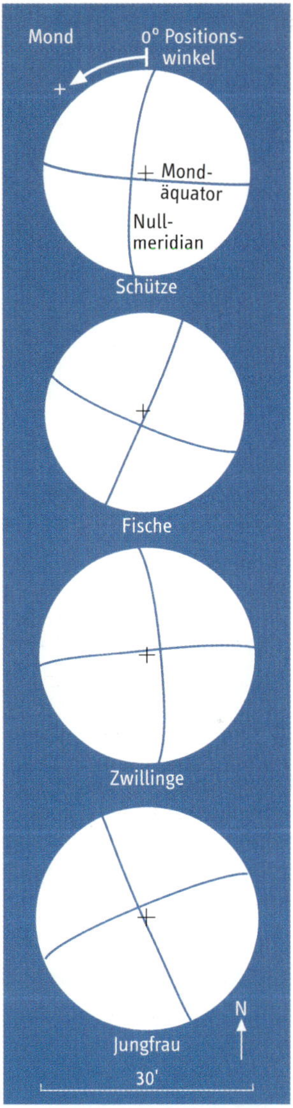

T.9 Lage des Nullmeridians und des Mondäquators relativ zum Beobachter auf der Erde in Abhängigkeit von der Position des Mondes im Tierkreis (siehe auch monatliche Rubrik „Mondlauf").

Sternbedeckungen durch den Mond 2002

Datum		MEZ		Stern	Hell.	bel.	E/A	P
		h	m		m	%		°
Jan	22.	0	05	64 Cet	5,6	52	E	20
	24.	2	05	HR 1201	6,0	72	E	75
	31.	23	25	ν Vir	4,0	87	A	275
Feb	16.	18	15	26 Cet	6,0:	17	E	15
	21.	19	05	105 Tau	5,9:	63	E	115
	21.	23	25	108 Tau	6,3:	65	E	50
	22.	1	05	109 Tau	4,9	65	E	105
	22.	18	15	1 Gem	4,2:	73	E	145
	23.	3	50	**Jupiter**	−2,5	76	E	115
Mrz	3.	3	05	κ Vir	4,2	81	A	265
	5.	3	15	**Acrab A**	2,6:	60	E	105
	5.	4	25	**Acrab B**	4,9:	60	A	305
	5.	4	25	**Acrab A**	2,6:	60	A	305
	19.	20	50	HR 1238	5,9	27	E	140
Apr	16.	20	05	HU Tau	5,9:	15	E	150
	16.	21	55	**Saturn**	0,2	15	E	140
	16.	22	30	**Saturn**	0,2	15	A	210
Jun	17.	21	15	ν Vir	4,0	48	E	75
	19.	23	00	74 Vir	4,7	71	E	180
	20.	21	45	2 Lib	6,2	81	E	150
Jul	17.	21	15	96 Vir	6,5	57	E	145
	20.	22	30	24 Oph	5,6:	87	E	25
	29.	1	05	30 Psc	4,4	80	A	275
	29.	3	30	33 Psc	4,6:	79	A	230
Aug	1.	0	20	64 Cet	5,6	54	A	235
	1.	1	25	ξ^1 Cet	4,4:	54	A	245
	4.	1	20	HU Tau	5,9:	26	A	235
	29.	2	20	38 Ari	5,2	70	A	230
Sep	2.	2	30	5 Gem	5,8	30	A	270
	13.	20	05	SAO 185313	6,6	51	E	110
	13.	20	25	θ Oph	3,3:	51	E	130
	14.	20	35	SAO 186687	6,7	61	E	75
	19.	23	40	τ Aqr	4,0	97	E	55
Okt	1.	0	25	κ Gem	3,6:	37	E	5
	1.	0	40	κ Gem	3,6:	37	A	340
	12.	16	40	**Nunki**	2,0:	44	E	30
	12.	17	20	**Nunki**	2,0:	44	A	330
	15.	19	15	HR 8293	6,2:	74	E	40
	18.	19	45	30 Psc	4,3	94	E	70
	18.	22	35	33 Psc	4,6:	95	E	135
Nov	11.	18	40	35 Cap	5,8	48	E	115
	27.	3	35	η Leo	3,5:	56	A	305
Dez	10.	18	45	69 Aqr	5,7:	41	E	55
	10.	20	30	τ Aqr	4,0	42	E	15
	15.	16	40	ξ Ari	5,5	84	E	70
	18.	3	25	ω Tau	4,9:	97	E	95
	21.	19	35	κ Gem	3,6:	96	A	270
	26.	6	55	ν Vir	4,0	59	A	5

Hell. = Helligkeit („:" = Doppelstern), E/A = Eintritt/Austritt,
bel. = beleuchteter Teil der Mondscheibe, P = Positionswinkel

Datum		MEZ Stunde	Hamburg	Hannover	Berlin	Dresden	Leipzig	Düsseldorf	Frankfurt	Nürnberg	Stuttgart	München	Zürich	Wien
Jan	22.	0	07,0	05,0	06,5	04,7	04,6	02,6	02,4	02,7	01,8	02,2	01,1	03,4
	24.	2	03,1	04,3	04,4	05,9	05,6	05,3	06,8	07,7	08,5	09,2	10,2	08,8
	31.	23	31,7	30,3	33,0	31,8	31,0	27,0	26,8	27,6	25,2	26,2	22,5	30,5
Feb	16.	18	18,4	15,2	16,4	13,9	13,8	11,7	10,0	10,0	–	–	–	11,9
	21.	18/19	00,9	01,0	07,2	09,4	06,6	56,3	00,7	06,4	03,4	09,8	04,4	20,2
	21.	23	24,2	23,6	27,4	27,5	26,2	20,3	22,4	24,9	23,2	25,8	23,0	30,2
	22.	0/1	59,1	01,2	01,1	03,6	03,1	03,0	05,2	06,5	07,8	08,9	10,6	08,2
	22.	18	06,6	07,8	15,1	22,6	16,7	03,7	11,4	–	–	–	–	–
	23.	3	46,4	48,3	46,3	48,2	48,5	51,4	52,2	51,8	54,0	53,5	56,5	–
Mrz	3.	2/3	04,3	03,4	09,2	09,5	07,3	57,5	00,0	04,1	59,9	04,3	57,1	13,6
	5.	3	16,2	14,9	19,2	18,4	17,0	10,9	11,9	14,0	11,5	13,7	09,9	19,8
	5.	4	24,6	24,4	28,1	28,8	27,3	21,2	23,2	26,0	23,8	26,8	22,9	32,7
	5.	4	24,8	24,6	28,4	29,0	27,5	21,3	23,3	26,1	23,9	26,9	23,0	32,9
	19.	20	45,6	50,5	50,5	57,2	55,8	57,2	–	–	–	–	–	–
Apr	16.	19/20	51,9	56,0	55,5	00,5	59,7	01,0	06,3	08,7	18,8	20,7	–	11,5
	16.	21/22	48,5	51,5	49,3	52,5	52,6	56,4	58,3	58,5	02,1	01,9	08,1	57,6
	16.	22	30,0	30,3	30,7	31,1	31,0	29,6	29,9	30,7	29,4	30,6	27,2	–
Jun	17.	21	08,7	09,5	14,3	16,3	14,2	06,5	10,4	14,4	12,6	16,5	13,3	22,7
	19.	22/23	51,0	53,6	54,5	58,0	56,8	55,7	58,8	01,0	02,5	04,6	06,6	05,8
	20.	21	38,3	39,6	42,8	45,1	43,4	38,4	41,6	44,8	44,0	47,2	45,6	51,7
Jul	17.	21	04,3	06,0	09,0	11,9	10,2	05,3	08,9	12,3	11,8	15,1	13,7	19,3
	20.	22	–	–	–	–	–	–	–	–	27,5	31,7	22,6	41,7
	29.	0/1	08,4	06,6	11,9	10,6	09,0	01,0	02,0	04,6	01,0	03,6	58,1	11,1
	29.	3	36,3	34,9	–	38,6	37,2	29,8	31,1	33,5	30,2	32,6	27,6	38,5
Aug	1.	0	28,1	25,8	26,3	23,4	23,9	23,3	21,3	20,1	18,8	17,6	16,0	18,0
	1.	1	30,0	27,7	29,6	26,9	26,8	24,4	22,9	22,6	20,6	20,3	17,7	22,6
	4.	1	23,3	21,4	20,4	17,8	18,7	–	–	16,0	–	13,6	–	12,0
	29.	2	28,3	25,8	29,4	26,9	26,2	21,0	20,5	21,3	18,2	19,0	14,8	23,2
Sep	2.	2	33,9	32,2	33,6	31,6	31,6	29,9	28,8	28,5	27,1	26,7	25,0	28,1
	13.	20	05,0	05,8	10,8	12,8	10,6	02,9	06,7	10,9	09,0	13,3	09,6	20,4
	13.	20	20,9	22,2	26,9	29,7	27,3	19,6	23,8	28,4	26,7	31,4	27,9	38,5
	14.	20	34,8	35,0	40,0	41,2	39,2	31,4	34,5	38,4	36,0	39,9	35,7	46,4
	19.	23	41,5	40,6	45,0	45,0	43,4	36,4	38,0	40,9	38,0	41,1	36,2	48,1
Okt	1.	0	–	–	–	–	–	–	–	–	–	–	28,0	–
	1.	0	–	–	–	–	–	–	–	–	–	38,7	35,1	43,6
	12.	16	44,4	42,0	49,1	47,4	45,3	34,1	35,8	39,6	34,6	38,4	30,7	48,0
	12.	17	16,2	16,7	21,7	23,6	21,3	13,7	16,8	21,0	18,6	23,0	18,7	31,3
	15.	19	20,3	18,7	23,2	22,2	20,7	13,5	14,4	16,8	13,4	15,9	10,5	22,8
	18.	19	49,8	47,5	51,8	49,9	48,8	42,5	42,5	44,1	40,8	42,6	37,6	49,1
	18.	22	34,7	40,0	–	–	–	27,1	–	–	–	–	–	–
Nov	11.	18	34,2	34,1	41,3	43,1	40,0	28,6	32,6	38,3	34,4	40,6	33,7	53,3
	27.	3	32,5	32,9	36,7	37,8	36,2	30,1	32,3	35,2	33,0	36,0	32,1	42,1
Dez	10.	18	44,4	43,7	47,6	47,8	46,3	40,0	41,6	44,3	41,7	44,6	40,2	50,9
	10.	20	35,5	33,3	33,0	31,3	31,6	32,1	30,0	29,4	28,4	28,3	26,7	29,8
	15.	16	42,2	39,8	41,6	36,4	38,9	–	35,0	34,8	32,8	32,4	–	35,1
	18.	3	21,8	23,5	25,0	27,4	26,4	23,7	26,7	29,0	29,4	31,6	31,8	32,9
	21.	19	37,6	36,1	36,1	34,1	34,6	35,0	33,4	32,2	31,7	30,4	30,0	29,9
	26.	6/7	48,1	52,4	48,2	54,5	54,6	56,2	59,3	01,2	03,0	05,0	06,5	03,2

Unter jeder Stadt sind die Minuten und Zehntelminuten der Sternbedeckungszeit angegeben.

Sternzeit um 20^h MEZ = 21^h MESZ auf 10° östlicher Länge

Tag	Jan	Feb	Mrz	Apr	Mai	Jun	Jul	Aug	Sep	Okt	Nov	Dez
	h m	h m	h m	h m	h m	h m	h m	h m	h m	h m	h m	h m
1.	2 25	4 27	6 18	8 20	10 18	12 20	14 19	16 21	18 23	20 21	22 24	0 22
2.	2 29	4 31	6 22	8 24	10 22	12 24	14 23	16 25	18 27	20 25	22 28	0 26
3.	2 33	4 35	6 26	8 28	10 26	12 28	14 27	16 29	18 31	20 29	22 31	0 30
4.	2 37	4 39	6 29	8 32	10 30	12 32	14 30	16 33	18 35	20 33	22 35	0 34
5.	2 41	4 43	6 33	8 36	10 34	12 36	14 34	16 37	18 39	20 37	22 39	0 38
6.	2 45	4 47	6 37	8 40	10 38	12 40	14 38	16 41	18 43	20 41	22 43	0 42
7.	2 49	4 51	6 41	8 44	10 42	12 44	14 42	16 45	18 47	20 45	22 47	0 46
8.	2 53	4 55	6 45	8 47	10 46	12 48	14 46	16 48	18 51	20 49	22 51	0 49
9.	2 57	4 59	6 49	8 51	10 50	12 52	14 50	16 52	18 55	20 53	22 55	0 53
10.	3 01	5 03	6 53	8 55	10 54	12 56	14 54	16 56	18 59	20 57	22 59	0 57
11.	3 04	5 07	6 57	8 59	10 58	13 00	14 58	17 00	19 03	21 01	23 03	1 01
12.	3 08	5 11	7 01	9 03	11 02	13 04	15 02	17 04	19 06	21 05	23 07	1 05
13.	3 12	5 15	7 05	9 07	11 05	13 08	15 06	17 08	19 10	21 09	23 11	1 09
14.	3 16	5 18	7 09	9 11	11 09	13 12	15 10	17 12	19 14	21 13	23 15	1 13
15.	3 20	5 22	7 13	9 15	11 13	13 16	15 14	17 16	19 18	21 17	23 19	1 17
16.	3 24	5 26	7 17	9 19	11 17	13 19	15 18	17 20	19 22	21 20	23 23	1 21
17.	3 28	5 30	7 21	9 23	11 21	13 23	15 22	17 24	19 26	21 24	23 27	1 25
18.	3 32	5 34	7 25	9 27	11 25	13 27	15 26	17 28	19 30	21 28	23 31	1 29
19.	3 36	5 38	7 29	9 31	11 29	13 31	15 30	17 32	19 34	21 32	23 35	1 33
20.	3 40	5 42	7 33	9 35	11 33	13 35	15 34	17 36	19 38	21 36	23 38	1 37
21.	3 44	5 46	7 36	9 39	11 37	13 39	15 37	17 40	19 42	21 40	23 42	1 41
22.	3 48	5 50	7 40	9 43	11 41	13 43	15 41	17 44	19 46	21 44	23 46	1 45
23.	3 52	5 54	7 44	9 47	11 45	13 47	15 45	17 48	19 50	21 48	23 50	1 49
24.	3 56	5 58	7 48	9 51	11 49	13 51	15 49	17 52	19 54	21 52	23 54	1 53
25.	4 00	6 02	7 52	9 54	11 53	13 55	15 53	17 55	19 58	21 56	23 58	1 56
26.	4 04	6 06	7 56	9 58	11 57	13 59	15 57	17 59	20 02	22 00	0 02	2 00
27.	4 08	6 10	8 00	10 02	12 01	14 03	16 01	18 03	20 06	22 04	0 06	2 04
28.	4 11	6 14	8 04	10 06	12 05	14 07	16 05	18 07	20 10	22 08	0 10	2 08
29.	4 15	–	8 08	10 10	12 09	14 11	16 09	18 11	20 13	22 12	0 14	2 12
30.	4 19	–	8 12	10 14	12 12	14 15	16 13	18 16	20 17	22 16	0 18	2 16
31.	4 23	–	8 16	–	12 16	–	16 17	18 19	–	22 20	–	2 20

Korrektur für andere östliche geographische Längen

Länge	4°	5°	6°	7°	8°	9°	11°	12°	13°	14°	15°	16°
Korr.	-24^m	-20^m	-16^m	-12^m	-8^m	-4^m	$+4^m$	$+8^m$	$+12^m$	$+16^m$	$+20^m$	$+24^m$

Korrektur für andere Uhrzeiten derselben Nacht (Datumswechsel um Mitternacht)

MEZ	18^h	19^m	21^h	22^h	23^h	0^h	1^h	2^h	3^h	4^h	5^h	6^h
MESZ	19^h	20^h	22^h	23^h	0^h	1^h	2^h	3^h	4^h	5^h	6^h	7^h
Korr.	-2^h00^m	-1^h00^m	$+1^h00^m$	$+2^h00^m$	$+3^h00^m$	$+4^h01^m$	$+5^h01^m$	$+6^h01^m$	$+7^h01^m$	8^h01^m	$+9^h01^m$	$+10^h02^m$

Erläuterungen siehe auch Seite 17 unter „Sternzeit".
Die obige Tabelle gibt für jeden Tag des Jahres die Sternzeit um 20^h MEZ (= 21^h Sommerzeit) am Meridian 10° östlicher Länge an. Für den Ortsmeridian des Beobachters ist eine Korrektur entsprechend der geographischen Längendifferenz zu 10° östlicher Länge anzubringen. Pro Längengrad beträgt diese Korrektur vier Minuten. Für Orte *westlich* des Meridians ist die Korrektur *abzuziehen*, für Orte *östlich* hingegen zu *addieren*. Auf der rechten Seite findet man in der Tabelle „Geographische Koordinaten größerer Städte" in der letzten Spalte die Zeitkorrektur vermerkt. Wer zu einer anderen Zeit als 20^h beobachtet, muss noch die Zeitkorrektur gemäß der obigen Tabelle anbringen. Beispiel: Wieviel Uhr Sternzeit ist es am 25. März um 23^h in München? Aus der Tabelle entnimmt man: Sternzeit am 25. März um 20^h = 7^h52^m. Dies gilt für 10° östlicher Länge. Die Zeitkorrektur für München beträgt laut Tabelle rechts sechs Minuten. Da München östlich vom 10°-Meridian liegt, sind diese sechs Minuten zu addieren, und man erhält 7^h58^m (**Achtung:** Das Vorzeichen in der Spalte Zeitkorrektur der rechten Tabelle gilt für die Korrektur der Kulminationszeiten! Für die Sternzeitberechnung kehren sich die Vorzeichen um!).- Am 25. März ist es also um 20^h MEZ 7^h58^m Sternzeit. Für 23^h MEZ ist gemäß obiger Tabelle die Korrektur von 3^h00^m anzubringen; um 23^h MEZ ist es also am 25. März in München 10^h58^m Sternzeit.

Geographische Koordinaten größerer Städte mit Zeitkorrektur

Stadt	östl. Länge	nördl. Breite	Zeitkorrektur gegen 10° östl. Länge	Stadt	östl. Länge	nördl. Breite	Zeitkorrektur gegen 10° östl. Länge
Aachen	6°,1	50°,8	+16^m	Kiel	10°,1	54°,3	− 1^m
Amsterdam	4,9	52,4	+20	Klagenfurt	14,3	46,6	−17
Antwerpen	4,4	51,2	+22	Koblenz	7,6	50,4	+10
Augsburg	10,9	48,4	− 4	Köln	7,0	50,9	+12
Baden-Baden	8,2	48,8	+ 7	Konstanz	9,2	47,7	+ 3
Basel	7,6	47,6	+ 9	Krefeld	6,6	51,3	+14
Berlin	13,4	52,5	−14	Leipzig	12,4	51,3	−10
Bern	7,4	46,9	+10	Linz (Donau)	14,3	48,3	−17
Bielefeld	8,5	52,0	+ 6	Ludwigshafen (Rh.)	8,4	49,5	+ 6
Bochum	7,2	51,5	+11	Lübeck	10,7	53,9	− 3
Bonn	7,1	50,7	+12	Lüttich	5,5	50,6	+18
Bozen	11,3	46,5	− 5	Luxemburg	6,1	49,6	+15
Braunschweig	10,5	52,3	− 2	Magdeburg	11,6	52,1	− 7
Bregenz	9,8	47,5	+ 1	Mailand	9,2	45,5	+ 3
Bremen	8,8	53,1	+ 5	Mainz	8,3	50,0	+ 7
Brünn	16,6	49,2	−26	Mannheim	8,5	49,5	+ 6
Brüssel	4,3	50,8	+23	Mönchengladbach	6,4	51,2	+14
Chemnitz	12,9	50,8	−12	München	11,6	48,1	− 6
Coburg	11,0	50,3	− 4	Münster	7,6	52,0	+10
Darmstadt	8,7	49,9	+ 5	Nürnberg	11,1	49,5	− 4
Dortmund	7,5	51,5	+10	Osnabrück	8,0	52,3	+ 8
Dresden	13,7	51,1	−15	Potsdam	13,1	52,4	−12
Düsseldorf	6,8	51,2	+13	Prag	14,4	50,1	−18
Duisburg	6,8	51,4	+13	Regensburg	12,1	49,0	− 8
Eisenach	10,3	51,0	− 1	Reutlingen	9,2	48,5	+ 3
Emden	7,2	53,4	+11	Rostock	12,1	54,1	− 8
Erfurt	11,0	51,0	− 4	Rotterdam	4,5	51,9	+22
Essen	7,0	51,5	+12	Saarbrücken	7,0	49,2	+12
Frankfurt (Main)	8,7	50,1	+ 5	Salzburg	13,1	47,8	−12
Frankfurt (Oder)	14,6	52,3	−18	Schwerin	11,4	53,6	− 6
Freiburg (Breisgau)	7,9	48,0	+ 9	Stralsund	13,1	54,3	−12
Genf	6,2	46,2	+15	Straßburg	7,7	48,6	+ 9
Görlitz	15,0	51,2	−20	Stuttgart	9,2	48,8	+ 3
Graz	15,5	47,1	−22	Trier	6,6	49,8	+13
Halle	12,0	51,5	− 8	Tübingen	9,1	48,5	+ 4
Hamburg	10,0	53,6	0	Ulm	10,0	48,4	0
Hannover	9,7	52,4	+ 1	Wien	16,4	48,2	−25
Heidelberg	8,7	49,4	+ 5	Wiesbaden	8,2	50,1	+ 7
Heilbronn	9,2	49,1	+ 3	Wilhelmshaven	8,1	53,5	+ 8
Innsbruck	11,4	47,3	− 6	Worms	8,4	49,6	+ 7
Kaiserslautern	7,8	49,4	+ 9	Würzburg	9,9	49,8	0
Karlsruhe	8,4	49,0	+ 6	Wuppertal	7,1	51,3	+11
Kassel	9,5	51,3	+ 2	Zürich	8,6	47,4	+ 6

Erläuterungen siehe auch Seite 17
Die Tabelle enthält die geographischen Koordinaten einiger größerer Städte in Mitteleuropa. In der vierten Spalte ist der Zeitunterschied der Ortszeit zum Meridian 10° östlicher Länge in Minuten angegeben. Um diesen Betrag kulminieren die Gestirne in der jeweiligen Stadt früher (negativer Wert) oder später (positiver Wert). Beispiel: Für Stuttgart findet man +3^m, für München −6^m. In Stuttgart gehen die Gestirne jeweils drei Minuten später durch den Meridian als im Himmelsjahr angegeben, in München dagegen um sechs Minuten früher.
Die Auf- und Untergangszeiten sind außer von der geographischen Länge auch noch von der geographischen Breite abhängig. Um sie für einen bestimmten Ort zu korrigieren, benutze man das Nomogramm auf Seite 242.

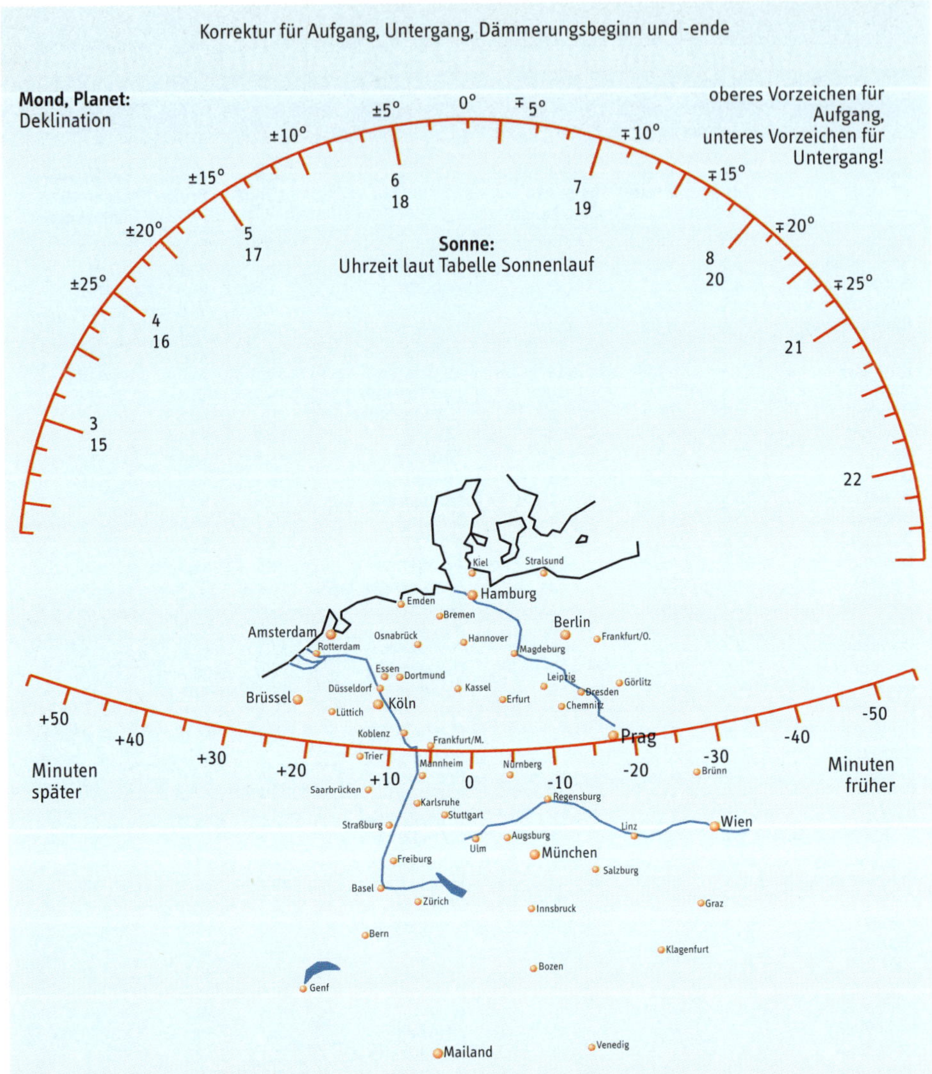

T.10 Nomogramm zur Bestimmung der Auf- und Untergangszeiten (Erläuterungen siehe Seite 17).

Korrektur für Auf- und Untergangszeiten

Sonne: Datum:			Jan. 21.	Febr. 8.	Febr. 23.	März 8.	März 20.	April 2.	April 16.	Mai 1.	Mai 20.	Juni 21.
		Dez. 22.	Nov. 22.	Nov. 3.	Okt. 19.	Okt. 6.	Sept. 23.	Sept. 10.	Aug. 27.	Aug. 12.	Juli 24.	
Mond, Planet:												
Deklination		−25°	−20°	−15°	−10°	− 5°	0°	+ 5°	+10°	+15°	+20°	+25°
Hamburg	Aufgang	$+21^m$	$+15^m$	$+10^m$	$+6^m$	$+3^m$	$+1^m$	-4^m	-7^m	-11^m	-16^m	-22^m
	Unterg.	−21	−15	−10	− 6	− 3	+ 1	+ 4	+ 7	+11	+16	+22
Hannover	Aufgang	+14	+11	+ 8	+ 5	+ 3	+ 1	− 1	− 4	− 6	− 9	−13
	Unterg.	−12	− 9	− 6	− 3	− 1	+ 1	+ 3	+ 6	+ 8	+11	+15
Berlin	Aufgang	+ 1	− 3	− 6	− 9	−12	−14	−16	−19	−21	−25	−29
	Unterg.	−28	−24	−21	−18	−16	−14	−11	− 9	− 6	− 3	+ 1
Dresden	Aufgang	− 9	−11	−12	−13	−14	−15	−16	−17	−18	−19	−21
	Unterg.	−20	−19	−18	−17	−16	−15	−14	−13	−12	−11	− 9
Leipzig	Aufgang	− 2	− 4	− 6	− 7	− 8	−10	−11	−12	−13	−15	−17
	Unterg.	−17	−15	−13	−12	−11	−10	− 8	− 7	− 6	− 4	− 2
Düsseldorf	Aufgang	+19	+18	+16	+15	+14	+13	+12	+11	+10	+ 8	+ 6
	Unterg.	+ 7	+ 8	+10	+11	+12	+13	+14	+15	+16	+18	+20
Frankfurt	Aufgang	+ 6	+ 6	+ 6	+ 5	+ 5	+ 5	+ 5	+ 5	+ 5	+ 5	+ 4
	Unterg.	+ 4	+ 5	+ 5	+ 5	+ 5	+ 5	+ 5	+ 5	+ 6	+ 6	+ 6
Nürnberg	Aufgang	− 6	− 6	− 5	− 5	− 4	− 4	− 3	− 3	− 2	− 2	− 1
	Unterg.	− 1	− 2	− 2	− 3	− 3	− 4	− 4	− 5	− 5	− 6	− 6
Stuttgart	Aufgang	− 3	− 1	0	+ 1	+ 2	+ 3	+ 4	+ 5	+ 6	+ 7	+ 9
	Unterg.	+ 9	+ 7	+ 6	+ 5	+ 4	+ 3	+ 2	+ 1	0	− 1	− 3
München	Aufgang	−15	−13	−11	− 9	− 8	− 6	− 5	− 3	− 1	+ 1	+ 3
	Unterg.	+ 3	0	− 2	− 3	− 5	− 6	− 8	− 9	−11	−13	−16
Zürich	Aufgang	− 7	− 3	0	+ 2	+ 4	+ 6	+ 8	+11	+13	+16	+20
	Unterg.	+19	+15	+12	+10	+ 8	+ 6	+ 4	+ 1	− 1	−4	− 8
Wien	Aufgang	−34	−32	−30	−28	−27	−25	−24	−22	−21	−19	−16
	Unterg.	−17	−19	−21	−22	−24	−25	−27	−28	−30	−32	−35
Halber Tagbogen												
53° nördl. Breite		3^h32^m	4^h09^m	4^h41^m	5^h10^m	5^h37^m	6^h04	6^h31^m	6^h58^m	7^h28^m	8^h00^m	8^h38^m
50° nördl. Breite		3 50	4 21	4 50	5 15	5 40	6 04	6 28	6 52	7 19	7 47	8 20
47° nördl. Breite		4 04	4 32	4 57	5 20	5 42	6 03	6 25	6 47	7 11	7 36	8 04

+ positiv: Korrektur addieren, Auf- oder Untergang findet später statt
– negativ: Korrektur subtrahieren, Auf- oder Untergang findet früher statt

Beispiel: Auf- und Untergang der Sonne am 20. März in Stuttgart.
Laut Tabelle „Sonnenlauf" auf Seite 70 lauten die Werte 6^h23^m und 18^h33^m für 50° Nord und 10° Ost.
Korrektur +3 und +3. Also geht die Sonne in Stuttgart um 6^h26^m auf und um 18^h36^m unter.
Für Daten und Deklinationen, die nicht in obiger Tabelle aufgeführt sind, nimmt man den nächstliegenden Wert, ohne einen großen Fehler zu begehen.

Literatur

astro-shop im Planetarium
Hindenburgstraße Ö1
22303 Hamburg
Tel.: (040) 511 43 48
Fax.: (040) 511 45 94

Star Observer
Das Magazin für Astronomie
Leserservice
Postfach 2354
83395 Freilassing

Sterne und Weltraum
Zeitschrift, Bücher, Videos
Hüthig GmbH & Co. KG
Tel.: (06221) 489-0, Fax.: -623
e-Mail: a.diecke@huethig.de
www.mpia-hd.mpg.de/suw

Teleskope & Zubehör

AIT – Astronomische Instrumente Thiele
Walkmühlstraße 4
65195 Wiesbaden
Tel.: (0611) 40 72 26
Fax.: (0611) 40 72 26

Astrocom GmbH
Lochhamer Schlag 5
82166 Gräfelfing
Tel.: (089) 898 896 66
Fax.: (089) 898 896 69

Astro Service Sauerland
Optik Lohmann GmbH
Maiplatz 5c
58840 Plettenberg
Tel.: (02391) 1 08 38

Baader Planetarium
Zur Sternwarte 4
80291 Mammendorf
Tel.: (08145) 8802
Fax.: (08145) 8805

DÖRR GmbH
Foto Marketing
Postfach 1280
89202 Neu-Ulm
Tel.: (0731) 97 037-0
Fax.: (0731) 97 037–37

Intercon Spacetec
Gablinger Weg 9s
86154 Augsburg
Tel.: (0821) 414 085
Fax.: (0821) 414 081

Meade Instruments Europe
Lochhamer Schlag 5
82166 Gräfelfing
Tel.: (089) 898 896 00
Fax.: (089) 898 896 01

Photo Universal
Max-Planck-Straße 28
70736 Fellbach
Tel.: (0711) 957 60-0
Fax.: (0711) 957 60–40

Vehrenberg KG
Meerbuscher Straße 64–78
40670 Meerbusch-Osterath
Tel.: (02159) 5203 – 21/22/23
Fax.: (02159) 520 333

OSDV GmbH
Münsterstraße 111
48155 Münster
Tel.: (02506) 2900
Fax.: (02506) 2916

CCD-Kameras

Astrocom GmbH
Lochhamer Schlag 5
82166 Gräfelfing
Tel.: (089) 898 896 66
Fax.: (089) 898 896 69

astro-shop im Planetarium
Hindenburgstraße Ö1
22303 Hamburg
Tel.: (040) 511 43 48
Fax.: (040) 511 45 94

Baader Planetarium
Zur Sternwarte 4
80291 Mammendorf
Tel.: (08145) 8802
Fax.: (08145) 8805

Meade Instruments Europe
Lochhamer Schlag 5
82166 Gräfelfing
Tel.: (089) 898 896 00
Fax.: (089) 898 896 01

Optische Geräte
Brigitte Fackiner
Dr.-Pfahl-Straße 17
63599 Biebergemünd
Fax.: (06050) 90 14 68

Astroreisen

Eckehard Schmidt
Kultur, Astronomie & Reisen
Maxfeldstraße 50
90409 Nürnberg

Astronomische Institute, Planetarien und Sternwarten

Augsburg
ṡ-Planetarium
Im Thäle 3
86152 Augsburg
Tel.: (08 21) 3 24 67 62

Bamberg
Dr.-Remeis-Sternwarte
Bamberg
Astronomisches Institut der
Universität Erlangen-Nürnberg
Sternwartstraße 7
96049 Bamberg
Tel.: (09 51) 9 52 22-0
Fax: (09 51) 9 52 22-22
Telex: 62 98 30 unier
e-Mail: postmaster@
sternwarte.uni-erlangen.de

Basel
Astronomisches Institut der
Universität Basel
Venusstraße 7
CH-4102 Binningen
Tel.: (0 61) 20 55-4 54
Fax: (0 61) 20 55-4 55

Berlin
Institut für Astronomie und
Astrophysik der Technischen
Universität Berlin
Hardenbergstraße 36
10623 Berlin
Tel.: (0 30) 31 42 37 83
Fax: (0 30) 3 14-2 48 85
e-Mail: bordihn@
physik.TU-Berlin.de

Archenhold-Sternwarte
Alt-Treptow 1
12435 Berlin – Treptow
Tel.: (0 30) 5 34 80 80

Wilhelm-Foerster-Sternwarte
und Planetarium
Munsterdamm 90
12169 Berlin
Tel.: (0 30) 7 90 09 30

ZEISS-Großplanetarium
Prenzlauer Allee 80
10405 Berlin
Tel.: (0 30) 4 28 62 95

Bern
Astrodrom
Universität Bern
Muesmattstr. 29
CH-3012 Bern
Tel.: (00 41) 3 16 31 86 52
Fax: (00 41) 3 16 31 42 10
e-Mail: schreng@sis.unibe.ch

Bochum
Astronomisches Institut der
Ruhr-Universität
Postfach 10 21 48
44780 Bochum
Tel.: (02 34) 7 00 34
Fax: (02 34) 70 94-1 69 54
e-Mail: astrorub@
ruba.rz.ruhr-uni-bochum.de

Planetarium und Sternwarte
Castroper Straße 67
44777 Bochum
Tel.: (02 34) 5 16 06-0
Fax: (02 34) 5 16 06-51
e-Mail: planetarium@
bochum.de

Bonn
Astronomische Institute der
Universität Bonn
Sternwarte mit Observatorium
Hoher List
Institut für Astrophysik und
Extraterrestrische Forschung
Auf dem Hügel 71
53121 Bonn
Tel. Sternwarte:
(02 28) 73 36 55, 56
Tel. Radioastronomie:
(02 28) 73 36 57, 58
Tel. Astrophysik:
(02 28) 73 36 71, 76
Gemeinsames Fax:
(02 28) 73-36 72
e-Mail: user@
astro.uni-bonn.de

Radioastronomisches Institut
mit Radioobservatorium
Stockert
e-Mail: mebold@
astro.uni-bonn.de

Observatorium Hoher List
54550 Daun/Eifel
Tel.: (0 65 92) 21 50/29 37

Radioobservatorium Stockert
53902 Eschweiler
Tel.: Bad Münstereifel
(0 22 53) 30 03

Max-Planck-Institut für
Radioastronomie
Auf dem Hügel 69
53121 Bonn
Tel.: (02 28) 52 51
Fax: (02 28) 52 52 29

Bremen
Sternwarte der
Olbers-Gesellschaft
Olbers-Planetarium der Hoch-
schule Bremen, FB Nautik
Werderstr. 73
28199 Bremen
Tel.: (04 21) 70 68 82
e-Mail: Dieter.Vornholz@
t-online.de

Dresden
Technische Universität
Dresden
Lohrmann-Observatorium und
Professur für Astronomie im
Institut für Planetare Geodäsie
Mommsenstraße 13
01069 Dresden
Tel.: (03 51) 4 63-40 97
Telex: 32 81 02 tuni d

Fax: (03 51) 4 63-70 19
e-Mail: lohrmobs@
rcs.urz.tu-dresden.de

Frankfurt
Institut für Theoretische
Physik (Astrophysik)
Robert-Mayer-Straße 10
60325 Frankfurt/Main
Tel.: (0 69) 7 98 23 57
Telex: 41 39 32 Uni FD
Fax: (0 69) 7 98 83 50
e-Mail: kegel@
astro.uni-frankfurt.de

Freiburg im Breisgau
Kiepenheuer-Institut für
Sonnenphysik
Schöneckstraße 6
79104 Freiburg
Tel.: (07 61) 31 98-0
Fax: (07 61) 3 19 81 11
e-Mail: secr@
kis.uni-freiburg.de

Richard-Fehrenbach-Planetarium in der Gewerbeschule II
Friedrichstraße 51
79098 Freiburg im Breisgau
Tel.: (07 61) 27 60 99

Göttingen
Universitäts-Sternwarte
Geismarlandstraße 11
37083 Göttingen
Tel.: (05 51) 39 50 42/39 50 53
Fax: (05 51) 39 50 43
e-Mail: (name)@
uni-sw.gwdg.de

Außenstelle im Observatorio
del Teide/Teneriffa
Tel.: (00 34 22) 3 29-1 41
Telex: (0 52) 9 14 34 obte e
Fax: (00 34 22) 3 29-1 40

Graz
Institut für Astronomie der
Universität Graz
(Universitätssternwarte)
Universitätsplatz 5
A-8010 Graz
Tel.: (03 16) 3 80-52 70/52 71
Fax: (03 16) 38 40 91
e-Mail: arh@
bimgsl.kfunigraz.ac.at

Observatorium Lustbühel
Lustbühelstraße 46
A-8042 Graz
Tel.: (03 16) 4 13 58-16
Telex: 31 10 78 obslgz

Sonnenobservatorium
Kanzelhöhe
A-9521 Treffen/Kärnten
Tel.: (0 42 48) 27 17
Fax: 04 56-42 48-2 00

Halle
Raumflugplanetarium
Peißnitzinsel 4 a
06108 Halle
Tel.: (03 45) 8 06 03 17

Hamburg
Hamburger Sternwarte
Gojenbergsweg 112
21029 Hamburg
Tel.: (0 40) 72 52-41 12
Telex: 21 78 84 hamst d
Fax: (0 40) 72 52-41 98
e-Mail: dreimers@
hs.uni-hamburg.de

Planetarium
Hindenburgstraße Ö 1
22303 Hamburg
Tel.: (0 40) 51 49 85-0

Hannover
Astronomische Station am
Institut für Erdmessung der
Universität
Schneiderberg 50
30167 Hannover
Tel.: (05 11) 7 62 24 75

Heidelberg
Astronomisches Rechen-
Institut
Mönchhofstraße 12–14
69120 Heidelberg
Tel.: (0 62 21) 40 50
Fax: (0 62 21) 40 52 97

Institut für Theoretische
Astrophysik
Tiergartenstr. 15
69121 Heidelberg
Tel.: (0 62 21) 54 48 37
Telex: 46 15 15 unikl d
Fax: (0 62 21) 54 42 21
e-Mail: wmt@
manki-ita.uni-heidelberg.de

Max-Planck-Institut für
Astronomie
Königstuhl 17
69117 Heidelberg
Tel.: (0 62 21) 52 80
Telex: 46 17 89 mpia d
Fax: (0 62 21) 52 82 46
e-Mail: mpia-hd.mpg.de

Außenstelle
Deutsch-Spanisches
Astronomisches Zentrum
Calar Alto/Almeria
Apartados Correos 511
Almeria/Spanien
Tel.: (00 34 51) 23 09 88/
22 55 76
Fax: (00 34 51) 22 55 62
e-Mail: internet: caha.es

Landessternwarte
Königstuhl 12
69117 Heidelberg
Tel.: (0 62 21) 50 90
Fax: (0 62 21) 5 09-2 02
e-Mail: Postmaster@
mail.lsw.uni-heidelberg.de

Innsbruck
Institut für Astronomie der
Universität Innsbruck
Technikerstraße 25
A-6020 Innsbruck
Tel.: (05 12) 5 07 60 31
Fax: (05 12) 5 07 29 23
e-Mail: Astro@uibk.ac.at

Jena
Universitäts-Sternwarte
Schillergäßchen 2
07745 Jena
Tel.: (0 36 41) 63 03-23
Fax: (0 36 41) 63 04 17
Telex: 33 15 06 uni dd
e-Mail: obs@
betty.astro.uni-jena.de

Planetarium
Am Planetarium 5
07743 Jena
Tel.: (0 36 41) 88 54 88
Fax: (0 36 41) 88 54 20

Kassel
Planetarium im Museum für Astronomie und Technikgeschichte
Orangerie
An der Karlsaue 20 c
34121 Kassel

Kiel
Institut für Astronomie und Astrophysik
Leibnizstr. 15
24118 Kiel
Tel.: (04 31) 8 80-41 10
Fax: (04 31) 8 80-41 00
e-Mail: jonas@astrophysik.uni-kiel.d400.de

Planetarium
Knooper Weg 62
24103 Kiel
Tel.: (04 31) 51 98-2 11

Klagenfurt
Raumflugplanetarium
Villacher Straße 239
A-9020 Klagenfurt
Sternwarte Kreuzbergl
Tel.: (04 63) 2 17 00

Köln
Physikalisches Institut der Universität zu Köln
Zülpicher Straße 77
50937 Köln
Tel.: (02 21) 4 70-35 67
Fax: (02 21) 4 70-51 62
e-Mail: ...@ph1.uni-koeln.de

Laupheim
Volkssternwarte und Planetarium
Parkweg 44
88471 Laupheim
Tel.: (0 73 92) 9 10 59
Fax: (0 73 92) 9 10 58
e-Mail: contact@planetarium-laupheim.de
http://www.planetarium-laupheim.de

Locarno
Istituto Ricerche Solari Locarno
via Patocchi
CH-6644 Orselina
Tel. + Fax: 00 41 93 33 42 26

Luzern
Planetarium im Verkehrshaus der Schweiz
Lidostraße 5
CH-6006 Luzern
Tel. (0 41) 3 70 44 44

Mannheim
Planetarium
W.-Varnholt-Allee 1
68165 Mannheim
Tel.: (06 21) 41 56 92
Fax: (06 21) 41 24 11

München
Europäische Südsternwarte (ESO)
Karl-Schwarzschild-Straße 2
85748 Garching
Tel.: (0 89) 32 00 62 76
Telex: 05-2 82 82-0 eo d
Fax: (0 89) 3 20 23 62

Institut für Astronomie und Astrophysik der Universität München
Universitäts-Sternwarte
Scheinerstraße 1
81679 München
Tel.: (0 89) 92 20 94-0
e-Mail: sam@usmv23.uni-münchen.de

Max-Planck-Institut für Extraterrestrische Physik
Karl-Schwarzschild-Str. 1
85748 Garching

Tel.: (0 89) 32 99-00
Telex: 05 21 58 45 xter d
Fax: (0 89) 32 99-35 99
e-Mail: mfs@mpe-garching

Max-Planck-Institut für Astrophysik
Karl-Schwarzschild-Straße 1
85748 Garching
Tel.: (0 89) 32 99-00
Telex: 52 46 29
Fax: (0 89) 32 99-32 35
e-Mail: userid@mpa-garching

Planetarium und Bayerische Volkssternwarte
Anzinger Straße 1
81671 München
Tel.: (0 89) 40 62 39

Planetarium
Forum der Technik
Museumsinsel 1
80538 München
Tel.: (0 89) 2 11-25-1 80
Fax: (0 89) 2 11-1 89

Münster
Planetarium im Naturkunde-museum
Sentruper Straße 285
48161 Münster
Tel.: (02 51) 8 94 23

Nürnberg
Planetarium
Am Plärrer 41
90317 Nürnberg
Tel.: (09 11) 26 54 67

Sternwarte
Regiomontanusweg 1
90431 Nürnberg
Tel.: (09 11) 9 59 35 38

Osnabrück
Museum am Schölerberg/ Planetarium
Am Schölerberg 8
49082 Osnabrück
Tel.: (05 41) 56 00 30

Potsdam
Astrophysikalisches Institut Potsdam
An der Sternwarte 16
14482 Potsdam
Tel.: (03 31) 7 49 90
Fax: (03 31) 7 49 92 00
e-Mail: khraedler@aip.de
Astrophysikalisches Observatorium Potsdam/ Sonnenobservatorium Einsteinturm
Telegrafenberg
14473 Potsdam
Tel.: (03 31) 28 80
Fax: (03 31) 2 88 23 10

Observatorium für solare Radioastronomie Tremsdorf
14552 Tremsdorf
Tel.: (03 32 05) 22 61

Recklinghausen
Westf. Volkssternwarte/
Planetarium
Stadtgarten 6
45657 Recklinghausen
Tel.: (0 23 61) 2 31 34
e-Mail: Sternwarte.Re
@t-online.de
http://home.t-online.de/home/
Sternwarte.Re

Schneeberg
Sternwarte und Planetarium
Heinrich-Heine-Straße
08289 Schneeberg
Tel.: (0 37 72) 2 24 39

Siegen
Sternwarte der Universität
Adolf-Reichwein-Straße
57068 Siegen
Tel.: (02 71) 7 40-46 13
Fax: (02 71) 7 40-23 30

Sonneberg
Sternwarte Sonneberg
Sternwartestraße 32
96515 Sonneberg
Tel.: (0 36 75) 8 12 10
Fax: (0 36 75) 8 12 19

Stuttgart
Carl-Zeiss-Planetarium mit
Sternwarte Welzheim
Mittlerer Schloßgarten
70173 Stuttgart
Tel.: (07 11) 1 62 92 15
Fax: (07 11) 216 39 12
e-Mail: planetarium@
stuttgart.de
http://planetarium.stuttgart.de
http://www.sternwarte-
welzheim.de

Sternwarte Welzheim
Tel.: (0 71 82) 42 84
http://www.sternwarte-
welzheim.de

Tautenburg
Thüringer Landessternwarte
Karl-Schwarzschild-
Observatorium
Sternwarte 5
07778 Tautenburg
Tel.: (03 64 27) 86 30
Fax: (03 64 27) 8 63 29

Tübingen
Astronom. Institut der Univ.
Waldhäuser Straße 64
72076 Tübingen
Tel.: (0 70 71) 29 24 86
Telex: 07 26 27 14 ait d
Fax: (0 70 71) 29 34 58
e-Mail: (username) @
ait.physik.uni.tuebingen.de

Lehr- und Forschungsbereich
Theoretische Astrophysik der
Universität Tübingen
Auf der Morgenstelle 10
72076 Tübingen
Tel.: (0 70 71) 29 24 87
Fax: (0 70 71) 29 75 75
e-Mail: username@
tat.physik.uni-tuebingen.de

Welzheim
Siehe Planetarium **Stuttgart**

Wernigerode
Harzplanetarium
Sekundarschule „Maxim Gorki"
Walther-Rathenau-Straße 11
38855 Wernigerode
Tel.: (0 39 43) 3 22 77

Wien
Institut für Astronomie der
Universität Wien,
Universitäts-Sternwarte
Türkenschanzstraße 17
A-1180 Wien
Tel.: (02 22) 4 70 68 00-0
Fax: (02 22) 4 70 68 00-15

Kuffner-Sternwarte
Johann Staud-Straße 10
A-1160 Wien
Tel.: (02 22) 9 14 81 30
Fax: (02 22) 9 14 81 30-31
e-Mail: admin@kuffner.ac.at

URANIA-Sternwarte
Uraniastraße 1
A-1010 Wien
Tel.: (02 22) 7 12 61 91

Planetarium
Oswald-Thomas-Platz 1
A-1020 Wien
Tel.: +43 (0) 1 7 29 54 94
Fax: +43 (0) 1 7 29 54 94-77
admin@planetarium-wien.at
www.planetarium-wien.at

Wolfsburg
Planetarium
Uhlandweg 2
38440 Wolfsburg
Tel.: (0 53 61) 2 19 39

Würzburg
Institut für Astronomie und
Astrophysik
Am Hubland
97074 Würzburg
Tel.: (09 31) 8 88-50 31
Fax: (09 31) 8 88-46 03
e-Mail: deubner@
astro.uni-wuerzburg.de

Zürich
Institut für Astronomie
ETH-Zentrum
CH-8092 Zürich
Tel.: 41-1-6 32 38 13
Fax: 41-1-6 32 12 05
e-Mail: username@
astro.phys.ethz.ch

URANIA-Sternwarte
Uraniastraße 9
CH-8000 Zürich

Das Verzeichnis erhebt keinen Anspruch auf Vollständigkeit. Weitere Institute, Planetarien und Sternwarten nimmt der Herausgeber gerne auf. Entsprechende Hinweise sende man bitte an:
PLANETARIUM STUTTGART
Mittlerer Schloßgarten
D-70173 Stuttgart

Amateurastronomische Vereinigungen, Beobachtungsstationen und Privatsternwarten

Aachen
Sternwarte am Hangeweiher
VHS Aachen
Peterstr. 21–25
52062 Aachen

Aalen
Schul- und Volkssternwarte
Rombacherstraße 30
73430 Aalen

Abensberg
AK Astronomie der
Weltenburger Akademie
Adlerstraße 104
93326 Abensberg

Albstadt
Sternwarte und Planetarium
Hartmannstraße 140
72458 Albstadt-Ebingen

Amberg
Volkssternwarte Amberg
Kirchensteig 19 b
92224 Amberg

Arnstadt-Espenfeld
Privatsternwarte Arnstadt-Espenfeld
Espenfeld Nr. 39 a
99338 Arnstadt-Espenfeld

Aschersleben
Planetarium Aschersleben
Im Tierpark
Auf der Alten Burg 40
06449 Aschersleben

Augsburg
siehe **Diedorf**

Backnang
Freie Initiative
Backnanger Sterngucker
Adlerstr. 9
71549 Lippoldsweiler

Bad Driburg
Sternwarte der
F.-W.-Weber-Realschule
Elsterweg 13
33014 Bad Driburg

Bad Dürkheim
Astronomischer Arbeitskreis
Pfalzmuseum für Naturkunde
Hermann-Schäfer-Str. 17
67098 Bad Dürkheim

Bad Homburg
Astronomische Gesellschaft
Orion e. V.
Valkenierstr. 10
61350 Bad Homburg

Bad Mergentheim
Astronomische Vereinigung
Weikersheim
Marienstraße 38
97980 Bad Mergentheim

Bad Nauheim
Volkssternwarte Wetterau e. V.
Burgallee 40
61231 Bad Nauheim

Bad Salzuflen
Schulsternwarte im Zentrum
Lohfeld
Wasserfuhr 25 e
32108 Bad Salzuflen

Bad Salzschlirf
Sternwarte – Freundeskreis der
Himmelskunde
Dr.-Martiny-Straße 1
36364 Bad Salzschlirf

Bad Sauerbrunn
Burgenländische
Amateurastronomen
Postgasse 2
A-7202 Bad Sauerbrunn

Bad Zwesten
Sternwarte der Hardtwaldklinik I
Hardtstr. 31
34596 Bad Zwesten

Baindt
s. **Waldburg-Weingarten**

Basel
Astronomischer Verein
Venusstraße 7
CH-4102 Binningen

Bautzen
Sternwarte Bautzen
Schulsternwarte und
Planetarium
Czornebohstraße 82
(Naturpark)
02625 Bautzen

Bentheim
Astronomischer Verein der
Grafschaft Bentheim e. V.
Jahnstr. 3, 49828 Neuenhaus

Berlin
Bruno H. Bürgel
Sternwarte
Heerstraße 531
13593 Berlin

Bielefeld
Schulsternwarte
Brackweder Gymnasium
Beckumer Straße 10
33647 Bielefeld

Arbeitsgemeinschaft
Astronomie, Physik, Umwelt
Naturwissenschaftlicher Verein
Kreuzstraße 38
33602 Bielefeld

Volkssternwarte Ubbedissen
Wietkamp 5
33699 Bielefeld

Bietigheim-Bissingen
siehe **Ludwigsburg**

Bonn
Volkssternwarte Bonn e. V.
Poppelsdorfer Allee 47
53115 Bonn

Bozen
Amateurastronomen
„Max Valier“
Verein zur Förderung der
Astronomie in Südtirol
Neustifterweg 5
I-39100 Bozen

Braunschweig
Sternfreunde Braunschweig-Hondelage e. V.
Ackerweg 1 B
38108 Braunschweig

Buchloe
Astronomische Gesellschaft Buchloe e. V.
Gamsbichlstr. 10
86807 Buchloe

Bülach
Schul- und Volkssternwarte Bülach
Rotzibüch bei Eschenmosen
CH-8180 Bülach

Buxtehude
Astronomie-AG der VHS Buxtehude
Braunschweiger Str. 4
21614 Buxtehude

Diedorf
Astronomische Vereinigung Augsburg e. V.
Pestalozzistraße
86420 Diedorf/Augsburg

Donzdorf
Sternfreunde Donzdorf
Messelberg-Sternwarte beim Schulzentrum
73072 Donzdorf

Dortmund
Sternwarte im Westfalenpark
Astronomischer Verein Dortmund e. V.
Hörder Bahnhofstr. 9
44263 Dortmund

Drebach
Volkssternwarte und Planetarium
Straße der Jugend 14
09430 Drebach (Erzgebirge)

Duisburg
Rudolf-Römer-Sternwarte Rheinhausen e. V.
Schwarzenberger Str. 147 (im KFR)
47226 Duisburg

Düsseldorf
Benzenberg-Sternwarte
Wimpfener Straße 18
40597 Düsseldorf

Eilenburg
Sternwarte und Planetarium
Mansberg 18
04838 Eilenburg

Eisenstadt
Burgenländische Landessternwarte
Dr.-Karl-Renner-Straße 1
A-7000 Eisenstadt

Emmendingen
Internationale Amateursternwarte e. V. Hakos/Namibia
Geranienstr. 2
79312 Emmendingen

Erkrath
Sternwarte Neanderhöhe Hochdahl, Stellarium
Hildener Straße 17
40699 Erkrath

Eschwege
Vereinigte Amateur-Astronomen Eschwege VAAE 1975 e. V.
Hauptstraße 36
36205 Sontra-Ulfen

Essen
Verein für volkstümliche Astronomie
Weberplatz 1
45127 Essen

Walter-Hohmann-Sternwarte
Wallneyer Straße 159
45133 Essen

Frankfurt/Main
Volkssternwarte des Phys. Vereins Frankfurt
Robert-Mayer-Straße 2–4
60054 Frankfurt

Freiburg
Volkssternwarte Freiburg
Staudinger Straße 10
79115 Freiburg/Br.

Sternfreunde Breisgau e. V.
Vereinssternwarte Schauinsland
Benzhauserstr. 21
79232 March

Fulda
Hans-Nüchter-Sternwarte
Domänenweg 2
36037 Fulda

Planetarium im Vonderau-Museum
Jesuitenplatz 2
36010 Fulda

Fuldatal
Volkssternwarte Rothwesten
Brüder-Grimm-Str. 24
34233 Fuldatal

Geretsried
Volks- und Schulsternwarte Geretsried e. V.
Adalbert-Stifter-Str. 14
82538 Geretsried

Germering
Sternwarte des Max-Born-Gymnasiums
Johann-Sebastian-Bach-Str. 8
82110 Germering

Glücksburg
Menke Planetarium und Sternwarte der FH Flensburg
Fördestr. 35, 24960 Glücksburg

Gmunden
Eisner-Sternwarte
Kalvarienberg
A-4810 Gmunden

Goch
Volkssternwarte Goch/Kleve e. V.
Berliner Straße 69
47574 Goch-Nierswalde

Görlitz
Scultetus-Sternwarte
An der Sternwarte 1
02827 Görlitz

Gondelsheim
Kraichgau-Sternwarte Gondelsheim e. V.

WWW.STAROBSERVER.COM

WWW.ASTROMARKT.COM

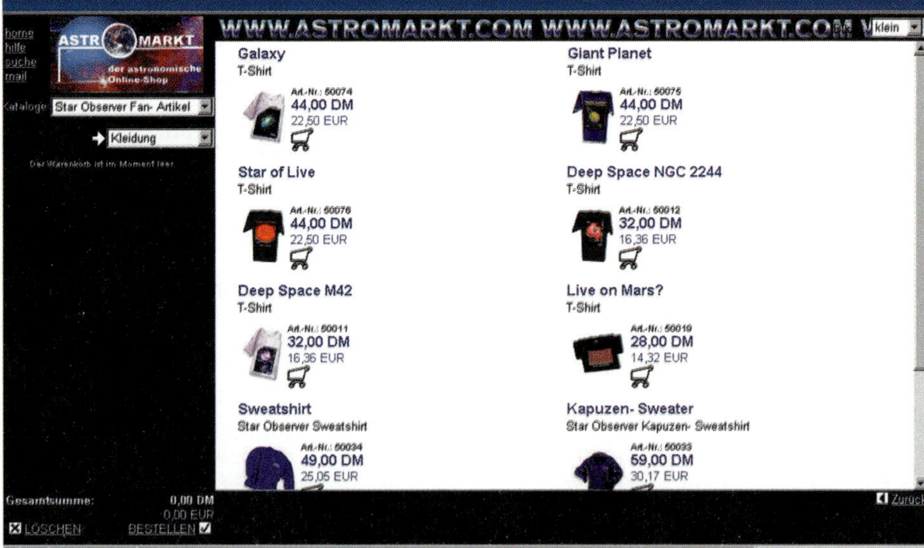

Lilienstraße 25
76669 Bad Schönborn

Göttingen
Förderkreis Planetarium
Göttingen e. V.
Stegemühlenweg 48
37083 Göttingen

Gröbenzell
Astronomische Vereinigung
West-München (AVWM)
Grasslfinger Straße 43
82194 Gröbenzell

Gudensberg
Förderverein Schulsternwarte
Gudensberg e. V.
Schwimmbadweg 30
34281 Gudensberg

Hagen
Volkssternwarte
Eugen-Richter-Turm
58135 Hagen

Halberstadt
Verein für astronom. Bildung
im LK Halberstadt e. V.
Wilhelm-Trautewein-Str. 19
38820 Halberstadt

Hamburg
Gesellschaft für volkstümliche
Astronomie (GvA) e. V.
Hindenburgstraße Ö 1
22303 Hamburg

Hannover
Planetarium der Bismarckschule
An der Bismarckschule 5
30173 Hannover

Volkssternwarte
Am Lindener Berg 27
30449 Hannover

Hardheim
Astronomie-Arbeitskreis
Walter-Hohmann-Sternwarte
Alte Würzburger Straße 5
74736 Hardheim

Hattingen
Volkssternwarte Hattingen e. V.
Schonnefeldstr. 23
45326 Essen

Heilbronn
Robert-Mayer-
Volks- und Schulsternwarte
Bismarckstraße 10
74072 Heilbronn

Heppenheim
Starkenburg-Sternwarte
Kl. Bach 3
64646 Heppenheim

Herzberg
Schulsternwarte
Am Wasserturm
04916 Herzberg

Hildesheim
Volkssternwarte „Gelber Turm"
Auf dem Spitzhut (Galgenberg)
31141 Hildesheim

Hof
Volkssternwarte Hof
Egerländer Weg 25
95032 Hof

Hofheim
Sternwarte Hofheim
Eppsteiner Straße
65719 Hofheim-Langenhain

Hückelhoven
Astronomische
Arbeitsgemeinschaft
Städt. Gymnasium
Hartlpooler Platz
41836 Hückelhoven

Ilsede
Privatsternwarte
Alter Weg 4 B
31241 Ilsede

Ingolstadt
Astronomischer Arbeitskreis
Ingolstadt e. V.
Lilienthalstraße 137
85077 Manching

Jena
Urania-Sternwarte
Schillergäßchen 2
07745 Jena

Karlsruhe
Sternwarte des
Max-Planck-Gymnasiums
Krokusweg
76199 Karlsruhe

Kassel
Astronomischer Arbeitskreis
Kassel e. V.
Wilhelmshöher Allee 300 A
34131 Kassel

Kelheim
Sternfreunde Kelheim
Gstaigkirchl 67 a
93346 Ihrlerstein

Kempten
Astronomieverein Kempten e. V.
Saarlandstr. 1
87437 Kempten

Kiel
Gesellschaft für volkstümliche
Astronomie (GvA) e. V. –
Gruppe Kiel – Hofbrook 64
24119 Kronshagen

Volkssternwarte Kronshagen
Suchsdorfer Weg 33
24119 Kronshagen

Köln
Planetarium
Blücherstraße 17, 50733 Köln

Volkssternwarte
Nikolausstraße 55
50937 Köln

Königsleiten
Sternwarte und Planetarium
Königsleiten
Königsleiten 29
A-5742 Wald i. Pinzgau

Krauschwitz
Privatsternwarte Mönch-Krau-
schwitz
Görlitzer Str. 30 A
02957 Krauschwitz

Krefeld
Vereinigung Krefelder
Sternfreunde e. V.
Friedensstr. 229
47829 Krefeld

Kreuzlingen
Sternwarte Kreuzlingen
Breitenrainstraße 21
CH-8280 Kreuzlingen

Laufen
Astronomische Arbeitsgruppe
Laufen e. V.
Goethestraße 8
83410 Laufen

Leinfelden
Schul- und Volkssternwarte
Anemonenstraße 15
70771 Leinfelden-Echterdingen

Lemgo
Sternwarte Lemgo
der FH Lippe
Astronomische Arbeitsgemeinschaft an der FH Lippe e. V.
Liebigstraße 87
32655 Lemgo

Leonberg
Sternwarte Höfingen
Theodor-Heuss-Str. 6/1
71229 Leonberg

Linz
Johannes Kepler
Sternwarte Linz
Sternwarteweg 5
A-4020 Linz

Lohr
Sternwarte Luana
Zum Rötelbrunnen 2
97816 Lohr/Main

Lübeck
Sternwarte Lübeck
Am Ährenfeld 2
23564 Lübeck

Ludwigsburg
Arbeitsgemeinschaft
Astronomie
Rosenstraße 15/2
74321 Bietigheim-Bissingen

Lustenau
Vorarlberger
Amateur Astronomen
Hofsteigstraße 33
A-6890 Lustenau

Luxembourg
Astronomes Amateurs du
Luxembourg
16 B, Rue Emile Mayrisch
L-3522 Dudelange

Magdeburg
Planetarium und Sternwarte
Pablo-Picasso-Straße 21
39128 Magdeburg

Mainz
Astronomische
Arbeitsgemeinschaft
der Sternfreunde Mainz
und Umgebung e. V.
Petersplatz 2
55116 Mainz

Mönchengladbach
Astronomischer Arbeitskreis
Mönchengladbach e. V.
Engelsholt 143
41069 Mönchengladbach

Moers
Moerser Astronomische
Organisation e. V.
Drinhausstr. 2
47447 Moers

Monschau
Monschauer Sternfreunde
Sternwarte Eifel
Auf der Höhe 22
52156 Monschau

Münster
Sternfreunde Münster e. V.
Sentruper Straße 285
48161 Münster

Neumarkt
Bayerische Volkssternwarte
Moorstraße 5
92318 Neumarkt

Neumünster
Arbeitsgemeinschaft Sternwarte der Volkshochschule
Neumünster
Stadt Neumünster/Kulturamt
24534 Neumünster

Neustadt/Weinstraße siehe **Bad Dürkheim**

Nohfelden-Eiweiler
Sternwarte Peterberg
Verein der Amateurastronomen
des Saarlandes e. V.
66409 Homburg

Nordenham
Planetarium
Bahnhofstraße 52
26954 Nordenham

Norderney
Astronomischer Arbeitskreis
Norderney
„Wilhelm Dorenbusch
Sternwarte“
Birkenweg 22
26548 Norderney

Norderstedt
Volkssternwarte
Norderstedt e. V.
Breslauer Straße 7
22850 Norderstedt

Nürnberg
Astronomie & Philatelie
Brunhildstraße 1 a
90461 Nürnberg

Nürnberger Astronomische
Arbeitsgemeinschaft e. V.
Regiomontanusweg 1
90491 Nürnberg

Nürtingen
Neckar-Alb-Sternwarte
Astronomische Vereinigung
Nürtingen e. V.
Birkenweg 7
72622 Nürtingen

Oldenburg
Oldenburger Sternfreunde e. V.
Herbartstr. 15
26122 Oldenburg

Ottobeuren
Allgäuer Volkssternwarte e. V.
Schwabenstraße 13
87724 Ottobeuren

Paderborn
Volkssternwarte Paderborn
e. V.

Im Schloßpark, Schloß Neuhaus
Marstallstraße 13
33104 Paderborn

Papenburg
Astronomischer Verein
Wilhelm-Leuschner-Straße 48
26871 Papenburg

Passau
Volkssternwarte
Veste Oberhaus 125
94034 Passau

Pfarrkirchen
siehe **Zeilarn**

Pforzheim
Astronomischer Arbeitskreis
Pforzheim 1982 e. V.
Daimlerstr. 1
75334 Straubenhardt

Potsdam
Planetarium –
Beobachtungsstation
Im Neuen Garten 6
14469 Potsdam

Radeberg
Freundeskreis Sternwarte e. V.
Volkssternwarte Erich Bär
Stolpener Straße PF 84–40
01454 Radeberg

Regensburg
Verein der Freunde der Volkssternwarte Regensburg
Ägidienplatz 2
93047 Regensburg

Reutlingen
Planetarium und Sternwarte
Karlstraße 40
72764 Reutlingen

Rheine
Astro-AG Waldhügel
Birkhahnweg 8
48429 Rheine

Rodewisch
Schulsternwarte
Rützengrüner Straße 41 a
08228 Rodewisch
(Vogtland)

Rüsselsheim
Rüsselsheimer
Sternfreunde e. V.
Am Borngraben 40
65428 Rüsselsheim

Salzburg
Arbeitsgruppe für Astronomie
am „Haus der Natur"
Raphael-Donner-Straße 8
A-5026 Salzburg

Volkssternwarte am
Voggenberg
Tischlerstraße 8
A-5101 Bergheim/Sbg.

Schaffhausen
Dr. h. c. Hans-Rohr-Sternwarte
Astro-AG der
Naturforschenden Gesellschaft
Beckengässchen 23
CH-8201 Schaffhausen

Schkeuditz
Astronomisches Zentrum
An der Bergbreite
04435 Schkeuditz

Schriesheim
Arbeitsgemeinschaft Volkssternwarte Schriesheim e. V.
Entengasse 3
69198 Schriesheim

Schwaz
Planetarium Schwaz GmbH
Alte Landstr. 15
A-6130 Schwaz

Seewalchen
Astronomischer Arbeitskreis
Salzkammergut +
Sternwarte Gahberg bei
Weyregg am Attersee
Sachsenstraße 2
A-4863 Seewalchen

Senftenberg
Planetarium
An der Ingenieurschule
01968 Senftenberg

Singen
Volkssternwarte Singen e. V.
Zeppelin-Realschule
Rielasingerstr. 37
78224 Singen

Soest
Volkssternwarte
Steinkuhlenweg 6
59494 Soest

Sohland
Volks- und
Schulsternwarte
Zöllnerweg 12
02689 Sohland

Solingen
Walter-Horn-Ges. e. V.
Sternwarte
Sternstraße 5
42719 Solingen

Steißlingen
Sternwarte Steißlingen
Im Städtle 19
78256 Steißlingen

St. Pölten
Niederösterreichische
Amateurastronomen
Schuhmeierstr. 1
A-3100 St. Pölten

Stuttgart
Schwäbische Sternwarte
Zur Uhlandshöhe 41
70188 Stuttgart

Suhl
Volks- und Schulsternwarte
Auf dem Hoheloh 1
98527 Suhl

Sursee
Sternwarte Sursee
Berufsschule Kotten
Kyburgerstr. 3
CH-6210 Sursee

Tirschenreuth
Volkssternwarte Tirschenreuth
Blankenbühlstraße 28
95643 Tirschenreuth

Trier
Sternwarte Trier e. V.
Max-Planck-Gymnasium
Sichelstr. 3, 54290 Trier

Tübingen
Astronomische Vereinigung
Tübingen e. V.

Sternwarte der Universität
Waldhäuser Straße 64
72076 Tübingen

Überlingen
Sternwarte Überlingen
Ob. St. Leonhardstraße 45
88662 Überlingen

Ulm
Astronomische Arbeitsgruppe
Julius-Leber-Weg 49
89075 Ulm

Violau
Sternwarte
Bruder-Klaus-Heim
86450 Violau

Waldburg
Astronomischer Arbeitskreis
Waldburg-Weingarten e. V.
Gartenstraße 31
88255 Baindt

Wertheim
Johann-Kern-Sternwarte e. V.
Mittlere Flur 20
97877 Wertheim

Wetterau
siehe **Bad Nauheim**

Wetzlar
Astronomischer Arbeitskreis
Wetzlar e. V.

Sternwarte Burgsolms
Lindenstr. 11, 35606 Solms

Wien
Astronomischer Jugendclub
Richard-Wagner-Platz 2/8
A-1160 Wien

Österreichische Astronomie- und Raumfahrtvereinigung
Dammgasse 4 – 6
A-2230 Gänserndorf

Wiener Arbeitsgemeinschaft für Astronomie
Dreyhausenstr. 11/53
A-1140 Wien

Wiesbaden
Astronomische Gesellschaft
Urania e. V. / Volkssternwarte
Bierstadter Str. 47
65189 Wiesbaden

Winterthur
Sternwarte Eschenberg
der AG Winterthur
Breitenstraße 2
CH-8542 Wiesendangen

Zeilarn
Sternfreunde Pfarrkirchen
Oberhaus, 84367 Zeilarn

Überregionale astronomische Amateur-Vereinigungen

Arbeitskreis Meteore e. V.
Berliner Straße 41
14467 Potsdam

Bundesdeutsche Arbeitsgemeinschaft für Veränderliche Sterne e. V. (BAV)
Munsterdamm 90
12169 Berlin

International Meteor Organization
Friedenstraße 5
14109 Berlin

Österreichischer Astronomischer Verein
Baumgartenstraße 23/4
A-1140 Wien

Schweizerische Astronomische Gesellschaft (SAG)
Zentralsekretariat:
Gristenbühl 13
CH-9315 Neukirch (Egnach)

Vereinigung der Sternfreunde e. V. (VdS)
Geschäftsstelle
Am Tonwerk 6
64646 Heppenheim

Das Verzeichnis erhebt keinen Anspruch auf Vollständigkeit. Weitere Vereinigungen nimmt der Herausgeber gerne auf. Entsprechende Hinweise sende man bitte an:
PLANETARIUM STUTTGART
Mittlerer Schloßgarten
70173 Stuttgart

Das Kalendarium 2002 bis 2007

Das Kalendarium enthält für die Jahre 2002 bis 2007 alle Wochentage, die Mondphasen (☽: Erstes Viertel, ○: Vollmond, ☾: Letztes Viertel, ●: Neumond), die beweglichen Feiertage sowie die Zahl der Tage (Gemeinjahr oder Schaltjahr).
Ferner sind vermerkt: Beginn der Jahreszeiten sowie Sonnennähe und -ferne der Erde (alle Zeiten MEZ), Sonnen- und Mondfinsternisse (in Mitteleuropa sichtbare Finsternisse sind durch **Fettdruck** hervorgehoben) und schließlich die wichtigsten Konstellationen der Planeten. Halbschattenfinsternisse des Mondes sind, da kaum auffallend, nicht vermerkt.

Bei Merkur sind die größten östlichen und westlichen Elongationen angegeben. Sofern es zu einer Abend- oder Morgensichtbarkeit in unseren Breiten kommt, ist das Datum **fettgedruckt.** *Kursivdruck* bedeutet schwierige Sichtbedingungen, Normaldruck: Merkur bleibt unsichtbar. Bei Venus sind außer den Daten der größten Elongationen auch die unteren und oberen Konjunktionen vermerkt.
Für die äußeren Planeten (Mars bis Pluto) sind die Oppositionen und Konjunktionen angegeben sowie das Sternbild, in dem der Planet seine Oppositionsstellung erreicht. Ferner sind die Oppositionsentfernungen von der Erde in Millionen Kilometer vermerkt.

„Vertraut mit den Wundern des Weltraums"

Ebenso wie die Kunst ästhetische Wünsche und Gefühle des Menschen befriedigt, so bietet ein wissenschaftliches Hobby, oder besser „Wissenschaft als Hobby" die gleiche Befriedigung für den menschlichen Intellekt. Machen Sie deshalb sich und Ihre Kinder – **vertraut mit den Wundern des Weltraums** – Sie werden ein Leben lang von einem besonders faszinierenden Wissen profitieren.

Wir sind seit mehr als 35 Jahren in Deutschland auf dem Gebiet Schul- und Hobby-Astronomie tätig und haben auch für Sie oder für Ihre Kinder die richtigen Anregungen, wie zum Beispiel diese:

Baader Planetarium

Die möglichst realistische Darstellung der Bewegungsverhälinisse von Erde und Mond um die Sonne war unser Hauptanliegen bei der Konstruktion dieses Gerätes. Was sich jedoch durch die Verbindung mit dem umgebenden Sternglobus alles herleiten läßt, übertrifft die Möglichkeiten früherer Modelle um ein Vielfaches und reicht von der Darstellung von Tag und Nacht bis zur Projektion des Nachthimmels für jede Jahreszeit und jede Position auf der Erde. Jetzt läßt sich alles demonstrieren, was das räumliche Vorstellungsvermögen übersteigt und was man einem Kind auch nicht mit den besten Erklärungen verständlich machen kann.

Teleskope und Zubehör

Bei uns finden Sie das größte Angebot an Markenfernrohren in Deutschland: ASTRO PHYSICS, CARL ZEISS, CELESTRON, VIXEN, ALT-Montierungen u.v.a.

Wir liefern Okulare und Zubehör, dazu unser ASTRO T-2 System™ – ein komplettes Programm um an (fast) jedem Fernrohr (fast) alles anschließen zu können.

Alles für die Sonnenbeobachtung

AstroSolar™-Sonnenfilterfolie, Sonnenprismen, Objektivfilter, Protuberanzenansätze, DAYSTAR-Filter.

Unsere Gesamtunterlagen bitten wir schriftlich gegen eine Schutzgebühr von DM 10,– (aus dem Ausland DM 15,–) anzufordern.

Sternwarten-Kuppeln aus GFK

Eine permanente Aufstellungsmöglichkeit für das Teleskop ist der Wunschtraum aller Amateure und ein Muß für Schulen, wo ansonsten die halbe Beobachtungszeit mit dem korrekten Aufstellen des Gerätes verbracht wird. Wir stellen solche Kuppeln in einfacher Ausführung (aber auch mit allen technischen Raffinessen) selbst her und liefern in Größen von 2-12 Metern Durchmesser Kuppeln, die dem neuesten Stand der Technik entsprechen. Anders als eine Hütte mit abfahrbarem Dach bietet die klassische, auch ästhetisch schöne Kuppel perfekten Windschutz (Winter), Abschirmung gegen das heute so häufig störende Streulicht und Schutz gegen das lästige Beschlagen der Fernrohroptik.

DIE GPS-SENSATION VON CELESTRON

Als erster und einziger Anbieter weltweit stellt Celestron Teleskope her, die sowohl mit Satelliten-Navigationssystem (GPS) als auch mit einem hochpräzisen, digitalen Kompass ausgestattet sind.
Das Einzige was Sie finden müssen, um ein solches Fernrohr zu betreiben, das ist die Position des Einschaltknopfs. Wenn Sie den drücken, dann fährt das Teleskop wie von Geisterhand den ersten Stern – und 40.000 weitere Objekte – selbständig an.
Vor 35 Jahren wurde bei Celestron die Schmidt-Cassegrain Optik erfunden – bis heute das meistverkaufte ernsthafte Optiksystem.
Mit der Entwicklung des GPS-Teleskops hat Celestron einen weiteren Meilenstein der Fernrohrgeschichte gesetzt.

Fragen Sie nach unseren 8" und 11" NexStar™ GPS-Teleskopen, wir erklären Ihnen gerne alles darüber.

baader planetarium ®

BAADER PLANETARIUM GmbH
Zur Sternwarte
82291 Mammendorf
Telefon: 08145/8802 · Fax: 08145/8805
www.baader-planetarium.de

2002

Januar

Mo		7	14	21☽	28○	
Di	**1**	8	15	22	29	
Mi	2	9	16	23	30	
Do	3	10	17	24	31	
Fr	4	11	18	25		
Sa	5	12	19	26		
So	**6**☾	**13**●	**20**	**27**		

Februar

Mo		4☾	11	18	25
Di		5	12●	19	26
Mi		6	13	20☽	27○
Do		7	14	21	28
Fr	1	8	15	22	
Sa	2	9	16	23	
So	**3**	**10**	**17**	**24**	

März

Mo		4	11	18	25
Di		5	12	19	26
Mi		6☾	13	20	27
Do		7	14●	21	28○
Fr	1	8	15	22☽	**29**
Sa	2	9	16	23	30
So	**3**	**10**	**17**	**24**	**31**

April

Mo	**1**	8	15	22	29
Di	2	9	16	23	30
Mi	3	10	17	24	
Do	4☾	11	18	25	
Fr	5	12●	19	26	
Sa	6	13	20☽	27○	
So	**7**	**14**	**21**	**28**	

Mai

Mo		6	13	**20**	27
Di		7	14	21	28
Mi	1	8	15	22	29
Do	2	**9**	16	23	**30**
Fr	3	10	17	24	31
Sa	4☾	11	18	25	
So	**5**	**12**●	**19**☽	**26**○	

Juni

Mo		3☾	10	17	24○
Di		4	11●	18☽	25
Mi		5	12	19	26
Do		6	13	20	27
Fr		7	14	21	28
Sa	1	8	15	22	29
So	**2**	**9**	**16**	**23**	**30**

Juli

Mo	1	8	15	22	29
Di	2☾	9	16	23	30
Mi	3	10●	17☽	24○	31
Do	4	11	18	25	
Fr	5	12	19	26	
Sa	6	13	20	27	
So	**7**	**14**	**21**	**28**	

August

Mo		5	12	19	26
Di		6	13	20	27
Mi		7	14	21	28
Do	1☾	8●	15☽	22○	29
Fr	2	9	16	23	30
Sa	3	10	17	24	31☾
So	**4**	**11**	**18**	**25**	

September

Mo		2	9	16	23	30
Di		3	10	17	24	
Mi		4	11	18	25	
Do		5	12	19	26	
Fr		6	13☽	20	27	
Sa		7●	14	21○	28	
So	**1**	**8**	**15**	**22**	**29**☾	

Oktober

Mo		7	14	21○	28
Di	1	8	15	22	29☾
Mi	2	9	16	23	30
Do	**3**	10	17	24	31
Fr	4	11	18	25	
Sa	5	12	19	26	
So	**6**●	**13**☽	**20**	**27**	

November

Mo		4●	11☽	18	25
Di		5	12	19	26
Mi		6	13	20○	27☾
Do		7	14	21	28
Fr	**1**	8	15	22	29
Sa	2	9	16	23	30
So	**3**	**10**	**17**	**24**	

Dezember

Mo		2	9	16	23	30
Di		3	10	17	24	31
Mi		4●	11☽	18	**25**	
Do		5	12	19○	**26**	
Fr		6	13	20	27☾	
Sa		7	14	21	28	
So	**1**	**8**	**15**	**22**	**29**	

Feiertage:

Aschermittwoch:	13. Feb.	Pfingstsonntag:	19. Mai	1. Advent:	1. Dez.
Ostersonntag:	31. März	Fronleichnam:	30. Mai		
Chr. Himmelfahrt:	9. Mai	Totensonntag:	24. Nov.		

Das Jahr 2002 ist ein Gemeinjahr zu 365 Tagen.

Beginn der Jahreszeiten:

Frühling: 20. März 20^h16^m
Sommer: 21. Juni 14^h24^m
Herbst: 23. Sept. 5^h55^m
Winter: 22. Dez. 2^h14^m
Erde in Sonnennähe: 2. Jan. 15^h
Erde in Sonnenferne: 6. Juli 5^h

Finsternisse:

11. Juni: ringförmige Sonnenfinsternis
4. Dez.: totale Sonnenfinsternis

Planeten:

Innere Planeten

Merkur:	Größte östliche Elongation:	*11. Jan.* (19°)	**4. Mai** (21°)	1. Sept. (27°)	*26. Dez.* (20°)
	Größte westliche Elongation:	21. Feb. (27°)	21. Juni (23°)	**13. Okt.** (18°)	
Venus:	Obere Konjunktion:	14. Jan.	Untere Konjunktion: 31. Okt.		
	Größte östliche Elongation:	22. Aug. (46°)			

Äußere Planeten	Opposition	(Mio. km)	im Sternbild	Konjunktion
Mars:	–	–	–	10. August
Jupiter:	1. Januar	626	Zwillinge	20. Juli
Saturn:	17. Dezember	1205	Stier	9. Juni
Uranus:	20. August	2841	Steinbock	13. Februar
Neptun:	2. August	4349	Steinbock	28. Januar
Pluto:	7. Juni	4414	Schlangenträger	9. Dezember

2003

Januar					
Mo		6	13	20	27
Di		7	14	21	28
Mi	**1**	8	15	22	29
Do	2●	9	16	23	30
Fr	3	10☽	17	24	31
Sa	4	11	18○	25☾	
So	**5**	**12**	**19**	**26**	

Februar				
Mo	3	10	17○	24
Di	4	11	18	25
Mi	5	12	19	26
Do	6	13	20	27
Fr	7	14	21	28
Sa	1● 8	15	22	
So	**2** **9☽**	**16**	**23☾**	

März					
Mo		3●	10	17	24	31
Di		4	11☽	18○	25☾	
Mi		5	12	19	26	
Do		6	13	20	27	
Fr		7	14	21	28	
Sa	1	8	15	22	29	
So	**2**	**9**	**16**	**23**	**30**	

April					
Mo		7	14	**21**	28
Di	1●	8	15	22	29
Mi	2	9	16○	23☾	30
Do	3	10☽	17	24	
Fr	4	11	**18**	25	
Sa	5	12	19	26	
So	**6**	**13**	**20**	**27**	

Mai					
Mo		5	12	19	26
Di		6	13	20	27
Mi		7	14	21	28
Do	**1●**	8	15	22	**29**
Fr	2	9☽	16○	23☾	30
Sa	3	10	17	24	31●
So	**4**	**11**	**18**	**25**	

Juni					
Mo		2	**9**	16	23	30
Di		3	10	17	24	
Mi		4	11	18	25	
Do		5	12	**19**	26	
Fr		6	13	20	27	
Sa		7☽	14○	21☾	28	
So	**1**	**8**	**15**	**22**	**29●**	

Juli					
Mo		7☽	14	21☾	28
Di	1	8	15	22	29●
Mi	2	9	16	23	30
Do	3	10	17	24	31
Fr	4	11	18	25	
Sa	5	12	19	26	
So	**6**	**13○**	**20**	**27**	

August					
Mo		4	11	18	25
Di		5☽	12○	19	26
Mi		6	13	20☾	27●
Do		7	14	21	28
Fr	1	8	15	22	29
Sa	2	9	16	23	30
So	**3**	**10**	**17**	**24**	**31**

September					
Mo	1	8	15	22	29
Di	2	9	16	23	30
Mi	3☽	10○	17	24	
Do	4	11	18☾	25	
Fr	5	12	19	26●	
Sa	6	13	20	27	
So	**7**	**14**	**21**	**28**	

Oktober					
Mo		6	13	20	27
Di		7	14	21	28
Mi	1	8	15	22	29
Do	2☽	9	16	23	30
Fr	**3**	10○	17	24	31
Sa	4	11	18☾	25●	
So	**5**	**12**	**19**	**26**	

November					
Mo		3	10	17☾	24●
Di		4	11	18	25
Mi		5	12	19	26
Do		6	13	20	27
Fr		7	14	21	28
Sa	1☽	8	15	22	29
So	**2**	**9○**	**16**	**23**	**30☽**

Dezember					
Mo	1	8○	15	22	29
Di	2	9	16☾	23●	30☽
Mi	3	10	17	24	31
Do	4	11	18	**25**	
Fr	5	12	19	**26**	
Sa	6	13	20	27	
So	**7**	**14**	**21**	**28**	

Feiertage:

Aschermittwoch:	5. März	Pfingstsonntag:	8. Juni	1. Advent:	30. Nov.
Ostersonntag:	20. April	Fronleichnam:	19. Juni		
Chr. Himmelfahrt:	29. Mai	Totensonntag:	23. Nov.		

Das Jahr 2003 ist ein Gemeinjahr zu 365 Tagen.

Beginn der Jahreszeiten:

Frühling: 21. März 2^h00^m
Sommer: 21. Juni 20^h10^m
Herbst: 23. Sept. 11^h47^m
Winter: 22. Dez. 8^h04^m

Erde in Sonnennähe: 4. Jan. 6^h
Erde in Sonnenferne: 4. Juli 7^h

Finsternisse:

16. Mai: totale Mondfinsternis
31. Mai: ringförmige Sonnenfinsternis
9. Nov.: totale Mondfinsternis
23. Nov.: totale Sonnenfinsternis

Planeten:

Innere Planeten

Merkur:	Größte östliche Elongation:	**16. April** (20°)	14. Aug. (27°)	9. Dez. (21°)
	Größte westliche Elongation:	*4. Feb.* (25°)	3. Juni (24°)	**27. Sept.** (18°)
	Untere Konjunktion:	**7. Mai – Transit!**		
Venus:	Größte westliche Elongation:	11. Jan. (47°)		
	Obere Konjunktion:	18. Aug.		

Äußere Planeten	Opposition	(Mio. km)	im Sternbild	Konjunktion
Mars:	28. August	56	Wassermann	–
Jupiter:	2. Februar	647	Krebs	22. August
Saturn:	31. Dezember	1204	Zwillinge	24. Juni
Uranus:	24. August	2845	Wassermann	17. Februar
Neptun:	4. August	4348	Steinbock	30. Januar
Pluto:	9. Juni	4435	Schlangenträger	12. Dezember

2004

Januar

Mo		5	12	19	26
Di		**6**	13	20	27
Mi		7○	14	21●	28
Do	**1**	8	15☾	22	29☽
Fr	2	9	16	23	30
Sa	3	10	17	24	31
So	**4**	**11**	**18**	**25**	

Februar

Mo		2	9	16	23
Di		3	10	17	24
Mi		4	11	18	25
Do		5	12	19	26
Fr		6○	13☾	20●	27
Sa		7	14	21	28☽
So	**1**	**8**	**15**	**22**	**29**

März

Mo	1	8	15	22	29☽
Di	2	9	16	23	30
Mi	3	10	17	24	31
Do	4	11	18	25	
Fr	5	12	19	26	
Sa	6	13☾	20●	27	
So	**7**○	**14**	**21**	**28**	

April

Mo		5○	**12**☾	19●	26
Di		6	13	20	27☽
Mi		7	14	21	28
Do	1	8	15	22	29
Fr	2	**9**	16	23	30
Sa	3	10	17	24	
So	**4**	**11**	**18**	**25**	

Mai

Mo		3	10	17	24	**31**
Di		4○	11☾	18	25	
Mi		5	12	19●	26	
Do		6	13	**20**	27☽	
Fr		7	14	21	28	
Sa	**1**	8	15	22	29	
So	**2**	**9**	**16**	**23**	**30**	

Juni

Mo		7	14	21	28
Di	1	8	15	22	29
Mi	2	9☾	16	23	30
Do	3○	**10**	17●	24	
Fr	4	11	18	25☽	
Sa	5	12	19	26	
So	**6**	**13**	**20**	**27**	

Juli

Mo		5	12	19	26
Di		6	13	20	27
Mi		7	14	21	28
Do	1	8	15	22	29
Fr	2○	9☾	16	23	30
Sa	3	10	17●	24	31○
So	**4**	**11**	**18**	**25**☽	

August

Mo		2	9	16●	23☽	30○
Di		3	10	17	24	31
Mi		4	11	18	25	
Do		5	12	19	26	
Fr		6	13	20	27	
Sa		7☾	14	21	28	
So	**1**	**8**	**15**	**22**	**29**	

September

Mo		6☾	13	20	27
Di		7	14●	21☽	28○
Mi	1	8	15	22	29
Do	2	9	16	23	30
Fr	3	10	17	24	
Sa	4	11	18	25	
So	**5**	**12**	**19**	**26**	

Oktober

Mo		4	11	18	25
Di		5	12	19	26
Mi		6☾	13	20☽	27
Do		7	14●	21	28○
Fr	1	8	15	22	29
Sa	2	9	16	23	30
So	**3**	**10**	**17**	**24**	**31**

November

Mo	**1**	8	15	22	29
Di	2	9	16	23	30
Mi	3	10	17	24	
Do	4	11	18	25	
Fr	5☾	12●	19☽	26○	
Sa	6	13	20	27	
So	**7**	**14**	**21**	**28**	

Dezember

Mo		6	13	20	27
Di		7	14	21	28
Mi	1	8	15	22	29
Do	2	9	16	23	30
Fr	3	10	17	24	31
Sa	4	11	18☽	**25**	
So	**5**☾	**12**●	**19**	**26**○	

Feiertage:

Aschermittwoch:	25. Feb.	Pfingstsonntag:	30. Mai	1. Advent:	28. Nov.
Ostersonntag:	11. April	Fronleichnam:	10. Juni		
Chr. Himmelfahrt:	20. Mai	Totensonntag:	21. Nov.		

Das Jahr 2004 ist ein **Schaltjahr** zu 366 Tagen.

Beginn der Jahreszeiten:

Frühling: 20. März 7^h47^m
Sommer: 21. Juni 1^h57^m
Herbst: 22. Sept. 17^h30^m
Winter: 21. Dez. 13^h42^m
Erde in Sonnennähe: 4. Jan. 19^h
Erde in Sonnenferne: 4. Juli 12^h

Finsternisse:

19. April: Partielle Sonnenfinsternis
4. Mai: totale Mondfinsternis
14. Okt.: Partielle Sonnenfinsternis
28. Okt.: totale Mondfinsternis

Planeten:

Innere Planeten

Merkur:	Größte östliche Elongation:	**29. März** (19°)	27. Juli (27°)	21. Nov (22°)	
	Größte westliche Elongation:	*17. Jan.* (24°)	14. Mai (26°)	**9. Sept.** (18°)	**29. Dez.** (22°)
Venus:	Größte östliche Elongation:	29. März (46°)	Untere Konjunktion: **8. Juni – Transit!**		
	Größte westliche Elongation:	17. Aug. (46°)			

Äußere Planeten	Opposition	(Mio. km)	im Sternbild	Konjunktion
Mars:	–	–	–	15. September
Jupiter:	4. März	662	Löwe	21. September
Saturn:	(13. Januar 2005)	1208	Zwillinge	8. Juli
Uranus:	27. August	2849	Wassermann	22. Februar
Neptun:	6. August	4346	Steinbock	2. Februar
Pluto:	11. Juni	4457	Schlangenträger	13. Dezember

2005

Januar

Mo		3☾	10●	17☽	24	31
Di		4	11	18	25○	
Mi		5	12	19	26	
Do		6	13	20	27	
Fr		7	14	21	28	
Sa	**1**	8	15	22	29	
So	**2**	**9**	**16**	**23**	**30**	

Februar

Mo		7	14	21	28
Di	1	8●	15	22	
Mi	2☾	9	16☽	23	
Do	3	10	17	24○	
Fr	4	11	18	25	
Sa	5	12	19	26	
So	**6**	**13**	**20**	**27**	

März

Mo		7	14	21	**28**
Di	1	8	15	22	29
Mi	2	9	16	23	30
Do	3☾	10●	17☽	24	31
Fr	4	11	18	**25**○	
Sa	5	12	19	26	
So	**6**	**13**	**20**	**27**	

April

Mo		4	11	18	25
Di		5	12	19	26
Mi		6	13	20	27
Do		7	14	21	28
Fr	1	8●	15	22	29
Sa	2☾	9	16☽	23	30
So	**3**	**10**	**17**	**24**○	

Mai

Mo	2	9	**16**☽	23○	30☾
Di	3	10	17	24	31
Mi	4	11	18	25	
Do	**5**	12	19	**26**	
Fr	6	13	20	27	
Sa	7	14	21	28	
So	**1**☾	**8**●	**15**	**22**	**29**

Juni

Mo		6●	13	20	27
Di		7	14	21	28☾
Mi	1	8	15☽	22○	29
Do	2	9	16	23	30
Fr	3	10	17	24	
Sa	4	11	18	25	
So	**5**	**12**	**19**	**26**	

Juli

Mo		4	11	18	25
Di		5	12	19	26
Mi		6●	13	20	27
Do		7	14☽	21○	28☾
Fr	1	8	15	22	29
Sa	2	9	16	23	30
So	**3**	**10**	**17**	**24**	**31**

August

Mo	1	8	15	22	29
Di	2	9	16	23	30
Mi	3	10	17	24	31
Do	4	11	18	25	
Fr	5●	12	19○	26☾	
Sa	6	13☽	20	27	
So	**7**	**14**	**21**	**28**	

September

Mo		5	12	19	26
Di		6	13	20	27
Mi		7	14	21	28
Do	1	8	15	22	29
Fr	2	9	16	23	30
Sa	3●	10	17	24	
So	**4**	**11**☽	**18**○	**25**☾	

Oktober

Mo		**3**●	10☽	17○	24	31
Di		4	11	18	25☾	
Mi		5	12	19	26	
Do		6	13	20	27	
Fr		7	14	21	28	
Sa	1	8	15	22	29	
So	**2**	**9**	**16**	**23**	**30**	

November

Mo		7	14	21	28
Di	**1**	8	15	22	29
Mi	2●	9☽	16○	23☾	30
Do	3	10	17	24	
Fr	4	11	18	25	
Sa	5	12	19	26	
So	**6**	**13**	**20**	**27**	

Dezember

Mo		5	12	19	**26**
Di		6	13	20	27
Mi		7	14	21	28
Do	1●	8☽	15○	22	29
Fr	2	9	16	23☾	30
Sa	3	10	17	24	31●
So	**4**	**11**	**18**	**25**	

Feiertage:

Aschermittwoch:	9. Feb.	Pfingstsonntag:	15. Mai	1. Advent:	27. Nov.
Ostersonntag:	27. März	Fronleichnam:	26. Mai		
Chr. Himmelfahrt:	5. Mai	Totensonntag:	20. Nov.		

Das Jahr 2005 ist ein Gemeinjahr zu 365 Tagen.

Beginn der Jahreszeiten:

Frühling: 20. März 13^h33^m
Sommer: 21. Juni 7^h46^m
Herbst: 22. Sept. 23^h23^m
Winter: 21. Dez. 19^h35^m
Erde in Sonnennähe: 2. Jan. 2^h
Erde in Sonnenferne: 5. Juli 6^h

Finsternisse:

8. April: ringförmige Sonnenfinsternis
3. Okt.: ringförmige Sonnenfinsternis
17. Okt.: partielle Mondfinsternis

Planeten:

Innere Planeten

Merkur:	Größte östliche Elongation:	**12. März** (18°)	9. Juli (26°)	3. Nov (23°)
	Größte westliche Elongation:	26. April (27°)	**23. Aug.** (18°)	**12. Dez.** (21°)
Venus:	Obere Konjunktion:	31. März		
	Größte östliche Elongation:	3. Nov. (47°)		

Äußere Planeten	Opposition	(Mio. km)	im Sternbild	Konjunktion
Mars:	7. November	69	Widder	–
Jupiter:	3. April	667	Jungfrau	22. Oktober
Saturn:	13. Januar	1208	Zwillinge	23. Juli
Uranus:	1. September	2851	Wassermann	25. Februar
Neptun:	8. August	4345	Steinbock	3. Februar
Pluto:	14. Juni	4482	Schlangenträger	16. Dezember

2006

Januar

Mo		2	9	16	23	30
Di		3	10	17	24	31
Mi		4	11	18	25	
Do		5	12	19	26	
Fr		6☽	13	20	27	
Sa		7	14○	21	28	
So	1	8	15	22☾	29●	

Februar

Mo		6	13○	20	27
Di		7	14	21☾	28●
Mi	1	8	15	22	
Do	2	9	16	23	
Fr	3	10	17	24	
Sa	4	11	18	25	
So	5☽	12	19	26	

März

Mo		6☽	13	20	27
Di		7	14	21	28
Mi	1	8	15○	22☾	29●
Do	2	9	16	23	30
Fr	3	10	17	24	31
Sa	4	11	18	25	
So	5	12	19	26	

April

Mo		3	10	17	24
Di		4	11	18	25
Mi		5☽	12	19	26
Do		6	13○	20	27●
Fr		7	14	21☾	28
Sa	1	8	15	22	29
So	2	9	16	23	30

Mai

Mo	1	8	15	22	29
Di	2	9	16	23	30
Mi	3	10	17	24	31
Do	4	11	18	25	
Fr	5☽	12	19	26	
Sa	6	13○	20☾	27●	
So	7	14	21	28	

Juni

Mo		5	12	19	26
Di		6	13	20	27
Mi		7	14	21	28
Do	1	8	15	22	29
Fr	2	9	16	23	30
Sa	3	10	17	24	
So	4☽	11○	18☾	25●	

Juli

Mo		3☽	10	17☾	24	31
Di		4	11○	18	25●	
Mi		5	12	19	26	
Do		6	13	20	27	
Fr		7	14	21	28	
Sa	1	8	15	22	29	
So	2	9	16	23	30	

August

Mo		7	14	21	28
Di	1	8	15	22	29
Mi	2☽	9○	16☾	23●	30
Do	3	10	17	24	31☽
Fr	4	11	18	25	
Sa	5	12	19	26	
So	6	13	20	27	

September

Mo		4	11	18	25
Di		5	12	19	26
Mi		6	13	20	27
Do		7○	14☾	21	28
Fr	1	8	15	22●	29
Sa	2	9	16	23	30☽
So	3	10	17	24	

Oktober

Mo		2	9	16	23	30
Di		3	10	17	24	31
Mi		4	11	18	25	
Do		5	12	19	26	
Fr		6	13	20	27	
Sa		7○	14☾	21	28	
So	1	8	15	22●	29☽	

November

Mo		6	13	20●	27
Di		7	14	21	28☽
Mi	1	8	15	22	29
Do	2	9	16	23	30
Fr	3	10	17	24	
Sa	4	11	18	25	
So	5○	12☾	19	26	

Dezember

Mo		4	11	18	25
Di		5○	12☾	19	26
Mi		6	13	20●	27☽
Do		7	14	21	28
Fr	1	8	15	22	29
Sa	2	9	16	23	30
So	3	10	17	24	31

Feiertage:

Aschermittwoch:	1. März	Pfingstsonntag:	4. Juni	Totensonntag:	26. Nov.
Ostersonntag:	16. April	Fronleichnam:	15. Juni	1. Advent:	3. Dez.
Chr. Himmelfahrt:	25. Mai				

Das Jahr 2006 ist ein Gemeinjahr zu 365 Tagen.

Beginn der Jahreszeiten:

Frühling: 20. März 19ʰ25ᵐ
Sommer: 21. Juni 13ʰ26ᵐ
Herbst: 23. Sept. 5ʰ03ᵐ
Winter: 22. Dez. 1ʰ22ᵐ
Erde in Sonnennähe: 4. Jan. 17ʰ
Erde in Sonnenferne: 4. Juli 0ʰ

Finsternisse:

29. März: totale Sonnenfinsternis
22. Sept.: ringförmige Sonnenfinsternis
7. Sept.: partielle Mondfinsternis

Planeten:

Innere Planeten

Merkur: Größte östliche Elongation: **24. Feb.** (18°) *20. Juni* (25°) 17. Okt. (25°)
Größte westliche Elongation: 8. April (28°) *7. Aug.* (19°) **25. Nov.** (20°)

Venus: Untere Konjunktion: 13. Jan. Obere Konjunktion: 27. Oktober
Größte westliche Elongation: 25. März (47°)

Äußere Planeten	Opposition	(Mio. km)	im Sternbild	Konjunktion
Mars:	–	–	–	23. Oktober
Jupiter:	4. Mai	660	Waage	21. November
Saturn:	27. Januar	1216	Krebs	7. August
Uranus:	5. September	2854	Wassermann	1. März
Neptun:	11. August	4344	Steinbock	6. Februar
Pluto:	16. Juni	4506	Schlangenträger	18. Dezember

2007

Januar

Mo	**1**	8	15	22	29
Di	2	9	16	23	30
Mi	3○	10	17	24	31
Do	4	11☾	18	25	
Fr	5	12	19●	26☽	
Sa	6	13	20	27	
So	7	14	21	28	

Februar

Mo		5	12	19	26
Di		6	13	20	27
Mi		7	14	21	28
Do	1	8	15	22	
Fr	2○	9	16	23	
Sa	3	10☾	17●	24☽	
So	4	11	18	25	

März

Mo		5	12☾	19●	26
Di		6	13	20	27
Mi		7	14	21	28
Do	1	8	15	22	29
Fr	2	9	16	23	30
Sa	3	10	17	24	31
So	4○	11	18	25☽	

April

Mo		2○	**9**	16	23	30
Di		3	10☾	17●	24☽	
Mi		4	11	18	25	
Do		5	12	19	26	
Fr		6	13	20	27	
Sa		7	14	21	28	
So	1	8	15	22	29	

Mai

Mo		7	14	**21**	**28**
Di	1	8	15	22	29
Mi	2○	9	16●	23☽	30
Do	3	10☾	**17**	24	31
Fr	4	11	18	**25**	
Sa	5	12	19	26	
So	6	13	20	27	

Juni

Mo		4	11	18	25
Di		5	12	19	26
Mi		6	13	20	27
Do		**7**	14	21	28
Fr	1○	8☾	15●	22☽	29
Sa	2	9	16	23	30○
So	3	10	17	24	

Juli

Mo		2	9	16	23	30○
Di		3	10	17	24	31
Mi		4	11	18	25	
Do		5	12	19	26	
Fr		6	13	20	27	
Sa		7☾	14●	21	28	
So	1	8	15	22☽	29	

August

Mo		6	13●	20	27
Di		7	14	21☽	28○
Mi	1	8	15	22	29
Do	2	9	16	23	30
Fr	3	10	17	24	31
Sa	4	11	18	25	
So	5☾	12	19	26	

September

Mo		3	10	17	**24**
Di		4☾	11●	18	25
Mi		5	12	19☽	26○
Do		6	13	20	27
Fr		7	14	21	28
Sa	1	8	15	22	29
So	2	9	16	23	30

Oktober

Mo	1	8	15	22	29
Di	2	9	16	23	30
Mi	**3**☾	10	17	24	31
Do	4	11●	18	25	
Fr	5	12	19☽	26○	
Sa	6	13	20	27	
So	7	14	21	28	

November

Mo		5	12	19	26
Di		6	13	20	27
Mi		7	14	21	28
Do	1☾	8	15	22	29
Fr	2	9	16	23	30
Sa	3	10●	17☽	24○	
So	4	11	18	25	

Dezember

Mo		3	10	17☽	24○	31☾
Di		4	11	18	**25**	
Mi		5	12	19	**26**	
Do		6	13	20	27	
Fr		7	14	21	28	
Sa	1☾	8	15	22	29	
So	2	9●	16	23	30	

Feiertage:

Aschermittwoch:	21. Februar	Pfingstsonntag:	27. Mai	Totensonntag:	25. Nov.
Ostersonntag:	8. April	Fronleichnam:	7. Juni	1. Advent:	2. Dez.
Chr. Himmelfahrt:	17. Mai	Buß- und Bettag:	21. Nov.		

Das Jahr 2007 ist ein Gemeinjahr zu 365 Tagen.

Beginn der Jahreszeiten:

Frühling: 21. März 1^h07^m
Sommer: 21. Juni 19^h06^m
Herbst: 23. Sept. 10^h51^m
Winter: 22. Dez. 7^h08^m
Erde in Sonnennähe: 3. Jan. 21^h
Erde in Sonnenferne: 7. Juli 1^h

Finsternisse:

29. März: Partielle Sonnenfinsternis
11. Sept.: Partielle Sonnenfinsternis
3./4. März: Totale Mondfinsternis
28. Aug.: Totale Mondfinsternis

Planeten:

Innere Planeten

Merkur:	Größte östliche Elongation:	**7. Feb.**	(18°)	*2. Juni* (23°)		29. Sept.	(26°)
	Größte westliche Elongation:	22. März	(28°)	*20. Juli* (20°)		**8. Nov.**	(19°)
Venus:	Größte östliche Elongation:	9. Juni	(45°)	Untere Konjunktion: 18. Aug.			
	Größte westliche Elongation:	28. Okt.	(46°)				

Äußere Planeten	Opposition	(Mio. km)	im Sternbild	Konjunktion
Mars:	24. Dezember	88	Zwillinge	–
Jupiter:	5. Juni	644	Schlangenträger	23. Dezember
Saturn:	10. Februar	1227	Löwe	21. August
Uranus:	9. September	2855	Wassermann	5. März
Neptun:	13. August	4343	Steinbock	8. Februar
Pluto:	19. Juni	4532	Schütze	21. Dezember

Kompetente Nachschlagewerke

Das **Begleitbuch** zum „Himmelsjahr"!

Hans-Ulrich Keller
Astrowissen

240 Seiten
110 Abbildungen
gebunden

ISBN 3-440-08074-9

Das bewährte Astro-Standardwerk präsentiert sich jetzt in komplett aktualisierter Form. Alle Bereiche der Astronomie und Weltraumkunde werden kompakt und auf dem neuesten Stand der Forschungsergebnisse der Astronomen dargestellt. „Astrowissen" bietet so den nötigen Hintergrund, um die Welt der Sterne und Planeten besser verstehen zu können.

Dieter B. Herrmann
Die Kosmos Himmelskunde für Einsteiger
187 Seiten, 105 Abb., geb.
ISBN 3-440-07675-X

Hahn/Weiland
Der neue Kosmos Himmelsführer
367 Seiten, 93 Stern- und 1 Mondkarte, 111 Abb., geb.
ISBN 3-440-07485-4

Erich Karkoschka
Atlas für Himmelsbeobachter
127 Seiten, 10 Abb., 50 Sternkarten, geb.
ISBN 3-440-07488-9

CD-ROMs für Astro-Fans

RedShift 4
CD-ROM für Windows

ISBN 3-8032-1708-3

Das professionelle Planetarium – mit über 18 Millionen Himmelsobjekten. Mit der neuen, sehr leistungsfähigen Software kann man z.B. Himmelsereignisse von verschiedenen Standorten beobachten. Sie erlaubt schnelle Berechnungen der Bahnen von kleinen Himmelskörpern und enthält ein komplett überarbeitetes Astronomielexikon und eine Fotogalerie.

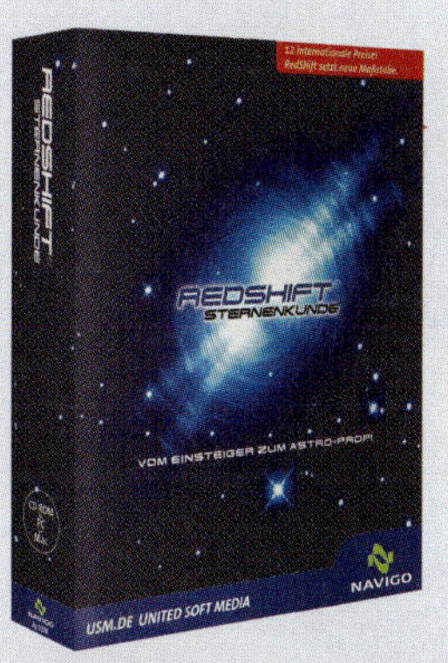

RedShift Sternenkunde
CD-ROM
für Windows
ISBN
3-8032-1703-2

Mission Mars
CD-ROM
für Windows
ISBN
3-8032-1704-0

Kosmos
Kompaktwissen
Die Planeten – Die Sonne
CD-ROM
für Windows
ISBN
3-8032-1705-9

Brandheiße Aussichten
JMI
Teleskope & Zubehör
Losmandy
Montagenplatten &
Rohrschellen
Celestron
Teleskope & Zubehör
Tele Vue / Meade
Hochwertige Okulare
Meade
ETX-90/125 EC
mit AutoStar Computer
Coronado
H-Alpha-Sonnenfilter
CORONADO
Tele Vue
Teleskope & Zubehör
Vixen
Teleskope & Zubehör
Meade
Teleskope & Zubehör
O.S.D.V.
Göttker/Pietsch GmbH
Münsterstraße 111 · D-48155 Münster
Tel. +49 (0) 25 06 - 29 00 + 29 10 · Fax +49 (0) 25 06 - 29 1
www.osdv.de · www.osdv.com · E-Mail: info@osdv.de